GESAMMELTE MATHEMATISCHE ABHANDLUNGEN

VON

LUDWIG SCHLÄFLI

BAND I

LUDWIG SCHLÄFLI

1814-1895

GESAMMELTE MATHEMATISCHE ABHANDLUNGEN

Herausgegeben vom Steiner-Schläfli-Komitee
der Schweizerischen Naturforschenden Gesellschaft

BAND I

SPRINGER BASEL AG 1950

ISBN 978-3-0348-4046-0 ISBN 978-3-0348-4118-4 (eBook)
DOI 10.1007/978-3-0348-4118-4

Ursprünglich erschienen bei Verlag Birkhäuser AG., Basel 1950
Softcover reprint of the hardcover 1st edition 1950

Das Original der Reproduktion auf nebenstehender Seite befindet sich
im Dekanat der Philosophischen Fakultät II der Universität Bern

LUDWIG SCHLÄFLI
1814–1895

VORWORT

Dank der großen Sorgfalt, mit der SCHLÄFLIS Schüler und Nachfolger J. H. GRAF dessen Veröffentlichungen und Manuskripte gesammelt hat, sind wir heute in der Lage, Schläflis *Gesammelte mathematische Abhandlungen* herauszugeben. J. H. GRAF hat in seiner Schrift *Ludwig Schläfli* (Mitteilungen der Naturforschenden Gesellschaft in Bern, 1896, S. 120–203) ein Verzeichnis der gedruckten Abhandlungen (S. 157–162) zusammengestellt. Dieses bildet die Grundlage der vorliegenden Ausgabe; wir werden es im folgenden stets mit «Verzeichnis Graf» zitieren und übernehmen von ihm die Numerierung der Abhandlungen[1]).

An der Sitzung der Schweizerischen Mathematischen Gesellschaft vom 28. August 1937 wurde das damalige Steiner-Komitee, das den Nachlaß JAKOB STEINERS verwaltete, zu einem Steiner-Schläfli-Komitee der Schweizerischen Naturforschenden Gesellschaft erweitert. Über dessen Tätigkeit orientieren die Berichte in den Verhandlungen der Schweizerischen Naturforschenden Gesellschaft von 1937 bis 1948.

Nachdem zuerst der Nachlaß SCHLÄFLIS geordnet worden war (siehe hierzu: J. J. BURCKHARDT, *Der mathematische Nachlaß von Ludwig Schläfli*, Mitteilungen der Naturforschenden Gesellschaft Bern, 1942, S. 1–22), erhielt im Jahre 1943 das Steiner-Schläfli-Komitee von der Schweizerischen Mathematischen Gesellschaft den Auftrag, die gesammelten mathematischen Abhandlungen SCHLÄFLIS zu publizieren. Durch einen namhaften finanziellen Beitrag legte die Schweizerische Mathematische Gesellschaft die Basis für die Herausgabe. Weiterhin erhielten wir hochherzige finanzielle Unterstützungen durch

die Escher-Abegg-Stiftung an der Universität Zürich,
den Albert-Barth-Fonds an der Eidgenössischen Technischen Hochschule,
die Erziehungsdirektion des Kantons Bern und
die Stiftung für wissenschaftliche Forschung an der Universität Bern.

Wir danken für diese Hilfe, die es uns ermöglichte, den Auftrag auszuführen. Trotz vieler Schwierigkeiten hat der Verlag zielbewußt an der Herausgabe festgehalten und unsere Arbeit unterstützt, was wir dankend anerkennen. Viele Kollegen sind uns immer wieder mit ihrem Rat und ihrer Hilfe beigestanden und haben hierdurch zum Gelingen mitgeholfen; auch ihnen gilt unser Dank.

Wir geben die Abhandlungen im wesentlichen in chronologischer Reihenfolge heraus. Wir glauben, daß hierdurch die Besonderheit des mathematischen

[1]) In der genannten Schrift entwirft GRAF das Lebensbild seines Lehrers. Eine neuere Biographie ist: *Ludwig Schläfli* von J. J. Burckhardt, Beiheft Nr. 4 zur Zeitschrift «Elemente der Mathematik» (Basel 1948).

Schaffens von SCHLÄFLI am besten hervortritt. Denn SCHLÄFLI hat nie bestimmte Sachgebiete bearbeitet, sondern stets mathematische Ideen entwickelt, deren Ausarbeitung oft in verschiedene Disziplinen hineinreicht. Daher wäre es schwierig, seine Arbeiten nach Sachgebieten zu ordnen. Der vorliegende erste Band enthält neben den kleineren Jugendarbeiten die große *Theorie der vielfachen Kontinuität.*

Den zweiten und den dritten Band hoffen wir in Bälde folgen zu lassen. Der zweite wird mit der anderen großen Jugendarbeit *Über die Resultante eines Systems mehrerer algebraischer Gleichungen* eröffnet werden und daneben die grundlegenden geometrischen Arbeiten enthalten. Im dritten Band endlich werden sich die klassischen funktionentheoretischen Arbeiten befinden.

Zürich und Bern
im Oktober 1949

Für das Steiner-Schläfli-Komitee:

L. KOLLROS, Präsident
J. J. BURCKHARDT, Generalredaktor
H. HADWIGER

INHALT

Über ein räumliches System von Geraden im allgemeinen und über dasjenige der Normalen einer krummen Fläche insbesondere

1. Zur Bestimmung der Lage einer Geraden im Raume werden vier Konstanten erfordert. Läßt man zwei derselben beliebige Funktionen der beiden übrigen sein, so entsteht durch Variation dieser beiden ein System von Geraden, welches den Raum erfüllt. Wenn nun besondere Fälle, in denen die Kontinuität Abbruch erleidet, beiseite gesetzt werden, so ist irgendeine einzelne Gerade des Systems ringsum von andern Geraden desselben Systems umgeben, die man sich jener so nahe denken kann, als man will; wenn ihre Entfernung von jener ersten Geraden verschwindend klein wird, so mögen sie *konsekutive Geraden* derselben heißen. Im allgemeinen wird nun jene ursprüngliche Gerade von einer beliebigen konsekutiven nicht geschnitten, sondern es wird eine oder mehrere besondere Richtungen geben, in denen man von der ursprünglichen Geraden aus fortgehen muß, um auf eine konsekutive zu treffen, von der jene geschnitten wird. In diesem bestimmten Falle kann durch die ursprüngliche und die konsekutive Gerade eine Ebene gelegt werden, welche ich die *charakteristische Ebene* der ursprünglichen Geraden nennen will. Es entsteht nun die Frage, wie viele charakteristische Ebenen zu jeder Geraden des Systems gehören.

Zur Lösung dieser Frage gebrauchte ich zuerst die beiden Gleichungen

$$Y = aX + \alpha,$$
$$Z = bX + \beta,$$

wo X, Y, Z die rechtwinkligen Koordinaten des laufenden Punkts der Geraden und a, b, α, β vier Größen bezeichnen, welche für jede einzelne Gerade konstant sind. Ich betrachtete α, β als beliebige Funktionen der beiden Unabhängigen a, b, differenzierte die vorgelegten Gleichungen, suchte das Verhältnis der Inkremente da, db so zu bestimmen, daß ein Durchschnitt zweier konsekutiver Geraden stattfand, und fand für dasselbe eine *quadratische* Gleichung. Die Antwort auf jene Frage ist daher, daß *durch jede Gerade des Systems nur zwei charakteristische Ebenen gehen.*

Nun kann weiter gefragt werden, welchen Winkel je zwei charakteristische Ebenen einschließen und unter welcher Bedingung dieser Winkel ein rechter sei. Die Antwort auf die letzte Frage gewinnt eine durch ihre Einfachheit merkwürdige Form, wenn man diesen Gegenstand auf folgende, mehr symmetrische und zugleich allgemeinere Weise behandelt, als im bisherigen geschehen ist.

2. Es mögen x, y, z die Koordinaten des Anfangspunkts einer Geraden, R die Länge derselben, λR, μR, νR die Projektionen dieser Länge auf die drei Koor-

dinatenachsen und endlich X, Y, Z die Koordinaten des *laufenden* Endpunkts dieser Geraden bezeichnen, so hat man

$$\left.\begin{aligned} X &= \lambda R + x \\ Y &= \mu R + y \\ Z &= \nu R + z \end{aligned}\right\} \tag{1}$$

und überdies die bekannte Gleichung

$$\lambda^2 + \mu^2 + \nu^2 = 1,$$

wo die sechs Größen $x, y, z, \lambda, \mu, \nu$ als Funktionen zweier Variabeln t, u aufzufassen sind. Für den Durchschnitt der durch die Gleichungen (1) dargestellten Geraden mit einer konsekutiven gelten nun die Gleichungen

$$\left.\begin{aligned} \lambda\, dR + R\, d\lambda + dx &= 0 \\ \mu\, dR + R\, d\mu + dy &= 0 \\ \nu\, dR + R\, d\nu + dz &= 0 \end{aligned}\right\} \tag{2}$$

aus denen durch Elimination von dR, R sich die Gleichung:

$$(\mu\, d\nu - \nu\, d\mu)\, dx + (\nu\, d\lambda - \lambda\, d\nu)\, dy + (\lambda\, d\mu - \mu\, d\lambda)\, dz = 0 \tag{3}$$

als Bedingung des Durchschnitts ergibt. Sie wird, wie man leicht sieht, durch Entwicklung in Beziehung auf das Verhältnis der Inkremente dt, du der beiden unabhängigen Variabeln *quadratisch* und zeigt hiedurch an, daß durch die ursprüngliche Gerade (1) zwei charakteristische Ebenen gelegt werden können, welche den beiden Werten von du/dt entsprechen. Die Gleichung (3) ergibt sich auch unmittelbar aus der geometrischen Betrachtung; denn wenn die ursprüngliche Gerade von einer konsekutiven geschnitten wird, so liegen beide und der vom Punkt (x, y, z) zurückgelegte Weg, der als unendlich kleine gerade Linie betrachtet werden kann, in einer und derselben Ebene. Da nun die Richtungen der drei genannten geraden Linien durch die Größen

$$\begin{matrix} \lambda, & \mu, & \nu, \\ \lambda + d\lambda, & \mu + d\mu, & \nu + d\nu, \\ dx, & dy, & dz \end{matrix}$$

bestimmt werden, so ergibt sich hieraus die Gleichung (3) unmittelbar.

Die Gleichung (3), wenn darin alles durch t, u ausgedrückt ist, ist in Beziehung auf diese beiden Variabeln eine quadratische Differentialgleichung erster Ordnung. Wenn es gelingt, dieselbe zu integrieren, so muß die Integralgleichung in Beziehung auf ihre arbiträre Konstante quadratisch sein und daher für dieselbe im allgemeinen zwei verschiedene Wurzelwerte in Funktion von t, u liefern:

$$\left.\begin{aligned} \text{const} &= \varphi(t, u) \\ \text{const} &= \psi(t, u) \end{aligned}\right\} \tag{4}$$

d. h. die Gleichungen (4) sind zwei verschiedene allgemeine Integrale der quadratischen Differentialgleichung (3). Setzt man nun zwischen den Variabeln

t, u, die von den sechs Funktionen x, y, z, λ, μ, ν impliziert werden, die durch die Gleichung

$$\varphi = \text{const}$$

bezeichnete Abhängigkeit fest, so hören die Gleichungen (1) auf, ein *räumliches* System von Geraden darzustellen, sie geben vielmehr ein *superfizielles* System von Geraden, deren jede, weil stets die Bedingung (3) erfüllt ist, von der konsekutiven geschnitten wird. Das heißt die Gleichung $\varphi = \text{const}$, vereint mit den Gleichungen (1), stellt eine *abwickelbare Fläche* dar, welche von einer bestimmten Reihenfolge charakteristischer Ebenen eingehüllt wird. Gibt man der arbiträren Integrationskonstanten alle möglichen Werte, so erhält man ein *System abwickelbarer Flächen*. Das gleiche ist von der andern Integralgleichung $\psi = \text{const}$ zu sagen. Demnach haben wir folgenden Satz:

Die Geraden eines beliebigen räumlichen Systems lassen sich im allgemeinen auf zwei verschiedene Arten in ein System abwickelbarer Flächen gruppieren, und durch jede einzelne Gerade gehen zwei abwickelbare Flächen, welche zu den beiden verschiedenen Systemen gehören.

3. Da im allgemeinen φ, ψ zwei unter sich unabhängige Funktionen der beiden Variabeln t, u sind, so lassen sich diese durch jene ausdrücken; folglich werden sich auch x, y, z, λ, μ, ν in Funktion von φ, ψ angeben lassen. Da dieses die passendste Wahl der unabhängigen Variabeln ist, so wollen wir wieder t, u an die Stelle von φ, ψ setzen, d. h. wir wollen die beiden unabhängigen Variabeln t, u so wählen, daß nach geschehener Reduktion die Differentialgleichung (3) die Form

$$dt\, du = 0$$

annimmt. Wenn wir überdies die auf diese beiden Variabeln t, u bezüglichen Differentialkoeffizienten durch einen obern und einen untern Akzent von der respektiven ursprünglichen Funktion unterscheiden, also z. B.

$$dx = x'\, dt + x_{,}\, du$$

setzen, so werden aus der getroffenen Wahl der unabhängigen Variabeln mit Notwendigkeit die beiden Gleichungen

$$\left.\begin{aligned} (\mu \nu' - \mu' \nu)\, x' + (\nu \lambda' - \nu' \lambda)\, y' + (\lambda \mu' - \lambda' \mu)\, z' &= 0 \\ (\mu \nu_{,} - \mu_{,} \nu)\, x_{,} + (\nu \lambda_{,} - \nu_{,} \lambda)\, y_{,} + (\lambda \mu_{,} - \lambda_{,} \mu)\, z_{,} &= 0 \end{aligned}\right\} \tag{5}$$

folgen. Zugleich ergeben sich durch Differentiation der Gleichung

$$\lambda^2 + \mu^2 + \nu^2 = 1$$

die beiden Gleichungen

$$\left.\begin{aligned} \lambda \lambda' + \mu \mu' + \nu \nu' &= 0 \\ \lambda \lambda_{,} + \mu \mu_{,} + \nu \nu_{,} &= 0 \end{aligned}\right\} \tag{6}$$

welche zeigen, daß die beiden durch die Größen

$$\lambda', \mu', \nu',$$
$$\lambda_{,}, \mu_{,}, \nu_{,}$$

bestimmten Richtungen zu der ursprünglichen Geraden (λ, μ, ν) senkrecht sind. Da nun überdies die beiden genannten Richtungen (λ', μ', ν') und ($\lambda_{,}$, $\mu_{,}$, $\nu_{,}$) mit den beiden charakteristischen Ebenen parallel sind, so wird der Winkel w, unter dem diese beiden sich schneiden, durch die Formel

$$\cos w = \frac{\lambda'\lambda_{,} + \mu'\mu_{,} + \nu'\nu_{,}}{\sqrt{\lambda'^2 + \mu'^2 + \nu'^2}\,\sqrt{\lambda_{,}^2 + \mu_{,}^2 + \nu_{,}^2}} \tag{7}$$

bestimmt.

4. Wenn die beiden charakteristischen Ebenen zueinander *senkrecht* sein sollen, so muß die Gleichung

$$\lambda'\lambda_{,} + \mu'\mu_{,} + \nu'\nu_{,} = 0$$

erfüllt sein. Nimmt man aber zu dieser die zweite der Gleichungen (6) hinzu, so folgt aus beiden, da im allgemeinen nicht alle drei Größen $\lambda_{,}$, $\mu_{,}$, $\nu_{,}$ zugleich verschwinden können:

$$\frac{\mu\nu' - \mu'\nu}{\lambda_{,}} = \frac{\nu\lambda' - \nu'\lambda}{\mu_{,}} = \frac{\lambda\mu' - \lambda'\mu}{\nu_{,}}$$

(Proportionen, die übrigens aus der Lehre von der Transformation rechtwinkliger Koordinaten im Raume bekannt sind). Demnach verwandelt sich die erste der Gleichungen (5) in

$$\lambda_{,}x' + \mu_{,}y' + \nu_{,}z' = 0. \tag{8}$$

Auf ähnliche Weise findet man aber auch:

$$\lambda'x_{,} + \mu'y_{,} + \nu'z_{,} = 0. \tag{8 bis}$$

Aus diesen beiden Gleichungen (8) läßt sich nun für den vorliegenden speziellen Fall eine merkwürdige Bedingung ableiten. Ich gebe nämlich den beiden unabhängigen Variabeln t, u zuerst die beliebigen Inkremente α, β, sodann andere beliebige Inkremente γ, δ, und bezeichne die entsprechenden Inkremente der Funktionen x, y, z, λ, μ, ν das erstemal durch ein vorgesetztes d, das andere Mal durch ein vorgesetztes d', so daß z. B.

$$dx = x'\alpha + x_{,}\beta,$$
$$d'x = x'\gamma + x_{,}\delta$$

ist. Dann folgt aus den Gleichungen (8):

$$d'\lambda\, dx + d'\mu\, dy + d'\nu\, dz = d\lambda\, d'x + d\mu\, d'y + d\nu\, d'z. \tag{9}$$

Da der Ort des Punkts (x, y, z) eine krumme Fläche ist, so ergibt sich aus dieser Bedingungsgleichung folgender Satz:

Durch jeden Punkt M irgendeiner krummen Fläche sind nach einem beliebigen Gesetz gerade Linien MP gezogen. Wenn nun für einen gegebenen Punkt M die beiden charakteristischen Ebenen, welche durch die zugehörige Gerade MP gehen, aufeinander senkrecht stehen sollen, so muß folgende Bedingung erfüllt sein: Man nehme auf der krummen Fläche zwei beliebige konsekutive Punkte M', M'', welchen die konsekutiven Geraden M'P', M''P'' zugehören, ziehe dann durch irgendeinen Punkt O im Raume die Geraden ON, ON', ON'' parallel mit den Geraden MP, M'P', M''P'', mache ON = ON' = ON'' und ziehe die Geraden NN', NN''.

Wenn man sich nun M als materiellen Punkt denkt, der die Fähigkeit hat, den unendlich kleinen Weg MM' zu durchlaufen, während zugleich eine Kraft auf ihn wirkt, deren Richtung und Größe durch NN'' dargestellt ist, so ist das virtuelle Moment dasselbe, wie wenn der materielle Punkt den Weg MM'' durchläuft und die auf ihn wirkende Kraft durch NN' dargestellt ist. Das heißt, das virtuelle Moment darf sich nicht ändern, wenn man die konsekutiven Punkte M', M'' miteinander vertauscht.

Bemerkung. Wenn t, u wieder, wie unter Ziffer 2, beliebige unabhängige Variabeln bezeichnen, so läßt sich die Gleichung (9) auch so schreiben:

$$\left.\begin{aligned} &\frac{d\lambda}{du}\cdot\frac{dx}{dt}+\frac{d\mu}{du}\cdot\frac{dy}{dt}+\frac{d\nu}{du}\cdot\frac{dz}{dt}\\ &=\frac{d\lambda}{dt}\cdot\frac{dx}{du}+\frac{d\mu}{dt}\cdot\frac{dy}{du}+\frac{d\nu}{dt}\cdot\frac{dz}{du}\end{aligned}\right\} \qquad (9\text{ bis})$$

5. Der Ort aller Punkte, in denen jede Gerade einer abwickelbaren Fläche von ihrer konsekutiven geschnitten wird, heißt bekanntlich *die charakteristische Kurve der abwickelbaren Fläche.* Da nun nach Ziffer 2 jedes räumliche System von Geraden ein und dasselbe ist mit zwei Systemen abwickelbarer Flächen, die ihre Geraden gemein haben, so ist auch der Ort aller Punkte, in denen sich konsekutive Geraden eines räumlichen Systems schneiden, ein Paar krummer Flächen, deren eine sämtliche charakteristische Kurven des einen Systems abwickelbarer Flächen, die andere diejenigen des andern Systems enthält. Zugleich wird jene erste *Ortsfläche* (so will ich fortan diese beiden Flächen nennen) von den abwickelbaren Flächen des zweiten Systems eingehüllt, und ebenso wird die zweite Ortsfläche von den abwickelbaren Flächen des ersten Systems eingehüllt. Da nun die erste Ortsfläche z. B. von irgendeiner bestimmten abwickelbaren Fläche des zweiten Systems in einer bestimmten Kurve berührt wird, die ich *Berührungskurve* nennen will, so ist jede der beiden Ortsflächen durch zweierlei Kurven in parallelogrammförmige infinitesimale Felder abgeteilt, einmal durch die charakteristischen Kurven der abwickelbaren Flächen des gleichnamigen Systems, sodann durch die Berührungskurven des entgegengesetzten Systems. – Demnach sind die Berührungskurven diejenigen Kurven, in denen je zwei konsekutive abwickelbare Flächen desselben Systems sich schneiden. – Aus dem Gesagten folgt auch, daß *jede charakteristische Ebene die entgegengesetzte Ortsfläche im entsprechenden Punkte berührt.*

Um diese Vorstellungen analytisch auszudrücken, behalte ich die unter Ziffer 3 getroffene Wahl der Variabeln t, u bei und gebe den Gleichungen (2) unter der Voraussetzung $u=$ const die Gestalt:

$$\left.\begin{aligned} -\lambda S-\lambda' T+x'&=0\\ -\mu S-\mu' T+y'&=0\\ -\nu S-\nu' T+z'&=0\end{aligned}\right\} \qquad (10)$$

Dann ergibt sich aus denselben, mit Betrachtung der Gleichungen (6):

$$T=\frac{\lambda' x'+\mu' y'+\nu' z'}{\lambda'^2+\mu'^2+\nu'^2} \qquad \text{und} \qquad S=\lambda x'+\mu y'+\nu z'.$$

Die Gleichungen (1), unter die Form

$$\left.\begin{aligned} X &= -\lambda T + x \\ Y &= -\mu T + y \\ Z &= -\nu T + z \end{aligned}\right\} \tag{11}$$

gebracht, geben nach geschehener Elimination der beiden Variabeln t, u eine Endgleichung zwischen den Koordinaten X, Y, Z derjenigen Ortsfläche, welche die charakteristischen Kurven sämtlicher durch die Gleichung $u =$ const dargestellten abwickelbaren Flächen enthält. Wird ferner

$$dX = X' dt + X_, du, \quad \text{usw.}$$
$$dT = T' dt + T_, du$$

gesetzt, so ergibt sich mit Beachtung der Gleichungen (10):

$$\left.\begin{aligned} X' &= \lambda (S - T') + \lambda' T, \quad \text{usw.} \\ X_, &= x_, - \lambda T_, \qquad\qquad \text{usw.} \end{aligned}\right\} \tag{12}$$

und da die Gleichungen (5) erfüllt sein müssen, so folgt

$$(\mu \nu_, - \mu_, \nu)\, dX + (\nu \lambda_, - \nu_, \lambda)\, dY + (\lambda \mu_, - \lambda_, \mu)\, dZ = 0 \tag{13}$$

als Differentialgleichung der Ortsfläche. Diese Gleichung (13) lehrt zugleich, daß die Ortsfläche von derjenigen charakteristischen Ebene, welche der Annahme $t =$ const entspricht, berührt wird.

6. Im vorigen hat sich das räumliche System von Geraden in ein *System gemeinschaftlicher Tangenten beider Ortsflächen* verwandelt. Wir wollen nun die umgekehrte Aufgabe, *aus den beiden Ortsflächen das räumliche System von Geraden samt seinen abwickelbaren Flächen herzuleiten*, betrachten. Es seien zwei beliebige krumme Flächen gegeben, und man solle eine abwickelbare Fläche finden, deren charakteristische Kurve auf der ersten der beiden gegebenen Flächen liegt, während die zweite von ihr eingehüllt wird. Durch einen beliebigen Punkt A der ersten Fläche lege man eine Berührungsebene an dieselbe, so wird diese die zweite Fläche in einer ebenen Kurve schneiden; an diese ebene Kurve ziehe man nun vom Punkt A aus eine Tangente, welche sie im Punkte B berührt. In der Richtung dieser Tangente nehme man auf der ersten Fläche einen zweiten Punkt $A_,$ unendlich nahe bei A, wiederhole die vorige Konstruktion in Beziehung auf diesen Punkt $A_,$ und bestimme dadurch einen neuen Punkt $B_,$ auf der zweiten Fläche. Setzt man dieses Verfahren fort, so bestimmt die Reihenfolge der Tangenten AB, $A_,B_,$ usw. eine abwickelbare Fläche, welche die zweite gegebene Ortsfläche einhüllt und ihre charakteristische Kurve auf der ersten Ortsfläche hat. Die gerade Linie $AA_,$ ist das Element einer charakteristischen Kurve, und $BB_,$ das Element einer Berührungskurve.

Wenn $U(x, y, z) = 0$, $V(x_,, y_,, z_,) = 0$ die Gleichungen der beiden Ortsflächen sind, so ist die gegenseitige Abhängigkeit der Koordinaten x, y, z, $x_,$, $y_,$, $z_,$ je zweier zusammengehöriger Punkte A, B beider Ortsflächen durch folgende vier Gleichungen ausgedrückt:

$$\left.\begin{array}{ll} U = 0, & \frac{dU}{dx}(x_, - x) + \frac{dU}{dy}(y_, - y) + \frac{dU}{dz}(z_, - z) = 0 \\ V = 0, & \frac{dV}{dx_,}(x_, - x) + \frac{dV}{dy_,}(y_, - y) + \frac{dV}{dz_,}(z_, - z) = 0 \end{array}\right\} \tag{14}$$

Sind z. B. x, y, z so bestimmt, daß sie der Gleichung $U = 0$ genügen, so reichen die drei andern Gleichungen gerade hin, um $x_,$, $y_,$, $z_,$ zu bestimmen. Man kann sich daher die sechs Variabeln x, y, z, $x_,$, $y_,$, $z_,$ als Funktionen *zweier* unabhängiger Variabeln denken, welche den vier obigen Gleichungen genügen. Die Relation zwischen diesen beiden Unabhängigen, welche für die charakteristische Kurve auf der ersten Ortsfläche ($U = 0$) bestehen muß, wird gefunden durch Integration der Gleichung

$$\frac{dV}{dx_,}dx + \frac{dV}{dy_,}dy + \frac{dV}{dz_,}dz = 0. \tag{15}$$

Das Integral derselben sei $\varphi = \text{const}$. Will man nun eine Gleichung für die abwickelbare Fläche haben, welche die zweite Ortsfläche ($V = 0$) einhüllt, so muß man aus den drei Gleichungen

$$\left.\begin{array}{c} \frac{dU}{dx}(X - x) + \frac{dU}{dy}(Y - y) + \frac{dU}{dz}(Z - z) = 0 \\ \frac{dV}{dx_,}(X - x) + \frac{dV}{dy_,}(Y - y) + \frac{dV}{dz_,}(Z - z) = 0 \\ \varphi = \text{const} \end{array}\right\} \tag{16}$$

mit Beiziehung der Gleichungen (14) die beiden unabhängigen Variabeln eliminieren. Die resultierende Gleichung zwischen X, Y, Z ist diejenige der abwickelbaren Fläche.

Besondere Beachtung verdient der besondere Fall, wo die beiden Gleichungen

$$S\,\frac{dU}{dx}(x_, - x) = 0 \quad \text{und} \quad S\,\frac{dV}{dx_,}(x_, - x) = 0$$

zusammenfallen, weil

$$\frac{dU}{dx} : \frac{dU}{dy} : \frac{dU}{dz} = \frac{dV}{dx_,} : \frac{dV}{dy_,} : \frac{dV}{dz_,}$$

ist. Man hat alsdann fünf Gleichungen zwischen den sechs Variabeln x, y, z, $x_,$, $y_,$, $z_,$. Folglich entspricht dieser Bedingung nur *eine Grenzkurve* auf jeder Ortsfläche. Es sind diejenigen zwei Kurven, in denen die zwei gegebenen Ortsflächen von einer einzigen abwickelbaren Fläche berührt werden. Sie sind zugleich die Orte der Rückkehrpunkte aller charakteristischen Kurven.

Das im Vorhergehenden besprochene räumliche System von Geraden kann also außer den beiden Systemen abwickelbarer Flächen auch noch eine *singuläre abwickelbare Fläche* enthalten, welche der Ort ist aller derjenigen Geraden, für welche der Winkel der beiden charakteristischen Ebenen verschwindet, d. h. für welche, wenn wir die Bezeichnungen von Ziffer 3 gebrauchen,

$$\lambda' : \mu' : \nu' = \lambda_, : \mu_, : \nu_,$$

ist. (Obschon dieser Proportionen zwei an der Zahl sind, so wird doch durch dieselben nur eine einzige Relation zwischen den beiden Unabhängigen t, u gesetzt, da wegen der Gleichung (6) eine dieser beiden Proportionen die andere zur Folge hat.) Ich vermute, daß diese singuläre abwickelbare Fläche der *partikulären Solution* der Differentialgleichung (3) entspreche.

Aus dem Gesagten folgt auch, daß der Ort aller Durchschnittspunkte konsekutiver Geraden des räumlichen Systems außer den beiden Ortsflächen noch eine *singuläre* oder vielmehr *isolierte Kurve* enthalten kann, nämlich die charakteristische Kurve der singulären abwickelbaren Fläche.

Wenn die beiden Ortsflächen zwei getrennte und überall konvexe Körper umschließen, und man denkt sich den einen dieser Körper leuchtend, den andern dunkel, so besteht die singuläre abwickelbare Fläche aus den zwei Mänteln, welche den Raum des *Halbschattens* begrenzen.

7. Nun wollen wir das *System der Normalen einer krummen Fläche* betrachten. Wir können hiefür die Gleichungen (1) zu Anfang der Ziffer 2 behalten, indem wir denselben nur noch die Bedingung

$$\lambda\, dx + \mu\, dy + \nu\, dz = 0 \tag{17}$$

hinzufügen. Wenn wir wiederum so wie dort zwei beliebige unabhängige Variabeln t, u annehmen und der Kürze wegen z. B. $dx = x'\,dt + x_{,}\,du$ setzen, so zerfällt diese Bedingung in die zwei Gleichungen

$$\lambda\, x' + \mu\, y' + \nu\, z' = 0,$$
$$\lambda\, x_{,} + \mu\, y_{,} + \nu\, z_{,} = 0.$$

Differenziert man die erste nach u, die zweite nach t, so ergeben sich die zwei Gleichungen

$$\lambda\, x'_{,} + \mu\, y'_{,} + \nu\, z'_{,} + \lambda_{,}\, x' + \mu_{,}\, y' + \nu_{,}\, z' = 0,$$
$$\lambda\, x'_{,} + \mu\, y'_{,} + \nu\, z'_{,} + \lambda'\, x_{,} + \mu'\, y_{,} + \nu'\, z_{,} = 0;$$

und wenn man diese voneinander subtrahiert, so ergibt sich die Gleichung:

$$\lambda_{,}\, x' + \mu_{,}\, y' + \nu_{,}\, z' = \lambda'\, x_{,} + \mu'\, y_{,} + \nu'\, z_{,},$$

welche mit der Gleichung (9) unter Ziffer 4 übereinstimmt. Also *sind die zwei zu jeder Normale gehörenden charakteristischen Ebenen stets aufeinander senkrecht.*

Wenn wir auf die Gleichungen (10) unter Ziffer 5 zurückgehen, so sehen wir, daß vermöge der Gleichung (17) das dortige S verschwindet. Wenn wir ferner $x'dt$ durch dx usf. ersetzen und ϱ statt des dortigen T als Bezeichnung der Länge der Normale bis zum Durchschnitt mit ihrer konsekutiven gebrauchen, so bekommen wir die drei Gleichungen

$$\varrho = \frac{dx}{d\lambda} = \frac{dy}{d\mu} = \frac{dz}{d\nu}, \tag{18}$$

durch welche zugleich die Form der Gleichung $u = \text{const}$ im Sinne von Ziffer 3 und die entsprechende Länge ϱ der Normale bestimmt werden. (Wenn die Gleichungen (10) durch Differentiation in Beziehung auf u entstanden wären, so wäre man durch deren Anwendung auf dieselben Gleichungen (18) gekommen. Folglich geben diese, wie man übrigens auch aus der quadratischen Form, die sie bei der Entwicklung annehmen, ersieht, auch die Gleichung $t = \text{const}$ und die entsprechende Länge ϱ' der Normale.)

Die Gleichungen (18) sind leicht geometrisch zu beweisen. Es seien nämlich QM, QM' zwei in den Punkten M, M' an die gegebene Fläche gezogene Normalen, die im Punkte Q sich schneiden; und man ziehe aus einem beliebigen Punkte O zwei der Einheit gleiche gerade Linien ON, ON' parallel mit jenen beiden Normalen, so ist das gleichschenklige Dreieck ONN' dem Dreieck QMM' ähnlich; folglich

$$ON : QM = NN' : MM'.$$

Und weil NN' und MM' parallel sind, so ist das Verhältnis derselben demjenigen ihrer Projektionen gleich. Da nun $ON = 1$, $QM = \varrho$ und die Projektionen von NN', MM' respektive den Differentialen $d\lambda$, $d\mu$, $d\nu$; dx, dy, dz gleich sind, so ergibt sich die Richtigkeit der Bedingungsgleichungen (18).

Die Gleichungen (18) sind nur scheinbar *drei* an der Zahl; denn wegen der Gleichung (17) und der Gleichung $\lambda\, d\lambda + \mu\, d\mu + \nu\, d\nu = 0$ ist immer eine derselben die Folge der beiden übrigen. Sie bestimmen daher nicht mehr als das Verhältnis der Differentiale der beiden unabhängigen Variabeln und den Wert ϱ der Normale.

8. Wir wollen nun aus den Gleichungen (18) die Verhältnisse der Differentialen der Variabeln eliminieren, um eine Endgleichung für die Länge ϱ der Normale zu erhalten. Die Gleichung der gegebenen krummen Fläche sei $U(x, y, z) = 0$, und man habe

$$dU = L\, dx + M\, dy + N\, dz,$$

so ist

$$\lambda = \frac{L}{\sqrt{L^2+M^2+N^2}}.$$

Die drei Größen λ, μ, ν können somit als Funktionen dreier unabhängiger Variabeln behandelt werden. Setzt man überdies

$$ds = \sqrt{dx^2 + dy^2 + dz^2}, \quad \alpha = \frac{dx}{ds}, \quad \beta = \frac{dy}{ds}, \quad \gamma = \frac{dz}{ds},$$

so werden die Gleichungen (18)

$$\left.\begin{aligned} \left(\frac{d\lambda}{dx} - \frac{1}{\varrho}\right)\alpha + \frac{d\lambda}{dy}\beta + \frac{d\lambda}{dz}\gamma = 0 \\ \frac{d\mu}{dx}\alpha + \left(\frac{d\mu}{dy} - \frac{1}{\varrho}\right)\beta + \frac{d\mu}{dz}\gamma = 0 \\ \frac{d\nu}{dx}\alpha + \frac{d\nu}{dy}\beta + \left(\frac{d\nu}{dz} - \frac{1}{\varrho}\right)\gamma = 0 \end{aligned}\right\} \tag{19}$$

(Eine dieser Gleichungen kann auch durch die Gleichung (17) d. h. durch

$$\lambda\alpha + \mu\beta + \nu\gamma = 0$$

ersetzt werden.) Eliminiert man aus denselben die zwei Verhältnisse der Größen

α, β, γ, so ergibt sich eine Gleichung für $1/\varrho$, die auf den dritten Grad zu steigen scheint. Da aber aus der Gleichung $\lambda^2 + \mu^2 + \nu^2 = 1$ die drei folgenden

$$\left.\begin{aligned} \frac{d\lambda}{dx}\lambda + \frac{d\mu}{dx}\mu + \frac{d\nu}{dx}\nu = 0 \\ \frac{d\lambda}{dy}\lambda + \frac{d\mu}{dy}\mu + \frac{d\nu}{dy}\nu = 0 \\ \frac{d\lambda}{dz}\lambda + \frac{d\mu}{dz}\mu + \frac{d\nu}{dz}\nu = 0 \end{aligned}\right\} \tag{20}$$

sich ergeben, und da nun nicht alle drei Größen λ, μ, ν zugleich verschwinden können, so folgt, daß die Ausdrücke, welche man durch das gewöhnliche Eliminationsverfahren für (die Unbekannten) λ, μ, ν erhält, die Form 0/0 haben müssen, daß also der allen drei Ausdrücken gemeinschaftliche Nenner verschwindet. Das heißt es folgt aus den Gleichungen (20), daß die Determinante

$$\sum \pm \frac{d\lambda}{dx} \cdot \frac{d\mu}{dy} \cdot \frac{d\nu}{dz} = 0$$

ist (wo das Summenzeichen sich auf die sechs Permutationen der untergesetzten Zeichen dx, dy, dz bezieht und das vorgesetzte $\pm$ den bekannten Zeichenwechsel der dreifachen Produkte bezeichnet). Daher wird obige Gleichung für $1/\varrho$ durch $1/\varrho$ teilbar und kommt unter folgender Gestalt auf den zweiten Grad zurück:

$$\begin{aligned} \left(\frac{1}{\varrho}\right)^2 - \left[\frac{d\lambda}{dx} + \frac{d\mu}{dy} + \frac{d\nu}{dz}\right]\frac{1}{\varrho} \\ + \frac{d\mu}{dy}\cdot\frac{d\nu}{dz} - \frac{d\mu}{dz}\cdot\frac{d\nu}{dy} \\ + \frac{d\nu}{dz}\cdot\frac{d\lambda}{dx} - \frac{d\nu}{dx}\cdot\frac{d\lambda}{dz} \\ + \frac{d\lambda}{dx}\cdot\frac{d\mu}{dy} - \frac{d\lambda}{dy}\cdot\frac{d\mu}{dx} = 0 \end{aligned} \tag{21}$$

9. Die Gleichungen (19), vereint mit der Gleichung $\alpha^2 + \beta^2 + \gamma^2 = 1$, geben auch die Werte der drei Kosinus α, β, γ, welche die dem einen Werte von ϱ zugehörige *Richtung* bestimmen, *in welcher die aus Normalen gebildete abwickelbare Fläche die gegebene krumme Fläche schneidet.* Aus den beiden letzten der drei Gleichungen (19) ergibt sich durch Elimination von $1/\varrho$, wenn man zugleich die mit β^2, γ^2 behafteten Ausdrücke vermeidet, indem man von der Gleichung (17)

$$\lambda\alpha + \mu\beta + \nu\gamma = 0$$

Gebrauch macht:

$$\begin{aligned} \mu\nu\left(\frac{d\mu}{dy} - \frac{d\nu}{dz}\right)\beta\gamma + \mu\nu\frac{d\mu}{dx}\alpha\gamma - \mu\nu\frac{d\nu}{dx}\alpha\beta \\ - \mu\frac{d\mu}{dz}\gamma(\lambda\alpha + \mu\beta) + \nu\frac{d\nu}{dy}\beta(\lambda\alpha + \nu\gamma) = 0. \end{aligned} \tag{22}$$

Weil aber $\lambda = \dfrac{L}{\sqrt{L^2+M^2+N^2}}$ usw. ist, ohne daß in diesen Ausdrücken irgendeine Substitution aus der ursprünglichen Gleichung $U = 0$ vorgenommen worden ist, so muß die Differentialgleichung

$$\lambda\, dx + \mu\, dy + \nu\, dz = 0$$

in Beziehung auf die drei unabhängigen Variabeln x, y, z integrierbar sein. Wenn nun der Kürze wegen

$$\left.\begin{aligned} l &= \mu \frac{d\lambda}{dz} - \nu \frac{d\lambda}{dy} \\ m &= \nu \frac{d\mu}{dx} - \nu \frac{d\mu}{dz} \\ n &= \lambda \frac{d\nu}{dy} - \mu \frac{d\nu}{dx} \end{aligned}\right\} \tag{23}$$

gesetzt wird, so ist

$$l + m + n = 0 \tag{24}$$

die bekannte Bedingung der Integrierbarkeit jener Differentialgleichung. In der Gleichung (22) wird nun der Koeffizient von $\beta\gamma$:

$$\nu \left(\mu \frac{d\mu}{dy} + \nu \frac{d\nu}{dy}\right) - \mu \left(\nu \frac{d\nu}{dz} + \mu \frac{d\mu}{dz}\right)$$

und verwandelt sich wegen den Gleichungen (20) in $\lambda\, l$. Demnach erhält jene Gleichung (22) die merkwürdige Form:

$$\lambda\, l\, \beta\gamma + \mu\, m\, \gamma\alpha + \nu\, n\, \alpha\beta = 0. \tag{25}$$

Wird diese Gleichung (25) mit der bekannten $\lambda\alpha + \mu\beta + \nu\gamma = 0$ verbunden, so liefert sie zunächst quadratische Gleichungen für die Verhältnisse der Kosinus α, β, γ. Eliminiert man z. B. γ, so wird sie

$$\lambda\, \mu\, m\, \alpha^2 + (\lambda^2 l + \mu^2 m - \nu^2 n)\, \alpha\beta + \lambda\, \mu\, l\, \beta^2 = 0.$$

Setzt man nun der Kürze wegen

$$\left.\begin{aligned} &\begin{aligned} -\lambda^2 l + \mu^2 m + \nu^2 n &= p, \\ \lambda^2 l - \mu^2 m + \nu^2 n &= q, \\ \lambda^2 l + \mu^2 m - \nu^2 n &= r, \end{aligned} \quad \left|\ \begin{aligned} T^2 &= p^2 - 4\,\mu^2 \nu^2 m\, n \\ &= q^2 - 4\,\nu^2 \lambda^2 n\, l \\ &= r^2 - 4\,\lambda^2 \mu^2 l\, m \end{aligned}\right. \\ &\text{also auch} \\ &\qquad T^2 = -\lambda^2 l\, p - \mu^2 m\, q - \nu^2 n\, r \\ &\qquad\quad\ = -q\, r - r\, p - p\, q \end{aligned}\right\} \tag{26}$$

so ergibt sich

$$\frac{\beta}{\alpha} = \frac{-r+T}{2\lambda\mu l}, \qquad \frac{\gamma}{\alpha} = \frac{-q-T}{2\lambda\nu l}. \tag{27}$$

Mit Beiziehung der Gleichung $\alpha^2 + \beta^2 + \gamma^2 = 1$ und Beachtung der Bedingung (24) und folgender aus den Gleichungen (26) resultierenden Relationen

$$(\mu^2 + \nu^2)^2 T^2 - (\mu^2 q - \nu^2 r)^2 = 4\lambda^2 \mu^2 \nu^2 l^2 \quad \text{usw.}$$

findet man

$$\left.\begin{aligned} \alpha^2 &= \frac{\mu^2+\nu^2}{2} - \frac{\mu^2 q - \nu^2 r}{2T} \\ \beta^2 &= \frac{\nu^2+\lambda^2}{2} - \frac{\nu^2 r - \lambda^2 p}{2T} \\ \gamma^2 &= \frac{\lambda^2+\mu^2}{2} - \frac{\lambda^2 p - \mu^2 q}{2T} \end{aligned}\right\} \qquad (28)$$

ferner, wenn α', β', γ' diejenigen Werte von α, β, γ bezeichnen, welche dem entgegengesetzten Vorzeichen des Radikals T entsprechen,

$$\left.\begin{aligned} \alpha^2 + \alpha'^2 &= \mu^2 + \nu^2 & \quad \alpha\alpha' &= \frac{\lambda\mu\nu}{T}\,l \\ \beta^2 + \beta'^2 &= \nu^2 + \lambda^2 & \quad \beta\beta' &= \frac{\lambda\mu\nu}{T}\,m \\ \gamma^2 + \gamma'^2 &= \lambda^2 + \mu^2 & \quad \gamma\gamma' &= \frac{\lambda\mu\nu}{T}\,n \end{aligned}\right\} \qquad (29)$$

wo die schon aus dem Anfang von Ziffer 7 bekannte Gleichung

$$\alpha\alpha' + \beta\beta' + \gamma\gamma' = 0$$

mit der Integrabilitätsbedingung (24) übereinstimmt.

10. Im Vorhergehenden haben wir ϱ, ϱ' als Längen der Normale von der krummen Fläche an bis zu den beiden Durchschnitten mit einer konsekutiven Normale, und $\alpha, \beta, \gamma, \alpha', \beta', \gamma'$ als Kosinus, welche die Richtungen der Durchschnitte der entsprechenden charakteristischen Ebenen mit der Berührungsebene der krummen Fläche bestimmten, gefunden. Es bleibt nun zu zeigen übrig, daß jene Längen die *Halbmesser der größten und kleinsten Krümmung* und diese Richtungen *diejenigen der genannten Krümmungen* sind.

Durch die Normale im Punkt M der gegebenen krummen Fläche werde eine Ebene in beliebiger Richtung gelegt. Q sei der zum Punkt M gehörende Krümmungsmittelpunkt der Durchschnittskurve, welcher offenbar auf der Normale des Punktes M liegen wird, und M' ein konsekutiver Punkt dieser Kurve. Durch einen beliebigen Punkt O ziehe man ON, ON', ON'' respektive parallel mit den Normalen der krummen Fläche in den Punkten M, M' und mit QM', und mache $ON = ON' = ON'' = 1$, so werden $d\lambda$, $d\mu$, $d\nu$ die Projektionen der geraden Linie NN' sein, und, da die Tangente der Durchschnittskurve im Punkte M' sowohl auf der Flächennormale in diesem Punkt als auch auf QM' senkrecht steht, so wird sie auf der durch beide Linien gelegten Ebene senkrecht stehen; also wird auch NN'' auf der Ebene $ON'N''$ senkrecht stehen und daher in dem infinitesimalen Dreieck $NN'N''$ der Winkel N'' ein rechter sein. Somit ist NN'' die Projektion von NN' auf die Richtung NN'' oder MM', die durch die Kosinus dx/ds, dy/ds, dz/ds bestimmt wird, d. h. es ist

$$NN'' = d\lambda\,\frac{dx}{ds} + d\mu\,\frac{dy}{ds} + d\nu\,\frac{dz}{ds}\,.$$

Da nun $ON : NN'' = QM : MM'$ und da $ON = 1$, $MM' = ds$ ist, so ergibt sich, wenn man den Krümmungshalbmesser $QM = K$ setzt,

$$K = \frac{dx^2 + dy^2 + dz^2}{dx\, d\lambda + dy\, d\mu + dz\, d\nu} \tag{30}$$

als Ausdruck des Krümmungshalbmessers der Durchschnittskurve.

Nun bilde das auf der krummen Fläche liegende Kurvenelement ds mit einer der beiden charakteristischen Ebenen den Winkel w, so daß, wenn α, β, γ, α', β', γ' dieselbe Bedeutung haben wie in Ziffer 9 und λ', ..., $\lambda_{,}$, ..., wie in Ziffer 3,

$$dx = ds\,(\alpha \cos w + \alpha' \sin w) \quad \text{usw.}$$

$$d\lambda = ds\,(\lambda' \cos w + \lambda_{,} \sin w) \quad \text{usw.}$$

gesetzt werden kann. Dann ergibt sich

$$\frac{1}{K} = \Sigma\,(\lambda' \cos w + \lambda_{,} \sin w)\,(\alpha \cos w + \alpha' \sin w)\,,$$

wo sich das Summenzeichen Σ auf die drei Koordinatenachsen bezieht.

Nun ist aber wegen (18)

$$\varrho = \frac{\alpha}{\lambda'} = \frac{\beta}{\mu'} = \frac{\gamma}{\nu'}\,, \qquad \varrho' = \frac{\alpha'}{\lambda_{,}} = \frac{\beta'}{\mu_{,}} = \frac{\gamma'}{\nu_{,}}\,;$$

folglich

$$\Sigma\,\lambda'\alpha = \frac{1}{\varrho}\,, \quad \Sigma\,\lambda_{,}\alpha' = \frac{1}{\varrho'}\,, \quad \Sigma\,\lambda'\alpha' = 0, \quad \Sigma\,\lambda_{,}\alpha = 0;$$

demnach wird

$$\frac{1}{K} = \frac{1}{\varrho}\cos^2 w + \frac{1}{\varrho'}\sin^2 w\,, \tag{31}$$

woraus sich sogleich ergibt, daß ϱ, ϱ' die kleinsten und größten Werte von K sind.

11. Die beiden Systeme abwickelbarer Flächen, in welche das System der Normalen der gegebenen krummen Fläche zerfällt, schneiden nach dem Vorigen diese letztere in *Kurven größter und kleinster Krümmung*, d. h. in solche Kurven, deren Elemente durchweg die Richtung der größten oder kleinsten Krümmung haben. Da nun die beiden Systeme abwickelbarer Flächen sich rechtwinklig durchschneiden, so *wird die gegebene krumme Fläche von ihren sämtlichen Kurven größter und kleinster Krümmung in lauter rechteckige Elemente eingeteilt.*

Die Ortsfläche für alle Mittelpunkte *kleinster* Krümmung wird nach Ziffer 5 berührt von der durch eine Normale und die entsprechende Richtung der *größten* Krümmung gelegten Ebene. Da nun die (andere charakteristische) Ebene, welche durch eben dieselbe Normale und die Richtung der *kleinsten* Krümmung gelegt ist und daher auf der vorigen senkrecht ist, zwei konsekutive Tangenten der charakteristischen Kurve enthält oder die oskulierende Ebene derselben ist, so folgt hieraus, daß diese charakteristische Kurve eine *kürzeste* auf obiger Ortsfläche sein muß. Denn, damit eine Kurve auf einer krummen Fläche eine *kürzeste* sei, ist es nötig und reicht hin, daß in jedem Punkte jener Kurve ihre oskulierende Ebene durch die Normale der krummen Fläche gehe.

REMARQUE

Le premier mémoire publié par Schläfli le 17 avril 1846, traite des systèmes doublement indéterminés de droites (*räumliches System von Geraden*) qu'on appelle aujourd'hui: *congruences de droites*. En 1868, Plücker a fait une étude systématique de l'espace réglé dans l'ouvrage intitulé *Neue Geometrie des Raumes, gegründet auf die Betrachtung der geraden Linie als Raumelement.* Mais on doit à Monge la proposition fondamentale de la théorie des congruences (Mémoires de l'Académie des Sciences 1781, p. 666), ainsi que l'étude du système des normales à une surface (Application de l'Analyse à la Géométrie).

Ce premier travail, qui ne contenait rien de nouveau, a conduit Schläfli d'une part à l'étude des courbes géodésiques de l'ellipsoïde, auxquelles Jacobi avait déjà consacré un important ouvrage[1]) et d'autre part à la surface focale de la congruence des normales de l'ellipsoïde (*Ortsfläche*); il en trouve l'équation par une nouvelle méthode (n° 2, chiffre 3, page 26) qui consiste à éliminer un paramètre entre deux équations algébriques; il est ainsi amené à ses recherches sur les résultants d'un système d'équations algébriques publiées dans le tome II de ses *Œuvres* (n° 24).

L. Kollros.

---

[1]) C. G. J. Jacobi, *Note von der geodätischen Linie auf einem Ellipsoid und den verschiedenen Anwendungen einer merkwürdigen analytischen Substitution*, J. reine angew. Math. *19*, 309–313 (1839) = Werke *2*, S. 57.

Über den Ort der Mittelpunkte größter und kleinster Krümmung beim Ellipsoid, die kürzeste Kurve auf demselben und verwandte Gegenstände*)

*) JACOBI, dem ich zu großem Dank verpflichtet bin, hat zuerst das Integral der Differentialgleichung zweiter Ordnung in bezug auf die kürzeste Kurve auf dem Ellipsoid gefunden und im 19. Band des Crelleschen Journals nebst einer Menge fruchtbarer Andeutungen über den Gebrauch der konfokalen Flächen und verwandter allgemeinerer Begriffe mitgeteilt. Diese Abhandlung habe ich durch eine Übersetzung in Liouvilles Journal kennengelernt[1]). Da die in derselben enthaltenen Andeutungen bisher mannigfach von andern sind benutzt und entwickelt worden, so wird man es mir um so weniger übelnehmen, wenn auch ich diesen Gegenstand der kürzesten Kurve auf dem Ellipsoid, freilich bei weitem nicht nach dem darin liegenden Reichtum von Sätzen, ausbeute. Ich habe inzwischen erfahren, daß LIOUVILLE im 9. Bande seines Journals (Jahrgang 1844) einen Beweis zu JACOBIS Formel für die kürzeste Kurve auf dem Ellipsoid geliefert hat, denselben aber bis jetzt noch nicht zu Gesicht bekommen; dagegen gibt LIOUVILLE zu Anfang des 11. Bandes einen geometrischen Beweis jener Formel, den ich gesehen habe und der außer seiner Einfachheit vor dem meinigen, mehr indirekten den Vorzug hat, direkt zu sein[2]); während dagegen der meinige neben der Gleichung der Kurve zugleich noch die Länge ihres Bogens gibt. – In betreff der Fläche, welche der Ort aller Mittelpunkte größter und kleinster Krümmung des Ellipsoids ist, habe ich zu bemerken, daß ich auf geschehene Anfrage von den Herren JACOBI und DIRICHLET erfahren habe, daß die Endgleichung der genannten Ortsfläche schon gefunden ist und daß die Elimination gelingt, wenn die Summe der Quadrate der Hauptachsen als zu eliminierende Größe in die Rechnung gebracht wird. Diese letztere Andeutung tauchte indessen in meiner Erinnerung erst dann wieder auf, als ich durch den Gang der Untersuchung selbst darauf geführt wurde, die genannte Variable größerer Einfachheit wegen in Rechnung zu bringen.

1. Konstruktion der Krümmungskurven und der Krümmungsmittelpunkte beim Ellipsoid

Flächen zweiten Grades, welche den Mittelpunkt und die Brennpunkte ihrer Hauptschnitte gemein haben, heißen *konfokale Flächen*. Die drei Unterschiede der Quadrate ihrer homologen Halbachsen sind alle einander gleich. Man wird daher ein System konfokaler Flächen erhalten, wenn man, bei einem gegebenen Ellipsoid (I) anfangend, die Quadrate seiner Halbachsen gleichmäßig abnehmen läßt. Das Quadrat der kleinsten Halbachse wird bei diesem Verlauf zuerst auf den Nullwert herabsinken, und somit wird die konfokale Fläche in die Ebene des *ersten* Hauptschnitts degenerieren. Hierauf bekommt das Quadrat der kleinsten Halbachse einen negativen Wert, und die konfokale Fläche wird

[1]) C. G. J. JACOBI, *Note von der geodätischen Linie auf einem Ellipsoid und den verschiedenen Anwendungen einer merkwürdigen analytischen Substitution*, J. reine angew. Math. *19*, 309–313 (1839); J. Math. pures appl. (1), *6*, 267 (1841); Gesammelte Werke *2*, 57 (1882). *L. K.*

[2]) J. LIOUVILLE, *De la ligne géodésique sur un ellipsoïde quelconque*, J. Math. pures appl. (1), *9*, 401–408 (1844); *Démonstration géométrique relative à l'équation des lignes géodésiques sur les surfaces du second degré*, J. Math. pures appl. (1) *11*, 21–24 (1846). *L. K.*

ein *Hyperboloid mit einem Mantel* (II). Sodann erreicht das Quadrat der mittleren Halbachse den Nullwert, und die konfokale Fläche degeneriert in die Ebene des *zweiten* Hauptschnitts, um, wenn auch dieses Quadrat negativ geworden sein wird, in ein *Hyperboloid mit zwei Mänteln* überzugehen (III). Endlich erreicht auch das Quadrat der größten Halbachse den Nullwert, und die konfokale Fläche degeneriert in die Ebene des *dritten* Hauptschnitts. Bei weiterer Abnahme der Quadrate der Halbachsen hört sie auf, reelle Punkte zu haben (IV).

Zwei konfokale Flächen, welche zu einer und derselben der soeben aufgezählten drei Gattungen gehören, können einander nicht wirklich schneiden. Dagegen wird jede Fläche einer Gattung von allen konfokalen Flächen der beiden andern Gattungen geschnitten, und zwar in *Krümmungskurven.* Das Ellipsoid (I) z.B. wird von den konfokalen Flächen der *zweiten* Gattung in Kurven *kleinster* Krümmung, und von denjenigen der *dritten* Gattung in Kurven *größter* Krümmung geschnitten.

Wenn $a^2 > \psi > b^2 > \varphi > c^2 > 0$ vorausgesetzt wird, und wenn

a^2	b^2	c^2
$a^2 - \varphi$	$b^2 - \varphi$	$c^2 - \varphi$
$a^2 - \psi$	$b^2 - \psi$	$c^2 - \psi$

die Quadrate der Halbachsen der drei konfokalen Flächen bezeichnen, welche sich im Punkte P schneiden mögen, so sind φ, ψ respektive gleich den Produkten der aus dem Mittelpunkt auf die das Ellipsoid im Punkte P berührende Ebene gefällten Senkrechten mit dem Halbmesser der größten oder kleinsten Krümmung. Demnach ist für alle Punkte einer Kurve kleinster Krümmung das Produkt φ der genannten Senkrechten mit dem Halbmesser der jeweiligen transversalen größten Krümmung konstant.

Die zum Punkte P gehörenden Größen φ und ψ sind respektive gleich den Quadraten der kleinen und großen Halbachse derjenigen Diametralebene des Ellipsoids, welche mit dessen Berührungsebene im Punkt P parallel ist, d.h. welche dem Punkte P konjugiert ist. Die genannten Halbachsen sind respektive parallel mit den Richtungen der größten und kleinsten Krümmung im Punkte P.

Wenn man die Krümmungskurven des Ellipsoids auf die Ebene des zweiten Hauptschnitts projiziert, so erscheinen sie als Stücke von Ellipsen, welche mit diesem Hauptschnitt Mittelpunkt und Richtung der Achsen gemein haben. Werden diese Ellipsen vollständig gezeichnet, so sind sie alle einer Raute eingeschrieben, deren Ecken auf den verlängerten Achsen liegen. Die vier Punkte des Ellipsoids, in denen die Figur des zweiten Hauptschnitts von den Seiten dieser Raute berührt wird, haben nach allen Richtungen gleiche, d.h. sphärische Krümmung, und sind den beiden kreisförmigen Diametralebenen des Ellipsoids konjugiert. Legt man durch die vier Seiten der genannten Raute parallel mit der mittleren Achse vier Berührungsebenen an das Ellipsoid, so schneiden sie dasselbe in acht imaginären Geraden, welche der Ort aller der

Punkte sind, in denen sich die konsekutiven Krümmungskurven schneiden und in welchen $\varphi = \psi \lesseqgtr b^2$ ist, d.h. in welchen das Ellipsoid sphärische Krümmung hat. (Für die vier reellen Kugelkrümmungspunkte ist speziell $\varphi = \psi = b^2$.)

Aus dem Gesagten ergibt sich eine neue Konstruktion der Krümmungskurven. Man lege an das Ellipsoid parallel mit den beiden Kreisschnitten vier Berührungsebenen und schreibe denselben elliptische Zylinder ein, welche die Lage der Achsen mit dem Ellipsoid gemein haben, so werden dieselben das letztere in seinen Krümmungskurven schneiden.

Wenn man durch den Punkt P des Ellipsoids zwei Gerade parallel mit den Normalen desselben in den vier Kugelkrümmungspunkten zieht, durch jede von beiden und durch die Normale im Punkt P zwei Ebenen legt und ihre Winkel halbiert, so schneiden die zwei Halbierungsebenen die Berührungsebene in den Richtungen der größten und kleinsten Krümmung. Der Grund hievon liegt darin, daß die dem Punkt P konjugierte Diametralebene von den beiden Kreisschnitten in zwei gleichen Durchmessern geschnitten wird, deren Winkel somit von den beiden Achsen der Diametralebene halbiert werden müssen.

Die beiden zum Punkt (x, y, z) des Ellipsoids gehörenden Mittelpunkte größter und kleinster Krümmung sind bestimmt durch den Durchschnitt der Normale mit einem veränderlichen Kegel zweiten Grades, der durch die drei Achsen geht und dessen Gleichung

$$\frac{x^3}{a^4}\, y' z' + \frac{y^3}{b^4}\, z' y' + \frac{z^3}{c^4}\, x' y' = 0$$

ist, wo x', y', z' die Koordinaten des Krümmungsmittelpunkts bezeichnen.

2. Konstruktion des Orts der Mittelpunkte größter und kleinster Krümmung beim Ellipsoid

Wenn durch die drei positiven Scheitel des gegebenen Ellipsoids eine Ebene gelegt und auf diese Ebene aus demjenigen Punkte, dessen Projektionen auf die Achsen die genannten Scheitel sind, eine Senkrechte errichtet und verlängert wird, so bestimmt jeder beliebige Punkt dieser Senkrechten durch seine Projektionen auf die drei Achsen die Scheitel eines Ellipsoids, das mit dem gegebenen die Lage der Achsen gemein hat. Die einhüllende Fläche dieses veränderlichen Ellipsoids ist der Ort aller Mittelpunkte größter und kleinster Krümmung des gegebenen Ellipsoids.

Jene Senkrechte schneidet der Reihe nach die Ebenen des ersten, zweiten und dritten Hauptschnitts, und in jedem dieser drei Momente degeneriert das veränderliche Ellipsoid in die Ebenen der respektiven Hauptschnitte. Nur in den beiden zwischen diesen drei Momenten enthaltenen Stadien schneiden sich die konsekutiven Ellipsoide realiter und geben dadurch die erzeugende Kurve der Ortsfläche. Man zeichne in den Ebenen der Hauptschnitte die drei Ellipsen, in welche die erzeugende Kurve in den drei vorhin angegebenen Momenten degeneriert, und die Evoluten der drei Hauptschnitte des gegebenen Ellipsoids, welche der erzeugenden Kurve während ihrer Bewegung gleichsam zur Leitung dienen, weil sie stets durch zwei derselben geht: man wird dann finden, daß im zweiten Hauptschnitt der elliptische Riß der Ortsfläche von der konkaven Evolute umschlossen und in den vier Punkten berührt wird, welche den vier Kugelkrümmungspunkten des gegebenen Ellipsoids entsprechen, ferner, daß je nachdem b^2 kleiner oder größer ist als $(a^2 + c^2)/2$, im ersten oder dritten Hauptschnitt der elliptische Riß und die Evolute sich schneiden, während im andern Hauptschnitt der elliptische Riß ganz von der Evolute umschlossen wird. Wenn man nach dieser Vorbereitung die Bewegung der erzeugenden Kurve verfolgt und dabei beachtet, daß dieselbe im ersten Stadium mit den entsprechenden Kurven kleinster Krümmung des ursprünglich gegebenen Ellipsoids und im zweiten Stadium mit den Kurven größter Krümmung ungefähr ähnliche Gestalt und Lage hat, so bekommt man ein deutliches Bild von der gesuchten Ortsfläche, welches etwa auf folgende Weise ausgesprochen werden mag.

Jeder Hauptschnitt besteht aus drei koinzidierenden Ellipsen und einer Kegelschnittsevolute; der Grad derselben ist also $2 + 2 + 2 + 6 = 12$. Folglich ist die Ortsfläche eine Fläche des *zwölften* Grades, welche drei aufeinander senkrechte Diametralebenen hat. Sie besitzt *drei elliptische Kanten der Rückkehr*, welche in den Diametralebenen liegen, und schneidet sich selbst in einer aus zwei geschlossenen Stücken bestehenden *Doppelkurve*, welche entweder um die größte oder um die kleinste Achse des ursprünglich gegebenen Ellipsoids herumgeht, je nachdem das Quadrat der mittlern Halbachse dieses letztern kleiner oder größer ist als die halbe Summe der Quadrate der beiden andern Halbachsen, d.h. je nachdem der Winkel, den die Normale im Kugelkrümmungspunkt mit der größten Achse bildet, weniger oder mehr als 45° beträgt.

3. Endgleichung der Ortsfläche

Da die Gleichung der Evolute der Ellipse $\left(\frac{x^2}{a^2} + \frac{y^2}{b^2} = 1\right)$ in der einfachen Form

$$(a\,x')^{2/3} + (b\,y')^{2/3} = (a^2 - b^2)^{2/3}$$

erscheint, so dünkt es einem wohl der Mühe wert zu sein, auch eine Gleichung für die besprochene Ortsfläche aufzusuchen. Der vorige Abschnitt war die geometrische Interpretation des Systems der beiden Gleichungen

$$\frac{(a\,x')^2}{(a^2-\varphi)^2} + \frac{(b\,y')^2}{(b^2-\varphi)^2} + \frac{(c\,z')^2}{(c^2-\varphi)^2} = 1,$$

$$\frac{(a\,x')^2}{(a^2-\varphi)^3} + \frac{(b\,y')^2}{(b^2-\varphi)^3} + \frac{(c\,z')^2}{(c^2-\varphi)^3} = 0,$$

welches für ein konstantes φ die erzeugende Kurve darstellt, und, wenn man φ daraus eliminieren könnte, eine einzige Gleichung zwischen den Koordinaten x', y', z' der Ortsfläche selbst geben würde. Wenn man aber in beiden Gleichungen die Nenner wegschafft, so werden beide in Beziehung auf φ vom *sechsten* Grade. Ohne Verlust der Symmetrie kann man auf folgende Art stufenweise den Grad der Gleichungen erniedrigen. Es sei der Kürze wegen

$$a^2 - \varphi = A, \quad b^2 - \varphi = B, \quad c^2 - \varphi = C,$$
$$\mathfrak{A} = \Sigma B^3 C^3 (a x')^2,$$
$$\mathfrak{B} = A^2 B^2 C^2 - \Sigma B^2 C^2 (a x')^2,$$

und dann setze man

$$ABC.\ \mathfrak{C} = \mathfrak{A} + (BC + CA + AB)\,\mathfrak{B},$$
$$ABC.\ \mathfrak{D} = -(A + B + C)\,\mathfrak{B} + (BC + CA + AB)\,\mathfrak{C},$$

so ergeben sich aus den ursprünglichen Gleichungen sechsten Grades, $\mathfrak{A} = 0$, $\mathfrak{B} = 0$, die beiden andern $\mathfrak{C} = 0$, $\mathfrak{D} = 0$, welche respektive vom fünften und vierten Grade sind. Wenn man nun

$$\omega = \frac{A + B + C}{3}$$

statt φ als zu eliminierende Größe einführt, so sieht man bald, daß die Gleichungen in Beziehung auf ω sich auf den dritten Grad herabbringen lassen. Wenn nämlich der Kürze wegen

$$s = (b^2 - c^2)^2 + (c^2 - a^2)^2 + (a^2 - b^2)^2,$$
$$p = (b^2 + c^2 - 2\,a^2)\,(c^2 + a^2 - 2\,b^2)\,(a^2 + b^2 - 2\,c^2)$$

ist, und man setzt

$$\mathfrak{E} = -2\,\mathfrak{C} + \omega\,\mathfrak{D},$$
$$\omega\,\mathfrak{F} = 4\,p\,\mathfrak{D} + 9\,s\,\mathfrak{E},$$

so bekommt man $\mathfrak{E} = 0$, $\mathfrak{F} = 0$, Gleichungen, die in Beziehung auf ω vom *dritten* Grad und in Beziehung auf $(a x')^2$, $(b y')^2$, $(c z')^2$ *linear* sind. Nun seien überhaupt

$$\alpha\,\omega^3 + \beta\,\omega^2 + \gamma\,\omega + \delta = 0$$
$$\alpha'\,\omega^3 + \beta'\,\omega^2 + \gamma'\,\omega + \delta' = 0$$

zwei kubische Gleichungen, aus denen ω eliminiert werden soll, und man setze der Kürze wegen

$$\begin{array}{l|l} \alpha\beta' - \alpha'\beta = \varepsilon & \gamma\delta' - \gamma'\delta = \varepsilon' \\ \alpha\gamma' - \alpha'\gamma = \zeta & \beta\delta' - \beta'\delta = \zeta' \\ \alpha\delta' - \alpha'\delta = \eta & \beta\gamma' - \beta'\gamma = \vartheta \end{array}$$

so ergeben sich neben der identischen Gleichung

$$\varepsilon\,\varepsilon' - \zeta\,\zeta' + \eta\,\vartheta = 0$$

die drei quadratischen Gleichungen

$$\varepsilon\,\omega^2 + \zeta\,\omega + \eta = 0,$$
$$\eta\,\omega^2 + \zeta'\,\omega + \varepsilon' = 0,$$
$$\zeta\,\omega^2 + (\eta + \vartheta)\,\omega + \zeta' = 0,$$

aus welchen man ω^2, ω wie zwei voneinander unabhängige Größen eliminieren kann. Die Endgleichung wird daher in bezug auf $\varepsilon, \zeta, \ldots$ von der dritten Dimension. Da nun in der vorliegenden Aufgabe $\alpha, \beta, \ldots$ sämtlich lineare Funktionen von $(a\,x'^2)$, usw. sind, so werden $\varepsilon, \zeta, \ldots$ quadratische Funktionen derselben Größen sein; folglich muß die Endgleichung in bezug auf die genannten Größen vom *sechsten* Grade sein.

4. Die Doppelkurve der Ortsfläche

enthält die Punkte, in denen jeweilen eine erzeugende Kurve des ersten Stadiums von einer solchen des zweiten Stadiums geschnitten wird. Da nun die erzeugende Kurve durch den Wert von φ spezialisiert wird, so entsteht die Frage, durch welche Bedingungsgleichung zwei verschiedene Werte von φ verknüpft sein müssen, damit die beiden zu denselben gehörenden erzeugenden Kurven einander schneiden. Wenn $\varphi, \varphi_{,}$ die beiden verschiedenen Werte bezeichnen und wiederum $a^2 - \varphi = A$, $a^2 - \varphi_{,} = A_{,}$ usw. gesetzt wird, so ist

$$\Sigma A_{,}BC + \Sigma AB_{,}C_{,} = 0$$

die verlangte Bedingungsgleichung, für welche es einen sehr einfachen Beweis gibt. Dieselbe gibt freilich, wenn φ als gegeben vorausgesetzt wird, für $\varphi_{,}$ eine quadratische Gleichung und somit im allgemeinen zwei verschiedene Werte; aber die Diskussion zeigt, daß höchstens nur einer derselben einen reellen Durchschnitt gibt.

Wenn man

$$\frac{1}{2}\Sigma(B\,C_{,} + B_{,}C) = w$$

als einzige unabhängige Variable zur Darstellung der Doppelkurve einführt, so erhält man zur Bestimmung von φ oder $\varphi_{,}$ quadratische Gleichungen; und man kann die Koordinaten des laufenden Punkts der Doppelkurve als Funktionen der einzigen Variablen w darstellen, welche nur Quadratwurzeln implizieren.

5. Berechnung des von sechs konfokalen Flächen zweiten Grades eingeschlossenen Körpers

Wenn $a^2 > \psi > b^2 > \varphi > c^2 > v$ ist, so stellen die Gleichungen

$$\frac{x^2}{a^2 - v} + \frac{y^2}{b^2 - v} + \frac{z^2}{c^2 - v} = 1,$$

$$\frac{x^2}{a^2 - \varphi} + \frac{y^2}{b^2 - \varphi} - \frac{z^2}{\varphi - c^2} = 1,$$

$$\frac{x^2}{a^2 - \psi} - \frac{y^2}{\psi - b^2} - \frac{z^2}{\psi - c^2} = 1,$$

drei konfokale Flächen der drei Gattungen dar, welche sich daher in einem

Punkte schneiden, für dessen Koordinaten man durch Elimination die Ausdrücke

$$x^2 = \frac{(a^2 - v)\,(a^2 - \varphi)\,(a^2 - \psi)}{(a^2 - b^2)\,(a^2 - c^2)} \quad \text{usw.}$$

findet. Läßt man nun jede der drei Größen v, φ, ψ zwischen zwei beliebigen Werten variieren, so werden die sechs entsprechenden Grenzflächen einen Körper einschließen, dessen Element ein rechteckiges Parallelepipedum ist. Für die Kanten desselben ergeben sich, wenn der Kürze wegen

$$\begin{aligned} Y &= (a^2 - v)\,(b^2 - v)\,(c^2 - v),\\ \Phi &= (a^2 - \varphi)\,(b^2 - \varphi)\,(\varphi - c^2),\\ \Psi &= (a^2 - \psi)\,(\psi - b^2)\,(\psi - c^2), \end{aligned}$$

gesetzt wird, die Ausdrücke

$$\frac{dv}{2}\sqrt{\frac{(\varphi - v)\,(\psi - v)}{Y}}, \text{ usw.}$$

Das Produkt derselben ist das körperliche Element. Für den Körper selbst ergibt sich ein dreifaches Integral, welches auf den ersten Anblick ein Aggregat von dreifachen Produkten elliptischer Integrale zu sein scheint. Es läßt sich aber in die Form

$$\frac{1}{12}\int\!\!\int\!\!\int \left\{ -\frac{d\sqrt{Y}}{dv}\cdot\frac{\psi - \varphi}{\sqrt{\Phi\Psi}} - \frac{d\sqrt{\Phi}}{d\varphi}\cdot\frac{\psi - v}{\sqrt{Y\Psi}} - \frac{d\sqrt{\Psi}}{d\psi}\cdot\frac{\varphi - v}{\sqrt{Y\Phi}} \right\} dv\, d\varphi\, d\psi$$

bringen, welche nur binäre Produkte elliptischer Integrale enthält.

Wenn man dieses Integral von $v = 0$ bis $v = c^2$, von $\varphi = c^2$ bis $\varphi = b^2$, von $\psi = b^2$ bis $\psi = a^2$ ausdehnt, so muß sich der achte Teil des ganzen vom Ellipsoid umschlossenen Raumes ergeben. Da nun dieser bekanntlich $= (a\,b\,c/3)\,(\pi/2)$ ist, so resultiert hieraus ein bekannter Satz über vollständige elliptische Funktionen der ersten und zweiten Art, deren Moduln zueinander Komplemente sind.

6. Quadratur der von Krümmungskurven eingeschlossenen Vierecke auf dem Ellipsoid

Um ein festes Ellipsoid zu haben, setze ich in den Formeln des vorigen Abschnitts $v = 0$. Dann ist das Flächenelement das Produkt der beiden aufeinander senkrechten Elemente der Kurven größter und kleinster Krümmung:

$$\frac{d\varphi}{2}\sqrt{\frac{\varphi\,(\psi - \varphi)}{\Phi}} \quad \text{und} \quad \frac{d\psi}{2}\sqrt{\frac{\psi\,(\psi - \varphi)}{\Psi}}.$$

In diesem Produkte lassen sich die Variablen trennen, und es ergibt sich

$$\int \frac{d\varphi}{2}\sqrt{\frac{\varphi}{\Phi}} \times \int \frac{\psi\, d\psi}{2}\sqrt{\frac{\psi}{\Psi}}$$

$$-\int \frac{\varphi\, d\varphi}{2}\sqrt{\frac{\varphi}{\Phi}} \times \int \frac{d\psi}{2}\sqrt{\frac{\psi}{\Psi}}$$

als Inhalt des fraglichen Vierecks, durch binäre Produkte elliptischer Integrale ausgedrückt. Läßt man φ von c^2 bis b^2 und ψ von b^2 bis a^2 wachsen, so erhält man den achten Teil der Oberfläche des Ellipsoids.

7. Rektifikation der Kurve kleinster Krümmung, Lauf und Rektifikation der kürzesten Kurve auf dem Ellipsoid

Wenn $\varphi = \alpha$ die Gleichung einer bestimmten Kurve kleinster Krümmung ist, so wird der Bogen derselben durch das Integral

$$\int \frac{d\psi}{2} \sqrt{\frac{\psi\,(\psi - \alpha)}{\Psi}} = S$$

ausgedrückt. Wird das Radikal des Zählers in den Nenner geschafft, so steigt hier ψ unter dem Wurzelzeichen auf die fünfte Potenz. S läßt sich also nur in den Grenzfällen, wo die Krümmungskurve in einen Hauptschnitt fällt, auf elliptische Integrale zurückführen. Wenn α zwischen c^2 und b^2 liegt, so wird für das reelle geschlossene Stück der Krümmungskurve der Wert von ψ zwischen den beiden Grenzen b^2 und a^2 oszillieren, während S fortwährend wächst. Die Natur der zwischen S und ψ bestehenden Verknüpfung wird am deutlichsten, wenn man

$$\psi = a^2 \sin^2 v + b^2 \cos^2 v$$

setzt; denn dadurch erhält man

$$S = \int \sqrt{\frac{\psi\,(\psi - \alpha)}{\psi - c^2}}\, dv,$$

wo das Radikal stets einen positiven Wert behält und somit S und v ununterbrochen miteinander fortschreiten, während ψ oszilliert.

Für die Funktion S gibt es noch ein zweites reelles Gebiet, in dem sie sich bewegen kann, dem aber kein reelles Stück der Krümmungskurve ($\varphi = \alpha$) entspricht. Dasselbe befindet sich zwischen $\psi = c^2$ und $\psi = \alpha$. Da aber das Zeichen ψ bisher für die zwischen b^2 und a^2 liegenden Werte galt, so soll für diesen Fall dasselbe durch φ ersetzt und die in diesem Gebiet befindliche Funktion S durch $S_{\prime}$ bezeichnet werden. Dann ist

$$\int \frac{d\varphi}{2} \sqrt{\frac{\varphi\,(\alpha - \varphi)}{\Phi}} = S_{\prime}.$$

Man erinnere sich wieder an das unter Ziffer 2 über jene Raute Gesagte, welche die Projektionen der Krümmungskurven auf die Ebene des zweiten Hauptschnitts einhüllt, und man wird sehen, daß die Projektionen der beiden Bogen S und $S_{\prime}$ auf der nämlichen Ellipse ($\varphi = \alpha$) liegen, jene innerhalb der elliptischen Hauptschnittsfigur, diese in einiger Entfernung außerhalb derselben zwischen den Punkten, in denen die Projektion ($\varphi = \alpha$) die Seiten der Raute berührt. Die Länge des Bogens $S_{\prime}$ und seine Projektion auf den zweiten Hauptschnitt sind somit reell; nur seine Form und Lage ist imaginär. Dieses läßt sich auch daraus begreifen, weil seine Elemente wirklich kleiner sind als die Projektionen derselben. – Während $S_{,}$ ununterbrochen fortschreitet, oszilliert φ zwischen den Werten c^2 und α. Man sieht dieses am deutlichsten, wenn man

$$\varphi = c^2 \cos^2 u + \alpha \sin^2 u$$

setzt. Denn dadurch wird

$$S_{,} = (\alpha - c^2) \int \sqrt{\frac{\varphi}{(a^2 - \varphi)(b^2 - \varphi)}} \cos^2 u \, du,$$

wo das noch stehengebliebene Radikal keines Durchgangs durch den Nullwert fähig ist.

Ähnliche Betrachtungen sind über den Bogen der Kurve größter Krümmung zu machen.

Da die Elemente der Kurven kleinster und größter Krümmung überall zueinander senkrecht sind, so ergibt sich für das Element des Bogens einer beliebigen Kurve auf dem Ellipsoid sehr leicht der Ausdruck

$$ds = \frac{1}{2} \sqrt{(\psi - \varphi) \left(\frac{\varphi \, d\varphi^2}{\Phi} + \frac{\psi \, d\psi^2}{\Psi} \right)}$$

und zugleich, wenn w den Winkel bezeichnet, den dieses Element mit der Kurve kleinster Krümmung bildet,

$$\operatorname{tg}^2 w = \frac{\dfrac{\varphi \, d\varphi^2}{\Phi}}{\dfrac{\psi \, d\psi^2}{\Psi}}.$$

Wenn man, um die Gleichung der kürzesten Kurve zu bekommen, das Integral, welches den Wert von s ausdrückt, nach φ und ψ zugleich variiert, so erhält man, $ds = \sqrt{K}/2$ setzend, zwei identische Gleichungen, die man so schreiben kann, daß jede den Ausdruck $d \log K$ zur linken Seite hat. Durch Subtraktion beider erhält man eine Differentialgleichung zweiter Ordnung, die in einer zur Integration passenden Form sich darbietet. Wenn man, um abzukürzen, den Winkel w einführt, so ist das erste Integral

$$\varphi \cos^2 w + \psi \sin^2 w = \alpha,$$

wo α die arbiträre Integrationskonstante bezeichnet, welche zwischen den Grenzen c^2 und a^2 genommen werden muß. Die letzte Gleichung kann auch so geschrieben werden:

$$\operatorname{tg} w = \sqrt{\frac{\alpha - \varphi}{\psi - \alpha}},$$

und liefert dann die Differentialgleichung (erster Ordnung) der kürzesten Kurve, nämlich

$$\sqrt{\frac{\varphi}{(\alpha - \varphi)\,\Phi}} \, d\varphi - \sqrt{\frac{\psi}{(\psi - \alpha)\,\Psi}} \, d\psi = 0,$$

worin die Variabeln gesondert sind. Liegt die Konstante α zwischen c^2 und b^2, so kann sich φ nur zwischen den Grenzen c^2 und α bewegen, hingegen ψ hat seinen vollen Spielraum von b^2 bis a^2. In diesem Falle kann die kürzeste Kurve die beiden Kurven *kleinster* Krümmung, welche durch $\varphi = \alpha$ bestimmt sind, nicht überschreiten; sie wird vielmehr dieselben bald diesseits, bald jenseits des ersten Hauptschnitts berühren und im allgemeinen unzählige Male um das Ellipsoid herumgehen, ohne in sich selbst zurückzukehren. – Im andern Falle, wenn die Konstante α zwischen b^2 und a^2 sich befindet, so ist die Variable ψ zwischen α und a^2 eingeschränkt, während die andere φ ihren vollen Spielraum hat. Alsdann muß die kürzeste Kurve die beiden Kurven *größter* Krümmung, welche durch die Gleichung $\psi = \alpha$ bestimmt sind, berühren und zwischen denselben in der Richtung des dritten Hauptschnitts um das Ellipsoid herumgehen. – In dem besondern Falle, wo $\alpha = b^2$ ist, enthält die Gleichung der kürzesten Kurve elliptische Integrale der dritten Art. Die Kurve geht alsdann durch zwei entgegengesetzte Kugelkrümmungspunkte des Ellipsoids, wird aber bei jedem wiederholten Durchgang durch einen derselben ihre Richtung geändert haben.

Ich will jetzt für die Gleichung der kürzesten Kurve einen kurzen synthetischen Beweis geben, indem ich mich auf den Fall, wo α zwischen c^2 und b^2 liegt, beschränke. Wenn man nämlich wieder auf die Funktionen S und $S_,$ zu Anfang dieses Abschnitts zurückkommt, so läßt sich das Element des Bogens einer beliebigen Kurve auf dem Ellipsoid auch so ausdrücken:

$$ds = \sqrt{(dS + dS_,)^2 + 4\,(\alpha - \varphi)\,(\psi - \alpha)\left[d\,\frac{d(S + S_,)}{d\alpha}\right]^2}.$$

Man denke sich nun zwei feste Punkte auf dem Ellipsoid und zwischen diesen eine beliebige Kurve gezogen, so wird das Integral des vorliegenden Ausdrucks, zwischen den entsprechenden Grenzwerten von φ und ψ genommen, die Länge dieser Kurve richtig geben, welchen besondern Wert auch α haben mag, und zwar immer größer als $S + S_,$, wenn dieser Ausdruck zwischen denselben Grenzen genommen wird. Hieraus ergibt sich sogleich

$$\frac{d(S + S_,)}{d\alpha} = \text{const}$$

als Gleichung der kürzesten Kurve auf dem Ellipsoid, in welcher die beiden arbiträren Konstanten so zu bestimmen sind, daß die Kurve durch die beiden festen Punkte geht. Dann stellt

$$S + S_,$$

die Länge der kürzesten Kurve zwischen den beiden festen Punkten dar. Dieser Beweis wird nur dadurch möglich, daß die Variabeln in den beiden Integralen S und $S_,$ getrennt sind. Denn sonst kämen nicht nur die Werte von φ und ψ, welche für die beiden festen Punkte stattfinden, sondern auch die zwischenliegenden Paare von Werten in Anschlag, deren Verknüpfung vom Lauf der jeweiligen Kurve abhängt, welche die beiden festen Punkte verbindet.

Bemerkungen über konfokale Flächen zweiten Grades und die geodätische Linie auf dem Ellipsoid

1. Satz. Wenn drei konfokale Flächen zweiten Grades A_1, A_2, A_3 von einer beliebigen Geraden geschnitten und die auf dieser liegenden Sehnen der drei Flächen mit $2s_1, 2s_2, 2s_3$ und die Quadrate der mit jener Geraden parallelen Halbmesser derselben drei Flächen mit D_1, D_2, D_3 bezeichnet werden, wenn ferner in einem der acht Durchschnittspunkte der drei Flächen A_1, A_2, A_3 Berührungsebenen an dieselben gelegt und auf diese aus dem gemeinschaftlichen Mittelpunkt die drei Perpendikel p_1, p_2, p_3 gefällt werden, so ist immer

$$\left(\frac{s_1 p_1}{D_1}\right)^2 + \left(\frac{s_2 p_2}{D_2}\right)^2 + \left(\frac{s_3 p_3}{D_3}\right)^2 = 1.$$

Wenn nun alle drei Flächen sich wirklich schneiden und jede derselben von den willkürlichen Geraden wirklich in zwei Punkten geschnitten wird, so sind auch die Größen s, p, D sämtlich reell und endlich, und wenn überdies keine der Flächen A_1, A_2, A_3 eine Ebene oder ein Kegel ist, so kann auch für eine reelle Richtung der schneidenden Geraden keines der Halbmesserquadrate D_1, D_2, D_3 verschwinden. Vermöge der obigen Gleichung ist es daher unter den gemachten Voraussetzungen rein unmöglich, daß alle drei Sehnen $2s_1, 2s_2, 2s_3$ zugleich verschwinden. Obschon es nun eine doppelte Reihe unzähliger Geraden gibt, welche die Flächen A_1, A_2 zugleich berühren, für welche also s_1, s_2 verschwinden, so wird doch keine derselben auch die Fläche A_3 berühren, sondern es wird dann immer $s_3 = D_3/p_3$ sein, d.h. die dritte Fläche wird auf allen gemeinschaftlichen parallelen Tangenten der beiden ersten Flächen immer dieselbe konstante Sehne abschneiden. Diesen speziellen Satz hat CHASLES im 11. Band von LIOUVILLES Journal mitgeteilt, ohne, wie es scheint, jenen allgemeinern zu kennen[1]).

2. Satz. Wenn O der Mittelpunkt einer Fläche zweiten Grades ist, deren größtes Halbachsenquadrat A_1 sein möge, und P irgendein anderer Punkt im Raume, durch den drei mit jener konfokale Flächen gehen, deren größte Halbachsenquadrate A, A', A'' sein mögen, und man zieht in diesem Punkte die Normalen dieser drei Flächen und konstruiert eine Fläche zweiten Grades, welche dieselben zu Achsen und $A - A_1$, $A' - A_1$, $A'' - A_1$ zu Halbachsenquadraten hat, so ist die Polarebene dieser letztern Fläche in Beziehung auf den Pol O eine und dieselbe mit der Polarebene der Fläche A_1 in Beziehung auf den Pol P. – Und der aus dem Punkt P der Fläche A_1 umschriebene Kegel ist der

[1]) MICHEL CHASLES, *Nouvelles démonstrations relatives aux tangentes communes à deux surfaces du second degré homofocales;* et: *Propriétés des lignes géodésiques et des lignes de courbure de ces surfaces*, J. Math. pures appl. (1) *11*, 105–119 (1846). *L. K.*

Asymptotenkegel der Fläche $(A - A_1)$, und der aus dem Punkt O der Fläche $(A - A_1)$ umschriebene Kegel ist Asymptotenkegel der Fläche A_1.

Die beiden soeben betrachteten Flächen zweiten Grades, deren eine O, die andere P zum Mittelpunkt hat, schneiden sich in ebenen Kurven, deren Ebenen unter sich und mit der früher betrachteten Polarebene parallel sind und von der letztern zu beiden Seiten gleich weit abstehen. Der Abstand dieser Ebenen von der Polarebene ist das geometrische Mittel zwischen den aus den Punkten O und P auf die Polarebene gefällten Perpendikeln.

3. Satz. Die Summe der Winkel, welche die Normale eines Ellipsoids mit den beiden Normalen in zwei nicht diametral entgegengesetzten Nabelpunkten (Kugelkrümmungspunkten) desselben bildet, ist längs jeder um die beiden genannten Punkte herumgehenden Krümmungslinie konstant.

Oder auch: Wenn der Inhalt desjenigen sphärischen Dreiecks, welches dem dreiseitigen körperlichen Eck entspricht, das von den beiden Kreisschnitten eines Ellipsoids und einer Berührungsebene desselben gebildet wird, konstant ist, so ist der Ort des Berührungspunktes eine Krümmungslinie des Ellipsoids.

4. Wenn die Existenz gleich langer geodätischer Bogen auf dem Ellipsoid von einfachen Bedingungen abhängt, so muß ein solcher Fall von großem geometrischem Interesse sein. Von der Art ist z.B. der Satz, daß alle geodätischen Bogen, welche zwei diametral entgegengesetzte Nabelpunkte verbinden, gleich lang sind. Gibt es nun einen ähnlichen Satz für diejenigen geodätischen Linien, welche nicht durch einen Nabelpunkt gehen? CHASLES scheint nun unzweideutig diese Frage zu bejahen, indem er (LIOUVILLE, *11*, S. 5[1]) von den geodätischen Linien auf dem Ellipsoid sagt: «Les arcs de ces courbes compris entre deux points de contact consécutifs sur la ligne de courbure enveloppe sont tous de même longueur, non seulement pour une même ligne géodésique, mais pour toutes les lignes géodésiques tangentes à la même ligne de courbure.»

In solcher Allgemeinheit ausgesprochen ist aber der Satz unrichtig; die Sache verhält sich vielmehr so:

Es seien a, b, c die der abnehmenden Größe nach geordneten halben Achsen des Ellipsoids, und wenn $b^2 > \alpha > c^2$ vorausgesetzt wird, so seien $a^2 - \alpha$, $b^2 - \alpha$, $-(\alpha - c^2)$ die Halbachsenquadrate eines Hyperboloids mit einem Mantel, welches bekanntlich das gegebene Ellipsoid in einer Krümmungslinie schneidet, die wir mit (α) bezeichnen wollen. Unsere Betrachtung beschränke sich nun auf diejenigen geodätischen Linien, welche von der genannten Krümmungslinie (α) berührt oder eingehüllt werden. Dann gilt folgendes: Die Länge eines zwischen zwei aufeinanderfolgenden Berührungspunkten an der Krümmungslinie (α) enthaltenen geodätischen Bogens verändert sich im allgemeinen, so wie diese Berührungspunkte auf der Krümmungslinie (α) sich fortbewegen. Wenn aber die Konstante α einen solchen Wert hat, daß die bestimmten Integrale

$$\int_{c^2}^{\alpha} \frac{\sqrt{\varphi}\, d\varphi}{\sqrt{(a^2-\varphi)(b^2-\varphi)(\alpha-\varphi)(\varphi-c^2)}},$$

[1]) MICHEL CHASLES, *Sur les lignes géodésiques et les lignes de courbure des surfaces du second degré*, J. Math. pures appl. (1) *11*, 5–20 (1846). *L. K.*

$$\int_{b^2}^{a^2} \frac{\sqrt{\psi}\, d\psi}{\sqrt{(a^2-\psi)(\psi-b^2)(\psi-\alpha)(\psi-c^2)}}$$

ein rationales Verhältnis, das in den kleinsten ganzen Zahlen $m:n$ ausgedrückt sein mag, bekommen, so darf man den geodätischen Bogen von einem Berührungspunkte an erst beim darauffolgenden n-ten Berührungspunkt schließen, um für denselben eine auch beim Fortrücken seiner äußersten Berührungspunkte auf der Krümmungslinie (α) konstant bleibende Länge zu bekommen. Alsdann hat der geodätische Bogen auch m halbe Umgänge um das Ellipsoid gemacht, und ist, wenn m, n gerade Zahlen sind, in sich zurückgekehrt, und im entgegengesetzten Fall kehrt die doppelte Länge desselben in sich zurück. Der von CHASLES ausgesprochene Satz wäre somit dahin zu modifizieren:

«Wenn ein durch zwei Berührungspunkte an einer Krümmungslinie begrenzter geodätischer Bogen seine Länge nicht ändert, während die genannten Berührungspunkte auf der Krümmungslinie sich fortbewegen, so kehrt er oder seine doppelte Länge in sich zurück, und umgekehrt.»

REMARQUE

Dans ce travail *n° 3* (p. 33), SCHLÄFLI trouve un théorème relatif aux cordes déterminées par trois quadriques homofocales sur une droite quelconque; il comprend comme cas particulier un théorème de CHASLES sur les tangentes communes à deux surfaces homofocales et peut se généraliser dans l'espace à n dimensions. (Voir: *Theorie der vielfachen Kontinuität*, dans ce tome *Gesammelte Abhandlungen*, p. 319.)

Les autres résultats du travail n° 3 sont résumés à la page 37.

L. Kollros.

Sur les coefficients dans le développement du produit $1 \cdot (1+x)(1+2x) \ldots [1+(n-1)x]$ suivant les puissances ascendantes de x. — Note sur des questions géométriques

(Extrait par l'auteur)

Le premier Mémoire, purement analytique, a pour objet la formation indépendante des coefficients dans le produit

$$1 \cdot (1+x)(1+2x) \ldots [1+(n-1)x]$$

développé; l'autre, géométrique, se rapporte presque en entier à la théorie des surfaces du second ordre homofocales, récemment enrichie par les beaux travaux de MM. LIOUVILLE et CHASLES, et dont l'étude m'a conduit à quelques observations qui sont peut-être nouvelles.

Dans le premier Mémoire, je parviens à représenter le coefficient ${}^nA_i$ de la puissance x^i par une somme finie quadruple, qui dépend, il est vrai, en dernière analyse, de polynômes entiers composés de termes en

$$u^h\left(1-\frac{u}{h+1}\right)\left(1-\frac{u}{h+2}\right)\ldots\left(1-\frac{u}{k}\right),$$

dont le développement fait paraître des fonctions combinatoires des fractions de la série naturelle, et, par cela même, transcendantes; cependant la marche que j'ai suivie offre des résultats assez curieux. Continuée toujours de la même manière, elle conduit d'abord à une somme *sextuple*, et il faut un examen spécial de certaines fonctions combinatoires des fractions naturelles pour la réduire autant qu'il est possible. Ces fonctions jouissent, en outre, de propriétés très remarquables, dont les démonstrations me semblent n'être pas sans intérêt.

Voici les résultats exposés dans le second Mémoire:

1° Je donne d'abord une démonstration analytique simple de l'équation différentielle du premier ordre, appartenant à la ligne géodésique sur un ellipsoïde quelconque, démonstration qui provient presque immédiatement d'une représentation convenable de l'élément d'une courbe quelconque tracée sur l'ellipsoïde, et que je m'étonne de n'avoir pas encore rencontrée jusqu'ici dans aucun des Mémoires qui ont traité ce sujet.

2° La considération des trois cordes qu'interceptent trois surfaces homofocales sur une même droite quelconque me suggère un théorème[1]) qui comprend, comme cas particulier, un autre théorème établi par M. CHASLES, et relatif aux tangentes communes de deux surfaces homofocales[2]).

---

[1]) Voir p. 33, premier théorème et sa géneralisation, p. 319.

[2]) Voir note 1, p. 33.

L. K.

3° Je cherche la condition que doit remplir une ligne de courbure pour qu'un arc géodésique, toujours tangent à elle par ses deux bouts, puisse s'avancer sans changer de longueur; ce qui me conduit à apporter une correction, comme je crois, à une assertion de M. CHASLES sur le même sujet.

4° Je démontre par voie géométrique, en m'appuyant sur un lemme général énoncé par M. CHASLES, relativement à une surface quelconque, que la somme des deux angles formés par une normale quelconque à l'ellipsoïde, avec les directions des normales en deux ombilics non opposés, est constante le long d'une ligne de courbure.

5° Je fais usage d'une espèce de corrélation réciproque entre deux systèmes, dont chacun se compose de trois surfaces homofocales qui passent par le centre de l'autre système, et qui ont dirigé leurs normales en ce point suivant les axes du second système, pour démontrer une proposition que je crois nouvelle.

6° J'applique la théorie du *déterminant* à une expression donnée par M. GAUSS dans ses *Disquisitiones generales circa superficies curvas*, pour la *mesure de courbure* en un point sur une surface quelconque, lorsque ce point est déterminé par des coordonnées curvilignes quelconques tracées sur la même surface. Je crois, par cette application, et avoir simplifié la démonstration, et avoir donné à l'expression cherchée même le plus haut degré de symétrie dont elle est susceptible. Au reste, j'emploie cette occasion pour mentionner quelques formules de nature semblable, que j'avais trouvées avant de connaître le Mémoire cité.

Bemerkungen über die Lambertische Reihe [1]*)

Wenn durch die Gleichung

$$t = y^{\alpha-\beta} - (\alpha - \beta)\, x\, y^{\alpha},$$

welche mittels der Substitution $y^{\alpha-\beta} = z$ die Gestalt

$$t = z - x\,(\alpha - \beta)\, z^{\alpha/(\alpha-\beta)}$$

erhält, y in Funktion von t und x gegeben ist, so kann man mit Hilfe des *Lagrangeschen* Satzes jede beliebige Potenz von z, also auch von y, nach den steigenden Potenzen von x entwickeln. Setzt man dann $t = 1$, so lassen sich die gegebene Gleichung und die aus ihr hervorgehende Reihe für eine beliebige Potenz von y so darstellen:

$$y^{-\beta} - y^{-\alpha} = (\alpha - \beta)\, x, \tag{1}$$

$$y^m = 1 + \sum_{n=1}^{n=\infty} \frac{m\,[m + (n-1)\,\alpha + \beta]\,[m + (n-2)\,\alpha + 2\,\beta] \cdots [m + \alpha + (n-1)\,\beta]}{1 \cdot 2 \cdot 3 \cdots n}\, x^n \tag{2}$$

(KLÜGELS Wörterbuch, Artikel: *Lambertische Reihe*[1].) Damit die Reihe in (2) konvergiere, ist nötig und reicht hin, daß

$$x < \left(\frac{\beta^{\beta}}{\alpha^{\alpha}}\right)^{1/(\alpha-\beta)}$$

sei. Für den Fall eines unendlich klein werdenden m geht die Gleichung (2) über in

$$\log y = \sum_{n=1}^{n=\infty} \frac{[(n-1)\,\alpha + \beta]\,[(n-2)\,\alpha + 2\,\beta] \cdots [\alpha + (n-1)\,\beta]}{1 \cdot 2 \cdot 3 \cdots n}\, x^n. \tag{3}$$

Multipliziert man die Reihen für y^p und y^q miteinander, so muß das Produkt mit der Reihe für y^{p+q} identisch werden. Indem man beiderseits die Koeffizienten von x^n gleichsetzt, erhält man die endliche Relation:

$$\left.\begin{aligned}
&\sum_{n=0}^{n=i} \frac{n\,(n-1) \cdots (n-i+1)}{1 \cdot 2 \cdots i}\, p\,[p + (n-i-1)\,\alpha + \beta]\,[p + (n-i-2)\,\alpha + 2\beta] \\
&\quad \cdots [p + \alpha + (n-i-1)\,\beta] \times q\,[q + (i-1)\,\alpha + \beta]\,[q + (i-2)\,\alpha + 2\beta] \\
&\quad \cdots [q + \alpha + (i-1)\,\beta] = (p+q)\,[p + q + (n-1)\,\alpha + \beta] \\
&\qquad \times [p + q + (n-2)\,\alpha + 2\beta] \cdots [p + q + \alpha + (n-1)\,\beta].
\end{aligned}\right\} \tag{4}$$

---

*) Vgl. die entsprechende Ziffer im Nachwort auf S. 45.

[1]) GEORG SIMON KLÜGEL, *Mathematisches Wörterbuch*. dritter Teil, S. 437 (Leipzig 1808). *H. H.*

Wird in dieser Formel $\alpha = \beta = 0$ gesetzt, so reduziert sie sich auf

$$\sum_{i=0}^{i=n} \frac{n\,(n-1)\cdots(n-i+1)}{1\cdot 2\cdots i}\, p^{n-i} q^{i} = (p+q)^{n},$$

was der binomische Satz für ganze Exponenten ist. Wird hingegen nur $\alpha = 0$ gesetzt, so geht jene Formel in den analogen Satz für Fakultäten über. Setzt man endlich $\alpha = \beta = 1$, so verwandelt sich die Formel (4) in

$$\sum_{i=0}^{i=n} \binom{n}{i} p\,(p+n-i)^{n-i-1}\, q\,(q+i)^{i-1} = (p+q)\,(p+q+n)^{n-1} \tag{5}$$

wo $\binom{n}{i}$ den binomischen Koeffizienten von x^i in der Entwicklung von $(1+x)^n$ bezeichnet. Diese spezielle Formel (5) läßt sich auf elementarem Wege beweisen. Es ergibt sich nämlich, wenn man nach Potenzen von q entwickelt, als Koeffizient von q^m auf der linken Seite

$$\binom{n}{m} \sum_{i=0}^{i=n-m} \binom{n-m}{i} p\,(p+n-m-i)^{n-m-i-1}\, m\,(m+i)^{i-1},$$

und auf der rechten

$$\binom{n}{m}(p+m)\,(p+n)^{n-m-1}.$$

Beide Ausdrücke sind aber vermöge der Formel (5) einander gleich, wenn diese bereits für alle kleinern Exponenten als n bewiesen ist; und für $m = 0$ fallen sie ohnehin zusammen. Da nun die Formel (5) sich für die Werte 1, 2 des Exponenten n sogleich verifiziert, so ist sie allgemein für jeden ganzen und positiven Wert von n gültig.

Die aus der Lambertischen Reihe hervorgehende Formel (4) läßt sich demnach als die Vermittlung des binomischen Satzes für Fakultäten und der Formel (5) ansehen, von welcher diese beiden letzten Formeln nur spezielle Fälle sind.

Der Formel (4) läßt sich übrigens noch eine andere zur Seite stellen, welche sich aus der Gleichung

$$y^p \frac{1}{q} \cdot \frac{\partial y^q}{\partial x} = \frac{1}{p+q} \cdot \frac{\partial y^{p+q}}{\partial x}$$

ergibt, wenn man darin für y^p, y^q, y^{p+q} die entstehenden Reihen (2) substituiert und die beiderseitigen Koeffizienten von x^n einander gleichsetzt; sie ist aber unsymmetrisch.

Für den besonderen Fall, wo $\alpha = \beta = 1$ (wie man sogleich, unbeschadet der Allgemeinheit, statt bloß $\alpha = \beta$, setzen darf), gehen die Formeln (1), (2) über in

$$\log y = x\,y, \tag{6}$$

$$y^m = 1 + \sum_{n=1}^{n=\infty} \frac{m\,(m+n)^{n-1}}{1\cdot 2\cdot 3\cdots n}\, x^n. \tag{7}$$

Die Reihe (7) ist konvergent, wenn $x < 1/e$ ist(²)*), und findet daher ihre Anwendung ohne Ausnahme für alle Systeme positiver Werte von x und y, welche

*) Vgl. die entsprechende Ziffer im Nachwort auf S. 45.

der Gleichung (6) genügen([3]*); denn einmal, wenn x reell bleiben soll, so kann y nur positiv sein; nun hat aber der Quotient $\log y/y$ für positive endliche Werte von y ein einziges Maximum, nämlich $1/e$, welches dem Werte $y = e$ entspricht; daher sind diejenigen reellen Werte von x, welche reellen Werten von y entsprechen, zwischen den beiden Grenzen $-\infty$ und $1/e$ enthalten. – Die Formeln (6) und (7) hangen mit folgender Aufgabe zusammen([4]*):

Man soll eine Funktion f von x und h finden, welche, wenn h als konstant vorausgesetzt wird, der Gleichung

$$\frac{\partial f(x)}{\partial x} = f(x+h)$$

genügt([5]*).

Mit Weglassung der arbiträren Integrationskonstante, die als Faktor der gesuchten Funktion erscheint, kann man $f(x) = e^{kx}$ setzen, so erhält man für die Konstante k die Bedingung

$$k = e^{hk} \quad \text{oder} \quad \log k = h\,k,$$

eine Gleichung, die in der Form mit (6) übereinstimmt. Setzt man nun in der Reihe für e^{kx} die aus der Formel (7) für die einzelnen Potenzen von k sich ergebenden Werte, so erhält man folgenden nach den steigenden Potenzen von h geordneten Ausdruck für $f(x)$:

$$f(x) = e^x + \sum_{n=1}^{n=\infty} \left(\sum_{m=1}^{m=\infty} \frac{m\,(m+n)^{n-1}}{1\cdot 2\cdot 3 \cdots m} x^m \right) \frac{h^n}{1\cdot 2 \cdots n}. \tag{8}$$

Hier ist nun der Koeffizient von $h^n/1\cdot 2 \cdots n$ das Produkt von e^x mit einer ganzen rationalen Funktion von x, die mit dem Term $(n+1)^{n-1}\,x$ anfängt und mit dem Term $+\,x^n$ endigt([6]*). Denn wenn man die beiden unendlichen Reihen

$$1 - \frac{x}{1} + \frac{x^2}{1\cdot 2} - \frac{x^3}{1\cdot 2\cdot 3} + \frac{x^4}{1\cdot 2\cdot 3\cdot 4} - \cdots,$$

$$\frac{1\,(n+1)^{n-1}}{1}\,x + \frac{2\,(n+2)^{n-1}}{1\cdot 2}\,x^2 + \frac{3\,(n+3)^{n-1}}{1\cdot 2\cdot 3}\,x^3 + \cdots$$

miteinander multipliziert, so bekommt in der Entwicklung des Produkts die Potenz x^m den Koeffizienten

$$\sum_{i=0}^{i=m-1} (-1)^i \frac{(m+n-i)^{n-1}}{\Pi i\,\Pi(m-i-1)},$$

welche Summe bekanntlich verschwindet, wenn $n - 1 < m - 1$ ist, und für $n-1 = m-1$ den Wert $+1$ erhält. Demnach gestaltet sich nun die Gleichung (8) so:

$$f(x) = e^x \left\{ 1 + x\,\frac{h}{1} + (3\,x + x^2)\,\frac{h^2}{1\cdot 2} + (16\,x + 9\,x^2 + x^3)\,\frac{h^3}{1\cdot 2\cdot 3} \cdots \right\}. \tag{9}$$

* * *

*) Vgl. die entsprechende Ziffer im Nachwort auf S. 45.

Man kann auch auf folgendem analytischen Wege zu der Lösung (9) der Gleichung $\partial f(x)/\partial x = f(x+h)$ gelangen. Es sei zunächst

$$f(x) = \sum_{n=0}^{n=\infty} u_n h^n, \tag{10}$$

so folgt

$$\frac{\partial^i f(x)}{\partial x^i} = \sum_{n=0}^{n=\infty} \frac{\partial^i u_n}{\partial x^i} h^n.$$

Es ist aber

$$f(x+h) = \sum_{n=0}^{n=\infty} \frac{\partial^n f(x)}{\partial x^n} \cdot \frac{h^n}{1\cdot 2\cdots n};$$

also durch Substitution der Reihen für die einzelnen Differentialkoeffizienten von $f(x)$

$$f(x+h) = \sum_{n=0}^{n=\infty} \left(\sum_{i=0}^{i=n} \frac{1}{1\cdot 2\cdots(n-i)} \cdot \frac{\partial^{n-i} u_i}{\partial x^{n-i}} \right) h^n,$$

also, wenn man den Koeffizienten von h^n in dieser Reihe demjenigen in der Reihe für $\partial f(x)/\partial x$ gleichsetzt,

$$\frac{\partial u_n}{\partial x} = \sum_{i=0}^{i=n} \frac{1}{\Pi(n-i)} \cdot \frac{\partial^{n-i} u_i}{\partial x^{n-i}}. \tag{11}$$

Man suche nun $\partial u_n/\partial x$ durch die ursprünglichen Funktionen $u, u_1, \ldots, u_n$ auszudrücken. Die Formel (11) gibt nach und nach:

$$\frac{\partial u}{\partial x} = u, \qquad \frac{\partial^m u}{\partial x^m} = u,$$

$$\frac{\partial u_1}{\partial x} = u + u_1, \qquad \frac{\partial^m u_1}{\partial x^m} = m\,u + u_1,$$

$$\frac{\partial u_2}{\partial x} = \frac{3}{2} u + u_1 + u_2, \qquad \frac{\partial^m u_2}{\partial x^m} = \frac{m\,(m+2)}{1\cdot 2} u + \frac{m}{1} u_1 + u_2.$$

So gelangt man durch Induktion zu der Formel:

$$\frac{\partial^m u_n}{\partial x^m} = \sum_{\lambda=0}^{\lambda=n} \frac{m\,(m+n-\lambda)^{n-\lambda-1}}{1\cdot 2\cdot 3\cdots(n-\lambda)} u_\lambda. \tag{12}$$

Gesetzt nun, diese Formel sei für alle Differentialkoeffizienten der Funktionen $u_1, u_2, \ldots, u_{n-1}$ und für die Funktion u_n bis zum m-ten Differentialkoeffizienten inklusive bewiesen, so substituiere man die Werte, welche dieselbe für $\frac{\partial^{m+n-i} u_i}{\partial x^{m+n-i}}$ gibt, in der aus (11) herfließenden Gleichung

$$\frac{\partial^{m+1} u_n}{\partial x^{m+1}} = \sum_{i=0}^{i=n} \frac{1}{1\cdot 2\cdots(n-i)} \cdot \frac{\partial^{m+n-i} u_i}{\partial x^{m+n-1}};$$

dann wird

$$\frac{\partial^{m+1} u_n}{\partial x^{m+1}} \sum_{i=0}^{i=n} \sum_{\lambda=0}^{\lambda=i} \frac{(m+n-i)\,(m+n-\lambda)^{i-\lambda-1}}{\Pi(n-i)\,\Pi(i-\lambda)} u_\lambda.$$

Für ein konstantes λ geht i von λ bis n; wenn man daher die Ordnung der

Summationen vertauscht und dann $i = \lambda + \mu$ setzt, so wird

$$\frac{\partial^{m+1} u_n}{\partial x^{m+1}} = \sum_{\lambda=0}^{\lambda=n} \left(\sum_{\mu=0}^{\mu=n-\lambda} \frac{(m+n-\lambda-\mu)\,(m+n-\lambda)^{\mu-1}}{\Pi(n-\lambda-\mu)\,\Pi\mu} \right) u_\lambda$$

$$= \sum_{\lambda=0}^{\lambda=n} \frac{(m+1)\,(m+1+n-\lambda)^{n-\lambda-1}}{\Pi(n-\lambda)} u_\lambda .$$

Somit wäre die Richtigkeit der Formel (12) auch für den $(m+1)$-ten Differentialkoeffizienten von u_n bewiesen. Da die gemachten Schlüsse auch für $m = 0$ ihre Geltung behalten und da die Formel (12) für $n = 1, 2$ bereits verifiziert ist, so ist ihre allgemeine Richtigkeit als bewiesen anzusehen.

Wenn man nun die drei ersten der Gleichungen (12) vollständig integriert, so erhält man

$$u = C e^x,$$

$$u_1 = C e^x x + C_1 e^x,$$

$$u_2 = C e^x \left(\frac{3}{2} x + \frac{1}{2} x^2\right) + C_1 e^x x + C_2 e^x;$$

durch jede neue Integration wird auch eine neue arbiträre Konstante C_m eingeführt, welche in allen folgenden Integralgleichungen erscheint. Man kann aber auch so integrieren, daß u_1, u_2, usw. gleichzeitig mit x verschwinden, was soviel ist, als wenn man alle übrigen arbiträren Konstanten außer C gleich Null setzt. Man kann ferner $u = u_1 = u_2 \ldots = u_{r-1} = 0$ setzen und dann die Gleichung für $\partial u_r / \partial x$ und alle folgenden so integrieren, daß für $x = 0$ nur u_r nicht verschwindet, sondern $= C_r$ wird, während alle folgenden Funktionen u_{r+1}, u_{r+2} usw. zugleich mit x verschwinden, was soviel ist, als wenn man alle übrigen arbiträren Konstanten außer C_r gleich Null setzt. Im letztern Falle braucht man nur in der Formel (12) n und λ in $n + r$ und $\lambda + r$ übergehen zu lassen, um einzusehen, daß die Folge der Funktionen

$$u_r, \; u_{r+1}, \; u_{r+2}, \; u_{r+3} \text{ usw.},$$

abgesehen vom arbiträren Faktor C_r, genau mit der Folge der Funktionen

$$u, u_1, u_2, u_3 \text{ usw.}$$

übereinstimmt, wenn diese unter der frühern Voraussetzung, daß $u_1, u_2, \ldots$ zugleich mit x verschwinden, berechnet sind. Wenn nun V den Wert bezeichnet, welchen $f(x)$ in der Formel (10) unter der Annahme, daß für $x = 0$, $u = 1$, $u_1 = u_2 = u_3 = \ldots = 0$ werde, erhält, so ist nach dem Vorigen der allgemeine Ausdruck für $f(x)$:

$$f(x) = V(C + C_1 h + C_2 h^2 + C_3 h^3 + \cdots),$$

woraus folgt, daß man, ohne der Allgemeinheit zu schaden, sämtliche Integrationen von u_1 an mit $x = 0$ anfangen lassen kann, wodurch die Konstanten C_1, $C_2, \ldots$ als überflüssig wegfallen.

Aus (12) folgt für $m = 1$

$$\frac{\partial u_n}{\partial x} = \sum_{\lambda=0}^{\lambda=n} \frac{1\,(1+n-\lambda)^{n-\lambda-1}}{1\cdot 2\cdot 3\cdots(n-\lambda)}\, u_\lambda .$$

Setzt man hierin $u_n = u\, z_n$, so wird die Gleichung durch u teilbar und reduziert sich auf

$$\frac{\partial z_n}{\partial x} = \sum_{\lambda=1}^{\lambda=n} \frac{(\lambda+1)^{\lambda-1}}{1\cdot 2\cdot 3\cdots\lambda}\, z_{n-\lambda}; \tag{13}$$

wo für z_0 immer 1 zu setzen ist; also

$$\frac{\partial z_1}{\partial x} = \frac{2^0}{1}\,1 = 1,$$

$$\frac{\partial z_2}{\partial x} = z_1 + \frac{3^1}{1\cdot 2},$$

$$\frac{\partial z_3}{\partial x} = z_2 + \frac{3^1}{1\cdot 2}\, z_1 + \frac{4^2}{1\cdot 2\cdot 3},$$

$$\frac{\partial z_4}{\partial x} = z_3 + \frac{3^1}{1\cdot 2}\, z_2 + \frac{4^2}{1\cdot 2\cdot 3}\, z_1 + \frac{5^3}{1\cdot 2\cdot 3\cdot 4} \quad \text{usw.}$$

Man integriere diese Gleichungen von $x = 0$ an und substituiere die Resultate in (10), so wird

$$f(x) = C e^x \{1 + z_1 h + z_2 h^2 + z_3 h^3 + \cdots\},$$

wo z_n eine ganze rationale Funktion n-ten Grades von x ist. Wenn man nun allgemeine Formeln für die Koeffizienten der Potenzen von x in dieser Funktion z_n sucht, so sieht man sich zur Gleichung (8) zurückgeführt.

Schließlich möge erwähnt werden, daß die Gleichung

$$\frac{\partial f(x)}{\partial x} = f(x+h)$$

der geometrischen Aufgabe entspricht, *eine ihrer Evolute ähnliche Kurve zu finden, aber so, daß diejenigen Punkte der Evolute, welche bestimmten Punkten der Evolvente vermöge der Ähnlichkeit entsprechen, diesen nicht zugleich als Krümmungsmittelpunkte zugehören, sondern um einen konstanten Drehungswinkel von diesen letztern entfernt sind.* Bezeichnet nämlich x/a den Winkel, den die Tangente der Evolvente mit einer festen Richtung bildet, und $f(x)$ den zu diesem Winkel gehörenden Bogen derselben Kurve, so drückt obige Gleichung aus, daß der Krümmungshalbmesser der Evolvente, d.i. der Bogen der Evolute, a-mal so groß sei als derjenige Bogen der Evolvente, welcher zu dem um den konstanten Unterschied h/a vermehrten Winkel der Tangente gehört. Da die logarithmische Spirale stets sich selbst ähnlich und ähnlich liegend bleibt, wenn sie um ihren Pol gedreht wird, so ist auch ihre Evolute in dem oben ausgesprochenen Sinne ähnlich. – Indes scheint doch die Gleichung $f(x) = C\, e^{kx}$, wo $e^{kh} = k$, keine ganz allgemeine Lösung der Aufgabe zu enthalten, wenn nur der reelle Wert von k berücksichtigt wird. Die transzendente Gleichung $e^{kh} = k$ hat nämlich außer der betrachteten reellen noch unzählige imaginäre Wurzeln, so daß

$$f(x) = \Sigma\, C\, e^{k x}$$

gesetzt werden darf. Man braucht nur zu zweien konjugierten imaginären Werten von k auch für die zugehörigen arbiträren Konstanten stets konjugierte imaginäre Werte zu nehmen, um für $f(x)$ einen reellen Ausdruck zu erhalten. Da bei dieser Lösung eine unendliche Menge arbiträrer Konstanten auftreten, so liegt die Vermutung nahe, die ganz allgemeine Lösung der Aufgabe möchte eine arbiträre Funktion implizieren(7)*).

Sucht man die Kurve, welche ihrer α-ten Evolute in dem obigen Sinne ähnlich ist, so wird man auf die Gleichung

$$\frac{\partial^{\alpha} f(x)}{\partial x^{\alpha}} = f(x+h)$$

geführt, welche durch das System der Gleichungen

$$p = e^{p h/\alpha} \cos\left(\frac{q h}{\alpha} + \frac{2 n \pi}{\alpha}\right),$$

$$q = e^{p h/\alpha} \sin\left(\frac{q h}{\alpha} + \frac{2 n \pi}{\alpha}\right),$$

$$f(x) = \Sigma\, e^{p x} (A \cos q x + B \sin q x)$$

befriedigt wird, wo das Zeichen Σ eine doppelte Summe bezeichnet, die sich einesteils auf den Fortschritt der ganzen positiven Zahl n von 0 bis $\alpha/2$ oder $(\alpha-1)/2$ (je nachdem α gerade oder ungerade ist), andernteils auf die unendliche Anzahl von zusammengehörigen Werten bezieht, welche p und q vermöge der beiden ersten Gleichungen haben können und wo A, B die zu jedem einzelnen Systeme von Werten für n, p, q gehörenden arbiträren Konstanten bezeichnen. Wenn aber die Funktion $f(x)$ für ein verschwindendes h kontinuierlich bleiben soll, so muß die Doppelsumme auf eine endliche einfache Summe beschränkt werden, die sich nur auf den Fortschritt von n bezieht. Es muß nämlich

$$f(x) = \Sigma\, C\, e^{k r x}$$

gesetzt werden, wo r eine Wurzel der Gleichung $r^{\alpha} - 1 = 0$ und k diejenige Lösung der Gleichung

$$\frac{\log k}{k} = \frac{r h}{\alpha}$$

bezeichnet, für welche zugleich auch

$$k^m = 1 + \sum_{n=1}^{n=\infty} \frac{m\,(m+n)^{n-1}}{1\cdot 2\cdot 3 \cdots n} \cdot \frac{r^n}{\alpha^n}\, h^n$$

ist und wo das Summenzeichen sich auf die α Systeme von r, von k, einer zugehörigen Funktion von $(r h)/\alpha$ und von der arbiträren Konstante C bezieht.

*) Vgl. die entsprechende Ziffer im Nachwort auf S. 45.

NACHWORT

Zu Seite 38, (1). Die Reihen sind benannt nach J. H. LAMBERT, vgl. *Observationes variae in mathesin puram*, Acta helvetica *3*, 128 (1758) = Mathematische Werke *1*, 16 (Zürich 1946).

Die SCHLÄFLI als Ausgangspunkte dienenden Relationen (1), (2), (3), (6) und (7) sind bereits von L. EULER eingehend untersucht worden; vgl. *De serie Lambertina*, Opera omnia, Serie 1, *6*, 350–369.

Zu Seite 39, (2). Es sei noch angemerkt, daß die Reihe (7) für $x = 1/e$ noch konvergiert.

Zu Seite 40, (3). Für positive y besteht die Beziehung (7) für $x \geqq -1/e$.

Zu Seite 40, (4). Die Zusammenhänge der transzendenten Gleichung (6) mit Aufgaben der Analysis und Geometrie sind sehr zahlreich. Als ein Beispiel für viele zitieren wir das Auftreten dieser Gleichung bei der Anzahlbestimmung der (topologischen) Bäume (Formel von CAYLEY); vgl. G. BOL, *Über eine kombinatorische Frage*, Abh. Math. Seminar Hansischen Univ. *12*, 242–245 (1938).

Zu Seite 40, (5). Über diesen Gegenstand vgl. auch: F. SCHÜRER, *Über die Funktional-Differentialgleichung* $f'(x+1) = a\,f(x)$, Leipz. Ber. (math.-phys.) *64*, 167–236 (1912); ferner *65*, 139–143, 239–246, 247–263 (1913).

Zu Seite 40, (6). Diese Tatsache läßt sich bequem aus der Identität

$$\sum_{m=1}^{\infty} \frac{m\,(m+n)^{n-1}}{m!}\, x^m = x\,\frac{d^{n+1}}{dx^{n+1}}\left(x\,\frac{d}{dx}\right)^{n-1} e^x$$

ablesen. Ähnliche wie die bei dieser Bildung auftretenden Polynome sind in der speziellen Analysis häufig anzutreffen; vgl. z.B. über die Polynome

$$e^{-x}\left(x\,\frac{d}{dx}\right)^n e^x$$

bei G. DARBOUX, Aufgabe, Nouv. Ann. Ser. 2, *7*, 138 (1868).

Zu Seite 44, (7). Wenn man die Relation $e^{kh} = k$ als charakteristische Gleichung einer singulären Integralgleichung auffaßt, so wird man zur Integralrelation

$$f(x) = \int_{-\infty}^{h} f(x+t)\,dt$$

geführt, die $f(x)$ in äquivalenter Weise definiert. – Die von SCHLÄFLI angeschnittene Frage hängt mit dem Problem der Entwickelbarkeit einer bis auf geeignete Bedingungen willkürlichen Funktion nach den exponentiellen Eigenlösungen derartiger Integralgleichungen zusammen. Vgl. einen solchen Entwicklungssatz z.B. bei G. HERGLOTZ, *Über die Integralgleichungen der Elektronentheorie*, Math. Ann. *65*, 87–106 (1907).

H. Hadwiger.

Betrachtung der Koeffizienten in der Entwicklung des Produktes $\prod\limits_{i=0}^{i=n-1}(1+ix)$ nach steigenden Potenzen von x (1)*)

Wenn wir dieses aus n Faktoren zusammengesetzte Produkt der Kürze wegen mit $P^{(n)}$ bezeichnen, so haben wir

$$P^{(n+1)} = (1 + n\,x)\,P^{(n)}.$$

Setzen wir nun fest, daß $P^{(0)} = 1$ und n eine ganze (positive oder negative) Zahl sein müsse, so ist die Natur dieses Produkts hinreichend bestimmt. Aus dieser Definition folgt nun

$$P^{(-1)} = \frac{1}{1-x}, \quad P^{(-2)} = \frac{1}{(1-x)\,(1-2\,x)} \quad \text{usw.}$$

überhaupt

$$P^{(-n)} = \frac{1}{(1-x)\,(1-2\,x)\cdots(1-n\,x)}. \tag{1}$$

Die Entwicklung des Produktes $P^{(n)}$ besteht aus einer endlichen Zahl von Gliedern, wenn n positiv ist, verwandelt sich aber in eine unendliche Reihe, sobald n negativ wird. In diesem Falle muß x absolut kleiner als $1/n$ angenommen werden, damit die Reihe konvergiere. Denkt man sich nämlich in (1) die Brüche $1/(1-x)$, $1/(1-2x)$, ..., $1/(1-nx)$ nach den steigenden Potenzen von x in Reihen entwickelt und diese Reihen ineinander multipliziert, so werden im Produkt sämtliche Koeffizienten, wie man aus ihrer Formation ersieht, kleiner werden, als wenn man die Reihe für $1/(1-n\,x)$ zur n-ten Potenz erhoben hätte. Da nun die Konvergenz der Entwicklung von $(1-n\,x)^{-n}$ für $n\,x < 1$ als bewiesen anerkannt ist, so ist um so mehr auch jene Reihe für $P^{(-n)}$ konvergent, sobald $n\,x$ numerisch kleiner als 1 ist.

Wenn wir jetzt den Koeffizienten von x^i in der Entwicklung von $P^{(n)}$ mit $\overset{n}{C}_i$ bezeichnen, so daß

$$P^{(n)} = \prod_{i=0}^{i=n-1}(1+i\,x) = \sum_i \overset{n}{C}_i\,x^i \tag{2}$$

ist, so können wir bemerken, daß für ein positives n $\overset{n}{C}_i$ verschwindet, sobald $i > n-1$ wird, und daß für $n = 0$ nur der Koeffizient $\overset{0}{C}_0 = 1$ übrigbleibt; ferner ist immer, welche ganze Zahl auch n sein mag, $\overset{n}{C}_0 = 1$. Wird nun die Gleichung (2) mit $1 + n\,x$ multipliziert, so erhält man

$$P^{(n+1)} = \sum_i \overset{n+1}{C}_i\,x^i = (1+n\,x)\sum_i \overset{n}{C}_i\,x^i,$$

*) Vgl. die entsprechende Ziffer im Nachwort auf S. 65.

woraus sich durch Vergleichung der entsprechenden Koeffizienten folgende Relationen ergeben:

$$\left.\begin{aligned} \overset{n+1}{C_1} &= \overset{n}{C_1} + n, \\ \overset{n+1}{C_2} &= \overset{n}{C_2} + n\overset{n}{C_1}, \\ &\cdots\cdots\cdots\cdots \\ \overset{n+1}{C_i} &= \overset{n}{C_i} + n\overset{n}{C}_{i-1}, \\ &\cdots\cdots\cdots\cdots \end{aligned}\right\} \tag{3}$$

Durch Summation arithmetischer Reihen gelangt man nun vermittels dieser Relationen nach und nach zu folgenden allgemeinen Ausdrücken, in denen der Kürze wegen $\frac{n(n-1)\cdots(n-m+1)}{1\cdot 2\cdots m} = \binom{n}{m}$ gesetzt ist:

$$\overset{n}{C_1} = \binom{n}{2},$$

$$\overset{n}{C_2} = -\binom{n}{3} + 3\binom{n+1}{4} = \binom{n}{3}\frac{3n-1}{4},$$

$$\overset{n}{C_3} = \binom{n}{4} - 10\binom{n+1}{5} + 15\binom{n+2}{6} = \binom{n}{4}\frac{n^2-n}{2},$$

$$\overset{n}{C_4} = -\binom{n}{5} + 25\binom{n+1}{6} - 105\binom{n+2}{7} + 105\binom{n+3}{8}$$

$$= \binom{n}{5}\frac{15n^3 - 30n^2 + 5n + 2}{48} \quad \text{usw.}$$

Es bietet sich also für die fraglichen Koeffizienten die Form

$$\overset{n}{C_i} = \binom{n}{i+1}(-1)^{i+1} + \overset{i}{B_1}\binom{n+1}{i+2}(-1)^{i+2}\ldots$$

$$\cdots + \overset{i}{B_\mu}\binom{n+\mu}{i+\mu+1}(-1)^{i+\mu+1}\ldots + \overset{i}{B}_{i-1}\binom{n+i-1}{2i} \tag{4}$$

dar, wo die Größen $\overset{i}{B_1}$, $\overset{i}{B_2}$ usw. vermöge der Formeln (3) durch folgende Relationen bestimmt sind:

$$\left.\begin{aligned} \overset{i+1}{B_1} &= 2\overset{i}{B_1} + i + 2, \\ \overset{i+1}{B_2} &= 3\overset{i}{B_2} + (i+3)\overset{i}{B_1}, \\ &\cdots\cdots\cdots\cdots \\ \overset{i+1}{B_\mu} &= (\mu+1)\overset{i}{B_\mu} + (i+\mu+1)\overset{i}{B}_{\mu-1}, \\ &\cdots\cdots\cdots\cdots \\ \overset{i+1}{B_i} &= \qquad\qquad (2i+1)\overset{i}{B}_{i-1}. \end{aligned}\right\} \tag{5}$$

Wenn man nämlich in der Formel $\overset{n+1}{C}_{i+1} = \overset{n}{C}_{i+1} + n\overset{n}{C}_i$ die Reihen (4) substituiert, so ist zu beachten, daß

$$\binom{n+\mu+1}{i+\mu+2} - \binom{n+\mu}{i+\mu+2} = \binom{n+\mu}{i+\mu+1}$$

und

$$n\binom{n+\mu}{i+\mu+1} = (i+\mu+2)\binom{n+\mu+1}{i+\mu+2} - (\mu+1)\binom{n+\mu}{i+\mu+1}.$$

Aus den Relationen (5) erhält man nach und nach:

$$\overset{i}{B}_1 = 2^{i+1} - (i+3),$$

$$\overset{i}{B}_2 = \frac{1}{1\cdot 2}\left\{3^{i+2} - \binom{2}{1}(i+5)\cdot 2^{i+1} + (i+4)(i+3) + 1\right\},$$

$$\overset{i}{B}_3 = \frac{1}{1\cdot 2\cdot 3}\Big\{4^{i+3} - \binom{3}{1}(i+7)\cdot 3^{i+2} + \binom{3}{2}[(i+6)(i+5)+2]\,2^{i+1}$$
$$- [(i+5)(i+4)(i+3) + 3(i+4) + 1]\Big\},$$

$$\overset{i}{B}_4 = \frac{1}{1\cdot 2\cdot 3\cdot 4}\Big\{5^{i+4} - \binom{4}{1}(i+9)\cdot 4^{i+3} + \binom{4}{2}[(i+8)(i+7)+3]\,3^{i+2}$$
$$- \binom{4}{3}[(i+7)(i+6)(i+5) + 6(i+6) + 2]\,2^{i+1}$$
$$+ [(i+6)(i+5)(i+4)(i+3) + 6(i+5)(i+4) + 4(i+4) + 5]\Big\} \quad \text{usw.}$$

In diesen Formeln wurde der Koeffizient des ersten Gliedes nach Berechnung aller übrigen Koeffizienten aus der Bedingung $\overset{i}{B}_i = 0$ hergeleitet, wobei es bemerkenswert ist, daß in allen vier speziellen Fällen derselbe innerhalb der Klammern $= 1$ sich ergab. Man kann sie überdies noch an der Gleichung $\overset{i+1}{B}_i = 3\cdot 5\cdot 7\cdots(2i+1)$ prüfen. Um, wenn es möglich ist, über das Bildungsgesetz der Größen $\overset{i}{B}_1$, $\overset{i}{B}_2$ usw. etwas Allgemeines zu erfahren, wollen wir

$$\overset{i}{B}_\alpha = \frac{1}{1\cdot 2\cdots\alpha}\Big\{\binom{\alpha}{0}\overset{\alpha}{A}_0(\alpha+1)^{i+\alpha}\cdots$$
$$\cdots + (-1)^\mu\binom{\alpha}{\mu}\overset{\alpha}{A}_\mu(\alpha-\mu+1)^{i+\alpha-\mu}\cdots + (-1)^\alpha\binom{\alpha}{\alpha}\overset{\alpha}{A}_\alpha 1^i\Big\} \tag{6}$$

setzen und den Zuwachs, den $\overset{\alpha}{A}_\mu$ erhält, wenn darin i in $i+1$ übergeht, durch $\Delta\overset{\alpha}{A}_\mu$ bezeichnen. Substituiert man diesen Ausdruck für $\overset{i}{B}_\alpha$ und die analogen für $\overset{i+1}{B}_\alpha$ und $\overset{i}{B}_{\alpha-1}$ in der aus (5) gezogenen Gleichung:

$$\overset{i+1}{B}_\alpha = (\alpha+1)\overset{i}{B}_\alpha + (i+\alpha+1)\overset{i}{B}_{\alpha-1}$$

und ordnet nach den Grundzahlen derjenigen Potenzen, in deren Exponenten

i vorkommt, so ergeben sich folgende Gleichungen:

$$\left.\begin{array}{l}
-(\alpha+1)\,\Delta\overset{\alpha}{A}_0=0,\\
\overset{\alpha}{A}_1-\alpha\,\Delta\overset{\alpha}{A}_1=(i+\alpha+1)\,\overset{\alpha-1}{A}_0,\\
2\overset{\alpha}{A}_2-(\alpha-1)\,\Delta\overset{\alpha}{A}_2=2\,(i+\alpha+1)\,\overset{\alpha-1}{A}_1,\\
\dots\dots\dots\dots\dots\dots\\
\mu\overset{\alpha}{A}_\mu-(\alpha-\mu+1)\,\Delta\overset{\alpha}{A}_\mu=\mu\,(i+\alpha+1)\,\overset{\alpha-1}{A}_{\mu-1},\\
\dots\dots\dots\dots\dots\dots\\
\alpha\overset{\alpha}{A}_\alpha-\Delta\overset{\alpha}{A}_\alpha=\alpha\,(i+\alpha+1)\,\overset{\alpha-1}{A}_{\alpha-1};
\end{array}\right\}\qquad(7)$$

aus denen nach und nach geschlossen wurde:

$$\overset{\alpha}{A}_0=1,$$

$$\overset{\alpha}{A}_1=i+2\alpha+1,$$

$$\overset{\alpha}{A}_2=(i+2\alpha)\,(i+2\alpha-1)+\alpha-1,$$

$$\overset{\alpha}{A}_3=(i+2\alpha-1)\,(i+2\alpha-2)\,(i+2\alpha-3)+(\alpha-2)\,[3\,(i+2\alpha-2)+1],$$

$$\begin{aligned}\overset{\alpha}{A}_4=\;&(i+2\alpha-2)\,(i+2\alpha-3)\,(i+2\alpha-4)\,(i+2\alpha-5)\\&+(\alpha-3)\,[6\,(i+2\alpha-3)\,(i+2\alpha-4)+4\,(i+2\alpha-4)+3\alpha-7],\end{aligned}$$

$$\begin{aligned}\overset{\alpha}{A}_5=\;&(i+2\alpha-3)\,(i+2\alpha-4)\,(i+2\alpha-5)\,(i+2\alpha-6)\,(i+2\alpha-7)\\&+(\alpha-4)\,[10\,(i+2\alpha-4)\,(i+2\alpha-5)\,(i+2\alpha-6)\\&+10\,(i+2\alpha-5)\,(i+2\alpha-6)+5\,(3\alpha-10)\,(i+2\alpha-6)+25\alpha-94],\ \text{usw.}\end{aligned}$$

Es erhellt sogleich, nach welchem Gesetz die ersten Glieder dieser Ausdrücke gebildet sind. In betreff derjenigen Aggregate, die der Reihe nach mit $\alpha-1$, $\alpha-2$, $\alpha-3$, $\alpha-4$ multipliziert sind, ist zu bemerken, daß die Koeffizienten der ersten Glieder, nämlich 1, 3, 6, 10, eine arithmetische Reihe zweiter Ordnung bilden und daher durch $\binom{2}{2}$, $\binom{3}{2}$, $\binom{4}{2}$, $\binom{5}{2}$ dargestellt werden können. Die Koeffizienten der zweiten Glieder 1, 4, 10 bilden eine arithmetische Reihe dritter Ordnung und sind daher $\binom{3}{3}$, $\binom{4}{3}$, $\binom{5}{3}$ zu schreiben. Schwieriger wird die Betrachtung der Koeffizienten der dritten Glieder, welche nun schon α enthalten; diese lassen sich so darstellen:

$$\binom{4}{4}\,[3\,(\alpha-4)+5],\qquad\binom{5}{4}\,[3\,(\alpha-5)+5],$$

so daß $\binom{\mu}{\mu}\,[3\,(\alpha-\mu)+5]$ ihr allgemeiner Ausdruck ist.

Durch diese Induktion werden wir daraufgeführt, folgende Formel zu versuchen:

$$\overset{\alpha}{A}_\mu = 1\cdot 2\cdots \mu \left\{ \binom{i + 2\alpha - \mu + 2}{\mu} \right.$$
$$\left. + (\alpha - \mu + 1) \sum_{\varepsilon=0}^{\varepsilon=\mu-2} \binom{i + 2\alpha - \mu - \varepsilon + 1}{\mu - \varepsilon - 2} \frac{K_\varepsilon}{1\cdot 2\cdots(\varepsilon+2)} \right\}, \tag{8}$$

wo der zu bestimmende Koeffizient K_ε eine Funktion von $\alpha - \mu$ bezeichnet, die sich nicht verändert, wenn α und μ zugleich in $\alpha - 1$ und $\mu - 1$ übergehen. Um nun die betreffende Formel aus (7) hierauf anwenden zu können, muß man dieselbe nach dem unter dem Zeichen Σ in (8) enthaltenen binomischen Koeffizienten ordnen, welche sämtlich im Zähler ihres Ausdrucks $i + 2\alpha - 2\mu + 4$ als letzten Faktor haben. Tut man dieses, so ist man berechtigt, in der reduzierten Formel (7) jeden besonderen Faktor eines die Zahl i implizierenden binomischen Koeffizienten gleich Null zu setzen, woraus die zur Bestimmung von $K_0, K_1, K_2, \ldots$ nötigen Bedingungen sich ergeben werden. – Man erhält nun zunächst, indem man (8) nach i differenziert,

$$\Delta\overset{\alpha}{A}_\mu = 1\cdot 2\cdots \mu \left\{ \binom{i + 2\alpha - \mu + 2}{\mu - 1} \right.$$
$$\left. + (\alpha - \mu + 1) \sum_{\varepsilon=0}^{\varepsilon=\mu-3} \binom{i + 2\alpha - \mu - \varepsilon + 1}{\mu - \varepsilon - 3} \frac{K_\varepsilon}{1\cdot 2\cdots(\varepsilon+2)} \right\}.$$

Da aber die unter dem Summenzeichen enthaltenen binomischen Koeffizienten als letzten Faktor ihres Zählers $i + 2\alpha - 2\mu + 5$ haben, so müssen sie in Summen solcher verwandelt werden, wie sie in (8) vorkommen. Nun ist

$$\binom{i + 2\alpha - \mu - \varepsilon + 1}{\mu - \varepsilon - 3} = \sum_{\vartheta=\varepsilon+1}^{\vartheta=\mu-2} \binom{i - 2\alpha - \mu - \vartheta + 1}{\mu - \vartheta - 2}.$$

Da nun für ein bestimmtes ϑ die andere laufende Zahl ε von 0 bis $\vartheta - 1$ geht, so ist jetzt

$$\Delta\overset{\alpha}{A}_\mu = 1\cdot 2\cdots \mu \left\{ \binom{i + 2\alpha - \mu + 2}{\mu - 1} \right.$$
$$\left. + (\alpha - \mu + 1) \sum_{\vartheta=1}^{\vartheta=\mu-2} \binom{i + 2\alpha - \mu - \vartheta + 1}{\mu - \vartheta - 2} \sum_{\varepsilon=0}^{\varepsilon=\vartheta-1} \frac{K_\varepsilon}{1\cdot 2\cdots(\varepsilon+2)} \right\}.$$

Ferner bekommt man aus (8)

$$(i + \alpha + 1)\overset{\alpha-1}{A}_{\mu-1} = 1\cdot 2\cdots(\mu - 1) \left\{ (i + \alpha + 1) \binom{i + 2\alpha - \mu + 1}{\mu - 1} \right.$$
$$\left. + (\alpha - \mu + 1) \sum_{\varepsilon=0}^{\varepsilon=\mu-3} (i + \alpha + 1) \binom{i + 2\alpha - \mu - \varepsilon}{\mu - \varepsilon - 3} \frac{K_\varepsilon}{1\cdot 2\cdots(\varepsilon+2)} \right\}.$$

Hier ist nun

$$(i + \alpha + 1) \binom{i + 2\alpha - \mu + 1}{\mu - 1} = \mu \binom{i + 2\alpha - \mu + 2}{\mu}$$
$$- (\alpha - \mu + 1) \left[\binom{i + 2\alpha - \mu + 2}{\mu - 1} - \binom{i + 2\alpha - \mu + 1}{\mu - 2} \right],$$

$$(i+\alpha+1)\binom{i+2\alpha-\mu-\varepsilon}{\mu-\varepsilon-3}=(\mu-\varepsilon-2)\binom{i+2\alpha-\mu-\varepsilon+1}{\mu-\varepsilon-2}$$
$$-(\alpha-\mu-\varepsilon)\binom{i+2\alpha-\mu-\varepsilon}{\mu-\varepsilon-3};$$

also ist

$$\mu(i+\alpha+1)\overset{\alpha-1}{A}_{\mu-1}=1\cdot2\cdots\mu\left\{\mu\binom{i+2\alpha-\mu+1}{\mu}\right.$$
$$-(\alpha-\mu+1)\left[\binom{i+2\alpha-\mu+2}{\mu-1}-\binom{i+2\alpha-\mu+1}{\mu-2}\right.$$
$$-\sum_{\varepsilon=0}^{\varepsilon=\mu-2}(\mu-\varepsilon-2)\binom{i+2\alpha-\mu-\varepsilon+1}{\mu-\varepsilon-2}\frac{K_\varepsilon}{1\cdot2\cdots(\varepsilon+2)}$$
$$\left.\left.+\sum_{\varepsilon=1}^{\varepsilon=\mu-2}(\alpha-\mu-\varepsilon+1)\binom{i+2\alpha-\mu-\varepsilon+1}{\mu-\varepsilon-2}\frac{K_{\varepsilon-1}}{1\cdot2\cdots(\varepsilon+1)}\right]\right\}.$$

Nach diesen Vorbereitungen gibt die Substitution der Ausdrücke für $\overset{\alpha}{A}_\mu$, $\overset{\alpha}{A}_\mu$, $\overset{\alpha-1}{A}_{\mu-1}$ in der Formel (7) folgende Gleichung:

$$\mu\overset{\alpha}{A}_\mu-(\alpha-\mu+1)\Delta\overset{\alpha}{A}_\mu-\mu(i+\alpha+1)\overset{\alpha-1}{A}_{\mu-1}$$
$$=1\cdot2\cdots\mu(\alpha-\mu+1)\left\{\binom{i+2\alpha-\mu+1}{\mu-2}[K_0-1]\right.$$
$$+\sum_{\vartheta=1}^{\vartheta=\mu-2}\binom{i+2\alpha-\mu-\vartheta+1}{\mu-\vartheta-2}\left[\frac{K_\vartheta}{1\cdot2\cdots(\vartheta+1)}-\vartheta\frac{K_\vartheta}{1\cdot2\cdots(\vartheta+1)}\right.$$
$$\left.\left.-(\alpha-\mu+1)\sum_{\varepsilon=\vartheta}^{\varepsilon=\vartheta-2}\frac{K_\varepsilon}{1\cdot2\cdots(\varepsilon+2)}\right]\right\}=0. \tag{9}$$

Setzt man hier die Faktoren der einzelnen binomischen Koeffizienten der Null gleich, so ergeben sich folgende Gleichungen, in denen der Kürze wegen $\alpha-\mu+1=\beta$ gesetzt ist:

$$\left.\begin{aligned}
K_0&=1,\\
K_1&=1\,K_0,\\
K_2&=2\,K_1+\beta\,3\,K_0,\\
K_3&=3\,K_2+\beta\,(4\,K_1+4\cdot3\,K_0),\\
K_4&=4\,K_3+\beta\,(5\,K_2+5\cdot4\,K_1+5\cdot4\cdot3\,K_0),\\
K_5&=5\,K_4+\beta\,(6\,K_3+6\cdot5\,K_2+6\cdot5\cdot4\,K_1+6\cdot5\cdot4\cdot3\,K_0)\text{ usw.}
\end{aligned}\right\} \tag{9a}$$

Führt man die Rechnung wirklich aus, so findet man

$$\begin{aligned}
K_0&=1,\\
K_1&=1,\\
K_2&=3\,\beta+2,\\
K_3&=25\,\beta+6,\\
K_4&=15\,\beta^2+190\,\beta+24,\\
K_5&=315\,\beta^2+1526\,\beta+120\ \text{ usw.}
\end{aligned}$$

Wenn $H_n = \frac{K_n}{1\cdot 2\cdot 3\cdots n}$ gesetzt wird, so hat man zur Bestimmung der Größen H in Funktion von β folgende Rekursionsformel:

$$\left.\begin{aligned} &H_0 = 1, \quad H_1 = 1, \\ &H_{n+1} = H_n \\ &+ (n+2)\,\beta\left(\frac{H_0}{1\cdot 2} + \frac{H_1}{2\cdot 3} + \cdots + \frac{H_i}{(i+1)(i+2)} + \cdots + \frac{H_{n-1}}{n(n+1)}\right) \end{aligned}\right\}. \tag{10}$$

Die Entwicklung von H_n nach den steigenden Potenzen von β sei:

$$H_n = \overset{n}{b}_0 + \overset{n}{b}_1\,\beta + \overset{n}{b}_2\,\beta^2 + \cdots + \overset{n}{b}_\mu\,\beta^\mu + \cdots. \tag{11}$$

Aus der Rekursionsformel (10) folgt sogleich

$$\overset{n}{b}_0 = 1, \tag{12}$$

und wenn wir abkürzend

$$\varphi(n+1) - \varphi(n) = \varDelta\varphi(n) \quad \text{und} \quad \varphi(1) + \varphi(2) + \cdots + \varphi(n) = \int\varphi(n)$$

setzen, wo dann $\int\varphi(0) = 0$ zu nehmen ist, so folgt aus (10) für $\mu > 0$ die Differenzengleichung:

$$\varDelta\,\frac{\varDelta\overset{n}{b}_\mu}{n+2} = \frac{\overset{n}{b}_{\mu-1}}{(n+1)(n+2)}, \tag{13}$$

in welcher $\overset{0}{b}_\mu = 0$, $\varDelta\overset{0}{b}_\mu = 0$ zu nehmen ist, deren Integral somit durch die Gleichung

$$\overset{n}{b}_\mu = \frac{(n+1)(n+2)}{2}\int\frac{\overset{n-1}{b}_{\mu-1}}{n(n+1)} - \int\frac{n+2}{2n}\,\overset{n-1}{b}_{\mu-1} \tag{14}$$

dargestellt ist. Vollzieht man die Integration für $\mu = 1$, so erhält man

$$\overset{n}{b}_1 = \frac{n(n+1)}{2} - \int\frac{1}{n}. \tag{15}$$

Für $\mu = 2$, $\mu = 3$ liefert die Integration ebenfalls:

$$\overset{n}{b}_2 = \binom{n+2}{3} - \binom{n+1}{2}\int\frac{1}{n} + \int\frac{1}{n}\int\frac{1}{n-1},$$

$$\begin{aligned} \overset{n}{b}_3 = &\left\{\frac{1}{2}\binom{n+3}{4} + \frac{1}{2}\binom{n+2}{3}\right\} \\ &- \binom{n+2}{3}\int\frac{1}{n} + \binom{n+1}{2}\int\frac{1}{n}\int\frac{1}{n-1} - \int\frac{1}{n}\int\frac{1}{n-1}\int\frac{1}{n-2}. \end{aligned}$$

Setzen wir nun der Abkürzung wegen

$$\int\frac{1}{n} = \overset{n}{S}_1, \quad \int\frac{1}{n}\int\frac{1}{n-1} = \overset{n}{S}_2, \quad \int\frac{1}{n}\int\frac{1}{n-1}\int\frac{1}{n-2} = \overset{n}{S}_3 \quad \text{usw.}$$

so daß(²)*)

$$\left(1+\frac{z}{1}\right)\left(1+\frac{z}{2}\right)\left(1+\frac{z}{3}\right)\cdots\left(1+\frac{z}{n}\right)$$

$$=1+\overset{n}{S}_1 z+\overset{n}{S}_2 z^2+\overset{n}{S}_3 z^3+\cdots+\overset{n}{S}_n z^n$$

wird und

$$\overset{n}{a}_0=1,\quad \overset{n}{a}_1=\binom{n+1}{2},\quad \overset{n}{a}_2=\binom{n+2}{3},\quad \overset{n}{a}_3=\frac{1}{2}\binom{n+3}{4}+\frac{1}{2}\binom{n+2}{3},$$

so haben wir die Gleichungen

$$\overset{n}{b}_0=\overset{n}{a}_0\overset{n}{S}_0,$$

$$\overset{n}{b}_1=\overset{n}{a}_1\overset{n}{S}_0-\overset{n}{a}_0\overset{n}{S}_1,$$

$$\overset{n}{b}_2=\overset{n}{a}_2\overset{n}{S}_0-\overset{n}{a}_1\overset{n}{S}_1+\overset{n}{a}_0\overset{n}{S}_2,$$

$$\overset{n}{b}_3=\overset{n}{a}_3\overset{n}{S}_0-\overset{n}{a}_2\overset{n}{S}_1+\overset{n}{a}_1\overset{n}{S}_2-\overset{n}{a}_0\overset{n}{S}_3;$$

weshalb die Vermutung entsteht, es möchte überhaupt

$$\overset{n}{b}_\mu=\sum_{i=0}^{i=\mu}(-1)^{\mu-i}\overset{n}{a}_i\overset{n}{S}_{\mu-i}, \tag{16}$$

wo $\overset{n}{a}_i$ eine ganze Funktion $(i+1)$-ten Grades von n bezeichnet, die für $i>1$ durch $n(n+1)(n+2)$ teilbar ist, die allgemeine Form der Größen $\overset{n}{b}_\mu$ sein. Um die Richtigkeit dieser Vermutung zu prüfen, müssen wir nachsehen, ob die Gleichung (13), wenn bis zu einem gewissen Werte von μ die Gleichung (16) verifiziert worden ist, für den unmittelbar folgenden Wert von μ wiederum einen Ausdruck von der Form (16) als Äquivalent der Größe $\overset{n}{b}_\mu$ gebe. Zu diesem Zwecke substituieren wir die Formel (16) in der Differenzengleichung (13) und ordnen das Ganze nach den transzendenten Funktionen $\overset{n}{S}_{\mu-1}$. Da nun $\Delta\overset{n}{S}_{\mu-i}$ $=[1/(n+1)]\,\overset{n}{S}_{\mu-i-1}$ und daher

$$\Delta\overset{n}{a}_i\overset{n}{S}_{\mu-i}=\frac{\overset{n+1}{a}_i}{n+1}\overset{n}{S}_{\mu-i-1}+\Delta\overset{n}{a}_i\overset{n}{S}_{\mu-i}$$

ist, so wird

$$\Delta\overset{n}{b}_\mu=\sum(-1)^{\mu-i}\left(\Delta\overset{n}{a}_i-\frac{\overset{n+1}{a}_{i-1}}{n+1}\right)\overset{n}{S}_{\mu-i},$$

und die Gleichung (13) erhält die Gestalt:

$$\Sigma(-1)^{\mu-i}\left\{\Delta\frac{\Delta\overset{n}{a}_i-\dfrac{1}{n+1}\overset{n+1}{a}_{i-1}}{n+2}-\frac{1}{n+1}\cdot\frac{\Delta\overset{n+1}{a}_{i-1}-\dfrac{1}{n+2}\overset{n+2}{a}_{i-2}}{n+3}\right\}\overset{n}{S}_{\mu-i}$$

$$=\Sigma(-1)^{\mu-i}\frac{\overset{n}{a}_{i-1}}{(n+1)(n+2)}S_{\mu-i}.$$

*) Vgl. die entsprechende Ziffer im Nachwort auf S. 65.

Da hier die entsprechenden Koeffizienten der Funktionen S gleich sein müssen, so folgt:

$$\Delta \frac{\Delta \overset{n}{a}_i}{n+2} = \Delta \frac{\overset{n+1}{a}_{i-1}}{(n+1)(n+2)} + \frac{\Delta \overset{n+1}{a}_{i-1}}{(n+1)(n+3)} + \frac{\overset{n}{a}_{i-1}}{(n+1)(n+2)} - \frac{\overset{n+2}{a}_{i-2}}{(n+1)(n+2)(n+3)}. \tag{17}$$

Über die Anfangswerte der Funktionen $\overset{n}{a}_i$ und $\Delta \overset{n}{a}_i$ ist folgendes zu bemerken. Da $\overset{0}{S}_\mu = 1$ oder 0 wird, je nachdem $\mu = 0$ oder > 0 ist, und da $\overset{1}{S}_\mu = 1$ oder 0 wird, je nachdem $\mu = 0$, 1 oder > 1 ist, so ist auch überhaupt $\overset{0}{b}_\mu = \overset{0}{a}_\mu$ und für $\mu > 0$ insbesondere $\overset{1}{b}_\mu = \overset{1}{a}_\mu - \overset{1}{a}_{\mu-1}$. Für $\mu > 0$ ist aber $\overset{0}{b}_\mu = \overset{1}{b}_\mu = 0$, dagegen ist $\overset{0}{b}_0 = 1$; folglich ist auch $\overset{0}{a}_0 = 1$ und, wenn $\mu > 0$ ist, $\overset{0}{a}_\mu = 0$, $\overset{1}{a}_\mu = \overset{1}{a}_{\mu-1} = \overset{1}{a}_0 = 1$; also ist für jedes ganze und positive (von Null verschiedene) μ

$$\overset{0}{a}_\mu = 0, \quad \Delta \overset{0}{a}_\mu = 1.$$

Wenn also in der Gleichung (17) $i > 0$ ist, so hat die Funktion $\frac{\Delta \overset{n}{a}_i}{n+2}$ bei $n = 0$ den Anfangswert 1/2, denselben, den auch die Funktion $\frac{\overset{n+1}{a}_{i-1}}{(n+1)(n+2)}$ hat. Man darf daher als erstes Integral der Gleichung (17)

$$\frac{\Delta \overset{n}{a}_i}{n+2} - \frac{\overset{n+1}{a}_{i-1}}{(n+1)(n+2)} = \int \left(\frac{\Delta \overset{n}{a}_{i-1}}{n(n+2)} + \frac{\overset{n-1}{a}_{i-1}}{n(n+1)} - \frac{\overset{n+1}{a}_{i-2}}{n(n+1)(n+2)} \right) = \varphi(n) \tag{18}$$

setzen, wo $\varphi(0) = 0$ sein soll. Aus dieser Gleichung folgt

$$\Delta \overset{n}{a}_i = \frac{\overset{n+1}{a}_{i-1}}{n+1} + (n+2)\,\varphi(n);$$

und da $\overset{0}{a}_i$ verschwindet, so hat man als zweites Integral:

$$\overset{n}{a}_i = \int \left(\frac{\overset{n}{a}_{i-1}}{n} + (n+1)\,\varphi(n-1) \right). \tag{19}$$

Nun denke man sich die ganze Funktion $\overset{n}{a}_i$ in Beziehung auf die in ihr enthaltene Variable n nach binomischen Koeffizienten von der Form $\binom{n+m-1}{m}$ entwickelt, und setze daher

$$\overset{n}{a}_i = \sum_{m=3}^{m=i+1} \begin{bmatrix} i \\ m \end{bmatrix} \binom{n+m-1}{m}, \tag{20}$$

wo $\begin{bmatrix} i \\ m \end{bmatrix}$ einen von n unabhängigen Faktor bezeichnet. Da in den Gleichungen

(18) und (19) die Größen a_i, a_{i-1}, a_{i-2}, φ in linearer Form enthalten sind, so können wir untersuchen, welche Bestandteile der Funktion $\overset{n}{a}_i$ ihre Entstehung irgendeinem einzelnen in $\overset{n}{a}_{i-1}$ oder $\overset{n}{a}_{i-2}$ vorkommenden binomischen Koeffizienten verdanken, und wenn dieses geschehen ist, durch eine auf alle Glieder von $\overset{n}{a}_{i-1}$ und $\overset{n}{a}_{i-2}$ ausgedehnte Summation den vollständigen Wert von $\overset{n}{a}_i$ berechnen, in welchem dann $\left[\begin{matrix} i \\ m \end{matrix}\right]$ als lineare und homogene Funktion der Faktoren $\left[\begin{matrix} i-1 \\ 3 \end{matrix}\right]$, $\left[\begin{matrix} i-1 \\ 4 \end{matrix}\right]$, ..., $\left[\begin{matrix} i-2 \\ 3 \end{matrix}\right]$, $\left[\begin{matrix} i-2 \\ 4 \end{matrix}\right]$, ... erscheinen wird. Die Berechnung kann unter anderm auf folgende Art geführt werden:

Es ist

$$\frac{\Delta\overset{n}{a}_{i-1}}{n\,(n+2)} + \frac{\overset{n-1}{a}_{i-1}}{n\,(n+1)} = \frac{\overset{n}{a}_{i-1}}{n\,(n+1)} + \frac{\Delta\overset{n}{a}_{i-1}}{(n+1)\,(n+2)} - \frac{\Delta\overset{n-1}{a}_{i-1}}{n\,(n+1)}$$
$$+ \frac{\Delta\overset{n-1}{a}_{i-1} + \Delta^2\overset{n-2}{a}_{i-1} + \Delta^3\overset{n-3}{a}_{i-1} + \cdots}{n\,(n+1)\,(n+2)}.$$

Wenn daher $\binom{n+m-1}{m}$ einen in $\overset{n}{a}_{i-1}$ vorkommenden binomischen Koeffizienten bezeichnet, so entspringen aus demselben in $\Delta\varphi(n-1)$ die Glieder:

$$\frac{1}{(m-1)\,m}\binom{n+m-1}{m-2} + \frac{1}{(m-1)\,(m-2)}\binom{n+m-1}{m-3}$$
$$- \frac{1}{(m-2)\,(m-1)}\binom{n+m-2}{m-3}$$
$$+ \sum_{\lambda=3}^{\lambda=m-1} \frac{1}{(\lambda-2)\,(\lambda-1)\,\lambda}\binom{n+\lambda-1}{\lambda-3} + \frac{1/2}{n}.$$

Durch Integration ergibt sich als Bestandteil von $\varphi(n)$ der Ausdruck

$$\frac{1}{(m-1)\,m}\binom{n+m}{m-1} + \frac{1}{(m-1)\,(m-2)}\binom{n+m-1}{m-3}$$
$$+ \sum_{\lambda=3}^{\lambda=m-1} \frac{1}{(\lambda-2)\,(\lambda-1)\,\lambda}\binom{n+\lambda}{\lambda-2} - \frac{1}{2} - \frac{1}{m-1} - \frac{1}{2}\int\frac{1}{m-3} + \frac{1}{2}\overset{n}{S}_1,$$

und hieraus als Bestandteil von $(n+1)\,\varphi(n-1) + \frac{\overset{n}{a}_{i-1}}{n}$ das Aggregat

$$\frac{1}{m-1}\binom{n+m-1}{m-1} + \frac{1}{m-1}\binom{n+m-1}{m} + \frac{1}{m-1}\binom{n+m-2}{m-2}$$
$$+ \sum_{\lambda=3}^{\lambda=m-1} \frac{1}{(\lambda-2)\,\lambda}\binom{n+\lambda-1}{\lambda-1}$$
$$+ \left(-\frac{1}{2} - \frac{1}{m-1} - \frac{1}{2}\int\frac{1}{m-3}\right)(n+1) + \frac{n+1}{2}\overset{n-1}{S}_1,$$

durch dessen Integration als Bestandteil von $\overset{n}{a}_i$ sich ergibt:

$$\frac{1}{m-1}\binom{n+m+1}{m+1}+\frac{1}{m-1}\binom{n+m-1}{m-1}$$
$$+\sum_{\lambda=3}^{\lambda=m-1}\frac{1}{(\lambda-2)\,\lambda}\binom{n+\lambda}{\lambda}+\left(-\frac{3}{4}-\frac{1}{m-1}-\frac{1}{2}\int\frac{1}{m-3}\right)\binom{n+2}{2}$$
$$-\frac{1}{2}\binom{n+1}{1}+\frac{1}{2}-\frac{1/2}{m-1}+\frac{1}{2}\int\frac{1}{m-2}+\frac{n\,(n+3)}{4}\overset{n}{S}_1, \tag{21}$$

wo die binomischen Koeffizienten mit Fleiß nicht auf die Form $\binom{n+\lambda-1}{\lambda}$, sondern auf die Form $\binom{n+\lambda}{\lambda}$ gebracht sind.

Auf ähnlichem Wege erhält man für den Bestandteil von $\overset{n}{a}_i$, der aus dem beliebigen in $\overset{n}{a}_{i-2}$ vorkommenden binomischen Koeffizienten $\binom{n+m-1}{m}$ herfließt, den Ausdruck:

$$-\sum_{\lambda=3}^{\lambda=m}\frac{1}{(\lambda-2)\,\lambda}\binom{n+\lambda}{\lambda}+\left(\frac{1}{4}+\frac{1}{2}\int\frac{1}{m-2}\right)\binom{n+2}{2}$$
$$+\frac{1}{2}\binom{n+1}{1}-\frac{1}{2}\int\frac{1}{m}-\frac{n\,(n+3)}{4}\overset{n}{S}_1. \tag{22}$$

Die Gleichung (20), wenn darin die Binomialkoeffizienten auf die Form $\binom{n+k}{k}$ gebracht werden, verwandelt sich in

$$\overset{n}{a}_i=\begin{bmatrix}i\\i+1\end{bmatrix}\binom{n+i+1}{i+1}+\left(\begin{bmatrix}i\\i\end{bmatrix}-\begin{bmatrix}i\\i+1\end{bmatrix}\right)\binom{n+i}{i}+\cdots$$
$$+\left(\begin{bmatrix}i\\k\end{bmatrix}-\begin{bmatrix}i\\k+1\end{bmatrix}\right)\binom{n+k}{k}+\cdots+\left(\begin{bmatrix}i\\3\end{bmatrix}-\begin{bmatrix}i\\4\end{bmatrix}\right)\binom{n+3}{3}-\begin{bmatrix}i\\3\end{bmatrix}\binom{n+2}{2}.$$

Vergleicht man die von n unabhängigen Faktoren in dieser Gleichung mit denen, welche sich in dem aus den Formeln (21) und (22) hergeleiteten Ausdrucke für $\overset{n}{a}_i$ ergeben, so erhält man folgende Gleichungen:

$$\begin{bmatrix}i\\i+1\end{bmatrix}=\frac{1}{i-1}\begin{bmatrix}i-1\\i\end{bmatrix}, \tag{23}$$

$$\begin{bmatrix}i\\i\end{bmatrix}-\begin{bmatrix}i\\i+1\end{bmatrix}=\frac{1}{i-2}\begin{bmatrix}i-1\\i-1\end{bmatrix}, \tag{24}$$

$$\begin{bmatrix}i\\k\end{bmatrix}-\begin{bmatrix}i\\k+1\end{bmatrix}=\frac{1}{k-2}\begin{bmatrix}i-1\\k-1\end{bmatrix}+\frac{1}{k\,(k-2)}\left\{(k-1)\begin{bmatrix}i-1\\k+1\end{bmatrix}+\begin{bmatrix}i-1\\k+2\end{bmatrix}+\cdots\right.$$
$$\left.\cdots+\begin{bmatrix}i-1\\i\end{bmatrix}-\begin{bmatrix}i-2\\k\end{bmatrix}-\begin{bmatrix}i-2\\k+1\end{bmatrix}-\cdots-\begin{bmatrix}i-2\\i-1\end{bmatrix}\right\}, \tag{25}$$

wofür k der Reihe nach $i-1$, $i-2$, …, 4, 3 zu setzen ist,

$$-\begin{bmatrix}i\\3\end{bmatrix}=-\sum_{m=3}^{m=i}\left(\frac{3}{4}+\frac{1}{m-1}+\frac{1}{2}\int\frac{1}{m-3}\right)\begin{bmatrix}i-1\\m\end{bmatrix}$$
$$+\sum_{m=3}^{m=i-1}\left(\frac{1}{4}+\frac{1}{2}\int\frac{1}{m-2}\right)\begin{bmatrix}i-2\\m\end{bmatrix}+\frac{1}{2}\begin{bmatrix}i-1\\3\end{bmatrix}, \tag{26}$$

$$0 = -\frac{1}{2}\sum_{m=3}^{m=i}\begin{bmatrix} i-1 \\ m \end{bmatrix} + \frac{1}{2}\sum_{m=3}^{m=i-1}\begin{bmatrix} i-2 \\ m \end{bmatrix}, \tag{27}$$

$$0 = \sum_{m=3}^{m=i}\left(\frac{1}{2} - \frac{1/2}{m-1} + \frac{1}{2}\int\frac{1}{m-2}\right)\begin{bmatrix} i-1 \\ m \end{bmatrix} - \frac{1}{2}\sum_{m=3}^{m=i-1}\int\frac{1}{m}\begin{bmatrix} i-2 \\ m \end{bmatrix}, \tag{28}$$

im ganzen drei Gleichungen mehr als zur Bestimmung der $i-1$ Faktoren $\begin{bmatrix} i \\ i+1 \end{bmatrix}, \ldots, \begin{bmatrix} i \\ 3 \end{bmatrix}$ erfordert werden. Soll daher die Formel (16) sich halten können, so müssen die Gleichungen (26), (27), (28) als notwendige Folgen der übrigen Gleichungen (23), (24), (25) sich nachweisen lassen. Vorher aber wollen wir die durch die Gleichung (25) festgesetzten Relationen möglichst vereinfachen. Wird nämlich der Kürze wegen [für $k = 4, 5, \ldots, i$]

$$(k-2)\begin{bmatrix} i \\ k \end{bmatrix} - (k-2)\begin{bmatrix} i \\ k+1 \end{bmatrix} - \begin{bmatrix} i-1 \\ k-1 \end{bmatrix} = \psi(i, k)$$

und im besondern

$$(i-1)\begin{bmatrix} i \\ i+1 \end{bmatrix} - \begin{bmatrix} i-1 \\ i \end{bmatrix} = \psi(i, i+1), \qquad \begin{bmatrix} i \\ 3 \end{bmatrix} - \begin{bmatrix} i \\ 4 \end{bmatrix} = \psi(i, 3)$$

gesetzt, so verwandelt sich die Gleichung (25) in

$$\psi(i, k) = \frac{1}{k}\{\psi(i-1, k+1) + \psi(i-1, k+2) + \cdots + \psi(i-1, i)\} \tag{25a}$$

und die Gleichungen (23) und (24) in

$$\psi(i, i+1) = 0, \quad \psi(i, i) = 0;$$

also verschwinden in obiger Summe sogleich die zwei letzten Glieder $\psi(i-1, i)$ und $\psi(i-1, i-1)$; folglich werden auch $\psi(i, i-1)$ und $\psi(i, i-2)$ verschwinden. Wenn aber dem so ist, so müssen auch $\psi(i-1, i-2)$ und $\psi(i-1, i-3)$ verschwinden; folglich verschwinden wegen (25a) auch $\psi(i, i-3)$ und $\psi(i, i-4)$. Setzt man dieses Verfahren weit genug fort, so folgt überhaupt, daß $\psi(i, k)$ verschwindet, welche der Zahlen $3, 4, \ldots, i+1$ man auch für k substituieren mag. Wir haben also statt der Gleichungen (23), (24), (25) folgende einfacheren Relationen:

$$\left.\begin{aligned}
&\begin{bmatrix} i \\ i+1 \end{bmatrix} = \frac{1}{i-1}\begin{bmatrix} i-1 \\ i \end{bmatrix}, \\
&\begin{bmatrix} i \\ i \end{bmatrix} - \begin{bmatrix} i \\ i+1 \end{bmatrix} = \frac{1}{i-2}\begin{bmatrix} i-1 \\ i-1 \end{bmatrix}, \\
&\ldots\ldots\ldots\ldots\ldots\ldots \\
&\begin{bmatrix} i \\ k \end{bmatrix} - \begin{bmatrix} i \\ k+1 \end{bmatrix} = \frac{1}{k-2}\begin{bmatrix} i-1 \\ k-1 \end{bmatrix}, \\
&\ldots\ldots\ldots\ldots\ldots\ldots \\
&\begin{bmatrix} i \\ 4 \end{bmatrix} - \begin{bmatrix} i \\ 5 \end{bmatrix} = \frac{1}{2}\begin{bmatrix} i-1 \\ 3 \end{bmatrix}, \\
&\begin{bmatrix} i \\ 3 \end{bmatrix} - \begin{bmatrix} i \\ 4 \end{bmatrix} = 0;
\end{aligned}\right\} \tag{29}$$

aus denen sich durch Addition sogleich die Formel

$$\begin{bmatrix} i \\ k \end{bmatrix} = \frac{1}{k-2}\begin{bmatrix} i-1 \\ k-1 \end{bmatrix} + \frac{1}{k-1}\begin{bmatrix} i-1 \\ k \end{bmatrix} + \frac{1}{k}\begin{bmatrix} i-1 \\ k+1 \end{bmatrix} + \cdots + \frac{1}{i-1}\begin{bmatrix} i-1 \\ i \end{bmatrix} \qquad (30)$$

ergibt. Jetzt sind wir imstande, die Richtigkeit der Gleichungen (26), (27) und (28) zu prüfen. Wenn wir nämlich in der vorliegenden Gleichung (30) für k nach und nach 3, 4, 5, ..., i, $i+1$ setzen und dann addieren, so erhalten wir

$$\sum_{k=3}^{k=i+1}\begin{bmatrix} i \\ k \end{bmatrix} = \sum_{k=3}^{k=i}\begin{bmatrix} i-1 \\ k \end{bmatrix} = \begin{bmatrix} 2 \\ 3 \end{bmatrix} = 1, \qquad (31)$$

wodurch die Gleichung (27) verifiziert ist. In der Gleichung (28) lassen wir i in $i+1$ übergehen und multiplizieren mit 2, so ergibt sich:

$$\sum_{m=3}^{m=i+1}\left(1 + \int\frac{1}{m-2} - \frac{1}{m-1}\right)\begin{bmatrix} i \\ m \end{bmatrix} = \sum_{m=3}^{m=i}\int\frac{1}{m}\begin{bmatrix} i-1 \\ m \end{bmatrix}.$$

Wenn wir nun hierin für $\begin{bmatrix} i \\ m \end{bmatrix}$ den aus (30) sich ergebenden Wert substituieren, so erhält die Größe $\frac{1}{k-1}\begin{bmatrix} i-1 \\ k \end{bmatrix}$ als Faktor die Summe

$$\sum_{m=3}^{m=k+1}\left(1 + \int\frac{1}{m-2} - \frac{1}{m-1}\right),$$

deren Wert $= (k-1)\left(\frac{1}{1} + \frac{1}{2} + \cdots + \frac{1}{k-1} + \frac{1}{k}\right)$ ist. Die linke Seite obiger Gleichung wird daher

$$\sum_{k=3}^{k=i}\int\frac{1}{k}\begin{bmatrix} i-1 \\ k \end{bmatrix},$$

und ist somit mit der rechten Seite identisch. Hierdurch ist die Richtigkeit der Gleichung (28) bewiesen. Um endlich noch die Gleichung (26) zu verifizieren, addieren wir zu derselben die Gleichung (28) und erhalten:

$$-\begin{bmatrix} i \\ 3 \end{bmatrix} = \frac{1}{2}\begin{bmatrix} i-1 \\ 3 \end{bmatrix} - \sum_{m=3}^{m=i}\left(\frac{1}{4} + \frac{3/2}{m-1} - \frac{1/2}{m-2}\right)\begin{bmatrix} i-1 \\ m \end{bmatrix}$$
$$+ \sum_{m=3}^{m=i-1}\left(\frac{1}{4} - \frac{1/2}{m-1} - \frac{1/2}{m}\right)\begin{bmatrix} i-2 \\ m \end{bmatrix}.$$

Wenn wir nun hiezu noch die Gleichungen

$$\begin{bmatrix} i \\ 3 \end{bmatrix} = \sum_{m=3}^{m=i}\frac{1}{m-1}\begin{bmatrix} i-1 \\ m \end{bmatrix}, \quad 0 = \frac{1}{4}\sum\begin{bmatrix} i-1 \\ m \end{bmatrix} - \frac{1}{4}\sum\begin{bmatrix} i-2 \\ m \end{bmatrix}$$

und

$$0 = -\frac{1}{2}\begin{bmatrix} i-1 \\ 3 \end{bmatrix} + \frac{1}{2}\sum\frac{1}{m-1}\begin{bmatrix} i-2 \\ m \end{bmatrix}$$

addieren, so ergibt sich mit Weglassung des Faktors 1/2:

$$0 = \sum\left(\frac{1}{m-2} - \frac{1}{m-1}\right)\begin{bmatrix} i-1 \\ m \end{bmatrix} - \sum\frac{1}{m}\begin{bmatrix} i-2 \\ m \end{bmatrix},$$

oder auch

$$0 = \begin{bmatrix} i-1 \\ 3 \end{bmatrix} - \sum_{k=2}^{k=i-1} \frac{1}{k}\left(\begin{bmatrix} i-1 \\ k+1 \end{bmatrix} - \begin{bmatrix} i-1 \\ k+2 \end{bmatrix}\right) - \sum_{k=3}^{k=i-1} \frac{1}{k}\begin{bmatrix} i-2 \\ k \end{bmatrix},$$

oder, da wegen (29)

$$\begin{bmatrix} i-1 \\ k+1 \end{bmatrix} - \begin{bmatrix} i-1 \\ k+2 \end{bmatrix} = \frac{1}{k-1}\begin{bmatrix} i-2 \\ k \end{bmatrix}$$

und überdies

$$\frac{1}{k\,(k-1)} + \frac{1}{k} = \frac{1}{k-1}$$

ist, so ist

$$0 = \begin{bmatrix} i-1 \\ 3 \end{bmatrix} - \sum \frac{1}{k-1}\begin{bmatrix} i-2 \\ k \end{bmatrix},$$

welche Gleichung mit (30) übereinstimmt. Somit sind alle drei überzähligen Gleichungen (26), (27) und (28) notwendige Folgen der übrigen, diesen unmittelbar vorhergehenden Gleichungen. Von nun an tritt die Gleichung (16) samt allen ihren Konsequenzen in volle Kraft.

Um einen independenten Ausdruck für die Größe $\begin{bmatrix} i \\ k \end{bmatrix}$ zu bekommen, geben wir der allgemeinen Gleichung in (29) die Gestalt:

$$\Pi(k-2)\begin{bmatrix} i \\ k \end{bmatrix} - \Pi(k-3)\begin{bmatrix} i-1 \\ k-1 \end{bmatrix} = \frac{1}{k-1}\left\{\Pi(k-1)\begin{bmatrix} i \\ k+1 \end{bmatrix}\right\}. \tag{32}$$

Integriert man diese Gleichung unter der Annahme, daß der Unterschied $i-k$ konstant sei, so ergibt sich:

$$\Pi\,(k-2)\begin{bmatrix} i \\ k \end{bmatrix} = \frac{\Pi\,2\begin{bmatrix} i-k+3 \\ 4 \end{bmatrix}}{2} + \frac{\Pi\,3\begin{bmatrix} i-k+4 \\ 5 \end{bmatrix}}{3} + \cdots$$
$$\cdots + \frac{\Pi\,(k-1)\begin{bmatrix} i \\ k+1 \end{bmatrix}}{k-1}. \tag{33}$$

Für $k = i+1$ ist diese Formel nicht anwendbar. Es ist aber

$$\Pi\,(i-1)\begin{bmatrix} i \\ i+1 \end{bmatrix} = \Pi\,(i-2)\begin{bmatrix} i-1 \\ i \end{bmatrix} = \Pi\,1\begin{bmatrix} 2 \\ 3 \end{bmatrix} = 1;$$

folglich

$$\Pi\,(i-2)\begin{bmatrix} i \\ i \end{bmatrix} = \frac{1}{2} + \frac{1}{3} + \frac{1}{4} + \cdots + \frac{1}{i-1} = \overset{i-2}{T_1},$$

$$\Pi\,(i-3)\begin{bmatrix} i \\ i-1 \end{bmatrix} = \frac{1}{2}\overset{2}{T_1} + \frac{1}{3}\overset{3}{T_1} + \frac{1}{4}\overset{4}{T_1} + \cdots + \frac{1}{i-2}\overset{i-2}{T_1} = \overset{i-3}{T_2} \text{ usw.}$$

Wenn überhaupt

$$\overset{n}{T}_{m+1} = \frac{1}{2}\overset{2}{T}_m + \frac{1}{3}\overset{3}{T}_m + \frac{1}{4}\overset{4}{T}_m + \cdots + \frac{1}{n+1}\overset{n+1}{T}_m \quad \text{und} \quad \overset{n}{T}_0 = 1$$

gesetzt wird, so ist

$$\begin{bmatrix} i \\ k \end{bmatrix} = \frac{1}{\Pi\,(k-2)}\overset{k-2}{T}_{i-k+1}. \tag{34}$$

Die Gleichung (20) kann nunmehr durch

$$\overset{n}{a}_i = \sum_{m=3}^{m=i+1} \frac{1}{\Pi\,(m-2)} \overset{m-2}{T}_{i-m+1} \binom{n+m-1}{m}$$

$$= \sum_{m=4}^{m=i+1} \frac{1}{\Pi\,(m-2)} \overset{m-3}{T}_{i-m+1} \binom{n+m}{m} - \overset{1}{T}_{i-2} \binom{n+2}{2} \tag{35}$$

ersetzt werden.

Die Gleichungen (30) und (31) enthalten zwei die Funktionen T betreffende Sätze, die ich hier noch einmal beweisen und mit zwei andern vermehren will. Aus der Definition der Funktionen T ergibt sich nämlich unmittelbar die Gleichung

$$\overset{\lambda}{T}_{n-\lambda} = \overset{\lambda-1}{T}_{n-\lambda} + \frac{1}{\lambda+1} \overset{\lambda-1}{T}_{n-\lambda-1}.$$

Dividiert man diese Gleichung durch $\Pi\,\lambda$, so entsteht:

$$\frac{\overset{\lambda}{T}_{n-\lambda}}{\Pi\,\lambda} - \frac{\overset{\lambda+1}{T}_{n-\lambda-1}}{\Pi\,(\lambda+1)} = \frac{\overset{\lambda-1}{T}_{n-\lambda}}{\Pi\,\lambda},$$

wofür, wenn $\lambda = n$ wird,

$$\frac{\overset{n}{T}_0}{\Pi\,n} = \frac{\overset{n-1}{T}_0}{\Pi\,n}$$

zu setzen ist. Wenn man nun diese Gleichung von $\lambda = m$ bis $\lambda = n$ integriert, so erhält man

$$\frac{\overset{m}{T}_{n-m}}{\Pi\,m} = \sum_{\lambda=m}^{\lambda=n} \frac{\overset{\lambda-1}{T}_{n-\lambda}}{\Pi\,\lambda}, \tag{I}$$

was der Gleichung (30) entspricht. Der kleinste Wert, den hier m haben kann, ist $m = 1$. Integriert man diese Gleichung von $m = 1$ bis $m = n$, so erhält man

$$\sum_{m=1}^{m=n} \frac{\overset{m}{T}_{n-m}}{\Pi\,m} = \sum_{\lambda=1}^{\lambda=n} \lambda \frac{\overset{\lambda-1}{T}_{n-\lambda}}{\Pi\,\lambda} = \sum_{m=1}^{m=n-1} \frac{\overset{m}{T}_{n-1-m}}{\Pi\,m}.$$

Also ändert sich der Wert der Summe $\sum_{\lambda=1}^{\lambda=n} \frac{1}{\Pi\,\lambda} \overset{\lambda}{T}_{n-\lambda}$ nicht, wenn auch darin $n-1$ für n gesetzt wird; folglich behält diese Summe immer denselben Wert, welche ganze positive Zahl für n auch substituiert wird. Nun wird für $n = 1$ der Wert dieser Summe $\frac{1}{\Pi\,1} \overset{1}{T}_0 = 1$; folglich ist überhaupt für jeden ganzen positiven Wert von n mit Einschluß der Null:

$$\sum_{\lambda=0}^{\lambda=n} \frac{\overset{\lambda}{T}_{n-\lambda}}{\Pi\,\lambda} = 1. \tag{II}$$

Dieses stimmt überein mit der Formel (31). Zwei neue Formeln, welche gelten, wenn a, m, n ganze und positive Zahlen sind, sind folgende:

$$\sum_{\lambda=a}^{\lambda=a+m} \frac{\overset{\lambda}{T}_n \overset{\lambda-1}{T}_{a+m-\lambda}}{\Pi\,\lambda} = \sum_{\lambda=a}^{\lambda=a+n} \frac{\overset{\lambda}{T}_m \overset{\lambda-1}{T}_{a+n-\lambda}}{\Pi\,\lambda}, \tag{III}$$

welche zeigt, daß der vorliegende Ausdruck seinen Wert nicht ändert, wenn darin m und n vertauscht werden; und

$$\sum_{\lambda=1}^{\lambda=m} \frac{\overset{\lambda}{T}_n \overset{\lambda-1}{T}_{m-\lambda}}{\Pi\lambda} = \overset{1}{T}_{m+n-1}, \tag{IV}$$

welche Formel zeigt, daß der Ausdruck links seinen Wert nicht ändert, wenn $m + n$ konstant bleibt. Um die Formel (III) zu verifizieren, setze ich auf der rechten Seite derselben

$$\frac{1}{\lambda}\overset{\lambda}{T}_m = \overset{\lambda-1}{T}_{m+1} - \overset{\lambda-2}{T}_{m+1},$$

ordne nach den Funktionen $\overset{\lambda}{T}_{m+1}$, setze dann

$$\overset{\lambda}{T}_{a+n-1-\lambda} - \frac{1}{\lambda+1}\overset{\lambda+1}{T}_{a+n-2-\lambda} = \overset{\lambda-1}{T}_{a+n-1-\lambda}$$

und schaffe den einzigen negativen Term auf die linke Seite hinüber; auf diese Weise erhalte ich

$$\sum_{\lambda=a-1}^{\lambda=a+m} \frac{1}{\Pi\lambda}\overset{\lambda}{T}_n \overset{\lambda-1}{T}_{a+m-\lambda} = \sum_{\lambda=a-1}^{\lambda=a-1+n} \frac{1}{\Pi\lambda}\overset{\lambda}{T}_{m+1}\overset{\lambda-1}{T}_{a+n-1-\lambda}.$$

Diese Gleichung, die sich von (III) nur dadurch unterscheidet, daß a um 1 kleiner und m um 1 größer geworden ist, ist mit jener zugleich gesetzt. Wenn daher eine Formel von der Form (III) wahr ist, so sind alle andern Formeln von derselben Form, in denen die Zahlen $a + m$ und n dieselben Werte haben, auch wahr. Wenn wir aber in (III) respektive $a + m$, 0, n für a, m, n setzen, so verwandelt sich jene Formel in

$$\frac{1}{\Pi(a+m)}\overset{a+m}{T}_n = \sum_{\lambda=a+m}^{\lambda=a+m+n} \frac{1}{\Pi\lambda}\overset{\lambda-1}{T}_{a+m+n-\lambda},$$

was mit (I) übereinstimmt, wenn dort $a + m + n$, $a + m$ respektive für n, m gesetzt wird. Hierdurch ist die Richtigkeit der Formel (III) bewiesen. – Was nun die Formel (IV) betrifft, so leuchtet ihre Richtigkeit für $m = 1$ sogleich ein. Wenn $m > 1$ ist, so läßt sich auf ähnliche Weise wie vorhin zunächst zeigen, daß

$$\sum_{\lambda=2}^{\lambda=m} \frac{1}{\Pi\lambda}\overset{\lambda}{T}_n \overset{\lambda-1}{T}_{m-\lambda} = \sum_{\lambda=1}^{\lambda=m-1} \frac{1}{\Pi\lambda}\overset{\lambda}{T}_{n+1}\overset{\lambda-1}{T}_{m-1-\lambda}$$

ist, wo die rechte Seite von der linken sich nur dadurch unterscheidet, daß n um 1 größer und m um 1 kleiner geworden ist. Folglich bleibt der Ausdruck zugleich mit $m + n$ konstant. Setzt man aber darin für m, n respektive 1, $m + n - 1$, so verwandelt er sich in $\overset{1}{T}_{m+n-1}$.

Mittels der Gleichungen (4), (6), (8), (11), (16), (35) ist nun die Summe $\overset{n}{C}_i$ aller i-fachen Produkte, welche *ohne* Wiederholungen aus den Elementen 1, 2, 3, 4, ..., $n - 1$ gebildet werden können, wie auch die Summe $\overset{-n}{C}_i$ aller i-fachen Produkte, welche *mit* Wiederholungen aus den Elementen 1, 2, 3, ..., n gebildet werden können, zwar als eine rationale ganze Funktion von n, vom $(2i)$-ten Grade, aber in Beziehung auf i unter der Form einer sechsfachen Summe dargestellt, welche die transzendenten Funktionen S und T impliziert. Indessen könnte K_ε oder H_ε, das in der gegebenen Entwicklung als dreifache Summe erscheint, unter der Voraussetzung, daß der absolute Wert von β kleiner als 1 sei, auf eine zweifache Summe zurückgebracht werden; denn aus der Natur der Gleichung (16) erhellt sogleich, daß H_ε das Produkt der beiden Reihen

$$1 - \overset{\varepsilon}{S}_1 \beta + \overset{\varepsilon}{S}_2 \beta^2 - \overset{\varepsilon}{S}_3 \beta^3 + \cdots,$$

$$1 + \overset{\varepsilon}{a}_1 \beta + \overset{\varepsilon}{a}_2 \beta^2 + \overset{\varepsilon}{a}_3 \beta^3 + \cdots$$

ist, von denen die erste dem Produkte $\left(1 - \frac{\beta}{1}\right)\left(1 - \frac{\beta}{2}\right)\left(1 - \frac{\beta}{3}\right)\cdots\left(1 - \frac{\beta}{\varepsilon}\right)$ gleich ist. Da nun H_ε in Beziehung auf β vom Grade $\varepsilon/2$ oder $(\varepsilon - 1)/2$ ist, je nachdem ε gerade oder ungerade ist, also jedenfalls den Grad ε des soeben genannten Produkts nicht erreicht, so kann die andere Reihe unter die Form

$$\sum_{\lambda=1}^{\lambda=\varepsilon} (-1)^{\lambda-1} \binom{\varepsilon}{\lambda} \frac{H_\varepsilon(\lambda)}{1 - \frac{\beta}{\lambda}}$$

gebracht werden, aus welcher sogleich erhellt, daß diese Reihe

$$1 + \overset{\varepsilon}{a}_1 \beta + \overset{\varepsilon}{a}_2 \beta^2 + \overset{\varepsilon}{a}_3 \beta^3 + \text{usw. in inf.}$$

für $\beta < 1$ konvergiert. Durch Vertauschung der Folge der Summationen erhält aber dieselbe Reihe die Gestalt

$$1 + \sum_{r=1}^{r=\infty} \frac{1}{\Pi(r-1)} \binom{\varepsilon + r}{r + 1} \beta^r \left(\sum_{\lambda=1}^{\lambda=\infty} \overset{r-1}{T_\lambda} \beta^\lambda \right), \tag{A}$$

aus welcher bei dem gänzlichen Mangel negativer Glieder mit Notwendigkeit folgt, daß auch die Reihe

$$1 + \overset{m}{T}_1 x + \overset{m}{T}_2 x^2 + \overset{m}{T}_3 x^3 + \text{usw. in inf.} \tag{a}$$

konvergiert, sobald x absolut kleiner als 1 ist, ein Ergebnis, von dem ein direkter Beweis noch zu wünschen ist. Denn folgender Versuch führt nicht zum Ziele.

Die Zahl der in dem Aggregat T_i enthaltenen i-fachen Produkte beträgt $\frac{m(m+2i-1)(m+2i-2)\cdots(m+i+1)}{1\cdot 2\cdot 3\cdots i}$, und der Wert des größten Produkts ist $\frac{1}{2^i}$; folglich ist $\overset{m}{T}_i$ kleiner als $\frac{m(m+2i-1)\cdots(m+i+1)}{1\cdot 2\cdots i}\cdot\frac{1}{2^i}$. Eine Reihe aber, die diesen Ausdruck zum Koeffizienten der Potenz x^i hätte, würde konvergieren, sobald $x < 1/2$ wäre. Um so mehr wird also obige Reihe konvergieren, wenn $x < 1/2$ ist. – Die Sache ist jedoch leichter, als es anfangs schien. Aus der Formel (II) folgt nämlich $\overset{m}{T}_i < \Pi m$. Also ist die Reihe (a) für $x < 1$ konvergent und ihr Wert kleiner als $\Pi m/(1 - x)$.

Wenn man den Ausdruck (1) für $P^{(-n)}$ in Partialbrüche zerlegt, so erhält man

$$P^{(-n)} = \sum_{\lambda=1}^{\lambda=n} (-1)^{n-\lambda} \frac{\lambda^n}{\Pi\lambda\,\Pi(n-\lambda)} \cdot \frac{1}{1-\lambda x}. \tag{36}$$

Denkt man sich nun diese Partialbrüche in geometrische Reihen nach den steigenden Potenzen von x entwickelt, so ergibt sich sogleich

$$\overset{-n}{C}_i = \sum_{\lambda=1}^{\lambda=n} (-1)^{n-\lambda} \frac{\lambda^{n+1}}{\Pi\lambda\,\Pi(n-\lambda)}, \tag{37}$$

wo die Summe rechts bekanntlich verschwindet, wenn für $n+i$ ein positiver und ganzer Exponent, der kleiner ist als n, gesetzt wird.

Bei dieser Gelegenheit möge erwähnt werden, daß die Summe

$$\sum_{\lambda=1}^{\lambda=n} (-1)^{\lambda-1} \binom{n}{\lambda} \frac{1}{\lambda^i}$$

gleich ist der Summe aller i-fachen Produkte *mit* Wiederholungen, die aus den Elementen $1/1, 1/2, 1/3, \ldots, 1/n$ gebildet werden können, ein Satz, der übrigens, wenn dieses Aggregat mit $\overset{n}{U}_i$ bezeichnet wird, leicht mittels der Relation

$$\overset{n+1}{U}_i = \overset{n}{U}_i + \frac{1}{n+1} \overset{n+1}{U}_{i-1}$$

verifiziert werden kann. Wenn i ohne Ende wächst, so nähert sich $\overset{n}{U}_i$ ohne Aufhören der Grenze n. – Die Sache kann noch allgemeiner gemacht werden. Es bezeichne $\overset{n}{V}_i$ die Summe aller i-fachen Produkte *mit* Wiederholungen, die aus den Elementen $\frac{1}{a+1}, \frac{1}{a+2}, \ldots, \frac{1}{a+n}$ gebildet werden können oder, mit andern Worten, es sei

$$\frac{1}{\left(1-\frac{x}{a+1}\right)\left(1-\frac{x}{a+2}\right)\cdots\left(1-\frac{x}{a+n}\right)} = 1 + \overset{n}{V}_1 x + \overset{n}{V}_2 x^2 + \overset{n}{V}_3 x^3 + \cdots,$$

so ist

$$\overset{n}{V}_i = \binom{a+n}{n} \sum_{\lambda=1}^{\lambda=n} (-1)^{\lambda-1} \binom{n}{\lambda} \frac{\lambda}{(a+\lambda)^{i+1}}.$$

Aus dieser Gleichung folgt nun:

$$\sum_{\lambda=0}^{\lambda=n} (-1)^{\lambda} \binom{n}{\lambda} \frac{1}{(a+\lambda)^i} = \frac{1}{a^i} \cdot \frac{1 + \overset{n}{V}_1 a + \overset{n}{V}_2 a^2 + \cdots + \overset{n}{V}_{i-1} a^{i-1}}{\left(1+\frac{a}{1}\right)\left(1+\frac{a}{2}\right)\cdots\left(1+\frac{a}{n}\right)},$$

$$\sum_{\lambda=1}^{\lambda=n} (-1)^{\lambda-1} \binom{n}{\lambda} \frac{1}{(a+\lambda)^i} = \frac{\overset{n}{V}_i + \overset{n}{V}_{i+1} a + \overset{n}{V}_{i+2} a^2 + \cdots}{\left(1+\frac{a}{1}\right)\left(1+\frac{a}{2}\right)\cdots\left(1+\frac{a}{n}\right)}.$$

Die Reihe (a) ist einer Verwandlung fähig, aus der man sogleich sieht, daß sie für $x < 1$ konvergiert. Es ist nämlich

$$\overset{n}{T}_m = \sum_{i=0}^{i=m} \frac{(-1)^i}{\Pi i} \overset{n+i+1}{U}_{m-1} = n \sum_{i=0}^{i=m} \frac{(-1)^i}{\Pi i} \cdot \frac{1}{n+i} \overset{n+i}{U}_{m-i}. \tag{V}$$

Hieraus ergibt sich durch Vertauschung der Folge der Summationen und indem man für die Reihen, welche U enthalten, ihre endlichen Werte setzt:

$$\sum_{m=0}^{m=\infty} \overset{n}{T}_m x^m = \frac{1}{\left(1-\frac{x}{1}\right)\left(1-\frac{x}{2}\right)\cdots\left(1-\frac{x}{n}\right)\left(1-\frac{x}{n+1}\right)}$$
$$\times \left\{ 1 - \frac{\frac{1}{\Pi 1} x}{1-\frac{x}{n+2}} + \frac{\frac{1}{\Pi 2} x^2}{\left(1-\frac{x}{n+2}\right)\left(1-\frac{x}{n+3}\right)} - \frac{\frac{1}{\Pi 3} x^3}{\left(1-\frac{x}{n+2}\right)\left(1-\frac{x}{n+3}\right)\left(1-\frac{x}{n+4}\right)} + \cdots \right\}$$
$$= \frac{1}{\left(1-\frac{x}{1}\right)\left(1-\frac{x}{2}\right)\cdots\left(1-\frac{x}{n}\right)}$$
$$\times \left\{ 1 - \frac{\frac{n}{n+1} \cdot \frac{1}{\Pi 1} x}{1-\frac{x}{n+1}} + \frac{\frac{n}{n+2} \cdot \frac{1}{\Pi 2} x^2}{\left(1-\frac{x}{n+1}\right)\left(1-\frac{x}{n+2}\right)} - \text{usw. in inf.} \right\} \tag{VI}$$

Wenn man den ersten der beiden hier gegebenen Ausdrücke in der Formel (A) substituiert und die Folge der Summationen umkehrt, so erhält man unter Berücksichtigung der Relation $\sum_{r=1}^{r=\lambda} (-1)^{\lambda-r} \binom{\lambda-1}{r-1} \binom{\varepsilon+r}{r+1} = \binom{\varepsilon+r}{\lambda+1}$ als Ersatz der Gleichungen (11), (16), (35) folgende endliche Formel:

$$H_\varepsilon = \left(1-\frac{\beta}{1}\right)\left(1-\frac{\beta}{2}\right)\cdots\left(1-\frac{\beta}{\varepsilon}\right)$$
$$+ \sum_{\lambda=1}^{\lambda=\varepsilon} \binom{\varepsilon+1}{\lambda+1} \frac{1}{\Pi(\lambda-1)} \beta^\lambda \left(1-\frac{\beta}{\lambda+1}\right)\left(1-\frac{\beta}{\lambda+2}\right)\cdots\left(1-\frac{\beta}{\varepsilon}\right). \tag{38}$$

NACHWORT

Zu Seite 46, (1). Die Koeffizienten $\overset{n}{C}_i$ in der Entwicklung des Produkts

$$\overset{n}{P}(x) = (1 + x)(1 + 2x) \cdots [1 + (n-1)x] = \sum_0^{n-1} \overset{n}{C}_i x^i$$

stehen in engem Zusammenhang mit höheren Bernoullischen Zahlen $\overset{n}{B}_i$, die etwa durch die erzeugende Funktion

$$\left(\frac{t}{e^t - 1}\right)^n = \sum_0^{\infty} \overset{n}{B}_i \frac{t^i}{i!}$$

definiert werden können. Es besteht die Beziehung

$$\overset{n}{C}_i = (-1)^i \binom{n-1}{i} \overset{n}{B}_i.$$

In der Tat gilt nach einer bekannten Formel (vgl. N. E. Nörlund, *Vorlesungen über Differenzenrechnung* [J. Springer, Berlin 1924], S. 147 (85) und S. 148)

$$x^{n-1} \overset{n}{P}\left(-\frac{1}{x}\right) = (x-1)(x-2) \cdots [x - (n-1)] = \overset{n}{B}_{n-1}(x)$$

$$= \sum_0^{n-1} \binom{n-1}{k} \overset{n}{B}_{n-1-k} x^k.$$

Damit wird die betrachtete Faktorielle ausdrückbar durch die höheren Bernoullischen Polynome, indem nun

$$\overset{n}{P}(x) = (-x)^{n-1} \overset{n}{B}_{n-1}\left(-\frac{1}{x}\right) = \sum_0^{n-1} (-1)^i \binom{n-1}{i} \overset{n}{B}_i x^i$$

folgt. – Die sehr einläßliche Analyse, die Schläfli der expliziten Darstellung der Koeffizienten $\overset{n}{C}_i$ widmet, kann somit auch als Untersuchung über die später eingeführten höheren Bernoullischen Zahlen gelten.

Eine Tafel der Polynome $\overset{n}{B}_i$ für $i = 0, 1, \ldots, 12$ findet sich bei N. E. Nörlund (oben zitiertes Werk, S. 459).

Zu Seite 53, (2). Wie Schläfli im Nachtrag bemerkt, können die hier eingeführten Zahlen auf Grund der leicht verifizierbaren Relation

$$n!\, \overset{n}{S}_i = \overset{n+1}{C}_{n-i}$$

durch die Koeffizienten $\overset{n}{C}_i$ dargestellt werden. *H. Hadwiger.*

Nachtrag zu der Abhandlung über die Entwicklung des Produktes $\overset{n}{\Pi}(x) = 1\,(1+x)\,(1+2\,x)\cdots[1+(n-1)\,x]$ nach den steigenden Potenzen von x

Die frühere Abhandlung über diesen Gegenstand stellte den Koeffizienten $\overset{n}{A}_i$ von x^i als eine nach Binomialkoeffizienten geordnete ganze und rationale Funktion von n dar, die als sechsfache Summe erschien und in ihren letzten Entwicklungen die transzendenten Funktionen $\overset{i}{S}_n$, $\overset{i}{T}_n$ enthielt, welche für ein ganzes positives Argument n gewissen Summen kombinatorischer aus den natürlichen Brüchen $1/1, 1/2, 1/3, \ldots, 1/n$ usw. gebildeter Produkte der i-ten Klasse gleich sind. Jene Funktion $\overset{i}{S}_n$ nämlich ist der Koeffizient von x^i in der Entwicklung von $\left(1+\frac{x}{1}\right)\left(1+\frac{x}{2}\right)\left(1+\frac{x}{3}\right)\cdots\left(1+\frac{x}{n}\right)$ und daher gleich $\frac{1}{1\cdot2\cdot3\cdots n}\overset{n+1}{A}_{n-i}$, mit andern Worten, sie ist die Summe der aus den Elementen $1/1, 1/2, 1/3, \ldots, 1/n$ ohne Wiederholung zur i-ten Klasse gebildeten Produkte, während die rationale Funktion $\overset{n+1}{A}_i$ auf dieselbe Weise aus den Elementen $1, 2, 3, \ldots, n$ gebildet ist. Die andere Funktion $\overset{i}{T}_n$ befolgt ein minder einfaches Gesetz; sie ist die Summe aller kombinatorischen Produkte, welche aus den Elementen $1/2, 1/3, 1/4, \ldots, 1/(n+i-1)$, $1/(n+i)$ gebildet und der Bedingung unterworfen sind, daß *in jedem Produkt keiner seiner Faktoren seinen Nenner um eine die Einheit übersteigende Zahl größer haben darf, als der ihm unmittelbar vorangehende Faktor.* Für die ersten Ordnungen ist z. B.

$$\overset{0}{T}_n = 1,$$

$$\overset{1}{T}_n = \frac{1}{2}+\frac{1}{3}+\frac{1}{4}+\cdots+\frac{1}{n}+\frac{1}{n+1},$$

$$\overset{2}{T}_n = \frac{1}{2}\left(\frac{1}{2}+\frac{1}{3}\right)+\frac{1}{3}\left(\frac{1}{2}+\frac{1}{3}+\frac{1}{4}\right)+\cdots+\frac{1}{n+1}\left(\frac{1}{2}+\frac{1}{3}+\cdots+\frac{1}{n+2}\right),$$

$$\overset{3}{T}_n = \frac{1}{2}\left[\frac{1}{2}\left(\frac{1}{2}+\frac{1}{3}\right)+\frac{1}{3}\left(\frac{1}{2}+\frac{1}{3}+\frac{1}{4}\right)\right]+\frac{1}{3}\left(\frac{1}{2}\cdot\frac{1}{2}\cdots+\frac{1}{4}\cdot\frac{1}{5}\right)+\cdots$$
$$\cdots+\frac{1}{n+1}\left(\frac{1}{2}\cdot\frac{1}{2}\cdots+\frac{1}{n+2}\cdot\frac{1}{n+3}\right) \text{ usw.}$$

Seither hat mir nun die nähere Betrachtung dieser Funktion T gezeigt, daß sie zur Entwicklung des Kettenbruchs

$$\cfrac{1}{1-\cfrac{\frac{u}{2}}{1-\cfrac{\frac{u}{3}}{1-\cfrac{\frac{u}{4}}{1-\cfrac{\frac{u}{5}}{1-\text{usw.}}}}}}$$

nach steigenden Potenzen von u in merkwürdiger Beziehung steht. Sowohl die hier angedeutete Eigenschaft der Funktion T als die obenerwähnte der andern Funktion S, aus der Entwicklung von $\left(1+\frac{x}{1}\right)\cdots\left(1-\frac{x}{n}\right)$ hervorzugehen, haben es möglich gemacht, den frühern Ausdruck für $\overset{n}{A}_i$ auf eine *vierfache* Summe zu reduzieren.

* * *

Das Ergebnis der frühern Abhandlungen ist in folgenden Gleichungen enthalten:

$$\overset{n}{\Pi}(x) = 1 + \overset{n}{A}_1\, x + \overset{n}{A}_2\, x^2 \cdots = \sum_{i=0} \overset{n}{A}_i\, x^i. \tag{1}$$

Für $i = 0$ wird in allen Fällen der Koeffizient $\overset{n}{A}_i$ der Einheit gleich. Wenn n eine ganze, die Null übertreffende Zahl ist, so verschwinden alle Koeffizienten $\overset{n}{A}_i$, deren unterer Index i die Zahl $n-1$ übersteigt. Für $n = 0$ verschwinden alle Koeffizienten $\overset{n}{A}_i$, deren unterer Index i die Null übersteigt.

$$\overset{n}{A}_i = \frac{(-n+i)\,(-n+i-1)\cdots(-n)}{1\cdot 2\cdot 3\cdots(i+1)} + \overset{i}{B}_1\,\frac{(-n+i)\,(-n+i-1)\cdots(-n-1)}{1\cdot 2\cdot 3\cdots(i+2)} +$$

$$\cdots + \overset{i}{B}_{i-1}\,\frac{(-n+i)\,(-n+i-1)\cdots(-n-\alpha)}{1\cdot 2\cdot 3\cdots(i+\alpha)} = \sum_{\alpha=0}^{\alpha=i-1} \overset{i}{B}_\alpha \binom{-n+i}{i+\alpha+1}, \tag{2}$$

wo $\overset{i}{B}_\alpha$ eine nur von den ganzen positiven Zahlen i, α abhängende Funktion bezeichnet, welche für $\alpha = 0$ der Einheit gleichzusetzen ist und für $\alpha = i$ verschwindet, während sie für $\alpha > i$ aufhört, eine Bedeutung zu haben; auch ist sie für $i = 0$ bedeutungslos.

$$\overset{i}{B}_\alpha = \sum_{u=1}^{u=\alpha+1} \frac{u^{i+u-1}}{(u-1)!}\left\{\binom{-(i+2u+1)}{\alpha-u+1} + u\,\overset{i,\alpha}{Q}_u\right\}. \tag{3}$$

Hier ist $1\cdot 2\cdot 3\cdots n = n!$ gesetzt, und $\overset{i,\alpha}{Q}_u$ bezeichnet eine von α und u abhängende rationale und ganze Funktion von i, die für $u = \alpha$ und $u = \alpha + 1$

wegfällt und deren Grad $\alpha - u - 1$ ist. Die ersten Werte von $\overset{i}{B}_\alpha$ sind:

$$\overset{i}{B}_0 = 1^i,$$

$$\overset{i}{B}_1 = 1^i \frac{-(i+3)}{1} + \frac{2^{i+1}}{1},$$

$$\overset{i}{B}_2 = 1^i \left(\frac{(-i-3)(-i-4)}{1 \cdot 2} + 1 \cdot \frac{1}{2}\right) + \frac{2^{i+1}}{1} \cdot \frac{-i-5}{1} + \frac{3^{i+2}}{1 \cdot 2} \text{ usw.}$$

$$\overset{i,\alpha}{Q}_u = \sum_{\gamma=0}^{\gamma=\alpha-u-1} (-1)^\gamma \frac{\overset{u}{D}_\gamma}{(\gamma+1)(\gamma+2)} \binom{-(i+2u+2)}{\alpha-u-\gamma-1}. \tag{4}$$

Hier bezeichnet $\overset{u}{D}_\gamma$ eine von i und α freie, rationale und ganze Funktion von u, deren Grad $\gamma/2$ oder $(\gamma-1)/2$ beträgt, je nachdem γ eine gerade oder ungerade Zahl ist. Die ersten Werte von $\overset{u}{D}_\gamma$ sind:

$$\overset{u}{D}_0 = 1,$$

$$\overset{u}{D}_1 = 1,$$

$$\overset{u}{D}_2 = 1 + \frac{3}{2} u,$$

$$\overset{u}{D}_3 = 1 + \frac{25}{6} u,$$

$$\overset{u}{D}_4 = 1 + \frac{95}{12} u + \frac{5}{8} u^2,$$

$$\overset{u}{D}_5 = 1 + \frac{763}{60} u + \frac{21}{8} u^2,$$

$$\overset{u}{D}_6 = 1 + \frac{371}{20} u + \frac{245}{36} u^2 + \frac{7}{48} u^3,$$

$$\overset{u}{D}_7 = 1 + \frac{3557}{140} u + \frac{2521}{180} u^2 + \frac{13}{16} u^3,$$

$$\overset{u}{D}_8 = 1 + \frac{9319}{280} u + \frac{7225}{288} u^2 + \frac{85}{32} u^3 + \frac{3}{128} u^4 \text{ usw.}$$

$$\overset{u}{D}_\gamma = 1 + \overset{\gamma}{E}_1 u + \overset{\gamma}{E}_2 u^2 \cdots = \sum_{\delta=0} \overset{\gamma}{E}_\delta u^\delta, \tag{5}$$

und wenn

$$\left(1+\frac{z}{1}\right)\left(1+\frac{z}{2}\right)\left(1+\frac{z}{3}\right)\cdots\left(1+\frac{z}{\gamma}\right) = 1 + \overset{1}{S}_\gamma z + \overset{2}{S}_\gamma z^2 + \cdots + \overset{\gamma}{S}_\gamma z^\gamma$$

gesetzt wird,

$$\overset{\gamma}{E}_\delta = \overset{\gamma}{F}_\delta - \overset{\gamma}{F}_{\delta-1} \overset{1}{S}_\gamma + \cdots + (-1)^{\delta-k} \overset{\gamma}{F}_k \overset{\delta-k}{S}_\gamma \cdots + (-1)^\delta \overset{\delta}{S}_\gamma, \tag{6}$$

also

$$\overset{u}{D}_\gamma = \left(1-\frac{u}{1}\right)\left(1-\frac{u}{2}\right)\left(1-\frac{u}{3}\right)\cdots\left(1-\frac{u}{\gamma}\right)(1 + \overset{\gamma}{F}_1 u + \overset{\gamma}{F}_2 u^2 + \cdots), \tag{7a}$$

wo freilich, wie wir später sehen werden, die unendliche Reihe

$$\overset{u}{\Phi}_\gamma = 1 + \overset{\gamma}{F}_1 u + \overset{\gamma}{F}_2 u^2 + \overset{\gamma}{F}_3 u^3 + \cdots \tag{7b}$$

nur dann konvergiert, wenn u ein echter Bruch ist. Wir dürfen daher der Gleichung (7a) nur diese symbolische Bedeutung geben, daß, wenn man die angezeigte Multiplikation ausführt, ein ganzes Polynom vom Grade $\gamma/2$ oder $(\gamma-1)/2$ herauskommen wird, in welchem es dann freisteht, für u beliebige ganze und positive Zahlen zu substituieren. – Die ersten Werte von $\overset{\gamma}{F}_k$ sind:

$$\overset{\gamma}{F}_0 = 1, \quad \overset{\gamma}{F}_1 = \binom{\gamma+1}{2}, \quad \overset{\gamma}{F}_2 = \binom{\gamma+2}{3} \text{ usw.}$$

Im allgemeinen ist

$$\left.\begin{aligned} \overset{\gamma}{F}_\delta = \frac{\overset{0}{T}_{\delta-1}}{(\delta-1)!}\binom{\gamma+\delta}{\delta+1} + \frac{\overset{1}{T}_{\delta-1}}{(\delta-2)!}\binom{\gamma+\delta-1}{\delta} + \cdots + \frac{\overset{\delta-1-\varepsilon}{T_\varepsilon}}{\varepsilon!}\binom{\gamma+\varepsilon+1}{\varepsilon+2} + \\ \cdots + \frac{\overset{\delta-1}{T_0}}{0!}\binom{\gamma+1}{2}, \end{aligned}\right\} \tag{8}$$

also

$$\overset{u}{\Phi}_\gamma = 1 + \sum_{\varepsilon=0}^{\varepsilon=\infty} \frac{1}{\varepsilon!}\binom{\gamma+\varepsilon+1}{\varepsilon+2} u^{\varepsilon+1} (\overset{0}{T}_\varepsilon + \overset{1}{T}_\varepsilon u + \overset{2}{T}_\varepsilon u^2 + \overset{3}{T}_\varepsilon u^3 \ldots), \tag{9}$$

wo die Funktion $\overset{m}{T}_n$ durch die Gleichungen

$$\overset{0}{T}_n = 1, \quad \overset{m+1}{T}_n = \frac{1}{2}\overset{m}{T}_2 + \frac{1}{3}\overset{m}{T}_3 + \frac{1}{4}\overset{m}{T}_4 + \cdots + \frac{1}{n+1}\overset{m}{T}_{n+1} \tag{10}$$

definiert ist.

Mittels der Gleichungen (2), (3), (4), (5), (6), (8), deren Herleitung in der frühern Abhandlung gezeigt worden ist, aber noch bedeutend vereinfacht werden kann, ist nun die Summe $\overset{n}{A}_i$ der ohne Wiederholung aus den Elementen 1, 2, 3, ..., $(n-1)$ zur i-ten Klasse gebildeten kombinatorischen Produkte als *sechsfache* Summe dargestellt, wofern die mit S und T bezeichneten Arten von Funktionen, deren Natur keine weitere Entwicklung zu gestatten scheint, als Monome angesehen werden. Ich wende mich jetzt zu dem eigentlichen Zwecke dieses Nachtrages, jene sechsfache Summe auf eine vierfache zurückzuführen.

Die Reihe $\sum_{m=0}^{m=\infty} \overset{m}{S}_n z^m$ ging aus der Entwicklung des Produkts $\left(1+\frac{z}{1}\right)\left(1+\frac{z}{2}\right) \cdots \left(1+\frac{z}{n}\right)$ hervor. Gibt es wohl auch einen Ausdruck, aus dessen Entwicklung die in (3) vorgekommene Reihe $\sum_{m=0}^{m=\infty} \overset{m}{T}_n u^m$ auf ähnliche Weise hervorgeht? Bevor wir diese Frage erledigen, wollen wir die Konvergenz dieser Reihe, die wir fortan mit U_n bezeichnen wollen, untersuchen.

Da $\overset{u}{D}_1 = 1$ ist, so muß $\overset{1}{E}_\delta = 0$ sein, sobald $\delta > 0$ ist. Nun gibt uns die Gleichung (6)

$$\overset{1}{E}_\delta = \overset{1}{F}_\delta - \overset{1}{F}_{\delta-1};$$

also ist $\overset{1}{F}_\delta = \overset{1}{F}_{\delta-1} =$ usw. $= \overset{1}{F}_1 = 1$. Also bekommen wir, wenn wir in (8) $\gamma = 1$ und $\delta = n + 1$ setzen:

$$\frac{\overset{n}{T}_0}{0!} + \frac{\overset{n-1}{T}_1}{1!} + \frac{\overset{n-2}{T}_2}{2!} + \frac{\overset{n-3}{T}_3}{3!} + \cdots + \frac{\overset{0}{T}_n}{n!} = 1. \tag{11}$$

Da nun alle Glieder auf der linken Seite dieser Gleichung (mit Ausnahme des ersten, welches für $n > 0$ stets verschwindet und nur für $n = 0$ der Einheit gleich wird) positiv sind, so muß jedes derselben kleiner als 1 sein; folglich ist $\overset{m}{T}_n < n!$ und daher auch $U_n < n!\ (1 + u + u^2 + u^3 \ldots)$. Also konvergiert die Reihe U_n, sobald u ein echter Bruch ist, und ihr Wert ist dann kleiner als $n!/(1-u)$.

Aus (10) folgt
$$\overset{m+1}{T}_n - \overset{m+1}{T}_{n-1} = \frac{1}{n+1} \overset{m}{T}_{n+1}.$$

Multiplizieren wir diese Gleichung mit u^{m+1} und summieren sie, vereinigt mit $1 - 1 = 0$, von $m = 0$ bis $m = \infty$, so erhalten wir

$$U_n - U_{n-1} = \frac{u}{n+1} U_{n+1}. \tag{12}$$

Geben wir dieser Gleichung die Form

$$\frac{U_{n-1}}{U_n} = 1 - \frac{\left(\dfrac{u}{n+1}\right)}{\left(\dfrac{U_n}{U_{n+1}}\right)},$$

so sehen wir, daß der Quotient links sich in Gestalt eines unendlichen Kettenbruchs entwickeln läßt:

$$\frac{U_{n-1}}{U_n} = 1 - \cfrac{\dfrac{u}{n+1}}{1 - \cfrac{\dfrac{u}{n+2}}{1 - \cfrac{\dfrac{u}{n+3}}{1 - \cfrac{\dfrac{u}{n+4}}{1 - \text{usw.}}}}}.$$

Da $\overset{m}{T}_0 = 1$ oder $= 0$ ist, je nachdem $m = 0$ oder größer ist, so ist $U_0 = 1$, und daher

$$U_1 = \cfrac{1}{1 - \cfrac{\dfrac{u}{2}}{1 - \cfrac{\dfrac{u}{3}}{1 - \cfrac{\dfrac{u}{4}}{1 - \text{usw.}}}}}. \tag{13}$$

Dieser Kettenbruch hat für $u < 1$ offenbar nur einen einzigen Wert. Wenn sich daher ein von n und u abhängiger Ausdruck angeben läßt, welcher, indem er der Relation (12) genügt und für $n = 0$ der Einheit gleich wird, für $n = 1$ auf denselben Kettenbruch zurückgeführt werden kann, so wird man mit Recht einen solchen Ausdruck als identisch mit U_n anerkennen.

Es sei

$$V_n = \sum_{k=0}^{k=\infty} (-1)^k \frac{\frac{1}{k!} u^k}{\Pi\left(1 - \frac{u}{n+k+1}\right)}, \tag{14}$$

wo $\Pi\left(1 - \frac{u}{n+k+1}\right) = \left(1 - \frac{u}{1}\right)\left(1 - \frac{u}{2}\right)\left(1 - \frac{u}{3}\right)\cdots\left(1 - \frac{u}{n+k+1}\right)$ ist. Zuerst ist nun leicht zu zeigen, daß $V_0 = 1$ ist. Denn man hat

$$(-1)^k \frac{\frac{1}{k!} u^k}{\Pi\left(1 - \frac{u}{k+1}\right)} = (-1)^k \frac{\frac{1}{k!} u^k}{\Pi\left(1 - \frac{u}{k}\right)} + (-1)^k \frac{\frac{1}{(k+1)!} u^{k+1}}{\Pi\left(1 - \frac{u}{k+1}\right)},$$

und wenn man diese identische Gleichung von $k = 0$ bis $k = \infty$ summiert, so findet man die behauptete Gleichung $V_0 = 1$. Zerlegen wir auf ähnliche Weise für ein beliebiges n das allgemeine Glied der Reihe V_n, so ergibt sich

$$(-1)^k \frac{\frac{1}{k!} u^k}{\Pi\left(1 - \frac{u}{n+k+1}\right)} = (-1)^k \frac{\frac{1}{k!} u^k}{\Pi\left(1 - \frac{u}{n+k}\right)} + (-1)^k \frac{\frac{1}{k!} \cdot \frac{u^{k+1}}{n+k+1}}{\Pi\left(1 - \frac{u}{n+k+1}\right)},$$

und wenn wir hier von $k = 0$ bis $k = \infty$ summieren,

$$V_n = V_{n-1} + u \sum_{k=0}^{k=\infty} (-1)^k \frac{\frac{1}{k!} \cdot \frac{u^k}{n+k+1}}{\Pi\left(1 - \frac{u}{n+k+1}\right)}.$$

Da aber

$$\frac{1}{n+k+1} = \frac{1}{n+1} - \frac{1}{n+1} \cdot \frac{k}{n+k+1}$$

ist, so verwandelt sich diese Formel in

$$V_n - V_{n-1} = \frac{u}{n+1} \left\{ V_n + u \sum_{k=0}^{k=\infty} (-1)^k \frac{\frac{1}{k!} \cdot \frac{u^k}{n+k+2}}{\Pi\left(1 - \frac{u}{n+k+2}\right)} \right\},$$

wo in der letzten Summe k in $k + 1$ umgesetzt wurde. Da nun der eingeklammerte Ausdruck aus der rechten Seite der vorhergehenden Formel durch den einfachen Wechsel von n in $n + 1$ hervorgeht, so folgt endlich

$$V_n - V_{n-1} = \frac{u}{n+1} V_{n+1},$$

was mit der Relation (12) übereinstimmt. Also ist $V_n = U_n$.

Wenn wir nun den Ausdruck (14) für U_n in der Formel (9) substituieren und alle mit $\frac{u^m}{\Pi\left(1-\frac{u}{m}\right)}$ behafteten Glieder vereinigen, so finden wir als Faktor dieses Bruchs die Summe

$$(-1)^{m-1}\frac{1}{0!\,(m-1)!}\binom{\gamma+1}{2}\cdots+(-1)^{m-1-\varepsilon}\frac{1}{\varepsilon!\,(m-1-\varepsilon)!}\binom{\gamma+\varepsilon+1}{\varepsilon+2}\cdots$$

$$\cdots+\frac{1}{(m-1)!\,0!}\binom{\gamma+m}{m+1}$$

$$=\frac{(-1)^{m+1}}{(m-1)!}\left\{\binom{m-1}{m-1}\binom{-\gamma}{2}\cdots+\binom{m-1}{m-1-\varepsilon}\binom{-\gamma}{\varepsilon+2}\cdots+\binom{m-1}{0}\binom{-\gamma}{m+1}\right\}$$

$$=\frac{(-1)^{m+1}}{(m-1)!}\binom{m-1-\gamma}{m+1}=\frac{1}{(m-1)!}\binom{\gamma+1}{m+1}.$$

Man hat also

$$\overset{u}{\Phi}_\gamma=1+\sum_{m=1}^{m=\gamma}\frac{1}{(m-1)!}\binom{\gamma+1}{m+1}\frac{u^m}{\left(1-\frac{u}{1}\right)\left(1-\frac{u}{2}\right)\cdots\left(1-\frac{u}{m}\right)},$$

und wenn man diesen Ausdruck in die Formel (7) zurückträgt:

$$\overset{u}{D}_\gamma=\left(1-\frac{u}{1}\right)\left(1-\frac{u}{2}\right)\cdots\left(1-\frac{u}{\gamma}\right)$$

$$+\sum_{m=1}^{m=\gamma}\frac{1}{(m-1)!}\binom{\gamma+1}{m+1}u^m\left(1-\frac{u}{m+1}\right)\left(1-\frac{u}{m+2}\right)\cdots\left(1-\frac{u}{\gamma}\right). \tag{15}$$

Wir haben also wieder einen endlichen ganzen Ausdruck in u für die Funktion $\overset{u}{D}_\gamma$, welcher freilich auf den Grad γ sich zu erheben scheint, wirklich aber, wie wir oben gesehen haben, nur den Grad $\gamma/2$ oder $(\gamma-1)/2$ erreicht. Da die Ausdrücke (5) und (15) für eine und dieselbe Funktion $\overset{u}{D}_\gamma$ von u beide *endlich* und für jeden beliebigen, zwischen 0 und 1 enthaltenen Wert von u sich gleich sind, so müssen sie identisch sein und sind daher namentlich auch für jedes ganze und positive u einander gleich. Mit diesem Ausdruck (15) ist nun auch das vorgesteckte Ziel, den Wert von $\overset{n}{A}_i$ auf eine *vierfache* Summe zurückzubringen, erreicht.

Wenn wir mit $\overset{m,\gamma}{H}_p$ die Summe der kombinatorischen Produkte der p-ten Klasse, welche aus den Elementen $m+1, m+2, \dots \gamma$ ohne Wiederholung gebildet werden können, bezeichnen, so haben wir mit Rücksicht auf Formel (5):

$$\overset{\gamma}{E}_{\gamma-p}=\frac{(-1)^{\gamma-p}}{\gamma!}\left\{\overset{0,\gamma}{H}_p+\sum_{m=1}^{m=\gamma}(-1)^m m\binom{\gamma+1}{m+1}\overset{m,\gamma}{H}_p\right\}. \tag{16}$$

Sobald also p kleiner ist als $\gamma/2$ oder $(\gamma+1)/2$, so wird der eingeklammerte Ausdruck verschwinden. Übrigens ist $\overset{0,\gamma}{H}_p$ dieselbe Größe, welche wir früher mit $\overset{\gamma+1}{A}_p$

bezeichnet haben. Ich bemerke noch beiläufig, daß aus (15) für $u = \gamma$ die Formel

$$\overset{\gamma}{D}_\gamma = \frac{\gamma^\gamma}{(\gamma - 1)!}$$

folgt, welche für die numerische Verifikation der für bestimmte Werte von γ berechneten Ausdrücke von $\overset{u}{D}_\gamma$ nützlich sein kann.

Wir können der Formel (15) noch eine andere Gestalt geben. Wenn wir nämlich die Produkte, welche u enthalten, als Binomialkoeffizienten hinschreiben und reduzieren, so bekommen wir zunächst

$$\overset{u}{D}_\gamma = \binom{\gamma - u}{\gamma} + \sum_{m=0}^{m=\gamma} \binom{\gamma - u}{\gamma - m} \frac{m\,(\gamma + 1)}{(m+1)!}\, u^m,$$

und wenn wir hier $\frac{m}{(m+1)!} = \frac{1}{m!} - \frac{1}{(m+1)!}$ und $\binom{\gamma - u}{\gamma} = -\frac{\gamma + 1}{u}\binom{\gamma - u}{\gamma + 1}$ setzen und in der alle mit dem Minuszeichen versehenen Glieder umfassenden Summe m in $m - 1$ übergehen lassen, so ergibt sich

$$\overset{u}{D}_\gamma = (\gamma + 1)\left\{\sum_{m=0}^{m=\gamma} \binom{\gamma - u}{\gamma - m} \frac{u^m}{m!} - \frac{1}{u} \sum_{m=0}^{m=\gamma+1} \binom{\gamma - u}{\gamma + 1 - m} \frac{u^m}{m!}\right\}, \tag{17}$$

d.h. $\overset{u}{D}_\gamma$ *ist gleich dem Koeffizienten von* z^0 *in der Entwicklung von*

$$(-1)^\gamma (\gamma + 1)\left(\frac{z}{u} + 1\right) e^{-u/z} \left(\frac{z}{z-1}\right)^u (z-1)^\gamma$$

nach den fallenden Potenzen von z. Wenn wir jetzt zur Gleichung (4) zurückgehen und durch die Klammern [ ] anzeigen, daß wir von der Entwicklung des eingeschlossenen Ausdrucks nach fallenden Potenzen von z nur das mit z^0 behaftete Glied behalten, so erhalten wir, indem wir zugleich γ in $\alpha - u - 1 - \mu$ umsetzen:

$$\overset{i,\alpha}{Q}_u = \left[\left(\frac{z}{u} + 1\right) \frac{z^u\, e^{-u/z}}{(z-1)^{u+2}} \int_1^z (z-1)^{\alpha - u} \sum_{\mu=0}^{\mu=\alpha-u-1} \binom{-(i + 2u + 2)}{\mu} \left(\frac{1}{z-1}\right)^\mu dz\right].$$

Was den zusammengesetzten Faktor betrifft, der dem bestimmten Integral vorangeht, so wird das erste Glied seiner Entwicklung $1/u\,z$ sein, und alle folgenden Glieder werden von einem niedrigeren Grade als z^{-1} sein. Anderseits, wenn man die unter dem Integrationszeichen enthaltene bestimmte Summe über ihre obere Grenze $\mu = \alpha - u - 1$ hinaus fortsetzt und, um unendlich große Größen zu vermeiden, die untere Integrationsgrenze an eine beliebige Stelle über 1 hinaufrückt, so werden die ersten aus dieser veränderten Auffassung des obigen Integrals hervorgehenden neuen Glieder sein:

$$\binom{-(i + 2u + 2)}{\alpha - u} z + \text{const} + \binom{-(i + 2u + 2)}{\alpha - u + 1} \log(z - 1) - \binom{-(i + 2u + 2)}{\alpha - u + 2} \frac{1}{z-1} - \cdots.$$

Nun fallen die willkürliche Konstante, das logarithmische Glied und alle folgenden gebrochenen Glieder, als zur Bildung des mit z^0 behafteten Gliedes der ganzen Entwicklung nichts beitragend, außer Betracht. Es bleibt daher im genannten Integral nur das Glied $\binom{-(i+2u+2)}{\alpha-u} z$ übrig, welches nicht vernachlässigt werden darf, sondern von dem bestimmten Integral abgezogen werden muß, sobald seine Bedeutung in dem angegebenen Sinne verändert wird. Oder, was dasselbe ist, in der ganzen Entwicklung muß alsdann noch das Glied $\frac{1}{u}\binom{-(i+2u+2)}{\alpha-u}$ abgezogen werden. Auf diese Weise bekommen wir in Beziehung auf Formel (3):

$$\begin{aligned}&\binom{-(i+2u+1)}{\alpha-u+1} + u \overset{i,\alpha}{Q}_u \\ &= \binom{-(i+2u+2)}{\alpha-u+1} + \left[\frac{(z+u)\,z^u}{(z-1)^{u+2}}\, e^{-u/z} \int \frac{(z-1)^{i+\alpha+u+2}}{z^{i+2u+2}}\, dz\right].\end{aligned} \tag{18}$$

Faßt man die Gleichungen (2), (3), (18) zusammen, so stellt sich $\overset{n}{A}_i$ als doppelte Summe dar.

Entwickelt man den eingeklammerten symbolischen Ausdruck und substituiert in (3), so erhält man

$$\begin{aligned}\overset{i}{B}_\alpha = &\sum_{u=1}^{u=\alpha+1} \frac{u^{i+u}}{u!} \binom{-(i+2u+2)}{\alpha-u+1} \\ &+ \sum_{\gamma+\mu+\nu+u=\alpha} (-1)^{\alpha-u+1} \frac{\mu-1}{\lambda+\mu+1} \cdot \frac{u^{i+\mu+u}}{\mu!\,u!} \binom{-(u+2)}{\lambda} \binom{i+\alpha+u+2}{\nu},\end{aligned}$$

wo die zweite Summe sich auf alle ganzen positiven Werte von λ, μ, ν, u, die Null mit eingerechnet, erstreckt, welche der Bedingung $\lambda+\mu+\nu+u=\alpha$ genügen. Diese zweite Summe ist daher als eine vierfache anzusehen, so daß hierdurch $\overset{n}{A}_i$ als *fünffache* Summe dargestellt ist.

Für $\alpha = i > 0$ muß der vorliegende Ausdruck verschwinden, ein Satz, dessen direkter Beweis großen Schwierigkeiten unterliegen dürfte.

* * *

Ich will noch einige merkwürdige Sätze über die Funktionen $\overset{m}{T}_n$ beweisen. Von den drei Gleichungen

$$\overset{0}{T}_n = 1; \quad \overset{m}{T}_n - \overset{m}{T}_{n-1} = \frac{1}{n+1} \overset{m-1}{T}_{n+1}; \quad \overset{m}{T}_0 = 0, \quad \text{wenn } m > 0,$$

welche die Definition enthalten, ausgehend, bringe ich zuerst die allgemeine Gleichung unter die Form

$$\frac{\overset{m}{T}_n}{n!} - \frac{\overset{m-1}{T}_{n+1}}{(n+1)!} = \frac{\overset{m}{T}_{n-1}}{n!}$$

und setze hier m in $m - n$ um, wodurch ich erhalte

$$\frac{\overset{m-n}{T}_n}{n!} - \frac{\overset{m-(n+1)}{T}_{n-1}}{(n+1)!} = \frac{\overset{m-n}{T}_{n-1}}{n!}. \qquad [m > n] \qquad (19)$$

Wenn man nun in dieser Gleichung nach und nach n durch $n + 1$, $n + 2$, $n + 3, \ldots, m - 2, m - 1$ ersetzt und alle so entstandenen Gleichungen zu ihr addiert, indem man zuletzt noch $\overset{0}{T}_m/m! = \overset{0}{T}_{m-1}/m!$ hinzusetzt, so findet man

$$\frac{\overset{m-n}{T}_n}{n!} = \sum_{k=n}^{k=m} \frac{\overset{m-k}{T}_{k-1}}{k!}, \qquad [m \gtreqless n > 0] \qquad (20)$$

welche Formel auch zur sukzessiven Berechnung der in (8) vorkommenden Faktoren der Binomialkoeffizienten gebraucht werden kann. Wenn man ferner (20) von $n = 1$ bis $n = m$ summiert, auf der rechten Seite die gleichnamigen Glieder vereinigt und dann k in $k + 1$ umsetzt, so erhält man

$$\sum_{n=1}^{n=m} \frac{\overset{m-n}{T}_n}{n!} = \sum_{k=0}^{k=m-1} \frac{\overset{m-k-1}{T}_k}{k!}, \qquad [m \gtreqless 1]$$

wo das erste Glied der Summe rechts allemal verschwindet, wenn $m - 1 > 0$ ist, und nur für $m = 1$ der Einheit gleich wird, indem es zugleich die ganze Summe ausmacht. Da somit für $m > 1$ die Summe links in diejenige rechts durch die einfache Umsetzung von m in $m - 1$ übergeht, so muß ihr Wert von der Zahl m unabhängig sein. Also ist infolgedessen, was wir soeben für den Fall $m = 1$ bemerkt haben, allgemein

$$\sum_{k=0}^{k=m} \frac{\overset{m-k}{T}_k}{k!} = 1, \qquad [m \gtreqless 0] \qquad (21)$$

eine Formel, die wir schon in (11) gebraucht haben, um die Konvergenz der Reihe $\Sigma \overset{m}{T}_n u^m$ zu beweisen.

* * *

Wenn wir von den zwei in der Definitionsformel gegebenen Gleichungen

$$\frac{1}{\lambda+1} \overset{m-1}{T}_{\lambda+1} = \overset{m}{T}_\lambda - \overset{m}{T}_{\lambda-1}, \qquad \frac{1}{\lambda+1} \overset{n-1}{T}_{\lambda+1} = \overset{n}{T}_\lambda - \overset{n}{T}_{\lambda-1}$$

die erste mit $\overset{n}{T}_\lambda$, die zweite mit $\overset{m}{T}_\lambda$ multiplizieren, voneinander abziehen und das Ergebnis mit $\lambda!$ dividieren, so kommt nach einer Versetzung von Gliedern

$$\frac{\overset{m}{T}_\lambda \overset{n}{T}_{\lambda-1}}{\lambda!} - \frac{\overset{m-1}{T}_{\lambda+1} \overset{n}{T}_\lambda}{(\lambda+1)!} = \frac{\overset{m}{T}_{\lambda-1} \overset{n}{T}_\lambda}{\lambda!} - \frac{\overset{m}{T}_\lambda \overset{n-1}{T}_{\lambda+1}}{(\lambda+1)!}. \qquad (22)$$

Um an dieser Gleichung eine solche Summation auszuführen, daß rechts alle Glieder mit Ausnahme der äußersten sich gegenseitig aufheben, wollen wir darin die Ordnungszahl n in $a + n - \lambda$ umsetzen und dann von $\lambda = a$ bis

$\lambda = a + n$ summieren. Wir bekommen so

$$\sum_{\lambda=a}^{\lambda=a+n} \frac{\overset{m}{T}_\lambda \overset{a+n-\lambda}{T}_{\lambda-1}}{\lambda!} - \sum_{\lambda=a}^{\lambda=a+n} \frac{\overset{m-1}{T}_{\lambda+1} \overset{a+n-\lambda}{T}_{\lambda}}{(\lambda+1)!} = \frac{\overset{m}{T}_{a-1} \overset{n}{T}_a}{a!}.$$

Wenn man nun in der zweiten Summe λ in $\lambda - 1$ verändert und von beiden Seiten der Gleichung die Größe $\left(\overset{m-1}{T}_a \overset{n+1}{T}_{a-1}\right)/a!$ abzieht, so verwandelt sich die vorliegende Gleichung in

$$\sum_{\lambda=a}^{\lambda=a+n} \frac{\overset{m}{T}_\lambda \overset{a+n-\lambda}{T}_{\lambda-1}}{\lambda!} - \sum_{\lambda=a}^{\lambda=a+n+1} \frac{\overset{m-1}{T}_\lambda \overset{a+n+1-\lambda}{T}_{\lambda-1}}{\lambda!} = \frac{\overset{m}{T}_{a-1} \overset{n}{T}_a - \overset{m-1}{T}_a \overset{n+1}{T}_{a-1}}{a!}. \qquad (23)$$

Wenn wir der Kürze wegen die erste Summe mit $f(a, m, n)$ bezeichnen, so ist die zweite $f(a, m-1, n+1)$. Der Umstand, daß von den drei Argumenten dieser Funktionen die beiden letzten dieselbe Summe haben, veranlaßt uns, m, n in $m - i, n + i$ zu verändern und von $i = 0$ bis $i = m - n - 1$ zu summieren, indem wir m als die größere der beiden Zahlen m, n voraussetzen. Es ergibt sich so:

$$f(a, m, n) - f(a, n, m) = \frac{1}{a!} \sum_{i=0}^{i=m-n-1} \left(\overset{m-i}{T}_{a-1} \overset{n+i}{T}_a - \overset{m-i-1}{T}_a \overset{n+i+1}{T}_{a-1} \right).$$

Wenn man aber rechts das Summationszeichen auf jedes der beiden Glieder besonders bezieht und dann die zweite Summe umkehrt, so findet man sie der ersten gleich. Man hat also

$$f(a, m, n) - f(a, n, m) = 0,$$

d.h. *die Summe*

$$\sum_{\lambda=a}^{\lambda=a+n} \frac{\overset{m}{T}_\lambda \overset{a+n-\lambda}{T}_{\lambda-1}}{1 \cdot 2 \cdot 3 \cdot 4 \cdots \lambda},$$

als Funktion der drei Argumente a, m, n betrachtet, ändert ihren Wert nicht, wenn man die beiden Zahlen m und n vertauscht.

In dem besonderen Falle, wo $a = 1$ ist, verschwindet die rechte Seite der Formel (23). Also ist

$$f(1, m, n) = f(1, m-1, n+1).$$

Wenn daher die Summe $m + n$ dieselbe bleibt, so behält auch die Funktion $f(1, m, n)$ denselben Wert, weshalb man darin z.B. m, n bzw. in $m + n$, 0 verändern darf, was die Gleichung

$$f(1, m, n) = f(1, m+n, 0) \qquad \text{oder auch} \qquad f(1, m, n-1) = f(1, m+n-1, 0),$$

d. h.

$$\sum_{\lambda=1}^{\lambda=n} \frac{\overset{m}{T}_\lambda \overset{n-\lambda}{T}_{\lambda-1}}{1 \cdot 2 \cdot 3 \cdots \lambda} = \overset{m+n-1}{T}_1, \qquad (24)$$

gibt.

* * *

Die Formel (21) ist nur ein besonderer Fall einer ganzen Klasse ähnlicher Formeln, zu denen man auf folgendem Wege gelangt. Nach (5) und (7) hat man

$$\overset{u}{\Phi}_\gamma = 1 + \overset{\gamma}{F}_1 u + \overset{\gamma}{F}_2 u^2 \cdots = \frac{1 + \overset{\gamma}{E}_1 u + \overset{\gamma}{E}_2 u^2 \cdots}{\left(1-\frac{u}{1}\right)\left(1-\frac{u}{2}\right)\cdots\left(1-\frac{u}{\gamma}\right)}.$$

Entwickelt man nun die rechte Seite nach steigenden Potenzen von u, indem man das bekannte Verfahren der Zerlegung rationaler Brüche anwendet, so findet man

$$\overset{\gamma}{F}_\delta = \sum_{m=1}^{m=\gamma} (-1)^{m-1} \binom{\gamma}{m} \overset{m}{D}_\gamma \left(\frac{1}{m}\right)^\delta.$$

Wenn wir diese Formel mit (8) zusammenhalten, δ, ε bzw. in $m+1$, k verändern und der Zahl γ nach und nach die Werte 2, 3, 4, 5, ... beilegen, so bekommen wir:

$$\sum_{k=0}^{k=m} \frac{\overset{m-k}{T}_k}{k!} \binom{k+3}{1} = 5 - \left(\frac{1}{2}\right)^{m-1},$$

$$\sum_{k=0}^{k=m} \frac{\overset{m-k}{T}_k}{k!} \binom{k+4}{2} = \frac{31}{2} - 7\left(\frac{1}{2}\right)^{m-1} + \frac{1}{2}\left(\frac{1}{3}\right)^{m-2},$$

$$\sum_{k=0}^{k=m} \frac{\overset{m-k}{T}_k}{k!} \binom{k+5}{3} = \frac{229}{6} - 29\left(\frac{1}{2}\right)^{m-1} + \frac{9}{2}\left(\frac{1}{3}\right)^{m-2} - \frac{1}{6}\left(\frac{1}{4}\right)^{m-3},$$

$$\sum_{k=0}^{k=m} \frac{\overset{m-k}{T}_k}{k!} \binom{k+6}{4} = \frac{1961}{24} - \frac{277}{3}\left(\frac{1}{2}\right)^{m-1} + \frac{93}{4}\left(\frac{1}{3}\right)^{m-2} - \frac{11}{6}\left(\frac{1}{4}\right)^{m-3} + \frac{1}{24}\left(\frac{1}{5}\right)^{m-4} \text{ usw.}$$

* * *

Endlich ergibt sich noch aus (14) ein Ausdruck für die Funktion $\overset{m}{T}_n$, welchen direkt zu verifizieren ich umsonst versucht habe. Denkt man sich nämlich dort den Bruch $\dfrac{1}{\Pi\left(1-\frac{u}{n+k+1}\right)}$ unter die Form

$$(1 + u + u^2 + u^3 \ldots)\left(1 + \frac{u}{2} + \frac{u^2}{2^2} + \frac{u^3}{2^3}\cdots\right)\cdots$$
$$\cdots\left(1 + \frac{u}{n+k+1} + \frac{u^2}{(n+k+1)^2} + \cdots\right)$$

gebracht, die Multiplikationen ausgeführt und die gleichartigen Glieder vereinigt, so findet man

$$\overset{m}{T}_n = \sum \frac{(-1)^k}{k!} \left(\frac{1}{2}\right)^\lambda \left(\frac{1}{3}\right)^\mu \cdots \left(\frac{1}{n+k}\right)^\psi \left(\frac{1}{n+k+1}\right)^\omega,$$

wo die Summe rechts sich auf alle ganzen und positiven Werte mit Einschluß der Null erstrecken soll, welche man den Exponenten $k, \lambda, \mu, \ldots, \psi, \omega$ beilegen kann, ohne daß ihre Summe die Zahl m übersteigt.

Zerlegt man in derselben Formel (14) die zusammengesetzten rationalen Brüche in einfache und ersetzt dann diese durch die äquivalenten geometrischen Reihen, so erhält man

$$\overset{m}{T}_n = \frac{(-1)^m}{m!} + (-1)^n (n+1)! \sum_{k=0}^{k=m-1} \binom{n+k+1}{k} \varphi[n+k+1, -(m-k)],$$

wofern für ein positives α

$$\varphi(n, -\alpha) = \frac{1}{n!} \sum_{i=1}^{i=n} (-1)^{n-i} \binom{n}{i} i^{-\alpha}$$

gesetzt wird. Macht man hier $n = 0$, so erhält man die Formel

$$\frac{(-1)^m}{m!} + \sum_{k=0}^{k=m-1} (k+1)\, \varphi[k+1, -(m-k)] = 0, \qquad [m > 0].$$

Ist $\varphi(n, \alpha) = \frac{1}{n!} \sum_{m=1}^{m=n} (-1)^{n-m} \binom{n}{m} m^\alpha$, wo α eine positive Zahl bezeichnet, so hat man

$$\varphi(n, \alpha) = n\, \varphi(n, \alpha - 1) + \varphi(n-1, \alpha-1),$$

und $\varphi(n, \alpha)$ verschwindet für jedes unter n fallende ganze und positive α; sonst ist

$$\varphi(n, \alpha) = \overset{-n}{A}_{\alpha - n},$$

wofern n und α ganze Zahlen sind.

Über die Relationen zwischen den neun Kosinus, durch welche die gegenseitige Lage zweier rechtwinkliger Koordinatensysteme bestimmt wird

Wenn wir die Koordinaten eines beliebigen Punktes P in Beziehung auf das erste System mit x, y, z und in Beziehung auf das zweite mit x', y', z' bezeichnen und vorerst nur die Ebenen $x\,y$ und $x'y'$, deren Durchschnitt oder die Knotenlinie und die Lage der positiven Hälften der Achsen der x und x' in der Anschauung behalten, so sehen wir sogleich ein, daß die Lage des zweiten Systems gegen das erste durch *drei* Größen vollständig bestimmt wird. Diese sind: 1. der Winkel zwischen der Achse der x und der Linie des aufsteigenden Knotens oder die Länge des aufsteigenden Knotens in der Ebene $x\,y$; 2. die Neigung der Ebene $x'y'$ gegen die Ebene $x\,y$; 3. der Winkel zwischen der Knotenlinie und der Achse der x'. Mittels dieser drei Größen können die Kosinus der neun Winkel, unter denen die Achsen des zweiten Systems gegen diejenigen des ersten geneigt sind, trigonometrisch angegeben werden; und aus diesen trigonometrischen Ausdrücken ergeben sich sodann durch einfache Rechnung die bekannten 21 Relationen zwischen den neun Kosinus. Mein Freund, Herr Wolf[1]), der bei seinem Verfahren der Transformation der Koordinaten diesen Weg eingeschlagen hat und, ohne sukzessiver Operationen zu bedürfen, an einer einzigen Figur alle drei Transformationsformeln nachweist, hat mir nun durch Mitteilung seiner Methode Veranlassung gegeben, denselben Gegenstand auch von der rein analytischen Seite, wo er mit der Theorie der Elimination bei linearen Gleichungen im Zusammenhange steht, darzustellen.

Wenn nämlich die trigonometrische Behandlung den Vorteil gewährt, daß bei derselben gerade nur so viele Größen gebraucht werden, als die Natur des Gegenstandes erfordert, so tut sie dieses nur auf Kosten der Symmetrie, insofern es ihr nicht gelingt, drei unter sich unabhängige Größen aufzufinden, durch welche die oft erwähnten neun Kosinus sich sämtlich auf gleichmäßige Weise ausdrücken ließen. Um diesen Übelstand fühlbar zu machen, brauche ich nur darauf hinzuweisen, daß die Achsen der z und z' anders als die übrigen Achsen behandelt werden. Will man dagegen die Symmetrie nicht verlieren, so muß man es aufgeben, in den Formeln die drei unabhängigen Größen explizite vor sich zu haben.

Ich setze folgende zwei Sätze als bekannt voraus:

1. Wenn a, b, c die Kosinus der drei Winkel sind, welche irgendeine Gerade mit den drei Koordinatenachsen bildet, so ist

$$a^2 + b^2 + c^2 = 1.$$

---

1) Rudolf Wolf aus Zürich (1816–1893) war 1839–1855 in Bern, nachher Professor der Astronomie an der Eidg. Technischen Hochschule und an der Universität Zürich. *L. K.*

2. Wenn zwei Gerade mit den Koordinatenachsen bzw. Winkel bilden, deren Kosinus a, b, c, a', b', c' sind, so ist der Kosinus des von beiden Geraden eingeschlossenen Winkels $= a a' + b b' + c c'$[1]).

Nun seien a, b, c die Kosinus der drei Winkel, welche die Achse der x' mit den Achsen der x, y, z bildet, und ebenso seien die Richtungen der Achsen der y', z' in Beziehung auf die Achsen des ersten Systems durch die Kosinus $a', b', c', a'', b'', c''$ bestimmt, so daß man durch Projektion der aus den neuen Koordinaten x', y', z' zusammengesetzten gebrochenen Linie auf die drei ursprünglichen Koordinatenachsen die Transformationsformeln

$$\left.\begin{aligned} x &= a x' + a' y' + a'' z', \\ y &= b x' + b' y' + b'' z', \\ z &= c x' + c' y' + c'' z' \end{aligned}\right\} \tag{1}$$

erhält. Vermöge des ersten vorhin angeführten Satzes hat man dann die drei Gleichungen

$$\left.\begin{aligned} a^2 + b^2 + c^2 &= 1, \\ a'^2 + b'^2 + c'^2 &= 1, \\ a''^2 + b''^2 + c''^2 &= 1 \end{aligned}\right\} \tag{2}$$

und vermöge des zweiten, da die drei Achsen der x', y', z' sich rechtwinklig schneiden sollen,

$$\left.\begin{aligned} a' a'' + b' b'' + c' c'' &= 0, \\ a'' a + b'' b + c'' c &= 0, \\ a a' + b b' + c c' &= 0, \end{aligned}\right\} \tag{3}$$

also im ganzen 6 Bedingungsgleichungen zwischen 9 Größen. Wenn nun keine dieser 6 Gleichungen eine notwendige Folge der übrigen ist, so bleiben nur drei unabhängige Größen, und sechs von den neun Kosinus sind jeweilen durch die drei übrigen bestimmt.

Da das erste Koordinatensystem ebenso auf das zweite bezogen werden kann wie dieses auf jenes, so ist klar, daß die angeführten 6 Bedingungsgleichungen noch die 6 folgenden zur notwendigen Folge haben müssen:

$$a^2 + a'^2 + a''^2 = 1 \text{ usw.} \qquad b c + b' c' + b'' c'' = 0 \text{ usw.}$$

Es entsteht daher die Aufgabe, dieses, was geometrisch *a priori* eingesehen wird, noch analytisch nachzuweisen.

Wenn man die drei Gleichungen (1) der Reihe nach mit a, b, c multipliziert und addiert, so ergibt sich unter Berücksichtigung der Relationen (2) und (3)

$$x' = a x + b y + c z \text{ usw.}$$

Durch das gewöhnliche Eliminationsverfahren ergibt sich

$$x' = \frac{b' c'' - b'' c'}{\Delta} x + \frac{c' a'' - c'' a'}{\Delta} y + \frac{a' b'' - a'' b'}{\Delta} z \text{ usw.,}$$

[1]) Von ebenso häufiger Anwendung als diese beiden Sätze ist dieser dritte: Wenn x, y, z, x', y', z' die Projektionen zweier begrenzter Geraden sind, so sind $y z' - y' z$, $z x' - z' x$, $x y' - x' y$ die Projektionen des von denselben gebildeten Parallelogramms auf die drei Koordinatenebenen.

wo $\Delta = a\,b'\,c'' + a'\,b''\,c + a''\,b\,c' - a\,b''\,c' - a'\,b\,c'' - a''\,b'\,c$

die unter dem Namen der *Determinante* bekannte Funktion der neun Kosinus a, b, c, a' usw. ist, welche die Eigenschaft hat, durch jede Permutation zweier Buchstaben (oder auch zweier Akzente) in ihren entgegengesetzten Wert überzugehen. Man hat also

$$\left.\begin{array}{lll} b'c'' - b''c' = a\Delta, & c'a'' - c''a' = b\Delta, & a'b'' - a''b' = c\Delta, \\ b''c - b\,c'' = a'\Delta, & c''a - c\,a'' = b'\Delta, & a''b - a\,b'' = c'\Delta, \\ b\,c' - b'c = a''\Delta, & c\,a' - c'a = b''\Delta, & a\,b' - a'b = c''\Delta. \end{array}\right\} \quad (4)$$

Quadriert man die beiden Seiten jeder in der ersten Horizontalreihe enthaltenen Gleichung und addiert, so ergibt sich mit Rücksicht auf die identische Gleichung

$$(b'c'' - b''c')^2 + (c'a'' - c''a')^2 + (a'b'' - a''b')^2$$
$$= (a'^2 + b'^2 + c'^2)(a''^2 + b''^2 + c''^2) - (a'a'' + b'b'' + c'c'')^2$$

vermöge der Relationen (2) und (3)

$$1 = \Delta^2. \quad (5)$$

Also ist entweder $\Delta = 1$ oder $\Delta = -1$. Nimmt man an, das zweite Koordinatensystem sei so beschaffen, daß, wenn die positiven Achsen der x', y' mit den positiven Achsen der x, y bzw. zur Koinzidenz gebracht werden, dann auch die positive Achse der z' mit der positiven Achse der z und nicht mit der negativen zusammenfalle, so daß gleichzeitig $a = b' = c'' = 1$ wird, während die sechs übrigen Kosinus verschwinden, so wird $\Delta = 1$.

Wenn wir nun die in der ersten Vertikalreihe (4) enthaltenen Gleichungen bzw. mit a, a', a'' multiplizieren und addieren, so bekommen wir:

$$\Delta = (a^2 + a'^2 + a''^2)\,\Delta, \quad \text{also} \quad a^2 + a'^2 + a''^2 = 1 \text{ usw.} \quad (6)$$

Multiplizieren wir dagegen dieselben Gleichungen mit b, b', b'' und addieren, so ergibt sich $0 = (a\,b + a'\,b' + a''\,b'')\,\Delta$, also

$$a\,b + a'\,b' + a''\,b'' = 0 \text{ usw.} \quad (7)$$

Hiermit sind diese sechs neuen Relationen (6) und (7) als notwendige Folge der ursprünglichen (2) und (3) nachgewiesen.

* * *

Merkwürdigerweise kommen, unbeschadet der Symmetrie, drei unabhängige Größen ungezwungen zum Vorschein, sobald man die Differentialien der neun Kosinus a, b, c, a' usw. betrachtet.

Die Gleichungen (6) und (7) differenziert, geben

$$a\,da + a'\,da' + a''\,da'' = 0 \text{ usw.},$$
$$a\,db + a'\,db' + a''\,db'' = -(b\,da + b'\,da' + b''\,da'') \text{ usw.}$$

Man darf daher setzen

$$\left.\begin{aligned} p\,dt &= b\,dc + b'dc' + b''dc'' = -(c\,db + c'db' + c''db''), \\ q\,dt &= c\,da + c'da' + c''da'' = -(a\,dc + a'dc' + a''dc''), \\ r\,dt &= a\,db + a'db' + a''db'' = -(b\,da + b'da' + b''da''), \end{aligned}\right\} \tag{8}$$

wo dt das Zeitelement und p, q, r die drei neu eingeführten Unabhängigen bezeichnen. Aus den drei Gleichungen

$$\begin{aligned} a\,da + a'da' + a''da'' &= 0, \\ b\,da + b'da' + b''da'' &= -r\,dt, \\ c\,da + c'da' + c''da'' &= q\,dt \end{aligned}$$

ergibt sich durch Elimination

$$\left.\begin{aligned} &\frac{da}{dt} = c\,q - b\,r, \quad \frac{da'}{dt} = c'q - b'r, \quad \frac{da''}{dt} = c''q - b''r, \\ \text{ebenso}\quad &\frac{db}{dt} = a\,r - c\,p \text{ usw.} \\ &\frac{dc}{dt} = b\,p - a\,q \text{ usw.} \end{aligned}\right\} \tag{9}$$

Denkt man sich nun einen Punkt P, der seine Lage gegen das zweite Koordinatensystem nicht ändert, für den also x', y', z' konstant bleiben, während dieses zweite Koordinatensystem selbst sich beliebig um seinen festen Ursprung herumdreht und dadurch seine Lage gegen das feststehende erste Koordinatensystem fortwährend verändert, und betrachtet dann die momentane Bewegung des Punktes P in Beziehung auf dieses erste Koordinatensystem, so geben die differenzierten Gleichungen (1), wenn darin für da, da' usw. obige Ausdrücke substituiert werden,

$$\frac{dx}{dt} = q\,z - r\,y, \quad \frac{dy}{dt} = r\,x - p\,z, \quad \frac{dz}{dt} = p\,y - q\,x. \tag{10}$$

Diese Gleichungen zeigen: 1. daß die Gerade, deren Projektionen auf die festen Koordinatenachsen dx, dy, dz sind, d.h. das vom Punkte P durchlaufene Wegelement, auf den beiden Geraden, deren Projektionen auf dieselben festen Achsen bzw. $p\,dt$, $q\,dt$, $r\,dt$ und x, y, z sind, senkrecht steht, und zwar so, daß die Richtungen $(p\,dt, q\,dt, r\,dt)$, (x, y, z), (dx, dy, dz) in der Ordnung der Achsen x, y, z aufeinander folgen; 2. daß das genannte Wegelement an Größe gleich ist dem Parallelogramm, welches die Geraden $(p\,dt, q\,dt, r\,dt)$ und (x, y, z) zu Seiten hat.

Denken wir uns nun die von der Lage des Punktes P unabhängige Gerade $(p\,dt, q\,dt, r\,dt)$ als vom Ursprung ausgehend und nehmen dieselbe als Grundlinie des Parallelogramms an, so ist dessen Höhe zugleich die Entfernung des Punktes P von der verlängerten Geraden $(p\,dt, q\,dt, r\,dt)$. Folglich ist das vom Punkt P durchlaufene Wegelement: 1. senkrecht zu der durch P und die Gerade $(p\,dt, q\,dt, r\,dt)$ gelegten Ebene; 2. ist dasselbe an Größe gleich dem Produkte seiner Entfernung von der zuletzt genannten Geraden und einer von der Lage des

Punktes P unabhängigen Größe, der Grundlinie ($p\,dt, q\,dt, r\,dt$) jenes Parallelogramms. Das heißt, diese Grundlinie stellt ihrer Richtung nach die *momentane Drehungsachse* und ihrer Größe nach die *momentane Drehung* des zweiten Koordinatensystems dar. Die drei in obigen Differentialgleichungen auftretenden unabhängigen Größen p, q, r zeigen also, als Projektionen einer vom Ursprung ausgehenden Geraden aufgefaßt, die Richtung der momentanen Drehungsachse an, während die zuletzt genannte Gerade selbst an Größe der *momentanen Winkelgeschwindigkeit* gleich ist. In betreff des Sinns dieser letztern ist zu merken, daß wenn p positiv ist und q, r verschwinden, so daß die momentane Drehungsachse mit der positiven Achse der x zusammenfällt, dann die Drehung von der Achse der y gegen diejenige der z hin erfolgt, was aus den Gleichungen (10) zu ersehen ist.

(Man vergleiche die hier am Ende gegebene Darstellung mit derjenigen in POISSONS Mechanik Nr. 406 und mit LITTROWS Astronomie III, S. 86–90[1].)

[1]) S. D. POISSON, *Traité de mécanique* (Paris 1833). – JOS. JOH. V. LITTROW, *Theoretische und practische Astronomie*, III. Teil: *Elemente der physischen Astronomie* (Wien 1827). *L. K.*

Über die einfachste Art, die Differentialgleichungen erster Ordnung, durch welche die Störungen der elliptischen Elemente einer Planetenbahn bestimmt sind, auszudrücken

Wenn μ die Summe der Massen der Sonne und des gestörten Planeten, m', m'' usw. die Massen der störenden Planeten, $r, r', r'' \ldots$ die Entfernungen des gestörten und der störenden Planeten von der Sonne, $w', w'' \ldots$ die von der ersten mit allen übrigen gebildeten Winkel, ϱ', ϱ'' die Abstände der störenden Planeten vom gestörten Planeten bezeichnet, so heißt

$$R = m'\left(\frac{1}{\varrho'} - \frac{r\cos w'}{r'^2}\right) + m''\left(\frac{1}{\varrho''} - \frac{r\cos w''}{r''^2}\right) + \cdots$$

die *störende Funktion*. Ihre nach den Koordinaten[1]) x, y, z des gestörten Planeten genommenen Differentialkoeffizienten drücken nämlich die Komponenten der störenden Kraft aus, welche der gestörte Planet erfährt. Die Differentialgleichungen zweiter Ordnung, welche die Bewegung des gestörten Planeten darstellen, sind daher:

$$\frac{d^2x}{dt^2} + \frac{\mu x}{r^3} = \frac{dR}{dx},$$

$$\frac{d^2y}{dt^2} + \frac{\mu y}{r^3} = \frac{dR}{dy},$$

$$\frac{d^2z}{dt^2} + \frac{\mu z}{r^3} = \frac{dR}{dz}.$$

Wäre nun $R = 0$, so würde die elliptische Bewegung diesen Gleichungen genügen. Bei derselben werden die Koordinaten x, y, z des betrachteten Planeten durch die Zeit t und die sogenannten sechs elliptischen Konstanten oder Bahnelemente ausgedrückt. Bei stattfindender geringer Störung kann man nun die für die rein elliptische Bewegung geltenden Gleichungen zwar beibehalten, aber zugleich die vorhin genannten sechs elliptischen Konstanten variieren lassen, wie es die jedesmalige Ellipse erfordert, welche der Planet zu beschreiben im Begriffe ist, wenn er einzig der Wirkung der Sonne überlassen bliebe. Die Variationen dieser sechs Konstanten sind es nun, welche bei passender Wahl derselben sich auf höchst einfache Weise durch Differentialkoeffizienten der störenden Funktion R ausdrücken lassen, die in Beziehung auf dieselben richtig gewählten Konstanten genommen sind.

---

[1]) Dieselben beziehen sich auf ein beliebiges rechtwinkliges Koordinatensystem von fester Richtung, dessen Ursprung die Sonne einnimmt.

Es bezeichne:

a die halbe große Achse der veränderlichen Ellipse,

η die mittlere Anomalie, welche man für den Anfangspunkt der Zeit voraussetzen muß, um daraus den gegenwärtigen Ort des Planeten in derselben Ellipse herzuleiten,

h die doppelte Flächengeschwindigkeit, so daß $h\,dt/2$ den Inhalt des während des Zeitelements dt vom Fahrstrahl r beschriebenen Flächenelements angibt,

$p\,dt$, $p'dt$, $p''dt$ die während des Zeitelements dt erfolgenden momentanen Drehungen eines beweglichen Systems dreier unter sich senkrechter Achsen, von denen die beiden ersten bzw. nach dem Nordpol der Bahnebene und nach dem Perihel gerichtet sind, und die dritte der wahren Anomalie von 90° entspricht, um diese drei Achsen selbst. Die genannten Drehungen sollen als positiv gelten, wenn die erste im Sinne der Planetenbewegung geschieht und die beiden übrigen in Beziehung auf die positiven Hälften ihrer Achsen damit übereinstimmen.

Wenn nun in der störenden Funktion R bloß die sechs elliptischen Konstanten des gestörten Planeten variiert werden, während alles übrige konstant bleibt, so sei das Inkrement dieser Funktion R durch

$$A\,da + J\,d\eta + H\,dh + P\,p\,dt + P'p'\,dt + P''p''\,dt$$

bezeichnet. Dann sind die wirklichen Variationen der sechs elliptischen Konstanten des gestörten Planeten durch folgende Differentialgleichungen in völliger Strenge bestimmt:

$$\frac{da}{dt} = 2\sqrt{\frac{a}{\mu}}\,J, \qquad \frac{d\eta}{dt} = -2\sqrt{\frac{a}{\mu}}\,A,$$

$$\frac{dh}{dt} = P, \qquad p = -H,$$

$$p' = -\frac{P''}{h}, \qquad p'' = \frac{P'}{h}.$$

So merkwürdig dieselben wegen ihrer Einfachheit und paarweisen Wechselbeziehung auch sind, um so mehr verwunderte es mich, daß ich die zweite und vierte nur durch eine verhältnismäßig lange Rechnung erhalten konnte, während doch die Forderung sich aufdrängt, alle diese Differentialgleichungen aus eben so einfachen Betrachtungen herzuleiten.

Führt man die gewöhnlich angenommenen sechs elliptischen Elemente ein, so verlieren diese Differentialgleichungen etwas von ihrer einfachen Gestalt. Man vergleiche LITTROWS *Elemente der physischen Astronomie*, S. 302[1]).

[1]) JOS. JOH. v. LITTROW, *Theoretische und practische Astronomie*, III. Teil: *Elemente der physischen Astronomie* (Wien 1827). *L. K.*

Anwendung des baryzentrischen Kalküls auf die Bestimmung der größten einem Vierseit eingeschriebenen und der kleinsten einem Viereck umschriebenen Ellipse

Der Erfinder des baryzentrischen Kalküls unterscheidet zwischen einem eigentlichen und einem abgekürzten baryzentrischen Kalkül und erklärt jenen als anwendbar zur Darstellung solcher Eigenschaften geometrischer Figuren, die für alle affinen Systeme zugleich gelten, während dieser es nur sei bei denjenigen noch allgemeineren Eigenschaften, die ins Gebiet der Kollineationsverwandtschaft gehören. Da ich im folgenden, je nachdem der Gegenstand die Freiheit der allgemeinen perspektivischen Beziehungen gestattet oder Beschränkung fordert, bald von der einen, bald von der andern Art der Rechnung Gebrauch machen werde, so finde ich für gut, mich gleich anfangs darüber auszusprechen.

Im allgemeinen bezeichne ich mit x, y, z drei unter sich unabhängige lineare Funktionen der rechtwinkligen Koordinaten eines Punkts in der Ebene und betrachte immer nur die zwei Verhältnisse der drei mit x, y, z bezeichneten Größen, nie diese Größen selbst, so daß in Beziehung auf dieselben nur homogene Gleichungen vorkommen können. Sind die genannten zwei Verhältnisse für einen Punkt gegeben, so sind dadurch auch die Verhältnisse der rechtwinkligen Koordinaten desselben Punkts zur Längeneinheit gegeben und somit der Punkt selbst bestimmt. Alsdann sollen die drei Größen, zwischen denen jene zwei Verhältnisse bestehen, die *allgemeinen Koordinaten* des fraglichen Punktes heißen, während die durch die Gleichungen $x = 0$, $y = 0$, $z = 0$ dargestellten Geraden, welche hier die Stelle der Koordinatenachsen vertreten, den von Herrn Möbius gebrauchten Namen der *Fundamentallinien* behalten. Obgleich so scheinbar eine Dreizahl von Koordinaten zur Bestimmung eines Punktes in der Ebene angewandt wird, so hängt diese Bestimmung doch wesentlich nur von einer Zweizahl von Verhältnissen ab, weil immer nur die relativen, nie die absoluten Werte jener drei Koordinaten in Betracht kommen. Sind die Fundamentallinien durch drei in rechtwinkligen Koordinaten ausgedrückte Gleichungen gegeben, so sind dadurch die linearen Funktionen x, y, z der genannten Koordinaten noch nicht vollständig bestimmt, sondern jede derselben kann noch einen beliebigen konstanten Faktor enthalten; man wird daher nach Belieben über die zwei zwischen denselben bestehenden Verhältnisse, z. B. so, daß irgendein von den Fundamentalpunkten verschiedener in derselben Ebene gegebener vierter Punkt durch die zwei Gleichungen $x = y = z$ bestimmt werde, verfügen dürfen.

Wird insbesondere über jene an den linearen Funktionen x, y, z haftenden Faktoren so verfügt, daß die Gleichung $x + y + z = 0$ die unendlich weit entfernte Gerade darstellt, d.h. daß in dem reduzierten Ausdrucke von $x + y + z$ die Koeffizienten der rechtwinkligen Koordinaten im Vergleich mit demjenigen der Längeneinheit verschwindend klein werden, so sollen alsdann die Größen x, y, z *baryzentrische Koordinaten* heißen. Denn der durch dieselben bestimmte Punkt wird dann zum Schwerpunkte dreier mit x, y, z proportionaler, in den Fundamentalpunkten befindlicher Massen. Zieht man aus dem fraglichen Punkte drei Gerade nach den Fundamentalpunkten, so teilen dieselben das Fundamentaldreieck in algebraischem Sinne in drei Dreiecke, von denen sich leicht zeigen läßt, daß ihre Flächenräume jenen Massen oder den baryzentrischen Koordinaten x, y, z proportional sind.

Die Aufgabe, deren Lösung uns zunächst beschäftigen wird, ist, *den Inhalt einer Ellipse durch die Koeffizienten ihrer in baryzentrischen Koordinaten gegebenen Gleichung auszudrücken*, wenn die Abmessungen des Fundamentaldreiecks bekannt sind. Der Gang, den wir hierbei befolgen, ist dieser: Zuerst suchen wir den Ausdruck für die senkrechte Projektion der Entfernung zweier durch ihre baryzentrischen Koordinaten gegebener Punkte auf eine beliebige Gerade, woraus sich im besondern der Ausdruck für die Projektion eines Halbmessers der Ellipse ergibt. Dann bestimmen wir den Inhalt eines von zwei konjugierten Halbmessern gebildeten Parallelogramms und ergreifen diesen Anlaß, um auch die Summe der Quadrate der homologen Projektionen zweier konjugierter Halbmesser auszumitteln. Indem wir hierdurch zur Summe der Quadrate zweier konjugierter Halbmesser gelangen und dann mit der Hälfte derselben in jenes Parallelogramm dividieren, so bekommen wir auch den Sinus des Winkels der zwei gleichen konjugierten Halbmesser der Ellipse.

Ausdruck für die Projektion der Entfernung zweier Punkte auf eine beliebige Abszissenachse. Die zwei Punkte P, P', deren Entfernung PP' projiziert werden soll, seien durch ihre baryzentrischen Koordinaten $x, y, z; x', y', z'$ gegeben und, um die Rechnung abzukürzen, wollen wir $x + y + z = x' + y' + z' = 1$ annehmen. Wenn wir dann mit $A, B, C, \mathfrak{a}, \mathfrak{b}, \mathfrak{c}, p$ die Abszissen der drei Fundamentalpunkte, die Projektionen der Seiten des Fundamentaldreiecks und der Entfernung PP' bezeichnen, so sind die Abszissen der Punkte P, P' durch

$$x A + y B + z C \quad \text{und} \quad x' A + y' B + z' C$$

und der Unterschied derselben oder die Projektion der Entfernung PP' durch

$$p = (x' - x) A + (y' - y) B + (z' - z) C$$

ausgedrückt. Da aber infolge der getroffenen Annahme $\Sigma(x' - x) = 0$ und überdies $C - B = \mathfrak{a}$, $A - C = \mathfrak{b}$, $B - A = \mathfrak{c}$ ist, so haben wir

$$p = \mathfrak{c}\,(y' - y) - \mathfrak{b}\,(z' - z).$$

Setzen wir nun

$$y z' - y' z = \xi, \quad z x' - z' x = v, \quad x y' - x' y = \zeta,$$

so wird

$$x' - x = x' (x + y + z) - x (x' + y' + z') = v - \zeta \text{ usw.}$$

also
$$\mathfrak{p} = \mathfrak{c}(\zeta - \xi) - \mathfrak{b}(\xi - v) = \mathfrak{b}\, v + \mathfrak{c}\,\zeta - (\mathfrak{b} + \mathfrak{c})\,\xi = \mathfrak{a}\,\xi + \mathfrak{b}\, v + \mathfrak{c}\,\zeta,$$

oder, wenn wir die Bedingung $x + y + z = x' + y' + z' = 1$ wieder aufheben,

$$\mathfrak{p} = \frac{\mathfrak{a}\,(y\,z' - y'z) + \mathfrak{b}\,(z\,x' - z'x) + \mathfrak{c}\,(x\,y' - x'y)}{(x + y + z)\,(x' + y' + z')}\,. \tag{1}$$

Ausdruck für die Projektion eines Halbmessers der Ellipse

Irgendein in der Ebene des Fundamentaldreiecks liegender Kegelschnitt sei durch die Gleichung

$$A\,x^2 + B\,y^2 + C\,z^2 + 2\,D\,y\,z + 2\,E\,z\,x + 2\,F\,x\,y = 0 \tag{2}$$

dargestellt, und überdies sei

$$\left.\begin{aligned} X &= A\,x + F\,y + E\,z,\\ Y &= F\,x + B\,y + D\,z,\\ Z &= E\,x + D\,y + C\,z. \end{aligned}\right\} \tag{3}$$

Wenn wir dann

$$\left.\begin{aligned} A' &= B\,C - D^2, & D' &= E\,F - A\,D,\\ B' &= C\,A - E^2, & E' &= F\,D - B\,E,\\ C' &= A\,B - F^2, & F' &= D\,E - C\,F,\\ \Delta &= A\,B\,C + 2\,D\,E\,F - A\,D^2 - B\,E^2 - C\,F^2 = A\,A' + F\,F' + E\,E' = \text{usw.} \end{aligned}\right\} \tag{4}$$

setzen, so haben wir

$$\left.\begin{aligned} \Delta x &= A'X + F'Y + E'Z,\\ \Delta y &= F'X + B'Y + D'Z,\\ \Delta z &= E'X + D'Y + C'Z. \end{aligned}\right\} \tag{5}$$

Liegt der Punkt (x, y, z) auf der Kurve, so ist für denselben

$$X\,x + Y\,y + Z\,z = 0,$$

und ist (x', y', z') irgendein anderer Punkt auf der durch jenen gezogenen Tangente, so ist

$$X\,x' + Y\,y' + Z\,z' = 0$$

die Gleichung der Tangente. Ist aber von den beiden Punkten (x, y, z) und (x', y', z') weiter nichts gesagt, als daß ihre Koordinaten der Gleichung $X\,x' + Y\,y' + Z\,z' = 0$ genügen, so zeigt diese an, daß in Beziehung auf den gegebenen Kegelschnitt jeder der beiden Punkte auf der Polare des andern liege. Nun ist der Mittelpunkt der Kurve der Pol der unendlich weit entfernten Geraden $x' + y' + z' = 0$; folglich ist für denselben $X = Y = Z$, oder, wenn fortan x_0, y_0, z_0 die Koordinaten des Mittelpunkts bezeichnen, wegen (5)

$$x_0 : y_0 : z_0 = (A' + F' + E') : (F' + B' + D') : (E' + D' + C'). \tag{6}$$

Es seien f, g, h die Koordinaten eines unendlich weit entfernten Punktes und daher $f + g + h = 0$, so ist seine Polare ein Durchmesser, dem die Gleichung

$$f X + g Y + h Z = l x + m y + n z = 0$$

zukommt, wo l, m, n dieselben linearen Funktionen von f, g, h sein sollen, welche in Beziehung auf x, y, z mit X, Y, Z bezeichnet worden sind. Da für den Endpunkt des Halbmessers die zwei Gleichungen

$$f X + g Y + h Z = 0$$

und

$$x X + y Y + z Z = 0$$

zugleich stattfinden, so kann man

$$X = (g z - h y)\,\omega, \quad Y = (h x - f z)\,\omega, \quad Z = (f y - g x)\,\omega \tag{7}$$

setzen, wo ω eine neue Unbekannte bezeichnet. Substituiert man diese Ausdrücke in (3), so erhält man

$$\left.\begin{aligned} A x + (F + h\omega)\,y + (E - g\omega)\,z &= 0, \\ (F - h\omega)\,x + B y \quad + (D + f\omega)\,z &= 0, \\ (E + g\omega)\,x + (D - f\omega)\,y + C z \quad &= 0; \end{aligned}\right\} \tag{8}$$

und, wenn man x, y, z aus diesen drei Gleichungen eliminiert,

$$\Delta + (f l + g m + h n)\,\omega^2 = 0. \tag{9}$$

Die Werte von x, y, z sind nun in Funktion von ω zu bestimmen, so daß sie nicht nur den Gleichungen (8), sondern auch der Gleichung $x + y + z = 1$ genügen. Dieses kann auf folgende Weise geschehen.

Aus den identischen Gleichungen

$$F'h - E'g = E m - F n, \quad B'h - D'g = A n - E l, \quad D'h - C'g = F l - A m$$

ergibt sich durch Addition

$$h(F' + B' + D') - g(E' + D' + C') = -[A(m - n) + F(n - l) + E(l - m)]. \tag{10}$$

Multipliziert man diese Gleichung mit ω und addiert sie zur Gleichung

$$A(A' + F' + E') + F(F' + B' + D') + E(E' + D' + C') = \Delta, \tag{11}$$

so ergibt sich

$$\begin{aligned} A(A' + F' + E') + (F + h\omega)(F' + B' + D') + (E - g\omega)(E' + D' + C') \\ = \Delta - \omega\,[A(m - n) + F(n - l) + E(l - m)]. \end{aligned}$$

Wegen (9) ist aber

$$\Delta = -(f l + g m + h n)\,\omega^2 = [-h(n - l) + g(l - m)]\,\omega^2;$$

folglich wird die rechte Seite der vorigen Gleichung zu

$$-\omega\,[A(m-n)+(F+h\,\omega)\,(n-l)+(E-g\,\omega)\,(l-m)].$$

Dieselbe Gleichung verwandelt sich daher in

$$A\,[A'+F'+E'+(m-n)\,\omega]+(F+h\,\omega)\,[F'+B'+D'+(n-l)\,\omega] \\ +(E-g\,\omega)\,[E'+D'+C'+(l-m)\,\omega]=0. \qquad (12)$$

Zwei ähnliche Gleichungen fließen aus dieser durch den Fortschritt von x zu y und z. Vergleicht man alle drei Gleichungen (12) mit den Gleichungen (8) und berücksichtigt die Bedingung $x+y+z=1$, so ergeben sich, indem man $A'+B'+C'+2D'+2E'+2F'=H$ setzt,

$$x=\frac{A'+F'+E'+(m-n)\,\omega}{H},\quad y=\frac{F'+B'+D'+(n-l)\,\omega}{H},$$
$$z=\frac{E'+D'+C'+(l-m)\,\omega}{H}$$

als baryzentrische Koordinaten des Endpunkts des Halbmessers. Nimmt man für diejenigen des Mittelpunkts auch die Bedingung $x_0+y_0+z_0=1$ an, so sind sie nach (6)

$$x_0=\frac{A'+F'+E'}{H},\qquad y_0=\frac{F'+B'+D'}{H},\qquad z_0=\frac{E'+D'+C'}{H}.$$

Setzt man nun

$$y_0\,z-y\,z_0=\xi,\quad z_0\,x-z\,x_0=v,\quad x_0\,y-x\,y_0=\zeta,$$

so ist

$$\xi=[(l-m)\,y_0-(n-1)\,z_0]\,\frac{\omega}{H}=\frac{l\,(x_0+y_0+z_0)-(l\,x_0+m\,y_0+n\,z_0)}{H}\,\omega.$$

Weil aber der Mittelpunkt auf dem betrachteten Durchmesser liegt, so ist

$$l\,x_0+m\,y_0+n\,z_0=0,$$

und überdies ist

$$x_0+y_0+z_0=1;$$

folglich

$$\xi=\frac{l\,\omega}{H},\quad v=\frac{m\,\omega}{H},\quad \zeta=\frac{n\,\omega}{H}; \qquad (13)$$

also ist nach (1) die Projektion des betrachteten Halbmessers R auf die Abszissenachse

$$p=\frac{\mathfrak{a}\,l+\mathfrak{b}\,m+\mathfrak{c}\,n}{H}\,\omega. \qquad (14)$$

Wenn nun für den konjugierten Halbmesser f, g, h in f', g', h' übergehen, so sollen gleichzeitig $l, m, n, x, y, z, \xi, v, \zeta, \omega, R, p$ in $l', m', n', x', y', z', \xi', v', \zeta', \omega', R', p'$ übergehen. Dann drückt die Relation

$$f\,l'+g\,m'+h\,n'=f'\,l+g'\,m+h'\,n=0 \qquad (15)$$

das Konjugiertsein beider Halbmesser aus, und es ist nach (9) und (14)

$$\omega'^2 = -\frac{\Delta}{f'l' + g'm' + h'n'}, \quad p' = \frac{\mathfrak{a}\,l' + \mathfrak{b}\,m' + \mathfrak{c}\,n'}{H}\,\omega'.$$

Ehe wir aus diesen Ausdrücken Relationen zwischen den beiden konjugierten Halbmessern ableiten können, müssen wir die Werte von

$$\Sigma f l, \quad \Sigma f' l', \quad l^2 \Sigma f' l' + l'^2 \Sigma f l, \quad m n \Sigma f' l' + m' n' \Sigma f l$$

ausmitteln. Zunächst folgt aus den Bedingungen $f + g + h = 0$, $f' + g' + h' = 0$,

$$g h' - g' h = h f' - h' f = f g' - f' g = k.$$

Nun ist die Determinante der vier Größen

$$\begin{matrix} \Sigma f l, & \Sigma f l' \\ \Sigma f' l, & \Sigma f' l' \end{matrix}$$

identisch gleich mit

$$\Sigma (g h' - g' h)(m n' - m' n) = k \Sigma (m n' - m' n);$$

also ist mit Rücksicht auf (15)

$$\Sigma f l \Sigma f' l' = k \Sigma (m n' - m' n).$$

Ferner hat man die identische Gleichung

$$m n' - m' n = A' (g h' - g' h) + F' (h f' - h' f) + E' (f g' - f' g);$$

also ist endlich

$$\Sigma f l \Sigma f' l' = k^2 H. \tag{16}$$

Wenn man dem zweiten zu verwandelnden Ausdruck,

$$l^2 \Sigma f' l' + l'^2 \Sigma f l,$$

die der Null gleiche Größe

$$- l l' \Sigma f' l - l l' \Sigma f l'$$

beifügt, so wird er

$$(l m' - l' m)(g' l - g l') + (n l' - n' l)(h l' - h' l).$$

Es ist aber

$$l m' - l' m = k (E' + D' + C'), \quad n l' - n' l = k (F' + B' + D'),$$
$$g' l - g l' = (A - E) k, \quad h l' - h' l = (A - F) k;$$

folglich mit Rücksicht auf (11)

$$l^2 \Sigma f' l' + l'^2 \Sigma f l = k^2 (A H - \Delta). \tag{17}$$

Zum dritten zu verwandelnden Ausdruck,

$$m n \Sigma f' l' + m' n' \Sigma f l,$$

addiere man

$$-m' n \Sigma f' l - m n' \Sigma f l' = 0,$$

so verändert sich derselbe in

$$(f n' - f' n)(l m' - l' m) + (h' n - h n')(m n' - m' n)$$
$$= [(D - C)(E' + D' + C') + (D - E)(A' + F' + E')]\, k^2,$$

also ist endlich

$$m n \Sigma f' l' + m' n' \Sigma f l = k^2 (D H - \Delta). \tag{18}$$

Die Relationen (16), (17), (18) sollen uns jetzt zur Reduktion der Ausdrücke von $p q' - p' q$ und $p^2 + p'^2$ dienen, wo q, q' die Projektionen der konjugierten Halbmesser auf die Ordinatenachse bezeichnen.

Das von den konjugierten Halbmessern R, R' gebildete Parallelogramm hat $p q' - p' q$ zum Inhalt. Wenn nun $\mathfrak{a}'$, $\mathfrak{b}'$, $\mathfrak{c}'$ die Projektionen der Seiten des Fundamentaldreiecks auf die Ordinatenachse sind, so ist nach (14)

$$p q' - p' q = \frac{\Sigma \mathfrak{a} l \Sigma \mathfrak{a}' l' - \Sigma \mathfrak{a} l' \Sigma \mathfrak{a}' l}{H^2}\, \omega\, \omega'$$
$$= \frac{\Sigma (\mathfrak{b} \mathfrak{c}' - \mathfrak{b}' \mathfrak{c})(m n' - m' n)}{H^2} \cdot \frac{\Delta}{\sqrt{\Sigma f l \Sigma f' l'}}.$$

Bezeichnen wir den Inhalt des Fundamentaldreiecks mit J, so ist

$$\mathfrak{b} \mathfrak{c}' - \mathfrak{b}' \mathfrak{c} = \mathfrak{c} \mathfrak{a}' - \mathfrak{c}' \mathfrak{a} = \mathfrak{a} \mathfrak{b}' - \mathfrak{a}' \mathfrak{b} = 2 J;$$

und wenn wir für $m n' - m' n$ usw. und für $\Sigma f l \Sigma f' l'$ die früher gefundenen Werte substituieren, so bekommen wir als Inhalt des von zweien konjugierten Halbmessern gebildeten Parallelogramms

$$p q' - p' q = 2 J \frac{\Delta}{H^{3/2}}. \tag{19}$$

Da dieser Ausdruck von f, g, h, f', g', h' frei ist, so fließt daraus der bekannte Satz, daß *der Inhalt des von zwei konjugierten Halbmessern gebildeten Parallelogramms von der Lage derselben unabhängig, mithin stets dem Produkte der beiden halben Hauptachsen gleich ist.* Zugleich sehen wir hieraus, daß die Größe H positiv, negativ oder Null ist, je nachdem die durch (2) dargestellte Kurve eine Ellipse, Hyperbel oder Parabel ist. Da der Inhalt der Ellipse dem π-fachen des genannten Produkts gleich ist, so haben wir, indem Δ, H durch ihre vollständigen Ausdrücke ersetzt werden, folgende Formel:

Wenn in Beziehung auf ein Fundamentaldreieck vom Inhalt J einer beliebigen in der Ebene desselben befindlichen Ellipse die in baryzentrischen Koordinaten ausgedrückte Gleichung

$$A x^2 + B y^2 + C z^2 + 2 D y z + 2 E z x + 2 F x y = 0$$

zukommt, so hat der Inhalt jener Ellipse den Wert

$$\pi\, 2 J \frac{A B C + 2 D E F - A D^2 - B E^2 - C F^2}{\left\{\begin{matrix} B C + C A + A B - D^2 - E^2 - F^2 \\ + 2 E F + 2 F D + 2 D E - 2 A D - 2 B E - 2 C F \end{matrix}\right\}^{3/2}}.$$

Das zum Beweise dieser Formel zubereitete Material möge uns nun auch zur Berechnung der *Summe der Quadrate der homologen Projektionen zweier konjugierter Halbmesser* dienen. Die Gleichungen (9) und (14) geben unmittelbar

$$p^2 + p'^2 = \frac{(\Sigma\, \mathfrak{a}\, l)^2 \Sigma f' l' + (\Sigma\, \mathfrak{a}\, l')^2 \Sigma f l}{\Sigma f l \Sigma f' l'} \cdot \frac{-\Delta}{H^2},$$

und mit Benutzung der Relationen (16), (17), (18)

$$p^2 + p'^2 = \left[\Sigma A\, \mathfrak{a}^2 + 2\, \Sigma D\, \mathfrak{b}\, \mathfrak{c} - \frac{\Delta\, (\mathfrak{a} + \mathfrak{b} + \mathfrak{c})^2}{H}\right] \frac{-\Delta}{H^2}.$$

Weil aber die Projektion des Umfangs einer geschlossenen Figur Null ist, so ist $\mathfrak{a} + \mathfrak{b} + \mathfrak{c} = 0$; es ergibt sich demnach:

$$p^2 + p'^2 = -\Delta\, \frac{A\, \mathfrak{a}^2 + B\, \mathfrak{b}^2 + C\, \mathfrak{c}^2 + 2\, D\, \mathfrak{b}\, \mathfrak{c} + 2\, E\, \mathfrak{c}\, \mathfrak{a} + 2\, F\, \mathfrak{a}\, \mathfrak{b}}{H^2},$$

was den bekannten Satz ausdrückt, daß die Summe der Quadrate der homologen Projektionen zweier konjugierter Halbmesser eines Kegelschnitts konstant bleibt, welche Lage die konjugierten Halbmesser auch annehmen mögen.

Werden die Seiten und Winkel des Fundamentaldreiecks bzw. mit a, b, c, α, β, γ bezeichnet, so ist

$$\mathfrak{a}^2 + \mathfrak{a}'^2 = a^2 \text{ usw.} \qquad \mathfrak{b}\, \mathfrak{c} + \mathfrak{b}'\, \mathfrak{c}' = -b\, c \cos \alpha \text{ usw.};$$

also ist

$$R^2 + R'^2 = p^2 + q^2 + p'^2 + q'^2 = -\Delta\, \frac{\Sigma A\, a^2 - 2\, \Sigma D\, b\, c \cos \alpha}{H^2},$$

oder auch, da $2\, b\, c \cos \alpha = b^2 + c^2 - a^2$ ist,

$$R^2 + R'^2 = \Delta\, \frac{a^2 (E + F - A - D) + b^2 (F + D - B - E) + c^2 (D + E - C - F)}{H^2}.$$

Bezeichnet endlich *V den Winkel, den die beiden gleichen konjugierten Halbmesser einschließen,* so ist

$$\sin V = \frac{p\, q' - p'\, q}{(R^2 + R'^2)/2},$$

und demnach

$$\sin V = \frac{4\, J \sqrt{H}}{\Sigma\, a^2 (E + F - A - D)}. \tag{20}$$

Über besondere Formen der allgemeinen Gleichung eines Kegelschnitts, welche gewissen Lagen desselben gegen das Fundamentaldreieck entsprechen

Soll der Kegelschnitt durch die Fundamentalpunkte gehen, so dürfen in seiner Gleichung die Glieder in x^2, y^2, z^2 nicht vorkommen. Daher kann beim Gebrauche allgemeiner Koordinaten jeder dem Fundamentaldreieck umschriebene Kegelschnitt durch die Gleichung

$$\frac{1}{x} + \frac{1}{y} + \frac{1}{z} = 0$$

dargestellt werden. Gibt man derselben die Form

$$\sqrt{y+z}+\sqrt{z+x}+\sqrt{x+y}=0,$$

so zeigt diese an, daß derselbe Kegelschnitt dem Dreiseit $(y+z)\,(z+x)\,(x+y)$ $=0$ eingeschrieben ist.

Soll der Kegelschnitt eine Fundamentallinie berühren, so muß für den Berührungspunkt zugleich $x=0$, $Y=0$, $Z=0$, also nach (5) $A'=B\,C-D^2=0$ sein. Soll der Kegelschnitt dem Fundamentaldreieck eingeschrieben sein, so muß daher $A'=B'=C'=0$ sein. Verfolgt man dies weiter, so findet man, daß jeder dem Fundamentaldreieck eingeschriebene Kegelschnitt durch die Gleichung

$$\sqrt{x}+\sqrt{y}+\sqrt{z}=0$$

dargestellt wird, der man auch die Form

$$\frac{1}{-x+y+z}+\frac{1}{x-y+z}+\frac{1}{x+y-z}=0$$

geben kann, welche zeigt, daß der Kegelschnitt dem Dreieck $(-x+y+z)$ $\times\,(x-y+z)\,(x+y-z)=0$ umschrieben ist.

Die Polare des Fundamentalpunkts $(y=0,\ z=0)$ hat $X=0$ zu ihrer Gleichung. Soll sie mit der gegenüberliegenden Fundamentallinie $x=0$ zusammenfallen, so muß $F=E=0$ sein. Sollen nun überdies die beiden andern Fundamentalpunkte der Kurve angehören, so daß die Gleichungen $y=0$, $z=0$ Tangenten darstellen, so muß noch $B=C=0$ sein. Wenn also zwei Tangenten eines Kegelschnitts und deren Berührungssehne als Fundamentallinien angenommen werden, so wird derselbe durch die Gleichung

$$x^2=2\,y\,z$$

dargestellt.

Gibt man in Beziehung auf den Kegelschnitt dem Fundamentaldreieck eine solche Lage, daß jede Ecke Pol der Gegenseite wird, so muß $D=F=E=0$ sein, und die Gleichung des Kegelschnitts wird

$$A\,x^2+B\,y^2+C\,z^2=0,$$

oder, wenn man will, noch einfacher

$$x^2+y^2=z^2.$$

Über die Art, wie man ein Vierseit am einfachsten durch allgemeine Koordinaten darstellen kann.

Wenn $t=0$, $t'=0$, $t''=0$, $t'''=0$ die Gleichungen von vier Geraden sind, deren keine drei im selben Punkt zusammentreffen, und man denkt sich dieselben allenfalls in rechtwinkligen Koordinaten ausgedrückt, so wird man immer drei Faktoren λ', λ'', λ''' angeben können, welche die Eigenschaft haben, die Gleichung $t+\lambda' t'+\lambda'' t''+\lambda''' t'''=0$ identisch zu machen, so daß dieselbe besteht, welche Werte man auch den rechtwinkligen Koordinaten beilegen mag. Wir dürfen daher von vornherein annehmen, die linearen Funktionen t, t', t'', t''' seien mit solchen Faktoren versehen, daß die Gleichung

$$t + t' + t'' + t''' = 0$$

identisch wird. Alsdann werden die Gleichungen

$$t + t' = 0, \quad t'' + t''' = 0$$

eine und dieselbe Gerade darstellen. Jene zeigt aber an, daß die Gerade durch den Durchschnittspunkt der beiden ersten Seiten, diese, daß sie durch denjenigen der beiden letzten Seiten des Vierseits geht. Folglich ist die Gerade eine Diagonale des Vierseits. Wenn wir daher

$$t + t' = x, \quad t + t'' = y, \quad t + t''' = z$$

setzen, so sind $x = 0$, $y = 0$, $z = 0$ die Gleichungen der Diagonalen des Vierseits; und da

$$x + y + z = 2t, \quad -x + y + z = -2t', \quad x - y + z = -2t'', \quad x + y - z = -2t'''$$

ist, so wird das Vierseit durch die Gleichung

$$(x + y + z)(-x + y + z)(x - y + z)(x + y - z) = 0$$

dargestellt, indem zugleich seine Diagonalen als Fundamentallinien angenommen sind.

Über die einfachste Art, ein Viereck durch allgemeine Koordinaten darzustellen

Wenn $\mathfrak{x}$, $\mathfrak{y}$ rechtwinklige Koordinaten bezeichnen, und es sind vier Punkte, von denen keine drei auf einer Geraden liegen, durch die Proportionen

$$\mathfrak{x} : \mathfrak{y} : 1 = a : b : c, \quad \mathfrak{x} : \mathfrak{y} : 1 = a' : b' : c', \quad \mathfrak{x} : \mathfrak{y} : 1 = a'' : b'' : c'',$$
$$\mathfrak{x} : \mathfrak{y} : 1 = a''' : b''' : c'''$$

gegeben, so darf man immer voraussetzen, es sei

$$a + a' + a'' + a''' = 0,$$
$$b + b' + b'' + b''' = 0,$$
$$c + c' + c'' + c''' = 0.$$

Wenn nun ein Punkt durch die Proportionen

$$\mathfrak{x} : \mathfrak{y} : 1 = (a + a') : (b + b') : (c + c')$$

bestimmt ist, so liegt derselbe auf der Geraden, welche die beiden ersten Ecken des gegebenen Vierecks verbindet. Da aber für denselben Punkt auch

$$\mathfrak{x} : \mathfrak{y} : 1 = (a'' + a''') : (b'' + b''') : (c'' + c''')$$

ist, so liegt derselbe auch auf der Geraden, welche die beiden letzten Ecken verbindet, und ist somit ein Kreuzungspunkt des gegebenen Vierecks. Für die zwei übrigen Kreuzungspunkte hat man ebenso

$$\mathfrak{x} : \mathfrak{y} : 1 = (a + a'') : (b + b'') : (c + c'')$$

und

$$\mathfrak{x} : \mathfrak{y} : 1 = (a + a''') : (b + b''') : (c + c''').$$

Man bestimme nun drei lineare Funktionen x, y, z der rechtwinkligen Koordinaten, so daß

$$\begin{aligned} \mathfrak{x} : \mathfrak{y} : 1 = {} & [(a + a')\, x + (a + a'')\, y + (a + a''')\, z] \\ & :[(b + b')\, x + (b + b'')\, y + (b + b''')\, z] \\ & :[(c + c')\, x + (c + c'')\, y + (c + c''')\, z] \end{aligned}$$

sei, so werden die Gleichungen $x = 0$, $y = 0$, $z = 0$ die Seiten des Dreiecks der Kreuzungspunkte darstellen. Setzt man ferner $x = y = z$, so verwandeln sich die vorigen Proportionen in $\mathfrak{x} : \mathfrak{y} : 1 = a : b : c$, und wenn man $-x = y = z$ setzt, in $\mathfrak{x} : \mathfrak{y} : 1 = a' : b' : c'$ usw. Also sind jetzt die Ecken des Vierecks bzw. durch die Paare von Gleichungen

$$x = y = z, \qquad -x = y = z, \qquad x = -y = z, \qquad x = y = -z,$$

folglich das gesamte Viereck durch das einzige Paar Gleichungen

$$x^2 = y^2 = z^2$$

dargestellt, während die Fundamentalpunkte mit den Kreuzungspunkten zusammenfallen.

Allgemeiner Ausdruck für einen einem Vierseit eingeschriebenen Kegelschnitt

Wenn die beliebigen Konstanten f, g, h der Bedingung $f + g + h = 0$ genügen, so stellt die Gleichung

$$\frac{x^2}{f} + \frac{y^2}{g} + \frac{z^2}{h} = 0$$

irgendeinen dem Vierseit $\Pi(x \pm y \pm z) = 0$ eingeschriebenen Kegelschnitt dar. Denn setzt man $x : y : z = f : g : h$, so genügt der dadurch bezeichnete Punkt der Gleichung des Kegelschnitts, und die Tangente in demselben hat die Gleichung $x + y + z = 0$. Ebenso liegt der durch die Proportionen $x : y : z = -f : g : h$ bestimmte Punkt auf der Kurve, und die betreffende Tangente hat $-x + y + z = 0$ zur Gleichung, usw. Man sieht zugleich, daß das Viereck der Berührungspunkte durch die Proportionen

$$x^2 : y^2 : z^2 = f^2 : g^2 : h^2$$

dargestellt wird.

Die Verhältnisgrößen f, g, h haben eine perspektivische Bedeutung. Werden die Punkte, in denen irgendeine Tangente des Kegelschnitts von den Seiten des umschriebenen Vierseits, denen der Reihe nach die Gleichungen

$$x+y+z=0, \quad -x+y+z=0, \quad x-y+z=0, \quad x+y-z=0$$

zukommen, geschnitten wird, bzw. mit A, B, C, D bezeichnet, so ist

$$AB\cdot CD : AC\cdot DB : AD\cdot BC = f : g : h,$$

oder, wenn man will, $-g/h$ ist der Wert des perspektivischen Doppelverhältnisses $AC/AD : BC/BD$.

Denn es sei $a\,x+b\,y+c\,z=0$ die Gleichung der beliebigen Tangente, so hat man für die Punkte C und D bzw. die Paare von Proportionen

$$x:y:z=(b+c):(c-a):-(a+b)$$

und

$$x:y:z=-(b+c):(c+a):(a-b).$$

Nun ist AC/AD gleich dem Verhältnis der aus den Punkten C und D auf die erste Seite $(x+y+z=0)$ gefällten Senkrechten, also gleich dem Verhältnis der beiden Werte, welche dem als lineare Funktion der rechtwinkligen Koordinaten betrachteten Ausdrucke $x+y+z$ in den beiden Punkten C und D zukommen. Wenn wir diese zwei Beziehungen auf C und D durch einen und zwei Akzente anzeigen, so ist

$$\frac{AC}{AD}=\frac{(x+y+z)'}{(x+y+z)''}.$$

Ganz so haben wir auch

$$\frac{BC}{BD}=\frac{(-x+y+z)'}{(-x+y+z)''};$$

also

$$\frac{AC}{AD}:\frac{BC}{BD}=\left(\frac{x+y+z}{-x+y+z}\right)':\left(\frac{x+y+z}{-x+y+z}\right)''.$$

Da nun zufolge der obigen Proportionen

$$\left(\frac{x+y+z}{+x+y-z}\right)'=\frac{(b+c)+(c-a)-(a+b)}{-(b+c)+(c-a)-(a+b)}=-\frac{c-a}{a+b},$$

$$\left(\frac{x+y+z}{-x+y+z}\right)''=\frac{-(b+c)+(c+a)+(a-b)}{(b+c)+(c+a)+(a-b)}=\frac{a-b}{c+a}$$

ist, so haben wir

$$\frac{AC}{AD}:\frac{BC}{BD}=-\frac{c^2-a^2}{a^2-b^2},$$

und daher

$$AB\cdot CD : AC\cdot DB : AD\cdot BC=(b^2-c^2):(c^2-a^2):(a^2-b^2).$$

Weil aber $a\,x+b\,y+c\,z=0$ die Gleichung einer Tangente sein soll, so ist für ihren Berührungspunkt

$$\frac{x}{f}:\frac{y}{g}:\frac{z}{h}=a:b:c$$

oder $x:y:z=af:bg:ch$, also $a^2 f+b^2 g+c^2 h=0$, woraus wegen $f+g+h=0$ sogleich $f:g:h=(b^2-c^2):(c^2-a^2):(a^2-b^2)$ folgt.

Allgemeiner Ausdruck für einen einem Viereck umschriebenen Kegelschnitt

Wenn $f + g + h = 0$ ist, so stellt die Gleichung

$$f x^2 + g y^2 + h z^2 = 0$$

irgendeinen dem Viereck $x^2 = y^2 = z^2$ umschriebenen Kegelschnitt dar, was keines weitern Beweises bedarf.

Die Größen f, g, h bestimmen das konstante perspektivische Doppelverhältnis, welches für die vier aus irgendeinem Punkte des Kegelschnitts nach den Ecken des Vierecks gezogenen Strahlen a, b, c, d stattfindet. Denn es seien A, B, C, D die Ecken des gegebenen Vierecks, denen bzw. die Gleichungspaare

$$x = y = z, \quad -x = y = z, \quad x = -y = z, \quad x = y = -z$$

zukommen, und P irgendein Punkt des Kegelschnitts, für welchen

$$x : y : z = a : b : c,$$

also auch

$$a^2 f + b^2 g + c^2 h = 0$$

und daher

$$f : g : h = (b^2 - c^2) : (c^2 - a^2) : (a^2 - b^2)$$

ist. Dann kommen den Strahlen a und b die Gleichungen

$$t = (b - c)\, x + (c - a)\, y + (a - b)\, z = 0,$$
$$u = (b - c)\, x - (c + a)\, y + (a + b)\, z = 0$$

zu. Bezeichnet man nun die Werte, welche die linearen Funktionen t, u der rechtwinkligen Koordinaten in den Punkten C und D erhalten, bzw. mit t', u', t'', u'', so ist

$$\frac{PC \sin(a\,c)}{PD \sin(a\,d)} = \frac{t'}{t''}, \quad \frac{PC \sin(b\,c)}{PD \sin(b\,d)} = \frac{u'}{u''};$$

also

$$\frac{\sin(a\,c)}{\sin(a\,d)} : \frac{\sin(b\,c)}{\sin(b\,d)} = \frac{t'}{t''} : \frac{u'}{u''} = \frac{t'}{u'} : \frac{t''}{u''}.$$

Da nun $x' = -y' = z'$ und $x'' = y'' = -z''$ ist, so folgt

$$\frac{t'}{u'} = \frac{(b - c) - (c - a) + (a - b)}{(b - c) + (c + a) + (a + b)} = -\frac{c - a}{a + b},$$

$$\frac{t''}{u''} = \frac{(b - c) + (c - a) - (a - b)}{(b - c) - (c + a) - (a + b)} = \frac{a - b}{c + a}.$$

Also

$$\frac{\sin(a\,c)}{\sin(a\,d)} : \frac{\sin(b\,c)}{\sin(b\,d)} = -\frac{c^2 - a^2}{a^2 - b^2},$$

woraus sofort

$$\sin(a\,b) \sin(c\,d) : \sin(a\,c) \sin(d\,b) : \sin(a\,d) \sin(b\,c) = f : g : h$$

folgt.

* * *

Bezeichnet man mit J, $\pi\, 2\, J \sqrt{Q}$ den Inhalt des Fundamentaldreiecks und denjenigen einer durch die baryzentrische Gleichung

$$A\, x^2 + B\, y^2 + C\, z^2 = 0$$

ausgedrückten Ellipse, so ist nach (19)

$$Q = \frac{(ABC)^2}{(BC + CA + AB)^3}. \tag{21}$$

Ist Q negativ, so ist die Kurve eine Hyperbel und $2\, J \sqrt{-Q}$ ist ihre *Potenz*, d.h. der konstante Inhalt eines von den beiden Asymptoten und einer beliebigen Tangente gebildeten Dreiecks. Je nachdem in diesem Falle Q ein Maximum oder Minimum ist, so ist umgekehrt die *Potenz* ein Minimum oder Maximum.

Aufgabe: Einem gegebenen Vierseit eine Ellipse von größtem Inhalt und eine Hyperbel von größter Potenz einzuschreiben.

Auflösung: Das Vierseit sei in baryzentrischen Koordinaten durch

$$\left(\frac{x}{l} + \frac{y}{m} + \frac{z}{n}\right)\left(-\frac{x}{l} + \frac{y}{m} + \frac{z}{n}\right)\left(\frac{x}{l} - \frac{y}{m} + \frac{z}{n}\right)\left(\frac{x}{l} + \frac{y}{m} - \frac{z}{n}\right) = 0$$

dargestellt, so kommt, wenn $f + g + h = 0$ ist, die Gleichung

$$\frac{x^2}{f\, l^2} + \frac{y^2}{g\, m^2} + \frac{z^2}{h\, n^2} = 0$$

irgendeinem eingeschriebenen Kegelschnitt zu. Es kommt nun darauf an, das perspektivische Doppelverhältnis $-g/h$ der vier Punkte, in denen irgendeine Tangente des Kegelschnitts von den gegebenen vier Seiten geschnitten wird, so zu bestimmen, daß

$$Q = \frac{l^2\, m^2\, n^2\, f\, g\, h}{(l^2 f + m^2 g + n^2 h)^3}$$

ein Maximum oder Minimum wird. Setzt man

$$f = \cos\varphi, \quad g = \cos\left(\varphi - \frac{2\pi}{3}\right), \quad h = \cos\left(\varphi - \frac{4\pi}{3}\right), \tag{22}$$

wodurch der Bedingung $f + g + h = 0$ genügt wird, und

$$l^2 + m^2\, e^{(2\pi/3)\sqrt{-1}} + n^2\, e^{(4\pi/3)\sqrt{-1}} = r\, e^{\vartheta\sqrt{-1}}, \tag{23}$$

so wird $f\, g\, h = (1/4) \cos 3\, \varphi$ und $\Sigma\, l^2 f = r \cos(\varphi - \vartheta)$; folglich

$$Q = \frac{l^2\, m^2\, n^2}{4\, r^3} \cdot \frac{\cos 3\, \varphi}{\cos^3(\varphi - \vartheta)} = \frac{l^2\, m^2\, n^2}{4\, r^3}\, q.$$

Hieraus fließt

$$\frac{\partial q}{\partial \varphi} = -3\, \frac{\sin(2\, \varphi + \vartheta)}{\cos^4(\varphi - \vartheta)},$$

und für den Fall, wo die daherige Maximums- oder Minimumsbedingung

$$\sin(2\, \varphi + \vartheta) = 0$$

erfüllt ist,

$$\frac{\partial^2 q}{\partial \varphi^2} = -6\, \frac{\cos(2\, \varphi + \vartheta)}{\cos^4(\varphi - \vartheta)};$$

also, wenn die genannte Bedingung unendlich nahe erfüllt ist,

$$q = \frac{\cos(2\varphi + \vartheta)}{\cos^2(\varphi - \vartheta)} - 3\,\frac{\cos(2\varphi + \vartheta)}{\cos^4(\varphi - \vartheta)}\,\partial\varphi^2.$$

Folglich ist Q ein *positives Maximum*, wenn $\cos(2\varphi + \vartheta) = 1$, ein *negatives Minimum* dagegen, wenn $\cos(2\varphi + \vartheta) = -1$ ist. Im ersten, einer Ellipse von größtem Inhalte entsprechenden Falle ist

$$f : g : h = \cos\frac{\vartheta}{2} : \cos\left(\frac{\vartheta}{2} + \frac{2\pi}{3}\right) : \cos\left(\frac{\vartheta}{2} + \frac{4\pi}{3}\right); \quad q = \frac{1}{\cos^2\frac{3\vartheta}{2}};$$

im zweiten, einer Hyperbel von größter Potenz entsprechenden Falle ist

$$f' : g' : h' = \sin\frac{\vartheta}{2} : \sin\left(\frac{\vartheta}{2} + \frac{2\pi}{3}\right) : \sin\left(\frac{\vartheta}{2} + \frac{4\pi}{3}\right); \quad q' = -\frac{1}{\sin^2\frac{3\vartheta}{2}};$$

also beiläufig:

$$\frac{1}{q} - \frac{1}{q'} = 1, \quad f f' + g g' + h h' = 0.$$

Um dieselbe Aufgabe durch geometrische Konstruktion zu lösen, bringe man die Bedingungsgleichung für ϑ unter die Form

$$l^2 \sin\vartheta + m^2 \sin\left(\vartheta - \frac{2\pi}{3}\right) + n^2 \sin\left(\vartheta - \frac{4\pi}{3}\right) = 0.$$

Die Gerade, welche die Diagonalen des Vierseits halbiert, schneidet die Seiten des von denselben gebildeten Dreiecks außerhalb so, daß das Verhältnis je zweier Segmente einem der drei Verhältnisse $l^2 : m^2 : n^2$ gleich ist. Man kann also drei gerade Linien finden, die sich wie $l^2 : m^2 : n^2$ verhalten, die wir daher auch geradezu als bzw. mit l^2, m^2, n^2 gleich annehmen dürfen. Man trage dieselben um einen beliebigen Punkt O herum so auf, daß jede folgende gegen die unmittelbar vorhergehende um -120^0 geneigt ist, und suche dann die Resultante aller drei Geraden, so werden von ihr die einzelnen Geraden um die Winkel ϑ, $\vartheta + 240^0$, $\vartheta + 480^0$ abstehen, und die Resultante selbst wird gleich r sein. Halbiert man nun die zuletzt genannten Winkel, trägt auf den halbierenden Richtungen von O aus eine beliebige Längeneinheit auf und projiziert die aufgetragenen Stücke sowohl auf die Richtung der Resultante als auch auf eine zu derselben senkrechte Richtung, so sind die drei ersten Projektionen mit den zur Ellipse, die drei letzten mit den zur Hyperbel gehörenden Werten f, g, h proportional. Gesetzt nun, die erste Seite des gegebenen Vierseits werde von den drei folgenden in den Punkten B, C, D geschnitten und vom Kegelschnitt in A berührt, so ist

$$AB \cdot CD : AC \cdot DB : AD \cdot BC = f : g : h.$$

Legt man zum Beispiel durch B eine Gerade und macht auf derselben $B\mathfrak{c} : \mathfrak{c}\mathfrak{d} : \mathfrak{d}B : B\mathfrak{a} = h : f : g : \infty$, zieht sodann $C\mathfrak{c}$, $D\mathfrak{d}$, welche sich in S schneiden mögen, so wird der Parallelstrahl $S\mathfrak{a}$ die erste Seite BCD in ihrem Berührungspunkte A schneiden. Da die Berührungspunkte aller vier gegebenen Seiten ein

Viereck bilden, dessen Kreuzungspunkte in die Ecken des Diagonalendreiseits fallen, so sind nunmehr die drei übrigen Berührungspunkte leicht zu finden, und man wird sodann bloß mittels des Lineals beliebig viele Tangenten des verlangten Kegelschnitts konstruieren können.

Am meisten der geometrischen Behandlungsweise scheint mir folgende Art, die Aufgabe aufzufassen, sich zu nähern. Es seien L, M, N die Mitten der Diagonalen des gegebenen Vierseits und P der Mittelpunkt irgendeines eingeschriebenen Kegelschnitts, so liegen bekanntlich alle vier Punkte auf einer Geraden. Nun ist das Quadrat des Inhalts des zum Mittelpunkte P gehörenden Kegelschnitts dem Produkte $LP \cdot MP \cdot NP$ proportional und wird daher zugleich mit diesem ein Maximum oder Minimum. Also wird der Mittelpunkt P der eingeschriebenen Ellipse von größtem Inhalt oder der eingeschriebenen Hyperbel von größter Potenz der quadratischen Bedingungsgleichung

$$\frac{1}{LP} + \frac{1}{MP} + \frac{1}{NP} = 0$$

genügen; d.h. die Summe seiner verkehrten Abstände von den Mitten der drei Diagonalen ist Null.

In der Tat kann man

$$f : g : h = (m^2 - n^2)(s - l^2) : (n^2 - l^2)(s - m^2) : (l^2 - m^2)(s - n^2)$$

setzen, wo s eine das Verhältnis g/h ersetzende Variable bezeichnet, aus dem einfachen Grunde, weil $\Sigma (m^2 - n^2)(s - l^2) = 0$ ist. Da nun $f l^2$, $g m^2$, $h n^2$ die baryzentrischen Koordinaten des Mittelpunkts P und 0, m^2, $-n^2$ diejenigen des Punkts L sind, so gibt die Formel (1) für die Projektion der Geraden LP den Ausdruck

$$-\frac{\mathfrak{a}\, m^2 n^2 + \mathfrak{b}\, n^2 l^2 + \mathfrak{c}\, l^2 m^2}{(m^2 - n^2)(n^2 - l^2)(l^2 - m^2)} (s - l^2);$$

folglich ist

$$LP : MP : NP = (s - l^2) : (s - m^2) : (s - n^2).$$

Substituiert man nun die obigen Werte von f, g, h in dem Ausdrucke für Q, so ergibt sich

$$Q = \frac{l^2 m^2 n^2 (s - l^2)(s - m^2)(s - n^2)}{[(m^2 - n^2)(n^2 - l^2)(l^2 - m^2)]^2};$$

also ist Q mit dem Produkte $(s - l^2)(s - m^2)(s - n^2)$ und daher auch mit dem Produkte $LP \cdot MP \cdot NP$ proportional.

Bezeichnet S den Schwerpunkt der drei Diagonalmitten L, M, N, d.h. ist $SL + SM + SN = 0$, so ist auch

$$\overline{SP}^2 = \frac{1}{6}\left(\overline{SL}^2 + \overline{SM}^2 + \overline{SN}^2\right),$$

welche Gleichung zur geometrischen Konstruktion des Mittelpunkts P dient.

Wenn man bemerkt, daß für jeden eingeschriebenen Kegelschnitt $-g/h$ dem perspektivischen Doppelverhältnis $PM/PN : LM/LN$ gleich ist, so gewinnt man folgenden Satz:

Es seien a, b, c, d vier Gerade, die ein Vierseit bilden, L, M, N die Mitten der Diagonalen, welche paarweise die Gegenecken (a b) und (c d), (a c) und (a b), (a d) und (b c) verbinden, P der Mittelpunkt irgendeines eingeschriebenen Kegelschnitts, von dessen Tangenten irgendwelche das Vierseit in den Punkten A, B, C, D schneidet. Dann haben die vier in einer Geraden liegenden Punkte P, L, M, N dasselbe perspektivische Doppelverhältnis wie die Punkte A, B, C, D, d.h. es ist stets

$$\frac{AC}{AD} : \frac{BC}{BD} = \frac{PM}{PN} : \frac{LM}{LN},$$

welche Lage auch die fünfte Tangente haben mag. Ferner, wenn der Mittelpunkt P sich auf seiner Ortsgeraden fortbewegt, so hat das Quadrat des Inhalts des entsprechenden Kegelschnitts zum Produkte $LP \cdot MP \cdot NP$ ein konstantes Verhältnis.

Aufgabe: Einem Viereck eine Ellipse von kleinstem Inhalt oder eine Hyperbel von größter Potenz umzuschreiben.

Auflösung: Werden die Kreuzungspunkte des gegebenen Vierecks zu Fundamentalpunkten angenommen und bezeichnen die drei konstanten Größen l, m, n die Verhältnisse, in denen je eine Seite des Fundamentaldreiecks vom entsprechenden Gegenseitenpaare des Vierecks innerhalb und außerhalb geschnitten wird, so wird das Viereck durch das Gleichungenpaar

$$\frac{x^2}{l^2} = \frac{y^2}{m^2} = \frac{z^2}{n^2}$$

und irgendein umschriebener Kegelschnitt durch die Gleichung

$$\frac{f x^2}{l^2} + \frac{g y^2}{m^2} + \frac{h z^2}{n^2} = 0$$

dargestellt, wo die der Bedingung $f + g + h = 0$ unterworfenen Konstanten f, g, h das perspektivische Doppelverhältnis der vier aus einem beliebigen Punkte des Kegelschnitts nach den Ecken des gegebenen Vierecks gezogenen Strahlen bestimmen. Die Formel (21) wird hier

$$Q = \frac{l^2 m^2 n^2 \cdot f^2 g^2 h^2}{(l^2 g h + m^2 h f + n^2 f g)^3},$$

und wenn man die Relationen

$$g\,\partial h - h\,\partial g = h\,\partial f - f\,\partial h = f\,\partial g - g\,\partial f$$

beachtet, so findet man

$$\partial Q = \frac{l^2 m^2 n^2 \cdot f g h\,[l^2 g h (g - h) + m^2 h f (h - f) + n^2 f g (f - g)]}{(l^2 g h + m^2 h f + n^2 f g)^4} (g\,\partial h - h\,\partial g)$$

und somit die Maximums- oder Minimumsbedingung

$$f g h\,[l^2 g h (g - h) + m^2 h f (h - f) + n^2 f g (f - g)] = 0, \qquad (24)$$

welche vom sechsten Grade ist. Von den drei Lösungen $f = 0$, $g = 0$, $h = 0$ entspricht jede einem Gegenseitenpaar des Vierecks, worauf sich in diesen drei

Fällen der umschriebene Kegelschnitt reduziert. Nehmen wir zum Beispiel f als unendlich klein an, so wird

$$Q = -\frac{m^2 n^2 f^2}{l^4 g^2};$$

sooft also eine der drei Größen f, g, h verschwindet, ist Q ein *Maximum*, und diese drei Maxima haben alle Null zum Werte. Man kann übrigens auch ohne Rechnung begreifen, daß unter der Schar umschriebener Kegelschnitte die Gegenseitenpaare Maxima von Q darbieten müssen, weil von denselben kein allmählicher Übergang zu umschriebenen Ellipsen, sondern nur zu Hyperbeln denkbar ist. Lassen wir nun den Faktor $f g h$ in (24) beiseite und betrachten den Ausdruck

$$S = l^2 \frac{g-h}{f} + m^2 \frac{h-f}{g} + n^2 \frac{f-g}{h},$$

so sehen wir, daß derselbe dreimal durchs Unendliche geht, während das Verhältnis g/h von $-\infty$ bis $+\infty$ wächst; folglich muß es immer drei reelle Werte dieses Verhältnisses geben, für welche S verschwindet, und zwar liegen dieselben respektive zwischen $-\infty$ und -1, zwischen -1 und 0, und zwischen 0 und $+\infty$. Verfolgen wir den Verlauf von Q in irgendeinem dieser drei Stadien, so sehen wir es zu Anfang desselben abnehmend und am Ende wachsend. Ist es inzwischen endlich geblieben, so muß es also da, wo S verschwand, durch ein Minimum gegangen sein. Im entgegengesetzten Falle ist es zuerst $-\infty$, dann plötzlich $+\infty$ geworden, hat von da an eine Weile abgenommen, ohne die Null erreichen zu können, weil alle drei Nullwerte von Q zugleich Maxima sind, mußte also wieder durch ein Minimum gehen, um bis $+\infty$ zu wachsen, von da in $-\infty$ überzuspringen und bis ans Ende des Stadiums zu wachsen. Die reellen drei Lösungen der Gleichung $S = 0$ entsprechen also sämtlich *kleinsten* Werten von Q. Dieses wird durch die Rechnung bestätigt. Es ist nämlich

$$\partial S = 2\left(\frac{l^2}{f^2} + \frac{m^2}{g^2} + \frac{n^2}{h^2}\right)(g\,\partial h - h\,\partial g);$$

folglich, wenn f, g, h der Bedingungsgleichung $S = 0$ genügen, so wird Q beim Übergang von f, g, h in $f + \partial f$, $g + \partial g$, $h + \partial h$, mit Vernachlässigung der dritten und höhern Potenzen der Inkremente:

$$Q = \frac{l^2 m^2 n^2 f^2 g^2 h^2}{(l^2 g h + m^2 h f + n^2 f g)^3}$$
$$+ \frac{l^2 m^2 n^2 (l^2 g^2 h^2 + m^2 h^2 f^2 + n^2 f^2 g^2)}{(l^2 g h + m^2 h f + n^2 f g)^4}(g\,\partial h - h\,\partial g)^2.$$

Da nun alle drei Wurzeln der Gleichung $S = 0$ reell sind, so ist das zweite Glied des vorliegenden Ausdrucks rechts stets *positiv*; folglich Q in allen drei Fällen, wo $S = 0$ wird, ein *Minimum*.

Ob Q positiv oder negativ sei, hängt einzig von der quadratischen Funktion

$$T = l^2 g h + m^2 h f + n^2 f g$$

ab, denn T und Q sind zugleich positiv oder negativ. Setzen wir aber $2\,l^2 = \mu + \nu$,

$2m^2 = \nu + \lambda$, $2n^2 = \lambda + \mu$, d.h. $\lambda = -l^2 + m^2 + n^2$ usw., so wird

$$2T = -(\lambda f^2 + \mu g^2 + \nu h^2),$$

$$2(\mu + \nu) T = -(\mu\nu + \nu\lambda + \lambda\mu) f^2 - (\mu g - \nu h)^2.$$

Also muß, damit T positiv sein könne, jedenfalls

$$\mu\nu + \nu\lambda + \lambda\mu = (l + m + n)(-l + m + n)(l - m + n)(l + m - n)$$

negativ sein. Denkt man sich aber, was erlaubt ist, alle Größen l, m, n positiv und l als die größte derselben, so läuft diese Bedingung darauf hinaus, daß $l > m + n$ sein muß, d.h. daß die zweite Ecke des Vierecks rückwärts vom ersten Fundamentalpunkt, so daß dieser zwischen die erste und zweite Ecke zu stehen kommt, liegen muß. Mit andern Worten, keine Ecke des Vierecks darf innerhalb des von den drei übrigen Ecken gebildeten Dreiecks liegen. In diesem Falle gestattet die Gleichung $T = 0$ zwei reelle Lösungen, welche den umschriebenen Parabeln entsprechen und Q hat ein positives und zwei negative, Minima, d.h. man kann dem Viereck eine Ellipse von kleinstem Inhalt und zwei Hyperbeln von größter Potenz umschreiben. Im entgegengesetzten Falle, wenn keine der als positiv gedachten Größen l, m, n größer als die Summe der beiden übrigen ist, d.h. wenn eine Ecke des gegebenen Vierecks innerhalb des von den drei übrigen Ecken gebildeten Dreiecks liegt, kann dem Viereck weder Ellipse noch Parabel umschrieben werden, und Q hat drei negative Minima, d.h. man kann dem Viereck drei Hyperbeln von größter Potenz umschreiben.

Bezeichnet man die Gruppen zusammengehöriger Werte von f, g, h, welche die drei Lösungen der kubischen Gleichung $S = 0$ darstellen, durch

$$f, g, h; \quad f', g', h'; \quad f'', g'', h'';$$

so bestehen die drei Gleichungen

$$\Sigma l^2 \frac{g - h}{f} = 0, \quad \Sigma l^2 \frac{g' - h'}{f'} = 0, \quad \Sigma l^2 \frac{g'' - h''}{f''} = 0,$$

aus denen durch Elimination der Verhältnisse von l^2, m^2, n^2 eine Relation sich ergeben muß, die nur f, g, h, f', f'' usw. enthält. Ich behaupte nun, diese Relation werde erhalten, indem man irgendeiner der drei letzten Gleichungen die beiden Proportionen

$$l^2 : m^2 : n^2 = f f' f'' : g g' g'' : h h' h'' \tag{25}$$

substituiert, wodurch sich die Gleichungen

$$\Sigma (g - h) f' f'' = 0, \quad \Sigma (g' - h') f'' f = 0, \quad \Sigma (g'' - h'') f f' = 0 \tag{26}$$

ergeben. Denn, da diese unter sich identisch sind, wovon man sich durch Subtraktion je zweier derselben leicht überzeugen kann, so stellen sie eine und dieselbe, und zwar die verlangte Relation dar, und dadurch sind dann auch die zwei vorigen Proportionen bewiesen. Eliminiert man ferner aus denselben mittels der Gleichung $f'' + g'' + h'' = 0$ die Größen f'', g'', h'', so erhält man

$$\frac{l^2}{f f'} + \frac{m^2}{g g'} + \frac{n^2}{h h'} = 0, \tag{27}$$

eine in Beziehung auf f', g', h' quadratische Gleichung, welche dazu dienen mag, wenn eine Lösung $f:g:h$ bekannt ist, daraus eine zweite $f':g':h'$ zu finden.

Durch die Proportionen (25) verwandelt sich das Minimum Q in

$$Q = \frac{f' f'' g' g'' h' h''}{(f' f'' + g' g'' + h' h'')^3}.$$

Da die Lösung der Aufgabe von derjenigen der kubischen Gleichung $\Sigma l^2 [(g - h)/f] = 0$ abhängt, so kann sie nicht geometrisch mit Lineal und Zirkel ausgeführt werden, sondern nur durch Näherung. Gebraucht man die Bezeichnungen (22), so geht die genannte kubische Gleichung über in

$$l^2 \operatorname{tg} \varphi + m^2 \operatorname{tg}\left(\varphi - \frac{2\pi}{3}\right) + n^2 \operatorname{tg}\left(\varphi - \frac{4\pi}{3}\right) = 0. \tag{28}$$

Nun ist es leicht, drei gerade Stücke zu konstruieren, die sich wie l^2, m^2, n^2 verhalten. Man nehme auf jeder Seite des Dreiecks der Kreuzungspunkte des gegebenen Vierecks (bzw. Fundamentallinien) die Mitte zwischen den beiden Punkten, in denen sie vom entsprechenden Gegenseitenpaar geschnitten wird, so werden bekanntlich alle drei Mitten in einer Geraden liegen, welche die Seiten des Dreiecks der Kreuzungspunkte in Segmente teilt, deren Verhältnisse durch l^2, m^2, n^2 dargestellt sind. Man trage auf einer beliebigen Geraden solche Strecken OL, LM, MN auf, daß

$$OL : LM : MN = l^2 : m^2 : n^2$$

sei, errichte dann auf diese Gerade drei Senkrechte LL', MM', NN', ziehe aus O unter einem beliebigen Winkel $LOL' = \varphi$ den Strahl OL', durch seinen Durchschnittspunkt L' mit der ersten Senkrechten einen zweiten Strahl $L'M'$, der unter -120^0 gegen den ersten OL', also um $\varphi - 120^0$ gegen die feste Gerade geneigt ist, und durch seinen Durchschnittspunkt M' mit der zweiten Senkrechten einen dritten Strahl, der gegen den zweiten $L'M'$ um -120^0 geneigt ist und die dritte Senkrechte in N' schneidet. Dreht man jetzt den ersten Strahl OL' um den Punkt O herum, so wird es im ganzen drei reelle Richtungen desselben geben, für welche der Punkt N' mit N zusammenfällt (und die Summe der drei entsprechenden Winkel φ wird, wie wir bald zeigen werden, ein Vielfaches von 180^0 sein). Denkt man sich nun in die Kreuzungspunkte Massen verlegt, welche sich wie die Längen der drei beweglichen Strahlen OL', $L'M'$, $M'N$ verhalten und positiv oder negativ genommen werden müssen, je nachdem die Längen der betreffenden Strahlen in den ihnen angewiesenen Richtungen oder in den entgegengesetzten gemessen wurden, so fällt der Schwerpunkt derselben in den *Mittelpunkt* des gesuchten Kegelschnitts.

Die trigonometrische Erörterung der vorliegenden Aufgabe scheint mir einiges Interesse darzubieten. Setzt man

$$l^2 + m^2 e^{(2\pi/3)\sqrt{-1}} + n^2 e^{(4\pi/3)\sqrt{-1}} = r e^{\vartheta \sqrt{-1}}, \qquad l^2 + m^2 + n^2 = 2 r \cos \varepsilon;$$

also $$r^2 = l^4 + m^4 + n^4 - m^2 n^2 - n^2 l^2 - l^2 m^2,$$

und $$r^2 \sin^2 \varepsilon = -\frac{3}{4} (l + m + n) (-l + m + n) (l + m - n),$$

so verwandelt sich die Minimumsbedingung (28) in

$$\cos \varepsilon \sin 3 \varphi = \sin (\varphi - \vartheta). \tag{29}$$

Bezeichnet man die drei Wurzeln dieser Gleichung durch φ, φ', φ'' und berücksichtigt die identische Formel

$$\Sigma \sin 3 \varphi \sin (\varphi' - \varphi'')$$
$$= 4 \sin (\varphi' - \varphi'') \sin (\varphi'' - \varphi) \sin (\varphi - \varphi') \sin (\varphi + \varphi' + \varphi''),$$

so folgt durch Elimination von ε, ϑ aus den drei Gleichungen (29) die Relation

$$\sin (\varphi + \varphi' + \varphi'') = 0, \tag{30}$$

welche mit (26) eines und dasselbe ist. Da es für den Wert von φ auf π mehr oder weniger nicht ankommt, so dürfen wir geradezu

$$\varphi + \varphi' + \varphi'' = 0$$

voraussetzen. Hieraus kann man dann unter andern folgende Relationen ableiten:

$$\sin (2 \varphi + \vartheta) = 2 \sin (\varphi - \vartheta) \cos (\varphi' - \varphi''),$$

$$\sin (2 \varphi + \vartheta) + \sin (2 \varphi' + \vartheta) + \sin (2 \varphi'' + \vartheta) = 0,$$

$$\cos (2 \varphi + \vartheta) + \cos (2 \varphi' + \vartheta) + \cos (2 \varphi'' + \vartheta) = \frac{1}{\cos \varepsilon},$$

$$\Sigma \sin (\varphi - \vartheta) \cos (\varphi' - \varphi'') = 0, \qquad \Sigma \cos (\varphi - \vartheta) \cos (\varphi' - \varphi'') = \frac{1}{\cos \varepsilon},$$

$$\sin \varphi \sin \varphi' \sin \varphi'' = \frac{1}{4} \cdot \frac{\sin \vartheta}{\cos \varepsilon}, \qquad \cos \varphi \cos \varphi' \cos \varphi'' = \frac{1}{4} \left(1 + \frac{\cos \vartheta}{\cos \varepsilon}\right),$$

$$\cos (\varphi' - \varphi'') \cos (\varphi'' - \varphi) \cos (\varphi - \varphi') = \frac{1}{8} \operatorname{tg}^2 \varepsilon,$$

$$\cos 3 \varphi \cos 3 \varphi' \cos 3 \varphi'' = \frac{\cos 3 \varepsilon + \cos 3 \vartheta}{4 \cos^3 \varepsilon},$$

$$\sin 3 \varphi \sin 3 \varphi' \sin 3 \varphi'' = \frac{\sin 3 \vartheta}{4 \cos^3 \varepsilon},$$

$$\sin (\varphi - \vartheta) \sin (\varphi' - \vartheta) \sin (\varphi'' - \vartheta) = \frac{1}{4} \sin 3 \vartheta,$$

$$\cos (\varphi - \vartheta) \cos (\varphi' - \vartheta) \cos (\varphi'' - \vartheta) = \frac{1}{4} \left(\frac{1}{\cos \varepsilon} + \cos 3 \vartheta\right),$$

$$[\sin (\varphi' - \varphi'') \sin (\varphi'' - \varphi) \sin (\varphi - \varphi')]^2$$
$$= \frac{8 \cos \varepsilon (\cos 3 \varepsilon + \cos 3 \vartheta) + \sin^2 \varepsilon (4 \cos^2 \varepsilon - \sin^2 \varepsilon)}{64 \cos^4 \varepsilon} = \frac{H}{64 \cos^4 \varepsilon},$$

$$\sin^3(2\varphi+\vartheta)$$
$$=\left(\frac{1}{2}+\frac{1}{2}\cdot\frac{\cos 3\vartheta}{\cos\varepsilon}-\frac{1}{4}\operatorname{tg}^2\varepsilon\right)\sin(2\varphi+\vartheta)+\frac{1}{4}\operatorname{tg}^2\varepsilon\sin 3\vartheta. \quad (31)$$

Um diese Gleichung aufzulösen, setze man

$$\cos\psi=\frac{3\sqrt{3}}{2}\cdot\frac{(1/4)\operatorname{tg}^2\varepsilon\sin 3\vartheta}{\left(\frac{1}{2}+\frac{1}{2}\cdot\frac{\cos 3\vartheta}{\cos\varepsilon}-\frac{1}{4}\operatorname{tg}^2\varepsilon\right)^{3/2}},$$

was

$$\operatorname{tg}\psi=\frac{(1+\cos\varepsilon\cos 3\vartheta)\sqrt{H}}{3\sqrt{3}\sin^2\varepsilon\cos\varepsilon\sin 3\vartheta}$$

nach sich zieht, so ist

$$\sin(2\varphi+\vartheta)=\frac{2}{\sqrt{3}}\sqrt{\frac{1}{2}+\frac{1}{2}\cdot\frac{\cos 3\vartheta}{\cos\varepsilon}-\frac{1}{4}\operatorname{tg}^2\varepsilon}\cos\frac{\psi}{3}.$$

Da φ, φ', φ'' stets alle drei reell sind, so muß H positiv sein. Um dieses verifizieren zu können, setze ich

$$L=l^2+m^2+n^2,\quad M=m^2n^2+n^2l^2+l^2m^2,\quad N=l^2m^2n^2,$$

und daher
$$r^2=L^2-3M,\quad \cos\varepsilon=\frac{L}{2r},\quad \sin^2\varepsilon=3\frac{L^2-4M}{4r^2},$$
$$\cos 3\varepsilon+\cos 3\vartheta=\frac{27N}{2r^3};$$

so folgt
$$\frac{16}{3}r^4H=L^4+8L^2M-48M^2+288LN$$
$$=(l^2-m^2+n^2)^2(l^2+m^2-n^2)^2+12l^2(m^2+n^2)(-l^2+m^2+n^2)^2$$
$$+192l^2m^2n^2(l^2+m^2+n^2)+16l^2m^2n^2(m^2+n^2)+16m^2n^2(m^2-n^2)^2;$$

also ist H stets positiv.

Unterscheidet man endlich die drei Werte von Q, welche den drei Wurzeln φ, φ', φ'' entsprechen, durch Akzente, so ist

$$QQ'Q''=\left(\frac{4}{9}\right)^3\frac{l^4m^4n^4}{[-(l+m+n)(-l+m+n)(l-m+n)(l+m-n)]^3}.$$

ANHANG

Über diejenigen einem Vierseit eingeschriebenen oder einem Viereck umschriebenen Ellipsen, für welche der Winkel der zwei gleichen konjugierten Durchmesser sich am meisten dem rechten nähert

Bezeichnen a, b, c, J die Seiten und den Inhalt des Fundamentaldreiecks, und ist

$$Ax^2+By^2+Cz^2=0$$

die baryzentrische Gleichung einer Ellipse, deren gleiche konjugierte Durchmesser den Winkel V einschließen, so ist nach Formel (20)

$$\sin^2 V = \frac{(4J)^2 (BC + CA + AB)}{(a^2 A + b^2 B + c^2 C)^2} = -\operatorname{tg}^2 W. \tag{32}$$

Ist dieser Ausdruck negativ, so ist die betreffende Kurve eine Hyperbel, deren Asymptoten den Winkel W einschließen:

I. Für einen dem Vierseit

$$\frac{x}{l} \pm \frac{y}{m} \pm \frac{z}{n} = 0$$

eingeschriebenen Kegelschnitt ist nun

$$A:B:C = \frac{1}{l^2 f} : \frac{1}{m^2 g} : \frac{1}{n^2 h},$$

wo

$$f + g + h = 0;$$

also

$$\sin^2 V = -\operatorname{tg}^2 W = \frac{(4J)^2 f g h\,(l^2 f + m^2 g + n^2 h)}{l^2 m^2 n^2 \left(\frac{a^2}{l^2} g h + \frac{b^2}{m^2} h f + \frac{c^2}{n^2} f g\right)^2}, \tag{33}$$

woraus sich für das Maximum des Winkels V oder W die Bedingungsgleichung

$$\begin{aligned}(l^2 f + m^2 g + n^2 h)^2 &\left(\frac{a^2}{l^2 (m^2 - n^2) f} + \frac{b^2}{m^2 (n^2 - l^2) g} + \frac{c^2}{n^2 (l^2 - m^2) h}\right)\\ &+ (m^2 - n^2)(n^2 - l^2)(l^2 - m^2)\\ &\times \left(\frac{a^2 f}{l^2 (m^2 - n^2)^2} + \frac{b^2 g}{m^2 (n^2 - l^2)^2} + \frac{c^2 h}{n^2 (l^2 - m^2)^2}\right) = 0\end{aligned} \tag{34}$$

ergibt. Diese ist vom vierten Grade; ihre linke Seite geht, während das Verhältnis g/h alle reellen Werte durchläuft, dreimal durchs Unendliche, nämlich für $f = 0$, für $g = 0$ und für $h = 0$. Nehmen wir $l^2 > m^2 > n^2$ an, und lassen, während $h = 1$ bleibt, g von $-\infty$ bis $+\infty$ wachsen, so wird die linke Seite Ω obiger Gleichung nach und nach:

1. für $g = -\infty$, $\quad \Omega = \frac{c^2 (l^2 - m^2)}{n^2} g^2$, $\quad \left(\begin{matrix}+\infty\\+\infty\end{matrix}\right.$

2. für $g = -1$, $\quad \Omega = \frac{a^2 (m^2 - n^2)}{l^2 f}$, $\quad \left(\begin{matrix}+\infty\\-\infty\end{matrix}\right.$

3. für $g = 0$, $\quad \Omega = -\frac{b^2 (l^2 - n^2)}{m^2 g}$, $\quad \left(\begin{matrix}+\infty\\-\infty\end{matrix}\right.$

4. für $g = \frac{n^2 - l^2}{l^2 - m^2} = -1 - \frac{m^2 - n^2}{l^2 - m^2}$,

$$\Omega = -(m^2 - n^2)(l^2 - n^2)\left(\frac{a^2}{l^2 (m^2 - n^2)} + \frac{c^2}{n^2 (l^2 - m^2)} - \frac{b^2}{m^2 (l^2 - n^2)}\right),$$

also negativ, weil der dreigliedrige Faktor auch so

$$\frac{[a n^2 (l^2 - m^2) - c l^2 (m^2 - n^2)]^2}{l^2 m^2 n^2 (m^2 - n^2)(l^2 - m^2)(l^2 - n^2)} + \frac{(a + c)^2 - b^2}{m^2 (l^2 - n^2)}$$

geschrieben werden kann. Da der vierte Wert von g zwischen 1. und 2. hineinfällt, so ergibt sich aus Vorliegendem, daß die Gleichung (34) vier reelle Wurzeln hat.

Die betrachtete Kurve ist eine Ellipse oder Hyperbel, je nachdem

$$f\, g\, h\, (l^2 f + m^2 g + n^2 h)$$

positiv oder negativ ist. Unter der obigen Voraussetzung $l^2 > m^2 > n^2$ folgt hieraus, daß während g/h die vier durch die Werte

$$-\infty, \quad -\frac{l^2 - n^2}{l^2 - m^2}, \quad -1, \quad 0, \quad +\infty$$

begrenzten Stadien durchläuft, die Kurve im ersten Stadium von der Diagonale $z^2 = 0$ aus durch die Hyperbel zur Parabel, im zweiten von der Parabel durch die Ellipse zur Diagonale $x^2 = 0$, im dritten von der Diagonale $x^2 = 0$ durch die Hyperbel zur Diagonale $y^2 = 0$, und endlich im vierten von der Diagonale $y^2 = 0$ durch die Ellipse zur Diagonale $z^2 = 0$ übergeht. Aus der obigen Erörterung der Gleichung (34) geht aber hervor, daß in jedes der genannten vier Stadien eine Wurzel derselben fällt. Also werden immer vier reelle Kegelschnitte der Aufgabe genügen. Zwei davon sind Ellipsen mit größtem spitzen Winkel der gleichen konjugierten Durchmesser und zwei Hyperbeln mit größtem Asymptotenwinkel.

Zu demselben Ergebnis gelangt man noch leichter durch rein geometrische Betrachtung, indem man die Bewegung des Mittelpunkts des eingeschriebenen Kegelschnitts längs der die Diagonalen des Vierseits halbierenden Geraden verfolgt. In die weitere Erörterung der Gleichung (34) wage ich nicht mich einzulassen wegen der großen Verwicklung der Ausdrücke, die sie herbeiführen würde.

Es seien L, M, N, P respektive die Mitten der drei Diagonalen des gegebenen Vierseits und der Mittelpunkt des gesuchten Kegelschnitts, so darf man

$$LP : MP : NP = (s - l^2) : (s - m^2) : (s - n^2)$$

setzen, wo s eine die Lage des Punkts P auf der Geraden LMN bestimmende Unbekannte bezeichnet. Dann ist überhaupt für jeden eingeschriebenen Kegelschnitt

$$f : g : h = (m^2 - n^2)(s - l^2) : (n^2 - l^2)(s - m^2) : (l^2 - m^2)(s - n^2),$$

und für den gesuchten Kegelschnitt verwandelt sich die Bedingungsgleichung (34) in

$$\sum \frac{a^2 (n^2 - l^2)(l^2 - m^2)}{l^2 (m^2 - n^2)(s - l^2)} + \sum \frac{a^2 (s - l^2)}{l^2 (m^2 - n^2)} = 0. \tag{34 b}$$

Bestimmt man auf der Mittelpunktsgeraden LMN einen Punkt O so, daß

$$OL : OM : ON : OP = l^2 : m^2 : n^2 : s,$$

so hat man vermöge der gegenwärtigen Bedingung

$$\sum \frac{a^2}{OL \cdot MN} \left(\frac{NL \cdot LM}{LP} + LP\right) = 0.$$

Wenn, abgesehen von der soeben behandelten Aufgabe in (33), der Wert von $\operatorname{tg}^2 W$ unendlich groß wird, so entspricht derselbe einer eingeschriebenen gleichseitigen Hyperbel. Da die Bedingung hiefür, $\Sigma (a^2/l^2)\, g h = 0$, vom zweiten Grade ist, so gibt es im allgemeinen zwei gleichseitige Hyperbeln, die dem gegebenen Vierseit eingeschrieben sind. Sollen dieselben reell sein, so muß eine der als positiv angesehenen Größen a/l, b/m, c/n größer sein als die Summe der beiden übrigen.

II. Für einen dem Viereck $x^2/l^2 = y^2/m^2 = z^2/n^2$ umschriebenen Kegelschnitt ist

$$A:B:C = \frac{f}{l^2} : \frac{g}{m^2} : \frac{h}{n^2}, \quad \text{wo} \quad f + g + h = 0;$$

also

$$\sin^2 V = -\operatorname{tg}^2 W = \frac{(4J)^2}{l^2 m^2 n^2} \cdot \frac{l^2 g h + m^2 h f + n^2 f g}{\left(\frac{a^2}{l^2} f + \frac{b^2}{m^2} g + \frac{c^2}{n^2} h\right)^2}. \tag{35}$$

Setzt man nun, um abzukürzen,

$$-l^2 + m^2 + n^2 = \lambda, \quad l^2 - m^2 + n^2 = \mu, \quad l^2 + m^2 - n^2 = \nu,$$

also

$$2 l^2 = \mu + \nu \text{ usw.},$$

$$\frac{b^2}{m^2} - \frac{c^2}{n^2} = \alpha, \quad \frac{c^2}{n^2} - \frac{a^2}{l^2} = \beta, \quad \frac{a^2}{l^2} - \frac{b^2}{m^2} = \gamma,$$

also

$$\alpha + \beta + \gamma = 0,$$

so findet man

$$\partial \sin^2 V = \frac{(4J)^2}{l^2 m^2 n^2} \cdot \frac{\alpha \lambda f + \beta \mu g + \gamma \nu h}{\left(\frac{a^2}{l^2} f + \frac{b^2}{m^2} g + \frac{c^2}{n^2} h\right)^3} (g\, \partial h - h\, \partial g).$$

Wenn also die Bedingung

$$\alpha \lambda f + \beta \mu g + \gamma \nu h = 0, \tag{36}$$

oder

$$f : g : h = (\beta \mu - \gamma \nu) : (\gamma \nu - \alpha \lambda) : (\alpha \lambda - \beta \mu),$$

oder

$$f : \left(\frac{(-a^2 + b^2 + c^2)\, l^2}{\Sigma (-a^2 + b^2 + c^2)\, l^2} - \frac{(-l^2 + m^2 + n^2)\, l^2}{\Sigma (-l^2 + m^2 + n^2)\, l^2}\right)$$
$$= g : \left(\frac{(a^2 - b^2 + c^2)\, m^2}{\Sigma (-a^2 + b^2 + c^2)\, l^2} - \frac{(l^2 - m^2 + n^2)\, m^2}{\Sigma (-l^2 + m^2 + n^2)\, l^2}\right)$$
$$= h : \left(\frac{(a^2 + b^2 - c^2)\, n^2}{\Sigma (-a^2 + b^2 + c^2)\, l^2} - \frac{(l^2 + m^2 - n^2)\, n^2}{\Sigma (-l^2 + m^2 + n^2)\, l^2}\right)$$

erfüllt ist, so stellt die Gleichung

$$\frac{f x^2}{l^2} + \frac{g y^2}{m^2} + \frac{h z^2}{n^2} = 0,$$

oder

$$\left.\begin{aligned} &\frac{(-a^2 + b^2 + c^2)\, x^2 + (a^2 - b^2 + c^2)\, y^2 + (a^2 + b^2 - c^2)\, z^2}{(-a^2 + b^2 + c^2)\, l^2 + (a^2 - b^2 + c^2)\, m^2 + (a^2 + b^2 - c^2)\, n^2} \\ &= \frac{(-l^2 + m^2 + n^2)\, x^2 + (l^2 - m^2 + n^2)\, y^2 + (l^2 + m^2 - n^2)\, z^2}{(l + m + n)(-l + m + n)(l - m + n)(l + m - n)} \end{aligned}\right\} \tag{37}$$

den verlangten unter allen dem gegebenen Viereck umschriebenen am meisten dem Kreise sich nähernden Kegelschnitt dar.

Wenn man diejenigen Werte von f, g, h, welche die Bedingung (36) erfüllen, um die sehr kleinen Inkremente Δf, Δg, Δh wachsen läßt, so bekommt man mit Vernachlässigung der Glieder dritter Ordnung

$$\Delta \sin^2 V = -\frac{(4J)^2}{2\,l^2 m^2 n^2} \cdot \frac{\alpha^2 \lambda + \beta^2 \mu + \gamma^2 \nu}{\left(\frac{a^2}{l^2} f + \frac{b^2}{m^2} g + \frac{c^2}{n^2} h\right)^4} (g\,\Delta h - h\,\Delta g)^2.$$

Da nun, wie ich sogleich zeigen werde, die Summe

$$S = \alpha^2 \lambda + \beta^2 \mu + \gamma^2 \nu$$

stets positiv ist, so ist $\sin^2 V = -\operatorname{tg}^2 W$ beim Stattfinden der Bedingung (36) stets ein *Maximum*. Daß S positiv sein muß, folgt aus der identischen Gleichung

$$2\,l^2 m^2 n^2 b^2 c^2 S$$
$$= [b^2 c^2 l^2 - c^2 (a^2 + b^2 - c^2)\, m^2 - b^2 (a^2 - b^2 + c^2)\, a^2]^2 + (4J)^2 (c^2 m^2 - b^2 n^2)^2.$$

Bedeutet Π dieselbe Funktion von l, m, n, welche $(4J)^2$ von a, b, c ist, so daß

$$\Pi = (l + m + n)(-l + m + n)(l - m + n)(l + m - n) = l^2 \lambda + m^2 \mu + n^2 \nu$$
$$= \mu \nu + \nu \lambda + \lambda \mu,$$

so hat man auch die identischen Gleichungen

$$2\,l^2 m^2 n^2 S = (a^2 \lambda + b^2 \mu + c^2 \nu)^2 - (4J)^2 \Pi,$$

$$\lambda (\beta \mu - \gamma \nu)^2 + \mu (\gamma \nu - \alpha \lambda)^2 + \nu (\alpha \lambda - \beta \mu)^2 = \Pi S.$$

Mit Hilfe derselben erlangt man durch Substitution der in (36) für f, g, h gefundenen Werte im Ausdrucke (35) als Wert des gesuchten Maximums

$$\left.\begin{aligned} \sin^2 V &= -\operatorname{tg}^2 W = -\frac{(4J)^2 \Pi}{2\,l^2 m^2 n^2 S}, \\ \operatorname{tg}^2 V &= -\sin^2 W = -\frac{(4J)^2 \Pi}{(a^2 \lambda + b^2 \mu + c^2 \nu)^2}. \end{aligned}\right\} \quad (38)$$

Hieraus erhellt sogleich, daß die verlangte Kurve eine Ellipse oder Hyperbel ist, je nachdem Π negativ oder positiv ist, d.h. je nachdem das gegebene Viereck ein gewöhnliches ist oder nicht. Im letztern Falle, wo dem Viereck überhaupt nur Hyperbeln umschrieben werden können, ist der durch die Formel (38) bestimmte spitze Asymptotenwinkel ein *Minimum*.

Da die Ausdrücke in (38) sich nicht ändern, wenn man l, m, n respektive mit a, b, c vertauscht, so konstruiere man ein Dreieck, dessen Seiten l, m, n sind, verlege in dessen Ecken die Massen a, b, c und bestimme mittels derselben ein Viereck; dann wird der kleinste Asymptotenwinkel einer umschriebenen Hyperbel derselbe sein, wie vorhin, wo in den Ecken eines von den Seiten a, b, c gebildeten Dreiecks sich die Massen l, m, n befanden.

Eine geometrische Konstruktion der verlangten Kurve scheint am leichtesten aus der Gleichung (37) hervorzugehen. Dieselbe zeigt nämlich, daß die gesuchte Kurve durch die vier Durchschnittspunkte der beiden durch die Gleichungen

$$(-a^2+b^2+c^2)\,x^2+(a^2-b^2+c^2)\,y^2+(a^2+b^2-c^2)\,z^2=0,$$

$$(-l^2+m^2+n^2)\,x^2+(l^2-m^2+n^2)\,y^2+(l^2+m^2-n^2)\,z^2=0$$

dargestellten Kegelschnitte geht, in Beziehung auf welche beide die Kreuzungspunkte des gegebenen Vierecks zugeordnete harmonische Pole sind. Der erste derselben ist ein *Kreis* und hat also den Höhepunkt des Dreiecks der Kreuzungspunkte oder des Fundamentaldreiecks zum Mittelpunkt, sein Halbmesser ist das geometrische Mittel zwischen den zwei vom Höhepunkt aus in derselben Richtung gemessenen Segmenten jeder Höhe. Dieser Kreis ist daher leicht zu konstruieren. Beim zweiten Kegelschnitte können jedenfalls auch die Punkte, in denen er die Fundamentallinien schneidet und sein Mittelpunkt geometrisch konstruiert werden. Indes weiß ich die einfachste Konstruktion nicht anzugeben. – Wenn dann auch nur zwei der in Rede stehenden Durchschnittspunkte reell sind, so kennt man nach Auffindung derselben im ganzen sechs Punkte des verlangten Maximumskegelschnitts, also mehr als genug, um denselben zu konstruieren.

Es gibt einen Fall, wo der Winkel W konstant ein rechter ist. Wenn nämlich $a^2:b^2:c^2=l^2:m^2:n^2$ ist, so zeigt die Formel (35), daß $\operatorname{tg}^2 W$ unendlich groß bleibt, wie man auch das Verhältnis g/h variieren mag. Wenn also das gegebene Viereck durch die baryzentrischen Gleichungen $x^2/a^2=y^2/b^2=z^2/c^2$ dargestellt wird, d.h. wenn seine Ecken die Mittelpunkte der vier dem Fundamentaldreieck eingeschriebenen Kreise sind, mit andern Worten, wenn seine Gegenseiten paarweise aufeinander senkrecht stehen, so sind alle umschriebenen Kegelschnitte gleichseitige Hyperbeln.

Im allgemeinen hingegen kann einem gegebenen Viereck immer eine gleichseitige Hyperbel, und zwar nur eine, umschrieben werden. Die Bedingung für dieselbe ist

$$\frac{a^2}{l^2}f+\frac{b^2}{m^2}g+\frac{c^2}{n^2}h=0,$$

und liefert für die Kurve selbst die Gleichung

$$\left(\frac{b^2}{m^2}-\frac{c^2}{n^2}\right)\frac{x^2}{l^2}+\left(\frac{c^2}{n^2}-\frac{a^2}{l^2}\right)\frac{y^2}{m^2}+\left(\frac{a^2}{l^2}-\frac{b^2}{m^2}\right)\frac{z^2}{n^2}=0.$$

* * *

An die im Eingange dieses Anhangs angeführte Formel habe ich noch eine Bemerkung anzuknüpfen. Man kann darin a^2, b^2, c^2 respektive gegen $(B+C)/2$, $(C+A)/2$, $(A+B)/2$ vertauschen, ohne daß der Ausdruck sich ändert. Gestützt auf diese Beobachtung erhält man mittels einiger Reduktionen

$$\cos^2 V=\frac{1}{\cos^2 W}=\frac{a^2b^2c^2}{2}\cdot\frac{\sum(-a^2+b^2+c^2)\left(\dfrac{C+A}{b^2}-\dfrac{A+B}{c^2}\right)^2}{(\sum a^2A)^2}.$$

Dieser Ausdruck kann nie negativ werden; denn es ist

$$2\,c^2 \sum (-\,a^2 + b^2 + c^2)\left(\frac{C+A}{b^2} - \frac{A+B}{c^2}\right)^2$$

$$= \left[(-\,a^2 + b^2 + c^2)\left(\frac{C+A}{b^2} - \frac{A+B}{c^2}\right) - (a^2 - b^2 + c^2)\left(\frac{A+B}{c^2} - \frac{B+C}{a^2}\right)\right]^2$$

$$+ (4\,J)^2 \left(\frac{B+C}{a^2} - \frac{C+A}{b^2}\right)^2.$$

Wenn derselbe verschwinden soll, so ist dieses nicht anders möglich, als indem

$$\frac{B+C}{a^2} = \frac{C+A}{b^2} = \frac{A+B}{c^2}$$

wird, woraus

$$A : B : C = (-a^2 + b^2 + c^2) : (a^2 - b^2 + c^2) : (a^2 + b^2 - c^2)$$

folgt. Unter dieser Bedingung ist dann die durch die Gleichung

$$A\,x^2 + B\,y^2 + C\,z^2 = 0$$

dargestellte Kurve ein *Kreis*, zu dessen Realität noch die Bedingung erfordert wird, daß eines der Quadrate a^2, b^2, c^2 die Summe der beiden übrigen übertreffe, d.h. daß das Fundamentaldreieck stumpfwinklig sei.

REMARQUE

Le travail de STEINER (J. reine angew. Math. *30*, 97-106 [1845]), publié sous le titre *Teoremi relativi alle coniche inscritte e circoscritte* (*Œuvres complètes*, t. II, p. 327-337), avait été traduit de l'allemand en italien par SCHLÄFLI. Dans son travail n° 19, SCHLÄFLI retrouve les résultats de STEINER à l'aide du calcul barycentrique de MÖBIUS; en particulier, il traite complètement le problème dont STEINER avait seulement *indiqué* une solution: trouver parmi toutes les ellipses circonscrites à un quadrangle celle qui a la plus petite surface. *L. Kollros.*

Geometrische Beweise zweier bekannten Sätze über die elliptischen Funktionen der ersten Art

So wie der Begriff des Schwerpunkts mit Nutzen aus der Mechanik in die Geometrie eingeführt worden ist, so dürfte auch der von GAUSS geschaffene Begriff des *Potentials* bisweilen bei rein geometrischen Betrachtungen auf kurzem Wege zum Ziele führen. Vorliegender Aufsatz soll dieses an zweien bekannten Sätzen über elliptische Funktionen erster Art zeigen, von denen der eine sich auf die Addition zweier Funktionen von gleichem Modul, der andere auf die Verwandlung einer Funktion vom Modul k in eine andere, deren Modul

$$\frac{1-\sqrt{1-k^2}}{1+\sqrt{1-k^2}}$$

ist, bezieht.

Potential eines Kreisbogens in Beziehung auf irgendeinen in seiner Ebene liegenden Punkt heißt die Summe seiner durch ihre Abstände von diesem letztern dividierten Elemente; der Wert eines solchen Potentials stellt sich als elliptische Funktion erster Art dar. Demnach ist jeder Satz über Potentiale von Kreisbogen von selbst schon einer über elliptische Funktionen der ersten Art.

I.

Satz. Man denke sich um die Mittelpunkte A und B zwei Kreise beschrieben, die einander nicht wirklich schneiden, so liegen bekanntlich auf ihrer Zentrallinie AB zwei feste Punkte E, F, welche die Eigenschaft haben, daß alle durchgehenden Kreise jene zwei festen Kreise A und B rechtwinklig schneiden. Bewegt sich nun eine Sehne des Kreises A so, daß sie stets den Kreis B berührt, so durchlaufen ihre Endpunkte zwei Bogen, deren Potentiale in Beziehung auf irgendeinen der zwei Punkte E, F stets einander gleich sind. – Wenn insbesondere der erste Kreis A den andern B umschließt und es dreht sich um diesen eine Tangente, so ist das Potential des Bogens, welchen sie von der Peripherie des Kreises A abschneidet, in Beziehung auf den Punkt E oder F konstant.

Beweis. Man ziehe eine Gerade HL (Abb. 1), deren einzelne Punkte von E und F gleich weit entfernt sind, so ist diese bekanntlich die *Radikalachse*[1]) der zwei festen Kreise A und B. Nun sei MN eine *Sehne* des Kreises A, welche den Kreis B in K berührt und die Radikalachse in L schneidet, so ist bekanntlich

[1]) *Supplemente zu Klügels Wörterbuch der reinen Mathematik*, Art. *Anwendung der Analysis*, § 8, S. 13.

L der Mittelpunkt des durch K, E, F gehenden Kreises, und $LK^2 = LM \cdot LN$. Aus dieser letzten Relation folgt aber, daß für jeden Punkt der Kreislinie KEF das Verhältnis seiner Abstände von M und N konstant ist; also ist

$$MK : NK = ME : NE = MF : NF.$$

Wenn nun die Tangente MN durch eine unendlich kleine Drehung in die sukzessive Lage $M'N'$ übergeht, so ist leicht einzusehen, daß sich die Bogen-

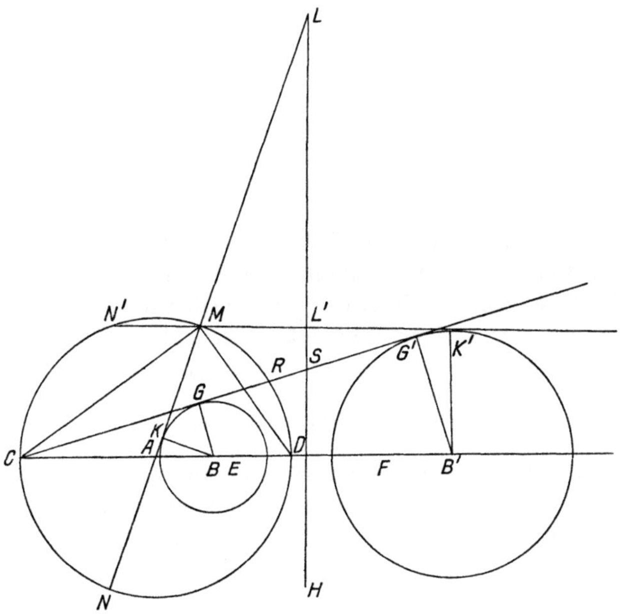

Abb. 1

elemente MM', NN' wie ihre Entfernungen vom Berührungspunkte K verhalten werden, d.h. es ist

$$MM' : NN' = MK : NK.$$

Folglich ist auch

$$\frac{MM'}{ME} = \frac{NN'}{NE}, \quad \text{oder} \quad \frac{MM'}{MF} = \frac{NN'}{NF}.$$

Wird diese Differentialgleichung zwischen beliebigen Grenzen integriert, so ergibt sich der ausgesprochene Satz.

Folgerung. Die Zentrallinie schneide den Kreis A in C und D; C, E, D, F bezeichne die Ordnung, in welcher die Punkte in der Zentrallinie aufeinander folgen. Man ziehe die Sehnen CM und DM, welche aufeinander senkrecht stehen, und setze den Peripheriewinkel $CDM = \varphi$. Dann ist die Projektion von ME auf die Sehne MD derjenigen von CE gleich, also $= CE \cos\varphi$; und die Projektion von ME auf die Sehne MC ist derjenigen von ED gleich, also

$= ED \sin\varphi$; folglich ist

$$ME = CE \sqrt{\cos^2\varphi + \left(\frac{ED}{CE}\right)^2 \sin^2\varphi}\,,$$

und, wenn man $ED/CE = DF/CF = \sqrt{1-k^2} = k'$ setzt,

$$ME = CE\sqrt{1-k^2\sin^2\varphi}\,.$$

Ferner ist das Bogenelement $MM' = CD\,d\varphi$; folglich ist

$$\frac{MM'}{ME} = (1+k')\frac{d\varphi}{\sqrt{1-k^2\sin^2\varphi}}\,, \qquad \frac{MM'}{MF} = (1-k')\frac{d\varphi}{\sqrt{1-k^2\sin^2\varphi}}\,,$$

und, wenn man von C bis M integriert, so ist das Potential des Kreisbogens CM in Beziehung auf E oder F gleich

$$(1+k')\,F(k,\varphi) \qquad \text{oder} \qquad (1-k')\,F(k,\varphi).$$

Setzt man den Peripheriewinkel $CDN = \psi$, so ist ebenso das Potential des Bogens CN in Beziehung auf den Punkt E gleich $(1+k')\,F(k,\psi)$.

Nun sei CR eine Sehne des Kreises A, welche den Kreis B in G berührt, und $\sphericalangle\, CDR = \mu$. Aus dem vorigen Satze folgt aber, daß die Potentiale der Bogen CM und CN zusammengenommen dem Potentiale des Bogens CR gleich sind, d.h. es ist

$$F(k,\varphi) + F(k,\psi) = F(k,\mu),$$

und es handelt sich jetzt nur noch darum, die durch die Figur zwischen den Winkeln φ, ψ, μ gesetzte Relation auch trigonometrisch auszudrücken.

Da AM und AB unter den Winkeln $\varphi+\psi$ und $\varphi-\psi$ gegen BK geneigt sind, so ist

$$\begin{aligned} BK &= AM\cos(\varphi+\psi) + AB\cos(\varphi-\psi) \\ &= CB\cos\varphi\cos\psi - BD\sin\varphi\sin\psi; \end{aligned}$$

also, da $BK = BG = CB\cos\mu$ ist,

$$\cos\mu = \cos\varphi\cos\psi - \frac{BD}{CB}\sin\varphi\sin\psi.$$

So wie wir vorhin

$$MK : KN = ME : EN \qquad \text{und} \qquad ME = CE\sqrt{1-k^2\sin^2\varphi}$$

gefunden haben, so haben wir jetzt auch

$$RG : CG = RE : CE = \sqrt{1-k^2\sin^2\mu} : 1\,.$$

Da aber BG und DR miteinander parallel sind, so folgt

$$\frac{BD}{CB} = \sqrt{1-k^2\sin^2\mu}\,,$$

$$\cos\mu = \cos\varphi\cos\psi - \sqrt{1-k^2\sin^2\mu}\,\sin\varphi\sin\psi,$$

welche Formel das bekannte, zuerst von EULER[1]) gefundene algebraische Integral der Differentialgleichung

$$\frac{d\varphi}{\sqrt{1-k^2\sin^2\varphi}} + \frac{d\psi}{\sqrt{1-k^2\sin^2\psi}} = 0$$

darstellt.

Anmerkung. Die hier angewandte Figur dient übrigens dazu, wenn die Amplituden $-\psi$ und μ gegeben sind, eine dritte Amplitude φ zu finden, welche durch die Gleichung

$$F(\varphi) = F(-\psi) + F(\mu)$$

bestimmt ist; sie dient daher auch, wenn die Kreise A und B fest bleiben, zur wiederholten Addition der Funktion $F(\mu)$ und somit zur geometrischen Auflösung der Aufgabe der Multiplikation der elliptischen Funktionen. Ich habe dieselbe aus den Supplementen zu *Klügels Wörterbuch der reinen Mathematik,* Art. *Elliptische Funktionen,* § 21, entlehnt. Dort wird sie Herrn Prof. JACOBI zugeschrieben, aber das Werk nicht genannt, worin er sie mitgeteilt hat; dagegen wird auf das dritte Supplement, S. 174, zu LEGENDRES Abhandlung über die elliptischen Funktionen verwiesen. Da nun die Originalschriften über die erwähnte geometrische Konstruktion mir nicht zu Gebot standen, so konnte ich nicht wissen, ob dieselben die hier gezeigte Anwendung jener Konstruktion auf den geometrischen Beweis des bekannten Additionstheorems auch schon enthalten[2]).

II.

Wir wollen jetzt die Umwandlungsformel, mittels welcher der Modul einer elliptischen Funktion der Null oder der Einheit so nahe gebracht werden kann, als man nur will, geometrisch beweisen. Der Modul und die Amplitude der zu verwandelnden elliptischen Funktion seien k, φ, das Komplement des Moduls sei $k' = \sqrt{1-k^2}$. Man beschreibe um den Mittelpunkt A (Abb. 2) einen Kreis, und bestimme auf der Verlängerung seines Durchmessers CD einen Punkt F so, daß $CF:DF = 1:k'$ sei und mache den Peripheriewinkel $CDM = \varphi$. Dann ist nach dem Vorigen das Potential des Kreisbogens CM in Beziehung auf den Punkt F gleich $\frac{CD}{CF} F(k, \varphi)$. Dasselbe Potential kann aber noch auf andere Weise ausgedrückt werden. Man ziehe die durch F gehende Sehne MN, halbiere sie in O und errichte DT senkrecht auf MD, so wird DT mit der Sehne CM parallel sein. Dann drehe man die Sehne MN unendlich wenig um den Punkt F, so daß sie in die sukzessive Lage $M'N'$ übergeht, und bezeichne den Winkel

---

[1]) *Klügels Wörterbuch,* Art. *Integralgleichung,* § 47–50. Supplemente dazu, Art. *Elliptische Funktionen,* § 14.

[2]) Leider ist es mir in diesem Augenblicke nicht möglich, die eigentliche Quelle, aus der obige Konstruktion entlehnt ist, nachzuweisen. LEGENDRE sagt a. a. O., p. 177, nur: «*La construction géométrique, que nous avons donnée d'après* M. JACOBI, *qui en est l'inventeur*» und verweist früher (p. 169) auf *Schumachers astronomische Nachrichten,* Nr. 127, deren betreffender Band mir aber jetzt gerade nicht zu Gebote steht. *G[runert]*.

AMF durch φ_1, so ist $\sphericalangle MAN - \sphericalangle M'AN' = 2\,d\varphi_1$, folglich $MM' + NN' = CD\,d\varphi_1$. Nun ist offenbar $MM'/MF = NN'/NF$, und daher

$$\frac{MM'}{MF} = \frac{MM' + NN'}{MF + NF} = \frac{AD}{OF}\,d\varphi_1 .$$

Es ist aber

$$OF^2 = AF^2 - AO^2 = AF^2 - AD^2 \sin^2\varphi_1 .$$

Da nun

$$\frac{AD}{AF} = \frac{CF - DF}{CF + DF} = \frac{1 - k'}{1 + k'} = k_1$$

ist, so folgt

$$OF = AF\sqrt{1 - k_1^2 \sin^2\varphi_1},$$

$$\frac{MM'}{MF} = \frac{AD}{AF} \cdot \frac{d\varphi_1}{\sqrt{1 - k_1^2 \sin^2\varphi_1}},$$

Potential des Bogens $CM = \frac{AD}{AF}\,F(k_1, \varphi_1)$.

Vergleicht man die beiden Ausdrücke für dasselbe Potential, so ergibt sich

$$F(k, \varphi) = \frac{CF}{2\,AF}\,F(k_1, \varphi_1) = \frac{1}{1 + k'}\,F(k_1, \varphi_1).$$

Die beiden Relationen, welche dazu dienen, die eine der Amplituden φ und φ_1 aus der andern zu berechnen, gehen auch unmittelbar aus der Figur hervor.

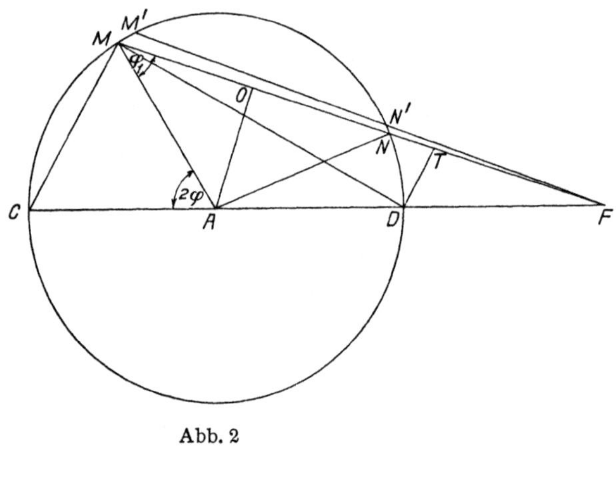

Abb. 2

Da im $\triangle MAF$ der Winkel F gleich $2\varphi - \varphi_1$ und $AF : AM = 1 : k_1$ ist, so folgt aus der Proportionalität der Seiten dieses Dreiecks mit den Sinussen der gegenüberliegenden Winkel die Gleichung

$$\sin(2\varphi - \varphi_1) = k_1 \sin\varphi_1 .$$

Ferner ist $\sphericalangle DMF = \varphi_1 - \varphi$, also $DT = MD\,\mathrm{tg}(\varphi_1 - \varphi)$. Da nun $MC = MD\,\mathrm{tg}\,\varphi$, und $CM:DT = CF:DF = 1:k'$ ist, so folgt

$$\operatorname{tg}(\varphi_1 - \varphi) = k' \operatorname{tg}\varphi.$$

Man vergleiche *Klügels Wörterbuch*, Art. *Rektifikation*, § 32, 33 und *Supplemente*, Art. *Elliptische Funktionen*, § 29.

NACHWORT

Für das von SCHLÄFLI mehrmals erwähnte Wörterbuch von KLÜGEL siehe: GEORG SIMON KLÜGEL, *Mathematisches Wörterbuch* (Leipzig 1803–1836).

Zu S. 117, Anmerkung [2]) von GRUNERT vergleiche: C. G. JACOBI, *Über die Anwendung der elliptischen Transzendenten auf ein bekanntes Problem der Elementargeometrie*, J. reine angew. Math. *3*, 376–389 (1828) = Werke 1, S. 277. – A. M. LEGENDRE, *Traité des fonctions elliptiques et des intégrales Eulériennes*, 3. Bd., 3. Supplement (1832). *J. J. Burckhardt.*

Über die Begründung der Theorie der elliptischen Funktionen durch die Betrachtung unendlicher Doppelprodukte

Bekanntlich werden die elliptischen Funktionen sinam x, cosam x, Δam x unendlich groß oder verschwinden der Reihe nach, wenn der Wert des Arguments x, respektive die Formen

$$2mK + (2n+1)K'\sqrt{-1}, \quad 2mK + 2nK'\sqrt{-1},$$

$$(2m+1)K + 2nK'\sqrt{-1}, \quad (2m+1)K + (2n+1)K'\sqrt{-1}$$

annimmt, wo m, n beliebige ganze Zahlen und K, K' die den beiden komplementären Moduln k, k' entsprechenden vollständigen elliptischen Integrale der ersten Art bezeichnen. Sie sind also gleichsam als Brüche anzusehen, deren Zähler samt dem gemeinschaftlichen Nenner ganze Funktionen von unendlich hohem Grad sind, deren lineare Faktoren die Form

$$x + mK + nK'\sqrt{-1} \quad .$$

haben. Von dieser Beschaffenheit sind nun die von Jacobi in seinen *Fundamentis Novis* mit H und Θ bezeichneten Funktionen. Während aber in diesem vortrefflichen Buche die gebrochenen oder eigentlichen elliptischen Funktionen, wie sinam x, den Ausgangspunkt bilden, von dem aus durch eine wunderbare Verkettung von Transformationen zuletzt zur Theorie der ganzen elliptischen Funktionen, wie $\Theta\, x$, gelangt wird, so treten andererseits die Eigenschaften der elliptischen Funktionen überhaupt nicht minder in ein helles Licht, wenn man von den ganzen elliptischen Funktionen $\Theta\, x$, oder, was dasselbe ist, von unendlichen Doppelprodukten ausgeht. Diesen Weg hat Cayley[1]) eingeschlagen, und Eisenstein[2]) hat das Wesen der fraglichen Doppelprodukte einer sehr genauen Untersuchung unterworfen. Wenn man in möglichster Kürze die bekannten Sätze über die elliptischen Funktionen beweisen will, so scheint mir der genannte umgekehrte Weg diesen Zweck am besten zu erreichen, besonders wenn man die daraus entstehende Schwierigkeit, daß ein und dasselbe Doppelprodukt je nach der Anordnung seiner Faktoren verschiedene Werte darbietet, durch geometrische Hilfsvorstellungen erleichtert. Einen Umstand, der ihnen freilich bekannt sein mußte, scheinen mir beide, Cayley und Eisenstein, nicht erwähnt zu haben, daß nämlich von den unendlichen Doppelprodukten aus eine

---

1) A. Cayley, *On the inverse elliptic functions*, Cambridge math. J. *4*, 257 (Mai 1845).

2) G. Eisenstein, *Genaue Untersuchung der unendlichen Doppelprodukte*, Crelles J. *35* (September 1847); *Bemerkungen zu den elliptischen und Abelschen Transzendenten*, Crelles J. *27* (Januar 1844).

in den *Fundamentis novis* noch unerledigte Frage ohne große Mühe entschieden wird. Die beiden Integrale

$$K = \int_0^1 \frac{dx}{\sqrt{(1-x^2)(1-k^2x^2)}},$$

$$K'\sqrt{-1} = \int_0^{+\infty\sqrt{-1}} \frac{dx}{\sqrt{(1-x^2)(1-k^2x^2)}},$$

in denen die Variable x respektive die zwischen 0 und 1 liegenden reellen und die zwischen 0 und $+\infty\sqrt{-1}$ liegenden rein imaginären Werte nur einmal durchläuft, haben offenbar jedes einen einzigen, bestimmten Wert, mag der Modul k rein oder komplex sein. Bezeichnet nun λ irgendeinen der $n+1$ Moduln, welche sich aus dem reellen Modul k durch eine Transformation von der ungeraden Ordnung n ergeben, so sind bekanntlich nur zwei Werte von λ reell, die $n-1$ übrigen sind komplex, und wenn Λ, $\Lambda'\sqrt{-1}$ die Werte der obigen bestimmten Integrale bezeichnen, falls darin k durch λ ersetzt wird, so liefert die in den *Fundamentis* entwickelte Theorie der Transformation dafür die Ausdrücke

$$\Lambda = \frac{\alpha K + \beta K'\sqrt{-1}}{n M}, \quad \Lambda'\sqrt{-1} = \frac{\gamma K + \delta K'\sqrt{-1}}{n M};$$

wo M den Multiplikator und α, δ ungerade, β, γ gerade Zahlen bezeichnen, die der Bedingung

$$\alpha\delta - \beta\gamma = \pm n$$

und außerdem noch einer linearen Kongruenz genügen, die von der besondern Art der Transformation n-ter Ordnung abhängt; aber für die $n-1$ komplexen Moduln λ werden dort Λ, $\Lambda'\sqrt{-1}$ nicht völlig bestimmt. Auf unserm Standpunkte wird sich zeigen, daß diese Bestimmung nicht in allgemeiner Weise geschehen kann, sondern von dem jeweiligen numerischen Werte von $K'\sqrt{-1}/K$ abhängt.

1. *Über die Anordnung der Faktoren des unendlichen Doppelprodukts und über die Konvergenz desselben*

Man denke sich ein System rechtwinkliger Koordinaten in der Ebene; dessen Ursprung sei O und P irgendein durch die Abszisse p und die Ordinate q bestimmter reeller Punkt. Die Anschauung dieses Punkts P gelte als Zeichen für die komplexe Größe $p + q\sqrt{-1}$, so wird jeder komplexen oder reinen Größe ein reeller Punkt in der Ebene entsprechen und umgekehrt. Dann stellt der Abstand OP des Punkts vom Ursprung den Modul, und der Winkel, um welchen sich OP von der Abszissenachse gegen die Ordinatenachse hin entfernt, die Amplitude der Größe $p + q\sqrt{-1}$ dar. Es seien a, b zwei beliebige Größen, deren bezeichnende Punkte A, B nicht mit dem Ursprung in eine und dieselbe Gerade fallen, so entspricht der Formel $m\,a + n\,b$, wo m, n ganze Zahlen bezeichnen, ein System von über die ganze Ebene zerstreuten Punkten, die sämtlich durch ein Netz mit $\triangle OAB$ kongruenter Dreiecke unter sich verbunden sind. Mit einem Halbmesser k, der die Dimensionen des Dreiecks OAB weit übertrifft, beschreibe man nun aus dem Mittelpunkt O einen Kreis und beschränke das Doppelprodukt

$$z = \prod \frac{x + m\,a + n\,b}{m\,a + n\,b}$$

auf alle diejenigen Faktoren, welche innerhalb des Kreises befindlichen Punkten $m\,a + n\,b$ entsprechen, mit der einzigen Ausnahme, daß im Nenner der dem Ursprung O entsprechende Faktor 0 wegfällt, während im Zähler der demselben Punkt entsprechende Faktor x stehenbleibt. Es frägt sich nun, ob die Funktion z von x für einen unendlich groß werdenden Halbmesser k einen bestimmten Grenzwert hat.

Da jedem innerhalb des Kreises k gelegenen Punkt $m\,a + n\,b$ ein ebenfalls innerhalb liegender diametral entgegengesetzter Punkt $-m\,a - n\,b$ entspricht, so darf man auch setzen:

$$z^2 = x^2 \prod \left(1 - \frac{x^2}{(m\,a + n\,b)^2}\right),$$

wo das Doppelprodukt Π alle vom Kreise k umschlossenen Punkte mit Ausnahme des Ursprungs O umfaßt. Wird der begrenzende Kreis bis auf den Halbmesser k' erweitert, so soll die Funktion z in z' übergehen; dann ist

$$\frac{z'^2}{z^2} = \prod_k^{k'} \left(1 - \frac{x^2}{(m\,a + n\,b)^2}\right),$$

wo das Doppelprodukt alle Faktoren enthält, welche den zwischen beiden konzentrischen Kreisen k, k' befindlichen Punkten $m\,a + n\,b$ entsprechen. Geht man zu den Logarithmen über, so verwandelt sich das Doppelprodukt in eine Doppelsumme mit denselben Grenzen, und nimmt man den Modul von x als sehr klein im Vergleich mit k an, so kann man rechts die Logarithmen in konvergente Reihen entwickeln; man bekommt:

$$2 \log \frac{z'}{z} = -x^2 \sum_k^{k'} \frac{1}{(m\,a + n\,b)^2} - \frac{1}{2} x^4 \sum_k^{k'} \frac{1}{(m\,a + n\,b)^4} - \cdots.$$

Läßt man in dem obenerwähnten Netz von Dreiecken alle mit AB parallelen Geraden weg, so bleibt ein Netz von kongruenten Parallelogrammen zurück; der Inhalt eines derselben sei c und positiv, so ist, wenn der Faktor von $\sqrt{-1}$ in der komplexen Größe b/a positiv ist, d.h. wenn der Winkel AOB des Parallelogramms zwischen 0 und π liegt, und wenn a', b' die konjugierten Werte von a, b bezeichnen,

$$a'\,b - a\,b' = 2\,c\sqrt{-1}.$$

Dann kann die Doppelsumme

$$\sum \frac{c}{(m\,a + n\,b)^2}$$

füglich mit einem Doppelintegral verglichen werden, worin c durch das Flächenelement und $m\,a + n\,b$ durch die seinem Orte entsprechende komplexe Zahl ersetzt ist. Schreibt man in jedes von der Peripherie des Kreises k durchschnittene Parallelogramm den Betrag $1/k^2$ und addiert, so gibt die Summe eine ungefähre Vorstellung von der Größe des Fehlers, den man begeht, wenn man wirklich das Doppelintegral an die Stelle der Doppelsumme setzt. Derselbe ist also nicht größer als von der Ordnung $1/k$ und muß daher beim Unendlichwerden von k verschwinden. Aus demselben Grunde kommen die in der rechten Seite der obigen Gleichung auf das erste folgenden Glieder noch weniger in Betracht, da sie den Ordnungen $1/k^3$, $1/k^5$, ... angehören. Ist nun $r\,e^{\varphi\sqrt{-1}}$ die für $m\,a + n\,b$ gesetzte kontinuierlich veränderliche Größe, so ist $r\,dr\,d\varphi$ das Flächenelement; folglich

$$2\log\frac{z'}{z} = -c\int\limits_k^{k'}\int\limits_0^{2\pi}\frac{1}{r}\,e^{-2\varphi\sqrt{-1}}\,d\varphi\,dr = 0$$

mit einem Fehler von der Ordnung $1/k$. Also hat für ein beliebiges Argument x mit endlichem Modul die Funktion z beim unendlichen Wachsen von k einen einzigen bestimmten Wert.

Dieser Beweis gründet sich wesentlich darauf, daß die innerhalb des das Doppelprodukt begrenzenden Kreises liegenden Punkte $m\,a + n\,b$ paarweise einander diametral entgegengesetzt sind, wodurch das Doppelprodukt zu einer ungeraden Funktion von x wird. Hält man den Ursprung O und den begrenzenden Kreis k fest und versucht es, das System der Punkte parallel mit sich selbst zu verschieben, so daß die Eigenschaft der diametralen Entgegensetzung je zweier Punkte bleibt, so kann dies nur auf drei Arten geschehen, indem der Punkt, der früher in O war, sich respektive in die Mitte jeder der drei Seiten des Dreiecks OAB begibt. Weil alsdann der Ursprung leer bleibt, so sind alle drei entstehenden Doppelprodukte gerade Funktionen. Ich bezeichne nach CAYLEY alle vier Doppelprodukte respektive mit $\gamma\,x$, $g\,x$, $G\,x$, $\mathfrak{G}\,x$, je nachdem ein Punkt des Systems in den Ursprung O oder in die Mitte von OA, oder von OB, oder endlich von AB fällt. Um diese vier Funktionen noch deutlicher zu definieren, will ich unter einem System von Punkten zugleich das Doppelprodukt aller den einzelnen Punkten entsprechenden komplexen Größen, mit Ausschluß der Null, falls diese sich darunter befindet, verstanden wissen, und bezeichne die vier fundamentalen Systeme von Punkten nach einem einzigen zugehörigen Punkte respektive durch

$$(0),\quad \left(\frac{a}{2}\right),\quad \left(\frac{b}{2}\right),\quad \left(\frac{a+b}{2}\right);$$

für jedes dieser Systeme hat der begrenzende Kreis von unendlich wachsendem Halbmesser den Ursprung zum Mittelpunkt. Verschiebt man nun eines dieser vier Systeme parallel mit sich selbst samt dem begrenzenden Kreise, so daß nunmehr der Mittelpunkt des letztern die endliche komplexe Größe x darstellt, und dividiert das so veränderte System durch das entsprechende fundamentale System, so ist der Quotient respektive eine der Funktionen $\gamma\,x$, $g\,x$, $G\,x$, $\mathfrak{G}\,x$. Sie mögen *ganze elliptische Funktionen* heißen.

In betreff der Konvergenz der drei letzten Doppelprodukte $g\,x$, $G\,x$, $\mathfrak{G}\,x$ braucht bloß bemerkt zu werden, daß auf dieselben der oben für γx geführte Beweis unverändert übertragen werden kann.

2. *Über die verschiedenen Darstellungen einer und derselben ganzen elliptischen Funktion*

Der Wert eines der beschriebenen Doppelprodukte hängt nur von der Lage der Punkte ab, auf welche es sich bezieht; das Netz von Parallelogrammen, durch welches diese Punkte verbunden sind, ist dabei völlig gleichgültig. Es seien daher m, n, m', n' ganze Zahlen, welche der Bedingung $m n' - m' n = 1$ genügen, und man wird, wenn man a durch $m a + n b$, b durch $m' a + n' b$ ersetzt, dasselbe Punktensystem (0) erhalten wie vorher; nur ist an die Stelle des Parallelogramms, dessen Seiten den komplexen Konstanten a, b entsprachen, ein anderes von gleichem Inhalt mit den Seiten $m a + n b$, $m' a + n' b$ getreten. Man hat daher sofort, indem man die Konstanten a, b mit in die Bezeichnung einer ganzen elliptischen Funktion aufnimmt,

$$\gamma(x, a, b) = \gamma(x, m a + n b, m' a + n' b).$$

Die Mitte der durch $m a + n b$ dargestellten Seite des sekundären Parallelogramms fällt in eines der fundamentalen Systeme

$$\left(\frac{a}{2}\right), \quad \left(\frac{b}{2}\right), \quad \left(\frac{a+b}{2}\right),$$

je nachdem m ungerade, n gerade oder m gerade, n ungerade oder endlich m und n zugleich ungerade sind. Dann wird

$$g(x, m a + n b, m' a + n' b)$$

respektive gleich

$$g(x, a, b), \quad G(x, a, b), \quad \mathfrak{G}(x, a, b).$$

Wie sich die Sache in den anderen ähnlichen Fällen verhält, ist daher leicht zu beurteilen. Nur mag bemerkt werden, daß, wenn alle drei geraden Funktionen mittels der neuen Darstellung $(m a + n b,\ m' a + n' b)$ in sich selbst zurückkehren sollen, die beiden Zahlen m, n' ungerade, die beiden anderen m', n gerade sein müssen.

Gibt es unter den unendlich vielen Darstellungen einer und derselben ganzen elliptischen Funktion eine, die sich vor allen übrigen auszeichnet? Diese Frage hängt, wie wir später sehen werden, mit der im Eingang erwähnten, einen komplexen transformierten Modul λ betreffenden Schwierigkeit enge zusammen. Sie ist mittels der geometrischen Hilfsvorstellung leicht zu entscheiden. Nämlich unter den zahllosen Dreiecken von gleichem Inhalt, welche anstatt des anfänglichen Dreiecks OAB gebraucht werden können, um ein und dasselbe System $(0, a, b)$ von Punkten zu erzeugen, gibt es nur ein einziges spitzwinkliges, und dieses ist immer vorhanden. Nur wenn ein rechtwinkliges Dreieck möglich ist, so gibt es zwei verschiedene gegeneinander symmetrisch liegende Netze, welche aus zwei symmetrischen rechtwinkligen Dreiecken hervorgehen.

Um zu zeigen, daß es nur ein spitzwinkliges Dreieck geben kann, nehme ich an, $\triangle OAB$ sei ein solches, OA seine kleinste Seite, so wird das entsprechende Netz ein System mit OA paralleler Geraden enthalten, deren Abstand der auf OA senkrechten Höhe des $\triangle OAB$ gleich und daher größer als $(\sqrt{3}/2)\, OA$ sein wird. OPQ sei ein anderes mit OAB gleich großes Dreieck, welches dasselbe System von Punkten erzeugt, so steht es uns frei, die Ecke P auf der nämlichen Seite von der verlängerten Geraden OA zu suchen, auf welcher auch B liegt. Suchen wir P in der durch B gehenden Parallellinie, so dürfen wir Q mit A zusammenfallen lassen, überzeugen uns aber leicht, daß das neue Dreieck an seiner Grundlinie einen stumpfen Winkel bekommen wird, sobald P nicht auch mit B zusammenfällt. Suchen wir daher P in irgendeiner entfernteren Parallele, zum Beispiel in der zweiten, dritten usw., und ziehen dann durch Q eine Parallele mit OP, welche OA in M schneidet, so wird wegen des gleichen Inhalts der beiden Dreiecke OAB und OPQ das Stück OM gleich $1/2$, $1/3$ usw. von OA, also kleiner als $1/\sqrt{3}$, $(2/3)/\sqrt{3}$ usw. mal den Abstand der zuerst erwähnten Parallellinien (OA) sein. Also ist jedenfalls der Abstand der Parallelen OP und MQ oder die aus Q auf OP gefällte Höhe des Dreiecks OPQ kleiner als die auf OA senkrechte Höhe des ursprünglichen Dreiecks. Daher kann die Spitze Q nicht auf einer der Parallellinien mit OA, welche OP nicht schneiden, gesucht werden, wenn die Winkel O und P des Dreiecks OPQ spitz sein sollen. Die Spitze Q muß also auf einer zwischen O und P durchgehenden Parallellinie gesucht werden, und zugleich muß sie außerhalb eines Kreises liegen, der OP zum Durchmesser hat. Nehmen wir den ungünstigsten Fall, wo OP nur bis an die zweite Parallellinie reicht, und bezeichnen durch L, N die beiden Punkte, in denen die durch B gehende Parallellinie von OP und MQ geschnitten wird, so ist LN jedenfalls kleiner als der Radius $LO = LP$; folglich $\sphericalangle ONP$ ein stumpfer.

Ich gestehe, daß dieser Beweis einer für die empirische Anschauung sehr einleuchtenden Sache ziemlich weitläufig erscheint. Der algebraische Beweis leidet an dem nämlichen Übelstande.

Soll das $\triangle OAB$ spitzwinklig sein, so genügt es, wenn die reellen Teile der beiden komplexen Größen b/a und a/b positive echte Brüche sind. Wenn also die Punkte P, Q den komplexen Größen $m\,a + n\,b$, $m'\,a + n'\,b$ entsprechen, wo die ganzen Zahlen m, n, m', n' der Bedingung $m\,n' - m'\,n = 1$ genügen, so müssen auch die reellen Teile von

$$\frac{m'\,a + n'\,b}{m\,a + n\,b} \quad \text{und} \quad \frac{m\,a + n\,b}{m'\,a + n'\,b}$$

positive echte Brüche sein, wenn das Dreieck OPQ spitzwinklig sein soll. Nun ist aber

$$\frac{m'\,a + n'\,b}{m\,a + n\,b} = \frac{n'}{n} - \frac{1}{n} \cdot \frac{a}{m\,a + n\,b} = \frac{m'}{m} + \frac{1}{m} \cdot \frac{b}{m\,a + n\,b},$$

$$\frac{m\,a + n\,b}{m'\,a + n'\,b} = \frac{n}{n'} + \frac{1}{n'} \cdot \frac{a}{m'\,a + n'\,b} = \frac{m}{m'} - \frac{1}{m'} \cdot \frac{b}{m'\,a + n'\,b}.$$

Es sei

$$\frac{b}{a} = p + q\sqrt{-1},$$

so ist $0 < p < 1$, weil $\triangle OAB$ spitzwinklig ist; also der reelle Teil von

$$\frac{a}{m\,a + n\,b} \quad \text{gleich} \quad \frac{1}{(m + n\,p)\left[1 + \left(\dfrac{q}{(m/n) + p}\right)^2\right]},$$

ein positiver echter Bruch, wenn m positiv und größer als $-n$ ist. Ebenso ist der reelle Teil von $b/(n\,b + m\,a)$ ein positiver echter Bruch, wenn n positiv und größer als $-m$ ist, folglich ein negativer echter Bruch, wenn $-n$ positiv und größer als m ist. Ähnliches gilt, wenn zu m, n Akzente gesetzt werden. Wir dürfen nun jedenfalls m als positiv annehmen und schließen vorerst diejenigen Fälle von der Betrachtung aus, wo eine der Zahlen m, n, m', n' verschwindet. Dann sind $m\,n'$ und $m'\,n$ zugleich positiv oder zugleich negativ. Im ersten Falle sind m, n' positiv und entweder auch m', n positiv, folglich die reellen Teile von

$$\frac{a}{m\,a + n\,b} \quad \text{und} \quad \frac{a}{m'\,a + n'\,b}$$

positive echte Brüche. Bezeichnen wir einen solchen, abgesehen von seinem Wert, durch ε, so müßte zugleich

$$\frac{n' - \varepsilon}{n} < 1, \qquad \frac{n + \varepsilon}{n'} < 1,$$

folglich $n' \gtreqless n$ und zugleich $n < n'$ sein, was nicht angeht. Oder aber m', n sind negativ. Dann wäre immerhin der reelle Teil von $a/(m\,a + n\,b)$ gleich einem echten positiven Bruche ε, und es müßte $(\varepsilon - n')/-n > 0$ sein, was unmöglich ist. – Wir kommen nun zum zweiten Fall, wo die Produkte $m\,n'$ und $m'\,n$ zugleich negativ sind. Es sei also m positiv, n' negativ und entweder m' negativ und n positiv, folglich der reelle Teil von $(m'\,a + n'\,b)/(m\,a + n\,b)$ offenbar negativ, was auszuschließen ist. Oder aber es ist m' positiv und n negativ. Hier sind nun wieder zwei Fälle zu unterscheiden. Entweder ist $-n$ kleiner als m, folglich auch $-n' < m'$; also sind die reellen Teile von

$$\frac{a}{m\,a + n\,b}, \qquad \frac{a}{m'\,a + n'\,b}$$

positive echte Brüche, und man bekommt für die reellen Teile von

$$\frac{m'\,a + n'\,b}{m\,a + n\,b}, \qquad \frac{m\,a + n\,b}{m\,a' + n'\,b}$$

die unvereinbaren Bedingungen

$$\frac{-n' + \varepsilon}{-n} < 1, \qquad \frac{-n - \varepsilon}{-n'} < 1.$$

Oder aber $-n$ ist größer als m, folglich auch $-n' > m'$. Dann sind die reellen Teile von

$$\frac{b}{m\,a + n\,b}, \qquad \frac{b}{m'\,a + n'\,b}$$

negative echte Brüche, so daß man die ebenfalls unvereinbaren Bedingungen

$$\frac{m' - \varepsilon}{m} < 1, \qquad \frac{m + \varepsilon}{m'} < 1$$

erhält. Wir sind nunmehr anzunehmen genötigt, daß eine der vier Zahlen m, n, m', n' Null sei. Setzen wir zum Beispiel $m' = 0$, so folgt $m = 1$, $n' = 1$ und n bleibt unbestimmt. Dann sollte der reelle Teil von $(a + n\,b)/b$ ein positiver echter

Bruch sein. Dies ist aber unmöglich wegen der hinsichtlich b/a gemachten Voraussetzungen. Durchgeht man alle einzelnen Fälle, so findet man, daß unter allen möglichen Formen des Bruchs $(m' a + n' b)/(m a + n b)$ nur diese drei:

$$\frac{b}{a}, \quad \frac{a}{a-b}, \quad \frac{a-b}{-b}$$

den gemachten Anforderungen genügen. Diese beziehen sich aber auf ein und dasselbe Dreieck OAB. Dieses ist also das einzige spitzwinklige Dreieck, aus welchem dasselbe Punktensystem $(0, a, b)$ erzeugt werden kann.

Wenn ein System von Punkten durch irgendein stumpfwinkliges Dreieck OPQ erzeugt worden ist, so gibt es im allgemeinen immer ein spitzwinkliges Dreieck, welches dasselbe System von Punkten erzeugt und welches durch folgendes Verfahren gefunden werden kann.

Wenn P der stumpfe Winkel des Dreiecks OPQ ist, so ziehe man durch Q eine Parallele mit der Grundlinie OP, so wird dieselbe eine Reihe von Punkten des gegebenen Systems enthalten, deren Abstände sämtlich gleich der Grundlinie OP sind. Also ist unter den genannten Punkten gewiß einer, und zwar im allgemeinen nur einer – er möge Q' heißen –, welcher sich auf die Grundlinie OP selbst senkrecht projiziert. Wenn wir daher das Dreieck OPQ durch OPQ' ersetzen, so sind beide Winkel OPQ' und POQ' spitz, und die Projektion der Seite OQ' auf die Grundlinie OP ist gewiß kleiner als die Hälfte der Projektion der Seite OQ auf dieselbe Grundlinie. Auch sieht man leicht, daß die Projektion der Grundlinie OP auf OQ' kleiner ist als diejenige auf OQ. Ist nun immer noch der Winkel $OQ'P$ ein stumpfer, so ziehe man durch P eine Parallele mit OQ'; auf dieser liegt ein einziger Punkt P' des gegebenen Systems, der sich auf OQ' selbst senkrecht projiziert. Man wird nunmehr das Dreieck $OP'Q'$ zur Erzeugung des gegebenen Systems von Punkten gebrauchen können. Hat dieses noch einen stumpfen Winkel, so kann es nur der bei P' sein. Ferner ist die Projektion von OP' auf OQ' kleiner als die Hälfte der Projektion von OP auf OQ', um so mehr also kleiner als die Hälfte der Projektion von OP auf OQ; und die Projektion von OQ' auf OP' ist kleiner als diejenige auf OP, um so mehr also kleiner als die Hälfte der Projektion von OQ auf OP. Setzt man dieses Verfahren so lange fort, als noch stumpfe Winkel sich zeigen, so erhält man eine Reihenfolge von Dreiecken

$$OPQ, \quad OPQ', \quad OP'Q', \quad OP'Q'', \quad OP''Q'', \quad \text{usw.},$$

worin jeweilen die neugefundene Ecke eine stumpfwinklige ist und wo die Projektionen von OQ auf OP, von OQ' auf OP', von OQ'' auf OP'' usw., wie auch diejenigen von OP auf OQ, von OP' auf OQ' usw. zwei Reihen bilden, welche schneller fallen als die geometrische Reihe

$$1, \quad \frac{1}{2}, \quad \frac{1}{4}, \quad \frac{1}{8}, \quad \ldots$$

Solange nun die Dreiecke noch stumpfwinklig sind, ist immer diejenige Seite, welche die feste Ecke O mit dem Scheitel des stumpfen Winkels verbindet, kleiner als die Projektion der andern von O ausgehenden Seite auf die erste. Folglich bilden auch die Seiten OP, OP', OP'', ... und die Seiten OQ, OQ', OQ'', ... zwei Reihen, welche schneller fallen als die geometrische Reihe 1, 1/2, 1/4, ... Gäbe es nun kein spitzwinkliges Dreieck, so gingen beide Reihen ohne Ende fort; und man müßte in beiden auf Glieder kommen, die kleiner wären als die Quadratwurzel aus dem doppelten konstanten Inhalt eines jeden dieser Dreiecke. Ein Dreieck, worin zwei Seiten zugleich von dieser Beschaffenheit wären, enthält aber einen Widerspruch. Folglich kann das oben beschriebene Verfahren nicht ohne Ende fortgesetzt werden, sondern es muß einmal zu einem spitzwinkligen Dreieck führen und dann aufhören.

Man gelangt noch schneller zum Ziele, wenn man, ohne gerade den Punkt O festzuhalten, immer die kleinste Seite des soeben gefundenen erzeugenden Dreiecks als Grundlinie betrachtet.

In Übereinstimmung mit dem zuerst beschriebenen geometrischen Verfahren ist nun auch die numerische Rechnung anzustellen, sobald es sich darum handelt, die zu irgendeiner gegebenen Darstellung (a, b) gehörende Hauptdarstellung auszumitteln. Da es nämlich freisteht, das Verhältnis b/a durch seinen entgegengesetzten oder auch durch seinen umgekehrten Wert zu ersetzen, wofern über das Vorzeichen des reellen Faktors von $\sqrt{-1}$ nichts verfügt wird, so dürfen wir immerhin den reellen Teil von b/a als positiv und größer als 1 voraussetzen. Denn ginge das letzte nicht an, so wäre (a, b) schon die gesuchte Hauptdarstellung selbst. Es sei daher

$$\frac{b}{a} = p + q\sqrt{-1}$$

und r die Zahl der in p enthaltenen positiven Einheiten, folglich $0 < p - r < 1$; man setze

$$p - r + q\sqrt{-1} = \frac{1}{p' + q'\sqrt{-1}},$$

so wird p' positiv sein. Ist es auch noch größer als 1, so sei r' die Zahl der darin enthaltenen positiven Einheiten; und wenn man diese wegnimmt, so sei $p'' + q''\sqrt{-1}$ der umgekehrte Wert des Rests usw. Die Rechnung wird da aufhören, wo der umgekehrte Wert des Rests einen positiven echten Bruch als reellen Teil hat. Sie steht demnach so:

$$\frac{b}{a} = p + q\sqrt{-1} = r + \frac{1}{p' + q'\sqrt{-1}},$$

$$p' + q'\sqrt{-1} = r' + \frac{1}{p'' + q''\sqrt{-1}},$$

$$p'' + q''\sqrt{-1} = r'' + \frac{1}{p''' + q'''\sqrt{-1}},$$

. . . .

$$p^{(n-1)} + q^{(n-1)}\sqrt{-1} = r^{(n-1)} + \frac{1}{p^{(n)} + q^{(n)}\sqrt{-1}}.$$

Hier sind $r, r', \ldots, r^{(n-1)}$ lauter positive ganze Zahlen, $p, p', p'', \ldots, p^{(n)}$ sämtlich positiv und überdies die letzte $p^{(n)}$ kleiner als 1 und dazu noch $q^{(n)^2} > p^{(n)}(1-p^{(n)})$. Die Faktoren $q, q', q'', \ldots, q^{(n)}$ sind abwechselnd positiv und negativ. Bezeichnet nun h/k den reduzierten Wert des aus den Quotienten $r, r', \ldots, r^{(n-1)}$ gebildeten Kettenbruchs und h'/k' dessen letzten Näherungswert, so ist

$$\frac{b}{a} = \frac{h\,(p^{(n)} + q^{(n)}\sqrt{-1}) + h'}{k\,(p^{(n)} + q^{(n)}\sqrt{-1}) + k'},$$

folglich

$$p^{(n)} + q^{(n)}\sqrt{-1} = \frac{-h'a + k'b}{h\,a - k\,b}, \qquad [h\,k' - h'k = (-1)^n]$$

und $(h\,a - k\,b,\ -h'a + k'b)$ oder $(-h'a + k'b,\ h\,a - k\,b)$ die gesuchte Hauptdarstellung, je nachdem $q^{(n)}$ positiv oder negativ ist. Es versteht sich übrigens, daß jede Darstellung auf drei verschiedene Arten geschrieben werden kann, weil je zwei Seiten eines Dreiecks auf drei Arten kombiniert werden können, und daß jeder anderen Schreibweise ein Wechsel der Zeichen g, G, $\mathfrak{G}$ der geraden Funktionen entspricht.

3. *Über die Transformation und Multiplikation der ganzen elliptischen Funktionen*

Wir haben oben gesehen, daß ein einfaches Produkt $\Pi\,[1 - x^2/(m\,a + n\,b)^2]$, dessen Faktoren längs der Peripherie des unendlich groß werdenden Grenzkreises liegen, sich von 1 nur um eine Größe von der Ordnung des verkehrten Halbmessers dieses Kreises unterscheidet und daher aus einem Produkt endlicher Faktoren nach Belieben weggelassen oder demselben zugesetzt werden darf. Ich schicke diese Bemerkung voraus, um sie nicht im folgenden wiederholen zu müssen.

Es sei (a, b) irgendein erzeugendes Parallelogramm; man teile die durch die komplexen Größen a, b dargestellten Seiten desselben respektive in p, q gleiche Teile, wo p, q ungerade sein sollen, und ziehe durch die Teilungspunkte Parallellinien mit den Seiten des Parallelogramms. Man wird so ein neues Punktensystem $(0, a/p, b/q)$ erhalten, welches aus der Überlagerung der Punktensysteme $[(m\,a/p) + (n\,b/q),\ a,\ b]$, wo m, n alle den Grenzbedingungen

$$-\frac{p-1}{2} < m < \frac{p-1}{2}, \qquad -\frac{q-1}{2} < n < \frac{q-1}{2}$$

genügenden ganzen Zahlen bezeichnen, entstanden sich denken läßt. Es seien λ, μ ganze Zahlen und $\lambda\,a + \mu\,b$ ein *bei der Peripherie* des Grenzkreises befindlicher Punkt, und es mögen je zwei Faktoren, wie

$$\frac{x + \dfrac{m\,a}{p} + \dfrac{n\,b}{q} + \lambda\,a + \mu\,b}{\dfrac{m\,a}{p} + \dfrac{n\,b}{q} + \lambda\,a + \mu\,b} \quad \text{und} \quad \frac{x - \dfrac{m\,a}{p} - \dfrac{n\,b}{q} - \lambda\,a - \mu\,b}{-\dfrac{m\,a}{p} - \dfrac{n\,b}{q} - \lambda\,a - \mu\,b},$$

zugleich wegfallen oder neu hinzukommen, so wird dadurch die Richtigkeit einer endlichen Gleichung nicht getrübt werden[1]). Gerade dieses, und nicht mehr, geschieht aber, wenn wir setzen:

$$\gamma\left(x, \frac{a}{p}, \frac{b}{q}\right) = \prod_{m=-\frac{p-1}{2}}^{m=\frac{p-1}{2}} \prod_{n=-\frac{q-1}{2}}^{n=\frac{q-1}{2}} \frac{\gamma\left(x + \frac{m\,a}{p} + \frac{n\,b}{q}, a, b\right)}{\gamma\left(\frac{m\,a}{p} + \frac{n\,b}{q}, a, b\right)},$$

wo rechts im *Nenner* die dem System $m = 0$, $n = 0$ entsprechende Funktion γ wegzulassen ist. Diese Gleichung ist also richtig, und wenn Π ein endliches Doppelprodukt bezeichnet, worin von je zwei diametral entgegengesetzten Systemen (m, n) und $(-m, -n)$ nur das eine berücksichtigt und $(0, 0)$ weggelassen ist, so kann sie auch so geschrieben werden:

$$\gamma\left(x, \frac{a}{p}, \frac{b}{q}\right) = (-1)^{(p\,q-1)/2}\,\gamma\,x \prod \frac{\gamma\left(x + \frac{m\,a}{p} + \frac{n\,b}{q}\right)\gamma\left(x - \frac{m\,a}{p} - \frac{n\,b}{q}\right)}{\gamma^2\left(\frac{m\,a}{p} + \frac{n\,b}{q}\right)},$$

wo rechts unter den Funktionszeichen die spezifischen Konstanten a, b weggelassen sind, wie fortan immer geschehen soll, sobald kein Mißverständnis zu befürchten ist.

Weil p, q ungerade sind, so überzeugt man sich auch durch die nämliche Grundanschauung von der Richtigkeit der drei folgenden Gleichungen:

$$g\left(x, \frac{a}{p}, \frac{b}{q}\right) = \prod_{m=-\frac{p-1}{2}}^{m=\frac{p-1}{2}} \prod_{n=-\frac{q-1}{2}}^{n=\frac{q-1}{2}} \frac{g\left(x + \frac{m\,a}{p} + \frac{n\,b}{q}\right)}{g\left(\frac{m\,a}{p} + \frac{n\,b}{q}\right)},$$

$$G\left(x, \frac{a}{p}, \frac{b}{q}\right) = \prod\prod \frac{G\left(x + \frac{m\,a}{p} + \frac{n\,b}{q}\right)}{G\left(\frac{m\,a}{p} + \frac{n\,b}{q}\right)},$$

$$\mathfrak{G}\left(x, \frac{a}{p}, \frac{b}{q}\right) = \prod\prod \frac{\mathfrak{G}\left(x + \frac{m\,a}{p} + \frac{n\,b}{q}\right)}{\mathfrak{G}\left(\frac{m\,a}{p} + \frac{n\,b}{q}\right)}.$$

Setzt man eine der ungeraden Zahlen p, q, z.B. $q = 1$, so gehen die endlichen Doppelprodukte in einfache Produkte über, und die vier vorliegenden Formeln betreffen dann die *Transformation p-ter Ordnung.*

Nennen wir $(a/p, b/q)$ eine transformierte Darstellung zu der ursprünglichen (a, b) und es sei $(\lambda\,a + \mu\,b, \lambda' a + \mu' b)$, wo $\lambda\,\mu' - \lambda'\mu = 1$, eine mit der letzteren äquivalente Darstellung, so folgt, daß auch $[(\lambda\,a + \mu\,b)/p, (\lambda' a + \mu' b)/q]$ eine transformierte zu der ursprünglichen Darstellung (a, b) sei.

Ist insbesondere $p = q$, so wird $\gamma(x, a/p, b/p) = (1/p)\,\gamma(p\,x, a, b)$, $g(x, a/p, b/p) = g(p\,x, a, b)$ und ebenso für G, $\mathfrak{G}$. Man kann also mit Beibehaltung der spezi-

[1]) Der Fehler ist nämlich von der Ordnung Peripherie$/k^2$, also von der Ordnung $1/k$, und daher verschwindend.

fischen Konstanten a, b eine ganze elliptische Funktion des Arguments $p\,x$ als endliches Produkt solcher des einfachen Arguments x ausdrücken. Hierin ist das Prinzip der *Multiplikation* enthalten.

Eine getrennte Behandlung erfordert die Zahl 2. Aus der Grundanschauung gehen sogleich folgende Formeln hervor:

$$\gamma\left(x, \frac{a}{2}, b\right) = \gamma\, x\, g\, x,$$

$$G\left(x, \frac{a}{2}, b\right) = G\, x\, \mathfrak{G}\, x,$$

$$\gamma\left(x, a, \frac{b}{2}\right) = \gamma\, x\, G\, x,$$

$$g\left(x, a, \frac{b}{2}\right) = g\, x\, \mathfrak{G}\, x,$$

$$\gamma\left(x, \frac{a}{2}, \frac{b}{2}\right) = \gamma\, x\, g\, x\, G\, x\, \mathfrak{G}\, x;$$

folglich auch

$$\gamma\,(2\,x) = 2\,\gamma\, x\, g\, x\, G\, x\, \mathfrak{G}\, x.$$

Weiter können wir hier noch nicht gehen, und die Ausdrücke für

$$g\left(x, \frac{a}{2}, b\right), \quad \mathfrak{G}\left(x, \frac{a}{2}, b\right), \quad G\left(x, a, \frac{b}{2}\right), \quad \mathfrak{G}\left(x, a, \frac{b}{2}\right)$$

bleiben einer späteren Betrachtung vorbehalten.

4. *Bestimmung des Verhältnisses solcher unendlicher Doppelprodukte, deren Faktoren zusammenfallen und die sich daher nur durch ihre Begrenzung unterscheiden*

Nehmen wir uns die Bestimmung des Quotienten $Q = \dfrac{\gamma\,[x + (a/2)]}{g(x)}$ vor und abstrahieren von konstanten Faktoren, so kommt wesentlich nur das Verhältnis der beiden Werte in Betracht, welche ein und dasselbe Punktensystem nacheinander annimmt, wenn der Mittelpunkt des begrenzenden Kreises k das eine Mal in $x + (a/2)$, das andere Mal in x fällt. Also ist das Produkt aller innerhalb des ersten und außerhalb des zweiten Kreises liegenden Punkte durch das Produkt aller derjenigen zu dividieren, für welche das Umgekehrte stattfindet; oder, wenn man zu den Logarithmen übergeht, die mit dem Inhalte c des erzeugenden Parallelogramms multiplizierte Einheit des Punkts durch das Flächenelement $d\omega$ und die Doppelsumme durch ein Doppelintegral ersetzt, und endlich die ortsanzeigende komplexe Zahl durch z bezeichnet, so ist

$$\log Q = \text{const} + \frac{x}{c}\int \frac{d\omega}{z},$$

wo die Flächenelemente $d\omega$ im einen Monde positiv, im andern negativ zu nehmen sind. Es sei nun $a = \mathfrak{a}\, e^{\alpha\sqrt{-1}}$, $z = r\, e^{(\varphi+\alpha)\sqrt{-1}}$, wo $r = k$ angenommen werden darf. Zieht man aus dem Zentrum einen Strahl nach dem Punkte z, so ist die Länge eines innerhalb des Mondes befindlichen Stückes $(\mathfrak{a} \cos\varphi)/2$, also positiv im ersten, negativ im zweiten Monde. Man darf also $d\omega$ durch $(\mathfrak{a}\cos\varphi)\, k\, d\varphi/2$ ersetzen. Es ergibt sich demnach

$$\log Q = \text{const} + \frac{x}{2\,c}\,\mathfrak{a}\, e^{-\alpha\sqrt{-1}} \int_0^{2\pi} e^{-\varphi\sqrt{-1}} \cos\varphi\, d\varphi = \text{const} + \frac{\mathfrak{a}\, e^{-\alpha\sqrt{-1}}\,\pi\, x}{2\,c}.$$

Wird der Kürze wegen die zu a konjugierte Größe $\mathfrak{a}\, e^{-\alpha\sqrt{-1}} = a'$ gesetzt, so hat man

$$Q = \text{const} \times e^{[a'\pi/(2\,c)]\,x}.$$

Bestimmt man die Konstante durch die Annahme von $x = 0$, so ergibt sich

$$\frac{\gamma\left(x + \frac{a}{2}\right)}{g\, x} = \gamma\,\frac{a}{2}\, e^{[a'\pi/(2\,c)]\,x}.$$

Setzt man hier $(-a/2) - x$ an die Stelle von x, so ergibt sich

$$-\frac{\gamma\, x}{g\left(\frac{a}{2} + x\right)} = \gamma\,\frac{a}{2}\, e^{-[a\,a'/(4\,c)]\,\pi}\, e^{-[a'\pi/(2\,c)]\,x};$$

oder

$$\frac{g\left(\frac{a}{2} + x\right)}{\gamma\, x} = -\frac{e^{[a\,a'/(4\,c)]\,\pi}}{\gamma\,\frac{a}{2}}\, e^{[a'\pi/(2\,c)]\,x};$$

folglich, für ein verschwindendes x,

$$g\,\frac{a}{2} = 0, \qquad g'\,\frac{a}{2}\,\gamma\,\frac{a}{2} = -\,e^{[a\,a'/(4\,c)]\,\pi}.$$

Durch dieses Verfahren ergeben sich folgende Gleichungen:

$$\left.\begin{matrix}\gamma\\ g\\ G\\ \mathfrak{G}\end{matrix}\right\}\left(x + \frac{a}{2}\right) = \left.\begin{matrix}\gamma\\ g'\\ G\\ \mathfrak{G}\end{matrix}\right\}\left(\frac{a}{2}\right) e^{[a'\pi/(2\,c)]\,x} \left.\begin{matrix}g\\ \gamma\\ \mathfrak{G}\\ G\end{matrix}\right\}(x),$$

$$\left.\begin{matrix}\gamma\\ g\\ G\\ \mathfrak{G}\end{matrix}\right\}\left(x + \frac{b}{2}\right) = \left.\begin{matrix}\gamma\\ g\\ G'\\ \mathfrak{G}\end{matrix}\right\}\left(\frac{b}{2}\right) e^{[b'\pi/(2\,c)]\,x} \left.\begin{matrix}G\\ \mathfrak{G}\\ \gamma\\ g\end{matrix}\right\}(x),$$

$$\left.\begin{matrix}\gamma\\ g\\ G\\ \mathfrak{G}\end{matrix}\right\}\left(x + \frac{a+b}{2}\right) = \left.\begin{matrix}\gamma\\ g\\ G\\ \mathfrak{G}'\end{matrix}\right\}\left(\frac{a+b}{2}\right) e^{[(a'+b')/(2\,c)]\,\pi\, x} \left.\begin{matrix}\mathfrak{G}\\ G\\ g\\ \gamma\end{matrix}\right\}(x).$$

Die Konstanten dieser Gleichungen sind durch folgende Relationen verbunden:

$$\gamma\,\frac{a}{2}\, g'\,\frac{a}{2} = -\,e^{[a\,a'/(4\,c)]\,\pi}, \qquad G\,\frac{a}{2}\,\mathfrak{G}\,\frac{a}{2} = e^{[a\,a'/(4\,c)]\,\pi},$$

$$\gamma\,\frac{b}{2}\, G'\,\frac{b}{2} = -\,e^{[b\,b'/(4\,c)]\,\pi}, \qquad g\,\frac{b}{2}\,\mathfrak{G}\,\frac{b}{2} = e^{[b\,b'/(4\,c)]\,\pi},$$

$$\gamma\,\frac{a+b}{2} = \gamma\,\frac{a}{2}\, g\,\frac{b}{2}\, e^{a'b\pi/(4\,c)} = \gamma\,\frac{b}{2}\, G\,\frac{a}{2}\, e^{a\,b'\pi/(4\,c)},$$

$$g\,\frac{a+b}{2} = g'\,\frac{a}{2}\,\gamma\,\frac{b}{2}\, e^{a'b\pi/(4\,c)} = g\,\frac{b}{2}\,\mathfrak{G}\,\frac{a}{2}\, e^{a\,b'\pi/(4\,c)},$$

$$G\,\frac{a+b}{2} = G\,\frac{a}{2}\,\mathfrak{G}\,\frac{b}{2}\,e^{a'b\pi/(4c)} = G'\,\frac{b}{2}\,\gamma\,\frac{a}{2}\,e^{ab'\pi/(4c)},$$

$$\mathfrak{G}'\,\frac{a+b}{2} = \mathfrak{G}\,\frac{a}{2}\,G'\,\frac{b}{2}\,e^{a'b\pi/(4c)} = \mathfrak{G}\,\frac{b}{2}\,g'\,\frac{a}{2}\,e^{ab'\pi/(4c)}.$$

Aus den vier letzten Gleichungen folgt unter anderem:

$$\frac{\gamma\,\frac{a}{2}}{G\,\frac{a}{2}}\sqrt{-1} = \frac{\gamma\,\frac{b}{2}}{g\,\frac{b}{2}}, \qquad \frac{\gamma\,\frac{a}{2}}{\mathfrak{G}\,\frac{a}{2}}\sqrt{-1} = \frac{\gamma\,\frac{a+b}{2}}{g\,\frac{a+b}{2}}, \qquad \frac{\gamma\,\frac{b}{2}}{\mathfrak{G}\,\frac{b}{2}} = \frac{\gamma\,\frac{a+b}{2}}{G\,\frac{a+b}{2}}\sqrt{-1}.$$

Von derselben geometrischen Betrachtung ausgehend wie oben, findet man, wenn m, n beliebige ganze Zahlen bezeichnen,

$$\frac{\gamma\,(x + m\,a + n\,b)}{\gamma\,x} = \text{const} \times e^{[(m\,a' + n\,b')/c]\,\pi\,x},$$

wo das Funktionszeichen γ durch die drei übrigen ersetzt werden darf. Um den Wert der Konstanten auszumitteln, muß man aber die vier Funktionen unterscheiden. Setzt man nämlich $x = [-(m\,a + n\,b)/2] + \omega$, wo ω eine verschwindende Größe bezeichnet, so ist zuerst für γ der Fall, wo m, n zugleich gerade sind, von den übrigen abzutrennen, weil alsdann $\gamma\,(m\,a + n\,b)/2$ verschwindet. Man findet hier

$$\frac{\gamma\left(\frac{m\,a+n\,b}{2} + \omega\right)}{\gamma\left(-\frac{m\,a+n\,b}{2} + \omega\right)} = \frac{\omega\,\gamma'\,\frac{m\,a+n\,b}{2}}{\omega\,\gamma'\left(-\frac{m\,a+n\,b}{2}\right)} = +1,$$

in allen andern Fällen dagegen

$$= \frac{\gamma\,\frac{m\,a+n\,b}{2}}{\gamma\left(-\frac{m\,a+n\,b}{2}\right)} = -1;$$

folglich überhaupt

$$\frac{\gamma\left(\frac{m\,a+n\,b}{2} + \omega\right)}{\gamma\left(-\frac{m\,a+n\,b}{2} + \omega\right)} = -(-1)^{(m+1)\,(n+1)} = (-1)^{m+n}\,(-1)^{mn}.$$

Für g, G, $\mathfrak{G}$ sind respektive die Fälle, wo m ungerade, n gerade; wo m gerade, n ungerade, und endlich wo m, n zugleich ungerade sind, von allen übrigen Fällen abzutrennen. Man findet dann überhaupt:

$$\frac{g\left(\frac{m\,a+n\,b}{2} + \omega\right)}{g\left(-\frac{m\,a+n\,b}{2} + \omega\right)} = (-1)^{m}\,(-1)^{m\,n},$$

$$\frac{G\left(\frac{m\,a+n\,b}{2} + \omega\right)}{G\left(-\frac{m\,a+n\,b}{2} + \omega\right)} = (-1)^{n}\,(-1)^{m\,n},$$

$$\frac{\mathfrak{G}\left(\frac{m\,a+n\,b}{2}+\omega\right)}{\mathfrak{G}\left(-\frac{m\,a+n\,b}{2}+\omega\right)}=(-1)^{m\,n}.$$

Es ergeben sich demnach folgende vier Gleichungen:

$$\left.\begin{matrix}\gamma\\ g\\ G\\ \mathfrak{G}\end{matrix}\right\}(x+m\,a+n\,b)=\left.\begin{matrix}(-1)^{m+n}\\ (-1)^{m}\\ (-1)^{n}\\ +1\end{matrix}\right\}\times(-1)^{m\,n}\,e^{\frac{m\,a'+n\,b'}{c}\pi\left(x+\frac{m\,a+n\,b}{2}\right)}\times\left.\begin{matrix}\gamma\\ g\\ G\\ \mathfrak{G}\end{matrix}\right\}(x).$$

5. *Quotienten unendlicher Doppelprodukte in Doppelsummen von Partialbrüchen verwandelt*

Denkt man sich im Ausdruck $\gamma\,x/(G\,x)$ Zähler und Nenner als endliche Produkte, von denen jener eine kleinere Zahl von Faktoren hat als dieser, so ist nach den algebraischen Regeln

$$\frac{\gamma\,x}{G\,x}=\sum\frac{\gamma\left[-m\,a-\left(n+\frac{1}{2}\right)b\right]}{G'\left[-m\,a-\left(n+\frac{1}{2}\right)b\right]}\cdot\frac{1}{x+m\,a+\left(n+\frac{1}{2}\right)b},$$

wo die Summe rechts sich über alle Punkte $m\,a+[n+(1/2)]\,b$ erstreckt, welche im Produkte $G\,x$, begrenzt durch den Kreis k, vorkommen. Setzt man im Ausdruck des konstanten Zählers eines Partialbruchs die auf einen unendlich großen begrenzenden Kreis bezüglichen Werte von γ und G', so begeht man einen Fehler von der Ordnung $1/k$, und dann ist der hieraus entstehende Gesamtfehler, wenn man je zwei Partialbrüche, welche diametral entgegengesetzten Punkten entsprechen, zusammenfaßt, von der Ordnung

$$\frac{1}{k}\int^{k}\frac{2\,\pi\,r\,dr}{r^2}=\frac{2\,\pi}{k}\int^{k}\frac{dr}{r},$$

d.h. von der Ordnung $(\log k)/k$, also verschwindend, wenn k unendlich groß wird. Da ferner der erwähnte konstante Zähler des Partialbruchs immerfort einen endlichen Wert behält, so ist auch der aus der unendlichen kreisförmigen Ausdehnung der Doppelsumme entstehende Fehler nur von der Ordnung $1/k$. Nun ist der fragliche konstante Zähler nach der vorigen Ziffer 4 gleich $[(\gamma\,b/2)/(G'\,b/2)]\,(-1)^m$; folglich in transzendentem Sinne:

$$\frac{\gamma\,x}{G\,x}=\frac{\gamma\frac{b}{2}}{G'\frac{b}{2}}\sum\frac{(-1)^m}{x+m\,a+\left(n+\frac{1}{2}\right)b}$$

$$=\frac{\gamma\frac{b}{2}}{G'\frac{b}{2}}\left\{\frac{d}{dx}\log G(x,2\,a,b)-\frac{d}{dx}\log\mathfrak{G}(x,2\,a,b)\right\}.$$

Setzt man hier a in $a/2$ um und wendet die Transformationsformeln am Ende von Ziffer 3 an, so erhält man

$$\frac{\gamma x\, g x}{G x\, \mathfrak{G} x} = \frac{\gamma \frac{b}{2}\, g \frac{b}{2}}{G' \frac{b}{2}\, \mathfrak{G} \frac{b}{2}} \cdot \frac{d}{dx} \log \frac{G x}{\mathfrak{G} x}$$

oder, da

$$\gamma \frac{b}{2}\, G' \frac{b}{2} = - g \frac{b}{2}\, \mathfrak{G} \frac{b}{2}$$

ist, wenn man rechts die Differentiation vollzieht:

$$\frac{\gamma x\, g x}{G x\, \mathfrak{G} x} = - \left(\frac{\gamma \frac{b}{2}}{\mathfrak{G} \frac{b}{2}} \right)^2 \left(\frac{G' x}{G x} - \frac{\mathfrak{G}' x}{\mathfrak{G} x} \right).$$

Teils indem man hier $x + (b/2)$ für x setzt, teils indem man die spezifischen Konstanten a, b vertauscht oder auch $a + b$, b an die Stelle von a, b setzt, gelangt man zu folgenden sechs Gleichungen:

$$\left. \begin{array}{l|l} \dfrac{\gamma' x}{\gamma x} - \dfrac{g' x}{g x} = \dfrac{G x\, \mathfrak{G} x}{\gamma x\, g x} & \dfrac{G' x}{G x} - \dfrac{\mathfrak{G}' x}{\mathfrak{G} x} = p \dfrac{\gamma x\, g x}{G x\, \mathfrak{G} x} \\ \dfrac{\gamma' x}{\gamma x} - \dfrac{G' x}{G x} = \dfrac{\mathfrak{G} x\, g x}{\gamma x\, G x} & \dfrac{\mathfrak{G}' x}{\mathfrak{G} x} - \dfrac{g' x}{g x} = q \dfrac{\gamma x\, G x}{\mathfrak{G} x\, g x} \\ \dfrac{\gamma' x}{\gamma x} - \dfrac{\mathfrak{G}' x}{\mathfrak{G} x} = \dfrac{g x\, G x}{\gamma x\, \mathfrak{G} x} & \dfrac{g' x}{g x} - \dfrac{G' x}{G x} = r \dfrac{\gamma x\, \mathfrak{G} x}{g x\, G x} \end{array} \right\} \qquad (1)$$

wo

$$p = - \left(\frac{\mathfrak{G} \frac{b}{2}}{\gamma \frac{b}{2}} \right)^2 = \left(\frac{G \frac{a+b}{2}}{\gamma \frac{a+b}{2}} \right)^2, \qquad q = \left(\frac{\mathfrak{G} \frac{a}{2}}{\gamma \frac{a}{2}} \right)^2 = - \left(\frac{g \frac{a+b}{2}}{\gamma \frac{a+b}{2}} \right)^2,$$

$$r = - \left(\frac{G \frac{a}{2}}{\gamma \frac{a}{2}} \right)^2 = \left(\frac{g \frac{b}{2}}{\gamma \frac{b}{2}} \right)^2.$$

Verbindet man nun je drei dieser sechs Gleichungen, so daß die logarithmischen Differentiale verschwinden, und reduziert, so erhält man folgende vier Gleichungen:

$$\left. \begin{array}{r} G^2 x - \mathfrak{G}^2 x = p \gamma^2 x, \\ \mathfrak{G}^2 x - g^2 x = q \gamma^2 x, \\ g^2 x - G^2 x = r \gamma^2 x, \\ p\, g^2 x + q\, G^2 x + r\, \mathfrak{G}^2 x = 0. \end{array} \right\} \qquad (2)$$

Sollen die drei ersten zugleich bestehen, so wird

$$p + q + r = 0$$

erfordert. Die vierte ist eine notwendige Folge der drei ersten.

6. *Das Argument x als einfaches Integral mittels der gebrochenen Funktion $\gamma\, x/(G\, x)$ dargestellt*

Setzt man $y = \gamma\, x/(G\, x)$, so geben die vorigen Gleichungen

$$\frac{g\,x}{G\,x} = \sqrt{1 + r\,y^2}, \qquad \frac{\mathfrak{G}\,x}{G\,x} = \sqrt{1 - p\,y^2}$$

und

$$dy = \sqrt{1 + r\,y^2}\,\sqrt{1 - p\,y^2}\,dx,$$

folglich

$$x = \int \frac{dy}{\sqrt{(1 + r\,y^2)\,(1 - p\,y^2)}},$$

wo x und y zugleich verschwinden sollen. Wenn daher $-p/r = k^2$, also der Modul $k = (\mathfrak{G}\, b/2)/(g\, b/2)$ gesetzt wird, so ist

$$\sqrt{-r}\,\frac{\gamma\,x}{G\,x} = \operatorname{sinam}(x\sqrt{-r}), \qquad \frac{g\,x}{G\,x} = \operatorname{cosam}(x\sqrt{-r}),$$

und

$$\frac{\mathfrak{G}\,x}{G\,x} = \Delta \operatorname{am}(x\sqrt{-r}), \quad \text{wo} \quad \sqrt{-r} = \frac{G\,\frac{a}{2}}{\gamma\,\frac{a}{2}} \quad \text{ist.}$$

Zugleich ist der komplementäre Modul

$$k' = \sqrt{-\frac{q}{r}} = \frac{\mathfrak{G}\,\frac{a}{2}}{G\,\frac{a}{2}}.$$

7. *Addition der Argumente der elliptischen Funktionen*

Macht man die erste der Gleichungen (1) ganz, so erhält man für zwei beliebige Argumente x, y:

$$G\,x\,\mathfrak{G}\,x = g\,x\,\gamma'\,x - \gamma\,x\,g'\,x,$$

$$G\,y\,\mathfrak{G}\,y = g\,y\,\gamma'\,y - \gamma\,y\,g'\,y;$$

also, wenn man respektive mit $G\,y\,\mathfrak{G}\,y$, $G\,x\,\mathfrak{G}\,x$ multipliziert und subtrahiert:

$$G\,y\,\mathfrak{G}\,y\,(g\,x\,\gamma' x - \gamma\,x\,g' x) - G\,x\,\mathfrak{G}\,x\,(g\,y\,\gamma' y - \gamma\,y\,g' y) = 0.$$

Andere fünf Gleichungen dieser Art unterscheiden sich nur durch gegenseitige Vertauschung der Funktionszeichen γ, g, G, $\mathfrak{G}$. Addiert man zur vorigen Gleichung diejenige, welche sich ergibt, wenn man respektive G, $\mathfrak{G}$, g, γ gegen g, γ, G, $\mathfrak{G}$ vertauscht und setzt $x + y = \text{const}$, so ergibt sich

$$g\,x\,G\,y\,d(\gamma\,x\,\mathfrak{G}\,y) + g\,y\,G\,x\,d(\gamma\,y\,\mathfrak{G}\,x) = \gamma\,x\,\mathfrak{G}\,y\,d(g\,x\,G\,y) + \gamma\,y\,\mathfrak{G}\,x\,d(g\,y\,G\,x),$$

und wenn man hier g, G vertauscht und die so entstandene Gleichung addiert oder subtrahiert, so erhält man die beiden Gleichungen:

$$(g\,x\,G\,y \pm g\,y\,G\,x)\,d(\gamma\,x\,\mathfrak{G}\,y \pm \gamma\,y\,\mathfrak{G}\,x)$$
$$= (\gamma\,x\,\mathfrak{G}\,y \pm \gamma\,y\,\mathfrak{G}\,x)\,d(g\,x\,G\,y \pm g\,y\,G\,x),$$

aus denen sich durch Integration die beiden Gleichungen

$$\left.\begin{aligned}\frac{G\,x\,g\,y + g\,x\,G\,y}{\gamma\,x\,\mathfrak{G}\,y + \mathfrak{G}\,x\,\gamma\,y} &= \frac{G\,(x+y) + g\,(x+y)}{\gamma\,(x+y)}\\ \frac{G\,x\,g\,y - g\,x\,G\,y}{\gamma\,x\,\mathfrak{G}\,y - \mathfrak{G}\,x\,\gamma\,y} &= \frac{G\,(x+y) - g\,(x+y)}{\gamma\,(x+y)}\end{aligned}\right\} \qquad (3)$$

ergeben. Multipliziert man sie miteinander und berücksichtigt die Formeln (2), so sieht man, daß je eine der Gleichungen (3) eine notwendige Folge der andern ist. Noch zwei andere Paare solcher Gleichungen ergeben sich, wenn man die Funktion $\mathfrak{G}$ mit g oder G vertauscht. Setzt man in (3) $-y$ anstatt y, so erhält man

$$\left.\begin{aligned}\frac{G\,x\,g\,y + g\,x\,G\,y}{\gamma\,x\,\mathfrak{G}\,y - \mathfrak{G}\,x\,\gamma\,y} &= \frac{G\,(x-y) + g\,(x-y)}{\gamma\,(x-y)},\\ \frac{G\,x\,g\,y - g\,x\,G\,y}{\gamma\,x\,\mathfrak{G}\,y + \mathfrak{G}\,x\,\gamma\,y} &= \frac{G\,(x-y) - g\,(x-y)}{\gamma\,(x-y)}.\end{aligned}\right\} \qquad (3\text{a})$$

Die Vertauschung von $\mathfrak{G}$ mit g oder G liefert noch zwei andere Paare.

Die Gleichungen (3) können ihrer Natur nach nur dazu dienen, die gebrochenen Funktionen der Summe $x + y$ durch solche der getrennten Argumente x, y auszudrücken. Es entsteht daher die Aufgabe, von den erwähnten gebrochenen Gleichungen zu ganzen zurückzugehen, aus deren Division jene als hervorgegangen angesehen werden können.

Für welche Argumente bekommt die gebrochene Funktion $\gamma\,x/(g\,x)$ dieselben Werte? Die Formeln am Ende von Ziffer 4 geben uns

$$\frac{\gamma\,(x + m\,a + n\,b)}{g\,(x + m\,a + n\,b)} = (-1)^n\,\frac{\gamma\,x}{g\,x}.$$

Unterscheidet man daher, ob n gerade oder ungerade ist, so hat man

$$\frac{\gamma\,(x + m\,a + 2\,n\,b)}{g\,(x + m\,a + 2\,n\,b)} = \frac{\gamma\,x}{g\,x}, \qquad \frac{\gamma\,[m\,a + (2\,n+1)\,b - x]}{g\,[m\,a + (2\,n+1)\,b - x]} = \frac{\gamma\,x}{g\,x}.$$

Also wird der *ganze* Ausdruck

$$\gamma\,x\,g\,y - \gamma\,y\,g\,x$$

sooft verschwinden, als entweder $x - y = m\,a + 2\,n\,b$, oder aber $x + y = m\,a + (2\,n + 1)\,b$ ist. Schließt man hieraus auf die linearen Faktoren des erwähnten Ausdrucks, so folgt, daß derselbe durch die ganze Funktion

$$\gamma(x - y, a, 2\,b)\;G(x + y, a, 2\,b)$$

teilbar ist. Dürfte man annehmen, daß jener Ausdruck die linearen Faktoren nur einmal und keine anderen außer denselben enthalte, so fände Gleichheit statt, ohne daß man einen konstanten Faktor beizufügen brauchte, weil für $y = 0$ sich die am Ende von Ziffer 3 bewiesene Gleichung

$$\gamma(x, a, b) = \gamma(x, a, 2\,b)\;G(x, a, 2\,b)$$

ergäbe. Nähme man die durch Umsetzung von y in $-y$ entstehende Gleichung hinzu, so hätte man die zwei Gleichungen

$$\gamma x\, g y - \gamma y\, g x = \gamma(x-y, a, 2b)\, G(x+y, a, 2b),$$
$$\gamma x\, g y + \gamma y\, g x = \gamma(x+y, a, 2b)\, G(x-y, a, 2b);$$

aus deren Multiplikation sich vermöge der angeführten Transformation zweiter Ordnung die Gleichung

$$\gamma^2 x\, g^2 y - \gamma^2 y\, g^2 x = \gamma\,(x+y)\,\gamma\,(x-y)$$

ergäbe. Diese Formel soll nun streng bewiesen werden. Da ihre linke Seite verschiedentlich dargestellt werden kann, so wollen wir sie kurz durch $N(x, y, a, b)$ oder nur durch $N(x, y)$, wenn sich die spezifischen Konstanten a, b von selbst verstehen, bezeichnen. Man erhält dann aus den Formeln (2)

$$\left.\begin{array}{l|l} \gamma^2 x\, g^2 y - \gamma^2 y\, g^2 x = N(x, y) & G^2 x\, \mathfrak{G}^2 y - G^2 y\, \mathfrak{G}^2 x = p\, N(x, y) \\ \gamma^2 x\, G^2 y - \gamma^2 y\, G^2 x = N(x, y) & \mathfrak{G}^2 x\, g^2 y - \mathfrak{G}^2 y\, g^2 x = q\, N(x, y) \\ \gamma^2 x\, \mathfrak{G}^2 y - \gamma^2 y\, \mathfrak{G}^2 x = N(x, y) & g^2 x\, G^2 y - g^2 y\, G^2 x = r\, N(x, y) \end{array}\right\} \quad (4)$$

Vermöge der Transformationsformeln zweiter Ordnung hat man

$$\gamma\left(x, a, \frac{b}{2}\right) g\left(y, a, \frac{b}{2}\right) - \gamma\left(y, a, \frac{b}{2}\right) g\left(x, a, \frac{b}{2}\right)$$
$$= \gamma x\, G x\, g y\, \mathfrak{G} y - \gamma y\, G y\, g x\, \mathfrak{G} x.$$

Wenn man aber die Formeln (3) addiert, so erhält man

$$\left.\begin{array}{l} \dfrac{G\,(x+y)}{\gamma\,(x+y)} = \dfrac{\gamma x\, G x\, g y\, \mathfrak{G} y - \gamma y\, G y\, g x\, \mathfrak{G} x}{N(x, y)}, \\ \dfrac{G\,(x-y)}{\gamma\,(x-y)} = \dfrac{\gamma x\, G x\, g y\, \mathfrak{G} y + \gamma y\, G y\, \gamma x\, \mathfrak{G} x}{N(x, y)}. \end{array}\right\} \quad (5)$$

Folglich ist

$$\gamma\left(x, a, \frac{b}{2}\right) g\left(y, a, \frac{b}{2}\right) - \gamma\left(y, a, \frac{b}{2}\right) g\left(x, a, \frac{b}{2}\right) = N(x, y)\, \frac{G(x+y)}{\gamma(x+y)},$$
$$\gamma\left(x, a, \frac{b}{2}\right) g\left(y, a, \frac{b}{2}\right) + \gamma\left(y, a, \frac{b}{2}\right) g\left(x, a, \frac{b}{2}\right) = N(x, y)\, \frac{G(x-y)}{\gamma(x-y)};$$

und wenn man beide Gleichungen miteinander multipliziert:

$$N\left(x, y, a, \frac{b}{2}\right) = \overline{N(x, y)}^2\, \frac{G\,(x+y)\, G\,(x-y)}{\gamma\,(x+y)\, \gamma\,(x-y)}.$$

Diese Gleichung werde nun durch

$$\gamma\left(x+y, a, \frac{b}{2}\right) \gamma\left(x-y, a, \frac{b}{2}\right) = \gamma\,(x+y)\, G\,(x+y)\, \gamma\,(x-y)\, G\,(x-y)$$

dividiert, so ergibt sich

$$\frac{N\left(x, y, a, \dfrac{b}{2}\right)}{\gamma\left(x+y, a, \dfrac{b}{2}\right) \gamma\left(x-y, a, \dfrac{b}{2}\right)} = \left\{\frac{N(x, y, a, b)}{\gamma(x+y, a, b)\, \gamma(x-y, a, b)}\right\}^2.$$

Eine ähnliche Gleichung entsteht durch Vertauschung von a und b. Wendet man beide hintereinander an und bedenkt, daß

$$\gamma(x, 2a, 2b) = 2\gamma\left(\frac{x}{2}, a, b\right)$$

ist, so erhält man

$$\frac{N(x, y)}{\gamma(x+y)\,\gamma(x-y)} = \left\{\frac{N\left(\frac{x}{2}, \frac{y}{2}\right)}{\gamma\frac{x+y}{2}\,\gamma\frac{x-y}{2}}\right\}^4;$$

folglich, wenn n irgendeine ganze positive Zahl bezeichnet:

$$\frac{N(x, y)}{\gamma(x+y)\,\gamma(x-y)} = \left\{\frac{N\left(\frac{x}{2^n}, \frac{y}{2^n}\right)}{\gamma\frac{x+y}{2^n}\,\gamma\frac{x-y}{2^n}}\right\}^{4^n}.$$

Es ist aber, wenn man nach steigenden Potenzen von x, y entwickelt:

$$\frac{N(x, y)}{\gamma(x+y)\,\gamma(x-y)} = 1 + L x^2 y^2 + \cdots,$$

wo

$$L = \frac{1}{q}(\gamma'''0)^2 + \frac{1}{3}\gamma'''0\, g''0 - \frac{1}{12}\gamma^V 0 - \frac{1}{4}(g''0)^2 - \frac{1}{12}g^{IV}0;$$

folglich für ein unendlich groß werdendes n:

$$\frac{N(x, y)}{\gamma(x+y)\,\gamma(x-y)} = \left(1 + L\frac{x^2y^2}{4^{2n}} + \cdots\right)^{4^n} = 1 + L\frac{x^2y^2}{4^n} + \cdots.$$

Also endlich

$$\gamma(x+y)\,\gamma(x-y) = N(x, y). \tag{6}$$

Werden die Gleichungen (5) miteinander multipliziert und rechts die Funktionen g, $\mathfrak{G}$ mittels der Relationen (2) in γ, G ausgedrückt, so erhält man

$$G(x+y)\,G(x-y) = G^2x\,G^2y + rp\,\gamma^2x\,\gamma^2y.$$

Ebenso ist

$$\left.\begin{aligned} g(x+y)\,g(x-y) &= g^2x\,g^2y + qr\,\gamma^2x\,\gamma^2y,\\ \mathfrak{G}(x+y)\,\mathfrak{G}(x-y) &= \mathfrak{G}^2x\,\mathfrak{G}^2y + pq\,\gamma^2x\,\gamma^2y.\end{aligned}\right\} \tag{7}$$

Vermöge der Gleichung (6) werden die Gleichungen (5)

$$\gamma(x+y)\,G(x-y) = \gamma x\,Gx\,gy\,\mathfrak{G}y + \gamma y\,Gy\,gx\,\mathfrak{G}x,$$
$$\gamma(x-y)\,G(x+y) = \gamma x\,Gx\,gy\,\mathfrak{G}y - \gamma y\,Gy\,gx\,\mathfrak{G}x.$$

Durch Addition und Subtraktion ergeben sich hieraus zwei andere Gleichungen. Vertauscht man darin G mit g oder mit $\mathfrak{G}$ und setzt der Kürze wegen

$$s = x + y, \qquad t = x - y,$$

so bekommt man folgende sechs Gleichungen:

$$\left.\begin{array}{l|l} \gamma s g t+\gamma t g s=2\gamma x g x G y \mathfrak{G} y & \gamma s g t-\gamma t g s=2\gamma y g y G x \mathfrak{G} x \\ \gamma s G t+\gamma t G s=2\gamma x G x g y \mathfrak{G} y & \gamma s G t-\gamma t G s=2\gamma y G y \mathfrak{G} x g x \\ \gamma s \mathfrak{G} t+\gamma t \mathfrak{G} s=2\gamma x \mathfrak{G} x g y G y & \gamma s \mathfrak{G} t-\gamma t \mathfrak{G} s=2\gamma y \mathfrak{G} y g x G x \end{array}\right\} \quad (8)$$

Sechs andere Gleichungen dieser Art ergeben sich entweder, indem man hier x um eine halbe spezifische Konstante vermehrt, oder auch auf folgendem Wege. Wenn man in den Formeln (3) das eine Mal x, y durch s, t ersetzt, das andere Mal hingegen y gleich x werden läßt, so kommen in beiden Fällen die rechten Seiten jener zwei Formeln gleich heraus. Man hat also

$$\frac{G s g t+g s G t}{\gamma s \mathfrak{G} t+\mathfrak{G} s \gamma t}=\frac{g x G x}{\gamma x \mathfrak{G} x},$$

$$\frac{G s g t-g s G t}{\gamma s \mathfrak{G} t-\mathfrak{G} s \gamma t}=\frac{G x g' x-g x G' x}{\gamma x \mathfrak{G}' x-\mathfrak{G} x \gamma' x}=\frac{r \gamma x \mathfrak{G} x}{-g x G x}$$

infolge der Formeln (1). Da nun die Nenner links durch die Formeln (8) bekannt sind, so erhalten die zwei vorliegenden Gleichungen samt denen, welche daraus durch Vertauschung der Funktionszeichen sich ergeben, folgende Gestalt:

$$\left.\begin{array}{r|r} G s \mathfrak{G} t+\mathfrak{G} s G t=2 G x G y \mathfrak{G} x \mathfrak{G} y & G s \mathfrak{G} t-\mathfrak{G} s G t=2 p \gamma x \gamma y g x g y \\ \mathfrak{G} s g t+g s \mathfrak{G} t=2 \mathfrak{G} x \mathfrak{G} y g x g y & \mathfrak{G} s g t-g s \mathfrak{G} t=2 q \gamma x \gamma y G x G y \\ g s G t+G s g t=2 g x g y G x G y & g s G t-G s g t=2 r \gamma x \gamma y \mathfrak{G} x \mathfrak{G} y \end{array}\right\} (9)$$

Die drei letzten Gleichungen führen zu merkwürdigen Folgerungen. Multipliziert man sie nämlich der Reihe nach mit $g z$, $G z$, $\mathfrak{G} z$ und addiert, so erhält man links eine Determinante:

$$\left|\begin{array}{lll} g s, & g t, & g z \\ G s, & G t, & G z \\ \mathfrak{G} s, & \mathfrak{G} t, & \mathfrak{G} z \end{array}\right|=2 \gamma x \gamma y(p g x g y g z+q G x G y G z+r \mathfrak{G} x \mathfrak{G} y \mathfrak{G} z).$$

Da die Determinante durch $\gamma x \gamma y=\gamma[(s+t)/2] \gamma[(s-t)/2]$ teilbar ist, so muß sie der Symmetrie wegen auch durch $\gamma[(t+z)/2] \gamma[(t-z)/2] \gamma[(z-s)/2] \times \gamma[(z+s)/2]$ teilbar sein. Man setze daher in dem eingeklammerten Ausdrucke rechts $x=(s+t)/2$, $y=(s-t)/2$, drücke mittels der Formeln (7) alles in den Argumenten $s/2$, $t/2$, $z/2$ aus und reduziere es mittels (2) auf zwei einzige Funktionszeichen, z. B. γ und g. Zerlegt man den erhaltenen Ausdruck in Faktoren und beachtet die Formel (6), so ergibt sich

$$\begin{aligned} & p g x g y g z+q G x G y G z+r \mathfrak{G} x \mathfrak{G} y \mathfrak{G} z \\ & =-2 p q r \gamma \frac{x+y+z}{2} \gamma \frac{y+z-x}{2} \gamma \frac{z+x-y}{2} \gamma \frac{x+y-z}{2}, \end{aligned} \quad (10)$$

und wenn man in der Determinante s, t durch x, y ersetzt, so wird sie

$$\left|\begin{array}{lll} g x, & g y, & g z \\ G x, & G y, & G z \\ \mathfrak{G} x, & \mathfrak{G} y, & \mathfrak{G} z \end{array}\right|=-4 p q r \gamma \frac{y+z}{2} \gamma \frac{y-z}{2} \gamma \frac{z+x}{2} \gamma \frac{z-x}{2} \gamma \frac{x+y}{2} \gamma \frac{x-y}{2}. \quad (11)$$

Setzt man in (10) $z = x + y$ oder $z = x - y$, so verschwindet die rechte Seite und man bekommt

$$\left.\begin{aligned} p\,g\,x\,g\,y\,g\,(x+y) + q\,G\,x\,G\,y\,G\,(x+y) + r\,\mathfrak{G}\,x\,\mathfrak{G}\,y\,\mathfrak{G}\,(x+y) = 0, \\ p\,g\,x\,g\,y\,g\,(x-y) + q\,G\,x\,G\,y\,G\,(x-y) + r\,\mathfrak{G}\,x\,\mathfrak{G}\,y\,\mathfrak{G}\,(x-y) = 0. \end{aligned}\right\} \tag{12}$$

Setzt man $z = 0$, so wird

$$p\,g\,x\,g\,y + q\,G\,x\,G\,y + r\,\mathfrak{G}\,x\,\mathfrak{G}\,y = 2\,p\,q\,r\,\gamma^2\,\frac{x+y}{2}\,\gamma^2\,\frac{x-y}{2} \tag{13}$$

oder auch

$$p\,g\,(x+y)\,g\,(x-y) + q\,G\,(x+y)\,G\,(x-y) + r\,\mathfrak{G}\,(x+y)\,\mathfrak{G}\,(x-y)$$
$$= 2\,p\,q\,r\,\gamma^2\,x\,\gamma^2\,y.$$

Setzt man $x = y = z$, so ergibt sich

$$p\,g^3\,x + q\,G^3\,x + r\,\mathfrak{G}^3\,x = -2\,p\,q\,r\,\gamma^3\,\frac{x}{2}\,\gamma\,\frac{3\,x}{2}. \tag{14}$$

Vermehrt man in (10) das Argument x nacheinander um a, b, $a + b$, so erhält man folgende drei Gleichungen:

$$-p\,g\,x\,g\,y\,g\,z + q\,G\,x\,G\,y\,G\,z + r\,\mathfrak{G}\,x\,\mathfrak{G}\,y\,\mathfrak{G}\,z$$
$$= -2\,p\,g\,\frac{x+y+z}{2}\,g\,\frac{y+z-x}{2}\,g\,\frac{z+x-y}{2}\,g\,\frac{x+y-z}{2},$$

$$p\,g\,x\,g\,y\,g\,z - q\,G\,x\,G\,y\,G\,z + r\,\mathfrak{G}\,x\,\mathfrak{G}\,y\,\mathfrak{G}\,z$$
$$= -2\,q\,G\,\frac{x+y+z}{2}\,G\,\frac{y+z-x}{2}\,G\,\frac{z+x-y}{2}\,G\,\frac{x+y-z}{2},$$

$$p\,g\,x\,g\,y\,g\,z + q\,G\,x\,G\,y\,G\,z - r\,\mathfrak{G}\,x\,\mathfrak{G}\,y\,\mathfrak{G}\,z$$
$$= -2\,r\,\mathfrak{G}\,\frac{x+y+z}{2}\,\mathfrak{G}\,\frac{y+z-x}{2}\,\mathfrak{G}\,\frac{z+x-y}{2}\,\mathfrak{G}\,\frac{x+y-z}{2}.$$

Vermehrt man in (10) und (15) beide Argumente y und z um $a/2$, so erhält man:

$$p\,g\,x\,\gamma\,y\,\gamma\,z + G\,x\,\mathfrak{G}\,y\,\mathfrak{G}\,z + \mathfrak{G}\,x\,G\,y\,G\,z$$
$$= 2\,\mathfrak{G}\,\frac{x+y+z}{2}\,\mathfrak{G}\,\frac{y+z-x}{2}\,G\,\frac{z+x-y}{2}\,G\,\frac{x+y-z}{2},$$

$$-p\,g\,x\,\gamma\,y\,\gamma\,z + G\,x\,\mathfrak{G}\,y\,\mathfrak{G}\,z + \mathfrak{G}\,x\,G\,y\,G\,z$$
$$= 2\,G\,\frac{x+y+z}{2}\,G\,\frac{y+z-x}{2}\,\mathfrak{G}\,\frac{z+x-y}{2}\,\mathfrak{G}\,\frac{x+y-z}{2},$$

$$p\,g\,x\,\gamma\,y\,\gamma\,z - G\,x\,\mathfrak{G}\,y\,\mathfrak{G}\,z + \mathfrak{G}\,x\,G\,y\,G\,z$$
$$= -2\,p\,g\,\frac{x+y+z}{2}\,g\,\frac{y+z-x}{2}\,\gamma\,\frac{z+x-y}{2}\,\gamma\,\frac{x+y-z}{2},$$

$$p\,g\,x\,\gamma\,y\,\gamma\,z + G\,x\,\mathfrak{G}\,y\,\mathfrak{G}\,z - \mathfrak{G}\,x\,G\,y\,G\,z$$
$$= -2\,p\,\gamma\,\frac{x+y+z}{2}\,\gamma\,\frac{y+z-x}{2}\,g\,\frac{z+x-y}{2}\,g\,\frac{x+y-z}{2}.$$

Acht andere Gleichungen dieser Art ergeben sich, wenn man p, g, G, $\mathfrak{G}$ das eine Mal respektive durch q, G, $\mathfrak{G}$, g, das andere Mal durch r, $\mathfrak{G}$, g, G ersetzt.

Vermehrt man in (11) jedes der Argumente x, y, z um $a/2$, so ergibt sich

$$\begin{vmatrix} \gamma x, & \gamma y, & \gamma z \\ G x, & G y, & G z \\ \mathfrak{G} x, & \mathfrak{G} y, & \mathfrak{G} z \end{vmatrix} = 4 p g \frac{y+z}{2} g \frac{z+x}{2} g \frac{x+y}{2} \gamma \frac{y-z}{2} \gamma \frac{z-x}{2} \gamma \frac{x-y}{2}$$

und noch zwei ähnliche Gleichungen. Von hier aus kann man zu folgender merkwürdiger Formel gelangen:

$$\begin{vmatrix} \gamma w, & \gamma x, & \gamma y, & \gamma z \\ g w, & g x, & g y, & g z \\ G w, & G x, & G y, & G z \\ \mathfrak{G} w, & \mathfrak{G} x, & \mathfrak{G} y, & \mathfrak{G} z \end{vmatrix}$$

$$= 8 p q r \gamma \frac{w-x}{2} \gamma \frac{w-y}{2} \gamma \frac{w-z}{2} \gamma \frac{x-y}{2} \gamma \frac{x-z}{2} \gamma \frac{y-z}{2} \gamma \frac{w+x+y+z}{2}.$$

Ich bemerke hier noch zwei Formeln, deren ich mich zum Beweise der vorliegenden bediente:

$$p q r \gamma w \gamma x \gamma y \gamma z + p g w g x g y g z + q G w G x G y G z + r \mathfrak{G} w \mathfrak{G} x \mathfrak{G} y \mathfrak{G} z$$
$$= 2 p q r \gamma \frac{w+x-y-z}{2} \gamma \frac{w+y-x-z}{2} \gamma \frac{w+z-x-y}{2} \gamma \frac{w+x+y+z}{2}; \quad \text{(a)}$$

worin (10) als spezieller, der Annahme $w = 0$ entsprechender Fall enthalten ist. Setzt man $w + a$ anstatt w und reduziert, so kommt:

$$p q r \gamma w \gamma x \gamma y \gamma z + p g w g x g y g z - q G w G x G y G z - r \mathfrak{G} w \mathfrak{G} x \mathfrak{G} y \mathfrak{G} z$$
$$= 2 p g \frac{w+x-y-z}{2} g \frac{w+y-x-z}{2} g \frac{w+z-x-y}{2} g \frac{w+x+y+z}{2}, \quad \text{(b)}$$

und noch zwei andere Gleichungen dieser Art. – Die andere Formel war:

$$G \frac{x+y}{2} G \frac{x-z}{2} \mathfrak{G} \frac{x-y}{2} \mathfrak{G} \frac{x+z}{2} - G \frac{x-y}{2} G \frac{x+z}{2} \mathfrak{G} \frac{x+y}{2} \mathfrak{G} \frac{x-z}{2}$$
$$= p \gamma x \gamma \frac{y-z}{2} g \frac{y+z}{2},$$

und ähnliche.

8. *Anwendung des Vorigen auf die Verwandlung zweiter Ordnung*

Am Schlusse von Ziffer 3, wo die Transformation zweiter Ordnung vorkam, konnten die Ausdrücke für $g(x, a/2, b)$ usw. noch nicht gegeben werden, weil sie nicht unmittelbar aus der dortigen Grundanschauung hervorgehen. Erst die Formel (9) der vorigen Ziffer 7 machen es uns möglich, die Transformation zweiter Ordnung in dieser Beziehung zu vervollständigen. Setzt man nämlich in (9) $x = y$, so erhält man

$$\left.\begin{array}{l|l} G 2x + \mathfrak{G} 2x = 2 G^2 x \mathfrak{G}^2 x, & G 2x - \mathfrak{G} 2x = 2 p \gamma^2 x g^2 x, \\ \mathfrak{G} 2x + g 2x = 2 \mathfrak{G}^2 x g^2 x, & \mathfrak{G} 2x - g 2x = 2 q \gamma^2 x G^2 x, \\ g 2x + G 2x = 2 g^2 x G^2 x, & g 2x - G 2x = 2 r \gamma^2 x \mathfrak{G}^2 x. \end{array}\right\} \quad \text{(A)}$$

Setzt man in (13) $y = 0$ und verdoppelt x, so ergibt sich

$$p\, g\, 2\, x + q\, G\, 2\, x + r\, \mathfrak{G}\, 2\, x = 2\, p\, q\, r\, \gamma^4\, x.$$

Diese Gleichungen geben die Funktionen des einfachen Arguments x, ausgedrückt durch solche des doppelten Arguments $2\,x$; sie dienen also zur Halbierung des Arguments, erfordern aber hiezu die Ausziehung vierter Wurzeln. Für den Zweck dieses Abschnittes geben die zwei Gleichungen der ersten Horizontalreihe:

$$G\, 2\, x = G^2\left(x, \frac{a}{2}, b\right) + p\, \gamma^2\left(x, \frac{a}{2}, b\right),$$

$$\mathfrak{G}\, 2\, x = G^2\left(x, \frac{a}{2}, b\right) - p\, \gamma^2\left(x, \frac{a}{2}, b\right).$$

Man setze hier $2\,a$ statt a und dann möge p in P übergehen, so wird

$$G\left(x, a, \frac{b}{2}\right) = G^2\, x + P\, \gamma^2\, x,$$

$$\mathfrak{G}\left(x, a, \frac{b}{2}\right) = G^2\, x - P\, \gamma^2\, x.$$

Um die Konstante P zu bestimmen, setze man $x = b/2$, so wird nach Ziffer 4:

$$\left.\begin{matrix} G \\ \mathfrak{G} \end{matrix}\right\} \left(\frac{b}{2}, a, \frac{b}{2}\right) = \mp e^{b\, b'\pi/(4\, c)} = \mp g\, \frac{b}{2}\, \mathfrak{G}\, \frac{b}{2};$$

folglich

$$P = -\frac{g\,\frac{b}{2}\,\mathfrak{G}\,\frac{b}{2}}{\gamma^2\,\frac{b}{2}} = -\frac{e^{b\, b'\pi/(4\, c)}}{\gamma^2\,\frac{b}{2}};$$

also endlich die gesuchten Transformationsformeln:

$$G\left(x, a, \frac{b}{2}\right) = G^2\, x - \frac{g\,\frac{b}{2}\,\mathfrak{G}\,\frac{b}{2}}{\gamma^2\,\frac{b}{2}}\, \gamma^2\, x,$$

$$\mathfrak{G}\left(x, a, \frac{b}{2}\right) = G^2\, x + \frac{g\,\frac{b}{2}\,\mathfrak{G}\,\frac{b}{2}}{\gamma^2\,\frac{b}{2}}\, \gamma^2\, x;$$

und ebenso

$$g\left(x, \frac{a}{2}, b\right) = g^2\, x - \frac{G\,\frac{a}{2}\,\mathfrak{G}\,\frac{a}{2}}{\gamma^2\,\frac{a}{2}}\, \gamma^2\, x,$$

$$\mathfrak{G}\left(x, \frac{a}{2}, b\right) = g^2\, x + \frac{G\,\frac{a}{2}\,\mathfrak{G}\,\frac{a}{2}}{\gamma^2\,\frac{a}{2}}\, \gamma^2\, x.$$

Betrachtet man die in Ziffer 5 definierten Konstanten p, q, r als Funktionen der spezifischen Konstanten a, b und bezeichnet sie daher durch $p(a, b)$ usw., so hat man

$$\left.\begin{aligned}
p\left(\frac{a}{2}, b\right) &= \left(\frac{G\frac{a}{2} - \mathfrak{G}\frac{a}{2}}{\gamma\frac{a}{2}}\right)^2 = \left[\sqrt{-r(a,b)} - \sqrt{q(a,b)}\right]^2,\\
q\left(\frac{a}{2}, b\right) &= \frac{4\,G\frac{a}{2}\,\mathfrak{G}\frac{a}{2}}{\gamma^2\frac{a}{2}} = 4\sqrt{-r(a,b)\,q(a,b)},\\
r\left(\frac{a}{2}, b\right) &= -\left(\frac{G\frac{a}{2} + \mathfrak{G}\frac{a}{2}}{\gamma\frac{a}{2}}\right)^2 = -\left[\sqrt{-r(a,b)} + \sqrt{q(a,b)}\right]^2,
\end{aligned}\right\} \qquad \text{(B)}$$

$$p\left(a, \frac{b}{2}\right) = -\frac{4\,g\frac{b}{2}\,\mathfrak{G}\frac{b}{2}}{\gamma^2\frac{b}{2}} = 4\sqrt{-r(a,b)\,p(a,b)},$$

$$q\left(a, \frac{b}{2}\right) = -\frac{\left(g\frac{b}{2} - \mathfrak{G}\frac{b}{2}\right)^2}{\gamma^2\frac{b}{2}} = \left[\sqrt{-r(a,b)} - \sqrt{p(a,b)}\right]^2,$$

$$r\left(a, \frac{b}{2}\right) = \frac{\left(g\frac{b}{2} + \mathfrak{G}\frac{b}{2}\right)^2}{\gamma^2\frac{b}{2}} = -\left[\sqrt{-r(a,b)} + \sqrt{p(a,b)}\right]^2.$$

9. *Zur Verwandlung von ungerader Ordnung*

In Ziffer 3 wurde gezeigt, wie sich ganze elliptische Funktionen, die zur Darstellung $(a/h, b/k)$ (wo h, k zwei ungerade Zahlen sind) gehören, als endliche Produkte solcher darstellen lassen, die zur Darstellung (a, b) gehören. Hier sollen nun die bestimmten Funktionen, wie $\gamma[a/(2h), a/h, b/k]$, einer besonderen Betrachtung unterworfen werden.

Der Kürze wegen wird hier durch P ein endliches Doppelprodukt bezeichnet werden, welches sich über alle den Grenzbedingungen

$$-\frac{h-1}{2} \lesseqgtr m \lesseqgtr \frac{h-1}{2}, \qquad -\frac{k-1}{2} \lesseqgtr n \lesseqgtr \frac{k-1}{2}$$

genügenden ganzen Werte von m, n erstreckt. Wird in diesem Produkt der dem System $m = 0$, $n = 0$ entsprechende Faktor weggelassen und wird von je zweien diametral entgegengesetzten Systemen (m, n), $(-m, -n)$ nur das eine berücksichtigt, so soll das alsdann nur $(p\,q - 1)/2$ Faktoren zählende Produkt durch Π angedeutet werden.

Nach Ziffer 3 ist nun

$$\gamma\left(\frac{a}{2h}, \frac{a}{h}, \frac{b}{k}\right) = (-1)^{(hk-1)/2} \frac{P\,\gamma\left(\frac{a}{2h} + \frac{m\,a}{h} + \frac{n\,b}{k}\right)}{\Pi\,\gamma^2\left(\frac{m\,a}{h} + \frac{n\,b}{k}\right)}.$$

Für ein konstantes n bekommt hier das Argument $a/(2h) + m\,a/h + n\,b/k$ die h Werte

$$-\frac{a}{2} + \frac{m\,a}{h} + \frac{n\,b}{k}, \quad \frac{a}{2} - \frac{m\,a}{h} - \frac{n\,b}{k}, \quad \frac{a}{2} \quad \left[1 \gtreqless m \gtreqless \frac{h-1}{2}\right].$$

Wendet man dann die Formeln an, welche zur Verwandlung des Arguments $x \pm a/2$ in x dienen, so bekommt man:

$$\gamma\left(\frac{a}{2h}, \frac{a}{h}, \frac{b}{k}\right) = (-1)^{\frac{k-1}{2}} \gamma^{hk} \frac{a}{2} e^{-\frac{(h^2-1)k\,a\,a'\pi}{8hc}} \prod \frac{g^2\left(\frac{m\,a}{h} + \frac{n\,b}{k}\right)}{\gamma^2\left(\frac{m\,a}{h} + \frac{n\,b}{k}\right)},$$

$$G\left(\frac{a}{2h}, \frac{a}{h}, \frac{b}{k}\right) = G^{hk} \frac{a}{2} e^{-\frac{(h^2-1)k\,a\,a'\pi}{8hc}} \prod \frac{\mathfrak{G}^2\left(\frac{m\,a}{h} + \frac{n\,b}{k}\right)}{G^2\left(\frac{m\,a}{h} + \frac{n\,b}{k}\right)},$$

$$\gamma\left(\frac{b}{2k}, \frac{a}{h}, \frac{b}{k}\right) = (-1)^{\frac{h-1}{2}} \gamma^{hk} \frac{b}{2} e^{-\frac{(k^2-1)k\,b\,b'\pi}{8kc}} \prod \frac{G^2\left(\frac{m\,a}{h} + \frac{n\,b}{k}\right)}{\gamma^2\left(\frac{m\,a}{h} + \frac{n\,b}{k}\right)},$$

$$g\left(\frac{b}{2k}, \frac{a}{h}, \frac{b}{k}\right) = g^{hk} \frac{b}{2} e^{-\frac{(k^2-1)h\,b\,b'\pi}{8kc}} \prod \frac{\mathfrak{G}^2\left(\frac{m\,a}{h} + \frac{n\,b}{k}\right)}{g^2\left(\frac{m\,a}{h} + \frac{n\,b}{k}\right)};$$

und hieraus

$$p\left(\frac{a}{h}, \frac{b}{k}\right) = (-1)^{(h-1)/2} p^{hk} \prod \frac{\gamma^2\left(\frac{m\,a}{h} + \frac{n\,b}{k}\right) g^2\left(\frac{m\,a}{h} + \frac{n\,b}{k}\right)}{G^2\left(\frac{m\,a}{h} + \frac{n\,b}{k}\right) \mathfrak{G}^2\left(\frac{m\,a}{h} + \frac{n\,b}{k}\right)},$$

$$q\left(\frac{a}{h}, \frac{b}{k}\right) = (-1)^{(h-1)/2} q^{hk} \prod \frac{\gamma^2\left(\frac{m\,a}{h} + \frac{n\,b}{k}\right) G^2\left(\frac{m\,a}{h} + \frac{n\,b}{k}\right)}{\mathfrak{G}^2\left(\frac{m\,a}{h} + \frac{n\,b}{k}\right) g^2\left(\frac{m\,a}{h} + \frac{n\,b}{k}\right)},$$

$$r\left(\frac{a}{h}, \frac{b}{k}\right) = (-1)^{(h-1)/2} r^{hk} \prod \frac{\gamma^2\left(\frac{m\,a}{h} + \frac{n\,b}{k}\right) \mathfrak{G}^2\left(\frac{m\,a}{h} + \frac{n\,b}{k}\right)}{g^2\left(\frac{m\,a}{h} + \frac{n\,b}{k}\right) G^2\left(\frac{m\,a}{h} + \frac{n\,b}{k}\right)}.$$

Wendet man die Formeln (6) und (7) der Ziffer 7 auf die Transformationsformeln der Ziffer 3 an, so erhält man

$$\gamma\left(x, \frac{a}{h}, \frac{b}{k}\right) = (-1)^{(h\,k-1)/2}\,\gamma\, x \prod \frac{g^2\left(\frac{m\,a}{h} + \frac{n\,b}{k}\right)\gamma^2 x - \gamma^2\left(\frac{m\,a}{h} + \frac{n\,b}{k}\right) g^2 x}{\gamma^2\left(\frac{m\,a}{h} + \frac{n\,b}{k}\right)},$$

$$g\left(x, \frac{a}{h}, \frac{b}{k}\right) = g\, x \prod \frac{g^2\left(\frac{m\,a}{h} + \frac{n\,b}{k}\right) g^2 x + q\, r\, \gamma^2\left(\frac{m\,a}{h} + \frac{n\,b}{k}\right)\gamma^2 x}{g^2\left(\frac{m\,a}{h} + \frac{n\,b}{k}\right)}, \text{ usw.}$$

Ist die reelle Komponente von b/a ein positiver rationaler Bruch h/k, dessen Zähler und Nenner ungerade sind, so kann man die Funktionen $\gamma(x, a, b)$ usw. mittels der vorigen Transformationsformeln als endliche Produkte von Funktionen wie $\gamma(y, 1, 1 + \vartheta\sqrt{-1})$ darstellen, wo $k\, b/(h\, a) = 1 + \vartheta\sqrt{-1}$ ist, und somit durch solche elliptische Funktionen ausdrücken, wo das spezifische Verhältnis rein imaginär, d.h. wo der Modul reell ist.

10. *Herleitung der ganzen elliptischen Funktionen aus den gebrochenen*

In Ziffer 7 ist eigentlich die Addition der Argumente für *ganze* elliptische Funktionen nicht gelungen; denn es wurde nur ein Produkt zweier ganzer Funktionen von $x + y$ und $x - y$ in ganzen Funktionen der getrennten Argumente x, y ausgedrückt. Dagegen sind die dortigen Formeln so beschaffen, daß durch dieselben die Aufgabe der Addition der Argumente für eine *gebrochene* elliptische Funktion wirklich gelöst ist. Es ergibt sich zum Beispiel aus (8)

$$\gamma\,(x + y)\, G\,(x - y) = \gamma\, x\, G\, x\, g\, y\, \mathfrak{G}\, y + \gamma\, y\, G\, y\, g\, x\, \mathfrak{G}\, x,$$

und nach (7) ist

$$G\,(x + y)\, G\,(x - y) = G^2 x\, G^2 y + r\, p\, \gamma^2 x\, \gamma^2 y.$$

Dividiert man diese beiden Gleichungen durch einander, so fällt das Argument $x - y$ weg, und man bekommt dann eine wirkliche Additionsformel für die gebrochene Funktion γ/G, nämlich

$$\frac{\gamma\,(x + y)}{G\,(x + y)} = \frac{\gamma\, x\, G\, x\, g\, y\, \mathfrak{G}\, y + \gamma\, y\, G\, y\, g\, x\, \mathfrak{G}\, x}{G^2 x\, G^2 y + r\, p\, \gamma^2 x\, \gamma^2 y},$$

oder, was dasselbe ist,

$$\operatorname{sinam}\,(x + y) = \frac{\operatorname{sinam} x \operatorname{cosam} y\, \Delta\mathrm{am}\, y + \operatorname{sinam} y \operatorname{cosam} x\, \Delta\mathrm{am}\, x}{1 - k^2 \sin^2 \mathrm{am}\, x \sin^2 \mathrm{am}\, y},$$

wenn $r = -1$, $p = k^2$ angenommen wird.

Was so in Ziffer 7 für gebrochene Funktionen geleistet ist, soll nun auch für ganze geschehen, freilich nicht in endlicher Weise, sondern nur mittels Differentialgleichungen. Im Zusammenhang hiemit wird sich dann eine ganze Funktion, wie $g\,x$, mittels Integrationen aus irgendeiner gebrochenen Funktion, wie z. B. $\gamma\,x/(g\,x)$, herleiten lassen.

Aus der Formel (7) in Ziffer 7 folgt

$$\frac{g\,(x+y)\,g\,(x-y)}{g^2\,x\,g^2\,y} = 1 + q\,r\,\frac{\gamma^2\,x\,\gamma^2\,y}{g^2\,x\,g^2\,y}.$$

Differenziert man diese Gleichung logarithmisch nach x und berücksichtigt, daß nach (1)

$$\frac{d\log}{dx}\left(\frac{\gamma\,x}{g\,x}\right) = \frac{G\,x\,\mathfrak{G}\,x}{\gamma\,x\,g\,x}$$

ist, so erhält man

$$\frac{g'\,(x+y)}{g\,(x+y)} + \frac{g'\,(x-y)}{g\,(x-y)} - 2\,\frac{g'x}{g\,x} = 2\,q\,r\,\frac{\gamma^2\,x\,\gamma^2\,y}{g\,(x+y)\,g\,(x-y)}\cdot\frac{G\,x\,\mathfrak{G}\,x}{\gamma\,x\,g\,x}.$$

Durch Vertauschung von x und y ergibt sich

$$\frac{g'\,(x+y)}{g\,(x+y)} - \frac{g'\,(x-y)}{g\,(x-y)} - 2\,\frac{g'y}{g\,y} = 2\,q\,r\,\frac{\gamma^2\,x\,\gamma^2\,y}{g\,(x+y)\,g\,(x-y)}\cdot\frac{G\,y\,\mathfrak{G}\,y}{\gamma\,y\,g\,y}.$$

Addiert man beide Gleichungen, beachtet, daß nach (8)

$$\gamma\,x\,g\,x\,G\,y\,\mathfrak{G}\,y + \gamma\,y\,g\,y\,G\,x\,\mathfrak{G}\,x = \gamma\,(x+y)\,g\,(x-y),$$

und halbiert, so ergibt sich

$$\frac{g'\,(x+y)}{g\,(x+y)} - \frac{g'x}{g\,x} - \frac{g'y}{g\,y} = q\,r\,\frac{\gamma\,x\,\gamma\,y\,\gamma\,(x+y)}{g\,x\,g\,y\,g\,(x+y)}, \tag{16}$$

und zwei andere Formeln dieser Art entstehen, wenn man von g zu G und zu $\mathfrak{G}$ fortgeht. Da die gebrochene Funktion $\gamma\,(x+y)/[g\,(x+y)]$ sich durch gebrochene Funktionen der getrennten Argumente x, y darstellen läßt, so enthält die vorliegende Gleichung die Lösung der Aufgabe, die ganze Funktion $g\,(x+y)$ ohne Beihilfe des Arguments $x-y$ einzig durch Funktionen der getrennten Argumente x, y darzustellen.

Differenziert man die Gleichung (16) nach y und setzt dann $y=0$, so erhält man

$$\frac{d\,\frac{g'x}{g\,x}}{dx} - g''0 = q\,r\,\frac{\gamma^2\,x}{g^2\,x};$$

folglich

$$\frac{g'x}{g\,x} = x\,g''\,0 + q\,r\int\left(\frac{\gamma\,x}{g\,x}\right)^2 dx.$$

Es bestehen demnach folgende Formeln, durch welche die ganzen Funktionen γ, g, G, $\mathfrak{G}$ mittels der gebrochenen $\gamma\,x/(G\,x)$ usw. ausgedrückt werden:

$$\left.\begin{aligned}
&\frac{g'x}{g\,x} = x\,g''0 + q\,r\int\frac{\gamma^2 x}{g^2 x}\,dx \\
&= x\,G''0 + r\int\frac{\mathfrak{G}^2 x}{g^2 x}\,dx = x\,\mathfrak{G}''0 - q\int\frac{G^2 x}{g^2 x}\,dx, \\
&\frac{G'x}{G\,x} = x\,G''0 + r\,p\int\frac{\gamma^2 x}{G^2 x}\,dx \\
&= x\,\mathfrak{G}''0 + p\int\frac{g^2 x}{G^2 x}\,dx = x\,g''0 - r\int\frac{\mathfrak{G}^2 x}{G^2 x}\,dx, \\
&\frac{\mathfrak{G}'x}{\mathfrak{G}\,x} = x\,\mathfrak{G}''0 + p\,q\int\frac{\gamma^2 x}{\mathfrak{G}^2 x}\,dx \\
&= x\,g''0 + q\int\frac{G^2 x}{\mathfrak{G}^2 x}\,dx = x\,G''0 - p\int\frac{g^2 x}{\mathfrak{G}^2 x}\,dx, \\
&\frac{\gamma'x}{\gamma\,x} = x\,g''0 - \int\frac{g^2 x}{\gamma^2 x}\,dx \\
&= x\,G''0 - \int\frac{G^2 x}{\gamma^2 x}\,dx = x\,\mathfrak{G}''0 - \int\frac{\mathfrak{G}^2 x}{\gamma^2 x}\,dx.
\end{aligned}\right\} \tag{17}$$

Übrigens ist

$$G''0 - \mathfrak{G}''0 = p, \qquad \mathfrak{G}''0 - g''0 = q, \qquad g''0 - G''0 = r.$$

Um noch eine der Gleichung (16) ähnliche Gleichung für die Funktion γ zu bekommen, setze man in jener $x + (a/2)$ anstatt x, so wird man

$$\frac{\gamma'(x+y)}{\gamma(x+y)} - \frac{\gamma'x}{\gamma\,x} - \frac{g'y}{g\,y} = \frac{g\,x\,g\,(x+y)\,\gamma\,y}{\gamma\,x\,\gamma\,(x+y)\,g\,y}$$

erhalten. Zieht man hiervon die Gleichung

$$\frac{\gamma'y}{\gamma\,y} - \frac{g'y}{g\,y} = \frac{G\,y\,\mathfrak{G}\,y}{\gamma\,y\,g\,y}$$

ab, so erhält man:

$$\frac{\gamma'(x+y)}{\gamma(x+y)} - \frac{\gamma'x}{\gamma\,x} - \frac{\gamma'y}{\gamma\,y} = \frac{g\,x\,g\,(x+y)\,\gamma^2 y - \gamma\,x\,\gamma\,(x+y)\,G\,y\,\mathfrak{G}\,y}{\gamma\,x\,\gamma\,(x+y)\,\gamma\,y\,g\,y}.$$

Man multipliziere rechts Zähler und Nenner mit q, setze

$$q\,\gamma^2 y = \mathfrak{G}^2 y - g^2 y$$

und beachte die Gleichung

$$g\,y\,\mathfrak{G}\,x\,\mathfrak{G}\,(x+y) + q\,G\,y\,\gamma\,x\,\gamma\,(x+y) - \mathfrak{G}\,y\,g\,x\,g\,(x+y) = 0,$$

welche sich aus (12) ergibt, wenn man dort $x + (b/2)$ anstatt x setzt. Dann erhält man

$$\frac{\gamma'(x+y)}{\gamma(x+y)} - \frac{\gamma'x}{\gamma\,x} - \frac{\gamma'y}{\gamma\,y} = \frac{\mathfrak{G}\,x\,\mathfrak{G}\,y\,\mathfrak{G}\,(x+y) - g\,x\,g\,y\,g\,(x+y)}{q\,\gamma\,x\,\gamma\,y\,\gamma\,(x+y)}$$

$$= \frac{g\,x\,g\,y\,g\,(x+y) - G\,x\,G\,y\,G\,(x+y)}{r\,\gamma\,x\,\gamma\,y\,\gamma\,(x+y)} = \frac{G\,x\,G\,y\,G\,(x+y) - \mathfrak{G}\,x\,\mathfrak{G}\,y\,\mathfrak{G}\,(x+y)}{p\,\gamma\,x\,\gamma\,y\,\gamma\,(x+y)}.$$

11. *Über die elliptischen Integrale der dritten Art*

Die Theorie der elliptischen Integrale dritter Art ist in folgenden einfachen Betrachtungen enthalten. Es ist

$$\frac{d}{dx}\log\frac{\gamma(x+y)}{\gamma(x-y)} = \frac{\gamma'(x+y)}{\gamma(x+y)} - \frac{\gamma'(x-y)}{\gamma(x-y)} = \frac{d}{dy}\log[\gamma(x+y)\,\gamma(x-y)];$$

also, wenn man (6) berücksichtigt und nach x integriert:

$$\log\frac{\gamma(x+y)}{\gamma(x-y)} = 2\int\frac{g\,y\,g'y\,\gamma^2x - \gamma\,y\,\gamma'y\,g^2x}{\gamma^2x\,g^2y - \gamma^2y\,g^2x}\,dx = \text{usw.}$$

Ebenso

$$\log\frac{g(x+y)}{g(x-y)} = 2\int\frac{g^2x\,g\,y\,g'y + q\,r\,\gamma^2x\,\gamma\,y\,\gamma'y}{g^2x\,g^2y + q\,r\,\gamma^2x\,\gamma^2y}\,dx, \quad \text{usw.}$$

Läßt man hier unter dem Integrationszeichen das Argument x nur mit den Funktionszeichen γ, G erscheinen, so erhalten diese vier Gleichungen folgende Gestalt:

$$\log\frac{\gamma(x+y)}{\gamma(x-y)} = 2\int\frac{\gamma^2x\,G\,y\,G'y - G^2x\,\gamma\,y\,\gamma'y}{\gamma^2x\,G^2y - G^2x\,\gamma^2y}\,dx,$$

$$\log\frac{g(x+y)}{g(x-y)} = 2\int\frac{G^2x\,g\,y\,g'y + r\,\gamma^2x\,\mathfrak{G}\,y\,\mathfrak{G}'y}{G^2x\,g^2y + r\,\gamma^2x\,\mathfrak{G}^2y}\,dx,$$

$$\log\frac{G(x+y)}{G(x-y)} = 2\int\frac{G^2x\,G\,y\,G'y + q\,r\,\gamma^2x\,\gamma\,y\,\gamma'y}{G^2x\,G^2y + q\,r\,\gamma^2x\,\gamma^2y}\,dx,$$

$$\log\frac{\mathfrak{G}(x+y)}{\mathfrak{G}(x-y)} = 2\int\frac{G^2x\,\mathfrak{G}\,y\,\mathfrak{G}'y - p\,\gamma^2x\,g\,y\,g'y}{G^2x\,\mathfrak{G}^2y - p\,\gamma^2x\,g^2y}\,dx.$$

Setzt man endlich

$$a = 2K, \quad b = 2K'\sqrt{-1}, \quad \text{also} \quad c = 4KK';$$

so werden

$$p = k^2, \quad q = k'^2, \quad r = -1,$$

und man erhält folgende Formeln:

$$\log\frac{\gamma(x+\alpha)}{\gamma(x-\alpha)} = 2\int\frac{\dfrac{G'\alpha}{G\alpha}\sin^2\operatorname{am}x - \dfrac{\gamma'\alpha}{\gamma\alpha}\sin^2\operatorname{am}\alpha}{\sin^2\operatorname{am}x - \sin^2\operatorname{am}\alpha}\,dx,$$

$$\log\frac{g(x+\alpha)}{g(x-\alpha)} = 2\int\frac{\cos^2\operatorname{am}\alpha\,\dfrac{g'\alpha}{g\alpha} - \Delta^2\operatorname{am}\alpha\,\dfrac{\mathfrak{G}'\alpha}{\mathfrak{G}\alpha}\sin^2\operatorname{am}x}{\cos^2\operatorname{am}\alpha - \Delta^2\operatorname{am}\alpha\,\sin^2\operatorname{am}x}\,dx,$$

$$\log\frac{G(x+\alpha)}{G(x-\alpha)} = 2\int\frac{\dfrac{G'\alpha}{G\alpha} - k^2\sin^2\operatorname{am}\alpha\,\dfrac{\gamma'\alpha}{\gamma\alpha}\sin^2\operatorname{am}x}{1 - k^2\sin^2\operatorname{am}\alpha\,\sin^2\operatorname{am}x}\,dx,$$

$$\log\frac{\mathfrak{G}(x+\alpha)}{\mathfrak{G}(x-\alpha)} = 2\int\frac{\Delta^2\operatorname{am}\alpha\,\dfrac{\mathfrak{G}'\alpha}{\mathfrak{G}\alpha} - k^2\cos^2\operatorname{am}\alpha\,\dfrac{g'\alpha}{g\alpha}\sin^2\operatorname{am}x}{\Delta^2\operatorname{am}\alpha - k^2\cos^2\operatorname{am}\alpha\,\sin^2\operatorname{am}x}\,dx.$$

Wird das elliptische Integral dritter Art durch $\int dx/(1+n\sin^2\mathrm{am}\,x)$ dargestellt, so erstrecken sich für ein reelles α die vorigen Formeln nur auf diejenigen Werte von n, welche innerhalb der Grenzen

$$-\infty < n < -1, \quad -k^2 < n < 0$$

enthalten sind. Gibt man aber dem Argument α einen rein imaginären Wert, so gelten die angeführten Formeln für diejenigen Werte von n, welche innerhalb der Grenzen

$$0 < n < +\infty, \quad -1 < n < -k^2$$

enthalten sind. In dieser Aufzählung sind also alle reellen Werte von n begriffen.

12. *Über die Addition der Argumente bei den elliptischen Integralen der dritten Art*

Der Zweck dieses Abschnittes erfordert ein Zurückgehen auf die Formeln (a) und (b) von Ziffer 7. Setzt man in (a)

$$w = s+t, \quad x = s-t, \quad y = u+v, \quad z = u-v$$

und bezeichnet der Kürze wegen das Produkt

$$\gamma\,(s+t)\,\gamma\,(s-t)\,\gamma\,(u+v)\,\gamma\,(u-v)$$

durch $\gamma(s\,t,\,u\,v)$ usw., so verwandelt sich die angeführte Formel in

$$p\,q\,r\,\gamma(s\,t,\,u\,v) + p\,g(s\,t,\,u\,v) + q\,G(s\,t,\,u\,v) + r\,\mathfrak{G}(s\,t,\,u\,v) = -2\,p\,q\,r\,\gamma(s\,u,\,v\,t)$$

und hieraus durch Vertauschung von u und v:

$$-p\,q\,r\,\gamma(s\,t,\,u\,v) + p\,g(s\,t,\,u\,v) + q\,G(s\,t,\,u\,v) + r\,\mathfrak{G}(s\,t,\,u\,v) = 2\,p\,q\,r\,\gamma(s\,v,\,t\,u).$$

Addiert und subtrahiert man diese zwei Gleichungen, so ergibt sich

$$p\,g(s\,t,\,u\,v) + q\,G(s\,t,\,u\,v) + r\,\mathfrak{G}(s\,t,\,u\,v) = p\,q\,r\,\{\gamma(s\,v,\,t\,u) - \gamma(s\,u,\,v\,t)\}, \tag{c}$$

$$\gamma(s\,t,\,u\,v) + \gamma(s\,u,\,v\,t) + \gamma(s\,v,\,t\,u) = 0. \tag{d}$$

Auf gleiche Art gewinnt man aus (b) die beiden Gleichungen

$$p\,q\,r\,\gamma(s\,t,\,u\,v) + p\,g(s\,t,\,u\,v) - q\,G(s\,t,\,u\,v) - r\,\mathfrak{G}(s\,t,\,u\,v) = 2\,p\,g(s\,u,\,v\,t), \tag{e}$$

$$-p\,q\,r\,\gamma(s\,t,\,u\,v) + p\,g(s\,t,\,u\,v) - q\,G(s\,t,\,u\,v) - r\,\mathfrak{G}(s\,t,\,u\,v) = 2\,p\,g(s\,v,\,t\,u); \tag{f}$$

und aus diesen durch Addition und Subtraktion

$$p\,g(s\,t,\,u\,v) - q\,G(s\,t,\,u\,v) - r\,\mathfrak{G}(s\,t,\,u\,v) = p\,\{g(s\,u,\,v\,t) + g(s\,v,\,t\,u)\}, \tag{g}$$

$$q\,r\,\gamma(s\,t,\,u\,v) = g(s\,u,\,t\,v) - g(s\,v,\,t\,u). \tag{h}$$

Ich erlaube mir eine kleine Zwischenbemerkung. Wenn man in (f) von der Funktion g zu G fortgeht, und die so entstandene Gleichung zu der unveränderten (e) hinzuaddiert, so ergibt sich

$$p\, g(s\, u,\, v\, t) + p\, G(s\, v,\, t\, u) + r\, \mathfrak{G}(s\, t,\, u\, v) = 0.$$

Die Gleichungen (c), (d), (g), (h) können nun bei der Addition der Argumente der elliptischen Funktionen dritter Art auf folgende Weise benutzt werden. Setzt man darin

$$s = \frac{x+y}{2} + \alpha, \qquad t = \frac{x+y}{2} - \alpha, \qquad u = \frac{x+y}{2}, \qquad v = \frac{x-y}{2},$$

so wird

$$\begin{aligned} &p\, q\, r \{\gamma\, \alpha\, \gamma\, (x+y+\alpha)\, \gamma\, (x-\alpha)\, \gamma (y-\alpha) - \gamma\, \alpha\, \gamma\, (x+y-\alpha)\, \gamma\, (x+\alpha)\, \gamma\, (y+\alpha)\} \\ &= p\, g\, 2\alpha\, g\, (x+y)\, g\, x\, g\, y + q\, G\, 2\alpha\, G (x+y)\, G\, x\, G\, y + r\, \mathfrak{G}\, 2\alpha\, \mathfrak{G}\, (x+y)\, \mathfrak{G}\, x\, \mathfrak{G}\, y, \end{aligned}$$

$$\begin{aligned} \gamma\, \alpha\, \gamma\, (x+y+\alpha)\, \gamma\, (x-\alpha)\, \gamma\, (y-\alpha) + \gamma\, \alpha\, \gamma\, (x+y-\alpha)\, \gamma\, (x+\alpha)\, \gamma\, (y+\alpha) \\ = \gamma\, 2\alpha\, \gamma\, (x+y)\, \gamma\, x\, \gamma\, y, \end{aligned}$$

$$\begin{aligned} &p \{g\, \alpha\, g\, (x+y+\alpha)\, g\, (x-\alpha)\, g\, (y-\alpha) + g\, \alpha\, g\, (x+y-\alpha)\, g\, (x+\alpha)\, g\, (y+\alpha)\} \\ &= p\, g\, 2\alpha\, g\, (x+y)\, g\, x\, g y - q\, G\, 2\alpha\, G\, (x+y)\, G\, x\, G\, y - r\, \mathfrak{G}\, 2\alpha\, \mathfrak{G}\, (x+y)\, \mathfrak{G}\, x\, \mathfrak{G}\, y, \end{aligned}$$

$$\begin{aligned} g\, \alpha\, g\, (x+y+\alpha)\, g\, (x-\alpha)\, g\, (y-\alpha) - g\, \alpha\, g\, (x+y-\alpha)\, g\, (x+\alpha)\, g\, (y+\alpha) \\ = q\, r\, \gamma\, 2\alpha\, \gamma\, (x+y)\, \gamma\, x\, \gamma\, y. \end{aligned}$$

Mittels der Formeln (12) in Ziffer 7 und (A) in Ziffer 8 kann man die vorliegenden Gleichungen auf folgende Art umgestalten. Es sei der Kürze wegen

$$M = g\, \alpha\, G\, \alpha\, \mathfrak{G}\, \alpha\, \gamma\, x\, \gamma\, y\, \gamma\, (x+y),$$

$$\begin{aligned} N &= \frac{\gamma\, \alpha}{p} \{G^2\, \alpha\, \mathfrak{G}\, x\, \mathfrak{G}\, y\, \mathfrak{G}\, (x+y) - \mathfrak{G}^2\, \alpha\, G\, x\, G\, y\, G\, (x+y)\} \\ &= \frac{\gamma\, \alpha}{q} \{\mathfrak{G}^2\, \alpha\, g\, x\, g\, y\, g\, (x+y) - g^2\, \alpha\, \mathfrak{G}\, x\, \mathfrak{G}\, y\, \mathfrak{G}\, (x+y)\} \\ &= \frac{\gamma\, \alpha}{r} \{g^2\, \alpha\, G\, x\, G\, y\, G\, (x+y) - G^2\, \alpha\, g\, x\, g\, y\, g\, (x+y)\}, \end{aligned}$$

so ist

$$\frac{\gamma\, (x+y+\alpha)\, \gamma\, (x-\alpha)\, \gamma\, (y-\alpha)}{\gamma\, (x+y-\alpha)\, \gamma\, (x+\alpha)\, \gamma\, (y+\alpha)} = \frac{M+N}{M-N},$$

$$\begin{aligned} M^2 - N^2 = (g^2\, \alpha\, \gamma^2\, x - \gamma^2\, \alpha\, g^2\, x)\, (g^2\, \alpha\, \gamma^2\, y - \gamma^2\, \alpha\, g^2\, y) \\ \times [g^2\, \alpha\, \gamma^2\, (x+y) - \gamma^2\, \alpha\, g^2\, (x+y)], \end{aligned}$$

und wenn man, um zu der von JACOBI eingeführten Bezeichnungsart der gebrochenen elliptischen Funktionen überzugehen, $p = k^2$, $q = k'^2$, $r = -1$ annimmt und dann der Kürze wegen

$$\varrho\, \frac{e^{\vartheta} + e^{-\vartheta}}{2} = \cos\mathrm{am}\, \alpha\, \Delta\, \mathrm{am}\, \alpha\, \sin\mathrm{am}\, x\, \sin\mathrm{am}\, y\, \sin\mathrm{am}\, (x+y),$$

$$\varrho\, \frac{e^{\vartheta} - e^{-\vartheta}}{2} = \sin\mathrm{am}\, \alpha\, [\cos\mathrm{am}\, x\, \cos\mathrm{am}\, y\, \cos\mathrm{am}\, (x+y) - \cos^2\mathrm{am}\, \alpha],$$

folglich

$$\varrho^2 = (\sin^2 \operatorname{am} x - \sin^2 \operatorname{am} \alpha)(\sin^2 \operatorname{am} y - \sin^2 \operatorname{am} \alpha)[\sin^2 \operatorname{am}(x+y) - \sin^2 \operatorname{am} \alpha]$$

setzt, so ist

$$\log \frac{\gamma(x+y+\alpha)\,\gamma(x-\alpha)\,\gamma(y-\alpha)}{\gamma(x+y-\alpha)\,\gamma(x+\alpha)\,\gamma(y+\alpha)} = 2\,\vartheta.$$

Setzt man ferner

$$P = g\alpha\{G^2\alpha\, g x\, g y\, g(x+y) + r\gamma^2\alpha\, \mathfrak{G} x\, \mathfrak{G} y\, \mathfrak{G}(x+y)\}$$
$$= g\alpha\{\mathfrak{G}^2\alpha\, g x\, g y\, g(x+y) - q\gamma^2\alpha\, G x\, G y\, G(x+y)\},$$

$$Q = q r \gamma\alpha\, G\alpha\, \mathfrak{G}\alpha\, \gamma x\, \gamma y\, \gamma(x+y),$$

so ist

$$\frac{g(x+y+\alpha)\,g(x-\alpha)\,g(y-\alpha)}{g(x+y-\alpha)\,g(x+\alpha)\,g(y+\alpha)} = \frac{P+Q}{P-Q},$$

$$P^2 - Q^2 = (g^2\alpha\, g^2 x + q r \gamma^2\alpha\, \gamma^2 x)(g^2\alpha\, g^2 y + q r \gamma^2\alpha\, \gamma^2 y)$$
$$\times [g^2\alpha\, g^2(x+y) + q r \gamma^2\alpha\, \gamma^2(x+y)].$$

Geht man von g zu G über und gebraucht dann gebrochene Funktionen, so hat man dieses System von Gleichungen:

$$\varrho\,\frac{e^{\vartheta}+e^{-\vartheta}}{2} = \Delta^2 \operatorname{am}\alpha + k^2 \sin^2 \operatorname{am}\alpha \cos\operatorname{am} x \cos\operatorname{am} y \cos\operatorname{am}(x+y),$$

$$\varrho\,\frac{e^{\vartheta}-e^{-\vartheta}}{2} = k^2 \sin\operatorname{am}\alpha \cos\operatorname{am}\alpha\, \Delta\operatorname{am}\alpha \sin\operatorname{am} x \sin\operatorname{am} y \sin\operatorname{am}(x+y),$$

$$\log \frac{G(x+y-\alpha)\,G(x+\alpha)\,G(y+\alpha)}{G(x+y+\alpha)\,G(x-\alpha)\,G(y-\alpha)} = 2\,\vartheta.$$

Die *Legendresche* Formel für die Addition der Argumente der Amplituden bei den elliptischen Integralen dritter Art kann auf folgendem Wege erhalten werden. Es ist

$$\frac{G(x+\alpha)\,G(y+\alpha)}{G(x-\alpha)\,G(y-\alpha)} = \frac{G(s+v)\,G(s-v)}{G(t+v)\,G(t-v)} = \frac{G(s\,v,\,u\,u)}{G(t\,v,\,u\,u)}.$$

Überträgt man aber die obige Formel (h) von g auf G und setzt dann $t = u$ hinein, so gibt sie

$$G(s\,v,\,u\,u) = G(s\,u,\,v\,u) - p\,r\,\gamma(s\,u,\,u\,v);$$

folglich ist

$$\frac{G(x+\alpha)\,G(y+\alpha)}{G(x-\alpha)\,G(y-\alpha)}$$
$$= \frac{G(x+y+\alpha)\,G\alpha\,G x\,G y - p r \gamma(x+y+\alpha)\,\gamma\alpha\,\gamma x\,\gamma y}{G(x+y-\alpha)\,G\alpha\,G x\,G y + p r \gamma(x+y-\alpha)\,\gamma\alpha\,\gamma x\,\gamma y},$$

und hieraus

$$\frac{G(x+y-\alpha) + G(x+\alpha)\,G(y+\alpha)}{G(x+y+\alpha)\,G(x-\alpha)\,G(y-\alpha)}$$
$$= \frac{1 + k^2 \sin\operatorname{am}\alpha \sin\operatorname{am} x \sin\operatorname{am} y \sin\operatorname{am}(x+y+\alpha)}{1 - k^2 \sin\operatorname{am}\alpha \sin\operatorname{am} x \sin\operatorname{am} y \sin\operatorname{am}(x+y-\alpha)}.$$

Wie dieser Ausdruck mit der Addition der Argumente der Amplituden der elliptischen Integrale dritter Art zusammenhängt, ist aus dem vorhergehenden Abschnitt klar.

13.

Wenn das Argument x als Funktion von $z = g(x, a, b)/G(x, a, b)$ und der spezifischen Konstanten a, b gedacht wird, die in Beziehung auf die beiden letztern genommene Variation δx des Arguments (z als konstant vorausgesetzt) zu bestimmen

Setzt man
$$\frac{\gamma x}{G x} = u, \quad \frac{\mathfrak{G} x}{G x} = v,$$
so hat man vermöge der Gleichungen (2) und (1) von Ziffer 5:
$$r u^2 = z^2 - 1, \quad -r v^2 = p z^2 + q, \quad 1 = r u v \frac{dx}{dz}.$$
Die letzte Gleichung wird daher
$$(z^2 - 1)(p z^2 + q)\left(\frac{dx}{dz}\right)^2 = -1,$$
und, wenn man sie nach a, b logarithmisch differenziert, so erhält man
$$2 r u v \delta \frac{dx}{dz} + \frac{\delta p}{p} - \frac{p\,\delta q - q\,\delta p}{p r v^2} = 0.$$
Nun ist $\delta(dx/dz) = d\delta x/dz$, und wenn man die vorliegende Gleichung mit dx multipliziert, so wird
$$r u v\, dx \frac{d\delta x}{dz} = \frac{d\delta x}{dz} dz = d\delta x,$$
wo das Zeichen d eine Differentiation nach z anzeigt, während a, b als konstant gedacht werden. Integriert man nun in Beziehung auf z oder x allein, so erhält man
$$\delta x = -x \frac{\delta p}{2p} + \frac{p\,\delta q - q\,\delta p}{2 p r} \int \left(\frac{G x}{\mathfrak{G} x}\right)^2 dx.$$

Da die Werte $x = 0$ und $z = 1$ immer zusammengehören, was auch a, b sein mögen, so verschwinden x und δx gleichzeitig; also muß auch das Integral rechts für $x = 0$ verschwinden. Vermöge der Formeln (17) in Ziffer 10 kann aber dasselbe durch den ebenfalls für $x = 0$ verschwindenden Ausdruck
$$\frac{1}{q}\left(\frac{\mathfrak{G}' x}{\mathfrak{G} x} - x g'' 0\right)$$
ersetzt werden, wodurch man
$$\delta x = -x\left(\frac{\delta p}{2p} + g'' 0 \frac{p\,\delta q - q\,\delta p}{2 p q r}\right) + \frac{p\,\delta q - q\,\delta p}{2 p q r} \cdot \frac{\mathfrak{G}' x}{\mathfrak{G} x}$$
erhält. Setzt man jetzt $x = a + \omega$, so wird $z = -g\,\omega/(G\,\omega)$ und, wenn ω eine verschwindend kleine Größe bezeichnet,
$$z = -\frac{1 + z\,\omega^2 g'' 0}{1 + z\,\omega^2 G'' 0} = -1 - \frac{1}{2}\omega^2 (g'' 0 - G'' 0) = -\left(1 + \frac{1}{2} r \omega^2\right);$$

folglich
$$\frac{\delta r}{r} + 2\,\frac{\delta\omega}{\omega} = 0;$$

also ist $\delta\omega$ selbst von der Ordnung ω, so daß man $\delta x = \delta a$ setzen darf. Aus den Formeln am Schluß von Ziffer 4 ergibt sich aber

$$\frac{\mathfrak{G}'(x+a)}{\mathfrak{G}\,(x+a)} = \frac{a'\pi}{c} + \frac{\mathfrak{G}'x}{\mathfrak{G}\,x}; \quad \text{also} \quad \frac{\mathfrak{G}'a}{\mathfrak{G}\,x} = \frac{a'\pi}{c}.$$

Setzt man jetzt der Kürze wegen

$$\frac{p\,\delta q - q\,\delta p}{2\,p\,q\,r} = -\,\varepsilon, \qquad \frac{\delta p}{2\,p} + g''0\,\frac{p\,\delta q - q\,\delta p}{2\,p\,q\,r} = \frac{g''0\,p\,\delta q - G''0\,q\,\delta p}{2\,p\,q\,r} = -\,\eta,$$

so daß
$$\delta x = x\,\eta - \frac{\mathfrak{G}'x}{\mathfrak{G}\,x}\,\varepsilon$$

wird, so bekommt man für $x = a$ und $x = b$ folgende zur Bestimmung von ε und η dienende Gleichungen:

$$\delta a = a\,\eta - \frac{a'\pi}{c}\,\varepsilon,$$

$$\delta b = b\,\eta - \frac{b'\pi}{c}\,\varepsilon;$$

woraus sich
$$\varepsilon = \frac{a\,\delta b - b\,\delta a}{2\,\pi\sqrt{-1}}, \qquad \eta = \frac{a'\delta b - b'\delta a}{2\,c\sqrt{-1}}$$

ergeben. Also ist für einen konstanten Wert von $g(x, a, b)/G(x, a, b)$

$$\delta x = x\,\frac{a'\delta b - b'\delta a}{2\,c\sqrt{-1}} - \frac{\mathfrak{G}'x}{\mathfrak{G}\,x}\cdot\frac{a\,\delta b - b\,\delta a}{2\,\pi\sqrt{-1}}.$$

Aus dieser Gleichung ersieht man, daß sich die Kontinuität von δx nur allemal dann verliert, wenn $\mathfrak{G}x$ verschwindet, d.h. nur dann, wenn $x = [m + (1/2)]\,a + [n + (1/2)]\,b$ wird, wo m, n beliebige ganze Zahlen bedeuten.

14. *Wie muß das spezifische Dreieck, welches zur Darstellung einer ganzen elliptischen Funktion dient, beschaffen sein, damit eines der Verhältnisse der drei in Ziffer 5 bestimmten Konstanten p, q, r reell sein kann?*

Ist eines der genannten Verhältnisse reell, so sind es wegen der Relation $p + q + r = 0$ notwendig auch die beiden übrigen. Dann wird man irgend drei reelle Größen angeben können, welche mit p, q, r proportional sind; und da ihre Summe gleich Null ist, so muß eine derselben entgegengesetztes Vorzeichen haben mit den beiden übrigen. Unter den drei möglichen Fällen wollen wir denjenigen voraussetzen, wo die mit r proportionale Größe den beiden übrigen entgegengesetzt ist. Dann sind $-p/r$, $-q/r$ zugleich positive echte Brüche, weil $-p/r - q/r = 1$ ist. Setzt man dann $\sqrt{-r}\,(\gamma\,x/G\,x) = y$, $-p/r = k^2 < 1$, so ist der Modul k reell, und man hat nach Ziffer 6

$$\sqrt{-r}\,x = \int_0 \frac{dy}{\sqrt{(1-y^2)(1-k^2 y^2)}}.$$

Bezeichnet man nun den Wert dieses Integrals durch K oder $K'\sqrt{-1}$, je nachdem in demselben y kontinuierlich die zwischen 0 und $+1$ liegenden reellen oder die zwischen 0 und $+\infty\sqrt{-1}$ liegenden rein imaginären Werte einmal durchläuft, so sind K, K' endliche reelle und positive Größen, und nimmt man $(K/\sqrt{-r},\ K'\sqrt{-1}/\sqrt{-r})$ als Darstellung an, so ist y dieselbe Funktion von x, wie bei der ursprünglichen Darstellung (a, b)[1]. Beide Darstellungen geben also ein und dasselbe Netz von Punkten, und jene erstere ist die Hauptdarstellung desselben, weil ihr ein rechtwinkliges Dreieck zugrunde liegt, d.h. weil das zugehörige spezifische Verhältnis rein imaginär ist. Das Gesagte führt zu folgendem Schluß:

«Wenn die Verhältnisse der Größen p, q, r reell sind, so kann das zugehörige Netz von Punkten durch ein rechtwinkliges Dreieck erzeugt werden, dessen Katheten denjenigen zwei von den Größen p, q, r entsprechen, deren Verhältnis einen positiven Wert hat.»

15. *Über die analytische Bedeutung der Hauptdarstellung einer elliptischen Funktion*

Denken wir uns auf die in Ziffer 1 beschriebene Weise jedes komplexe Argument x durch einen Punkt in der Ebene dargestellt, so bildet die Reihenfolge aller derjenigen Punkte x, welche zu *reellen* Werten der gebrochenen Funktion $g(x, a, b)/G(x, a, b)$ gehören, eine Kurve. Die genannte Funktion bekommt aber respektive die reellen Werte $(-1)^{m+n}$, 0, ∞, sooft als das Argument x eine der Formen

$$m\,a + n\,b, \quad \left(m + \frac{1}{2}\right) a + n\,b, \quad m\,a + \left(n + \frac{1}{2}\right) b$$

annimmt. Folglich geht die betrachtete Kurve 1. durch alle Ecken des spezifischen Dreiecksnetzes, 2. durch die Mitten aller der Konstanten a und 3. durch die Mitten aller der Konstanten b entsprechenden Seiten. In den ersten Punkten erhält die gebrochene Funktion $g\,x/(G\,x)$ abwechselnd die reellen Werte $+1$ und -1, in den zweiten die Werte 0 und in den dritten die Werte ∞. Vielfache Punkte der Kurve können nur da liegen, wo der nach x genommene erste Differentialkoeffizient von $g\,x/(G\,x)$ verschwindet, also nach (1) in Ziffer 5 da, wo $\gamma\,x\,\mathfrak{G}\,x$ verschwindet. Da

$$\frac{g\,(m\,a + n\,b + x)}{G\,(m\,a + n\,b + x)} = (-1)^{m+n}\,\frac{g\,x}{G\,x}$$

ist und die Kurve demnach nach zwei Richtungen hin periodisch verläuft, so

[1]) Hier ist die schwache Stelle des Beweises; denn die Reduktion eines Ausdrucks, wie $\operatorname{sinam}(m\,K + n\,K'\sqrt{-1} + x)$, scheint hierbei schon vorausgesetzt werden zu müssen.

brauchen wir in der zuletzt erwähnten Beziehung nur die beiden Punkte $x = 0$, $x = (a + b)/2$ zu betrachten. Nehmen wir vorerst x verschwindend klein an, so wird $g\,x/(G\,x) = 1 + r\,x^2/2$. Unter allen komplexen Werten von x, die zu demselben verschwindend kleinen Modul gehören, kann es aber nur zwei x und $x\sqrt{-1}$ (je zwei entgegengesetzte werden, als einer und derselben Tangente entsprechend, hier nur für einen gezählt) geben, für welche $r\,x^2$ reell wird. Folglich sind die Ecken des Dreiecksnetzes stets Doppelpunkte der betrachteten Kurve, in denen diese sich rechtwinklig schneidet. Setzen wir zweitens $x = [(a + b)/2] + \omega$, wo ω verschwindend klein sein soll, so wird nach Ziffer 4

$$\frac{g\left(\frac{a+b}{2} + \omega\right)}{G\left(\frac{a+b}{2} + \omega\right)} = \frac{g\,\frac{a+b}{2}}{G\,\frac{a+b}{2}} \cdot \frac{G\,\omega}{g\,\omega} = \sqrt{-\frac{q}{p}}\left(1 - \frac{1}{2}\,r\,\omega^2\right).$$

Die Kurve kann also nur dann durch diesen Punkt $(a + b)/2$ gehen, wenn das Verhältnis q/p reell und negativ ist, also nach Ziffer 14 nur dann, wenn im spezifischen Dreieck der Hauptdarstellung einer der beiden mit p und q homologen Seiten ein rechter Winkel gegenüberliegt. Dann sind auch die Mitten aller mit r homologen Seiten des Dreiecksnetzes Doppelpunkte der Kurve, in denen sie sich rechtwinklig schneidet[1]).

Um eine Anschauung von der Kontinuität der Realitätskurve für $g\,x/(G\,x)$ zu bekommen, nehmen wir zuerst b/a als rein imaginär (mit positivem Faktor von $\sqrt{-1}$) an. Dann ist aus der Form der unendlichen Doppelprodukte auf der Stelle klar, daß die gesuchte Kurve mit den beiden sich rechtwinklig schneidenden Systemen paralleler und äquidistanter Geraden des spezifischen Dreiecksnetzes zusammenfällt und demnach ein Netz von kongruenten Rechtecken bildet. Geht nun das spezifische Dreieck aus der rechtwinkligen Form allmählich in die spitzwinklige über, so verwandelt sich das Netz kongruenter Rechtecke in ein aus zwei Systemen sich rechtwinklig schneidender geschlängelter Kurven bestehendes Netz, in welchem die einen mit p korrespondierenden Kurven den zwischen $+1$ und -1 oszillierenden reellen Werten von $g\,x/(G\,x)$ zugehören, während die anderen mit q korrespondierenden Kurven zu denjenigen reellen Werten von $g\,x/(G\,x)$ gehören, welche von $+1$ bis $+\infty$ und von $-\infty$ bis -1 und wieder zurück verlaufen. Isolierte geschlossene Zweige der Realitätskurve können niemals auftreten, und zwar aus folgendem Grunde: Es sei $g\,x/(G\,x) = g\,y/(G\,y)$, so folgt nach (9):

$$g\,x\,G\,y - G\,x\,g\,y = 2\,r\,\gamma\,\frac{x+y}{2}\,\mathfrak{G}\,\frac{x+y}{2}\,\gamma\,\frac{x-y}{2}\,\mathfrak{G}\,\frac{x-y}{2} = 0,$$

folglich entweder

$$x \pm y = 2\,m\,a + 2\,n\,b,$$

oder

$$x \pm y = (2\,m + 1)\,a + (2\,n + 1)\,b.$$

Da nun die beschriebenen offenen Kurvenzweige schon alle reellen Werte von $g\,x/(G\,x)$ enthalten und der durch die letzten Gleichungen angedeuteten doppel-

---

[1]) Hierdurch wird Ziffer 13 entbehrlich gemacht.

ten Periodizität vollkommen entsprechen, so ist durch dieselben die ganze Kurve auch vollkommen erschöpft. – Bei fortschreitender Formänderung des spezifischen Dreiecks kann erst dann eine Diskontinuität in der gleichzeitigen Formänderung der Realitätskurve eintreten, wenn dieselbe die Mitten der mit r korrespondierenden Dreieckseiten erreicht, d.h., wie wir oben gesehen haben, wenn das spezifische Dreieck an dieser Seite einen rechten Winkel bekommt. Gesetzt, die Hypotenuse korrespondiere mit q, so ist nunmehr $a/(a-b)$ rein imaginär, und da

$$\frac{g(x, a, b)}{G(x, a, b)} = \frac{G(x, a-b, a)}{\mathfrak{G}(x, a-b, a)},$$

so ist die Realitätskurve durch die Gleichungen

$$x \equiv (a-b)\,u, \quad x \equiv a\,u, \quad x \equiv \frac{a-b}{2} + a\,u,$$

wo u einen beliebigen reellen Faktor bezeichnet, dargestellt. Die mit p korrespondierenden Zweige fallen wieder mit den entsprechenden Dreieckseiten zusammen, während die mit q korrespondierenden Zweige sich in rechtwinklig gebrochene Zickzacklinien verwandeln, von denen die einen Stücke in die Seiten $a-b$ fallen, während die anderen parallel mit den Seiten a durch die Mitten der Seiten b gehen. Je zwei aufeinanderfolgende Zickzacklinien erreichen einander mit ihren Ecken in den Mitten der Seiten $a-b$. Diese Beschreibung gilt, wenn der mit q korrespondierende rechte Winkel noch wie der ihm unmittelbar vorhergehende spitze Winkel aufgefaßt wird. Sobald man ihn aber wie den nachfolgenden stumpfen Winkel behandelt, so müssen die geradlinigen Elemente der vorigen Zickzacklinien in den Mitten der Seiten $a-b$ anders verbunden werden, die Zickzacke müssen die Richtung der Seite b plötzlich verlassen, um in die Richtung $2a-b$ überzugehen. Das heißt weil jetzt $(2a-b, a)$ im Begriff ist, Hauptdarstellung zu werden, so richtet sich von nun an auch die Realitätskurve nach dieser Hauptdarstellung.

Während $g\,x/(G\,x)$ die reellen Werte von 1 bis 0 einmal durchläuft, durchläuft $\sqrt{-r}\,\gamma\,x/(G\,x)$ ebenfalls einmal die reellen Werte von 0 bis 1; und während $g\,x/(G\,x)$ die reellen Werte von 1 bis $+\infty$ einmal durchläuft, durchläuft $\sqrt{-r}\,\gamma\,x/(G\,x)$ ebenfalls einmal die rein imaginären Werte von $+0\sqrt{-1}$ bis $+\infty\sqrt{-1}$. Setzt man nun $y = \sqrt{-r}\,\gamma\,x/(G\,x)$, so folgen aus der vorigen Betrachtung über die Realitätskurve für $g\,x/(G\,x)$ die Gleichungen

$$\sqrt{-r}\,\frac{a}{2} = \int\limits_0^1 \frac{dy}{\sqrt{(1-y^2)\left(1+\frac{p}{r}\,y^2\right)}}$$

$$\sqrt{-r}\,\frac{b}{2} = \int\limits_{+0\sqrt{-1}}^{+\infty\sqrt{-1}} \frac{dy}{\sqrt{(1-y^2)\left(1+\frac{p}{r}\,y^2\right)}},$$

wofern die spezifischen Konstanten a, b der Hauptdarstellung angehören, welchen komplexen Wert auch der Modul $\sqrt{-p/r}$ dieser vollständigen elliptischen Integrale erster Art haben mag.

16. *Verwandlung der elliptischen unendlichen Doppelprodukte in unendliche einfache Produkte trigonometrischer Faktoren*

Vollzieht man in den vier Doppelprodukten, wie $\Pi(x+ma+nb)/(ma+nb)$, welche oben in Ziffer 1 unter dem Namen der ganzen elliptischen Funktionen beschrieben worden sind, die Multiplikation zuerst von $m = -\infty$ bis $m = +\infty$, so ergeben sich respektive die einfachen Produkte:

$$\frac{a}{\pi}\sin\frac{\pi x}{a}\prod_{(n\neq 0)}\frac{\sin\frac{\pi(x+nb)}{a}}{\sin\frac{\pi n b}{a}}, \qquad \prod\frac{\cos\frac{\pi(x+nb)}{a}}{\cos\frac{\pi n b}{a}},$$

$$\prod\frac{\sin\frac{\pi\left[x+\left(n+\frac{1}{2}\right)b\right]}{a}}{\sin\frac{\pi\left(n+\frac{1}{2}\right)b}{a}}, \qquad \prod\frac{\cos\frac{\pi\left[x+\left(n+\frac{1}{2}\right)b\right]}{a}}{\cos\frac{\pi\left(n+\frac{1}{2}\right)b}{a}}.$$

Dieselben sind konvergent, sobald b/a nur nicht reell ist. Man denke sie sich zwischen gleichen und entgegengesetzten sehr großen Werten von n oder $n+(1/2)$ genommen. Es handelt sich nun darum, ihre Verhältnisse zu den entsprechenden Funktionen γ, g, G, $\mathfrak{G}$ zu bestimmen.

In der Ebene, in welcher die Werte von $m\,a + n\,b$ durch Punkte dargestellt sind, sei um den Ursprung als Mittelpunkt ein Kreis mit dem sehr großen Halbmesser k beschrieben, welcher als Grenze für die Doppelprodukte γ usw. gelten soll. Außerhalb desselben liegen zwei Parallellinien von der durch a bezeichneten Richtung und den beiden entgegengesetzten Grenzwerten von n oder $n+(1/2)$ entsprechend. Bezeichnet nun Q den gemeinsamen Quotienten, der aus der Division der obigen einfachen Produkte durch die entsprechenden Funktionen γ, g, G, $\mathfrak{G}$ hervorgeht, so ist Q gleich dem Doppelprodukte $\Pi\{1+[x/(m\,a+n\,b)]\}$, welches sich über den ganzen außerhalb des Kreises und innerhalb der Parallellinien $(\pm n)$ liegenden Flächenraum erstreckt. Nun ist mit einem Fehler von der Ordnung $1/k$:

$$\log Q = -\frac{1}{2}\sum\sum\frac{x^2}{(m\,a+n\,b)^2} = -\frac{x^2}{2}\int\int\frac{dm\,dn}{(m\,a+n\,b)^2},$$

und wenn man zuerst in Beziehung auf m integriert:

$$\log Q = -\frac{x^2}{2\,a}\left(\int\frac{dn}{m''a+n\,b} - \int\frac{dn}{m'a+n\,b}\right),$$

wo m' sich auf den Anfangs-, m'' auf den Endpunkt einer mit der Richtung a parallelen, durch den Wert von n bestimmten Sehne des Kreises k bezieht. Um nun das einfache Integral längs der ganzen Peripherie k verfolgen zu können, setze man

$$a = \mathfrak{a}\,e^{\alpha\sqrt{-1}}, \qquad m\,a+n\,b = k\,e^{(\alpha+\varphi)\sqrt{-1}};$$

so ist der Inhalt des durch die Seiten a, $m\,a+n\,b$ bestimmten Parallelogramms

$n\,c = \mathfrak{a}\,k \sin\varphi$, folglich $dn = (\mathfrak{a}\,k/c)\cos\varphi\,d\varphi$,

$$\log Q = -e^{-2\alpha\sqrt{-1}}\,\frac{x^2}{2\,c}\int\limits_0^{2\pi} e^{-\varphi\sqrt{-1}}\cos\varphi\,d\varphi$$

$$= -e^{-2\alpha\sqrt{-1}}\,\frac{\pi\,x^2}{2\,c} = -\frac{a'\,\pi}{2\,a\,c}\,x^2,$$

wo $a' = \mathfrak{a}\,e^{-\alpha\sqrt{-1}}$ den konjugierten Wert von a bezeichnet. Hieraus folgt nun:

$$\gamma(x, a, b) = e^{\frac{a'\pi}{2ac}x^2}\,\frac{a}{\pi}\sin\frac{\pi\,x}{a}\prod_{n=1}^{n=\infty}\left(1-\frac{\sin^2\frac{\pi\,x}{a}}{\sin^2\frac{n\,\pi\,b}{a}}\right),$$

$$g(x, a, b) = e^{\frac{a'\pi}{2ac}x^2}\cos\frac{\pi\,x}{a}\prod\left(1-\frac{\sin^2\frac{\pi\,x}{a}}{\cos^2\frac{n\,\pi\,b}{a}}\right),$$

$$G(x, a, b) = e^{\frac{a'\pi}{2ac}x^2}\prod\left(1-\frac{\sin^2\frac{\pi\,x}{a}}{\sin^2\frac{(2\,n-1)\,\pi\,b}{2\,a}}\right),$$

$$\mathfrak{G}(x, a, b) = e^{\frac{a'\pi}{2ac}x^2}\prod\left(1-\frac{\sin^2\frac{\pi\,x}{a}}{\cos^2\frac{(2\,n-1)\,\pi\,b}{2\,a}}\right).$$

Oder auch, wenn $e^{(b\,\pi/a)\sqrt{-1}} = h$ gesetzt wird:

$$\gamma(x, a, b) = e^{\frac{a'\pi}{2ac}x^2}\,\frac{a}{\pi}\sin\frac{\pi\,x}{a}\prod\frac{1-2\,h^{2n}\cos\frac{2\,\pi\,x}{a}+h^{4n}}{(1-h^{2n})^2},$$

$$g(x, a, b) = e^{\frac{a'\pi}{2ac}x^2}\cos\frac{\pi\,x}{a}\prod\frac{1+2\,h^{2n}\cos\frac{2\,\pi\,x}{a}+h^{4n}}{(1+h^{2n})^2},$$

$$G(x, a, b) = e^{\frac{a'\pi}{2ac}x^2}\prod\frac{1-2\,h^{2n-1}\cos\frac{2\,\pi\,x}{a}+h^{4n-2}}{(1-h^{2n-1})^2},$$

$$\mathfrak{G}(x, a, b) = e^{\frac{a'\pi}{2ac}x^2}\prod\frac{1+2\,h^{2n-1}\cos\frac{2\,\pi\,x}{a}+h^{4n-2}}{(1+h^{2n-1})^2}.$$

Da $a'\,b - a\,b' = 2\,c\sqrt{-1}$ ist und da c als positiv vorausgesetzt wurde, so ist $b/a - b'/a' = 2\,c\sqrt{-1}/(a\,a')$ und daher die imaginäre Komponente von b/a positiv; folglich ist der Modul von

$$h = e^{-c\,\pi/(a\,a')}\left[\cos\frac{\pi}{2}\left(\frac{b}{a}+\frac{b'}{a'}\right)+\sqrt{-1}\,\sin\frac{\pi}{2}\left(\frac{b}{a}+\frac{b'}{a'}\right)\right]$$

ein echter Bruch, weshalb die steigenden Potenzen von h sich der Null ohne Ende nähern.

Setzt man in den obigen Formeln $x = a/2$, $x = b/2$ und bedenkt im letztern Fall, daß

$$\frac{a'\pi}{2ac}\left(\frac{b}{2}\right)^2 = \frac{b\,b'\pi}{8c} + \frac{b\pi}{4a}\sqrt{-1},$$

$$\sin\frac{\pi b}{2a} = \frac{\sqrt{-1}}{2\sqrt{h}}(1-h), \qquad \cos\frac{\pi b}{2a} = \frac{1+h}{2\sqrt{h}},$$

$$1 \pm 2h^m \cos\frac{\pi b}{a} + h^{2m} = (1 \pm h^{m-1})(1 \pm h^{m+1})$$

ist, so erhält man:

$$\gamma\frac{a}{2} = e^{a a'\pi/(8c)}\frac{a}{\pi}\prod\left(\frac{1+h^{2n}}{1-h^{2n}}\right)^2 \qquad \gamma\frac{b}{2} = e^{b b'\pi/(8c)}\frac{a\sqrt{-1}}{2\pi h^{1/4}}\prod\left(\frac{1-h^{2n-1}}{1-h^{2n}}\right)^2$$

$$G\frac{a}{2} = e^{a a'\pi/(8c)}\prod\left(\frac{1+h^{2n-1}}{1-h^{2n-1}}\right)^2 \qquad g\frac{b}{2} = e^{b b'\pi/(8c)}\frac{1}{2h^{1/4}}\prod\left(\frac{1+h^{2n-1}}{1+h^{2n}}\right)^2$$

und hieraus

$$p = 16\left(\frac{\pi}{a}\right)^2 h\prod\left(\frac{1-h^{4n}}{1-h^{4n-2}}\right)^4, \qquad q = \left(\frac{\pi}{a}\right)^2\prod\left(\frac{1-h^n}{1+h^n}\right)^4,$$

$$r = -\left(\frac{\pi}{a}\right)^2\prod\left(\frac{1+h^{2n-1}}{1-h^{2n-1}}\cdot\frac{1-h^{2n}}{1+h^{2n}}\right)^4.$$

17. *Verwandlung der elliptischen unendlichen Doppelprodukte in einfache Summen der Kosinus oder Sinus der Vielfachen des Arguments*

Da die hier angekündigte Entwicklung aus den Ergebnissen des vorigen Paragraphen in derselben Weise hergeleitet werden kann, wie es in den *Fundamenta* von JACOBI geschieht, so könnte ich mich geradezu auf diese Schrift berufen. Es möchte indes manchem Leser nicht unangenehm sein, wenn auch hier diese interessante Entwicklung an das Frühere angeschlossen wird, und überdies kann hier die Bestimmung einer gewissen Konstanten vielleicht etwas einfacher gegeben werden, als in der erwähnten Schrift des berühmten Verfassers geschieht.

Denkt man sich in den Formeln des vorigen Abschnittes die Multiplikationen ausgeführt und die Produkte der Sinus und Kosinus durch Kosinus und Sinus der vielfachen Winkel ersetzt, so sieht man, daß die Funktionen

$$e^{-\frac{a'\pi}{2ac}x^2}\left\{\begin{matrix}G\\ \mathfrak{G}\end{matrix}\right\}(x), \qquad e^{-\frac{a'\pi}{2ac}x^2}g\,x, \qquad e^{-\frac{a'\pi}{2ac}x^2}\gamma\,x$$

sich respektive nach

$$\cos\frac{2n\pi x}{a}, \qquad \cos\frac{(2n-1)\pi x}{a}, \qquad \sin\frac{(2n-1)\pi x}{a}$$

entwickeln lassen. Wir können daher, indem wir die Betrachtung zunächst auf die beiden ersten Funktionen beschränken,

$$e^{-\frac{a'\pi}{2ac}x^2}\begin{Bmatrix}G\\ \mathfrak{G}\end{Bmatrix}(x)=\sum_{n=-\infty}^{n=\infty}C_n e^{\frac{2n\pi x}{a}\sqrt{-1}}$$

setzen, wo $C_n = C_{-n}$ vorausgesetzt ist. Aus den Formeln am Ende von Ziffer 4 ergeben sich leicht die folgenden

$$e^{-\frac{a'}{a}\cdot\frac{\pi}{2c}(x+a)^2}\begin{Bmatrix}\gamma\\ g\end{Bmatrix}(x+a)=-e^{-\frac{a'}{a}\cdot\frac{\pi}{2c}x^2}\begin{Bmatrix}\gamma\\ g\end{Bmatrix}(x),$$

$$e^{-\frac{a'}{a}\cdot\frac{\pi}{2c}(x+a)^2}\begin{Bmatrix}G\\ \mathfrak{G}\end{Bmatrix}(x+a)=e^{-\frac{a'}{a}\cdot\frac{\pi}{2c}x^2}\begin{Bmatrix}G\\ \mathfrak{G}\end{Bmatrix}(x),$$

$$e^{-\frac{b'}{b}\cdot\frac{\pi}{2c}(x+b)^2}\begin{Bmatrix}\gamma\\ G\end{Bmatrix}(x+b)=-e^{-\frac{b'}{b}\cdot\frac{\pi}{2c}x^2}\begin{Bmatrix}\gamma\\ G\end{Bmatrix}(x),$$

$$e^{-\frac{b'}{b}\cdot\frac{\pi}{2c}(x+b)^2}\begin{Bmatrix}g\\ \mathfrak{G}\end{Bmatrix}(x+b)=-e^{-\frac{b'}{b}\cdot\frac{\pi}{2c}x^2}\begin{Bmatrix}g\\ \mathfrak{G}\end{Bmatrix}(x);$$

welche uns nun zu der Bestimmung der Koeffizienten C_n dienen sollen. Der Exponent $2n\pi x\sqrt{-1}/a$ in der oben angenommenen Entwicklung kann durch

$$\frac{\pi(x+nb)^2}{ab}\sqrt{-1}-\frac{\pi x^2}{ab}\sqrt{-1}$$

ersetzt werden, so daß $\left(\text{wegen } \frac{a'}{a}\cdot\frac{\pi}{2c}x^2-\frac{b'}{b}\cdot\frac{\pi}{2c}x^2=\frac{\pi x^2\sqrt{-1}}{ab}\right)$

$$\begin{Bmatrix}G\\ \mathfrak{G}\end{Bmatrix}(x)=e^{\frac{b'}{b}\cdot\frac{\pi}{2c}x^2}\sum_{n=-\infty}^{n=+\infty}L_n e^{\frac{\pi(x+nb)^2}{ab}\sqrt{-1}}$$

wird, wo $L_n = L_{-n}$ den zu bestimmenden konstanten Koeffizienten bezeichnet. Ersetzt man jetzt x durch $x+b$ und berücksichtigt die aus Ziffer 4 angeführten Relationen, so ergibt sich

$$\sum_{n=-\infty}^{n=+\infty}L_n e^{\frac{\pi[x+(n+1)b]^2}{ab}\sqrt{-1}}=\sum\mp L_n e^{\frac{\pi(x+nb)^2}{ab}\sqrt{-1}}$$

Die Koeffizienten L sind also entweder abwechselnd entgegengesetzt oder sämtlich gleich, je nachdem man es mit der Funktion G oder $\mathfrak{G}$ zu tun hat. Folglich ist

$$Gx=e^{\frac{b'}{b}\cdot\frac{\pi}{2c}x^2}\frac{\sum(-1)^n e^{\frac{\pi(x+nb)^2}{ab}\sqrt{-1}}}{\sum(-1)^n e^{\frac{nnb\pi}{a}\sqrt{-1}}},$$

$$\mathfrak{G}x=e^{\frac{b'}{b}\cdot\frac{\pi}{2c}x^2}\frac{\sum e^{\frac{\pi(x+nb)^2}{ab}\sqrt{-1}}}{\sum e^{\frac{nnb\pi}{a}\sqrt{-1}}};$$

und hieraus, indem man x in $x + (b/2)$ übergehen läßt:

$$\gamma x = e^{\frac{b'}{b}\cdot\frac{\pi}{2c}x^2} \frac{\sum (-1)^n e^{\left[x+\left(n+\frac{1}{2}\right)b\right]^2 \frac{\pi\sqrt{-1}}{ab}}}{\frac{\pi}{a}\sqrt{-1}\sum (-1)^n (2n+1)\, e^{\left(n+\frac{1}{2}\right)^2 \frac{b\pi}{a}\sqrt{-1}}},$$

$$g x = e^{\frac{b'}{b}\cdot\frac{\pi}{2c}x^2} \frac{\sum e^{\left[x+\left(n+\frac{1}{2}\right)b\right]^2 \frac{\pi\sqrt{-1}}{ab}}}{\sum e^{\left(n+\frac{1}{2}\right)^2 \frac{b\pi\sqrt{-1}}{a}}}.$$

Setzt man wiederum $e^{\pi b\sqrt{-1}/a} = h$, wie früher, so erhalten diese vier Formeln folgende Gestalt:

$$G x = e^{\frac{a'\pi}{2ac}x^2} \frac{1 - 2h\cos\frac{2\pi x}{a} + 2h^4\cos\frac{4\pi x}{a} - h^9\cos\frac{6\pi x}{a} + \cdots}{1 - 2h + 2h^4 - 2h^9 + \cdots},$$

$$\mathfrak{G} x = e^{\frac{a'\pi}{2ac}x^2} \frac{1 + 2h\cos\frac{2\pi x}{a} + 2h^4\cos\frac{4\pi x}{a} + 2h^9\cos\frac{6\pi x}{a} + \cdots}{1 + 2h + 2h^4 + 2h^9 + \cdots},$$

$$\gamma x = e^{\frac{a'\pi}{2ac}x^2} \frac{a}{\pi}\cdot \frac{\sin\frac{\pi x}{a} - h^{1\cdot 2}\sin\frac{3\pi x}{a} + h^{2\cdot 3}\sin\frac{5\pi x}{a} - h^{3\cdot 4}\sin\frac{7\pi x}{a}\cdots}{1 - 3h^{1\cdot 2} + 5h^{2\cdot 3} - 7h^{3\cdot 4}\cdots},$$

$$g x = e^{\frac{a'\pi}{2ac}x^2} \frac{\cos\frac{\pi x}{a} + h^{1\cdot 2}\cos\frac{3\pi x}{a} + h^{2\cdot 3}\cos\frac{5\pi x}{a} + h^{3\cdot 4}\cos\frac{7\pi x}{a}\cdots}{1 + h^{1\cdot 2} + h^{2\cdot 3} + h^{3\cdot 4}\cdots}.$$

Es bleiben noch die konstanten Werte der Reihen in den Nennern dieser Ausdrücke zu bestimmen übrig. Die zwei ersten Gleichungen geben

$$\frac{\mathfrak{G}\frac{a}{2}}{G\frac{a}{2}} = \left(\frac{1 - 2h + 2h^4 - 2h^9\cdots}{1 + 2h + 2h^4 + 2h^9\cdots}\right)^2;$$

folglich, wenn man die Quadratwurzeln $\sqrt{G\,a/2}$, $\sqrt{\mathfrak{G}\,a/2}$ so versteht, daß sie für ein verschwindendes a sich auf die *positive* Einheit reduzieren,

$$\frac{\sqrt{G\frac{a}{2}} + \sqrt{\mathfrak{G}\frac{a}{2}}}{2\sqrt{G\frac{a}{2}}} = \frac{1 + 2h^4 + 2h^{16} + 2h^{36}\cdots}{1 + 2h + 2h^4 + 2h^9\cdots} = \frac{\varphi(h^4)}{\varphi(h)},$$

wo

$$\varphi(h) = 1 + 2h + 2h^4 + 2h^9 + \cdots$$

sein soll. Nun geben die zwei letzten der Formeln (B) von Ziffer 8:

$$\frac{G\frac{a}{2} + \mathfrak{G}\frac{a}{2}}{\gamma\frac{a}{2}} = \frac{G\left(\frac{a}{4}, \frac{a}{2}, b\right)}{\gamma\left(\frac{a}{4}, \frac{a}{2}, b\right)}, \qquad \frac{2\sqrt{G\frac{a}{2}\,\mathfrak{G}\frac{a}{2}}}{\gamma\frac{a}{2}} = \frac{\mathfrak{G}\left(\frac{a}{4}, \frac{a}{2}, b\right)}{\gamma\left(\frac{a}{4}, \frac{a}{2}, b\right)};$$

woraus sich durch Addition und nochmalige Anwendung der ersten Gleichung

$$\frac{\left(\sqrt{G\frac{a}{2}}+\sqrt{\mathfrak{G}\frac{a}{2}}\right)^2}{\gamma\frac{a}{2}}=\frac{G\left(\frac{a}{4},\frac{a}{2},b\right)+\mathfrak{G}\left(\frac{a}{4},\frac{a}{2},b\right)}{\gamma\left(\frac{a}{4},\frac{a}{2},b\right)}=\frac{G\left(\frac{a}{8},\frac{a}{4},b\right)}{\gamma\left(\frac{a}{8},\frac{a}{4},b\right)}$$

ergibt. Wir bekommen demnach

$$\left(\frac{\varphi(h^4)}{\varphi(h)}\right)^2=\frac{1}{4}\cdot\frac{\gamma\frac{a}{2}}{G\frac{a}{2}}\cdot\frac{G\left(\frac{a}{8},\frac{a}{4},b\right)}{\gamma\left(\frac{a}{8},\frac{a}{4},b\right)},$$

oder auch

$$\frac{[\varphi(h)]^2}{a\,\dfrac{G\left(\frac{a}{2},a,b\right)}{\gamma\left(\frac{a}{2},a,b\right)}}=\frac{[\varphi(h^4)]^2}{\dfrac{a}{4}\cdot\dfrac{G\left(\frac{a}{8},\frac{a}{4},b\right)}{\gamma\left(\frac{a}{8},\frac{a}{4},b\right)}}=\cdots=C.$$

Wenn a in $a/4$ übergeht, so geht auch h in h^4 über; der vorliegende Ausdruck C ändert also seinen Wert nicht, wenn darin für a nach und nach $a/4$, $a/16$, $a/64$, ... substituiert werden; folglich ist sein Wert derselbe wie für ein verschwindendes a. Für ein solches haben aber

$$\gamma\left(\frac{a}{2},a,b\right),\qquad G\left(\frac{a}{2},a,b\right),\qquad \varphi(h)$$

respektive die Grenzwerte a/π, 1, 1. Demnach ist $C = 1/\pi$; folglich

$$\varphi(h)=1+2h+2h^4+2h^9\cdots=\sqrt{\frac{a}{\pi}\cdot\frac{G\,a/2}{\gamma\,a/2}}=\prod\frac{1+h^{2n-1}}{1-h^{2n-1}}\cdot\frac{1-h^{2n}}{1+h^{2n}},$$

und wenn man die Darstellung (a, b) mit $(a, a+b)$ vertauscht, wodurch h in $-h$ und G in $\mathfrak{G}$ übergeht:

$$1-2h+2h^4-2h^9+\cdots=\sqrt{\frac{a}{\pi}\cdot\frac{\mathfrak{G}\,a/2}{\gamma\,a/2}}=\prod\frac{1-h^n}{1+h^n}.$$

Setzt man in den vorletzten Ausdrücken für γx, $g x$, welche noch die Exponentialfunktionen enthalten, $x = b/2$, so bekommt man

$$\gamma\frac{b}{2}=e^{b\,b'\pi/(8c)}\,\frac{a}{\pi}\sqrt{-1}\,\frac{1-2h+2h^4-2h^9\cdots}{2h^{1/4}-6h^{9/4}+10h^{25/4}\cdots},$$

$$g\frac{b}{2}=e^{b\,b'\pi/(8c)}\,\frac{1+2h+2h^4+2h^9\cdots}{2h^{1/4}+2h^{9/4}+2h^{25/4}\cdots}.$$

Durch Vergleichung dieser Werte mit den am Ende von Ziffer 16 gefundenen ergibt sich:

$$\frac{2h^{1/4}-6h^{9/4}+16h^{25/4}\cdots}{1-2h+2h^4-2h^9\cdots}=2h^{1/4}\prod\left(\frac{1-h^{2n}}{1-h^{2n-1}}\right)^2,$$

$$\frac{2h^{1/4}+2h^{9/4}+2h^{25/4}\cdots}{1+2h+2h^4+2h^9\cdots}=2h^{1/4}\prod\left(\frac{1+h^{2n}}{1+h^{2n-1}}\right)^2;$$

und hieraus durch Substitution der bereits gefundenen Werte von

$$1 + 2h + 2h^4 + 2h^9 \cdots \quad \text{und} \quad 1 - 2h + 2h^4 - 2h^9 \cdots$$

und unter Berücksichtigung der Relation $\Pi(1+h^n)(1-h^{2n-1}) = 1$:

$$2h^{1/4} - 6h^{9/4} + 10h^{25/4} - \cdots = 2h^{1/4}\Pi(1-h^{2n})^3$$

$$2h^{1/4} + 2h^{9/4} + 2h^{25/4} \cdots = 2h^{1/4}\prod \frac{1-h^{4n}}{1-h^{4n-2}}.$$

Dieselben Reihen in h, durch die vollständigen Funktionen ausgedrückt, werden:

$$2h^{1/4} - 6h^{9/4} + 10h^{25/4} - \cdots = \sqrt{\left(\frac{a}{\pi}\right)^3 \frac{g\,b/2}{\gamma\,b/2}\sqrt{-1}\,\frac{\mathfrak{G}\,b/2}{\gamma\,b/2}\sqrt{-1}\,\frac{\mathfrak{G}\,a/2}{\gamma\,a/2}},$$

$$2h^{1/4} + 2h^{9/4} + 2h^{25/4} + \cdots = \sqrt{\frac{a}{\pi}\cdot\frac{\mathfrak{G}\,b/2}{\gamma\,b/2}\sqrt{-1}}.$$

Denn es ist

$$e^{b\,b'\pi/(8c)} = \sqrt{g\frac{b}{2}\,\mathfrak{G}\frac{b}{2}} \quad \text{und} \quad \frac{G\frac{a}{2}}{\gamma\frac{a}{2}} = \frac{g\frac{b}{2}}{\gamma\frac{b}{2}}\sqrt{-1}.$$

Faßt man alles zusammen und benutzt die in Ziffer 5 gegebenen Konstanten p, q, r, so gewinnt man folgende Übersicht:

$$2h^{1/4} - 6h^{9/4} + 10h^{25/4} - \cdots = \sqrt{\left(\frac{a}{\pi}\right)^3\sqrt{-p\,q\,r}} = 2h^{1/4}\Pi(1-h^{2n})^3,$$

$$2h^{1/4} + 2h^{9/4} + 2h^{25/4} + \cdots = \sqrt{\frac{a}{\pi}\sqrt{p}} = 2h^{1/4}\Pi(1-h^{2n})(1+h^{2n})^2,$$

$$1 - 2h + 2h^4 - 2h^9 + \cdots = \sqrt{\frac{a}{\pi}\sqrt{q}} = \Pi(1-h^{2n})(1-h^{2n-1})^2,$$

$$1 + 2h + 2h^4 + 2h^9 + \cdots = \sqrt{\frac{a}{\pi}\sqrt{-r}} = \Pi(1-h^{2n})(1+h^{2n-1})^2.$$

Da nun in den *Fundamenta* von JACOBI die Reihe

$$1 - 2h\cos\frac{2\pi x}{a} + 2h^4\cos\frac{4\pi x}{a} - 2h^9\cos\frac{6\pi x}{a} + \cdots$$

als die Funktion Θ des Arguments $x\sqrt{-r}$ bezeichnet wird, so ist

$$\Theta(x\sqrt{-r}) = \sqrt{\frac{a}{\pi}\sqrt{q}}\,e^{-\frac{a'\pi}{2ac}x^2}\,G(x),$$

und $\sqrt{-p/r}$ ist der Modul dieser Funktion Θ. Der Wert derselben ändert sich also, wenn man die Darstellung (a, b) mit irgendeiner andern äquivalenten Darstellung vertauscht, während dagegen der Wert der Funktion $G(x)$ von der Wahl der Darstellung unabhängig ist.

18. *Über die Entwicklung der gebrochenen elliptischen Funktionen in trigonometrische Partialbrüche*

Es soll hier nur an einem einzigen Beispiele gezeigt werden, wie dieselbe aus den Sätzen von Ziffer 5 hervorgeht. Dort wurde gefunden:

$$\frac{\gamma x}{G x} = -\frac{\gamma^2 \frac{b}{2}}{g \frac{b}{2} \mathfrak{G} \frac{b}{2}} \cdot \frac{d}{dx} \log \frac{G(x, 2a, b)}{\mathfrak{G}(x, 2a, b)}.$$

Nach Ziffer 16 ist aber

$$\frac{G(x, 2a, b)}{\mathfrak{G}(x, 2a, b)} = \prod \left(\frac{1 + h^{(2n-1)/2}}{1 - h^{(2n-1)/2}}\right)^2 \frac{1 - 2h^{(2n-1)/2} \cos \frac{\pi x}{a} + h^{2n-1}}{1 + 2h^{(2n-1)/2} \cos \frac{\pi x}{a} + h^{2n-1}};$$

folglich ist

$$\frac{\gamma x}{G x} = \frac{\frac{4\pi}{a}}{\sqrt{-pr}} \sum_{n=1}^{n=\infty} \frac{h^{(2n-1)/2}(1 + h^{2n-1}) \sin \frac{\pi x}{a}}{1 - h^{2n-1} \cos \frac{2\pi x}{a} + h^{4n-2}}.$$

NACHWORT

A. Über die Entstehung dieser Abhandlung erfahren wir durch einen Brief aus dem Jahre 1856, den SCHLÄFLI an CAYLEY richtete[1]), folgendes: «Vom Cambridge Mathematical Journal bekam ich einmal einige Bände aus Gefälligkeit geliehen und schöpfte daraus unter anderem Ihre Behandlungsweise der elliptischen Funktionen mittels unendlicher Doppelprodukte[2]). Da es mir schien, daß von diesem Gesichtspunkt aus die Eigenschaften der elliptischen Funktionen sich am ungezwungensten darstellen lassen, so sandte ich an Grunerts Archiv eine freie Bearbeitung Ihrer Abhandlung ein, was Sie mir hoffentlich verzeihen werden, da es mit Nennung Ihres Namens geschehen ist.»

Je nach der Lage, welche die Nullstellen der Funktion im Netz einnehmen, erhält man die vier Funktionen, die SCHLÄFLI nach CAYLEY mit γ, g, G und $\mathfrak{G}$ bezeichnet und die heute nach WEIERSTRASS mit σ, σ_1, σ_3, σ_2 benannt werden. Bevor ihre Eigenschaften hergeleitet werden, gibt SCHLÄFLI in § 2 eine Theorie der Reduktion des Netzes. Er zeigt sowohl auf geometrischem wie auf algebraischem Weg, daß ein Netz aus einem spitzwinkligen bzw. rechtwinkligen Dreieck aufgebaut werden kann. Im selben Jahre, in dem SCHLÄFLIS Arbeit erschien, behandelte G. L. DIRICHLET das Reduktionsproblem in der Abhand-

[1]) Siehe: *Briefwechsel von L. Schläfli mit A. Cayley*, hg. von J. H. GRAF (Bern 1905), S. 10.

[2]) A. CAYLEY, *On the inverse elliptic functions*, Cambridge math. J. *4*, 257 (1845) = *The collected mathematical papers* 1, Nr. 24 (Cambridge 1889).

lung *Über die Reduktion der positiven quadratischen Formen mit drei unbestimmten ganzen Zahlen* im J. reine angew. Math. *40* (1850) = Werke, Bd. 2.

Die folgende Darstellung der Theorie der elliptischen Funktionen zeichnet sich durch die große Reichhaltigkeit der Ergebnisse aus.

Welche Beachtung die Arbeit fand, vernehmen wir aus dem Brief vom 20. April 1856, den STEINER an SCHLÄFLI richtete[1]: «Als ich dabei von Ihrem Schicksal mit LIOUVILLE sprach, war STURM sehr gerührt und platzte mit dem Urteil heraus: daß Ihr Aufsatz über elliptische Transcendenten in Grunerts Archiv das Beste wäre, was er über denselben Gegenstand gelesen habe.»

B. S. 120. G. EISENSTEIN, *Beiträge zur Theorie der elliptischen Funktionen. VI: Genaue Untersuchung der unendlichen Doppelprodukte, aus welchen die elliptischen Funktionen als Quotienten zusammengesetzt sind, und der mit ihnen zusammenhangenden Doppelreihen,* J. reine angew. Math. *35* (1847) = *Mathematische Abhandlungen,* hg. von GAUSS (1847).

S. 120, 160, 164. C. G. J. JACOBI, *Fundamenta nova theoriae functionum ellipticarum* (1829) = Ges. Werke, Bd. 1, S. 49–239. *J. J. Burckhardt.*

---

[1]) Siehe *Briefwechsel zwischen Jakob Steiner und Ludwig Schläfli,* herausgegeben von J. H. GRAF, Mitteilungen der Naturforschenden Gesellschaft in Bern, 1896, S. 253.

Theorie
der vielfachen Kontinuität

INHALT

DRITTER TEIL

Verschiedene Anwendungen der Theorie der vielfachen Kontinuität, welche das Gebiet des Linearen und Sphärischen übersteigen

Anzeige einer Abhandlung über die Theorie der vielfachen Kontinuität

Die Abhandlung, die ich hier der Kaiserlichen Akademie der Wissenschaften vorzulegen die Ehre habe, enthält einen Versuch, einen neuen Zweig der Analysis zu begründen und zu bearbeiten, welcher, gleichsam eine analytische Geometrie von n Dimensionen, diejenigen der Ebene und des Raumes als spezielle Fälle für $n = 2, 3$ in sich enthielte. Ich nenne denselben Theorie der vielfachen Kontinuität überhaupt in demselben Sinne, wie man zum Beispiel die Geometrie des Raumes eine Theorie der dreifachen Kontinuität nennen kann. Wie in dieser eine Gruppe von Werten der drei Koordinaten einen Punkt bestimmt, so soll in jener eine Gruppe gegebener Werte der n Variabeln $x, y, \ldots$ eine *Lösung* bestimmen. Ich gebrauche diesen Ausdruck, weil man bei einer oder mehreren Gleichungen mit vielen Variabeln jede genügende Gruppe von Werten auch so nennt; das Ungewöhnliche der Benennung liegt nur darin, daß ich sie auch noch beibehalte, wenn gar keine Gleichung zwischen den Variabeln gegeben ist. In diesem Falle nenne ich die Gesamtheit aller Lösungen die *n-fache Totalität*; sind hingegen 1, 2, 3, ... Gleichungen gegeben, so heißt bzw. die Gesamtheit ihrer Lösungen $(n-1)$-faches, $(n-2)$-faches, $(n-3)$-faches, ... *Kontinuum*. Aus der Vorstellung der allseitigen Kontinuität der in einer Totalität enthaltenen Lösungen entwickelt sich diejenige der Unabhängigkeit ihrer gegenseitigen *Lage* von dem System der gebrauchten Variabeln, insofern durch Transformation neue Variabeln an ihre Stelle treten können. Diese Unabhängigkeit spricht sich aus in der Unveränderlichkeit dessen, was ich den *Abstand* zweier gegebener Lösungen $(x, y, \ldots)$, $(x', y', \ldots)$ nenne und im einfachsten Fall durch

$$\sqrt{(x'-x)^2 + (y'-y)^2 + \cdots}$$

definiere, indem ich gleichzeitig das System der Variabeln ein *orthogonales* heiße, zum Unterschied von einem *schiefen* System, worin

$$\sqrt{(x'-x)^2 + (y'-y)^2 + \cdots + 2\,k\,(x'-x)\,(y'-y) + \cdots}$$

den Abstand zweier Lösungen darstellte. Indem ich ferner ausschließlich orthogonale Systeme gebrauche, nenne ich jede lineare Transformation der Variabeln, durch welche die Orthogonalität eines Systems nicht geändert wird, d.h. bei welcher die analytische Form des Abstandes, Quadratwurzel aus einer Summe von Quadraten, dieselbe bleibt, eine *orthogonale Transformation*. Sind diese Vorstellungen durchlaufen, so hat man einen Begriff von der *Gleichgültigkeit* der vielfachen Totalität, ganz ähnlich wie von der des Raumes; man hat gleichsam die Totalität von dem willkürlichen Zwang des zu ihrer Darstellung verwendeten Variabelnsystems wiederum befreit. Diese Andeutungen, bei denen ich einige Weitläufigkeit nicht wohl vermeiden konnte, mögen genügen, um die Grundlage der hier behandelten Theorie zu bezeichnen.

Die Abhandlung zerfällt in drei Abschnitte: 1. über die linearen, 2. über die sphärischen, 3. über die quadratischen und höheren Kontinua. Um ohne Weitläufigkeit zu zeigen, daß namentlich in den zwei ersten Abschnitten Dinge vorkommen, welche von der analytischen Geometrie des Raumes aus kaum sich ahnen lassen, führe ich nur den Satz unter Ziffer 22 an.

Um die Aussage desselben einzuleiten, diene folgende Erklärung. Wenn $p = ax + by + cz + \cdots + hw$, $p' = a'x + b'y + \cdots + h'w$ zwei lineare und homogene Polynome der n orthogonalen Variabeln $x, y, \ldots, w$ bezeichnen, und man denkt sich die Gesamtheit aller Lösungen, für welche zugleich $p > 0$, $p' > 0$: so steht diese zur unbeschränkten Totalität im Verhältnis eines Bruchteils zum Ganzen. Wird 2π als letztes Glied dieses Verhältnisses angenommen, so nenne ich das erste Glied den *Winkel* der Polynome p, p'. Wird derselbe durch $\sphericalangle(p\,p')$ bezeichnet, so ist

$$-\cos\sphericalangle(p\,p') = \frac{a\,a' + b\,b' + c\,c' + \cdots + h\,h'}{\sqrt{a^2 + b^2 + \cdots + h^2}\sqrt{a'^2 + b'^2 + \cdots + h'^2}},$$

wo die Quadratwurzeln im Nenner nur positiv zu verstehen sind.

Ist nun das n-fache Integral $S_n = \int^n dx\,dy\,dz \ldots dw$ durch die Bedingungen $p_1 > 0$, $p_2 > 0$, $\ldots$, $p_n > 0$, $x^2 + y^2 + \cdots + w^2 < 1$ begrenzt, so hängt sein Wert nur von den $n(n-1)/2$ Winkeln zwischen den n linearen und homogenen Grenzpolynomen p ab (weshalb ich diese Winkel die *Argumente* der Funktion S_n nenne); und, wenn die transzendente Funktion, als welche der Winkel in Beziehung auf seinen zunächst gegebenen Kosinus aufzufassen ist, nicht mitgezählt wird, so erfordert die Berechnung jenes Integrals nur $[(n-2)/2]$- oder $[(n-3)/2]$-fache Integrationen, je nachdem n gerade oder ungerade ist. Denn der zum Beispiel nach dem Argument $\sphericalangle(p_1\,p_2)$ genommene Differentialkoeffizient von S_n ist der n-te Teil eines ähnlichen, aber bloß $(n-2)$-fachen Integrals S_{n-2}, dessen Argumente durch trigonometrische Relationen mit den ursprünglichen Argumenten verbunden sind. Transformiert man nämlich orthogonal die Variabeln so, daß die Polynome p_1 und p_2 nur die zwei ersten von den neuen Variabeln enthalten, und tilgt dann in allen übrigen Polynomen diese zwei Variabeln, so hat man die $n-2$ Grenzpolynome von S_{n-2}.

Ist die Ordnung n einer Funktion S_n ungerade, so kann man diese linear durch lauter solche Funktionen von gerader Ordnung ausdrücken, deren Argumente geradezu schon unter den ursprünglichen sich vorfinden. (Hieher gehört es zum Beispiel, wenn für $n = 3$ der Inhalt eines Kugeldreiecks nicht eine neue transzendente Funktion erfordert, sondern sich durch die schon der Ebene eigenen Funktionen, nämlich durch die Winkel des Dreiecks, linear ausdrücken läßt.) Nur die Integrale S_n von gerader Ordnung sind demnach eigentümliche transzendente Funktionen.

Man kann ferner jedes Integral S_n auf mannigfaltige Weise als Summe von Integralen derselben Ordnung darstellen, deren Argumente mittels trigonometrischer Relationen aus den ursprünglichen zu berechnen sind. Unter diesen Arten der Zerlegung gibt es auch solche, wo sämtliche Teilintegrale eine spezielle Beschaffenheit erhalten. Man kann nämlich die Grenzpolynome einer solchen S_n so aneinanderreihen, daß nur die Winkel zwischen je zwei unmittelbar aufeinanderfolgenden von rechten abweichen, alle übrigen Winkel dagegen rechte sind. Eine so spezialisierte Funktion S_n hat also nur noch $n-1$ freie Argumente. Da es wünschbar ist, die Zahl der Argumente einer Funktion so sehr als möglich zu vermindern, so richtet sich nun die ganze Aufmerksamkeit auf diese speziellen Funktionen S_n, welche ich *Orthoscheme* genannt habe. Unter anderem führt die Betrachtung gewisser *Perioden* solcher Orthoscheme zur Kenntnis einiger Fälle, wo der Wert eines Orthoschems in finiter Form angegeben werden kann. Sollen zugleich alle Argumente rationale Teile des Halbkreises π sein, so glaube ich, in der vorliegenden Abhandlung alle Fälle, wo dann auch das Orthoschem zur Polysphäre ein rationales Verhältnis hat, vollständig aufgezählt zu haben. Für $n = 4$ können die Nenner der Argumente nur 3, 4, 5, für alle höheren Dimensionszahlen gar nur 3, 4 sein (das Argument $\pi/2$ ist auszuschließen, weil es immer auf eine niedrigere Ordnung zurückführt). Der Entscheid, ob alle hieher gehörenden Fälle vollständig aufgezählt sind, scheint ungemein schwierig; aber man wird das Interesse der Frage am besten würdigen, wenn man bedenkt, daß ihr für $n = 2$ die bekannte von Gauss absolvierte Aufgabe der Kreisteilung entspricht.

Was in den zwei ersten Abschnitten gegeben ist, halte ich alles für neu. Anders verhält es sich mit dem dritten Abschnitt. Hier findet die Bestimmung der Hauptachsen eines quadratischen Kontinuums, als analytische Aufgabe betrachtet, sich schon in der Theorie der säkulären Störungen der Planeten, wie sie Laplace in seiner *Mécanique céleste* gegeben hat. Die Bestimmung des kürzesten Weges auf einem quadratischen Kontinuum findet sich von Jacobi in einem Vortrag an die Berliner Akademie vom Jahre 1839[1]) angedeutet. Daß ich ferner die Frage nach der Existenz orthogonaler Kontinuen aufgeworfen und erörtert habe, war veranlaßt durch den von Lamé eingeführten Begriff orthogonaler Flächen. Ob die hier für $n = 3$ gegebene Konstruktion eines ganz beliebigen Systems orthogonaler Flächen schon von Lamé ausgeführt worden ist, weiß ich nicht, da mir die ersten Bände von Liouvilles Journal, in denen dieser Gegenstand wahrscheinlich behandelt ist, nicht zu Gebot standen. Die Begriffe des Potentials und des Differentialparameters sind von Gauss und Lamé so benannt und zu physikalischen Untersuchungen angewandt worden, und mehrere hiehergehörige Sätze von überraschender Eleganz, zum Teil wenigstens, wie es scheint, von Lamé herrührend, hat Liouville in seinen Briefen

---

[1]) C. G. J. Jacobi, *Note von der geodätischen Linie auf einem Ellipsoid und den verschiedenen Anwendungen einer merkwürdigen analytischen Substitution*, J. reine angew. Math. *19*, 309–313 (1839) = Gesammelte Werke, Bd. 2, S. 57. *J. J. B.*

an Blanchet (über verschiedene das Ellipsoid betreffende analytische und mathematisch-physikalische Fragen, Liouville XI, Juni 1846[1])) mitgeteilt und bewiesen. In der vorliegenden Abhandlung sind auch diese Sätze von drei auf *n* Dimensionen übertragen. – Wenn ich nun auch das Verdienst des Generalisierens nur gering anschlage, so hielt ich es doch für nötig, einmal alle diese Betrachtungen in der Theorie der vielfachen Kontinuität zu vereinigen; man wird hier manches Neue finden, was außer diesem Zusammenhang nicht dargestellt werden konnte.

Ich hoffe, durch die vorliegende Abhandlung faktisch gezeigt zu haben, daß in der reinen Analysis die Konstruktion nicht weniger mit Erfolg angewandt werden kann als in der Geometrie.

Bern, den 5. Juli 1852. Dr. L. Schläfli

[1]) J. Liouville, *Lettres sur diverses questions d'analyse de physique mathématique concernant l'ellipsoïde, adressées à M. P.-H. Blanchet*, J. Math. pures appl. (1), *11* (1846); Première Lettre, p. 127, Deuxième Lettre, p. 261. *J. J. B.*

EINLEITUNG

Wenn man die gegenseitige Abhängigkeit zweier Variabeln zur lebhaften Anschauung bringen will, so bedient man sich häufig der ebenen Kurven, indem man jene zwei Variabeln als rechtwinklige Koordinaten setzt, und baut so auf die geometrische Anschauung eine Reihe von Schlüssen, deren letztes Ergebnis eine rein analytische Bedeutung hat. Es wird wohl niemand bestreiten, daß ein solches Verfahren ebenso sicher sein kann als ein rein analytisches, welches sorgfältig alle der Geometrie entlehnten Ausdrücke vermeidet, und daß in beiden eigentlich dieselben Dinge, nur in anderer Sprache, dargestellt werden; denn es ist gewiß ganz dasselbe, ob man die Funktionsweise, in der zwei Variabeln voneinander abhängen, unmittelbar anschaut, oder erst, indem man mit den Augen den Lauf einer gezeichneten Kurve verfolgt. Das durch geometrische Anschauung vermittelte Verfahren hat freilich den Vorzug der leichtern, auch dem Unvorbereiteten sogleich verständlichen Sprache und kann daher für die populäre Darstellung nur empfohlen werden. Wenn aber die Zahl der in gegenseitiger Abhängigkeit stehenden Variabeln über drei hinausgeht, so bleibt die bequeme Nachhilfe der geometrischen Anschauung und Ausdrucksweise zurück; aber sollte es wohl darum der Analysis versagt sein, aus eigenen Mitteln diesen fühlbaren Mangel zu ersetzen und sich einen Vorrat von Anschauungen und Bezeichnungen anzulegen, worin sie dieselbe leichte Übersicht der Funktionsweisen und ihrer singulären Eigenschaften wiederfindet, welche sie vorher von der Geometrie entlehnte? Als einen Versuch, nach dieser Seite hin eine neue Bahn in der Analysis zu eröffnen, möchte ich gegenwärtige Abhandlung dem nachsichtigen Urteile des geneigten Lesers übergeben.

Der vorliegende Stoff ist so eingeteilt, wie wenn man etwa in der Geometrie 1. die Gerade und Ebene, 2. den Kreis und die Kugel, 3. die Kurven und Flächen zweiten Grades, 4. endlich die infinitesimalen Eigenschaften der Kurven und Flächen überhaupt, nacheinander behandeln würde.

ERSTER TEIL

Lehre von den linearen Kontinuen

1. *Definitionen*

Wenn eine oder mehrere Gleichungen die n Variabeln $x, y, z, \ldots$ enthalten, so nennt man jede Gruppe von Werten dieser letzten, welche allen jenen Gleichungen genügen, eine *Lösung* des gegebenen Systems. Diese Lösung ist bestimmt, wenn die Zahl der Gleichungen ebenfalls n ist; dagegen wird ein kontinuierlicher Übergang von einer Lösung zu einer anderen möglich sein, wenn die Zahl der Gleichungen geringer ist; in diesem Falle nenne ich die Gesamtheit aller Lösungen ein *Kontinuum*, und zwar ein i-faches, wenn i die Zahl der unabhängigen Variabeln (oder die *Dimensionszahl* des Kontinuums) ist; ferner ein *lineares*, wenn alle Gleichungen vom ersten Grade sind, ein *höheres*, wenn wenigstens eine Gleichung den ersten Grad übersteigt. Ein einfaches Kontinuum überhaupt werde ich *Weg*, und wenn es insbesondere noch linear ist, *Strahl* nennen. Unter dem *Weg, der zwei Lösungen verbindet*, ist die Gesamtheit aller Lösungen zu verstehen, welche von der Anfangs- bis zur Endlösung kontinuierlich aufeinanderfolgen. Da von Kontinuen, welche nur durch eine Gleichung zwischen n Variabeln bestimmt sind, häufiger die Rede sein wird als von solchen, deren Dimensionszahl zwischen 1 und $n - 1$ liegt, so werde ich ein $(n - 1)$-faches Kontinuum meist schlechthin *Kontinuum* nennen, wenn kein Mißverständnis zu befürchten ist.

Da einmal das Wort *Lösung* eine Gruppe von zusammengehörigen Werten der n Variabeln $x, y, \ldots$ bezeichnet, so werde ich dasselbe Wort noch behalten, wenn auch gar keine Gleichung vorliegt; und in diesem Sinne nenne ich die Gesamtheit aller Lösungen die *Totalität*, und zwar *n-fache Totalität*, wenn es nötig wird, die Zahl n aller Variabeln $x, y, \ldots$ anzugeben. Sind zwar alle Variabeln unter sich unabhängig, aber dem n-fachen Integral $\int dx\, dy\, dz \ldots$ Grenzen gesetzt, durch welche keiner Variabeln ein unendliches Wachstum gestattet wird, so nenne ich die Gesamtheit aller Lösungen, über welche sich dieses Integral erstreckt, ein *geschlossenes Stück der Totalität* und das Integral selbst dessen *Maß*. Wie geschlossene Stücke eines Kontinuums von beliebiger Dimensionszahl gemessen werden können, wird sich im weiteren Verlaufe zeigen.

Wenn wir nun die Vorstellung von der Kontinuität aller in der n-fachen Totalität enthaltenen Lösungen von dem speziellen *System*, vermöge dessen in jeder Lösung die Variabeln gerade diese und keine anderen Werte erhalten, freizumachen suchen, indem wir uns n Transformationsformeln, durch welche die alten Variabeln in neue übergehen können, denken, so ist es ganz natürlich, daß wir den linearen Transformationen vor allen anderen einen gewissen Vorzug geben. Die allereinfachste lineare Transformation besteht darin, daß man jede alte Variable als Summe einer Konstanten und einer gleichnamigen neuen Variabeln setzt, und durch eine solche Transformation sind wir immer imstande, irgendeine gegebene Lösung als eine erscheinen zu lassen, in der sämtlichen neuen Variabeln der Nullwert zukommt. Wenn wir daher eine Funktion suchen, welche auf die möglichst einfache Weise die Verschiedenheit zweier Lösungen *mißt*, so werden nur die *Unterschiede* der gleichnamigen Variabeln darin eingehen. Sind diese Unterschiede alle bis auf *einen* gleich Null, so ist offenbar dieser, absolut genommen, das natürliche Maß der Verschiedenheit beiderLösungen, und überhaupt darf jene Funktion sich nicht ändern, wenn auch ein Unterschied negativ genommen wird, weil die Änderung des Vorzeichens bei *einer* Variabeln die Aufeinanderfolge der Lösungen in der Totalität nicht ändert. Es ist ferner natürlich, anzunehmen, daß, wenn alle Unterschiede in demselben Verhältnisse vergrößert werden, auch jene Funktion in demselben Verhältnisse sich vergrößern muß. Die Funktion muß also in Beziehung auf die Unterschiede $x, y, z, \ldots$ der Variabeln homogen und vom ersten Grade sein. Endlich muß noch die Freiheit linearer Transformationen, durch welche die Form dieser Funktion nicht geändert wird, möglichst groß sein. Alle diese Rücksichten zusammen bestimmen uns, $\sqrt{x^2 + y^2 + z^2 + \cdots}$ als Form dieser Funktion anzunehmen, wo die Quadratwurzel immer positiv zu verstehen ist. Wir beginnen demnach die Theorie der vielfachen Kontinuität mit folgender Definition:

Das Quadrat des Abstandes zweier Lösungen ist gleich der Summe der Quadrate der Unterschiede der gleichnamigen Variabeln.

Satz: Wenn drei reelle Lösungen gegeben sind, so gibt es zwischen denselben im ganzen drei Abstände. Die Summe von je zweien derselben kann nie kleiner sein als der dritte.

Beweis: Die Unterschiede der Variabeln seien $a, b, \ldots$, wenn man von der ersten Lösung zur zweiten fortgeht, und $a', b', \ldots$, wenn man von dieser zur dritten fortgeht, dann sind sie $a + a', b + b', \ldots$, wenn man von der ersten Lösung zur dritten fortgeht. Werden nun die Abstände mit r, r', r'' bezeichnet, so ist

$$r^2 = a^2 + b^2 + \cdots, \quad r'^2 = a'^2 + b'^2 + \cdots, \quad r''^2 = (a + a')^2 + (b + b')^2 + \cdots;$$

folglich

$$r''^2 - r^2 - r'^2 = 2\,(a\,a' + b\,b' + \cdots),$$

$$4\,r^2\,r'^2 - (r''^2 - r^2 - r'^2)^2 = 4\,[(a\,b' - a'\,b)^2 + \cdots].$$

Für reelle Lösungen ist also das Produkt

$$(r + r' + r'')\,(-r + r' + r'')\,(r - r' + r'')\,(r + r' - r'')$$

immer positiv. Nehmen wir nun alle drei Abstände als positiv und $r < r' < r''$ an, so sind außer dem Faktor $r + r' - r''$ alle drei übrigen positiv, folglich muß auch dieser positiv sein, d.h. $r + r' > r''$.

Sollte $r + r' = r''$ werden, so müßten alle Ausdrücke $a\,b' - a'\,b$ usw. verschwinden, d.h. es müßte $a:b:c:\ldots = a':b':c':\ldots$ sein.

Wenn die Unterschiede der Werte zweier Lösungen, einer konstanten A und einer veränderlichen P, proportional wachsen, so durchläuft die Lösung P einen *Strahl*; denn ihre Werte sind dann Funktionen ersten Grades einer einzigen unabhängigen Variabeln. Es sei B irgendeine von A verschiedene, in jenem Strahl enthaltene Lösung, die wir uns als fest denken. Wenn dann auf demselben Strahl irgendeine Lösung P auf A folgt und vor B vorhergeht, so ist immer der feste Abstand AB gleich der Summe der veränderlichen Abstände AP und PB.

Den Abstand AB denken wir uns daher fortan auch als *Maß* des Strahls, welchen die Lösung P von A bis nach B durchläuft.

Nehmen wir außer den Lösungen A, B noch einige andere, C, D, E, an, welche nicht auf dem Strahl AB liegen, so ist leicht zu zeigen, daß die Summe der hier genannten Abstände größer ist als der Abstand AB. Es ist nämlich $AC + CD > AD$, $AD + DE > AE$, $AE + EB > AB$, also $AC + CD + DE + EB > AB$. Jene vier Abstände, aneinandergereiht, bilden aber ein einfaches Kontinuum, das von A bis B reicht.

Denken wir uns nun die n Variabeln der Lösung P als ebenso viele beliebige Funktionen einer Unabhängigen, welche für einen Anfangswert derselben mit den Werten der Lösung A und für einen Endwert mit den Werten der Lösung B zusammenfallen und dazwischen keine Unterbrechung der Kontinuität erleiden, so beschreibt gleichsam die Lösung P einen von A bis B reichenden *Weg*, und es wird immer möglich sein, auf diesem eine hinreichende Menge von Lösungen P so zu verteilen, daß der Fehler, den man begeht, indem man den zwischen zwei unmittelbar aufeinanderfolgenden Lösungen enthaltenen Weg durch ihren Abstand ersetzt, von einer höheren Ordnung wird als dieser Abstand selbst, den wir uns als verschwindend klein denken. Daraus folgt, daß jener totale Weg AB, wofern er nicht gerade ein Strahl ist, immer größer sein wird als der von einem Strahle beschriebene Abstand AB.

Sind $x, y, \ldots$ die Variabeln, $dx, dy, \ldots$ ihre Differentiale unter der Voraussetzung *einer* Unabhängigen, so ist $s = \int \sqrt{dx^2 + dy^2 + \cdots}$ die Länge des Weges, wenn das Integral von der Lösung A bis zur Lösung B reicht. Die Variationsrechnung zeigt, daß dieser Weg ein Minimum wird, wenn die Variabeln Funktionen ersten Grades sind.

2. *Orthogonale Transformation der Variabeln*

Werden die n Variabeln $x, y, \ldots$ durch solche lineare Funktionen von n neuen Variabeln $t, t', t'', \ldots$ ersetzt, daß der Ausdruck für den Abstand zweier Lösungen seine Form nicht ändert, so soll diese lineare Transformation eine *orthogonale* heißen.

Da im Ausdruck für den Abstand r zweier Lösungen nur die Unterschiede ihrer gleichnamigen Werte vorkommen, so sind hier die Konstanten jener linearen Transformationsformeln von keinem Belang; und wenn man sie wegläßt, so sind die Differenzen des ursprünglichen Systems im übrigen dieselben

Funktionen der Differenzen des zweiten Systems wie die Variabeln des ersten von denen des zweiten. Es seien daher $x, y, \ldots$ die Differenzen der ursprünglichen, $t, t', t'', \ldots$ die der neuen Variabeln, oder, was auf dasselbe hinauskommt, $0, 0, 0, \ldots$ seien in beiden Systemen die Werte der ersten Lösung, $x, y, z, \ldots$ diejenigen der zweiten Lösung im alten, und $t, t', t'', \ldots$ im neuen System. Dann sei

$$x = \alpha t + \alpha' t' + \cdots,$$
$$y = \beta t + \beta' t' + \cdots$$

usw., so wird

$$r^2 = x^2 + y^2 + \cdots = (\alpha^2 + \beta^2 + \cdots) t^2 + \cdots + 2 (\alpha \alpha' + \beta \beta' + \cdots) t t' + \cdots,$$

und wenn $r^2 = t^2 + t'^2 + \cdots$ sein soll, so müssen die Transformationselemente den Bedingungen

$$\left.\begin{aligned} \alpha^2 + \beta^2 + \gamma^2 + \cdots &= 1, \text{ usw.} \\ \alpha \alpha' + \beta \beta' + \gamma \gamma' + \cdots &= 0, \text{ usw.} \end{aligned}\right\} \tag{1}$$

genügen. Es sei

$$\Delta = \begin{vmatrix} \alpha \,.\, \alpha' \,.\, \alpha'' \ldots \\ \beta \,.\, \beta' \,.\, \beta'' \ldots \\ \ldots\ldots\ldots\ldots \end{vmatrix},$$

so ist nach einem bekannten Satz:

$$\begin{vmatrix} \Sigma \alpha^2 \,.\, \Sigma \alpha \alpha' \,.\, \Sigma \alpha \alpha'' \ldots \\ \Sigma \alpha' \alpha \,.\, \Sigma \alpha'^2 \,.\, \Sigma \alpha' \alpha'' \ldots \\ \Sigma \alpha'' \alpha \,.\, \Sigma \alpha'' \alpha' \,.\, \Sigma \alpha''^2 \ldots \\ \ldots\ldots\ldots\ldots\ldots\ldots \end{vmatrix} = \Delta^2,$$

also vermöge jener Bedingungen $\Delta^2 = 1$, und Δ entweder $= -1$ oder $= +1$. Wäre $\Delta = -1$, so brauchte man nur eine der neuen Variabeln entgegengesetzt zu nehmen, um sogleich $\Delta = 1$ zu erhalten. Wir wollen daher fortan $\Delta = 1$ annehmen. Sind nun $a, b, c, \ldots$ die ergänzenden Elemente zu $\alpha, \beta, \gamma, \ldots$, d.h. ist

$$a = \frac{\partial \Delta}{\partial \alpha}, \quad b = \frac{\partial \Delta}{\partial \beta}, \text{ usw.},$$

so folgt $\Delta t = a x + b y + c z + \cdots$, usw. Wenn man aber die Transformationsformeln bzw. mit $\alpha, \beta, \gamma, \ldots$ multipliziert und addiert, so ist vermöge der Bedingungen (1): $t = \alpha x + \beta y + \cdots$, also, wenn $\Delta = 1$ vorausgesetzt wird, $a = \alpha$, $b = \beta$ usw., d.h. die ergänzenden Elemente sind den entsprechenden ursprünglichen gleich. Nun ist überhaupt

$$a \alpha + a' \alpha' + \cdots = \Delta, \text{ usw.}$$
$$a \beta + a' \beta' + \cdots = 0, \text{ usw.}$$

also

$$\alpha^2 + \alpha'^2 + \alpha''^2 + \cdots = 1, \text{ usw.},$$
$$\alpha \beta + \alpha' \beta' + \alpha'' \beta'' + \cdots = 0, \text{ usw.}$$

Mag man also die neuen Variabeln in die alten oder diese in jene verwandeln, beide Verwandlungen sind durchaus ähnlich.

Die Unterschiede der gleichnamigen Werte zweier Lösungen A, B mögen fortan *Projektionen* ihres Abstandes $AB = r$ heißen. Dann ist in jedem *orthogonalen* System das Quadrat des Abstandes r gleich der Summe der Quadrate seiner Projektionen, und dieser Satz ist als Definition eines orthogonalen Systems zu betrachten. Dann sind auch orthogonale Transformationen solche lineare Transformationen, durch welche irgend zwei orthogonale Systeme ineinander übergehen.

Sind die Anfangslösung A und alle n Projektionen des Abstandes r gegeben, so ist dadurch die Endlösung B völlig bestimmt. Ist aber jene Anfangslösung frei und sind nicht die Projektionen selbst, sondern nur ihre $n-1$ Verhältnisse gegeben, so sagen wir, die *Richtung* des Strahls sei bestimmt, und nennen jene Projektionen, bei denen es somit nur auf ihre gegenseitigen Verhältnisse ankommt, die *Richtungselemente* dieses Strahls. Werden sämtliche Projektionen durch den Abstand dividiert, so mögen die Quotienten *Richtungskosinus* heißen; diese sind also Projektionen eines auf dem Strahle genommenen Abstandes 1.

Wenn zwei Strahlen *gleiche Richtung* haben, d.h. wenn die Richtungselemente des einen mit denen des andern proportional sind, so mögen sie *parallel* heißen.

Demnach sind die oben gebrauchten Koeffizienten $\alpha, \beta, \gamma, \ldots$ im alten System die Richtungskosinus derselben Richtung, welche im neuen System durch die Gleichungen $t' = t'' = \cdots = 0$ bestimmt ist usw., und $\alpha, \alpha', \alpha'', \ldots$ sind im neuen System die Richtungskosinus der im alten durch $y = z = \cdots = 0$ bestimmten Richtung. Die Gleichung $\alpha\alpha' + \beta\beta' + \gamma\gamma' + \cdots = 0$ drückt die *Orthogonalität* der beiden durch t und t' zu bezeichnenden Richtungen aus.

3. *Über den Winkel zweier Richtungen*

Es seien $x, y, z, \ldots$ die Projektionen eines Abstandes r und $x_1, y_1, z_1, \ldots$ diejenigen eines andern r_1, so geben die obigen orthogonalen Transformationsformeln:

$$x\,x_1 + y\,y_1 + z\,z_1 + \cdots = t\,t_1 + t'\,t'_1 + t''\,t''_1 + \cdots.$$

Dieser Ausdruck bleibt also in jedem orthogonalen System immer derselbe. Wir setzen daher

$$x\,x_1 + y\,y_1 + z\,z_1 + \cdots = r\,r_1 \cos w$$

und nennen w den *Winkel* der Richtungen der beiden Abstände r und r_1. Daraus folgt sogleich auch

$$r\,r_1 \sin w = \sqrt{(x\,y_1 - x_1\,y)^2 + (x\,z_1 - x_1\,z)^2 + \cdots},$$

wo die unter dem Wurzelzeichen stehende Summe sich auf alle Kombinationen zweiter Klasse erstreckt.

Der Kosinus des Winkels zweier Richtungen ist gleich der Summe der Produkte der gleichnamigen Richtungskosinus.

Zwei Richtungen sind *orthogonal*, wenn die Summe der Produkte ihrer gleichnamigen Projektionen gleich Null ist.

4. *Anwendung der orthogonalen Transformation zum Beweise des Satzes, daß der Strahl der kürzeste Weg sei zwischen zwei auf ihm befindlichen Lösungen*

Es seien $\alpha, \beta, \gamma, \ldots$ die Richtungskosinus des gegebenen Strahls, so können immer $n-1$ andere Richtungen gefunden werden, welche mit jenem ein orthogonales System bilden. (Dabei bleiben $(n-1)(n-2)/2$ Richtungskosinus frei.) Transformiert man dann die ursprünglichen Variabeln $x, y, \ldots$ in solche t, t', t'', $\ldots$, welche dem neuen System entsprechen, so ist der gegebene Strahl nunmehr dadurch bestimmt, daß nur t variabel bleibt, während $t', t'', \ldots$ konstante Werte erhalten. Ein Stück desselben ist also durch das Integral $\int dt$, irgendein anderer dieselben Lösungen verbindender Weg dagegen durch das zwischen denselben Grenzen genommene Integral $\int \sqrt{dt^2 + dt'^2 + dt''^2 + \cdots}$ dargestellt. Vergleicht man die Formen beider Integrale, so sieht man unmittelbar, daß dieses größer ist als jenes. Also ist auch das Integral $\int \sqrt{dx^2 + dy^2 + \cdots}$, zwischen zwei gegebenen Grenzlösungen genommen, ein Minimum, wenn die Variabeln lineare Funktionen *einer* Unabhängigen sind.

5. *Maß des Paralleloschems*

Das Maß V einer umschlossenen Totalität ist durch das n-fache Integral $\int^n dx\, dy\, dz \ldots$ ausgedrückt. Hat nun das $(n-1)$-fache Integral $\int^{n-1} dy\, dz \ldots$ einen konstanten, von x unabhängigen Wert A und sind die auf x bezüglichen Grenzen zwei konstante Werte, deren Unterschied a ist, so ist offenbar $V = aA$. Die erste Voraussetzung ist unter anderm erfüllt, wenn eine Grenzgleichung von der Form

$$F(y-p, z-q, \ldots) = 0$$

gegeben ist, wo $p, q, \ldots$ beliebige Funktionen der einzigen Variabeln x bezeichnen. Es kommen dann nur noch zwei Grenzgleichungen von der Form $x = \text{const}$ hinzu, und das Integral V wird sich auf alle Werte von x erstrecken, welche zwischen diesen zwei Konstanten liegen. Sind insbesondere $p, q, \ldots$ lineare Funktionen von x, so wird die durch $F = 0$ bezeichnete Grenze erzeugt durch die Bewegung eines Strahls, welcher stets mit dem durch $y = p, z = q, \ldots$ bestimmten parallel bleibt. Die geschlossene Totalität V ist dann dem Zylinder der Geometrie zu vergleichen, wo A der Basis, a der Höhe entspricht, und der hier angedeutete allgemeine Satz kann symbolisch so ausgesprochen werden: *Das Maß eines Zylinders ist gleich dem Produkte seiner Basis und Höhe.*

Wenn nun die Grenze des $(n-1)$-fachen Integrals A (der Basis) wiederum so beschaffen ist usw., so wird zuletzt $V = a\, b\, c \ldots$ Dann ist x zwischen zwei Konstanten, deren Unterschied a, y zwischen zwei lineare Funktionen von x, deren Unterschied b, z zwischen zwei lineare Funktionen von x, y, deren Unterschied c usw. eingeschlossen. Die Totalität wird somit zwischen n Paare von parallelen linearen Kontinuen eingeschlossen; sie heiße *Paralleloschem.* Wir dürfen immerhin annehmen, daß die Gleichungen für die n Anfangsgrenzen urch die Nullwerte sämtlicher Variabeln befriedigt werden. Nehmen wir je

$n-1$ von diesen linearen Anfangsgleichungen zusammen, so bestimmen sie immer einen Strahl, den wir, durch das weggelassene Paar paralleler linearer Kontinuen begrenzt, *Kante* des Paralleloschems nennen. Dieses hat im ganzen $n \cdot 2^{n-1}$ Kanten; da aber je 2^{n-1} parallel und gleich lang sind, so zerfallen sie in n Gruppen, von denen wir diejenige fixieren, wo die n Kanten vom Ursprung ausgehen. Von den n Gleichungen, von denen je eine durch ihre Weglassung einer Kante entspricht, ist die erste $x = 0$, die zweite $a\,x + \beta\,y = 0$, die dritte $\alpha' x + \beta' y + \gamma' z = 0$ usw. Läßt man die erste weg, so braucht im allgemeinen keine Variable zu verschwinden; läßt man die zweite weg, so bleibt $x = 0$; läßt man die dritte weg, so bleiben $x = 0$, $y = 0$, $z = 0$ usw., d.h. für die erste Kante verschwindet keine Projektion, und ihre erste Projektion ist a; für die zweite Kante ist die erste Projektion 0, die zweite b; für die dritte Kante sind die erste und zweite Projektion 0, die dritte c usw. Wenn also die Projektionen der n Kanten in ein quadratförmiges Schema gebracht werden, so befinden sich darin auf der einen Seite der Diagonale lauter Nullen, und V ist gleich dem Produkt der in die Diagonale fallenden Projektionen, also gleich der Determinante aller Projektionen. Wenn wir nun die Variabeln in ein neues orthogonales System transformieren, so ist die Determinante der alten Projektionen bekanntlich gleich dem Produkt der Determinante der Transformationselemente und der Determinante der neuen Projektionen, also (da jene für ein orthogonales neues System gleich 1 ist) gleich dieser. Da aber, wie wir sogleich zeigen werden, für jedes Paralleloschem immer ein orthogonales System von der Beschaffenheit jenes alten gefunden werden kann, so haben wir den allgemeinen Satz:

Das Maß eines Paralleloschems ist gleich der Determinante der orthogonalen Projektionen seiner Kanten.

Die Projektionen der Kanten eines Paralleloschems in irgendeinem orthogonalen System seien $a, b, c, \ldots; a', b', c', \ldots; a'', b'', c'', \ldots;$ usw. Man soll dieses System in ein neues orthogonales transformieren, zu welchem das Paralleloschem die oben vorausgesetzte Beziehung hat. Denkt man sich sowohl die Kanten als die neuen Variabeln $X, Y, \ldots$ in einer der oben angenommenen entgegengesetzten Ordnung, so sind die Projektionen im gesuchten System:

$$\begin{matrix} A, & 0, & 0, & 0, \ldots \\ A', & B', & 0, & 0, \ldots \\ A'', & B'', & C'', & 0, \ldots \\ \ldots & \ldots & \ldots & \ldots \end{matrix}$$

Es sei ferner

$$x = \alpha X + \alpha' Y + \alpha'' Z + \cdots,$$
$$y = \beta X + \beta' Y + \beta'' Z + \cdots,$$
$$\ldots\ldots\ldots\ldots\ldots$$

so hat man

$$\left.\begin{matrix} a = A\,\alpha \\ b = A\,\beta \\ \ldots\ldots \end{matrix}\right| \left.\begin{matrix} a' = A'\alpha + B'\alpha' \\ b' = A'\beta + B'\beta' \\ \ldots\ldots \end{matrix}\right| \left.\begin{matrix} a'' = A''\alpha + B''\alpha' + C''\alpha'' \\ b'' = A''\beta + B''\beta' + C''\beta'' \\ \ldots\ldots \end{matrix}\right| \;\ldots$$

Durch die Gleichungen der ersten Vertikalreihe sind

$$A = \sqrt{a^2 + b^2 + \cdots} \quad \text{und} \quad \alpha = \frac{a}{A}, \quad \beta = \frac{b}{A}, \ldots$$

bestimmt. Da das neue System orthogonal sein soll, so liefert die zweite Vertikalreihe

$$A' = a'\alpha + b'\beta + \cdots$$

und, wenn man nun den gefundenen Wert von A substituiert, auch

$$B' = \sqrt{(a' - A'\alpha)^2 + (b' - A'\beta)^2 + \cdots}, \quad \alpha' = \frac{a' - A'\alpha}{B'}, \ldots$$

Die dritte Vertikalreihe gibt

$$A'' = a''\alpha + b''\beta + \cdots, \quad B'' = a''\alpha' + b''\beta' + \cdots$$

und, wenn diese zwei Werte substituiert werden, endlich auch C'', α'', β'', ..., usw.

Jede im Paralleloschem enthaltene Lösung ist durch die Gleichungen

$$x = \lambda a + \lambda' a' + \lambda'' a'' + \cdots, \quad y = \lambda b + \lambda' b' + \lambda'' b'' + \cdots, \text{ usw.}$$

dargestellt, wo die unbestimmten Faktoren λ, λ', λ'', ... positive echte Brüche bezeichnen.

Wird die Determinante $V = \Sigma \pm a\, b'\, c'' \ldots$ mit sich selbst multipliziert, so ist das Produkt wiederum gleich einer Determinante, deren Elemente

$$\begin{array}{lll} a^2 + b^2 + c^2 + \cdots, & a a' + b b' + c c' + \cdots, & a a'' + b b'' + c c'' + \cdots, \text{ usw.} \\ a' a + b' b + c' c + \cdots, & a'^2 + b'^2 + c'^2 + \cdots, & a' a'' + b' b'' + c' c'' + \cdots, \text{ usw.} \end{array}$$

sind. Bezeichnet man nun die Kanten des Paralleloschems mit k, k', k'', ... und die von je zweien gebildeten Winkel mit $\sphericalangle\,(k\,k')$, ..., so ist z.B.

$$a^2 + b^2 + \cdots = k^2, \quad a a' + b b' + \cdots = k\,k' \cos \sphericalangle (k\,k')$$

und man hat

$$V^2 = \begin{vmatrix} k^2 & .\ k\,k' \cos \sphericalangle\,(k\,k') & .\ k\,k'' \cos \sphericalangle\,(k\,k'') \ldots \\ k'\,k \cos \sphericalangle\,(k'\,k)\ . & k'^2 & .\ k'\,k'' \cos \sphericalangle\,(k'\,k'') \ldots \\ k''\,k \cos \sphericalangle\,(k''\,k)\ . & k''\,k' \cos \sphericalangle\,(k''\,k')\ . & k''^2 \quad \ldots \\ \cdots & \cdots & \cdots \end{vmatrix}$$

$$= (k\,k'\,k'' \ldots)^2 \times \begin{vmatrix} 1 & .\ \cos \sphericalangle\,(k\,k') & .\ \cos \sphericalangle\,(k\,k'') \ldots \\ \cos \sphericalangle\,(k'\,k)\ . & 1 & .\ \cos \sphericalangle\,(k'\,k'') \ldots \\ \cos \sphericalangle\,(k''\,k)\ . & \cos \sphericalangle\,(k''\,k')\ . & 1 \quad \ldots \\ \cdots & \cdots & \cdots \end{vmatrix}.$$

Das Maß des Paralleloschems ist also das Produkt aller seiner Kanten, multipliziert mit der Quadratwurzel der Determinante, deren allgemeines Element der Kosinus des Winkels ist, den jede Kante mit jeder Kante bildet.

Ist $V = 0$, so genügen alle Kanten einer und derselben linearen Gleichung, sie fallen in eine und dieselbe Ebene und umgekehrt. Dann muß also auch die Determinante der Kosinus verschwinden. Sind die Winkel, welche $n - 1$ vom

Ursprung ausgehende Strahlen miteinander bilden, beliebig gegeben, und es soll ein n-ter Strahl in dem durch jene bestimmten linearen Kontinuum liegen, so kennen wir also eine Bedingung, welcher die $n-1$ Winkel, die dieser mit den übrigen Strahlen bildet, genügen müssen. Setzt man $n=4$, so paßt das Gesagte auf den Fall, wo im Raume vier Strahlen von einem Punkte ausgehen, und die obige Formel liefert uns unmittelbar die Bedingung, welcher die Kosinus der sechs Seiten eines sphärischen Vierecks genügen müssen. Nennen wir drei von einer Ecke ausgehende Seiten a, b, c, ihre Gegenseiten a', b', c', so ist die Bedingung:

$$0=\begin{vmatrix} 1 & .\cos a & .\cos b & .\cos c \\ \cos a. & 1 & .\cos c' & .\cos b' \\ \cos b.\ & \cos c'. & 1 & .\cos a' \\ \cos c.\ & \cos b'. & \cos a'. & 1 \end{vmatrix} = 1-\sum_6 \cos^2 a + 2\sum_4 \cos a' \cos b' \cos c' + \sum_3 \cos^2 a \cos^2 a' - 2\sum_3 \cos a \cos a' \cos b \cos b'.$$

Fällt man aus einem innerhalb eines Tetraeders befindlichen Punkte Senkrechte auf seine Ebenen, so ist jeder von zwei Senkrechten gebildete Winkel das Supplement eines Flächenwinkels des Tetraeders. Man hat also in der letzten Gleichung auch die Bedingung, durch welche die sechs Flächenwinkel eines Tetraeders verbunden sind.

6. *Über schiefe Systeme*

Wenn wir die auf das vorige Paralleloschem bezüglichen Bezeichnungen behalten und

$$x=\frac{a\,t}{k}+\frac{a'\,t'}{k'}+\frac{a''\,t''}{k''}+\cdots,\qquad y=\frac{b\,t}{k}+\frac{b'\,t'}{k'}+\frac{b''\,t''}{k''}+\cdots,\ \text{usw.}$$

setzen, so stellen diese Gleichungen eine Lösung dar, zu der man vom Ursprung aus auf einem gebrochenen Wege gelangt, der aus den n Abständen $t, t', t'', \ldots$ zusammengesetzt ist, welche bzw. mit den Kanten $k, k', k'', \ldots$ des Paralleloschems parallel sind. Denkt man sich die Abstände $t, t', t'', \ldots$ variabel, so repräsentieren sie ein *schiefes System*. Setzen wir jetzt $r^2 = x^2 + y^2 + \cdots$, so bekommen wir als Abstand irgendeiner Lösung $(t, t', t'', \ldots)$ vom Ursprung:

$$r=\sqrt{t^2+t'^2+t''^2+\cdots+2\,t\,t'\cos\sphericalangle(k\,k')+\cdots+2\,t'\,t''\cos\sphericalangle(k\,k'')+\cdots}.$$

Durch die $n\,(n-1)/2$ Kosinus, welche in diesem Ausdruck für einen Abstand r, dessen schiefe Projektionen $t, t', t'', \ldots$ sind, vorkommen, ist die Beschaffenheit des schiefen Systems völlig bestimmt. Wird der Ursprung festgehalten, so ist die Lage eines schiefen Systems durch $n\,(n-1)$ Data bestimmt, die Lage irgendeines orthogonalen Systems hingegen nur durch $n\,(n-1)/2$ Data. Da es nun für die wesentliche Beschaffenheit des schiefen Systems gleichgültig ist, auf welches orthogonale System dasselbe bezogen werde, so hat man diese Zahl von jener abzuziehen, und es bleiben also wirklich nur $n\,(n-1)/2$ wesentliche Data für das schiefe System übrig; als solche kann man die Winkel

$\sphericalangle (k\,k')$, ..., oder die Koeffizienten der Produkte der Variabeln im Ausdruck für das Quadrat des Abstandes r ansehen.

Das Element der Totalität ist im schiefen System ein Paralleloschem, dessen Kanten dt, dt', dt'', ... mit den Achsen k, k', k'', ... parallel sind. Bezeichnen wir die Determinante der Kosinus der Winkel $\sphericalangle (k\,k')$, $\sphericalangle (k\,k'')$, ... mit Δ^2, so ist dieses Element

$$dV = \Delta\, dt\, dt'\, dt'' \ldots$$

7. *Maß der Pyramide*

Es ist klar, daß das Integral $P = \Delta \int^n dt\, dt'\, dt'' \ldots$ durch die Bedingungen

$$t > 0, \quad t' > 0, \quad \ldots, \quad \frac{t}{k} + \frac{t'}{k'} + \frac{t''}{k''} + \cdots < 1$$

völlig begrenzt ist. Wir nennen ein solches von $n + 1$ linearen Kontinuen umschlossenes Integral P eine *Pyramide.* Setzt man $t = k\,u$, $t' = k'\,u'$, $t'' = k''\,u''$, ..., so wird

$$P = \Delta\, k\, k'\, k'' \ldots \times \int^n du\, du'\, du'' \ldots$$

mit den Grenzen $u > 0$, $u' > 0$, $u'' > 0$, ..., $u + u' + u'' + \cdots < 1$; da das Integral keine Konstanten enthält, so kann es durch $f(n)$ bezeichnet werden. Die vorletzte Integration:

$$\int^{n-1} du'\, du''\, du''' \ldots \quad [u' > 0,\ u'' > 0,\ \ldots,\ u' + u'' + u''' + \cdots < 1 - u].$$

Man setze $u' = (1 - u)\, v'$, $u'' = (1 - u)\, v''$ usw., so wird

$$\int^{n-1} du'\, du'' \ldots = (1-u)^{n-1} \int^{n-1} dv'\, dv''\, dv''' \ldots$$

$$[v' > 0, v'' > 0, \ldots, v' + v'' + \cdots < 1]$$

$$= (1-u)^{n-1} f(n-1);$$

$$f(n) = f(n-1) \int^{n-1} (1-u)^{n-1}\, du = \frac{f(n-1)}{n} = \frac{1}{1 \cdot 2 \cdot 3 \cdots n},$$

weil

$$f(1) = \int du\ [u > 0, u < 1] = 1$$

ist. Es ist also

$$P = \frac{\Delta\, k\, k'\, k'' \ldots}{1 \cdot 2 \cdot 3 \cdots n} = \frac{V}{1 \cdot 2 \cdot 3 \cdots n}.$$

Die Pyramide ist gleich dem Paralleloschem, das mit ihr n von einer Lösung ausgehende Kanten gemein hat, dividiert durch die Permutationszahl.

Wir wollen die Aufgabe noch aus einem allgemeineren Gesichtspunkt betrachten. Denken wir uns ein geschlossenes Stück eines linearen Kontinuums, für welches die orthogonale Variable x konstant ist, so können wir sein Maß durch

$$S = \int^{n-1} dy\, dz \ldots$$

ausdrücken, gleich wie wenn es ein Stück einer $(n-1)$-fachen Totalität wäre. Die Grenze werde durch den Durchschnitt irgendeines höhern Kontinuums gebildet, dessen Gleichung die Form

$$F\left(\frac{y}{x}, \frac{z}{x}, \ldots\right) = 0$$

habe. Setzt man nun $y = x u'$, $z = x u''$, ..., so wird

$$S = x^{n-1} \int^{n-1} du'\, du'' \ldots \quad \text{mit der Grenze} \quad F(u', u'', \ldots) = 0.$$

Bezeichnen wir mit U den Wert des Integrals $\int du'\, du'' \ldots$, welcher offenbar nur durch die Natur der begrenzenden Gleichung $F = 0$ bedingt ist und daher konstant bleibt, wenn auch x variiert, so haben wir $S = U x^{n-1}$. Variiert nun x von 0 bis h, so entsteht eine geschlossene Totalität P, begrenzt vom linearen Kontinuum $x = h$ und vom höhern

$$F\left(\frac{y}{x}, \frac{z}{x}, \ldots\right) = 0;$$

ihr Maß ist

$$P = U \int_0^h x^{n-1}\, dx = U\, \frac{h^n}{n}.$$

Für $x = h$ werde $S = B$, so ist $B = U h^{n-1}$ und

$$P = \frac{1}{n}\, h\, B.$$

Nennen wir nun die geschlossene Totalität P einen *Kegel*, B seine *Basis*, den Ursprung *Spitze* und den orthogonalen Abstand h dieser Spitze vom linearen Kontinuum der Basis B die *Höhe*, so haben wir den Satz:

Das Maß eines Kegels ist der n-te Teil des Produkts seiner Basis und Höhe.

Setzt man die Basis wieder als Kegel einer $(n-1)$-fachen Totalität voraus usw., so erhält man den frühern speziellern Satz über das Maß der Pyramide.

8. *Maß der Pyramide, ausgedrückt durch ihre $n(n-1)/2$ Kanten*

Bezeichnen wir die als Ursprung angenommene Ecke durch 0, die übrigen durch 1, 2, ..., n und die von jenem nach diesen gehenden Kanten durch k_1, $k_2, \ldots, k_n$, ihre orthogonalen Projektionen durch $a, b, c, \ldots$ mit entsprechenden Zeigern, ferner das Quadrat der Kante, welche die mit den Ziffern λ, μ bezeichneten Ecken verbindet, durch $(\lambda\,\mu)$, so sind die Projektionen dieser Kante

$$a_\mu - a_\lambda, \quad b_\mu - b_\lambda, \quad \ldots,$$

also

$$(\lambda\,\mu) = (a_\mu - a_\lambda)^2 + (b_\mu - b_\lambda)^2 + \cdots = k_\mu^2 + k_\lambda^2 - 2\, k_\lambda\, k_\mu \cos \sphericalangle (k_\lambda\, k_\mu);$$

folglich

$$(\lambda\,\mu) - (0\,\lambda) - (0\,\mu) = -2\, k_\lambda\, k_\mu \cos \sphericalangle (k_\lambda\, k_\mu),$$

und es wird $(\lambda\,\lambda) = 0$, $(\lambda\,\mu) = (\mu\,\lambda)$ sein. Betrachten wir nun eine Determinante

Ω, deren allgemeines Element $(\lambda\,\mu) + \omega$ ist und wo in jeder Horizontalreihe die Zahl μ und in jeder Vertikalreihe die Zahl λ die Werte 0, 1, 2, 3, ..., n durchläuft, und subtrahieren zuerst die Elemente der Horizontalreihe ($\lambda = 0$) von den entsprechenden Elementen aller übrigen Horizontalreihen, so wird in diesen das allgemeine Element $(\lambda\,\mu) - (0\,\mu)$. Subtrahieren wir ferner die Elemente der Vertikalreihe ($\mu = 0$) von den entsprechenden Elementen aller übrigen Vertikalreihen, so wird in diesen das allgemeine Element $(\lambda\,\mu) - (0\,\mu) - [(\lambda\,0) - (0\,0)] = (\lambda\,\mu) - (0\,\lambda) - (0\,\mu) = -2\,k_\lambda\,k_\mu \cos\sphericalangle(k_\lambda\,k_\mu)$, und ω bleibt nur in dem Element ($\lambda = 0$, $\mu = 0$) noch übrig. Also ist Ω eine lineare Funktion von ω, in welcher der Koeffizient von ω gleich

$$\frac{\partial\Omega}{\partial\omega} = (-2)^n\,V^2$$

ist, wenn V^2, wie früher, die Determinante der Elemente $k_\lambda\,k_\mu \cos\sphericalangle(k_\lambda\,k_\mu)$ bezeichnet, wo sowohl λ als μ die Werte 0, 1, 2, 3, ..., n durchläuft. Also ist

$$V = \sqrt{\frac{1}{(-2)^n}\cdot\frac{\partial\Omega}{\partial\omega}}, \quad \text{und endlich} \quad P = \frac{1}{1\cdot 2\cdot 3\cdots n}\sqrt{\frac{1}{(-2)^n}\cdot\frac{\partial\Omega}{\partial\omega}}.$$

Für $n = 3$ findet man

$$P = \frac{1}{12}\sqrt{\sum_3 [(01) + (23)]\,[-(01)\,(23) + (02)\,(13) + (03)\,(12)] - \sum_4 (12)\,(23)\,(13)}.$$

Wird dieser Ausdruck gleich Null gesetzt, so hat man die Relation, durch welche die Quadrate der sechs Seiten eines Vierecks verbunden sind. Für $n = 4$ ist

$$P = \frac{1}{96}\sqrt{\left\{\begin{array}{l}\sum_{15}(01)^2\,(23)^2 - 2\sum_{30}(01)^2\,(23)\,(34) - 4\sum_{10}(01)\,(23)\,(34)\,(42)\\ \qquad - 2\sum_{15}(01)\,(12)\,(23)\,(30) + \sum_{60}(01)\,(12)\,(23)\,(34)\end{array}\right\}}.$$

(Die unter das Summenzeichen gesetzten Ziffern geben die Zahl der Glieder an, welche jede Summe enthält.) Das Verschwinden dieses letzten Ausdrucks ist die Relation zwischen den Quadraten der zehn Entfernungen von fünf beliebigen Punkten im Raume.

Sind für ein beliebiges n alle $n\,(n-1)/2$ Kanten der Pyramide der Einheit gleich, so ist

$$P = \frac{1}{1\cdot 2\cdot 3\cdots n}\sqrt{\frac{n+1}{2^n}}.$$

9. *Anwendung von Ziffer 6 auf die Verwandlung vielfacher Integrale*

Es sei T eine Funktion der n Variabeln $x, y, z, \ldots$ und $S = \int^n T\,dx\,dy\,dz \ldots$. Man soll dasselbe Integral durch die n neuen Variabeln $t, t', t'', \ldots$ ausdrücken, wenn $x, y, \ldots$ als unter sich unabhängige Funktionen derselben gegeben sind.

Fassen wir $x, y, \ldots$ als Variabeln eines orthogonalen Systems auf, so ist das Produkt $dx\,dy \ldots$ das Element einer von den Integrationsgrenzen umschlossenen Totalität. Wird jedes solche Element mit dem der betreffenden Lösung entsprechenden Werte der Funktion T multipliziert und die Summe aller innerhalb des gegebenen Kontinuums fallenden Produkte genommen, so hat man das Integral S. Wenn nun die Inkremente von T innerhalb der gegebenen Grenzen überall von derselben Ordnung sind, wie die unendlich kleinen Abstände je zweier Lösungen, so steht es offenbar frei, das gegebene Stück der Totalität in Elemente von anderer Form einzuteilen, das Maß eines jeden mit T zu multiplizieren und die Summe aller dieser Produkte zu nehmen. Da der Fehler jedes Produkts von einer höhern Ordnung ist als das Maß des Elements, so wird der Fehler der Summe von einer verschwindend kleinen Ordnung sein und daher das neue Integral mit S zusammenfallen. Wird nun das gegebene Stück der Totalität durch Kontinua, welche den Gleichungen $t = \text{const}$, $t' = \text{const}$, $t'' = \text{const}, \ldots$ entsprechen, in Elemente zerschnitten, so ist ein solches Element ein schiefes Paralleloschem, dessen erste Kante die Projektionen $(\partial x/\partial t)\, dt$, $(\partial y/\partial t)\, dt, \ldots$, die zweite die Projektionen $(\partial x/\partial t')\, dt'$, $(\partial y/\partial t')\, dt', \ldots$ usw. hat. Sein Maß ist also

$$\left(\sum \pm \frac{\partial x}{\partial t} \cdot \frac{\partial y}{\partial t'} \cdot \frac{\partial z}{\partial t''} \cdots\right) dt\, dt'\, dt'' \ldots,$$

wo die Summe die Determinante der partiellen Differentialkoeffizienten bedeutet. Das Integral verwandelt sich demnach in

$$S = \int^n T \left(\sum \pm \frac{\partial x}{\partial t} \cdot \frac{\partial y}{\partial t'} \cdot \frac{\partial z}{\partial t''} \cdots\right) dt\, dt'\, dt'' \ldots$$

10. *Über Polyscheme*

Wenn das n-fache Integral $\int^n dx\, dy\, dz \ldots$ durch lauter Gleichungen ersten Grades vollständig begrenzt wird, so daß keine der Gleichungen bei der Begrenzung als überflüssig erscheint, so nennen wir die geschlossene Totalität, deren Maß jenes Integral ist, ein *Polyschem* P_n. Seine Grenzkontinua sind durch jene linearen Gleichungen dargestellt und ihre Zahl kann nicht kleiner als $n + 1$ sein. Fixieren wir eines dieser Grenzkontinuen, so erscheint es uns, wenn wir nur die in ihm befindlichen Lösungen betrachten, welche zugleich innerhalb jenes Integrals liegen, als ein geschlossenes lineares Kontinuum. Wir können das ursprüngliche System immer so orthogonal transformieren, daß *eine* neue Variable in der ganzen Ausdehnung dieses linearen Kontinuums verschwindet. Mehrere jener ursprünglichen Grenzgleichungen, deren Zahl wenigstens n betragen muß, werden dann in ihrer transformierten (offenbar wieder linearen Gestalt), wo sie nur die $n - 1$ übrigen neuen Variabeln enthalten werden, zur Umschließung des fixierten Grenzkontinuums dienen. Da eine Variable nun ganz aus der Betrachtung wegfällt, so ist alles wieder so, wie in einer Totalität, aber einer bloß $(n - 1)$-fachen; das geschlossene Grenzkontinuum hat ein dem ursprünglichen ähnliches Integral, das aber nur $(n - 1)$-fach ist, zum Maß; innerhalb der von den $n - 1$ übrigen neuen Variabeln gebildeten Totalität ist es daher auch ein Polyschem P_{n-1}. Das gegebene P_n ist also wenigstens von $n+1$ P_{n-1} umschlossen, jedes von diesen wenigstens von n P_{n-2} usw. Im allgemeinen schneiden sich drei P_{n-1}, als unbegrenzte lineare Kontinua aufgefaßt, erst in einem $(n-3)$-fachen linearen Kontinuum, und wenn sie sich schon in einem $(n-2)$-fachen linearen Kontinuum schneiden, so sind ihre Gleichungen nicht mehr unabhängig voneinander. Tritt ein solcher spezieller Fall ein, so können doch nicht alle drei (oder mehrere) P_{n-1}, als begrenzte Gebilde aufgefaßt, das fragliche P_{n-2} in seiner ganzen Ausdehnung gemein haben; wir zerlegen es dann in Stücke, deren jedes in seiner ganzen Ausdehnung immer nur zweien nachbarlichen P_{n-1} gemein ist.

Wir wollen daher durchweg annehmen, daß ein im Umschluß des P_n vorkommendes P_{n-2} immer nur zweien P_{n-1} und dann in seiner ganzen Ausdehnung gemeinschaftlich sei; hingegen zugeben, daß ein P_{n-3} nicht nur wenigstens dreien, sondern auch mehreren nachbarlichen P_{n-1} gemein sein könne: ein P_{n-4} wenigstens vieren oder auch mehreren P_{n-1} usw.

Wenn keine zwei der P_{n-1}, aus denen der Umschluß eines P_n besteht, sich schneiden und dasselbe doch eine einzige zusammenhängende Totalität bildet, so nennen wir es *nichtüberschlagenes Polyschem*, im entgegengesetzten Falle ein *überschlagenes*. Wenn keine innerhalb des gegebenen Polyschems befindliche Lösung dem verlängerten Kontinuum eines seiner Grenz-P_{n-1} angehört, d.h. wenn für sämtliche innerhalb des Polyschems fallende Lösungen das Polynom einer jeden Grenzgleichung immer dasselbe Vorzeichen behält, wenn zum Beispiel alle Polynome stets positiv bleiben, so ist das *Polyschem konvex*. Durch eine innere Lösung sei ein unbegrenzter Strahl gezogen, so kann auf diesem die Lösung nur nach den zwei entgegengesetzten Richtungen sich fortbewegen; man denke sich die Werte der Lösung fortwährend in den Polynomen aller Grenzgleichungen substituiert. In demselben Augenblicke nun, wo der Wert eines einzigen dieser Polynome ein entgegengesetztes Vorzeichen angenommen hat, ist auch die bewegte Lösung außerhalb des Polyschems getreten. Das gleiche gilt für die Bewegung in der entgegengesetzten Richtung. Folglich kann der Umschluß eines konvexen Polyschems von einem Strahl in nicht mehr als zwei Lösungen geschnitten werden.

Wird der Umschluß eines Polyschems P_n, ohne eines der P_{n-1} zu zerbrechen, so in zwei Teile geteilt, daß jeder ein einziges gebrochenes $(n-1)$-faches Kontinuum bildet, so soll jeder dieser Teile eine *offene polyschematische Figur* heißen.

Satz: Wenn unter der Voraussetzung einer n-fachen Totalität in einem Polyschem oder einer offenen polyschematischen Figur die Zahl der Grenzlösungen mit a_0, die der Grenzstrahlen mit a_1, überhaupt die Zahl der i-fachen polyschematisch geschlossenen linearen Grenzkontinuen P_i mit a_i bezeichnet wird, und ist endlich $a_n = 1$, wenn ein geschlossenes Polyschem, $a_n = 0$, wenn eine offene polyschematische Figur vorliegt, so ist

$$a_0 - a_1 + a_2 - a_3 + a_4 - \cdots (-1)^{n-1} a_{n-1} + (-1)^n a_n = 1.$$

Beweis: Ich nehme an, der Satz sei für die $(n-1)$-fache Totalität schon bewiesen und bezeichne in der n-fachen Totalität für irgendeine offene polyschematische Figur die linke Seite der fraglichen Gleichung mit A_n. Wird nun dieser Figur ein neues P_{n-1} angefügt, ohne daß sie dadurch zu einem geschlossenen Polyschem wird, so ist die diesem ganzen geschlossenen P_{n-1} entsprechende Zahl A_{n-1} nach der Voraussetzung gleich 1. Es hat aber mit der anfänglichen Figur eine derselben $(n-1)$-fachen Totalität angehörende, offene polyschematische Figur gemein, deren Zahl A_{n-1} ebenfalls gleich 1 ist. Da diese zweite Zahl A_{n-1} schon in der anfänglichen Zahl A_n enthalten ist, so muß sie, bei der Berechnung des Zuwachses von A_n, von der ersten Zahl A_{n-1} abgezogen werden; der Rest ist 0. Die Zahl a_n ist auch jetzt noch 0 wie vorher. Die anfängliche Zahl A_n hat also durch das Anfügen eines neuen P_{n-1} keine Veränderung erfahren. Ist hingegen die anfänglich offene Figur so beschaffen, daß sie durch das Anfügen eines neuen P_{n-1} zu einem geschlossenen Polyschem wird, so verändern sich die Zahlen $a_0, a_1, a_2, \ldots, a_{n-2}$ nicht, die Zahl a_{n-1} wächst um 1, und die Zahl a_n geht aus 0 in 1 über. Da aber die Zahlen a_{n-1} und a_n in dem fraglichen Ausdruck mit entgegengesetzten Vorzeichen versehen sind, so wird auch in diesem Falle der Wert A_n dieses Ausdrucks nicht geändert. Nehmen wir nun nach und nach ein P_{n-1} nach dem andern weg, so daß immer eine offene polyschematische Figur übrigbleibt, so wird diese zuletzt aus einem einzigen P_{n-1} bestehen, und, da ohnehin $a_n = 0$ ist, so wird das entsprechende A_n gleich sein der Zahl A_{n-1} dieses einzigen P_{n-1}, also nach der Voraussetzung gleich 1. Nun ist für $n = 1$ das P_1 ein begrenzter Strahl, also $a_0 = 2$, $a_1 = 1$; folglich $A_1 = a_0 - a_1 = 1$. Der Satz ist somit bewiesen.

11. *Berechnung des Maßes eines Polyschems*

Durch ein $(n-2)$-faches lineares Kontinuum und eine außerhalb desselben befindliche Lösung kann immer ein $(n-1)$-faches lineares Kontinuum, und zwar nur eines, gelegt werden. Denn wenn jenes durch die zwei simultanen Gleichungen $u = 0$, $v = 0$, wo u, v lineare Funktionen der Variabeln bedeuten, bestimmt ist, so ist jedes durchgehende $(n-1)$-fache lineare Kontinuum in der Gleichung $u + \lambda v = 0$, wo λ einen willkürlichen Faktor bezeichnet, enthalten. Soll es aber durch die gegebene Lösung gehen und erhalten für diese die Funktionen u, v bzw. die bestimmten Werte p, q, so muß auch $p + \lambda q = 0$ sein. Hierdurch ist λ bestimmt, und man hat $q u - p v = 0$ als Gleichung des verlangten linearen Kontinuums.

Denken wir uns nun das gegebene Polyschem P_n als konvex, wählen innerhalb desselben eine beliebige Lösung und fixieren dann irgendein P_{n-1} des Umschlusses, so ist auch dieses wieder von vielen P_{n-2} umschlossen, und wir legen durch jedes derselben und jene innere Lösung ein lineares Kontinuum; dann erhalten wir einen *polyschematischen Kegel,* welcher die Lösung zur Spitze und jenes fixierte P_{n-1} zur Basis hat. Wird das Polynom der Gleichung dieser Basis für jene Lösung ausgewertet und durch die Quadratwurzel aus der Summe der Quadrate der Koeffizienten der Variabeln dividiert, so hat man die Höhe des Kegels gefunden. Kennt man ferner das Maß der Basis P_{n-1}, multipliziert es mit der Höhe und dividiert durch n, so hat man das Maß des Kegels. Da endlich das gegebene Polyschem P_n in lauter solche Kegel zerfällt, so ist sein Maß gleich der Summe der Maße aller dieser Kegel.

Wie die Aufgabe, ein P_n zu berechnen, auf die für ein P_{n-1} zurückgeführt ist, so hängt auch diese wieder von der Berechnung eines P_{n-2} ab usw. Zuletzt hängt alles von der Berechnung eines P_1 oder eines Abstandes ab. Die Berechnung der Höhen und die orthogonalen Transformationen, welche jeweilen zur Wegschaffung einer Variabeln, deren Verschwinden einer Basis entsprechen soll, gemacht werden müssen, erfordern immer eine Ausziehung der Quadratwurzel aus einer Summe von Quadraten, während der Natur der Aufgabe nur rationale Rechnungen wesentlich eignen.

Die Zahl der zu berechnenden Kegel wird geringer, wenn man eine Grenzlösung des P_n zu ihrer gemeinschaftlichen Spitze wählt. Nehmen wir nun an, jede Basis P_{n-1} sei schon in lauter Pyramiden (∞^{n-1}) zerteilt, so ist jede von diesen die Basis einer Pyramide (∞^n), welche jene Grenzlösung zur Spitze hat. Wenn man also überhaupt ein P_{n-1} in lauter Pyramiden zerlegen kann, so ist dieses auch für jedes P_n möglich. Nun kann man aber jedes P_2 oder Vieleck in lauter Pyramiden (∞^2) oder Dreiecke zerlegen, folglich kann auch jedes Polyschem (∞^n) in lauter Pyramiden (∞^n) zerlegt werden. Das Maß einer solchen ist der $1 \cdot 2 \cdot 3 \ldots n$-te Teil der Determinante der Projektionen von n ihrer Kanten, die von einer und derselben Ecke ausgehen. Hierdurch ist also die Berechnung des Maßes eines Polyschems auf lauter rationale Rechnungen zurückgeführt.

12. *Über die Projektionen eines linearen m-fachen Kontinuums, wenn m zwischen 1 und n liegt*

Da das Kontinuum in paralleloschematische Elemente zerlegt werden kann, so wollen wir das Maß S eines Paralleloschems (∞^m) untersuchen, wenn m geringer ist als die Dimensionszahl n der Totalität. Transformieren wir die Variabeln orthogonal, so daß für das gegebene Kontinuum $n-m$ der neuen Variabeln verschwinden, so haben wir es bei der Berechnung des Paralleloschems (∞^m) nur mit den übrigen m Variabeln zu tun. Es gilt also der frühere Satz (Ziffer 5), wenn darin m statt n gesetzt wird. Sind nun $k_1, k_2, \ldots, k_m$ die Kanten des Paralleloschems, so ist

$$S^2 = \begin{vmatrix} k_1^2 & \cdot\, k_1 k_2 \cos\sphericalangle(k_1 k_2) & \cdot\, k_1 k_3 \cos\sphericalangle(k_1 k_3) \cdots \\ k_2 k_1 \cos\sphericalangle(k_2 k_1)\,\cdot & k_2^2 & \cdot\, k_2 k_3 \cos\sphericalangle(k_2 k_3) \cdots \\ \cdots & \cdots & \cdots \end{vmatrix}.$$

Sind nun $a_1, b_1, c_1, \ldots$ die n Projektionen von k_1 im ursprünglichen System, so haben wir früher gesehen, daß

$$k_1 k_2 \cos\sphericalangle(k_1 k_2) = a_1 a_2 + b_1 b_2 + \cdots$$

ist. Bezeichnen jetzt $f, g, h, \ldots$ irgend m der n Projektionen $a, b, c, \ldots$, so ist nach einem bekannten Satze:

$$S^2 = \sum \begin{vmatrix} f_1 & g_1 & h_1 & \dots \\ f_2 & g_2 & h_2 & \dots \\ \cdot & \cdot & \cdot & \cdot \\ f_m & g_m & h_m & \dots \end{vmatrix}^2,$$

wenn die Summe sich auf alle Kombinationen $f\,g\,h\,\dots$ ohne Wiederholungen und m-ter Klasse aus den n Elementen $a, b, c, \dots$ erstreckt. Jede der $\binom{n}{m}$ Determinanten, aus deren Quadraten diese Summe besteht, nennen wir eine Projektion von S auf das entsprechende m-fache lineare Kontinuum, für welches alle $n - m$ mit $f, g, h, \dots$ nichtgleichnamigen ursprünglichen Variabeln verschwinden. Es ist sogleich klar, daß, wenn wir nur die Längen $k_1, k_2, \dots, k_m$ der Kanten, aber nicht ihre Richtungen ändern, sämtliche Projektionen mit S proportional sich verändern werden.

Betrachten wir nun wieder das beliebig umschlossene m-fache lineare Kontinuum und teilen dasselbe durch Scharen paralleler $(m-1)$-facher linearer Kontinuen in unendlich kleine Parallelscheme (∞^m) dS, deren jedes die $\binom{n}{m}$ Projektionen $dP, dP', dP'', \dots$ hat, so ist $dS^2 = dP^2 + dP'^2 + dP''^2 + \cdots$, und die Verhältnisse $dS:dP:dP':dP'':\dots$ sind konstant. Wenn also S das Maß des m-fachen Kontinuums, $P, P', P'', \dots$ seine Projektionen bezeichnen, so ist

$$S^2 = P^2 + P'^2 + P''^2 + \cdots,$$

d.h. das Maß irgendeines geschlossenen linearen m-fachen Kontinuums ist gleich der Quadratwurzel aus der Summe der Quadrate seiner $\binom{n}{m}$ *Projektionen.*

Wenn $1 < m < n - 1$ ist, so sind die $\binom{n}{m}$ Projektionen nicht unter sich unabhängig. Man kann nämlich die Gleichungen des linearen m-fachen Kontinuums immer so darstellen, daß $n - m$ Variabeln als lineare Funktionen der m übrigen erscheinen. In jeder von diesen sind m Koeffizienten der Variabeln und noch eine freie Konstante gegeben; die letzte zählen wir nicht, als ohne Einfluß auf die *Richtung* des m-fachen Kontinuums. Diese Richtung wird also im ganzen durch $(n - m)\,m$ Daten hinreichend bestimmt. Setzen wir jetzt Projektionen, so kommt außer der Richtung noch das Maß des projizierten Kontinuums als neues Datum hinzu. *Also sind unter den* $\binom{n}{m}$ *Projektionen nur* $(n - m)\,m + 1$ *unter sich unabhängig, alle übrigen aber sind durch diese bestimmt.*

Die zwei angeführten Zahlen ändern sich nicht, wenn man m mit $n - m$ vertauscht; wir dürfen also $m \lesseqgtr n/2$ voraussetzen. Betrachten wir nun den Bruch

$$\frac{n}{2m} \cdot \frac{n-1}{n-m} \cdot \frac{n-2}{3} \cdot \frac{n-3}{4} \cdots \frac{n-m+1}{m},$$

so seien die Faktoren

$$\frac{n}{2m} \gtreqless 1, \qquad \frac{n-1}{n-m} > 1, \qquad \frac{n-2}{3} > 1, \qquad \dots, \qquad \frac{n-m+1}{m} > 1;$$

der Bruch ist also größer als $(n-1)/(n-m)$, und, wenn wir mit $(n-m)\,m$ multiplizieren,

$$\binom{n}{m} > (n-1)\,m = (n-m)\,m + m\,(m-1),$$

also, da $m > 1$ vorausgesetzt ist, auch

$$\binom{n}{m} > (n-m)\,m + 1.$$

(Für $m = 1$ oder $m = n - 1$ hingegen wird jede der zwei hier verglichenen Zahlen gleich n. Also kann erst für $n \gtreqless 4$ der Fall eintreten, daß nicht alle Projektionen unter sich unabhängig sind.)

Es seien nun $a, b, c, \ldots, e$ die Zeichen für irgend $m + 1$ Projektionen einer Kante k jenes m-fachen Paralleloschems; $f, g, h, \ldots$ die Zeichen für $m - 1$ Projektionen derselben Kante; nur darf die Kombination $(m-1)$-ter Klasse, $f, g, h, \ldots$ weder eine aus den Elementen $b, c, \ldots, e$ gebildete sein, noch das Element a enthalten. Dann sei die Determinante

$$\begin{vmatrix} a & .\,b & .\,c & \ldots e \\ a_1 & .\,b_1 & .\,c_1 & \ldots e_1 \\ \ldots & \ldots & \ldots & \ldots \\ a_m & .\,b_m & .\,c_m & \ldots e_m \end{vmatrix} = a\,A + b\,B + c\,C + \cdots + e\,E,$$

wo $a, b, c, \ldots, e$ willkürliche Größen bezeichnen, während die mit Zeigern versehenen Buchstaben gegebene Projektionen von Kanten bedeuten; es wird also sein

$$\begin{aligned} a_1\,A + b_1\,B + c_1\,C + \cdots + e_1\,E &= 0, \\ a_2\,A + b_2\,B + c_2\,C + \cdots + e_2\,E &= 0, \\ \ldots\ldots\ldots\ldots\ldots\ldots\ldots & \\ a_m\,A + b_m\,B + c_m\,C + \cdots + e_m\,E &= 0. \end{aligned}$$

Ferner sei

$$\begin{vmatrix} a_1 & .\,f_1 & .\,g_1 & .\,h_1 & \ldots \\ \ldots & \ldots & \ldots & \ldots & \\ a_m & .\,f_m & .\,g_m & .\,h_m & \ldots \end{vmatrix} = \mathfrak{A}, \qquad \begin{vmatrix} b_1 & .\,f_1 & .\,g_1 & .\,h_1 & \ldots \\ \ldots & \ldots & \ldots & \ldots & \\ b_m & .\,f_m & .\,g_m & .\,h_m & \ldots \end{vmatrix} = \mathfrak{B}, \text{ usw.}$$

Man sieht nun leicht, mit welchen Faktoren man die m Gleichungen des vorigen Systems multiplizieren muß, um die Gleichung

$$\mathfrak{A}\,A + \mathfrak{B}\,B + \mathfrak{C}\,C + \cdots + \mathfrak{E}\,E = 0$$

zu erhalten, welche eine der gesuchten Relationen zwischen den $\binom{n}{m}$ Projektionen von S darstellt. Wir wollen nun diese Relationen so zu ordnen suchen, daß es klar wird, wie viele Projektionen P unabhängig sind, und wie alle übrigen aus diesen berechnet werden können.

Lassen wir vorerst die von den mit a bezeichneten Elementen abhängigen Projektionen P weg und denken uns die wesentlichen Relationen zwischen den übrigen schon aufgestellt und mittels derselben diese alle berechnet. Denken wir uns nun $B, C, \ldots, E$, an Zahl m Projektionen (mit a) willkürlich gegeben und bilden dann aus den $n-1$ Elementen $b, c, \ldots$ alle Kombinationen $(m-1)$-ter Klasse, $f, g, h, \ldots$, mit Ausschluß der aus den m Elementen $b, c, \ldots, e$ zu bildenden, so sind die entsprechenden $\mathfrak{A}$ durch obige Relation immer in Funktion der m unabhängigen $B, C, \ldots, E$ gegeben. Alle jene $\mathfrak{A}$, mit diesen $B, C, \ldots, E$ zusammen, sind aber sämtliche $\binom{n-1}{m-1}$ Determinanten, worin der Buchstabe a vorkommt, und unter diesen sind also höchstens m unabhängige. Ebenso kann man zeigen, daß unter allen Determinanten, worin a fehlt, aber b vorkommt, höchstens m unabhängige sind; ebenso unter denen, worin a, b fehlen, aber c vorkommt usw. Endlich gelangen wir zu den Determinanten, worin die $n-m-1$ ersten Buchstaben fehlen und der $(n-m)$-te vorkommt; ihre Zahl ist offenbar m. Zuletzt ist noch eine Determinante, diejenige, worin die m letzten Buchstaben vorkommen, übrig. Wir bekommen so offenbar höchstens $(n-m)\,m+1$ unabhängige Projektionen. Der Natur der Sache nach müssen aber gerade so viele sein, wie wir vorhin gesehen haben. Folglich haben wir auch alle wesentlichen Relationen aufgezählt.

Sind $\binom{n}{m}$ Projektionen, welche diesen Relationen genügen, beliebig gegeben, so ist es leicht, die $n-m$ Gleichungen eines entsprechenden linearen Kontinuums zu finden, das zum Beispiel durch den Ursprung gehen möge. Es seien $x, y, \ldots, z$ die m ersten Variabeln, $u, v, w, \ldots$ die übrigen und

$$u = e_1 x + e_2 y + \cdots + e_m z, \qquad v = f_1 x + f_2 y + \cdots + f_m z, \qquad \text{usw.}$$

die $n-m$ gesuchten Gleichungen des linearen Kontinuums. Dann sind die in dem Schema

$$\left\| \begin{matrix} 1 \,.\, 0 \,.\, 0 \ldots 0 \,.\, e_1 \,.\, f_1 \,.\, g_1 \ldots \\ 0 \,.\, 1 \,.\, 0 \ldots 0 \,.\, e_2 \,.\, f_2 \,.\, g_2 \ldots \\ \cdots\cdots\cdots\cdots\cdots\cdots \\ 0 \,.\, 0 \,.\, 0 \ldots 1 \,.\, e_m \,.\, f_m \,.\, g_m \ldots \end{matrix} \right\|$$

enthaltenen $\binom{n}{m}$ Determinanten den Projektionen des Kontinuums proportional. Da nun die Verhältnisse dieser gegeben sind und unter jenen $(n-m)\,m+1$ sich finden, denen die Werte

$$1; \quad e_1, f_1, g_1, \ldots; \quad e_2, f_2, \ldots; \quad \ldots; \quad e_m, f_m, \ldots$$

zukommen, so sind diese Werte bekannt.

13. *Maß eines m-fachen höhern Kontinuums*

Die n Variabeln $x, y, z, \ldots$ eines orthogonalen Systems seien in Funktion von m unabhängigen Variabeln $t, t', t'', \ldots$ gegeben. Wenn durch keine Transformation dieser unabhängigen Variabeln jene $x, y, z, \ldots$ als lineare Funktionen erscheinen, so nennen wir das durch die n Gleichungen dargestellte m-fache Kontinuum ein *höheres*. Es wird durch m Scharen von $(m-1)$-fachen Kontinuen, welche den Gleichungen $t = \text{const}$, $t' = \text{const}$, $t'' = \text{const}$ usw. entsprechen, in paralleloschematische Elemente zerschnitten. Die Kante, welche der Variation des einzigen t entspricht, hat die Projektionen

$$\frac{\partial x}{\partial t}\,dt, \quad \frac{\partial y}{\partial t}\,dt, \quad \frac{\partial z}{\partial t}\,dt, \quad \ldots, \quad \text{usw.}$$

Das Maß des Elements wird also erhalten, wenn man die Quadratwurzel aus der Summe der Quadrate der $\binom{n}{m}$ in dem Schema

$$\left\| \begin{matrix} \frac{\partial x}{\partial t} \cdot \frac{\partial y}{\partial t} \cdot \frac{\partial z}{\partial t} \cdot \ldots \\ \frac{\partial x}{\partial t'} \cdot \frac{\partial y}{\partial t'} \cdot \frac{\partial z}{\partial t'} \cdot \ldots \\ \frac{\partial x}{\partial t''} \cdot \frac{\partial y}{\partial t''} \cdot \frac{\partial z}{\partial t''} \cdot \ldots \\ \cdots\cdots\cdots\cdots \end{matrix} \right\|$$

enthaltenen Determinanten mit $dt\,dt'\,dt''\ldots$ multipliziert. Integriert man endlich dieses Produkt innerhalb der gegebenen Grenzen, so erhält man das Maß des geschlossenen höheren Kontinuums.

Man kann die Gleichungen des Kontinuums so transformieren, daß die m ersten Variabeln $x, y, \ldots, z$ als unabhängige und die $n-m$ übrigen $u, v, w, \ldots$ als Funktionen jener erscheinen. Das vorige Schema erscheint dann in folgender einfacheren Gestalt:

$$\left\| \begin{matrix} 1 \cdot 0 \cdot 0 \cdot \ldots 0 \cdot \frac{\partial u}{\partial x} \cdot \frac{\partial v}{\partial x} \cdot \frac{\partial w}{\partial x} \cdot \ldots \\ 0 \cdot 1 \cdot 0 \cdot \ldots 0 \cdot \frac{\partial u}{\partial y} \cdot \frac{\partial v}{\partial y} \cdot \frac{\partial w}{\partial y} \cdot \ldots \\ \cdots\cdots\cdots\cdots\cdots\cdots \\ 0 \cdot 0 \cdot 0 \cdot \ldots 1 \cdot \frac{\partial u}{\partial z} \cdot \frac{\partial v}{\partial z} \cdot \frac{\partial w}{\partial z} \cdot \ldots \end{matrix} \right\|$$

Ist $m = 2$, so wird

$$S = \int\!\!\int \sqrt{1 + \left(\frac{\partial u}{\partial x}\right)^2 + \left(\frac{\partial u}{\partial y}\right)^2 + \cdots + \left(\frac{\partial u}{\partial x} \cdot \frac{\partial v}{\partial y} - \frac{\partial u}{\partial y} \cdot \frac{\partial v}{\partial x}\right)^2 + \cdots}\; dx\,dy$$

das Maß des Kontinuums. Ist $m = n - 1$ und sind $x, y, \ldots, z$ die unabhängigen, u die letzte und einzige abhängige Variable, so wird

$$S = \int^{n-1} \sqrt{1 + \left(\frac{\partial u}{\partial x}\right)^2 + \left(\frac{\partial u}{\partial y}\right)^2 + \cdots + \left(\frac{\partial u}{\partial z}\right)^2}\; dx\,dy \ldots dz$$

das Maß des Kontinuums.

14. *Orthogonale Transformation der Projektionen eines linearen Kontinuums*

Was in Beziehung auf Verhältnisse der Projektionen für ein paralleloschematisches Stück eines m-fachen linearen Kontinuums gilt, ist auch auf ein beliebig umschlossenes Stück desselben auszudehnen. Wir denken uns daher ein Paralleloschem, dessen Kanten die Projektionen

$$a, b, \ldots, c, d, e, f, \ldots,$$

versehen mit den Nummern 1, 2, 3, ..., m der Kanten als untern Zeigern haben. Es sei $a, b, \ldots, c$ irgendeine Kombination m-ter Klasse aus den n Elementen $a, b, \ldots, c, d, e, f, \ldots$, so entspricht denselben die Kontinuumsprojektion

$$P = \Sigma \pm a_1 b_2 \ldots c_m.$$

Die orthogonalen Transformationsformeln seien nun

$$\begin{aligned}
x &= \alpha t + \alpha' t' + \alpha'' t'' + \cdots, \\
y &= \beta t + \beta' t' + \beta'' t'' + \cdots, \\
&\ldots\ldots\ldots\ldots\ldots\ldots \\
z &= \gamma t + \gamma' t' + \gamma'' t'' + \cdots, \\
u &= \delta t + \delta' t' + \delta'' t'' + \cdots, \\
v &= \varepsilon t + \varepsilon' t' + \varepsilon'' t'' + \cdots, \\
&\ldots\ldots\ldots\ldots\ldots\ldots
\end{aligned}$$

Die Projektionen der Kanten des m-fachen Paralleloschems im neuen Systeme seien $h, h', h'', \ldots$, versehen mit den untern Zeigern 1, 2, ..., m, entsprechend den Nummern der Kanten. Dann ist

$$P = \left\| \begin{array}{c|c} \alpha \,.\, \alpha' \,.\, \alpha'' \ldots & h_1 \,.\, h_1' \,.\, h_1'' \ldots \\ \beta \,.\, \beta' \,.\, \beta'' \ldots & h_2 \,.\, h_2' \,.\, h_2'' \ldots \\ \ldots\ldots\ldots & \ldots\ldots\ldots \\ \gamma \,.\, \gamma' \,.\, \gamma'' \ldots & h_m \,.\, h_m' \,.\, h_m'' \ldots \end{array} \right\|,$$

welches Schema eine Determinante bedeutet, deren allgemeines Element die Summe der Produkte der gleichakzentigen Glieder irgendeiner Horizontalreihe links und irgendeiner rechts vom mittleren Vertikalstrich ist. Es ist bekannt, daß diese Determinante gleich ist der Summe der $\binom{n}{m}$ Produkte von je zwei homologen Determinanten, welche jedes der beiden durch den mittleren Vertikalstrich geschiedenen Schemata liefert. Die Determinanten, welche das Schema rechts liefert, sind aber die Projektionen des m-fachen Paralleloschems im neuen System, und die homologe Determinante im Schema links ist der Faktor, mit dem man das m-fache lineare Kontinuum $(t\,t' \ldots)$, auf welches diese einzelne Projektion gefällt wurde und dem sie angehört, multiplizieren muß, um seine

Projektion auf das axiale Kontinuum $(x\, y \ldots z)$ des ursprünglichen Systems $(x\, y \ldots z\, u\, v\, w \ldots)$ zu erhalten. Man kann daher die Transformation auch so darstellen.

Im ursprünglichen System $(x\, y \ldots z\, u\, v\, w \ldots)$ wird ein durch die m Variabeln $(x\, y \ldots z)$ bestimmtes axiales Kontinuum fixiert. Im neuen System $(t\, t'\, t'' \ldots)$ denkt man sich alle axialen m-fachen Kontinua und projiziert auf diese das gegebene geschlossene lineare m-fache Kontinuum S; dann werden alle diese Projektionen wiederum auf das fixierte ursprüngliche axiale Kontinuum $(x\, y \ldots z)$ projiziert; die Summe dieser letzten Projektionen wird gleich sein der Projektion von S.

Irgendeine aus der linken Hälfte des obigen Schemas entnommene Determinante kann auch aufgefaßt werden als Projektion eines Stückes des axialen Kontinuums $(x\, y \ldots z)$ vom Maße 1 auf das mit der Determinante homologe axiale Kontinuum des neuen Systems. Ersetzen wir das Maß 1 durch T, so haben wir nach dieser Auffassung folgenden Satz:

Wenn in der n-fachen Totalität ein orthogonales Achsensystem und irgend zwei lineare m-fache Kontinua S und T gegeben sind, so ist die Projektion von S auf T, multipliziert mit T, gleich der Summe der Produkte der Projektionen von S und T auf je eines und dasselbe axiale m-fache Kontinuum des orthogonalen Systems.

Es ist also klar, daß man im Subjekte dieses Satzes auch S und T vertauschen darf, ferner daß der Wert des Prädikats vom gewählten orthogonalen System unabhängig ist. Wir können ihn daher mit $ST \cos \sphericalangle (ST)$ bezeichnen.

Wir wollen noch die Beziehung eines linearen m-fachen Kontinuums S zu einem *schiefen* System betrachten. Fixieren wir in diesem irgendein axiales m-faches Kontinuum C_1, um S darauf zu projizieren, so müssen wir in allen Lösungen von S die Werte der $n - m$ Variabeln, welche in C_1 verschwinden, durch Null ersetzen. Das geschlossene, in C_1 fallende Kontinuum aller so veränderten Lösungen ist die Projektion P_1 von S auf C_1. Es ist sogleich klar, daß der Wert von P_1 nur von den Richtungen der $n-m$ nicht in C_1 fallenden Achsen des schiefen Systems, aber nicht von den m Achsen, durch welche C_1 gelegt ist, abhängt. Nehmen wir S als m-faches Paralleloschem an und bilden die Determinante D_1 der Projektionen seiner Kanten auf die in C_1 liegenden Achsen, ferner die Determinante Θ_{11} der Kosinus der Winkel, welche jede dieser m Achsen mit jeder bildet, so ist $P_1 = D_1 \sqrt{\Theta_{11}}$. Es sei C_2 ein anderes axiales m-faches Kontinuum des schiefen Systems, $P_2 = D_2 \sqrt{\Theta_{22}}$, und Θ_{12} die Determinante der Kosinus der Winkel, welche jede der Achsen von C_1 mit jeder von C_2 bildet, so ist

$$S^2 = D_1^2 \Theta_{11} + D_2^2 \Theta_{22} + \cdots + 2\, D_1 D_2 \Theta_{12} + \cdots + 2\, D_2 D_3 \Theta_{23} + \cdots$$

$$= P_1^2 + P_2^2 + \cdots + 2\, P_1 P_2 \frac{\Theta_{12}}{\sqrt{\Theta_{11} \cdot \Theta_{22}}} + \cdots,$$

welche Summe $\frac{1}{2} \binom{n}{m} \left[\binom{n}{m} + 1\right]$ Glieder zählt. Aus dem für ein orthogonales

System Gesagten ist klar, daß

$$\Theta_{12} = \sqrt{\Theta_{11}}\sqrt{\Theta_{22}} \cos \sphericalangle (C_1 C_2)$$

ist. Man kann also setzen:

$$S^2 = P_1^2 + P_2^2 + \cdots + 2 P_1 P_2 \cos \sphericalangle (C_1 C_2) + \cdots.$$

Man bemerke die vollständige Analogie dieser Formel mit derjenigen für einen Abstand im schiefen System.

Sind $\alpha_1, \beta_1, \gamma_1, \ldots$ die n Richtungskosinus der ersten Achse in C_1 usw., mit den unteren Zeigern 1, 2, ..., m, ferner $\alpha', \beta', \gamma', \ldots$ (mit den unteren Zeigern 1, 2, ..., m) die m Gruppen von je n Richtungskosinus der Achsen in C_2 (alle Richtungskosinus beziehen sich auf ein orthogonales System), so ist

$$\sqrt{\left\|\begin{matrix} \alpha_1 \cdot \beta_1 \cdot \gamma_1 \cdots \\ \alpha_2 \cdot \beta_2 \cdot \gamma_2 \cdots \\ \cdots\cdots\cdots \\ \alpha_m \cdot \beta_m \cdot \gamma_m \cdots \end{matrix} \middle| \begin{matrix} \alpha_1 \cdot \beta_1 \cdot \gamma_1 \cdots \\ \alpha_2 \cdot \beta_2 \cdot \gamma_2 \cdots \\ \cdots\cdots\cdots \\ \alpha_m \cdot \beta_m \cdot \gamma_m \cdots \end{matrix}\right\|}$$

$$\times \sqrt{\left\|\begin{matrix} \alpha_1' \cdot \beta_1' \cdot \gamma_1' \cdots \\ \alpha_2' \cdot \beta_2' \cdot \gamma_2' \cdots \\ \cdots\cdots\cdots \\ \alpha_m' \cdot \beta_m' \cdot \gamma_m' \cdots \end{matrix} \middle| \begin{matrix} \alpha_1' \cdot \beta_1' \cdot \gamma_1' \cdots \\ \alpha_2' \cdot \beta_2' \cdot \gamma_2' \cdots \\ \cdots\cdots\cdots \\ \alpha_m' \cdot \beta_m' \cdot \gamma_m' \cdots \end{matrix}\right\|} \times \cos \sphericalangle (C_1 C_2)$$

$$= \left\|\begin{matrix} \alpha_1 \cdot \beta_1 \cdot \gamma_1 \cdots \\ \alpha_2 \cdot \beta_2 \cdot \gamma_2 \cdots \\ \cdots\cdots\cdots \\ \alpha_m \cdot \beta_m \cdot \gamma_m \cdots \end{matrix} \middle| \begin{matrix} \alpha_1' \cdot \beta_1' \cdot \gamma_1' \cdots \\ \alpha_2' \cdot \beta_2' \cdot \gamma_2' \cdots \\ \cdots\cdots\cdots \\ \alpha_m' \cdot \beta_m' \cdot \gamma_m' \cdots \end{matrix}\right\|$$

15. *Über das Verhalten linearer Kontinuen zueinander*

Sind in der n-fachen Totalität zwei lineare Kontinua, ein m-faches und ein m'-faches, gegeben, so hat man im ganzen $2n - (m + m')$ Gleichungen; die beiden Kontinua werden also im allgemeinen nur dann sich schneiden, wenn $m + m' \gtreqless n$ ist. Ist zum Beispiel $m + m' = n$, so haben sie im allgemeinen nur eine Lösung gemein, einen Strahl, wenn $m + m' = n + 1$, usw. Wenn dagegen $m + m' < n$ ist, so können im allgemeinen die beiden Kontinua keine Lösung gemein haben. Handelt es sich nur um die Vergleichung ihrer Richtungen und legt man daher mit jedem derselben ein Kontinuum parallel durch den Ursprung, so bestimmen diese zusammen ein $(m + m')$-faches Kontinuum. Man kann das System orthogonal transformieren, so daß $n - (m + m')$ neue Variabeln für dieses lineare Kontinuum verschwinden, und dann dieses wie eine $(m + m')$-fache Totalität betrachten, in welcher jenes m-fache und m'-fache lineare Kontinuum gegeben sind. Der Fall $m + m' < n$ ist somit auf den Fall $m + m' = n$ zurückgeführt.

Um der ferneren Erörterung dieses Gegenstandes die gehörige Deutlichkeit geben zu können, muß ich den Begriff *normaler* Kontinuen einführen. Sind $x, y, \ldots$ die Projektionen eines dem m-fachen linearen Kontinuum C angehörenden Strahls r, und $x', y', \ldots$ diejenigen irgendeines Strahls r', für welchen $x x' + y y' + \cdots = 0$ ist, bleibt ferner die Lage des ersten Strahls r innerhalb des Kontinuums C völlig frei, so sind sämtliche vom Ursprung ausgehende Strahlen r' in einem $(n - m)$-fachen linearen Kontinuum C' enthalten. Nun, zwei solche Kontinua C und C' nenne ich *normal*.

Sind $t_1, t_2, \ldots, t_m$ die Variabeln eines beliebigen in C angenommenen schiefen Systems und demgemäß

$$x = \alpha_1 t_1 + \alpha_2 t_2 + \cdots + \alpha_m t_m,$$
$$y = \beta_1 t_1 + \beta_2 t_2 + \cdots + \beta_m t_m,$$
usw.

die orthogonalen Projektionen eines Strahls r, dessen schiefe $t_1, t_2, \ldots, t_m$ sind, so verwandelt sich die obige Bedingung $x x' + y y' + \cdots = 0$ für den Strahl r' in

$$(\alpha_1 t_1 + \alpha_2 t_2 + \cdots + \alpha_m t_m)\, x' + (\beta_1 t_1 + \beta_2 t_2 + \cdots + \beta_m t_m)\, y' + \cdots = 0$$

und zerfällt, da $t_1, t_2, \ldots, t_m$ frei bleiben sollen, in die m Gleichungen

$$\alpha_i x' + \beta_i y' + \cdots = 0, \qquad (i = 1, 2, 3, \ldots, m).$$

Diese stellen ein $(n - m)$-faches lineares Kontinuum C' dar, welches wir das normale nennen.

Ich behaupte nun, daß, wenn C, C' als geschlossen gedacht werden, *die Projektionen des einen mit denen des andern proportional sind.* Um dieses zu beweisen, teile ich die n Variabeln $x', y', \ldots$ in zwei Gruppen, von denen die eine aus den m Variabeln $x', y', \ldots, z', u'$, die andere aus den $n - m$ Variabeln $v', w', \ldots, p', q'$ besteht.

Eliminiert man nun aus den m Gleichungen

$$(a) \qquad \alpha_i x' + \beta_i y' + \cdots + \gamma_i z' + \delta_i u' + \varepsilon_i v' + \cdots + \zeta_i p' + \eta_i q' = 0,$$
$$[i = 1, 2, \ldots, m]$$

die $m - 1$ ersten Variabeln $x', y', \ldots, z'$, so wird man die Gleichung

$$\begin{vmatrix} \alpha_1 \,.\, \beta_1 \ldots \gamma_1 \,.\, (\delta_1 u' + \varepsilon_1 v' + \cdots + \zeta_1 p' + \eta_1 q') \\ \alpha_2 \,.\, \beta_2 \ldots \gamma_2 \,.\, (\delta_2 u' + \varepsilon_2 v' + \cdots + \zeta_2 p' + \eta_2 q') \\ \cdots\cdots\cdots\cdots\cdots\cdots\cdots\cdots \\ \alpha_m \,.\, \beta_m \ldots \gamma_m \,.\, (\delta_m u' + \varepsilon_m v' + \cdots + \zeta_m p' + \eta_m q') \end{vmatrix} = 0$$

oder

$$\Delta u' + E v' + \cdots + Z p' + H q' = 0$$

erhalten. Es seien $n - m$ unter sich unabhängige Lösungen des Systems (a), nämlich $x' = \alpha_k$, $y' = \beta_k$, ... $[k = m+1, m+2, \ldots, n-1, n]$ bekannt, so ist auch

$$\begin{aligned}
&\delta_{m+1}\Delta + \varepsilon_{m+1}E + \cdots + \zeta_{m+1}Z + \eta_{m+1}H = 0,\\
&\delta_{m+2}\Delta + \varepsilon_{m+2}E + \cdots + \zeta_{m+2}Z + \eta_{m+2}H = 0,\\
&\cdots\cdots\cdots\cdots\cdots\cdots\cdots\cdots\\
&\delta_n\ \ \Delta + \varepsilon_n\ \ E + \cdots + \zeta_n\ \ Z + \eta_n\ \ H = 0.
\end{aligned}$$

Folglich sind die m-fachen Determinanten Δ, E, ..., H proportional mit den $(n-m)$-fachen, welche aus den Koeffizienten δ, ε, ..., η der $n-m$ letzten Gleichungen gebildet werden können; z.B. $\Delta = \Sigma \pm \alpha_1 \beta_2 \ldots \gamma_{m-1}\delta_m$ ist proportional mit $\Sigma \pm \varepsilon_{m+1}\sigma_{m+2}\ldots\zeta_{n-1}\eta_n$, usw. Die Zahl der proportionalen Glieder in jeder der beiden Reihen ist hier freilich nur $n-m+1$; aber, wie man leicht sieht, kann man sie bis auf $\binom{n}{m}$ bringen, wenn man nach und nach immer andere Gruppen von je $m-1$ Variabeln aus dem System (a) eliminiert. Den soeben gefundenen Satz kann man nun so aussprechen:

Wenn im Schema einer n-fachen Determinante die Kombination jeder der m ersten Horizontalreihen mit jeder der n — m letzten eine verschwindende Produktensumme liefert, z.B.

$$\alpha_i\alpha_k + \beta_i\beta_k + \cdots + \zeta_i\zeta_k + \eta_i\eta_k = 0 \qquad \begin{Bmatrix} i = 1, 2, 3, \ldots, m \\ k = m+1, m+2, \ldots, n \end{Bmatrix},$$

so sind die aus den Elementen der m ersten Horizontalreihen gebildeten m-fachen Determinanten proportional mit ihren reziproken (n — m)-fachen Determinanten, deren Elemente in den n — m letzten Horizontalreihen enthalten sind.

Da nun die m-fachen Determinanten den Projektionen des Kontinuums C, die reziproken $(n-m)$-fachen Determinanten den Projektionen des normalen Kontinuums C' entsprechen, so ist der oben behauptete Satz bewiesen.

Für ein System orthogonaler Transformationselemente ist jede partielle Determinante ihrer reziproken (oder ergänzenden) Determinante geradezu gleich. Dies folgt aus der in Ziffer 2 erwähnten Eigenschaft dieses Systems, vermöge welcher jedes ursprüngliche Element seinem reziproken Elemente (einer $[n-1]$-fachen Determinante) gleich ist. Da man die Achsen $t_1, t_2, \ldots, t_m$ des Kontinuums C orthogonal annehmen kann und ebenso diejenigen des normalen Kontinuums C', so erhellt leicht, wie man auch von dieser Seite her den Satz beweisen kann, daß die Projektionen zweier normaler Kontinuen proportional sind.

Nach dieser Abschweifung über die *normalen Kontinua* kehren wir zur Betrachtung des gegenseitigen Verhaltens zweier linearen Kontinuen zurück, deren Dimensionszahlen zusammen derjenigen der Totalität gleich sind. Das eine m-fache Kontinuum heiße A, das andere $(n-m)$-fache B, und es sei $m < n/2$. Das zu A normale Kontinuum A' wird dann B in einem $(n-m)$-fachen Kontinuum C schneiden; das normale zu diesem ist ein $(2m)$-faches Kontinuum C', welches A in sich enthält und B in einem m-fachen Kontinuum D schneidet. Wird dann B als $(n-m)$-fache Totalität aufgefaßt, so sind darin die Kontinua C und D enthalten und zueinander normal. Das ursprüngliche Kontinuum B

hat also gleichsam eine orthogonale Zerlegung in die Kontinua C und D erfahren, und da von diesen C zu A orthogonal ist, so darf es bei der Beurteilung der gegenseitigen Lage von A und B außer acht gelassen werden; es kommt nunmehr alles bloß auf die gegenseitige Lage der m-fachen Kontinuen A und D an, welche beide dem $(2m)$-fachen Kontinuum C' angehören. Man kann also alle dem $(n-2m)$-fachen Kontinuum C entsprechenden Variabeln gleich Null setzen, das Kontinuum C' als Totalität behandeln und hat es dann nur mit der Untersuchung der gegenseitigen Lage zweier m-facher linearer Kontinuen innerhalb einer $(2m)$-fachen Totalität zu tun.

Der Fall, wo die Summe der Dimensionszahlen der gegebenen linearen Kontinuen die Dimensionszahl der Totalität übertrifft, ist auf den vorigen Fall zurückzuführen. Sind die gegebenen Kontinua ein $(l+m)$-faches A und ein $(l+n)$-faches B und die Dimensionszahl der Totalität $l+m+n$, so schneiden sich A und B in einem l-fachen Kontinuum C. Das normale $(m+n)$-fache Kontinuum sei C', so schneidet dieses die Kontinua A und B bzw. in einem m-fachen D und einem n-fachen E, deren gegenseitige Lage nun ebenso wie oben zu behandeln ist.

Den Weg zur Beurteilung des einzigen Falls, auf den alle übrigen zurückgeführt wurden, bahnen wir uns nun durch die Lösung der folgenden Aufgabe.

Aufgabe: Eine orthogonale Transformation der n Variabeln $x, y, \ldots, z$ in die neuen $t_1, t_2, \ldots, t_n$ zu finden, durch welche die beliebig gegebenen n homogenen und linearen Polynome

$$p = a\,x + b\,y + \cdots + c\,z, \quad p' = a'\,x + b'\,y + \cdots + c'\,z, \quad \text{usw.}$$

in solche Formen

$$p = h_1 t_1 + h_2 t_2 + \cdots + h_n t_n, \quad p' = h_1' t_1 + h_2' t_2 + \cdots + h_n' t_n, \quad \text{usw.}$$

übergehen, wo alle Summen gleichnamiger Produkte je zweier Koeffizienten desselben Polynoms, z. B.

$$h_1 h_2 + h_1' h_2' + h_1'' h_2'' + \cdots$$

verschwinden.

Auflösung: Es sei $h_1^2 + h_1'^2 + h_1''^2 + h_1'''^2 + \cdots = s_1$ usw., N die Determinante der $n\,n$ Elemente h; die reziproken Elemente sollen mit H bezeichnet werden, z. B.

$$\frac{\partial N}{\partial h_1} = H_1 \quad \frac{\partial N}{\partial h_1'} = H_1', \quad \text{usw.}$$

Dann ist

$$h_1 = \frac{H_1}{N} s_1, \quad h_1' = \frac{H_1'}{N} s_1, \quad \text{usw.}$$

Sind nun $x = \alpha_1 t_1 + \alpha_2 t_2 + \cdots + \alpha_n t_n$, $y = \beta_1 t_1 + \cdots$, $\ldots$, $z = \gamma_1 t_1 + \cdots$ die orthogonalen Transformationsformeln, so ist

$$h_1 = a\,\alpha_1 + b\,\beta_1 + \cdots + c\,\gamma_1, \quad \text{usw.}$$

also

$$N = \left\| \begin{array}{llll|llll} a & . b & \dots & c & \alpha_1 & . \beta_1 & \dots & \gamma_1 \\ a' & . b' & \dots & c' & \alpha_2 & . \beta_2 & \dots & \gamma_2 \\ a'' & . b'' & \dots & c'' & \dots & \dots & \dots & \dots \\ \dots & \dots & \dots & \dots & \alpha_n & . \beta_n & \dots & \gamma_n \end{array} \right\|,$$

weil die Koeffizienten h entstehen, indem jede Horizontalreihe der linken Hälfte dieses Schemas mit jeder Horizontalreihe der rechten Hälfte zu einer Produktensumme kombiniert wird. Die Determinante der rechten Hälfte ist bekanntlich 1, und die reziproken Elemente sind den ursprünglichen gleich. Die Determinante der linken Hälfte sei $\varDelta$, und die reziproken Elemente seien $A, B, \dots, C$; $A', \dots$, z.B. $A = \partial\varDelta/\partial a$. Dann ist $N = \varDelta$. Die Größen H entstehen aus obigem Schema, wenn in jeder Hälfte eine Horizontalreihe weggelassen wird. Also ist

$$H_1 = A\,\alpha_1 + B\,\beta_1 + \cdots + C\,\gamma_1, \qquad H_1' = A'\,\alpha_1 + B'\,\beta_1 + \cdots + C'\,\gamma_1, \text{ usw.}$$

Wir bekommen daher n Systeme von je n Gleichungen:

$$\left.\begin{array}{l} \left(\frac{A}{\varDelta}\,s - a\right)\alpha + \left(\frac{B}{\varDelta}\,s - b\right)\beta + \cdots + \left(\frac{C}{\varDelta}\,s - c\right)\gamma = 0, \\ \left(\frac{A'}{\varDelta}\,s - a'\right)\alpha + \left(\frac{B'}{\varDelta}\,s - b'\right)\beta + \cdots + \left(\frac{C'}{\varDelta}\,s - c'\right)\gamma = 0, \\ \dots\dots\dots\dots\dots\dots\dots\dots\dots\dots\dots\dots \end{array}\right\} \qquad (1)$$

Dieses System hat man sich n-mal wiederholt zu denken, indem die Buchstaben $s, \alpha, \beta, \dots, \gamma$ nach und nach mit den unteren Zeigern $1, 2, 3, \dots, n$ versehen werden. Eliminiert man die $n - 1$ Verhältnisse $\alpha:\beta:\dots:\gamma$ und bezeichnet die Determinante der Koeffizienten von $\alpha, \beta, \dots, \gamma$ mit $S:\varDelta$, so erhält man eine Gleichung $S = 0$, in der nur die Unbekannte s vorkommt. Die irgendeiner Horizontalreihe jener Koeffizienten entsprechenden reziproken Elemente der Determinante werden nach geschehener Substitution eines Wertes von s mit $\alpha, \beta, \dots, \gamma$ proportional, so daß zu jedem bestimmten Werte von s immer nur eine Reihe von Verhältnissen $\alpha:\beta:\dots:\gamma$ gehört. Die Determinante $S:\varDelta$ wird man erhalten, wenn man das Produkt

$$\left(\frac{A}{\varDelta}\,s - a\right)\left(\frac{B}{\varDelta}\,s - b\right)\dots\left(\frac{C}{\varDelta}\,s - c\right)$$

entwickelt, ohne die alphabetische Folge der Faktoren jedes Monoms zu verändern, und dann jedes solche Monom durch eine Determinante ersetzt, in deren Schema die Faktoren jenes als Elemente der ersten Horizontalreihe erscheinen. Wird ferner jede solche Determinante als Summe von Produkten je einer aus den Elementen $-a, -b, \dots, -c$ gebildeten Determinante i-ten Grades mit der ungleichnamigen, aus den Elementen $(A/\varDelta)\,s$ usw. gebildeten $(n - i)$-fachen Determinante dargestellt und beachtet, daß diese immer das $[(-1)^{n-i}\,(s^{n-i}/\varDelta)]$-fache von jener ist, so erhält man

$$S = s^n - K_1\,s^{n-1} + K_2\,s^{n-2} - K_3\,s^{n-3} + \cdots + (-1)^n\,\varDelta^2, \qquad (2)$$

wo K_i die Summe der Quadrate aller Determinanten i-ten Grades bezeichnet, welche aus den Elementen $a, b, \ldots, c, a', \ldots$ gebildet werden können, und somit $\binom{n}{i}^2$ Glieder zählt. Es ist klar, daß $K_n = \Delta^2$ wird. Wenn also die Polynome p, $p', p'', \ldots$ alle voneinander unabhängig sind, so ist die Gleichung $S = 0$ vom n-ten Grade und kann die Null nicht zur Wurzel haben.

Betrachten wir nun ein reziprokes Element der Determinante $S:\Delta$, zum Beispiel das, welches dem ursprünglichen Element $(A\, s/\Delta) - a$ entspricht, und sehen davon ab, daß Δ, B' usw. Funktionen von a sind, so ist dasselbe $-(\partial/\partial a)\,(S/\Delta)$. Denkt man sich aber S als Funktion von s und den $n\,n$ Größen $a, b, \ldots, c, a', \ldots$, so ist $-1/\Delta \cdot \partial S/\partial a$ wegen der überall vorkommenden Quadrate von Determinanten gerade doppelt so groß. Jenes erste reziproke Element hat also den Wert $-1/2\Delta \cdot \partial S/\partial a$. Folglich ist

$$\alpha:\beta:\ldots:\gamma = \frac{\partial S}{\partial a}:\frac{\partial S}{\partial b}:\ldots:\frac{\partial S}{\partial c} = \frac{\partial S}{\partial a'}:\frac{\partial S}{\partial b'}:\ldots:\frac{\partial S}{\partial c'} = \text{usw.} \tag{3}$$

Die gesuchten Verhältnisse werden erst dann unbestimmt, wenn sämtliche nach den $n\,n$ ursprünglichen Elementen $a, b, \ldots$ abgeleiteten Funktionen von S verschwinden. Da nun

$$n\,S = s\,\frac{\partial S}{\partial s} + \frac{1}{2}\,a\,\frac{\partial S}{\partial a} + \cdots$$

ist, so ist dann zugleich $S = 0$, $\partial S/\partial s = 0$; folglich hat dann die Gleichung $S = 0$ gleiche Wurzeln.

Wir müssen jetzt umgekehrt zeigen, daß, wenn die Systeme (1) gelten, sie die gemachten Voraussetzungen zur notwendigen Folge haben. Es sei $h = a\,\alpha + b\,\beta + \cdots + c\,\gamma$, $h' = a'\,\alpha + b'\,\beta + \cdots + c'\,\gamma$ usw., wo $h, h', \ldots, \alpha, \beta, \ldots, \gamma$ nach Belieben mit einem der unteren Zeiger $1, 2, 3, \ldots, n$ zu versehen sind. Multipliziert man die Gleichungen (1) mit $a, a', a'', \ldots$ und addiert, so ergibt sich, wenn man die ähnlichen Gleichungen hinzunimmt, das System

$$\left.\begin{aligned} s\,\alpha &= a\,h + a'\,h' + a''\,h'' + \cdots, \\ s\,\beta &= b\,h + b'\,h' + b''\,h'' + \cdots, \\ &\cdots\cdots\cdots\cdots \\ s\,\gamma &= c\,h + c'\,h' + c''\,h'' + \cdots. \end{aligned}\right\} \tag{4}$$

Bringen wir hier den untern Zeiger 1 an, multiplizieren mit $\alpha_2, \beta_2, \ldots, \gamma_2$ und addieren, so ergibt sich

$$s_1\,(\alpha_1\,\alpha_2 + \beta_1\,\beta_2 + \cdots + \gamma_1\,\gamma_2) = h_1\,h_2 + h_1'\,h_2' + h_1''\,h_2'' + \cdots.$$

Vertauscht man die Zeiger 1 und 2 und subtrahiert beide Gleichungen voneinander, so bekommt man

$$(s_1 - s_2)\,(\alpha_1\,\alpha_2 + \beta_1\,\beta_2 + \cdots + \gamma_1\,\gamma_2) = 0.$$

Wenn die Wurzeln s_1, s_2 verschieden sind, so folgt hieraus

$$\alpha_1\,\alpha_2 + \beta_1\,\beta_2 + \cdots + \gamma_1\,\gamma_2 = 0 \tag{5}$$

und

$$h_1\,h_2 + h_1'\,h_2' + h_1''\,h_2'' + \cdots = 0.$$

Wären s_1, s_2 zwei konjugierte imaginäre Wurzeln der Gleichung $S = 0$, so hätten auch je zwei Verhältnisse, wie $\beta_1:\alpha_1$, $\beta_2:\alpha_2$ konjugierte Werte, und ihr Produkt wäre die Summe zweier Quadrate; die Gleichung (5) könnte also nicht bestehen. Also kann die Gleichung $S = 0$ keine imaginären Wurzeln haben. Hätte sie gleiche Wurzeln und gäbe das System (1) für die Verhältnisse $\alpha:\beta:\ldots:\gamma$ bestimmte Werte, so könnte man durch geringe Variation eines oder mehrerer der ursprünglichen Elemente die Gleichheit der Wurzeln in eine geringe Verschiedenheit umändern, und dann würden auch die entsprechenden Verhältnisreihen nur sehr wenig voneinander abweichen; die Gleichung (5) würde dann

$$\alpha^2 + \beta^2 + \cdots + \gamma^2 + 2\,(\alpha\, d\alpha + \beta\, d\beta + \cdots + \gamma\, d\gamma) = 0.$$

Da man die Variationen $d\alpha$, $d\beta$, ..., $d\gamma$ so klein, als man nur will, muß machen können, so muß auch $\alpha^2 + \beta^2 + \cdots + \gamma^2$ für die wirkliche Gleichheit beider Wurzeln verschwinden, was die imaginäre Beschaffenheit der Verhältnisse, also auch des entsprechenden Werts von s voraussetzt. Wenn also die Gleichung $S = 0$ gleiche reelle Wurzeln hat, so dürfen die Verhältnisse $\alpha:\beta:\ldots:\gamma$ durch das System (1) nicht bestimmt werden, was notwendig erfordert, daß alle $n\,n$ abgeleiteten Funktionen von S für eine solche Wurzel verschwinden. Es ist dann immer noch möglich, daß $n - 2$ Gleichungen des Systems (1) zwei unter sich unabhängige Reihen von Verhältnissen $\alpha:\beta:\ldots:\gamma$ liefern, und es ist dann leicht, diese so einzurichten, daß sie der Orthogonalitätsbedingung genügen. Der entsprechende rechte Winkel kann dann nach Belieben in seinem zweifachen linearen Kontinuum herumgedreht werden.

Man kann immer $\alpha^2 + \beta^2 + \cdots + \gamma^2 = 1$ machen. Wenn man nun die Gleichungen (4) bzw. mit α, β, ..., γ multipliziert und addiert, so erhält man

$$s = h^2 + h'^2 + h''^2 + \cdots.$$

Die Wurzeln der Gleichung $S = 0$ sind also sämtlich positiv, was auch schon aus den n Zeichenwechseln in (2) folgt.

Wir haben nun nachgewiesen, daß die Auflösung des Systems (1) im allgemeinen (Gleichheit von Wurzeln der Gleichung $S = 0$ ausgeschlossen) alles dasjenige in reeller Form leistet, was die Aufgabe verlangt. Wegen der Anwendung auf das Folgende bemerke ich nur noch, daß vermöge der Eigenschaft $h_1 h_2 + h_1' h_2' + \cdots = 0$ usw., aus den Formen $p = h_1 t_1 + h_2 t_2 + \cdots + h_n t_n$, $p' = h_1' t_1' + \cdots$ noch andere sehr vereinfachte sich sogleich ergeben. Man mache

$$\frac{h}{\sqrt{s}} = \eta, \quad \frac{h'}{\sqrt{s}} = \eta', \quad \frac{h''}{\sqrt{s}} = \eta'', \quad \ldots,$$

wo zu s, h, η nach und nach die untern Zeiger 1, 2, ..., n hingehören, dann sind

$$q_1 = \eta_1 p + \eta_1' p' + \eta_1'' p'' + \cdots, \qquad q_2 = \eta_2 p + \eta_2' p' + \eta_2'' p'' + \cdots, \qquad \text{usw.}$$

orthogonale Transformationsformeln, und man erhält mittels derselben

$$q_1 = \sqrt{s_1}\, t_1, \quad q_2 = \sqrt{s_2}\, t_2, \quad \ldots, \quad q_n = \sqrt{s_n}\, t_n.$$

Satz: In der $(2n)$-fachen Totalität sind zwei n-fache lineare Kontinua C und C' beliebig gegeben. Von ihrer gemeinschaftlichen Lösung aus werden in denselben bzw. die Strahlen r, r' gezogen. Der spitze Winkel $\sphericalangle(r\,r')$ hat offenbar ein absolutes Minimum, welchem das Strahlenpaar a, a' entsprechen möge. Die Bestimmung desselben hängt von einer algebraischen Gleichung n-ten Grades ab, deren Unbekannte $\cos^2\sphericalangle(a\,a')$ ist, und ihre Auflösung liefert daher im ganzen n Strahlenpaare a, a'; b, b'; ...; c, c', welche den analytischen Bedingungen der Aufgabe genügen. Dann bilden die n Strahlen $a, b, \ldots, c$ ein orthogonales Achsensystem des Kontinuums C, und ebenso die n andern Strahlen $a', b', \ldots, c'$ ein orthogonales Achsensystem des Kontinuums C'; und jeder Strahl a des einen Kontinuums ist mit den nichtzugeordneten $n-1$ Strahlen $b', \ldots, c'$ des andern Kontinuums orthogonal. Endlich ist der Projektionsfaktor des einen Kontinuums auf das andere, oder

$$\cos\sphericalangle(C\,C') = \cos\sphericalangle(a\,a') \times \cos\sphericalangle(b\,b') \times \cdots \times \cos\sphericalangle(c\,c').$$

Wenn r, r' zwei beliebige Strahlen beider Kontinua C, C' sind, so ist

$$\cos\sphericalangle(r\,r') = \cos\sphericalangle(a\,a')\cos\sphericalangle(a\,r)\cos\sphericalangle(a'\,r') + \cos\sphericalangle(b\,b')\cos\sphericalangle(b\,r) \times \cos\sphericalangle(b'\,r') + \cdots + \cos\sphericalangle(c\,c')\cos\sphericalangle(c\,r)\cos\sphericalangle(c'\,r').$$

Beweis: Es ist leicht, in jedem der gegebenen Kontinuen C, C' ein orthogonales Achsensystem zu finden. In C sei es durch die n Variabeln $x, y, \ldots, z$, in C' durch $t_1, t_2, \ldots, t_n$ dargestellt. Zu jenem System nehmen wir noch n Achsen $u, v, \ldots, w$ hinzu, so daß $x, y, \ldots, z, u, v, \ldots, w$ die orthogonalen Variabeln der Totalität sind. Dann sind $u = 0$, $v = 0$, ..., $w = 0$ die Gleichungen des Kontinuums C; diejenigen von C' seien

$$\begin{aligned}
x &= \alpha_1 t_1 + \alpha_2 t_2 + \cdots + \alpha_n t_n,\\
y &= \beta_1 t_1 + \beta_2 t_2 + \cdots + \beta_n t_n,\\
&\cdots\cdots\cdots\cdots\\
z &= \gamma_1 t_1 + \gamma_2 t_2 + \cdots + \gamma_n t_n,\\
u &= \delta_1 t_1 + \delta_2 t_2 + \cdots + \delta_n t_n,\\
v &= \varepsilon_1 t_1 + \varepsilon_2 t_2 + \cdots + \varepsilon_n t_n,\\
&\cdots\cdots\cdots\cdots\\
w &= \zeta_1 t_1 + \zeta_2 t_2 + \cdots + \zeta_n t_n.
\end{aligned}$$

Es wird sein

$$\alpha^2 + \beta^2 + \cdots + \gamma^2 + \delta^2 + \varepsilon^2 + \cdots + \zeta^2 = 1$$

mit unterm Zeiger $1, 2, 3, \ldots, n$; ferner bestehen $n(n-1)/2$ Gleichungen, wie

$$\alpha_1\alpha_2 + \beta_1\beta_2 + \cdots + \gamma_1\gamma_2 + \delta_1\delta_2 + \varepsilon_1\varepsilon_2 + \cdots + \zeta_1\zeta_2 = 0. \qquad (6)$$

Alle diese Relationen bestehen fort, wenn man auch das Achsensystem $(t_1, t_2, \ldots, t_n)$ oder das System $(x, y, \ldots, z)$ oder das System $(u, v, \ldots, w)$ orthogonal transformiert. Wir haben nun schon gesehen, daß man durch die zwei ersten

Transformationen bewirken kann, daß die n ersten Gleichungen des linearen Kontinuums C' sich so vereinfachen:

$$x = \alpha t_1, \quad y = \beta t_2, \quad \ldots, \quad z = \gamma t_n.$$

Dann reduzieren sich aber die $n(n-1)/2$ Orthogonalitätsbedingungen (6) auf:

$$\delta_1 \delta_2 + \varepsilon_1 \varepsilon_2 + \cdots + \zeta_1 \zeta_2 = 0, \text{ usw.}$$

Wird jetzt $\alpha'^2 = 1 - \alpha^2, \beta'^2 = 1 - \beta^2, \ldots, \gamma'^2 = 1 - \gamma^2$ gesetzt, so hat man auch

$$\delta_1^2 + \varepsilon_1^2 + \cdots + \zeta_1^2 = \alpha'^2, \quad \delta_2^2 + \varepsilon_2^2 + \cdots + \zeta_2^2 = \beta'^2, \quad \ldots,$$
$$\delta_n^2 + \varepsilon_n^2 + \cdots + \zeta_n^2 = \gamma'^2,$$

$$\frac{\delta_1 u + \varepsilon_1 v + \cdots + \zeta_1 w}{\alpha'} = \alpha' t_1, \qquad \frac{\delta_2 u + \varepsilon_2 v + \cdots + \zeta_2 w}{\beta'} = \beta' t_2, \qquad \ldots,$$
$$\frac{\delta_n u + \varepsilon_n v + \cdots + \zeta_n w}{\gamma'} = \gamma' t_n.$$

Diese auf $u, v, \ldots, w$ bezügliche Transformation ist orthogonal. Bezeichnet man die daraus entstehenden neuen Variabeln wieder mit $u, v, \ldots, w$, so hat man zuletzt folgende Systeme von Gleichungen:

für das Kontinuum C

$$u = 0, \quad v = 0, \quad \ldots, \quad w = 0;$$

für das Kontinuum C'

$$x = \alpha t_1, \quad y = \beta t_2, \quad \ldots, \quad z = \gamma t_n, \quad u = \alpha' t_1, \quad v = \beta' t_2, \quad \ldots, \quad w = \gamma' t_n.$$

Man sieht, daß der Kosinus des Winkels der Achsen x und t_1 gleich α ist und daß die übrigen Achsen $t_2, t_3, \ldots, t_n$ zur Achse x orthogonal sind, usw.

Denkt man sich ein n-faches Paralleloschem, dessen Kanten sämtlich gleich 1 sind und auf den Achsen $t_1, t_2, \ldots, t_n$ liegen, so ist sein Maß 1, und die Projektionen seiner Kanten auf die Achsen $x, y, \ldots, z$ des Kontinuums C sind:

$$\begin{array}{l} \alpha, 0, 0, \ldots 0, \\ 0, \beta, 0, \ldots 0, \\ \cdots\cdots\cdots \\ 0, 0, 0, \ldots \gamma, \end{array}$$

folglich ist der Projektionsfaktor von C' auf C, oder $\cos \sphericalangle (CC') = \alpha \beta \ldots \gamma$.

Es sei r irgendein in C befindlicher Strahl, $x, y, \ldots, z$ seine Projektionen, ebenso r' irgendein Strahl in C' und $t_1, t_2, \ldots, t_n$ seine Projektionen, $\Theta = \sphericalangle (rr')$, so ist

$$r r' \cos\Theta = \alpha x t_1 + \beta y t_2 + \cdots + \gamma z t_n,$$

woraus vermöge einer bekannten identischen Gleichung

$$(\alpha^2 x^2 + \beta^2 y^2 + \cdots + \gamma^2 z^2) r'^2 - (r r' \cos\Theta)^2 = (\alpha x t_2 - \beta y t_1)^2 + \cdots$$

folgt. Wenn also der Strahl r festbleibt und nur r' variiert, so ist $\alpha^2 x^2 + \beta^2 y^2 + \cdots + \gamma^2 z^2$ der größte Wert von $r^2 \cos^2\Theta$, und dieser findet statt für

$$\alpha x : \beta y : \ldots : \gamma z = t_1 : t_2 : \ldots : t_n .$$

Ist ferner α^2 das größte unter den Quadraten $\alpha^2, \beta^2, \ldots, \gamma^2$, so ist α^2 das absolute Maximum von

$$\cos^2\Theta = \frac{\alpha^2 x^2 + \beta^2 y^2 + \cdots + \gamma^2 z^2}{x^2 + y^2 + \cdots + z^2},$$

und dieses Maximum findet statt für $y = 0, \ldots, z = 0$; dann ist aber auch $t_2 = 0$, $t_3 = 0, \ldots, t_n = 0$. Folglich ist der spitze Winkel $\sphericalangle (x\, t_1)$ das absolute Minimum von Θ, und für dieses $\alpha = \cos\Theta$, wenn α positiv genommen wird. Da aber α^2 eine Wurzel derselben Gleichung n-ten Grades ist, welche auch $\beta^2, \ldots, \gamma^2$ zu Wurzeln hat, so haben die Winkel $\sphericalangle (y\, t_2), \ldots, \sphericalangle (z\, t_n)$ und die Achsenpaare, von denen sie gebildet werden, dieselbe analytische Bedeutung, wie der $\sphericalangle (x\, t_1)$ und die ihn einschließenden Achsen.

Bemerkung 1: Ergänzt man das System $t_1, t_2, \ldots, t_n$ zu einem totalen orthogonalen System, so kann man unter anderm dem Schema der Transformationselemente folgende Gestalt geben:

$$\begin{matrix}
\alpha, & 0, & \ldots 0, & -\alpha', & 0, & \ldots & 0 \\
0, & \beta, & \ldots 0, & 0, & -\beta', & \ldots & 0 \\
\cdot & \cdot & \cdot & \cdot & \cdot & \cdot & \cdot \\
0, & 0, & \ldots \gamma, & 0, & 0, & \ldots & -\gamma' \\
\alpha', & 0, & \ldots 0, & \alpha, & 0, & \ldots & 0 \\
0, & \beta', & \ldots 0, & 0, & \beta, & \ldots & 0 \\
\cdot & \cdot & \cdot & \cdot & \cdot & \cdot & \cdot \\
0, & 0, & \ldots \gamma', & 0, & 0, & \ldots & \gamma
\end{matrix}$$

Die Determinante muß den Wert 1 haben. Es ist leicht, dieses zu verifizieren. Die Determinante wird erhalten, wenn man die Vertikalzeilen auf alle möglichen Arten permutiert und das Produkt der in die Diagonale fallenden Elemente positiv oder negativ nimmt, je nachdem die Permutation eine positive oder negative ist. Sobald man aber nicht zwei gleichnamige Vertikalzeilen der linken und rechten Hälfte vertauscht, fällt eine Null auf die Diagonale. Hieraus ist klar, daß die Determinante

$$(\alpha^2 + \alpha'^2)\,(\beta^2 + \beta'^2) \ldots (\gamma^2 + \gamma'^2)$$

sein muß.

Bemerkung 2: Wenn ein Strahl und ein lineares Kontinuum gegeben sind, so ist der in diesem befindliche Strahl, welcher mit jenem den kleinsten spitzen Winkel bildet, seine Projektion auf dieses lineare Kontinuum. Dieser Satz ist sehr leicht zu beweisen.

Sind nun in der $(2\,n)$-fachen Totalität zwei lineare n-fache Kontinua beliebig gegeben, so sind ihre n Achsenpaare durch die Bedingung bestimmt, daß von je zwei Achsen eines Paares jede die Projektion der andern ist.

16. *Über die Zahl der Teile, in welche die n-fache Totalität durch eine beliebige Menge (n — 1)-facher linearer Kontinuen geteilt wird*

Satz: Sind i lineare Gleichungen mit n Variabeln gegeben, von denen nie $n + 1$ zugleich bestehen, so ist die Zahl der durch sie gebildeten Teile der Totalität

$$\binom{i}{0} + \binom{i}{1} + \binom{i}{2} + \binom{i}{3} + \cdots + \binom{i}{n} = f(n, i).$$

Beweis: In der letzten der i linearen Gleichungen nehmen wir die Konstante groß genug an, daß ihr Polynom immer das gleiche Vorzeichen mit dieser Konstanten behält, welche gemeinschaftliche Lösung von je n der $i-1$ übrigen Gleichungen man darin auch substituieren mag. Die Zahl der Teile der Totalität, für welche jenes Polynom das entgegengesetzte Zeichen seiner Konstante behält, ist dann gleich der Zahl der Teile des $(n-1)$-fachen linearen Kontinuums, für welches das Polynom verschwindet, oder gleich der Zahl der Teile, in welche eine $(n-1)$-fache Totalität von $i-1$ linearen Kontinuen geteilt wird, also gleich $f(n-1, i-1)$. Da aber die erwähnten Teile der n-fachen Totalität durch die letzte lineare Gleichung zu den schon von den übrigen $i-1$ Gleichungen gebildeten Teilen neu hinzugebracht werden, so ist

$$f(n, i) = f(n, i-1) + f(n-1, i-1).$$

Variiert man nun jene zuerst sehr groß angenommene Konstante, so daß die Gleichung irgendeine schon vorhandene gemeinschaftliche Lösung von n der übrigen festen Gleichungen passiert, so ist leicht zu zeigen, daß die Zahl $f(n, i)$ nachher gleich groß ist wie vorher. Statt eines geschlossenen Teiles nämlich, worin jenes bewegte Polynom gleiches Vorzeichen mit seiner Konstanten und die n zur Lösung gehörenden Polynome jedes sein bestimmtes Vorzeichen hatten, tritt nun wiederum ein geschlossener Teil auf, innerhalb dessen alle $n + 1$ Polynome entgegengesetzte Vorzeichen haben wie vorher; innerhalb aller übrigen Teile dagegen behält jedes der i Polynome dasselbe Vorzeichen wie vorher. Um das Gesagte noch näher zu begründen, bezeichne ich diejenigen n von den i gegebenen Polynomen, welche für die betrachtete Lösung verschwinden, mit $p_1, p_2, \ldots, p_n$, das Polynom, dessen Konstante berührt wird, mit p_{n+1}, eliminiere dann aus den $n + 1$ Gleichungen, welche diese p als lineare Funktionen der n Variabeln $x, y, \ldots$ angeben, diese letzteren, und erhalte so die Gleichung

$$a_1 p_1 + a_2 p_2 + \cdots + a_n p_n + a_{n+1} p_{n+1} = C,$$

wo nur C von jener variierten Konstanten abhängt. Ist nun zuerst C positiv gewesen, so geben die Bedingungen, daß alle Glieder der linken Seite positiv sein sollten, einen geschlossenen Teil der Totalität; und wenn jetzt C die Null passiert hat und negativ geworden ist, so muß man verlangen, daß $a_1 p_1$, $a_2 p_2$, $\ldots$, $a_{n+1} p_{n+1}$ sämtlich negativ seien, um eine geschlossene Totalität zu bekommen. Innerhalb beider geschlossener Totalitäten hat also der Wert eines jeden der Polynome $p_1, p_2, \ldots, p_{n+1}$ entgegengesetztes Vorzeichen. Die gemachte Bemerkung gilt, sooft das bewegte Polynom eine Lösung passiert. Die Zahl

$f(n, i)$ ist daher von der gegenseitigen Lage aller i linearen Kontinuen unabhängig, wofern nur nie mehr als n derselben in einer Lösung zusammentreffen.

Ist kein lineares Kontinuum gegeben, so zählt die ungeteilte Totalität für 1; folglich ist $f(n, 0) = 1$. Addiert man nun die Gleichungen

$$\begin{aligned} f(n, i) &= f(n, i-1) + f(n-1, i-1), \\ f(n, i-1) &= f(n, i-2) + f(n-1, i-2), \\ &\cdots\cdots\cdots\cdots\cdots\cdots \\ f(n, 1) &= f(n, 0) + f(n-1, 0), \\ f(n, 0) &= 1, \end{aligned}$$

so erhält man

$$f(n, i) = 1 + f(n-1, 0) + f(n-1, 1) + f(n-1, 2) + \cdots + f(n-1, i-1).$$

Es sei $f(n, i) - f(n-1, i) = \varphi(n, i)$, so ist $\varphi(n, 0) = 0$, und

$$\varphi(n, i) = \varphi(n-1, 1) + \varphi(n-1, 2) + \varphi(n-1, 3) + \cdots + \varphi(n-1, i-1).$$

Nun ist $f(1, i) = i + 1$, also $f(0, i-1) = f(1, i) - f(1, i-1) = 1$, daher auch $f(0, i) = 1$ und deshalb $\varphi(1, i) = i$; folglich ist

$$\varphi(2, i) = 1 + 2 + 3 + \cdots + (i-1) = \binom{i}{2}$$

$$\varphi(3, i) = \binom{2}{2} + \binom{3}{2} + \cdots + \binom{i-1}{2} = \binom{i}{3}$$

und überhaupt $\varphi(n, i) = \binom{i}{n}$. Da somit

$$f(n, i) = f(n-1, i) + \binom{i}{n}$$

ist, so folgt nun leicht:

$$f(n, i) = \binom{i}{0} + \binom{i}{1} + \binom{i}{2} + \binom{i}{3} + \cdots + \binom{i}{n}.$$

Man sieht leicht, daß, wenn $i \lesseqgtr n$ ist, $f(n, i) = 2^i$ wird.

Der soeben bewiesene Satz kann auch so ausgesprochen werden: *Wenn i lineare Polynome mit n Variabeln beliebig gegeben sind, so daß nie mehr als n zugleich verschwinden, aber auch immer n durch eine und dieselbe endliche Lösung zum Verschwinden gebracht werden, so ist die Zahl der verschiedenen Gruppen von Vorzeichen, welche die Werte dieser Polynome für alle reellen Lösungen annehmen, gleich* $\binom{i}{0} + \binom{i}{2} + \cdots + \binom{i}{n}$.

Satz: Unter derselben Voraussetzung ist die Zahl der Vorzeichengruppen, welche nur für endliche Werte der Variabeln stattfinden können, gleich $\binom{i-1}{n}$. Man kann dies die Zahl der geschlossenen Teile der Totalität nennen.

Beweis: Wenn irgend $n + 1$ Polynome gewählt werden, so kann man dieselben mit solchen konstanten und endlichen Faktoren multiplizieren, daß aus der Summe der Produkte die n Variabeln verschwinden. Wir haben dann eine homogene lineare Funktion der $n + 1$ Polynome gefunden, welche einer Konstanten gleich ist. Denken wir uns zum Beispiel jene Faktoren und diese Konstante sämtlich positiv und setzen für die $n+1$ Polynome eine Gruppe positiver Vorzeichen, so ist klar, daß unter dieser Bedingung kein Polynom einen unendlich großen Wert haben kann. Da aber jede Variable als lineare Funktion von n dieser Polynome dargestellt werden kann, so kann auch keine Variable unendlich groß werden. Nun sei ein Polynom p so beschaffen, daß sein Wert für alle Lösungen, welche irgend n der übrigen Polynome verschwinden machen, dasselbe Vorzeichen, z. B. +, habe, und es sei eine Gruppe von Vorzeichen bekannt, welche für $p=0$ nur endliche Lösungen gestattet, z. B. die Gruppe von $i-1$ Pluszeichen; man nehme dann beliebige n Polynome $p_1, p_2, \ldots, p_n$ heraus und suche die identische Relation

$$a\,p + a_1 p_1 + a_2 p_2 + \cdots + a_n p_n = A,$$

wo A positiv sein möge, so müssen, damit für $p=0$ nur endliche positive Werte von $p_1, p_2, \ldots, p_n$ stattfinden können, sämtliche Faktoren $a_1, a_2, \ldots, a_n$ positiv sein. Da aber für die Lösung $p_1=0, p_2=0, \ldots, p_n=0$ auch p positiv sein soll, so muß auch a positiv sein. Dann gestattet aber die Gruppe der positiven Vorzeichen für $p, p_1, \ldots, p_n$ nur endliche Lösungen. Sobald man aber dem Polynom p jeden beliebigen negativen Wert gibt, so kann auch z. B. p_1 jeden beliebigen positiven Wert bekommen. Hieraus ergibt sich, daß zu der für die $i-1$ Polynome stattfindenden Zahl der fraglichen Vorzeichengruppen durch das neue Polynom p noch die Zahl der für $p=0$ stattfindenden Vorzeichengruppen, welche nur endliche Lösungen erlauben, hinzugebracht wird. Wenn wir also die fragliche Zahl mit $f(n, i)$ bezeichnen, so ist

$$f(n, i) = f(n, i-1) + f(n-1, i-1).$$

Daß der Durchgang von p durch eine Lösung nichts ändert, haben wir schon gesehen. Daher dürfen wir jetzt die Bedingung fallen lassen, daß unter den gegebenen Polynomen eines p sich finde, dessen Wert immer dasselbe Vorzeichen behalte, sooft auch je n der übrigen Polynome zugleich verschwinden mögen; die Formel gilt allgemein. Nun ist $f(n,i)=0$ für $i \mathrel{\overline{\overline{<}}} n$, aber $f(n, n+1)=1$; also $f(n,i) = f(n-1, n) + f(n-1, n+1) + f(n-1, n+2) + \cdots + f(n-1, i-1)$. Es ist $f(1, i) = i-1$ für $i \mathrel{\overline{\overline{>}}} 1$, daher $f(2,i) = \binom{i-1}{2}$, $f(3,i) = \binom{i-1}{3}$, überhaupt $f(n,i) = \binom{i-1}{n}$.

Satz: Wenn i homogene lineare Polynome mit n Variabeln beliebig gegeben sind, so ist die Zahl der Vorzeichengruppen

$$2\left\{\binom{i-1}{0} + \binom{i-1}{1} + \binom{i-1}{2} + \cdots + \binom{i-1}{n-1}\right\}$$

oder doppelt so groß wie für $i-1$ nichthomogene lineare Polynome mit nur $n-1$ Variabeln.

Beweis: Man transformiere die n Variabeln so, daß eines der Polynome sich auf eine einzige Variable, z. B. x, reduziert, dividiere dann alle übrigen Polynome durch diese Variable x, so hat man es nur noch mit $n-1$ Variabeln und $i-1$ nichthomogenen Polynomen zu tun. Man stelle sämtliche Gruppen der

$i-1$ Vorzeichen auf. Multipliziert man jetzt die Polynome mit einem positiven Werte von x, so werden die Gruppen nicht geändert, und zu jeder kommt noch das positive Vorzeichen des Polynoms x hinzu. Multipliziert man dann auch mit einem negativen Wert von x, so werden in jeder Gruppe alle Vorzeichen geändert, und für das Polynom x kommt das Minuszeichen hinzu. Die Zahl der Vorzeichengruppen wird also wirklich doppelt so groß als vorher.

Wenn i nichthomogene Polynome mit n Variabeln gegeben sind, so ist die Zahl aller Vorzeichengruppen zusammengesetzt aus der Zahl derer, welche nur endliche Lösungen, und der Zahl derer, welche auch unendliche Lösungen gestatten. Die letzte Zahl ist aber dieselbe, wie wenn man die Konstante eines jeden Polynoms wegläßt, so daß alle Polynome in Beziehung auf die n Variabeln homogen werden. Wenn also $f(n, i)$ die Zahl aller Vorzeichengruppen überhaupt bezeichnet, so ist

$$f(n, i) = 2\,f(n-1, i-1) + \binom{i-1}{n-1}.$$

Verbinden wir dieses mit

$$f(n, i) = f(n, i-1) + f(n-1, i-1),$$

so folgt

$$f(n, i-1) - f(n-1, i-1) = \binom{i-1}{n}$$

oder

$$f(n, i) - f(n-1, i) = \binom{i}{n},$$

woraus wiederum

$$f(n, i) = \binom{i}{0} + \binom{i}{1} + \binom{i}{2} + \cdots + \binom{i}{n}$$

sich ergibt.

17. *Reguläre Polyscheme der vierfachen Totalität*

Wenn in der dreifachen Totalität, oder im *Raume*, ein reguläres Polyeder von regulären m Ecken umschlossen wird, deren je n in einer Ecke zusammenstoßen, so wollen wir dasselbe mit dem Charakter (m, n) bezeichnen. Die Geometrie kennt zwei Verfahren, alle Kombinationen (m, n), welche vorhandenen Polyedern entsprechen, aufzuzählen und die Zahl der Stücke eines jeden zu bestimmen. Das erste Verfahren ist rein konstruktiv, ohne Rücksicht auf Maßverhältnisse. Man stellt sich nur die Aufgabe, aus lauter m Ecken, deren je n einen Körperwinkel bilden, ein geschlossenes Polyeder zusammenzufügen. Der Satz in Ziffer 10 reicht für diesen Zweck hin; für $n = 3$ wird er $a_0 - a_1 + a_2 - a_3 = 1$, oder, da $a_3 = 1$ ist, $a_0 - a_1 + a_2 = 2$. Man findet leicht $n\, a_0 = 2\, a_1 = m\, a_2$ und hieraus

$$a_0 : a_1 : a_2 : 1 = 4\, m : 2\, m\, n : 4\, n : [4 - (m-2)\,(n-2)].$$

Die Natur der Aufgabe verlangt für $4 - (m-2)\,(n-2)$ einen positiven Wert. Da nun der kleinste Wert für m sowohl als für n die Zahl 3 ist, so sind für das Produkt $(m-2)\,(n-2)$ nur die Werte 1, 2, 3 möglich, woraus als einzig mögliche Charaktere (3, 3), (3, 4), (3, 5), (4, 3), (5, 3) sich ergeben. (Gestattet man für a_0, a_1, a_2 auch unendlich große Werte, so kann noch $(m-2)(n-2)=4$ sein, woraus die Charaktere (3, 6), (4, 4), (6, 3) entstehen, welche nur die Arten anzeigen, auf welche die Ebene mit gleichen regulären Vielecken bedeckt werden kann.) Durch dieses Verfahren ist das Vorhandensein der den fünf obigen Charakteren entsprechenden Polyeder noch nicht bewiesen, sondern nur gezeigt, daß keine anderen Charaktere möglich sind. Es kommt nur noch darauf an, einen dem Charakter entsprechenden Körperwinkel zu konstruieren. Gelingt dies, so weiß man dann zum voraus, daß beim wiederholten Aneinanderfügen der offenen polyedrischen Figur des Körperwinkels ein geschlossenes Polyeder von der bestimmten Anzahl von Stücken entstehen wird. Vermöge der Natur dieses ersten konstruktiven Verfahrens ist es gleichgültig, ob der Körperwinkel einfach oder überschlagen sei; ebenso in Beziehung auf das Vieleck; die Zahl der Stücke des Polyeders wird dieselbe bleiben. Wenn wir zum Beispiel das Symbol $\frac{5}{2}$ für ein überschlagenes reguläres Fünfeck gebrauchen, dessen Perimeter zweimal herumgeht, so haben das einfache Polyeder (5, 3) und das überschlagene $\left(\frac{5}{2}, 3\right)$ die gleiche Zahl von Stücken.

Das andere Verfahren gründet sich auf die Betrachtung von Maßverhältnissen. Man weiß zum Beispiel, daß die Konstruktion eines dem Charakter (m, n) entsprechenden regulären Ecks die Bedingung $1/m + 1/n > 1/2$ erfordert und daß ein solches Eck auch für gebrochene Werte von m, n möglich ist, wenn sie nur dieser Bedingung genügen. Die Projektion der Oberfläche des Polyeders auf eine um sein Zentrum beschriebene Kugel liefert ein Netz von regulären sphärischen Vielecken, und da der Inhalt eines solchen durch seine Winkel ausgedrückt werden kann, so ist das rationale Verhältnis, in welchem er zur ganzen Kugelfläche steht, bekannt. Dabei ist aber immer noch möglich, daß das Netz nie sich schließt. Setzen wir z.B. $m = 7/2$, $n = 3$, so ist die Bedingung $1/m + 1/n > 1/2$ erfüllt; der Inhalt des (7/2)-Ecks ist $(5/3)\,\pi$ oder 5/12 der Kugelfläche. Obschon man daher einen Augenblick glauben könnte, das Netz bestände aus 12 überschlagenen Siebenecken und enthielte die Kugelfläche fünfmal, so kehrt doch das Netz nicht in sich selbst zurück, weil (7, 3) nicht Charakter eines Polyeders sein kann.

Schließt man aber überschlagene Körperwinkel und Vielecke von der Betrachtung aus, so gibt auch dieses zweite Verfahren nur die wirklichen regulären Polyeder, und der Satz über den Inhalt eines sphärischen Vielecks lehrt uns die Zahl der Stücke eines jeden kennen.

Gehen wir jetzt vom Raume zur vierfachen Totalität über, so ist sogleich klar, daß der Umschluß eines regulären Polyschems aus lauter gleichen regulären Polyedern bestehen muß, denen wir den Charakter (m, n) geben wollen. Da aber um jede Grenzlösung herum die betreffenden Stücke des Umschlusses auf reguläre Art zusammengefügt sein müssen, so ist nicht weniger klar, daß die Enden aller von der Grenzlösung ausgehenden Grenzstrahlen oder *Kanten* in einem und demselben dreifachen linearen Kontinuum liegen, und wenn man dieses als Raum betrachtet, darin als Ecken eines regulären Polyeders gruppiert sein müssen; da die Seitenflächen des letzten reguläre n-Ecke sind, so setzen wir (n, p) als Charakter dieses Polyeders. Hierdurch ist die Bedeutung des Charakters (m, n, p), den wir für ein reguläres Polyschem gebrauchen wollen, hinreichend erklärt. Bei der Aufsuchung der möglichen Charaktere dieser Art können wir wiederum, wie vorhin für den Raum gezeigt worden, entweder ein konstruktives oder ein rechnendes Verfahren anzuwenden versuchen. Das erste würde, wenn m, n, p rationale Brüche sind, nur ihre Zähler, das zweite hingegen ihre Werte berücksichtigen. Was die allgemeine Bestimmung der Zahl der Stücke eines vierfachen Polyschems vom Charakter (m, n, p) betrifft, so lassen uns leider beide Verfahren gleich sehr im Stich; das erste, weil die Formel $a_0 - a_1 + a_2 - a_3 + a_4 = 1$ sich auf $a_0 - a_1 + a_2 - a_3 = 0$ reduziert und deshalb nur die Verhältnisse der gesuchten Zahlen, nicht ihre Werte selbst uns kennen lehrt; das zweite, weil es auf einfache Integrale von transzendenter Natur führt, deren Auswertung nur für jeden einzelnen Charakter besonders, und zwar mit Hilfe des ersten konstruktiven Verfahrens, gelingt. Es bleibt also kein anderes Mittel übrig, die Existenz irgendeines Polyschems (m, n, p) zu beurteilen und die Zahl seiner Stücke zu erfahren, als die wirkliche Konstruktion; durch den Mangel einer apriorischen Formel für reguläre Polyscheme unterscheidet sich demnach die vierfache Totalität wesentlich vom Raume.

Wir versuchen zuerst, auf dem allgemeinen Standpunkt das Mögliche zu tun. Der Umschluß des regulären Polyschems (m, n, p) enthalte a_0 Ecken, a_1 Kanten, a_2 Vielecke, a_3 Polyeder, so ist $a_0 - a_1 + a_2 - a_3 = 0$. Das schon erwähnte Polyeder (n, p) nennen wir *Basis* derjenigen Grenzlösung des Polyschems, welche Kanten aussendet nach allen Ecken jenes ersten. Diese Basis hat $4n/(2n + 2p - np)$ Ecken, $2np/(2n + 2p - np)$ Kanten und $4p/(2n + 2p - np)$ Vielecke. Von der entsprechenden Grenzlösung des Polyschems gehen also bzw. so viele Kanten, m-Ecke und Polyeder (m, n) aus. Multipliziert man mit a_0, so erhält man die Gesamtzahlen. Da aber jede Kante zwei Grenzlösungen verbindet, jedes m-Eck deren m und jedes Polyeder (m, n) deren $4m/(2m + 2n - mn)$ in sich vereinigt, so hat man

$$\frac{4n}{2(n+p) - np}\, a_0 = 2a_1, \qquad \frac{2np}{2(n+p) - np}\, a_0 = m\, a_2,$$

$$\frac{4p}{2(n+p) - np}\, a_0 = \frac{4m}{2(m+n) - mn}\, a_3,$$

oder

$$a_0 : a_1 : a_2 : a_3 = m[2(n+p) - np] : 2mn : 2np : p[2(m+n) - mn]. \qquad (1)$$

Es versteht sich von selbst, daß beide Charaktere (m, n) und (n, p) nur existierenden Polyedern entsprechen dürfen. Ist 1 die Seite eines regulären Polyeders (n, p), so ist $(1/2) \sin(\pi/p) : \sqrt{\sin^2(\pi/p) - \cos^2(\pi/n)}$ der Radius der umschriebenen Kugel. Wird aber 1 als Kante AB des Polyschems (m, n, p) angenommen, so ist $2\cos \pi/m$ die Seite der Basis der Grenzlösung A, und wenn M das Zentrum dieser Basis bezeichnet, so ist also der Radius MB der umschriebenen Kugel $= \cos(\pi/m)\sin(\pi/p) : \sqrt{\sin^2(\pi/p) - \cos^2(\pi/n)}$. Da AMB ein in M rechtwinkliges Dreieck ist, so ist $AM = \sqrt{\sin^2(\pi/m)\sin^2(\pi/p) - \cos^2(\pi/n)} : \sqrt{\sin^2(\pi/p) - \cos^2(\pi/n)}$, und

$$\sin\frac{\pi}{m}\sin\frac{\pi}{p} > \cos\frac{\pi}{n} \tag{2}$$

eine Bedingung, ohne welche das Polyschem nicht existieren kann. Auf der Verlängerung des Strahls AM liegt eine Lösung O, welche von A und B gleich weit absteht; sie wird dann auch von allen andern Ecken der Basis gleich weit abstehen, ist also überhaupt von allen Grenzlösungen des Polyschems gleich weit entfernt; wir nennen sie daher das *Zentrum* des Polyschems und OA seinen *Radius*. Ist nun C die Mitte der Kante AB, so ist das Dreieck OAC dem ABM ähnlich; daher der Radius gleich:

$$\frac{\sqrt{\sin^2\frac{\pi}{p} - \cos^2\frac{\pi}{n}}}{2\sqrt{\sin^2\frac{\pi}{m}\sin^2\frac{\pi}{p} - \cos^2\frac{\pi}{n}}}.$$

Ist N das Zentrum eines der in A zusammenstoßenden Grenzpolyeder, so ist $NA = (1/2)\sin(\pi/n) : \sqrt{\sin^2(\pi/n) - \cos^2(\pi/m)}$; folglich bleibt das Verhältnis

$$\frac{NA}{OA} = \frac{\sin\frac{\pi}{n}\sqrt{\sin^2\frac{\pi}{m}\sin^2\frac{\pi}{p} - \cos^2\frac{\pi}{n}}}{\sqrt{\sin^2\frac{\pi}{m} - \cos^2\frac{\pi}{n}}\sqrt{\sin^2\frac{\pi}{p} - \cos^2\frac{\pi}{n}}}$$

sich gleich, wenn man auch m und p miteinander vertauscht; daher ändert sich auch das Verhältnis $ON:OA$ nicht. Im Raume entspricht der Satz, daß, wenn (m, n) und (n, m) derselben Kugel eingeschrieben sind, sie auch wieder derselben Kugel umschrieben sind.

Halten wir uns an ganze Werte von m, n, p, so genügen der Bedingung (2) nur folgende Charaktere:

$$(3,3,3),\quad (3,3,4),\quad (3,3,5),\quad (3,4,3),\quad (4,3,3),\quad (5,3,3).$$

Der Charakter (4, 3, 4), welcher $\sin(\pi/4)\sin(\pi/4) = \cos(\pi/3)$ gibt, läßt A mit M zusammenfallen und zeigt also nur die Erfüllung des Raums durch aneinandergelegte Würfel an.

Die Zentren N aller in A zusammengefügter Polyeder (m, n) liegen in einem dreifachen linearen Kontinuum und entsprechen den Vielecken jener Basis (n, p), indem die Strahlen AN durch die Mittelpunkte dieser Vielecke gehen; diese N bilden also ein Polyeder (p, n). Es ist nun leicht einzusehen, daß die Zentren aller das Polyschem (m, n, p) umschließenden Polyeder die Grenzlösungen eines neuen Polyschems (p, n, m) sind. Wenn also ein Polyschem von einem gewissen Charakter existiert, so existiert auch das Polyschem, in dessen Charakter die Elemente die umgekehrte Ordnung befolgen. Wir nennen solche Polyscheme *reziproke*. Wenn zwei reziproke Polyscheme gleichen Radius OA haben, so ist auch in beiden der Abstand ON des Zentrums eines Grenzpolyeders vom eigentlichen Zentrum gleich. Unter den sechs oben nicht als unmöglich aufgeführten Charakteren sind zwei, (3, 3, 3) und (3, 4, 3), mit sich selbst reziprok; die übrigen bestehen aus zwei Paaren reziproker Charaktere: (3, 3, 4), (4, 3, 3) und (3, 3, 5), (5, 3, 3). Im Raume ist bekanntlich nur das Tetraeder mit sich selbst reziprok; reziproke Paare sind: Oktaeder, Hexaeder und Ikosaeder, Dodekaeder.

Wir wollen nun durch wirkliche Konstruktion die Existenz aller sechs den obigen Charakteren entsprechenden Polyscheme beweisen.

1. Dem Charakter (3, 3, 3) entspricht das Polyschem mit der kleinsten Zahl von Grenzkontinuen. Es hat also 5 Ecken, 10 Kanten, 10 Dreiecke und 5 Tetraeder. Wir nennen es *Pentaschem.*

2. Um das Polyschem (3, 3, 4) zu konstruieren, tragen wir auf den positiven und negativen Hälften der vier vom Ursprung O ausgehenden Achsen acht gleiche Abstände auf, so werden je vier auf lauter verschiedenen Achsen befindliche Endlösungen ein Tetraeder bilden, und da eine Gruppe von vier Vorzeichen auf 16 Arten variiert werden kann, so gibt es 16 solche Tetraeder. Ist A das eine Ende einer Achse, so bilden die 6 Enden der 3 übrigen Achsen ein Oktaeder (3, 4), als Basis von A. Das konstruierte Polyschem entspricht also dem Charakter (3, 3, 4); es hat 8 Ecken, 24 Kanten, 32 Dreiecke und 16 Tetraeder und möge daher *Hekkaidekaschem* heißen.

3. Da jede Grenzlösung des Polyschems (3, 3, 5) eine ikosaedrische Basis hat, so erheischt die folgende Erörterung eine vorläufige Bezeichnung aller Stücke des Ikosaeders mit Ziffern. Ich denke mir zwei entgegengesetzte Ecken desselben durch eine Achse verbunden und zähle dann die Stücke zonenweise ab. Es gibt dann zwei Zonen, welche je 5 Ecken enthalten; je die dem einen Achsenende benachbarte nenne ich seinen *Fünfeckschnitt.*

Schema der Ecken	Schema der Dreiecke
1	1 2 3 4 5
2 3 4 5 6	6 7 8 9 10
7 8 9 10 11	11 12 13 14 15
12	16 17 18 19 20

Schema der Kanten

1 2 3 4 5
6 7 8 9 10
11 16 12 17 13 18 14 19 15 20
25 21 22 23 24
26 27 28 29 30.

Im Schema der Ecken sind 2, 3, 4, 5, 6 die Ecken des Fünfeckschnitts von 1; die Ecken 2, 3, 7 bilden ein Dreieck, usw. Im Schema der Flächen bedeutet 1 das $\Delta(1.2.3)$, die erste Horizontalzeile enthält die um das Eck 1 herumliegenden Dreiecke, die zweite die fünf Dreiecke, welche mit den vorigen Kanten gemein haben; und wie die übrigen Dreiecke angeordnet sind, wird deutlich genug werden, wenn ich sage, daß z.B. die Dreiecke 1, 2, 7, 11, 6 im Eck 3, die Dreiecke 7, 11, 16, 17, 12 im Eck 8 zusammenstoßen. Im Schema der Kanten enthält die erste Horizontalreihe die vom Eck 1 nach den Ecken 2, 3, 4, 5, 6 gehenden Kanten, die zweite die Seiten (2 . 3), (3 . 4) usw. des Fünfeckschnitts, die dritte die Kanten (2 . 7), (7 . 3), (3 . 8), (8 . 4) usw., die vierte die Kanten (11 . 7), (7 . 8), (8 . 9) usw., endlich die fünfte die vom Eck 12 ausgehenden Kanten (12 . 7), (12 . 8) usw.

Es sei nun a ein Eck des Polyschems; die 12 Ecken seiner ikosaedrischen Basis seien mit b bezeichnet; ich stelle dann dieses Eck dar durch

$$a\left(\begin{array}{c} b_1 \\ b_2\;\; b_3\;\; b_4\;\; b_5\;\; b_6 \\ \;\; b_7\;\; b_8\;\; b_9\;\; b_{10}\;\; b_{11} \\ b_{12} \end{array}\right) \quad \text{oder z.B. auch:} \quad a\left(\begin{array}{c} b_2 \\ b_1\;\; b_3\;\; b_7\;\; b_{11}\;\; b_6 \\ \;\; b_4\;\; b_8\;\; b_{12}\;\; b_{10}\;\; b_5 \\ b_8 \end{array}\right),$$

indem ich links die Grenzlösung, rechts innerhalb der Klammern die Ecken ihrer Basis in irgendeiner Anordnung, aus der man ihre gegenseitige Lage erkennen kann, hinschreibe.

Die dreifachen Kontinua der Basen von a und b_1 müssen sich in einem zweifachen linearen Kontinuum schneiden. Unter den 12 von b_1 ausgehenden Kanten des Polyschems sind nun 6 schon bekannt; es sind die, welche nach a, b_2, b_3, b_4, b_5, b_6 gehen. Diese Ecken gehören also der Basis von b_1 an, und die fünf letzten derselben hat sie mit der Basis von a gemein. Jenes zweifache Kontinuum ist also die Ebene des Fünfeckschnitts $b_2\, b_3\, b_4\, b_5\, b_6$; und in Beziehung auf denselben kann man a und b_1 vertauschen. Das Eck b_1 kann demnach durch die Formel

$$b_1\left(\begin{array}{c} a \\ b_2\;\; b_3\;\; b_4\;\; b_5\;\; b_6 \\ \;\; x\;\; .\;\; .\;\; .\;\; . \\ . \end{array}\right)$$

dargestellt werden, wo x einen der noch unbekannten Scheitel der Basis bezeichnet. Wiederholt man das gleiche Verfahren in Beziehung auf die beiden Formeln für a und b_1, um Formeln für b_2 und b_3 zu erhalten, so werden diese

$$b_2\left(\begin{array}{c} a \\ b_1\;\; b_3\;\; b_7\;\; b_{11}\;\; b_6 \\ \;\; x\;\; .\;\; .\;\; .\;\; . \\ . \end{array}\right), \qquad b_3\left(\begin{array}{c} a \\ b_1\;\; b_4\;\; b_8\;\; b_7\;\; b_2 \\ \;\; .\;\; .\;\; .\;\; .\;\; x \\ . \end{array}\right);$$

einzig in diesen Formeln für b_1, b_2, b_3 kann das neue Eck x vorkommen, weil unter allen bis jetzt bekannten Ecken nur diese mit x durch Kanten verbunden sind. Die Zahl aller ähnlichen neuen Scheitel ist demnach $(12 \cdot 5)/3 = 20$; sie entsprechen den Flächen des Ikosaeders und sollen durch $c_1, c_2, \ldots, c_{20}$ bezeichnet werden. Die mit a diametral entgegengesetzten Scheitel der Basen von $b_1, b_2, \ldots, b_{12}$ mögen $d_1, d_2, \ldots, d_{12}$ heißen.

Demnach sind jetzt die vollständigen Formeln für die Ecken b_1, b_2, b_3, welche wir darum gerade anführen, weil nur diese den Scheitel c_1 enthalten, folgende:

$$b_1\left(\begin{array}{c} a \\ b_2\;\; b_3\;\; b_4\;\; b_5\;\; b_6 \\ c_1\;\; c_2\;\; c_3\;\; c_4\;\; c_5 \\ d_1 \end{array}\right), \qquad b_2\left(\begin{array}{c} a \\ b_1\;\; b_3\;\; b_7\;\; b_{11}\;\; b_8 \\ c_1\;\; c_6\;\; c_{15}\;\; c_{10}\;\; c_5 \\ d_2 \end{array}\right),$$

$$b_3\left(\begin{array}{c} a \\ b_1\;\; b_4\;\; b_8\;\; b_7\;\; b_2 \\ c_2\;\; c_1\;\; c_{11}\;\; c_6\;\; c_1 \\ d_3 \end{array}\right).$$

Sie geben für das Eck c_1 die Formel:

$$c_1\left(\begin{array}{c} b_1 \\ b_2\;\; b_3\;\; c_2\;\; d_1\;\; c_5 \\ c_6\;\; d_3\;\; x\;\; .\;\; d_2 \\ . \end{array}\right).$$

Von den drei noch unbekannten Scheiteln der Basis kann der mit x bezeichnete nur in den Formeln der benachbarten Ecken c_2, d_1, d_3 vorkommen. (Die beiden nicht bezeichneten verhalten sich ähnlich.) Jeder mit x analoge Scheitel kommt also in den 20 Formeln für c nur zweimal vor; ihre Anzahl ist daher $(20\cdot 3)/2 = 30$; sie entsprechen den Kanten und sollen mit e bezeichnet werden; jenes x zum Beispiel wird, da es der den Flächen 1, 2 gemeinschaftlichen Kante entspricht, zu e_2. Wir bekommen so für die Ecken c der ersten Horizontalreihe, deren Basen den Scheitel d_1 gemein haben, die Formeln:

$$c_1\left(\begin{array}{c} b_1 \\ b_2\;\; b_3\;\; c_2\;\; d_1\;\; c_5 \\ c_6\;\; d_3\;\; e_2\;\; e_1\;\; d_2 \\ e_6 \end{array}\right), \qquad c_2\left(\begin{array}{c} b_1 \\ b_3\;\; b_4\;\; c_3\;\; d_1\;\; c_1 \\ c_7\;\; d_4\;\; e_3\;\; e_2\;\; d_3 \\ e_7 \end{array}\right),$$

$$c_3\left(\begin{array}{c} b_1 \\ b_4\;\; b_5\;\; c_4\;\; d_1\;\; c_2 \\ c_8\;\; d_5\;\; e_4\;\; e_3\;\; d_4 \\ e_8 \end{array}\right), \qquad c_4\left(\begin{array}{c} b_1 \\ b_5\;\; b_6\;\; c_5\;\; d_1\;\; c_3 \\ c_9\;\; d_6\;\; e_5\;\; e_4\;\; d_5 \\ e_9 \end{array}\right).$$

$$c_5\left(\begin{array}{c} b_1 \\ b_6\;\; b_2\;\; c_1\;\; d_1\;\; c_4 \\ c_{10}\;\; d_2\;\; e_1\;\; e_5\;\; d_6 \\ e_{10} \end{array}\right).$$

Aus der früheren Formel für b_1 und aus diesen fünf ergibt sich folgende Formel für d_1, welches anderswo bis jetzt nicht vorgekommen ist:

$$d_1 \begin{pmatrix} & & b_1 & & \\ c_1 & c_2 & c_3 & c_4 & c_5 \\ e_2 & e_3 & e_4 & e_5 & e_1 \\ & & \cdot & & \end{pmatrix}.$$

Der einzige hier fehlende Scheitel kann sonst in keiner der 12 Formeln für die d vorkommen. Alle analogen Scheitel sind daher auch 12 an der Zahl; wir bezeichnen sie mit f, den hier fehlenden z.B. mit f_1.

Der Scheitel e_1 findet sich nur in den Formeln für c_1, c_5, d_1, d_2; die zwei letzten sind:

$$d_1 \begin{pmatrix} & & b_1 & & \\ c_1 & c_2 & c_3 & c_4 & c_5 \\ e_2 & e_3 & e_4 & e_5 & e_1 \\ & & f_1 & & \end{pmatrix}, \qquad d_2 \begin{pmatrix} & & b_2 & & \\ c_1 & c_6 & c_{15} & c_{10} & c_5 \\ e_6 & e_{11} & e_{20} & e_{10} & e_1 \\ & & f_2 & & \end{pmatrix}.$$

Aus diesen vier Formeln zusammen ergibt sich die Formel

$$e_1 \begin{pmatrix} & & c_1 & & \\ d_1 & c_5 & d_2 & e_6 & e_2 \\ e_5 & e_{10} & f_2 & \cdot & f_1 \\ & & \cdot & & \end{pmatrix}.$$

Der eine hier noch fehlende Scheitel kann unter allen 30 Formeln für die e nur in denen für e_1, e_2, e_6, der andere nur in denen für e_1, e_2, e_{10} vorkommen. Jener entspricht also dem von den Kanten 1, 2, 6 umschlossenen Dreieck 1, dieser dem Dreieck 5. Die analogen Scheitel sollen mit g bezeichnet werden; ihre Zahl ist $(30 \cdot 2)/3 = 20$. Wir bekommen so folgende Formeln:

$$e_1 \begin{pmatrix} & & c_1 & & \\ d_1 & c_5 & d_2 & e_6 & e_2 \\ e_5 & e_{10} & f_2 & g_1 & f_1 \\ & & g_5 & & \end{pmatrix}, \qquad e_2 \begin{pmatrix} & & c_2 & & \\ d_1 & c_1 & d_3 & e_7 & e_3 \\ e_1 & e_6 & f_3 & g_2 & f_1 \\ & & g_1 & & \end{pmatrix},$$

$$e_3 \begin{pmatrix} & & c_3 & & \\ d_1 & c_2 & d_4 & e_8 & e_4 \\ e_2 & e_7 & f_4 & g_3 & f_1 \\ & & g_2 & & \end{pmatrix}, \qquad e_4 \begin{pmatrix} & & c_4 & & \\ d_1 & c_3 & d_5 & e_9 & e_5 \\ e_3 & e_8 & f_5 & g_4 & f_1 \\ & & g_3 & & \end{pmatrix},$$

$$e_5 \begin{pmatrix} & & c_5 & & \\ d_1 & c_4 & d_6 & e_{10} & e_1 \\ e_4 & e_9 & f_6 & g_5 & f_1 \\ & & g_4 & & \end{pmatrix}, \qquad e_6 \begin{pmatrix} & & c_1 & & \\ d_2 & c_6 & d_3 & e_2 & e_1 \\ e_{11} & e_{16} & f_3 & g_1 & f_2 \\ & & g_6 & & \end{pmatrix}.$$

Unter den bis jetzt gefundenen Formeln sind die für d_1, e_1, e_2, e_3, e_4, e_5 die einzigen, in denen f_1 vorkommt. Sie geben

$$f_1 \begin{pmatrix} & & d_1 & & \\ e_1 & e_2 & e_3 & e_4 & e_5 \\ g_1 & g_2 & g_3 & g_4 & g_5 \\ & & h_1 & & \end{pmatrix},$$

wo wir den neuen Scheitel schon mit h_1 bezeichnet haben, weil es sogleich klar ist, daß er in allen 12 ähnlichen Formeln nur einmal gerade hier vorkommt und daher dem f_1 oder dem Ikosaedereck 1 entspricht.

g_1 kommt vor nur in den Formeln für $e_1, e_2, e_6, f_1, f_2, f_3$; von diesen sind die zwei letzten:

$$f_2 \begin{pmatrix} & & d_2 & & \\ e_1 & e_6 & e_{11} & e_{20} & e_{10} \\ g_1 & g_6 & g_{15} & g_{10} & g_5 \\ & & h_2 & & \end{pmatrix}, \qquad f_3 \begin{pmatrix} & & d_3 & & \\ e_2 & e_7 & e_{12} & e_{16} & e_6 \\ g_2 & g_7 & g_{11} & g_6 & g_1 \\ & & h_3 & & \end{pmatrix}.$$

Alle sechs Formeln geben

$$g_1 \begin{pmatrix} & & e_1 & & \\ e_6 & e_2 & f_1 & g_5 & f_2 \\ f_3 & g_2 & h_1 & h_2 & g_6 \\ & & h_3 & & \end{pmatrix};$$

alle Ecken der Basis von g_1 sind also schon vollständig vorhanden.

h_1 kommt bis jetzt vor nur in den Formeln für $f_1, g_1, g_2, g_3, g_4, g_5$. Sie geben

$$h_1 \begin{pmatrix} & & f_1 & & \\ g_1 & g_2 & g_3 & g_4 & g_5 \\ h_3 & h_4 & h_5 & h_6 & h_2 \\ & & i & & \end{pmatrix}.$$

Der neue Scheitel i muß in den Formeln aller benachbarten Scheitel h_2, h_3, h_4, h_5, h_6 sich wieder finden. Er ist daher einzig in seiner Art, hat die vollständige Formel

$$i \begin{pmatrix} & & h_1 & & \\ h_2 & h_3 & h_4 & h_5 & h_6 \\ h_7 & h_8 & h_9 & h_{10} & h_{11} \\ & & h_{12} & & \end{pmatrix}.$$

und schließt daher das Polyschem zu.

Die Ecken a und i waren einzeln, die b, d, f, h zu 12, die c und g zu 20, die e zu 30. Das Polyschem hat also 120 Ecken, 720 Kanten, 1200 Dreiecke und 600 Tetraeder; es möge *Hexakosioschem* heißen.

Die hier ausgeführte Konstruktion ist von der einfachen oder überschlagenen Beschaffenheit der ikosaedrischen Basis eines Ecks unabhängig. Da nun $\sin \pi/3 \times \sin 2\pi/5 > \cos \pi/3$ und daher die Zusammenfügung eines Ecks möglich ist, so ist durch das vorige auch die Existenz des *überschlagenen Hexakosioschems* $\left(3, 3, \frac{5}{2}\right)$ bewiesen.

4. Sind x, y, z, w orthogonale Variabeln, so können diese auf sechs Arten zu zweien kombiniert werden; bei zwei Variabeln können die Vorzeichen auf vier Arten variiert werden. Es gibt also im ganzen 24 Gleichungen von der Form $x + y = 1$; diese nun stellen den Umschluß des Polyschems (3, 4, 3) dar. Das Oktaeder ($x + y = 1$) hat die Ecken (1, 0, 0, 0), (1/2, 1/2, 1/2, 1/2), (1/2, 1/2, $-1/2$, 1/2), (1/2, 1/2, $-1/2$, $-1/2$), (1/2, 1/2, 1/2, $-1/2$), (0, 1, 0, 0). Auf den Achsen liegen 8 Ecken, wie (1, 0, 0, 0), (-1, 0, 0, 0) usw.; außer diesen gibt es noch 16 Ecken, wie (1/2, 1/2, 1/2, 1/2). Im Eck (1, 0, 0, 0) treffen die sechs Oktaeder, $x \pm y = 1$, $x \pm z = 1$, $x \pm w = 1$, zusammen; im Eck (1/2, 1/2, 1/2, 1/2) die sechs Oktaeder $x + y = 1$, $x + z = 1$, $z + y = 1$, $y + w = 1$, $w + x = 1$, $z + w = 1$. Der Abstand jedes Ecks vom Ursprung ist 1; jede Kante ist 1. Das Zentrum des Oktaeders ($x + y = 1$) ist (1/2, 1/2, 0, 0), sein Abstand vom Ursprung also $\sqrt{1/2}$, gleich dem Radius der dem Oktaeder umschriebenen Kugel. Wir nennen dieses Polyschem (3, 4, 3) nach der Zahl seiner Grenzoktaeder *Eikositetraschem*. Es hat 24 Ecken, 96 Kanten, 96 Dreiecke und 24 Oktaeder. Will man eines der 16 Ecken (1/2, 1/2, 1/2, 1/2) als Achsenende erscheinen lassen, so braucht man nur die Variabeln mittels der orthogonalen Formeln

$$
\begin{aligned}
x &= \frac{1}{2}x' + \frac{1}{2}y' + \frac{1}{2}z' + \frac{1}{2}w',\\
y &= \frac{1}{2}x' + \frac{1}{2}y' - \frac{1}{2}z' - \frac{1}{2}w',\\
z &= \frac{1}{2}x' - \frac{1}{2}y' + \frac{1}{2}z' - \frac{1}{2}w',\\
w &= \frac{1}{2}x' - \frac{1}{2}y' - \frac{1}{2}z' + \frac{1}{2}w'
\end{aligned}
$$

zu transformieren; die Determinante dieser Transformationselemente ist -1. Eine andere orthogonale Transformation ist

$$
\begin{aligned}
x &= \sqrt{\tfrac{1}{2}}\,x' + \sqrt{\tfrac{1}{2}}\,y',\\
y &= -\sqrt{\tfrac{1}{2}}\,x' + \sqrt{\tfrac{1}{2}}\,y',\\
z &= \sqrt{\tfrac{1}{2}}\,z' + \sqrt{\tfrac{1}{2}}\,w',\\
w &= -\sqrt{\tfrac{1}{2}}\,z' + \sqrt{\tfrac{1}{2}}\,w';
\end{aligned}
$$

im neuen System sind dann alle 24 Ecken auf ähnliche Weise, z.B. durch ($\sqrt{1/2}$, $\sqrt{1/2}$, 0, 0) dargestellt, hingegen von den Grenzkontinuen acht durch Gleichungen, wie $x' = \sqrt{1/2}$ und die 16 übrigen durch Gleichungen, wie $x' + y' + z' + w' = \sqrt{2}$.

Man wird leicht erkennen, daß dieses Polyschem (3, 4, 3) eine Kombination des Hekkaidekaschems (3, 3, 4) und des sogleich näher zu beschreibenden Oktaschems (4, 3, 3) ist.

5. Das Polyschem (4, 3, 3) ist zum Hekkaidekaschem (3, 3, 4) reziprok; seine Existenz ist hierdurch schon bewiesen; es hat 16 Ecken, 32 Kanten, 24 Quadrate und 8 Würfel und möge daher *Oktaschem* heißen. Als Gleichungen der acht Grenzkontinuen kann man $w = \pm 1$, $x = \pm 1$, $y = \pm 1$, $z = \pm 1$ setzen; dann geben z.B. die Bedingungen $w = +1$, $-1 < x < 1$, $-1 < y < 1$, $-1 < z < 1$ einen Würfel. Die Ecken sind (1, 1, 1, 1), und alle übrigen, welche sich hieraus durch Variation der Vorzeichen ergeben. Das Oktaschem ist das vierfache orthogonale Paralleloschem, dessen Kanten alle gleich sind.

6. Die Existenz des Polyschems (5, 3, 3) ist schon durch seine Reziprozität zum Hexakosioschem (3, 3, 5) bewiesen. Da es 600 Ecken, 1200 Kanten, 720 Fünfecke, 120 Dodekaeder hat, so möge es *Hekatonkaieikosaschem* heißen. Es gibt zwei Arten desselben, ein *einfaches*, das eigentliche (5, 3, 3), und ein *überschlagenes* $\left(\frac{5}{2}, 3, 3\right)$, welches von überschlagenen Dodekaedern $\left(\frac{5}{2}, 3\right)$ umschlossen wird.

Ich lasse hier eine Übersicht der Maßverhältnisse der vierfachen regulären Polyscheme folgen. Die Kante eines jeden ist als lineare Einheit angenommen. Es sei O das Zentrum des Polyschems, AB eine Kante eines Grenzpolyeders, N dessen Zentrum, $OA = R$, $NA = K$, $ON = r$, $\sphericalangle AOB = a$; ferner sei $\varrho = \cos\alpha/2$ der Radius der einer Basis eines Ecks umschriebenen Kugel, K' der Radius der einem Grenzpolyeder eingeschriebenen Kugel, n die Zahl der Grenzpolyeder, P der räumliche Inhalt eines solchen, und S das Maß der vom Polyschem umschlossenen Totalität; endlich sei δ der Winkel zwischen zwei benachbarten Grenzkontinuen, d.h. wenn $a\,x + b\,y + c\,z + d\,w = r$, $a'\,x + b'\,y + c'\,z + d'\,w = r$ (wo $a^2 + b^2 + c^2 + d^2 = 1$, $a'^2 + b'^2 + c'^2 + d'^2 = 1$) die Gleichungen dieser Grenzkontinuen sind, so sei $a\,a' + b\,b' + c\,c' + d\,d' = -\cos\delta$. Dann ist

$$R = \frac{1}{2\sin\frac{\alpha}{2}}, \qquad r = \sqrt{R^2 - K^2}, \qquad \operatorname{cotg}\frac{\delta}{2} = \frac{K'}{r}, \qquad S = \frac{n}{4} P r.$$

1. *Pentaschem.*

$$\varrho = \sqrt{\frac{3}{8}}, \quad \cos a = -\frac{1}{4}, \quad R = \sqrt{\frac{2}{5}}, \quad K = \sqrt{\frac{3}{8}}, \quad K' = \sqrt{\frac{1}{24}},$$

$$r = \sqrt{\frac{1}{40}} = \frac{1}{4} R, \quad \cos\delta = \frac{1}{4}, \quad S = \frac{\sqrt{5}}{96} = \frac{25\sqrt{5}}{384} R^4.$$

2. *Hekkaidekaschem.*

$$\varrho = \sqrt{\frac{1}{2}}, \quad a = \frac{\pi}{2}, \quad R = \sqrt{\frac{1}{2}}, \quad K = \sqrt{\frac{3}{8}}, \quad K' = \sqrt{\frac{1}{24}},$$

$$r = \sqrt{\frac{1}{8}} = \frac{1}{2} R, \quad \delta = \frac{2\pi}{3}, \quad S = \frac{1}{6} = \frac{2}{3} R^4.$$

3. *Einfaches Hexakosioschem.*

$$\varrho = \sqrt{\frac{5+\sqrt{5}}{8}}, \quad a = \frac{\pi}{5}, \quad R = \frac{\sqrt{5}+1}{2}, \quad r = \frac{\sqrt{5}+2}{2\sqrt{2}},$$

$$\operatorname{cotg}\frac{\delta}{2} = \frac{\sqrt{5}-2}{\sqrt{3}} \sin\delta = \sin\frac{\pi}{3}\sin\frac{\pi}{10}, \quad S = \frac{25\,(\sqrt{5}+2)}{4} = \frac{25\,(\sqrt{5}-1)}{8} R^4.$$

4. *Überschlagenes Hexakosioschem.*

$$a = \frac{3\pi}{5}, \quad R = \frac{\sqrt{5}-1}{2}, \quad r = \frac{\sqrt{5}-2}{2\sqrt{2}}, \quad \operatorname{cotg}\frac{\delta}{2} = \frac{\sqrt{5}+2}{\sqrt{3}}.$$

5. *Eikositetraschem.*

$$\varrho = \frac{\sqrt{3}}{2}, \quad a = \frac{\pi}{3}, \quad R = 1, \quad K = \sqrt{\frac{1}{2}}, \quad K' = \sqrt{\frac{1}{6}}, \quad r = \sqrt{\frac{1}{2}},$$

$$\delta = \frac{2\pi}{3}, \quad S = 2 = 2\,R^4.$$

6. *Oktaschem.*

$$\varrho = \frac{\sqrt{3}}{2}, \quad a = \frac{\pi}{3}, \quad R = 1, \quad K = \frac{\sqrt{3}}{2},$$

$$K' = \frac{1}{2}, \quad r = \frac{1}{2}, \quad \delta = \frac{\pi}{2}, \quad S = 1.$$

7. *Einfaches Hekatonkaieikosaschem.*

$$\varrho = \sqrt{\frac{3}{8}} \cdot \frac{\sqrt{5}+1}{2}, \quad \operatorname{tg}\frac{a}{2} = \frac{\sqrt{5}-2}{\sqrt{3}}, \quad R = \sqrt{2}\left(\frac{\sqrt{5}+1}{2}\right)^2,$$

$$K = \frac{\sqrt{5}+1}{4}\sqrt{3}, \quad K' = \frac{1}{2}\sqrt{\frac{1}{\sqrt{5}}\left(\frac{\sqrt{5}+1}{2}\right)^5}, \quad r = \frac{1}{2}\left(\frac{\sqrt{5}+1}{2}\right)^4,$$

$$\delta = \frac{4\pi}{5}, \quad S = \frac{15\sqrt{5}}{2}\left(\frac{\sqrt{5}+1}{2}\right)^8 = \frac{15\sqrt{5}}{8} R^4.$$

8. *Überschlagenes Hekatonkaieikosaschem.*

$$\operatorname{tg}\frac{a}{2} = \frac{\sqrt{5}+2}{\sqrt{3}}, \quad R = \sqrt{2}\left(\frac{\sqrt{5}-1}{2}\right)^2, \quad r = \frac{1}{2}\left(\frac{\sqrt{5}-1}{2}\right)^4, \quad \delta = \frac{2\pi}{5}.$$

Wie das Eck des Polyschems (m, n, p) durch seine Basis (n, p) und den Wert von ϱ bestimmt war, ebenso ist das zentrale Eck O, welches das Grenzpolyeder (m, n) zur Basis hat, durch diese und durch den Wert von K/R bestimmt. Ist nun eines jener äußerlichen Ecken mit irgendeinem der zentralen kongruent, so ist das jenem angehörige Polyeder geeignet, durch Aneinanderreihung die vierfache Totalität auszufüllen. Nun ist $\varrho(3, 3, 4) = (K/R)(3, 4, 3) = \sqrt{1/2}$, $\varrho(3,4,3) = (K/R)(4,3,3) = \sqrt{3}/2$, $\varrho(4,3,3) = (K/R)(3,3,4)$.

Die vierfache Totalität wird also stetig erfüllt:

1. *durch Hekkaidekascheme*, indem deren 24 um eine Lösung herumliegen und die oktaedrischen Basen der hier zusammenstoßenden Ecken ein Eikositetraschem bilden, Charakter (3, 3, 4, 3);
2. *durch Eikositetrascheme*, indem deren 8 um eine Lösung herumliegen und die hexaedrischen Basen der vereinigten Ecken ein Oktaschem bilden, Charakter (3, 4, 3, 3);
3. *durch Oktascheme*, indem deren 16 um eine Lösung herumliegen und die tetraedrischen Basen der vereinigten Ecken ein Hekkaidekaschem bilden, Charakter (4, 3, 3, 4).

18. *Reguläre Polyscheme der fünffachen und aller mehrfachen Totalitäten*

Was in der fünffachen Totalität der Charakter (m, n, p, q) eines regulären Polyschems bedeuten soll, ist nach dem Vorhergegangenen wohl ohne Erklärung zu verstehen. Damit nun ein solches Polyschem existieren könne, müssen in der vierfachen Totalität die regulären Polyscheme (m, n, p) und (n, p, q) schon existieren, und der Ausdruck

$$\left(\sin^2\frac{\pi}{m} - \cos^2\frac{\pi}{n}\right)\left(\sin^2\frac{\pi}{q} - \cos^2\frac{\pi}{p}\right) - \cos^2\frac{\pi}{n}\cos^2\frac{\pi}{p}$$

muß *positiv* sein. Für ganze Zahlen m, n, p, q entsprechen diesen Bedingungen nur die drei Charaktere (3, 3, 3, 3), (3, 3, 3, 4) und (4, 3, 3, 3). [Es gibt auch nur drei Charaktere, für welche der letzte Ausdruck verschwindet, nämlich (3, 4, 3, 3), (3, 3, 4, 3) und (4, 3, 3, 4), welche, wie wir schon wissen, alle Arten anzeigen, auf welche die vierfache Totalität durch reguläre Polyscheme ausgefüllt werden kann.] Die Existenz der entsprechenden Polyscheme ist leicht zu beweisen. Das erste ist die Pyramide mit lauter gleichen Kanten; das letzte ist das orthogonale Paralleloschem mit gleichen Kanten, und das zweite das reziproke des letzten.

Überhaupt existieren in der n-fachen Totalität drei reguläre Polyscheme: 1. die Pyramide vom Charakter (3, 3, 3, ..., 3, 3); 2. das orthogonale Paralleloschem vom Charakter (4, 3, 3, ..., 3, 3); 3. das diesem reziproke Polyschem (3, 3, 3, ..., 3, 4).

Es leuchtet auch sogleich ein, daß durch das Paralleloschem die Totalität erfüllt werden kann, und daß diese Erfüllung durch den Charakter (4, 3, 3, ..., 3, 3, 4) dargestellt wird.

Wenn nun für die $(n-1)$-fache Totalität *nur* die drei angeführten regulären Polyscheme existieren, so sind für die n-fache Totalität nur vier Charaktere denkbar: 1. wo alle Elemente gleich 3 sind; 2. wo die $n-2$ ersten 3 und das letzte 4 sind; 3. wo dieselben Elemente in umgekehrter Ordnung stehen; 4. wo das erste und letzte Element 4, alle übrigen 3 sind. Da aber der letzte Charakter die Erfüllung der $(n-1)$-fachen Totalität anzeigt, so gibt es auch für die n-fache Totalität nur drei reguläre Polyscheme.

Da nun schon in der fünffachen Totalität nur die drei erwähnten regulären Polyscheme existieren, so existieren überhaupt in der n-fachen Totalität nur diese drei, sobald $n > 4$ ist. Wir wollen nun diese regulären Polyscheme etwas näher betrachten.

1. *Reguläre Pyramide:* Die $n+1$ Grenzkontinua sind durch ebenso viele Gleichungen dargestellt. Zur Bildung eines i-fachen Grenzkontinuums werden $n-i$ von diesen Gleichungen erfordert; es gibt $\binom{n+1}{n-i}$ Kombinationen dieser Art; wenn also a_i die Zahl der i-fachen Grenzkontinuen bezeichnet, so ist $a_i = \binom{n+1}{i+1}$. Sind ferner S, B, h bzw. das Maß, die Basis und die Höhe der n-fachen Pyramide, so ist nach dem Schlusse von Ziffer 8:

$$S = \frac{1}{1\cdot 2\cdots n}\sqrt{\frac{n+1}{2^n}} = \frac{1}{n}\,B\,h, \qquad B = \frac{1}{1\cdot 2\cdots (n-1)}\sqrt{\frac{n}{2^{n-1}}};$$

folglich $h = \sqrt{(n+1)/(2n)} = \sin a/2$, wenn a den Winkel bezeichnet, unter dem die Kante vom Zentrum aus erscheint, also auch $\cos a = -1/n$, und wenn δ den Winkel zwischen zwei $(n-1)$-fachen Grenzkontinuen bedeutet, $\cos\delta = 1/n$. Wird die Kante als lineare Einheit angenommen, der Abstand eines Ecks vom Zentrum durch R, derjenige eines $(n-1)$-fachen Grenzkontinuums durch r bezeichnet, so ist $R = (\sin a/2)/2 = \sqrt{n/[2\,(n+1)]}$, $r = h - R = 1/\sqrt{2\,n\,(n+1)} = R/n$, $S = (1/n!)\sqrt{(n+1)^{n+1}/n^n}\,R^n$. Setzt man abkürzend $1/n = \cos\delta$, $1/(n-1) = \cos\delta_1$, $1/(n-2) = \cos\delta_2, \ldots, 1/2 = \cos\delta_{n-2}$, bezeichnet die Variabeln mit $x_1, x_2, \ldots, x_n$ und die Polynome der Gleichungen der Grenzkontinuen mit $p, p_1, p_2, \ldots, p_n$, so kann man setzen: $p_0 = x_1$,

$$\frac{p_m}{\cos\frac{\delta}{2}} = -\cos\delta\,\frac{x_1}{\cos\frac{\delta}{2}} - \cos\delta_1\,\frac{x_2}{\cos\frac{\delta_1}{2}} - \cdots - \cos\delta_i\,\frac{x_{i+1}}{\cos\frac{\delta_i}{2}} - \cdots$$

$$-\cos\delta_{m-1}\,\frac{x_m}{\cos\frac{\delta_{m-1}}{2}} + \frac{x_{m+1}}{\cos\frac{\delta_m}{2}} \quad \text{für} \quad m = 1, 2, 3, \ldots, n-1;$$

$$\frac{p_n}{\cos\frac{\delta}{2}} = -\cos\delta\,\frac{x_1}{\cos\frac{\delta}{2}} - \cos\delta_1\,\frac{x_2}{\cos\frac{\delta_1}{2}} - \cdots - \cos\delta_{n-2}\,\frac{x_{n-1}}{\cos\frac{\delta_{n-2}}{2}} - x_n + 1.$$

Das durch die Gleichungen

$$p = 0, \quad p_1 = 0, \quad p_2 = 0, \quad \ldots, \quad p_{m-1} = 0, \quad p_{m+1}, \quad \ldots, \quad p = 0$$

bestimmte Eck hat dann folgende Werte der Variabeln:

$$x_1 = x_2, \quad = \cdots = x_m = 0, \quad x_{m+1} = \cos\frac{\delta_m}{2}, \quad x_{m+2} = \cos\delta_m \cos\frac{\delta_{m+1}}{2},$$

$$\ldots\, x_{i+1} = \cos\delta_{i-1}\cos\frac{\delta_i}{2}, \quad \ldots\, x_{n-1} = \cos\delta_{n-3}\cos\frac{\delta_{n-2}}{2}, \quad x_n = \cos\delta_{n-2}.$$

2. *Reziprok-Paralleloschem* (3, 3, ..., 3, 4). Sein Umschluß kann durch Gleichungen wie

$$-x_1 - x_2 - x_3 - \cdots - x_n + \sqrt{\frac{1}{2}} = 0$$

dargestellt werden, wo die Vorzeichen der Variabeln auf alle möglichen Arten zu variieren sind. Es gibt also 2^n solche Gleichungen. Die Ecken sind z.B. $x_1 = \sqrt{1/2}$, $x_2 = x_3 = \cdots = x_n = 0$; da die Vorzeichen der nicht verschwindenden Variabeln nach Belieben zu nehmen sind, so gibt es $2n$ Ecken. Irgendein i-faches Grenzkontinuum geht durch $i+1$ Ecken, von denen keine zwei einander diametral entgegengesetzt sind; sieht man von den Vorzeichen ab, so gibt es $\binom{n}{i+1}$ Kombinationen; die $i+1$ Vorzeichen aber können auf 2^{i+1} Arten variiert werden; folglich ist die Zahl der i-fachen Grenzkontinuen

$$a_i = 2^{i+1}\binom{n}{i+1}.$$

Gilt die Kante als lineare Einheit, so ist $a = \pi/2$, $\cos\delta/2 = \sqrt{1/n}$, $R = \sqrt{1/2}$, $r = \sqrt{1/(2n)}$, $S = 2^{n/2}/(1\cdot 2\cdots n) = [2^n/(1\cdot 2\cdots n)]\, R^n$.

3. *Reguläres Paralleloschem* (4, 3, ..., 3, 3). Sein Umschluß wird durch die $2n$ Gleichungen $x_1 = \pm 1/2$, $x_2 = \pm 1/2$, ..., $x_n = \pm 1/2$ dargestellt, wenn die Kante als lineare Einheit gilt. Die Zahl der i-fachen Grenzkontinuen (lauter Paralleloscheme) ist $a_i = 2^{n-i}\binom{n}{i}$. Eines der 2^n Ecken ist ($x_1 = 1/2$, $x_2 = 1/2$, ..., $x_n = 1/2$); die übrigen erhält man durch Variation der Vorzeichen:

$$\sin\frac{a}{2} = \sqrt{\frac{1}{n}}, \quad \delta = \frac{\pi}{2}, \quad R = \frac{\sqrt{n}}{2}, \quad r = \frac{1}{2}, \quad S = 1 = \frac{2^n}{n^{n/2}}\, R^n.$$

ZWEITER TEIL

Lehre von den sphärischen Kontinuen

19. *Einleitung – Begriff der Polysphäre, Maß derselben und ihres Umschlusses*

Dieser Abschnitt ist der Betrachtung des n-fachen Integrals $P_n = \int^n dx\,dy\,dz\ldots$, begrenzt durch $x^2 + y^2 + \cdots < 1$ und durch n lineare und homogene, unter sich unabhängige Polynome, welche zum Beispiel nie negativ werden dürfen, gewidmet. Obschon P_n zunächst als Funktion der $n\,n$ Koeffizienten dieser Grenzpolynome erscheint, so ist doch leicht zu zeigen, daß nur $n\,(n-1)/2$ Unabhängige vorhanden sind, die sich immer gleichbleiben, welche orthogonale Transformation auch mit den Variabeln vorgenommen werden mag; eine solche Unabhängige ist nämlich die Summe der Produkte der gleichnamigen Koeffizienten je zweier Grenzpolynome, vorausgesetzt, daß die Summe der Quadrate der Koeffizienten eines jeden Polynoms der Einheit gleich sei. Wird für $n = 2$ das Integral P_2 geometrisch aufgefaßt, so stellt es den Inhalt eines Kreisausschnitts dar, und die einzige Unabhängige ist der Kosinus des Mittelpunktswinkels; wir werden der Konsequenz wegen in diesem Falle *eine* notwendige Integration annehmen, da der Ausschnitt oder, wenn man lieber will, der Kreisbogen eine transzendente Funktion seines Kosinus ist. In diesem Sinne können wir sagen, daß das ursprüngliche n-fache Integral P_n nur $n/2$ oder $(n-1)/2$ notwendige Integrationen erfordert, je nachdem seine Dimensionszahl n gerade oder ungerade ist. Es wird sich nämlich zeigen, daß im letzten Fall das Integral P_{2n+1} als lineare Funktion von Integralen $P_{2n}, P_{2n-2}, \ldots, P_4, P_2$ dargestellt werden kann. Während diese Reduktion ungerade Dimensionszahlen betrifft, bringt eine andere, nicht minder merkwürdige die Zahl $n\,(n-1)/2$ der Unabhängigen auf $n-1$ herunter. Die allgemeine Funktion P_n kann nämlich auf n Arten als ein Aggregat von $1\cdot 2\cdot 3\cdot 4\cdots(n-1)$ speziellen Funktionen Q_n dargestellt werden; wenn bei einer solchen Q_n die Grenzpolynome passend geordnet sind, so ist die Summe der Produkte der Koeffizienten je zweier benachbarter im allgemeinen eine von Null verschiedene Unabhängige, die Zahl dieser Unabhängigen demnach $n-1$; alle anderen Produktsummen dagegen sind Null. Nachdem einige diese besondere Klasse von Funktionen betreffende Sätze, finite Relationen zwischen denselben enthaltend, bewiesen und zu Wertbestimmungen benutzt worden sind, werden diese letzten noch mit Hilfe der regulären Polyscheme des vorigen Abschnitts verifiziert, und nehmen wir hievon Anlaß, ganz besonders die Theorie der regulären Polyscheme der vierfachen Totalität zu vervollständigen.

Erklärung: Sind $x_1, x_2, \ldots, x_n$ orthogonale Variabeln, so ist die durch die Bedingung

$$x_1^2 + x_2^2 + \cdots + x_n^2 < a^2$$

umschlossene Totalität eine *n-Sphäre* oder Polysphäre; a ist ihr *Radius*, und die Lösung mit den Nullwerten sämtlicher Variabeln ihr *Zentrum*. Demnach würde der Kreis *Disphäre*, die Kugel *Trisphäre* heißen.

Wir sagen, eine Lösung sei *innerhalb*, *auf* oder *außerhalb* einer Polysphäre, wenn ihr Abstand vom Zentrum kleiner, gleich oder größer als der Radius ist. Das $(n-1)$-fache höhere Kontinuum, welches alle auf der Polysphäre befindlichen Lösungen enthält, also dieselbe umschließt, heißt *totales sphärisches Kontinuum*; ein Stück desselben, welches von $(n-1)$-fachen durchs Zentrum gehenden *linearen* Kontinuen begrenzt wird, *sphärisches Polyschem* und im besondern *Plagioschem*, wenn die Zahl der begrenzenden Kontinuen n ist. (Dieses ist nämlich die kleinste Zahl, wo die Eigentümlichkeit der n-Sphäre sich offenbaren kann; für eine noch kleinere Zahl begrenzender Kontinuen sinkt das Polyschem, als analytische Funktion betrachtet, auf eine niedrigere Stufe herab.) Die einzelnen Stücke, aus denen die ganze Begrenzung besteht, nennen wir *Perischeme*, und zwar haben wir zunächst $(n-1)$-sphärische Perischeme, deren jedes wiederum von einer Menge $(n-2)$-sphärischer Perischeme begrenzt ist, usw. Die disphärischen Perischeme endlich mögen *Seiten* und die monosphärischen *Ecken* heißen.

Jedes Element des sphärischen Kontinuums ist zu seinem Abstand vom Zentrum (seinem Radius) normal, weil

$$x_1\,dx_1 + x_2\,dx_2 + \cdots + x_n\,dx_n = 0$$

ist; seine Projektionsfaktoren sind also

$$\frac{x_1}{a}, \quad \frac{x_2}{a}, \quad \ldots, \quad \frac{x_n}{a};$$

daher kann es durch

$$\frac{a}{x_1}\,dx_2\,dx_3 \ldots dx_n, \quad \frac{a}{x_2}\,dx_1\,dx_3\,dx_4 \ldots dx_n, \quad \ldots$$

ausgedrückt werden.

Setzt man

$$x_1 = r\cos\varphi_1, \quad x_2 = r\sin\varphi_1\cos\varphi_2, \quad x_3 = r\sin\varphi_1\sin\varphi_2\cos\varphi_3, \quad \ldots,$$
$$x_m = r\sin\varphi_1\sin\varphi_2\ldots\sin\varphi_{m-1}\cos\varphi_m, \quad \ldots,$$
$$x_n = r\sin\varphi_1\sin\varphi_2\sin\varphi_3\ldots\sin\varphi_{n-1},$$

so heißen $r, \varphi_1, \varphi_2, \ldots, \varphi_{n-1}$ *sphärische Variabeln*. Variiert man immer nur eine dieser neuen Variabeln, während alle übrigen konstant bleiben, so durchläuft die Lösung die Wegelemente

$$dr, \quad r\,d\varphi_1, \quad r\sin\varphi_1\,d\varphi_2, \quad r\sin\varphi_1\sin\varphi_2\,d\varphi_3, \quad \ldots,$$
$$r\sin\varphi_1\sin\varphi_2\ldots\sin\varphi_{n-2}\,d\varphi_{n-1},$$

deren Projektionsfaktoren das *orthogonale* System

$$\begin{array}{cccc}
\cos\varphi_1, & \sin\varphi_1\cos\varphi_2, & \sin\varphi_1\sin\varphi_2\cos\varphi_3, & \ldots, \\
-\sin\varphi_1, & \cos\varphi_1\cos\varphi_2, & \cos\varphi_1\sin\varphi_2\cos\varphi_3, & \ldots, \\
0, & -\sin\varphi_2, & \cos\varphi_2\cos\varphi_3, & \ldots, \\
0, & 0, & -\sin\varphi_3, & \ldots, \\
\cdots & \cdots & \cdots & \cdots \\
0, & 0, & 0, & \ldots,
\end{array}$$

$$\begin{array}{rr}
\sin\varphi_1\sin\varphi_2\sin\varphi_3\ldots\sin\varphi_{n-2}\cos\varphi_{n-1}, & \sin\varphi_1\sin\varphi_2\sin\varphi_3\ldots\sin\varphi_{n-2}\sin\varphi_{n-1}, \\
\cos\varphi_1\sin\varphi_2\sin\varphi_3\ldots\sin\varphi_{n-2}\cos\varphi_{n-1}, & \cos\varphi_1\sin\varphi_2\sin\varphi_3\ldots\sin\varphi_{n-2}\sin\varphi_{n-1}, \\
\cos\varphi_2\sin\varphi_3\ldots\sin\varphi_{n-2}\cos\varphi_{n-1}, & \cos\varphi_2\sin\varphi_3\ldots\sin\varphi_{n-2}\sin\varphi_{n-1}, \\
\cos\varphi_3\ldots\sin\varphi_{n-2}\cos\varphi_{n-1}, & \cos\varphi_3\ldots\sin\varphi_{n-2}\sin\varphi_{n-1}, \\
\cdots & \cdots \\
-\sin\varphi_{n-1}, & \cos\varphi_{n-1}
\end{array}$$

bilden. Das Element $dx_1\,dx_2\ldots dx_n$ der Totalität verwandelt sich demnach in

$$r^{n-1}\sin^{n-2}\varphi_1\sin^{n-3}\varphi_2\ldots\sin^2\varphi_{n-3}\sin\varphi_{n-2}\,dr\,d\varphi_1\,d\varphi_2\ldots d\varphi_{n-1},$$

und, wenn man hier den Faktor dr wegläßt, so hat man einen Ausdruck für das Element des sphärischen Kontinuums vom Radius r anstatt des früheren $(r/x_1)\,dx_2\,dx_3\ldots dx_n$.

Ist nun

$$K = \int^n dx_1\,dx_2\ldots dx_n, \qquad S = \int^{n-1}\frac{a}{x_1}\,dx_2\,dx_3\ldots dx_n$$
$$(x_1^2 + x_2^2 + \cdots + x_n^2 < a^2) \qquad (x_1^2 + x_2^2 + x_3^2 + \cdots + x_n^2 = a^2)$$

d.h. sind K, S die Maße der Polysphäre und des totalen sphärischen Kontinuums, so hat man auch

$$S = a^{n-1}\int_0^\pi \sin^{n-2}\varphi_1\,d\varphi_1\int_0^\pi \sin^{n-3}\varphi_2\,d\varphi_2\ldots\int_0^\pi \sin\varphi_{n-2}\,d\varphi_{n-2}\int_0^{2\pi} d\varphi_{n-1},$$

$$K = \frac{S}{a^{n-1}}\int_0^a r^{n-1}\,dr,$$

oder, weil

$$\int_0^\pi \sin^{n-2}\varphi\,d\varphi = \frac{\Gamma\left(\frac{1}{2}\right)\Gamma\left(\frac{n-1}{2}\right)}{\Gamma\left(\frac{n}{2}\right)}$$

ist,

$$S = \frac{2\pi^{n/2}}{\Gamma\left(\frac{n}{2}\right)}\,a^{n-1}, \qquad K = \frac{\pi^{n/2}}{\Gamma\left(\frac{n}{2}+1\right)}\,a^n.$$

Für $a = 1$ und $n = 4, 5, 6$ ist S bzw. $2\pi^2$, $(8/3)\,\pi^2$, π^3.

20. *Gegenseitige Abhängigkeit der Stücke eines sphärischen Plagioschems*

Es sei $x_1^2 + x_2^2 + \cdots + x_n^2 = 1$ die Gleichung des sphärischen Kontinuums,

$$S = \int^{n-1} \frac{dx_2\, dx_3 \ldots dx_n}{x_1}$$

das Maß eines Teils, welcher alle den Bedingungen $p_1 > 0$, $p_2 > 0, \ldots, p_n > 0$ genügenden Lösungen enthält, wenn $p_1, p_2, \ldots, p_n$ unter sich unabhängige lineare und homogene Polynome bezeichnen. Es steht frei, anzunehmen, daß in jedem Polynom die Summe der Quadrate der Koeffizienten gleich 1 sei. Dann sei z.B. $-\cos(12)$ die Summe der Produkte der gleichnamigen Koeffizienten in den Polynomen p_1, p_2, und (12) heiße der *Winkel* dieser zwei Polynome. Es gibt im ganzen $n(n-1)/2$ solche Winkel (12), (13), ..., $([n-1]n)$; ich nenne sie die *Argumente* des Plagioschems S; sein Maß ist eine Funktion von nur diesen $n(n-1)/2$ unter sich unabhängigen Argumenten. Denn die Zahl aller unter sich unabhängigen Elemente der n Polynome p ist $n(n-1)$, und wenn man hievon die Zahl $n(n-1)/2$ der unabhängigen Elemente einer orthogonalen Transformation abzieht, so bleiben nur $n(n-1)/2$ wesentliche Elemente des Plagioschems übrig; als solche können wir daher jene der Zahl nach übereinstimmenden Argumente annehmen.

Das $(n-m)$-fache lineare Kontinuum, das durch $p_1=0$, $p_2=0, \ldots, p_{m-1}=0$, $p_m = 0$ bestimmt ist, werde durch $(\overline{1\,2\,3 \ldots m})$ bezeichnet. Man kann die Variabeln immer so orthogonal transformieren, daß für dieses Kontinuum m der neuen Variabeln verschwinden. Man unterdrücke dann diese Variabeln in den Polynomen $p_{m+1}, p_{m+2}, \ldots, p_n$, dividiere jedes durch die positive Quadratwurzel aus der Summe der Quadrate der in ihm übriggebliebenen Koeffizienten und bezeichne sie dann mit

$$p(\overline{1\,2\,3 \cdots m}, m+1), \quad p(\overline{1\,2\,3 \cdots m}, m+2), \quad \ldots, \quad p(\overline{1\,2\,3 \cdots m}, n)$$

als Grenzpolynome des $(n-m)$-sphärischen Perischems $S(\overline{1\,2\,3 \ldots m})$; die Winkel dieser neuen Polynome oder die Argumente des von ihnen begrenzten Perischems mögen z.B. durch $(\overline{1\,2\,3 \ldots m}, [m+1]\,[m+2])$ dargestellt werden. Ihre Zahl ist $\binom{n-m}{2}$, und da $\binom{n}{m}$ die Zahl aller $(n-m)$-sphärischen Perischeme von S ist, so kommen an diesem im ganzen $\binom{n}{m}\binom{n-m}{2} = \binom{n}{2}\binom{n-2}{m}$ *Stücke* der erwähnten Ordnung vor (*$[n-m]$-sphärische Stücke*). Gegen das Ende treten *Kugeldreiecke*, wie $(\overline{4\,5 \ldots n})$ auf; die Argumente eines solchen (*trisphärische Stücke*) sind seine Winkel $(\overline{4\,5 \ldots n}, 23)$, $(\overline{4\,5 \ldots n}, 13)$, $(\overline{4\,5 \ldots n}, 12)$. Endlich kommen *Kreisbogen* (*disphärische Stücke* oder *Seiten*), wie $(\overline{3\,4\,5 \ldots n})$, von denen jeder selbst sein einziges Argument ist; d.h. es ist $S(\overline{3\,4\,5 \ldots n}) = (\overline{3\,4\,5 \ldots n}, 12)$; hingegen $S(\overline{4\,5 \ldots n}) = (\overline{4\,5 \ldots n}, 23) + (\overline{4\,5 \ldots n}, 13) + (\overline{4\,5 \ldots n}, 12) - \pi$. Da die Zahl der Seiten $n(n-1)/2$ ist, so kann man das Plagioschem S auch als Funktion seiner Seiten auffassen. Die Zahl aller seiner Stücke mit Einschluß der Argumente und Seiten ist

$$\sum_{m=0}^{m=n-2} \binom{n}{2}\binom{n-2}{m} = \binom{n}{2} 2^{n-2}.$$

Ihre Abhängigkeit von den Argumenten ist folgende. Da man die Variabeln immer so orthogonal transformieren kann, daß in den drei Polynomen p_1, p_2, p_3 nur drei Variabeln erscheinen, so kann man die Argumente (23), (13), (12) als Winkel eines Kugeldreiecks auffassen, welches die $(n-1)$-sphärischen Stücke $(\overline{1}, 23)$, $(\overline{2}, 13)$, $(\overline{3}, 12)$ zu Seiten hat; diese sind somit durch die bekannten trigonometrischen Relationen in Funktion jener gesetzt. Man kennt also alle $(n-1)$-sphärischen Stücke in Funktion der Argumente. Wiederum sind z. B. $(\overline{1}, 34)$, $(\overline{1}, 24)$, $(\overline{1}, 23)$ als Winkel, und $(\overline{12}, 34)$, $(\overline{13}, 24)$, $(\overline{14}, 23)$ als entsprechende Seiten eines Kugeldreiecks anzusehen und dadurch mittelbar alle $(n-2)$-sphärischen Stücke in Funktion der Argumente gesetzt. Dies geht so fort, bis endlich die Seiten in Funktion der Argumente gefunden sind. Es ist klar, daß *die Supplemente der Argumente dieselben Funktionen der Supplemente der Seiten sein werden, wie die Seiten von den Argumenten sind.*

Um diesen Vorstellungen ein analytisches Gewand zu leihen, suchen wir zuerst ein Grenzpolynom eines Perischems so auszudrücken, daß wir keiner Transformation der Variabeln bedürfen. Denkt man sich im Ausdruck eines solchen die anfänglichen Variabeln restituiert, und ist die Ziffer i von $1, 2, \ldots, m$ verschieden, so muß man setzen

$$\varrho\, p(\overline{1\,2 \cdots m}, i) = p_i + \lambda_1 p_1 + \lambda_2 p_2 + \cdots + \lambda_m p_m; \tag{1}$$

die Faktoren λ sind dann durch die Bedingung bestimmt, daß das neue Polynom zu jedem der m Polynome $p_1, p_2, \ldots, p_m$ orthogonal sein muß, also zusammen mit ϱ durch die Gleichungen:

$$\left.\begin{array}{lllll}
1-\varrho^2-\lambda_1\cos(i\,1) & -\lambda_2\cos(i\,2) & -\cdots-\lambda_m\cos(i\,m) & = 0, \\
-\cos(1\,i)+\lambda_1 & -\lambda_2\cos(1\,2) & -\cdots-\lambda_m\cos(1\,m) & = 0, \\
-\cos(2\,i)-\lambda_1\cos(2\,1) & +\lambda_2 & -\cdots-\lambda_m\cos(2\,m) & = 0, \\
\cdots\cdots\cdots & \cdots\cdots & \cdots\cdots\cdots & \\
-\cos(m\,i)-\lambda_1\cos(m\,1) & -\lambda_2\cos(m\,2) & -\cdots+\lambda_m & = 0.
\end{array}\right\} \tag{2}$$

Gehen i, ϱ, λ in k, σ, μ über, so ist offenbar die Produktsumme der Koeffizienten der Polynome $p_i + \lambda_1 p_1 + \cdots + \lambda_m p_m$ und $p_k + \mu_1 p_1 + \cdots + \mu_m p_m$ gleich, wie wenn das zweite Polynom bloß durch p_k ersetzt wird, da die Polynome $p_1, p_2, \ldots, p_m$ zum ersten orthogonal sein sollen. Man hat demnach

$$\varrho\,\sigma \cos(\overline{1\,2 \ldots m}, i\,k) = \cos(i\,k) + \lambda_1 \cos(1\,k) + \lambda_2 \cos(2\,k) + \cdots + \lambda_m \cos(m\,k).$$

Bringt man in dieser Gleichung alle Glieder auf die linke Seite und setzt sie dann im System (2) an die Stelle der ersten Gleichung, so wird man durch Elimination der Größen λ den Wert von $\varrho\,\sigma \cos(\overline{1\,2 \ldots m}, i\,k)$ bekommen, während der von ϱ^2 sich unmittelbar aus (2) ergibt, und der von σ^2 aus diesem durch Vertauschung von i und k. Setzt man abkürzend

$$\Delta\binom{i}{k}\,1\,2\,3\ldots m\Big)$$

$$= \begin{vmatrix} -\cos(i\,k) & \cdot & -\cos(i\,1) & \cdot & -\cos(i\,2) & \cdot & -\cos(i\,3) & \cdots & -\cos(i\,m) \\ -\cos(1\,k) & \cdot & 1 & \cdot & -\cos(1\,2) & \cdot & -\cos(1\,3) & \cdots & -\cos(1\,m) \\ -\cos(2\,k) & \cdot & -\cos(2\,1) & \cdot & 1 & \cdot & -\cos(2\,3) & \cdots & -\cos(2\,m) \\ \cdots & & & & & & & & \\ -\cos(m\,k) & \cdot & -\cos(m\,1) & \cdot & -\cos(m\,2) & \cdot & -\cos(m\,3) & \cdots & 1 \end{vmatrix}$$

und hiefür einfach $\Delta(i\,1\,2\,3\ldots m)$, wenn $k = i$ und daher $\cos(i\,k) = -1$ ist, so hat man

$$\Delta(1\,2\,3\ldots m)\,\varrho\,\sigma\cos(\overline{1\,2\ldots m}, i\,k) + \Delta\Big(\begin{smallmatrix} i \\ k \end{smallmatrix}\,1\,2\,3\ldots m\Big) = 0,$$

$$\Delta(i\,1\,2\,3\ldots m) - \varrho^2\,\Delta(1\,2\,3\ldots m) = 0,$$

$$\Delta(k\,1\,2\,3\ldots m) - \sigma^2\,\Delta(1\,2\,3\ldots m) = 0,$$

und hieraus

$$\cos(\overline{1\,2\ldots m}, i\,k) = -\frac{\Delta\Big(\begin{smallmatrix} i \\ k \end{smallmatrix}\,1\,2\,3\ldots m\Big)}{\sqrt{\Delta(i\,1\,2\,3\ldots m)}\,\sqrt{\Delta(k\,1\,2\,3\ldots m)}}, \tag{3}$$

wo die Quadratwurzeln positiv zu verstehen sind, weil in der Gleichung (1) für $p_1 = 0$, $p_2 = 0$, ..., $p_m = 0$ die Polynome p_i und $p(\overline{1\,2\ldots m}, i)$ größer als Null gesetzt, dieselbe Grenzbedingung ausdrücken sollen, wodurch ϱ (und ebenso σ) notwendig positiv werden. Die drei in diesem Ausdruck vorkommenden Determinanten sind reziproke Elemente der symmetrischen Determinante $\Delta(i\,k\,1\,2\,3\ldots m)$; und wenn wir diese auf leichtverständliche Weise durch die Ziffern der fehlenden Horizontal- und Vertikalzeile bezeichnen, so bekommen wir

$$\begin{bmatrix} i \\ i \end{bmatrix}\begin{bmatrix} k \\ k \end{bmatrix}\cos^2(\overline{1\,2\ldots m}, i\,k) = \begin{bmatrix} i \\ k \end{bmatrix}\begin{bmatrix} k \\ i \end{bmatrix},$$

$$\begin{bmatrix} i \\ i \end{bmatrix}\begin{bmatrix} k \\ k \end{bmatrix}\sin^2(\overline{1\,2\ldots m}, i\,k) = \begin{vmatrix} \begin{bmatrix} i \\ i \end{bmatrix} & \begin{bmatrix} i \\ k \end{bmatrix} \\ \begin{bmatrix} k \\ i \end{bmatrix} & \begin{bmatrix} k \\ k \end{bmatrix} \end{vmatrix} = \Delta(i\,k\,1\,2\ldots m)\begin{bmatrix} i\,k \\ i\,k \end{bmatrix},$$

oder

$$\sin^2(\overline{1\,2\cdots m}, i\,k) = \frac{\Delta(i\,k\,1\,2\,3\ldots m)\,\Delta(\;1\,2\,3\ldots m)}{\Delta(i\;\,1\,2\,3\ldots m)\,\Delta(k\,1\,2\,3\ldots m)}. \tag{4}$$

Man kann diese Formel auch durch Betrachtung eines Paralleloschems beweisen, dessen Kanten zu den linearen Kontinuen $(\bar{1})$, $(\bar{2})$, ..., $(\bar{m})$, $(\bar{i})$, $(\bar{k})$ normal sind. Der hierzu erforderliche Satz würde heißen:

Das Maß eines n-fachen Paralleloschems ist gleich dem Produkt zweier begrenzender $(n-1)$-facher Paralleloscheme, welche in einem $(n-2)$-fachen Paralleloschem sich schneiden, dividiert durch dieses letzte und multipliziert mit dem Sinus des von den beiden ersten gebildeten Winkels.

Um ihn zu beweisen, bezeichnen wir die erwähnten vier Paralleloscheme mit P, A, B, C, den Winkel zwischen A und B mit Θ, betrachten A als Basis von P und C als Basis von B und setzen h, k als entsprechende Höhen. Denkt man sich nun das Paralleloschem P von einem auf C normalen zweifachen linearen Kontinuum geschnitten, so liegt in diesem ein rechtwinkliges Dreieck, dessen Hypotenuse k, der Winkel, dessen Scheitel in C fällt, Θ, und die gegenüberliegende Kathete h ist. Es ist also $h = k \sin\Theta$. Aber $P = A\,h$, $B = C\,k$. Also $CP = AB \sin\Theta$.

Die independenten Formeln (3) und (4) verwandeln sich in bekannte Relationen der sphärischen Trigonometrie, wenn $m = 1$ angenommen wird. Die erste z.B. gibt

$$\cos(\overline{1}, i\,k) = \frac{\cos(i\,k) + \cos(1\,i)\cos(1\,k)}{\sin(1\,i)\sin(1\,k)}.$$

Das orthogonale System der Variabeln kann immer so gewählt werden, daß die Grenzpolynome in folgender Gestalt erscheinen:

$$\begin{aligned}
p_1 &= x_1, \\
p_2 &= -x_1\cos(12) + x_2\sin(12), \qquad (5)\\
p_3 &= -x_1\cos(13) - x_2\sin(13)\cos(\overline{1}, 23) + x_3\sin(13)\sin(\overline{1}, 23), \\
&\ldots\ldots\ldots\ldots\ldots\ldots\ldots\ldots\ldots\ldots \\
p_m &= -x_1\cos(1\,m) - x_2\sin(1\,m)\cos(\overline{1}, 2\,m) - x_3\sin(1\,m)\sin(\overline{1}, 2\,m)\cos(\overline{12}, 3\,m) \\
&\quad - \cdots - x_{m-1}\sin(1\,m)\sin(\overline{1}, 2\,m)\sin(\overline{12}, 3\,m)\ldots \\
&\quad \sin[\overline{123\ldots(m-3)}, (m-2)\,m]\cos[\overline{12\ldots(m-2)}, (m-1)\,m] \\
&\quad + x_m\sin(1\,m)\sin(\overline{1}, 2\,m)\ldots\sin[\overline{12\ldots(m-3)}, (m-2)\,m] \\
&\quad \times\sin[\overline{12\ldots(m-2)}, (m-1)\,m], \\
&\ldots\ldots\ldots\ldots\ldots\ldots\ldots\ldots\ldots\ldots
\end{aligned}$$

Bei dieser Darstellung ist die Lösung $(x_1 = x_2 = \cdots = x_{n-1} = 0,\ x_n = 1)$ das mit $[\overline{123\ldots(n-1)}]$ zu bezeichnende Eck des Plagioschems S; nennen wir dieses *Spitze* A, so entspricht ihr das Perischem $(\overline{n})$ als *Basis*. Von A aus gehe ein Strahl normal zum linearen Kontinuum der Basis ($p_n = 0$) und treffe dieses in der Lösung B; die Länge des Strahls oder der Abstand AB der Spitze vom linearen Kontinuum $p_n = 0$ sei $\sin h$. Vom Zentrum O aus gehe ein Radius durch B und treffe die sphärische Basis selbst in C; diese Lösung heiße *Fußpunkt*; der Kreisbogen, welcher A und C verbindet, ist h und soll *Höhe* heißen. Endlich sei P irgendeine auf der sphärischen Basis befindliche Lösung, φ ihr sphärischer Abstand von der Spitze A oder der Winkel der Radien OA und OP. Da wir jetzt nur drei Strahlen OA, OC, OP vor Augen haben, so können wir uns durch dieselben ein lineares dreifaches Kontinuum (Raum) gelegt denken, und die Lösungen A, C, P werden als Ecken eines rechtwinkligen Kugeldreiecks erscheinen, worin $AP = \varphi$ die Hypotenuse ist. Ist der Winkel $APC = \Theta$, so ist $\sin h = \sin\varphi \sin\Theta$. Um P herum liege ein unendlich kleines Element σ der sphärischen Basis; alle darin enthaltenen Lösungen werden mit der Spitze

A durch Kreisbogen verbunden; dadurch entsteht ein partielles sphärisches Kontinuum, welches die einzige endliche Ausdehnung von A bis P hat, während die übrigen unendlich klein sind. Wird nun dieses in P normal durchschnitten, so ist der Querschnitt ein $(n-2)$-faches unendlich kleines Kontinuum, dessen Maß $\sigma \sin \Theta$ beträgt.

Da $AB = \sin h$ der der Spitze entsprechende Wert des Polynoms p_n, so ist nach (5)

$$\sin h = \sin(1\,n) \sin(\overline{1}, 2\,n) \sin(\overline{12}, 3\,n) \ldots \sin[\overline{12 \ldots (n-3)}, (n-2)\,n] \times \sin[\overline{12 \ldots (n-2)}, (n-1)\,n], \tag{6}$$

wo die Ziffern 1, 2, 3, ..., $n-1$ permutiert werden dürfen; die Werte des Fußpunkts C sind:

$$x_1 = \operatorname{tg} h \cos(1\,n), \quad x_2 = \operatorname{tg} h \sin(1\,n) \cos(\overline{1}, 2\,n), \quad \ldots, \quad x_n = \cos h.$$

21. *Hilfssatz*

Wird jedes Element des n-sphärischen Plagioschems S mit dem Kosinus seines sphärischen Abstandes von der Spitze multipliziert, so ist die Summe dieser Produkte der (n − 1)-te Teil des Produkts des Maßes der Basis und des Sinus der Höhe.

Beweis: Es seien

$$x_1 = \sin\varphi\, x_1', \quad x_2 = \sin\varphi\, x_2', \quad \ldots, \quad x_{n-1} = \sin\varphi\, x_{n-1}', \quad x_n = \cos\varphi,$$

so wird das Element des sphärischen Kontinuums

$$\sin^{n-2}\varphi\, d\varphi\, \omega,$$

wo ω das *äquatoriale* Element bezeichnet, welches man auch durch

$$\frac{dx_2'\, dx_3' \ldots dx_{n-1}'}{x_1'} \quad \text{für} \quad x_1'^2 + x_2'^2 + x_3'^2 + \cdots + x_{n-1}'^2 = 1$$

ausdrücken kann. Wenn wir nun das Integral

$$\int^{n-1} \cos\varphi \sin^{n-2}\varphi\, d\varphi\, \omega$$

bestimmen wollen, so setzen wir zuerst $x_1', x_2', \ldots, x_{n-1}'$ als konstant voraus und integrieren von $\varphi = 0$ bis zu dem durch die Basis $p_n = 0$ bestimmten Werte von φ, für den wir diesen Buchstaben behalten wollen. Wir bekommen

$$\frac{1}{n-1} \int^{n-2} \sin^{n-1}\varphi\, \omega,$$

oder, da, wie wir oben gesehen haben, für eine auf der Basis befindliche Lösung P der normale Querschnitt

$$\sin^{n-2}\varphi\, \omega = \sin\Theta\, \sigma = \sin h \frac{\sigma}{\sin\varphi}$$

ist, zuletzt
$$\int^{n-1} \cos\varphi \sin^{n-2}\varphi\, d\varphi\, \omega = \frac{\sin h}{n-1} \int^{n-2} \sigma,$$

d.h. gleich dem $(n-1)$-ten Teil des Sinus der Höhe, multipliziert mit der Basis.

22. *Maß eines sphärischen Plagioschems*

Satz: Die in Beziehung auf die Argumente genommenen Differentialkoeffizienten des Maßes eines n-sphärischen Plagioschems sind gleich den Maßen der mit den Argumenten gleichnamigen (n — 2)-sphärischen Perischeme, dividiert durch n — 2:

$$dS = \frac{1}{n-2}\left\{S(\overline{12})\, d(12) + S(\overline{13})\, d(13) + \cdots + S[\overline{(n-1)\, n}]\, d[(n-1)\, n]\right\}.$$

Beweis: Um das einzige Argument (12) zu variieren, variieren wir nur das Polynom p_1, die Darstellung (5) in Ziffer 20 voraussetzend. Dasselbe verwandle sich in
$$(1 + k_1)\, x_1 + k_2\, x_2 + k_3\, x_3 + \cdots + k_n\, x_n,$$

wo $k_1, k_2, \ldots, k_n$ unendlich kleine Größen bezeichnen. Da die Summe der Quadrate der Koeffizienten gleich 1 bleiben und die Argumente (13), (14), ..., $(1\, n)$ konstant sein sollen, so hat man $n-1$ Bedingungsgleichungen, welche gerade hinreichen, um die $n-1$ Verhältnisse $k_1 : k_2 : \ldots : k_n$ zu bestimmen. Die erste Gleichung
$$(1 + k_1)^2 + k_2^2 + k_3^2 + \cdots + k_n^2 = 1$$

reduziert sich, da es nur auf unendlich kleine Größen erster Ordnung ankommt, auf $2\, k_1 = 0$. Dann sind aber sämtliche Bedingungsgleichungen gerade so beschaffen, wie wenn die Werte der Variabeln für das Eck $(\overline{1345\ldots n})$ zu bestimmen sind. Versetzen wir uns aber in das $(n-1)$-sphärische Kontinuum $(\overline{1})$ hinein, indem wir die durch x_1 bezeichnete Dimension aufheben, und fassen $(\overline{12})$ als Basis des Perischems $S(\overline{1})$, folglich jenes Eck als dessen Spitze auf, so tritt der für diese geltende Wert von x_2 als Sinus der Höhe, $\sin h$, auf. Da man ferner für den Winkel zwischen dem variierten Polynom $p_1 = x_1 + k_2\, x_2 + k_3\, x_3 + \cdots + k_n\, x_n$ und dem unveränderten Polynom
$$p_2 = -x_1 \cos(1\,2) + x_2 \sin(1\,2)$$
die Gleichung
$$-\cos[(1\,2) + d(1\,2)] = -\cos(1\,2) + k_2 \sin(1\,2)$$

hat, so muß $k_2 = d(12)$ sein. Folglich verhalten sich $k_2, k_3, \ldots, k_n$ zu den gleichnamigen der Spitze $(\overline{1345\ldots n})$ zukommenden Werten der Variabeln, wie $d(12) : \sin h$. Ist nun φ der sphärische Abstand der Spitze von irgendeiner im Perischem $S(\overline{1})$ enthaltenen Lösung $(0, x_2, x_3, \ldots, x_n)$, so ist demnach
$$k_2\, x_2 + k_3\, x_3 + \cdots + k_n\, x_n = \frac{\cos\varphi}{\sin h}\, d(1\,2),$$

und das partielle n-sphärische Kontinuum dS bekommt außer den Grenzen von $S(\overline{1})$ noch die unendlich nahen Grenzen: ursprüngliches $p_1 < 0$ und variiertes $p_1 > 0$, oder

$$x_1 + \frac{\cos\varphi}{\sin h}\, d(1\,2) > 0 > x_1$$

oder

$$0 < -x_1 < \frac{\cos\varphi}{\sin h}\, d(1\,2).$$

Weil somit x_1 unendlich klein ist, so sind im Ausdruck für dS die auf $x_2, x_3, \ldots, x_n$ bezüglichen Integrationsgrenzen so zu nehmen, wie wenn $x_1 = 0$ wäre, also dieselben wie für das Perischem $S(\overline{1})$. Integriert man nun die Formel für dS in Beziehung auf x_1, so ergibt sich dS gleich der Summe sämtlicher Elemente von $S(\overline{1})$, jedes multipliziert mit $(\cos\varphi/\sin h)\, d(12)$; und da φ der sphärische Abstand dieses Elements von der Spitze $(\overline{1345\ldots n})$, so ist nach dem vorigen Hilfssatz:

$$dS = \frac{d(1\,2)}{\sin h} \cdot \frac{1}{n-2} \text{ Basis } S(\overline{1\,2}) \sin h = \frac{1}{n-2}\, S(\overline{1\,2})\, d(1\,2).$$

Bemerkung: Diese Form des Satzes hat das Unbequeme, daß man ihn nicht bis auf $n = 2$ hinunter verfolgen kann. Dies wird jedoch durch eine leichte Umgestaltung möglich gemacht.

Es sei

$$P = \int^n dx_1\, dx_2\, dx_3 \ldots dx_n \qquad \left(\begin{matrix} x_1^2 + x_2^2 + \cdots + x_n^2 < 1 \\ p_1 > 0, \quad p_2 > 0, \quad \ldots, \quad p_n > 0 \end{matrix}\right)$$

ein von n durchs Zentrum gehenden linearen Kontinuen begrenztes Stück der n-Sphäre, das wir allenfalls *n-sphärische Pyramide* nennen können, so ist offenbar

$$P = S \int_0^1 r^{n-1}\, dr, \qquad \text{oder} \qquad P = \frac{1}{n}\, S.$$

Bezeichnet dann z.B. $P(\overline{1\,2})$ die im $(n-2)$-fachen linearen Kontinuum $(p_1 = 0,\ p_2 = 0)$ befindliche $(n-2)$-sphärische Pyramide, so ist ebenso

$$P(\overline{1\,2}) = \frac{1}{n-2}\, S\,(\overline{1\,2}).$$

Wenn man also im gegenwärtigen Satze sphärische Pyramiden statt der sphärischen Plagioscheme einführt, so erhält man

$$dP = \frac{1}{n} \left\{ P(\overline{1\,2})\, d(1\,2) + P(\overline{1\,3})\, d(1\,3) + \cdots + P[\overline{(n-1)\, n}]\, d[(n-1)\, n] \right\}.$$

Setzen wir jetzt $n = 2$, so wird die dispärische Pyramide zum *Kreisausschnitt,* und in der Formel $dP = P(\overline{12})\, d(12)/2$ bezeichnet (12) den Mittelpunktswinkel und $P(\overline{12})$ das Maß des nullfachen Kontinuums, welches die begrenzenden Radien $(p_1 = 0,\ p_2 = 0)$ innerhalb des Kreises gemein haben, d.h. das Maß des Zentrums. Nun sind leicht Gründe aufzufinden, die uns berechtigen, 1 als Maß einer nullfachen Totalität anzunehmen. Wir bekommen also $dP = d(12)/2$, und durch Integration $P = (12)/2$, als Inhalt eines Kreisausschnitts vom Radius 1.

Setzen wir $n = 3$, so wird die trisphärische Pyramide zur *Kugelpyramide*; in der Formel

$$dP = \frac{1}{3}\left\{P(\overline{1\,2})\,d(1\,2) + P(\overline{1\,3})\,d(1\,3) + P(\overline{2\,3})\,d(2\,3)\right\}$$

sind (12), (13), (23) die Flächenwinkel der Pyramide oder die Winkel des *Kugeldreiecks* S; $P(\overline{12})$ ist das Maß des einfachen Kontinuums ($p_1 = 0, p_2 = 0$), welches durch die Bedingungen $p_3 > 0$ und $x_1^2 + x_2^2 + x_3^2 < 1$ begrenzt wird, d.h. das Maß des vom Zentrum nach dem Eck $(\overline{12})$ gehenden Radius, also gleich 1. Bezeichnen wir die drei Argumente mit α, β, γ, so ist demnach $dP = (d\alpha + d\beta + d\gamma)/3$. Um die Integrationskonstante bestimmen zu können, lassen wir P verschwinden, was dadurch geschieht, daß wir $p_1 = p_2 = -p_3$ annehmen; dann wird aber $(12) = \pi$, $(13) = (23) = 0$. Wir haben also

$$P = \frac{1}{3}\,(\alpha + \beta + \gamma - \pi), \qquad \text{oder:} \quad S = \alpha + \beta + \gamma - \pi,$$

wenn S das Maß des Kugeldreiecks bezeichnet.

Von jetzt an halten wir uns wieder an die erste Form des Satzes. Für $n = 4$ oder für das *tetrasphärische Plagioschem* S ist das disphärische Perischem $S(\overline{12})$ ein Kreisbogen, dessen Maß mit seinem Argument $(\overline{12}, 34)$ ein und dasselbe ist. Also ist

$$dS = \frac{1}{2}\Big\{(\overline{1\,2}, 3\,4)\,d(1\,2) + (\overline{1\,3}, 2\,4)\,d(1\,3) + (\overline{1\,4}, 2\,3)\,d(1\,4)$$
$$+ (\overline{2\,3}, 1\,4)\,d(2\,3) + (\overline{2\,4}, 1\,3)\,d(2\,4) + (\overline{3\,4}, 1\,2)\,d(3\,4)\Big\},$$

oder: *das Maß des tetrasphärischen Plagioschems hat seine halben Seiten zu Differentialkoeffizienten.* Sind diese Seiten unendlich klein, so verwandelt sich S in eine dreiseitige Pyramide des Raums; man kann nun wirklich nachweisen, daß das Integral des vorliegenden Ausdrucks sich alsdann auf die bekannte Formel für den Inhalt einer räumlichen Pyramide reduziert.

Für das pentasphärische Plagioschem S wird das trisphärische Perischem $S(\overline{12})$ zum Kugeldreieck, dessen Maß gleich der Summe seiner Winkel weniger π ist. Die Funktion S hat 10 Argumente, und von den bezüglichen Differentialkoeffizienten ist z.B.

$$\frac{\partial S}{\partial(1\,2)} = \frac{1}{3}\Big\{(\overline{1\,2}, 3\,4) + (\overline{1\,2}, 3\,5) + (\overline{1\,2}, 4\,5) - \pi\Big\},$$

und, wenn man die 30 Glieder wie $(\overline{12}, 34)\,d(12)$ nach den Kombinationen (1234) vierter Klasse ordnet:

$$\begin{aligned}3\,dS = &\big\{(\overline{1\,2}, 3\,4)\,d(1\,2) + (\overline{1\,3}, 2\,4)\,d(1\,3) + (\overline{1\,4}, 2\,3)\,d(1\,4) + (\overline{2\,3}, 1\,4)\,d(2\,3)\\ &+ (\overline{2\,4}, 1\,3)\,d(2\,4) + (\overline{3\,4}, 1\,2)\,d(3\,4)\big\} + \cdots - \pi\,d\big\{(1\,2) + (1\,3) + \cdots + (4\,5)\big\}\\ = &\;2\,d\big\{S(1\,2\,3\,4) + S(1\,2\,3\,5) + S(1\,2\,4\,5) + S(1\,3\,4\,5) + S(2\,3\,4\,5)\big\}\\ &- \pi\,d\big\{(1\,2) + (1\,3) + \cdots + (4\,5)\big\},\end{aligned}$$

wo $S(1234)$ z.B. ein tetrasphärisches Plagioschem bezeichnet, dessen Argumente (12), (13), (14), (23), (24), (34) sind. Um die Integrationskonstante zu bestimmen, nehmen wir an, alle Argumente des pentasphärischen Plagioschems seien rechte. Dann wird

$$S(1\,2\,3\,4\,5) = \frac{1}{2^5} \cdot \frac{8\,\pi^2}{3} = \frac{\pi^2}{12}, \qquad S(1\,2\,3\,4) = \frac{2\,\pi^2}{2^4} = \frac{\pi^2}{8},$$

und wir bekommen

$$\frac{\pi^2}{4} = \frac{5\,\pi^2}{4} - \pi \cdot 10\,\frac{\pi}{2} + \text{const}, \qquad \text{also} \qquad \text{const} = 4\,\pi^2,$$

und endlich

$$\begin{aligned} S(1\,2\,3\,4\,5) = \frac{2}{3}\Big\{&S(2\,3\,4\,5) + S(1\,3\,4\,5) + S(1\,2\,4\,5) + S(1\,2\,3\,5) + S(1\,2\,3\,4)\Big\} \\ - \frac{\pi}{3}\Big\{&(1\,2) + (1\,3) + (1\,4) + (1\,5) + (2\,3) + (2\,4) + (2\,5) \\ &+ (3\,4) + (3\,5) + (4\,5)\Big\} + \frac{4\,\pi^2}{3}. \end{aligned}$$

Wir sehen hieraus, daß wie das Maß des Kugeldreiecks auf Kreisbogen zurückkommt, so dasjenige des pentasphärischen Plagioschems auf tetrasphärische Plagioscheme und Kreisbogen. Wollten wir diese Wahrnehmung weiter verfolgen, so würden Gammafunktionen und Potenzen von π den an sich einfachen Satz «über die Reduktion perissosphärischer Plagioscheme auf artiosphärische»[1]) ohne Not verwickeln. Wir ziehen es daher vor, zuerst statt der allgemeinen Maßeinheit eine besondere für sphärische Plagioscheme passende Einheit einzuführen, von ähnlicher Bedeutung wie die des Quadranten für Kreisbogen.

23. *Plagioschematische Funktionen; reduzierbare Fälle von Orthogonalität*

Wir setzen fortan

$$\int^n_{\left(\substack{x^2+y^2+\cdots<1 \\ p_1>0,\ \ldots,\ p_n>0}\right)} dx\,dy\,dz\ldots = f(1\,2\,3\cdots n) \times \int^n_{\left(\substack{x^2+y^2+\cdots<1 \\ x>0,\ y>0,\ \ldots}\right)} dx\,dy\,dz\ldots,$$

oder, was dasselbe ist,

$$P(1\,2\,3\ldots n) = \frac{1}{2^n} \cdot \frac{\pi^{n/2}}{\Gamma\left(\frac{n}{2}+1\right)}\, f(1\,2\,3\cdots n),$$

$$S(1\,2\,3\ldots n) = \frac{1}{2^{n-1}} \cdot \frac{\pi^{n/2}}{\Gamma\left(\frac{n}{2}\right)}\, f(1\,2\,3\ldots n),$$

und nennen $f(123\ldots n)$ eine n-sphärische plagioschematische Funktion, p_1, $p_2, \ldots, p_n$ ihre Grenzpolynome, und die von diesen gebildeten Winkel (12), ...

[1]) Die Ausdrücke «perissosphärisch» und «artiosphärisch» werden S. 240 erklärt. *J. H. Graf.*

ihre Argumente. Jede solche Funktion bekommt die Einheit als Wert, wenn alle Argumente $\pi/2$ sind. Es ist dann z.B.

$$f(1\,2) = \frac{2}{\pi}\,(1\,2), \quad f(1\,2\,3) = f(1\,2) + f(1\,3) + f(2\,3) - 2,$$

$$f(1\,2\,3\,4\,5) = f(2\,3\,4\,5) + \cdots - 2\{f(1\,2) + \cdots\} + 16.$$

Da $\frac{2^{n-1}\,\Gamma(n/2)}{\pi^{n/2}} : \frac{2^{n-3}\,\Gamma[(n-2)/2]}{\pi^{(n-2)/2}} = 2\,(n-2)/\pi$ ist, so wird die allgemeine Differentialgleichung der vorigen Ziffer:

$$df(1\,2\,3\ldots n)$$

$$= f(\overline{1\,2}, 3\,4\ldots n)\,df(1\,2) + f(\overline{1\,3}, 2\,4\,5\ldots n)\,df(1\,3) + \cdots.$$

Nehmen wir jetzt an, jedes der m ersten Polynome $p_1, p_2, \ldots, p_m$ sei zu jedem der übrigen $p_{m+1}, p_{m+2}, \ldots, p_n$ orthogonal. Man wird überhaupt die Variabeln so wählen können, daß in jenen nur die m Variabeln $x_1, x_2, \ldots, x_m$ erscheinen. Kämen nun diese auch in einem der folgenden Polynome vor, so würde aus den entsprechenden m Orthogonalitätsbedingungen das Verschwinden der Determinante der Koeffizienten jener m ersten Polynome folgen, was wir nicht zugeben dürfen, da diese unter sich unabhängig sein sollen. Also können die $n-m$ letzten Polynome nur die übrigen Variabeln $x_{m+1}, x_{m+2}, \ldots, x_n$ enthalten. Es sei nun

$$\cos^2\Theta = x_1^2 + x_2^2 + \cdots + x_m^2, \quad x_{m+1} = \sin\Theta\, y_1, \quad x_{m+2} = \sin\Theta\, y_2, \quad \ldots,$$

$$x_n = \sin\Theta\, y_{n-m},$$

und man denke sich die m ersten Variabeln, also auch Θ, zuerst als konstant und die Integration nur in Beziehung auf die $n-m$ letzten Variabeln vollzogen, so werden die auf diese bezüglichen linearen Integrationsgrenzen durch die Einführung der Variabeln y nicht geändert und es kommt noch die Grenze $y_1^2 + y_2^2 + \cdots + y_{n-m}^2 < 1$ hinzu. Da das Produkt $dx_{m+1}\,dx_{m+2}\ldots dx_n$ sich in

$$\sin^{n-m}\Theta\, dy_1\, dy_2\ldots dy_{n-m}$$

verwandelt, so hat man:

$$P(1\,2\,3\ldots n)$$

$$= f[(m+1)\,(m+2)\ldots n] \times \int^n \sin^{n-m}\Theta\, dx_1\, dx_2\ldots dx_m\, dy_1\, dy_2\ldots dy_{n-m}$$
$$(p_1 > 0,\ p_2 > 0,\ \ldots,\ p_m > 0,\ y_1 > 0,\ y_2 > 0,\ \ldots,\ y_{n-m} > 0)$$

$$= f[(m+1)\,(m+2)\ldots n] \times \int^n dx_1\, dx_2\ldots dx_m\, dx_{m+1}\, dx_{m+2}\ldots dx_n.$$
$$(p_1 > 0,\ \ldots,\ p_m > 0,\ x_{m+1} > 0,\ \ldots,\ x_n > 0)$$

Denkt man sich hier die $n-m$ letzten Variabeln $x_{m+1}, x_{m+2}, \ldots, x_n$ zuerst als konstant und die Integration nur in Beziehung auf die m ersten Variabeln vollzogen, so erhält man auf demselben Wege wie vorhin:

$$P(1\,2\,3\,\ldots\,n)$$

$$= f([m+1)\,(m+2)\,\ldots\,n] \times f(1\,2\,3\,\ldots\,m) \times \int^n dx_1\,dx_2\,\ldots\,dx_n\,;$$

$$\left(\begin{matrix} & x_1^2+x_2^2+\cdots+x_n^2<1 & \\ x_1>0, & x_2>0, \quad \ldots, & x_n>0\end{matrix}\right)$$

also endlich:

$$f(1\,2\,3\,\ldots\,n) = f(1\,2\,3\,\ldots\,m)\, f[(m+1)\,(m+2)\,\ldots\,n]\,;$$

d.h. sind m Grenzpolynome einer n-sphärischen Funktion sämtlich zu den $n-m$ übrigen orthogonal, so ist dieselbe das Produkt der von jenen begrenzten m-sphärischen Funktion und der von diesen begrenzten $(n-m)$-sphärischen. Hierbei ist zu bemerken, daß $f(1)=1$, weil auch für die Grenzen $x^2<1$, $x>0$, $\int dx = 1$ ist. Wenn also das erste Grenzpolynom zu allen übrigen orthogonal ist, so hat man $f(123\ldots n) = f(234\ldots n)$; und wenn überhaupt die m ersten Polynome nicht nur zu allen übrigen, sondern auch alle unter sich orthogonal sind, so hat man $f(123\ldots n) = f[(m+1)\,(m+2)\,\ldots\,n]$.

Wenn zwei plagioschematische Funktionen sich bloß dadurch unterscheiden, daß ein bei der ersten positiv genommenes Grenzpolynom bei der andern negativ genommen wird, so ist die Summe dieser Funktionen doppelt so groß als die nur von allen übrigen Polynomen begrenzte Funktion; oder

$$f(p_1, p_2, p_3, \ldots, p_n) + f(-p_1, p_2, p_3, \ldots, p_n) = 2\, f(p_2, p_3, \ldots, p_n).$$

Wenn man sich nämlich die zwei ersten Funktionen durch die entsprechenden Integrale ersetzt denkt, so ist deren Summe ein ähnliches Integral, worin die Grenzbedingung $p_1>0$ oder $-p_1>0$ wegfällt; diese Summe bleibt sich daher gleich; wenn auch das Polynom p_1 sich ändert, z.B. zu allen übrigen Polynomen orthogonal wird; dann hat aber jede der Funktionen, aus denen die Summe besteht, den Wert $f(2\,3\,4\ldots n)$; folglich ist diese $2\,f(234\ldots n)$.

24. *Reduktion der perissosphärischen Plagioscheme auf artiosphärische*

Um die zwei Fälle einer geraden und einer ungeraden Dimensionszahl zu unterscheiden, gebrauchen wir die Ausdrücke *Artiosphäre* und *Perissosphäre.* Wir haben schon gesehen, daß die trisphärischen und pentasphärischen Plagioscheme sich linear durch artiosphärische Plagioscheme niedrigerer Ordnung ausdrücken lassen, und stellen nun folgenden allgemeinen Satz hin:

Wenn f_{2n+1} eine von den Polynomen $p_1, p_2, \ldots, p_{2n+1}$ begrenzte plagioschematische Funktion ist und man mit Σf_{2m} die Summe aller $(2m)$-sphärischen Funktionen bezeichnet, welche von irgend $2m$ jener Polynome begrenzt werden ($f_0 = 1$ angenommen), so ist

$$f_{2n+1} = \sum_{i=0}^{i=n} (-1)^i a_i\, \Sigma f_{2n-2i}, \tag{1}$$

wo die Koeffizienten a durch die Gleichung

$$\operatorname{tg} x = \sum_{i=0}^{i=\infty} a_i \frac{x^{2i+1}}{1 \cdot 2 \cdot 3 \cdots (2i+1)}, \tag{2}$$

definiert sind.

Beweis: Differenziert man die Gleichung (1) nach irgendeinem Argument von f_{2n+1}, z.B. nach (12), so fällt rechts das letzte Glied $(-1)^n a_n$ weg, und man erhält

$$f_{2n-1}(\overline{1\,2}) = \sum_{i=0}^{i=n-1} (-1)^i a_i \Sigma f_{2n-2i-2}(\overline{1\,2}),$$

eine ähnliche Gleichung, worin nur die Dimensionszahl $2n+1$ durch $2n-1$ und die Grenzpolynome durch $p(\overline{1\,2}, 3)$, $p(\overline{1\,2}, 4)$, ..., $p(\overline{1\,2}, n)$ ersetzt sind. Wäre nun der Satz für die $(2n-1)$-Sphäre schon zugegeben, so könnte man durch Integration von dieser Gleichung auf (1) zurückschließen und brauchte nur noch nachzuweisen, daß die Integrationskonstante $(-1)^n a_n$ richtig bestimmt ist. In der Tat, wenn wir annehmen, daß alle Argumente von f_{2n+1} rechte seien und bedenken, daß die Summe Σf_{2n-2i} so viele Glieder zählt, als $2n+1$ Elemente zu je $2n-2i$ kombiniert werden können, so wird die Gleichung (1)

$$1 = \sum_{i=0}^{i=n} (-1)^i a_i \binom{2n+1}{2i+1},$$

oder, wenn man mit $1 \cdot 2 \cdot 3 \cdots (2n+1)$ dividiert,

$$\sum_{i=0}^{i=n} \frac{(-1)^{n-i}}{1 \cdot 2 \cdot 3 \cdots (2n-2i)} \cdot \frac{a_i}{1 \cdot 2 \cdot 3 \cdots (2i+1)} = \frac{(-1)^n}{1 \cdot 2 \cdot 3 \cdots (2n+1)}. \tag{3}$$

Dieselbe Rekursionsgleichung (3) findet man aber auch, wenn man die Gleichung (2) mit

$$\cos x = 1 - \frac{x^2}{1 \cdot 2} + \frac{x^4}{1 \cdot 2 \cdot 3 \cdot 4} - \cdots$$

multipliziert und in der Entwicklung die Koeffizienten von x^{2n+1} auf beiden Seiten einander gleichsetzt. Die Integrationskonstante wäre also richtig bestimmt, wenn der Satz für die Dimensionszahl $2n-1$ wahr wäre. Da aber für die Trisphäre wirklich $f_3 = \Sigma f_2 - 2$, und $a_0 = 1$, $a_1 = 2$ ist, so ist der Satz allgemein bewiesen.

Wir wollen die Gleichung (1) noch einer andern Probe unterwerfen, indem wir annehmen, ein Grenzpolynom von f_{2n+1} sei zu allen übrigen orthogonal; jenes mag *äquatorial*, diese *meridian* heißen. Scheiden wir nun alle Funktionen f_{2m} in zwei Gruppen, je nachdem das äquatoriale Polynom in der entsprechenden Kombination vorkommt oder nicht, und versehen im ersten Falle den Funktionsbuchstaben mit dem Zeichen für senkrechten ($\perp$) und bei der ungeschiedenen Summe das Symbol Σ mit demselben Beisatz, um anzuzeigen, daß das äquatoriale Polynom sich unter den Elementen befinde, über deren Kombinationen die Summe sich erstreckt, so haben wir

$$\overset{\perp}{f}_{2n+1} = f_{2n}, \quad \overset{\perp}{\Sigma} f_{2m} = \Sigma f_{2m} + \Sigma \overset{\perp}{f}_{2m} = \Sigma f_{2m} + \Sigma f_{2m+1},$$

wo auf der rechten Seite der letzten Gleichung die erste Summe $\binom{2n}{2m}$, die zweite $\binom{2n}{2m-1}$ Glieder zählt. Nach (1) ist

$$f_{2m-1} = \sum_{\lambda=1}^{\lambda=m} (-1)^{\lambda-1} a_{\lambda-1} \Sigma f_{2m-2\lambda}.$$

Will man nun dieses in der vorigen Gleichung substituieren, so frägt es sich, wie oft eine und dieselbe Kombination von $2m - 2\lambda$ meridianen Polynomen, oder vielmehr die entsprechende $f_{2m-2\lambda}$ im entwickelten Ausdruck für Σf_{2m-1} sich wiederhole. Da $2m - 2\lambda$ meridiane Polynome schon gesetzt sind, so bleiben deren noch $2n - 2m + 2\lambda$ übrig, und daraus können $2\lambda - 1$ gewählt und mit jenen zu einer Kombination vereinigt werden, welche einer gewissen Funktion f_{2m-1} entspricht. Dies kann aber auf $\binom{2n-2m+2\lambda}{2\lambda-1}$ Arten geschehen, und ebensooft wird also jede einzelne Funktion $f_{2m-2\lambda}$ wiederholt. Demnach ist

$$\overset{\perp}{\Sigma} f_{2m} = \Sigma f_{2m} + \sum_{\lambda=1}^{\lambda=m} (-1)^{\lambda-1} \binom{2n-2m+2\lambda}{2\lambda-1} a_{\lambda-1} \Sigma f_{2m-2\lambda}.$$

Setzen wir nun, indem wir diese Formel in der Gleichung (1) substituieren, $m = n - i$ und $\lambda = k - i$, so bekommen wir

$$f_{2n} = \sum_{i=0}^{i=n} (-1)^i a_i \Sigma f_{2n-i} + \sum_{i=0}^{i=n-1} \sum_{k=i+1}^{k=n} (-1)^{k-1} \binom{2k}{2i+1} a_i a_{k-i-1} \Sigma f_{2n-2k}.$$

Kehrt man in der Doppelsumme rechts die Ordnung der Summationen um, so durchläuft, wenn man k als konstant voraussetzt, i die Werte $0, 1, 2, \ldots, k-1$; und dann ist nach und nach $k = 1, 2, \ldots, n$ zu setzen. Man bekommt daher

$$0 = \sum_{k=1}^{k=n} (-1)^k \left\{ a_k - \sum_{i=0}^{i=k-1} \binom{2k}{2i+1} a_i a_{k-i-1} \right\} \Sigma f_{2n-2k}.$$

Zur identischen Gültigkeit dieser Gleichung wird erfordert, daß überhaupt

$$a_n = \sum_{i=0}^{i=n-1} \binom{2n}{2i+1} a_i a_{n-i-1} \tag{4}$$

sei. Dividiert man diese Gleichung durch $1 \cdot 2 \cdot 3 \cdots 2n$, so sieht man leicht, daß sie aus der Gleichung des Koeffizienten von $x^{2n}\,dx$ in der Entwicklung von $d\,\mathrm{tg}\,x = dx + \mathrm{tg}^2 x\,dx$ hervorgeht.

Setzt man $a_n = 2^n c_n$, so erhält die Rekursionsgleichung (4), indem man die Fälle von geradem und ungeradem n unterscheidet, die Formen

$$c_{2n} = \sum_{i=0}^{i=n-1} \binom{4n}{2i+1} c_i c_{2n-i-1},$$

$$c_{2n+1} = \sum_{i=0}^{i=n-1} \binom{4n+2}{2i+1} c_i c_{2n-i} + \frac{1}{2} \binom{4n+2}{2n+1} c_n^2.$$

Man braucht also nur zu zeigen, daß $\binom{4n+2}{2n+1}$ immer durch 2 teilbar sei, um daraus schließen zu dürfen, daß alle c ganze und positive Zahlen seien. Dieses ist nun wirklich in folgendem allgemeinen Satze enthalten.

Wenn p eine Primzahl, n, i, k überhaupt ganze positive Zahlen sind, $0 < k$, $k < p$, so ist $\binom{n\,p}{i\,p+k}$ durch p teilbar. Denn es ist

$$\binom{n\,p}{i\,p}\,p\,(n-i)\,(n\,p-i\,p-1)\,(n\,p-i\,p-2)\ldots(n\,p-i\,p-k+1)$$
$$=\binom{n\,p}{i\,p+k}\,(i\,p+1)\,(i\,p+2)\ldots(i\,p+k);$$

da die linke Seite den Faktor p hat und rechts die k letzten Faktoren durch p nicht teilbar sind, so muß der erste Faktor $\binom{n\,p}{i\,p+k}$ es sein.

Man findet $c_0 = 1$, $c_1 = 1$, $c_2 = 4$, $c_3 = 2 \cdot 17$, $c_4 = 16 \cdot 31$, $c_5 = 16 \cdot 691$, $c_6 = 64 \cdot 43 \cdot 127$, $c_7 = 16 \cdot 257 \cdot 3617$, ...

Sind die Bernoullischen Zahlen B_n durch die Gleichung

$$\frac{x}{2}\operatorname{cotg}\frac{x}{2} = 1 - \sum_{n=1}^{n=\infty} B_n \frac{x^{2n}}{1\cdot 2\cdot 3\cdots 2\,n}$$

definiert, so folgt

$$\operatorname{tg} x = \operatorname{cotg} x - 2\operatorname{cotg} 2\,x = \sum_{n=0}^{n=\infty} 2^{2n+2}\,\frac{2^{2n+2}-1}{1\cdot 2\cdot 3\cdots(2\,n+2)}\,B_{n+1}\,x^{2n+1},$$

also

$$c_n = 2^{n+1}\,\frac{2^{2n+2}-1}{n+1}\,B_{n+1}.$$

Endlich möge noch eine leichte Probe der Gleichung (1) erwähnt werden. Wird das von $n+1$ linearen Kontinuen umschlossene reguläre Polyschem der n-fachen Totalität auf die konzentrische Sphäre projiziert, so zerfällt ihr Umschluß in $n+1$ reguläre Plagioscheme, und die Argumente eines solchen sind sämtlich gleich $2\pi/3$. Wenn also alle Grenzpolynome der Funktion f_n miteinander Argumente $2\pi/3$ bilden, so ist $f_n = 2\,n/(n+1)$. Setzt man diese Werte in die Gleichung (1), so erhält man

$$\frac{2^{2n+1}}{2\,n+2} = \sum_{i=0}^{i=n} (-1)^i \binom{2\,n+1}{2\,n-2\,i}\,\frac{2^{2n-2i}}{2\,n-2\,i+1}\,a_i.$$

Multipliziert man diese Formel mit $(-1)^n/[1\cdot 2\cdot 3\cdots(2\,n+1)]$, so fällt sie zusammen mit derjenigen, welche man durch die Gleichsetzung des Koeffizienten von x^{2n+2} in der Entwicklung der Gleichung $1 - \cos 2\,x = \sin 2\,x \operatorname{tg} x$ erhält.

25. *Zerlegung der sphärischen Plagioscheme in Orthoscheme*

Sind die Grenzpolynome $p_1, p_2, \ldots, p_n$ eines Plagioschems S so beschaffen, daß nur die $n-1$ Argumente (12), (23), (34), (45), ..., $[(n-1)\,n]$ frei bleiben, alle $\binom{n-1}{2}$ übrigen aber *rechte* sind, so nennen wir S ein *Orthoschem* und betrachten sein Maß als Funktion der $n-1$ freien Argumente, bei denen die obige Ordnung wesentlich ist, aber auch umgekehrt werden darf, ohne daß die Funktion sich ändert. Es soll nun gezeigt werden, daß jedes n-sphärische Plagioschem in $1\cdot 2\cdot 3\cdots(n-1)$ Orthoscheme zerlegt werden kann, deren Argumente durch trigonometrische Relationen aus denen des Plagioschems herzuleiten sind.

Wir wollen zuerst sehen, wie die orthogonalen Variabeln gewählt werden müssen, damit die Grenzpolynome eines Orthoschems in der einfachsten Gestalt erscheinen. Ich setze voraus, man habe die unter Ziffer 20 gegebene Darstellung (5) der Grenzpolynome vor Augen, wo das erste nur eine Variable und jedes folgende immer eine neue Variable mehr als das vorhergehende enthält. Weil nun $(13) = (14) = \cdots = (1\,n) = \pi/2$ sein soll, so muß x_1 in den Polynomen $p_3, p_4, \ldots, p_n$ fehlen. Da p_2 nur x_1 und x_2 enthält, so folgt ferner aus $(24) = (25) = \cdots = (2\,n) = \pi/2$, daß in den Polynomen $p_4, p_5, \ldots, p_n$ die Variable x_2 fehlen muß. Also ist nicht nur $(13) = (14) = \cdots = (1\,n) = \pi/2$, sondern auch $(\overline{1}, 24) = (\overline{1}, 25) = \cdots = (\overline{1}, 2\,n) = \pi/2$. Wird diese Schlußweise fortgesetzt, so sieht man, daß das Polynom p_m nur die Variabeln x_{m-1} und x_m enthält und daß

$$[\overline{1\,2\,3\ldots m}, (m+1)\,(m+3)] = [\overline{1\,2\,3\ldots m}, (m+1)\,(m+4)] = \cdots$$
$$= [\overline{1\,2\,3\ldots m}, (m+1)\,n] = \frac{\pi}{2}$$

ist; die Grenzpolynome erhalten folgende Form:

$$\begin{aligned}
p_1 &= x_1,\\
p_2 &= -x_1 \cos(1\,2) + x_2 \sin(1\,2),\\
p_3 &= -x_2 \cos(\overline{1}, 2\,3) + x_3 \sin(1, 2\,3),\\
p_4 &= -x_3 \cos(\overline{1\,2}, 3\,4) + x_4 \sin(\overline{1\,2}, 3\,4),\\
&\ldots\ldots\ldots\ldots\ldots\ldots\ldots\ldots\\
p_n &= -x_{n-1} \cos[\overline{1\,2\,3\ldots(n-2)}, (n-1)\,n]\\
&\quad + x_n \sin[\overline{1\,2\,3\ldots(n-2)}, (n-1)\,n].
\end{aligned}$$

Werden die allgemeinen Formeln (1) bis (4) der Ziffer 20 auf die Grenzpolynome und Argumente des Perischems $S(\overline{m})$ angewandt, so erhält man

$$p(\overline{m}, m-1) = \frac{p_{m-1} + p_m \cos[(m-1)\,m]}{\sin[(m-1)\,m]},$$

$$p(\overline{m}, m+1) = \frac{p_{m+1} + p_m \cos[m\,(m+1)]}{\sin[m\,(m+1)]},$$

und für jedes von $m-1$, m, $m+1$ verschiedene i, $p\,(\overline{m}, i) = p_i$,

$$\cos[\overline{m}, (m-2)\,(m-1)] = \frac{\cos[(m-2)\,(m-1)]}{\sin[(m-1)\,m]},$$

$$\cos[\overline{m}, (m+1)\,(m+2)] = \frac{\cos[(m+1)\,(m+2)]}{\sin[m\,(m+1)]},$$

$$\cos[\overline{m}, (m-1)\,(m+1)] = \operatorname{cotg}[(m-1)\,m] \operatorname{cotg}[m\,(m+1)],$$

sonst $[\overline{m}, i\,(i+1)] = [i\,(i+1)]$ für $i = 1, 2, 3, \ldots, m-3$; $m+2, m+3, \ldots, n-1$; außer diesen $n-2$ Argumenten von $S(\overline{m})$ sind alle übrigen rechte; also ist $S[\overline{m}, 123\ldots(m-1)\,(m+2)\,(m+3)\ldots n]$ ein $(n-1)$-sphärisches Orthoschem. Der Beweis gilt für alle $(n-1)$-sphärischen Perischeme und kann an jedem von diesen in Beziehung auf seine $(n-2)$-sphärischen Perischeme wiederholt werden, usw. Folglich sind alle Perischeme von jeder beliebigen Ordnung Orthoscheme, und bei jedem die Ziffern seiner Grenzpolynome in derselben Ordnung zu nehmen, wie sie im Ausdruck des ursprünglichen Orthoschems aufeinanderfolgen.

Denken wir uns nun das soeben betrachtete Orthoschem $S(123\ldots n)$ auf eine $(n+1)$-Sphäre gesetzt und x_0 als neue Variable, so dürfen wir immerhin $x_0 = 0$ als Gleichung des Kontinuums, in dem jenes Orthoschem sich befindet, annehmen und alle vorigen Ausdrücke für die Grenzpolynome $p_1, p_2, \ldots, p_n$ beibehalten. Dann seien $x_1', x_2', \ldots, x_n'$ die Werte der Variabeln, welche die Gleichungen $p_2 = 0$, $p_3 = 0, \ldots, p_n = 0$, $x_1^2 + x_2^2 + \cdots + x_n^2 = 1$ genügen, oder die Werte des Ecks $(\overline{0234\ldots n})$. Durch dieses Eck und durch die Normale $(x_1 = x_2 = \cdots, x_n = 0)$ oder den Pol jenes Orthoschems gehe ein lineares zweifaches Kontinuum $(x_1 : x_2 : \ldots : x_n = x_1' : x_2' : \ldots : x_n')$, welches das $(n+1)$-sphärische Kontinuum in einem Kreisbogen schneidet, der jenes Eck mit dem Pol verbindet. Oder kurz gesagt: man ziehe durch jenes Eck einen zum Orthoschem normalen Kreisbogen. Auf diesem nehme man eine beliebige Lösung A, so sind deren Werte

$$x_0 = \sin h, \quad x_1 = x_1' \cos h, \quad x_2 = x_2' \cos h, \quad \ldots, \quad x_n = x_n' \cos h,$$

wo h ihre *Höhe* über dem n-sphärischen Orthoschem bezeichnet. Es ist zum voraus klar, daß alle durch diesen normalen Kreisbogen gelegten n-sphärischen Kontinua zum Orthoschem $S(\bar{0})$ orthogonal sind, mit andern Worten, daß in ihren Gleichungen die Variable x_0 fehlt. Durch jedes $(n-1)$-sphärische Perischem des letzten und durch jene Lösung A ist ein n-sphärisches Kontinuum bestimmt; man versehe die Polynome jener mit Akzenten und schreibe diejenigen dieser gleich, aber ohne Akzent; dem Orthoschem selbst entspreche das Polynom p_0. Man hat dann im ganzen $n+1$ ein *Orthoschem* umschließende n-sphärische Kontinua, wie man sogleich an den Ausdrücken ihrer Polynome sieht:

$$p_0 = x_0, \quad p_1 = \frac{-(x_1' \cos h)\, x_0 + \sin h\, x_1}{\sqrt{\sin^2 h + x_1'^2 \cos^2 h}}, \quad p_2 = p_2', \quad p_3 = p_3', \quad \ldots, \quad p_n = p_n'.$$

Es ist übrigens vermöge der Formel (6) in Ziffer 20: $x_1' = \sin(\overline{345\ldots n, 12})$; daher

$$p_1 = \frac{-x_0 \sin(\overline{3\,4\ldots n, 1\,2}) \cos h + x_1 \sin h}{\sqrt{1 - \sin^2(\overline{3\,4\cdots n, 1\,2}) \sin^2 h}}.$$

Wie wir jetzt gesehen haben, kann man jedes n-sphärische Orthoschem zur Konstruktion eines $(n+1)$-sphärischen gebrauchen, indem man jenes auf eine

$(n+1)$-Sphäre versetzt, auf dasselbe durch sein erstes Eck einen normalen Kreisbogen h zieht, diesen beliebig begrenzt und durch dessen Endlösung (Spitze) und jedes der n-Perischeme des gegebenen Orthoschems (Basis) ein n-sphärisches Kontinuum legt. Das erste derselben wird dann zur Basis schief, alle folgenden aber orthogonal sein; d.h. man hat ein $(n+1)$-sphärisches Orthoschem konstruiert, wovon das gegebene n-sphärische (die Basis) das erste Perischem ist und die n übrigen dieselbe Ordnung befolgen wie die $(n-1)$-sphärischen Perischeme der Basis, durch welche sie gelegt sind.

Nach dieser Vorbereitung ist es nun leicht, irgendein n-sphärisches Plagioschem von einer beliebig gegebenen Lösung A aus in $1\cdot 2\cdot 3\cdots n$ Orthoscheme zu zerlegen. Es mag beiläufig bemerkt werden, daß die Zerlegung eine wahre Summe geben wird, wenn alle ursprünglichen Argumente *spitz* sind und die Lösung A *innerhalb* des Plagioschems liegt. Weil dieser Fall die geringste Schwierigkeit für die Vorstellung hat, werde ich mich im folgenden immer so ausdrücken, als ob ich nur diesen Fall vor Augen hätte; wir haben dann den Vorteil, daß alle in Betracht kommenden Winkel positiv und kleiner als $\pi/2$ sind. Im allgemeinen aber kann die Zerlegung auch negative Orthoscheme enthalten. Ich zeige zuerst die Möglichkeit der Zerlegung, und dann gebe ich die trigonometrischen Relationen, durch welche die Argumente der Orthoscheme in Funktion derjenigen des gegebenen Plagioschems und der sphärischen Abstände seiner Perischeme von der Lösung A bestimmt sind.

Es seien zuerst ein trisphärisches Plagioschem (Kugeldreieck), begrenzt von den disphärischen Perischemen (Kreisbogen) $S(\overline{1})$, $S(\overline{2})$, $S(\overline{3})$, denen die Polynome p_1, p_2, p_3 entsprechen, und die Lösung A gegeben. Man ziehe von A aus auf $S(\overline{1})$ einen normalen Kreisbogen, $A(1)$ sei sein Fußpunkt. Dieser teilt $S(\overline{1})$ in zwei Stücke, von denen das eine nach dem monosphärischen Perischem $S(\overline{12})$ geht, welches wir auch als Fußpunkt betrachten und durch $A(12)$ bezeichnen können. Dieses von $A(1)$ bis $A(12)$ reichende Stück können wir als disphärisches Orthoschem betrachten, obgleich auf der Disphäre die Unterscheidung zwischen Plagioschemen und Orthoschemen eigentlich dahinfällt; und da $A\,A(1)$ zu demselben normal ist und durch sein erstes Eck $A(1)$ geht, so bekommen wir ein trisphärisches Orthoschem, welches A zur Spitze und das genannte disphärische Orthoschem, welches einen Teil von $S(\overline{1})$ ausmacht, zur Basis hat. Von seinen disphärischen Perischemen ist das erste der genannte Teil von $S(\overline{1})$, das zweite geht durch A und $S(\overline{12})$, das dritte durch A und $A(1)$. Diese Ordnung entspricht der Permutation 123. Da es im ganzen $1\cdot 2\cdot 3$ solche Permutationen gibt und jeder ein trisphärisches Orthoschem entspricht, so ist die Zerlegung des trisphärischen Plagioschems in $1\cdot 2\cdot 3$ Orthoscheme bewiesen. Obgleich es auf der Stelle klar ist, daß ein Kugeldreieck mit lauter spitzen Winkeln von einem innerhalb desselben befindlichen Punkte aus in sechs rechtwinklige Kugeldreiecke zerlegt werden kann, so habe ich doch absichtlich die Sache mit dieser scheinbar unnötigen Ausführlichkeit behandelt, um am leichtesten Beispiel den Gang der nun folgenden allgemeinen Konstruktion zum voraus anzudeuten und dadurch etwas klarer zu machen.

Nehmen wir an, es sei bereits gezeigt, daß ein $(n-1)$-sphärisches Plagioschem von einer innern Lösung aus in $1\cdot 2\cdot 3 \cdots (n-1)$ Orthoscheme zerlegt werden kann, welche den Permutationen seiner Grenzpolynome entsprechen, und versuchen nun, das gleiche für ein n-sphärisches Plagioschem zu bewerkstelligen, dessen Grenzpolynome mit den Ziffern $1, 2, 3, \ldots, n$ bezeichnet sein mögen. Von der gegebenen innern Lösung A aus werde auf das $(n-1)$-sphärische Perischem $S(\overline{1})$ ein normaler Kreisbogen gezogen und von seinem Fußpunkte $A(1)$ aus dieses Perischem in $1\cdot 2\cdot 3 \cdots (n-1)$ Orthoscheme zerlegt; eines von diesen entspreche der Permutation $234\ldots n$. Da $A(1)$ sein erstes Eck ist und durch dieses der Kreisbogen $A\,A(1)$ normal zum genannten $(n-1)$-sphärischen Orthoschem gezogen ist, so ist nach dem früher Gezeigten das letzte Basis und A Spitze eines n-sphärischen Orthoschems, welches der Permutation $123\ldots n$ entspricht. Wird von $A(1)$ auf $S(\overline{12})$ ein normaler Kreisbogen mit dem Fußpunkt $A(12)$, von diesem aus auf $S(\overline{123})$ ein normaler Kreisbogen mit dem Fußpunkt $A(123)$ usw. gezogen, so ist das erste Perischem dieses n-sphärischen Orthoschems jenes orthoschematische Stück von $S(\overline{1})$, das zweite geht durch $S(\overline{12})$ und A, das dritte durch $S(\overline{123})$, A und $A(1)$, das vierte durch $S(\overline{1234})$, A, $A(1)$ und $A(12)$ usw., das letzte endlich durch A, $A(1)$, $A(12)$, $A(123)$, $\ldots$, $A[1234\ldots(n-2)]$. Es ist klar, daß z.B. der Fußpunkt $A(123\ldots m)$ sich nicht ändert, wie man auch die Ziffern $1, 2, 3, \ldots, m$ permutiert. Denn, um denselben zu bestimmen, kann man auch durch das Zentrum auf das $(n-m)$-fache lineare Kontinuum $(\overline{123\ldots m})$ das normale m-fache lineare Kontinuum legen; dieses wird mit dem nach A gehenden Radius ein $(m+1)$-sphärisches Kontinuum bestimmen, welches das $(n-m)$-sphärische Perischem $S(\overline{123\ldots m})$ im verlangten Fußpunkt $A(123\ldots m)$ trifft. Wird diese Konstruktion in Beziehung auf alle $(n-1)$-sphärischen Orthoscheme, in welche $S(\overline{1})$ zerfällt, wiederholt, so setzen sich die erhaltenen n-sphärischen Orthoscheme, welche den sämtlichen mit 1 anfangenden Permutationen der Ziffern $1, 2, 3, \ldots, n$ entsprechen, zu einem Plagioschem zusammen, welches A zur Spitze und das ganze Perischem $S(\overline{1})$ zur Basis hat. Nimmt man nun nach und nach $S(\overline{2})$, $S(\overline{3})$, $\ldots$, $S(\overline{n})$ als Basen, so setzen endlich alle entsprechenden Plagioscheme um die gemeinschaftliche Spitze A herum sich zum ganzen ursprünglichen Plagioschem zusammen. Da nun die Möglichkeit der Zerlegung in Orthoscheme für das trisphärische Plagioschem bewiesen ist, so ist es nach dem vorigen auch für das tetrasphärische, usw.; sie ist also allgemein bewiesen.

Fällt die Lösung A nicht in die Begrenzung des gegebenen n-sphärischen Plagioschems, so ist aus dem Gesagten klar, daß $1\cdot 2\cdot 3 \cdots n$ die Zahl der Orthoscheme sein wird, aus denen es besteht. Fällt sie aber mit einem Eck, z.B. $(\overline{234\ldots n})$, zusammen, so ist dieses die gemeinschaftliche Spitze von $1\cdot 2\cdot 3 \cdots (n-1)$ Orthoschemen, deren Basen das gegenüberliegende Perischem $S(\overline{1})$ zusammensetzen, und mit diesen ist die Zerlegung vollendet. Wenn man also eine Zerlegung des Plagioschems in die kleinstmögliche Zahl von Orthoschemen verlangt, so muß sie von einem Eck aus gemacht werden.

Wenn wir nun zweitens die trigonometrischen Relationen anzugeben haben, durch welche die Argumente eines durch die Zerlegung entstandenen Orthoschems, z.B. desjenigen, welches der Permutation $1\,2\,3 \ldots n$ entspricht, in Funktion der Argumente des gegebenen Plagioschems bestimmt sind, so liegt es uns daran, den Gebrauch der orthogonalen Werte der Lösung A, von der aus die Zerlegung geschehen soll, zu vermeiden, um nicht durch die Willkürlichkeit des orthogonalen Systems belästigt zu sein, sondern nur die wesentliche Zahl von Daten der Aufgabe in Rechnung bringen zu können. Wir bestimmen daher die Lösung A durch die Werte der Grenzpolynome $p_1, p_2, \ldots, p_n$. Dann ist z.B. der Wert von p_1 der Abstand der Lösung A von dem durch $p_1 = 0$ dargestellten linearen Kontinuum $(\bar{1})$, oder, da A auf der n-Sphäre liegt, der Sinus des sphärischen Abstandes der Lösung A vom Perischem $S(\bar{1})$. Man kann also auch sagen, die Lösung A sei durch die Längen der auf den Perischemen normalen Kreisbogen $A\,A(1)$, $A\,A(2)$, ..., $A\,A(n)$ bestimmt. Weil aber A auf der Sphäre liegen soll, so muß zwischen den Werten von $p_1, p_2, \ldots, p_n$ eine Relation bestehen, welche der Gleichung $x^2+y^2+z^2+\cdots=1$ entspricht, wenn $x, y, \ldots$ die orthogonalen Variabeln bedeuten. Wir finden diese leicht auf folgendem Wege.

Es seien $p_1 = a_1\,x + b_1\,y + \cdots$, $p_2 = a_2\,x + b_2\,y + \cdots$ usw. die Polynome. Da der Ausdruck

$$\left\|\begin{array}{l|l} x \;.\; y \;.\; z \;\ldots & x \;.\; y \;.\; z \;\ldots \\ a_1 \,.\, b_1 \,.\, c_1 \ldots & a_1 \,.\, b_1 \,.\, c_1 \ldots \\ a_2 \,.\, b_2 \,.\, c_2 \ldots & a_2 \,.\, b_2 \,.\, c_2 \ldots \\ \ldots\ldots\ldots & \ldots\ldots\ldots \\ a_n \,.\, b_n \,.\, c_n \ldots & a_n \,.\, b_n \,.\, c_n \ldots \end{array}\right\|$$

verschwinden muß, weil jede Hälfte dieses Schemas $n+1$ Horizontalreihen und nur n Vertikalzeilen hat, so bekommt man, indem man ihn in eine Determinante von Produktsummen verwandelt und $x^2+y^2+\cdots=1$ voraussetzt,

$$\begin{vmatrix} 1 \,. & p_1 & . & p_2 & \ldots & p_n \\ p_1 \,. & 1 & . & -\cos(1\,2) & \ldots & -\cos(1\,n) \\ p_2 \,. & -\cos(1\,2) & . & 1 & \ldots & -\cos(2\,n) \\ \ldots & \ldots & \ldots & \ldots & \ldots & \ldots \\ p_n \,. & -\cos(1\,n) & \cdot & -\cos(2\,n) & \ldots & 1 \end{vmatrix} = 0 \qquad (1)$$

als Gleichung des n-sphärischen Kontinuums.

Formeln zur Berechnung der Orthoscheme, in welche ein gegebenes n-sphärisches Plagioschem zerfällt.

Es seien $a(1)$, $a(2)$, ..., $a(n)$ die Werte der Grenzpolynome $p(1)$, $p(2)$, ..., $p(n)$, welche für die Lösung A stattfinden, von der aus die Zerlegung geschehen soll, mit andern Worten, die Sinusse ihrer sphärischen Abstände von den Perischemen; sie müssen der Relation (1) genügen. Es sei ferner

$$\left.\begin{aligned}
a(\overline{1}, m) &= \frac{a(1)\cos(1\,m) + a(m)}{\sin(1\,m)}, \\
a(\overline{1\,2}, m) &= \frac{a(\overline{1}, 2)\cos(\overline{1}, 2\,m) + a(\overline{1}, m)}{\sin(\overline{1}, 2\,m)}, \\
a(\overline{1\,2\,3}, m) &= \frac{a(\overline{1\,2}, 3)\cos(\overline{1\,2}, 3\,m) + a(\overline{1\,2}, m)}{\sin(\overline{1\,2}, 3\,m)}, \\
&\cdots\cdots\cdots\cdots\cdots\cdots \\
a[\overline{1\,2\,3\ldots(n-1)}, n] & \\
= \frac{a[\overline{1\,2\ldots(n-2)}, n-1]\cos[\overline{1\,2\ldots(n-2)}, (n-1)\,n] + a[\overline{1\,2\ldots(n-2)}, n]}{\sin[\overline{1\,2\ldots(n-2)}, (n-1)\,n]} &
\end{aligned}\right\} \quad (2)$$

$$\left.\begin{aligned}
&\frac{a(1)}{a(\overline{1}, 2)} = \operatorname{tg}\beta_1, \quad \frac{a(\overline{1}, 2)}{a(\overline{12}, 3)} = \operatorname{tg}\beta_2, \quad \frac{a(\overline{12}, 3)}{a(\overline{123}, 4)} = \operatorname{tg}\beta_3, \quad \ldots, \\
&\frac{a[\overline{1\,2\,3\ldots(n-2)}, n-1]}{a[\overline{1\,2\,3\ldots(n-1)}, n]} = \operatorname{tg}\beta_{n-1},
\end{aligned}\right\} \quad (3)$$

so sind

$$\cos\beta_1, \quad \sin\beta_1\cos\beta_2, \quad \sin\beta_2\cos\beta_3, \quad \ldots, \quad \sin\beta_{n-2}\cos\beta_{n-1} \qquad (4)$$

die Kosinusse der Argumente desjenigen Orthoschems, welches der Permutation $1\,2\,3\ldots n$ entspricht.

An diesen Satz reihe ich noch folgende Behauptungen.

Der Wert von $a(\overline{123\ldots i}, m)$ ändert sich nicht, wie man auch die überstrichenen Ziffern 1, 2, 3, ..., i permutiert. Die Gesamtzahl dieser Größen ist demnach

$$n \cdot 2^{n-1}. \qquad (5)$$

Die Relation (1) verwandelt sich in

$$a(1)^2 + a(\overline{1}, 2)^2 + a(\overline{12}, 3)^2 + a(\overline{123}, 4)^2 + \cdots + a[\overline{12\ldots(n-1)}, n]^2 = 1. \qquad (6)$$

Wird im System (2) der Buchstabe a durch p ersetzt, d.h. denkt man sich die Werte der Variabeln nicht gegeben, sondern frei, so ist $p(\overline{12\ldots i}, m)$ das Polynom des durch $S(\overline{123\ldots i}\,m)$ und orthogonal zu $S(\overline{1})$, ..., $S(\overline{2})$, ..., $S(\overline{i})$ gelegten Kontinuums. (7)

Für den Fußpunkt $A(123\ldots i)$ gelten die Gleichungen:

$$p_1 = 0, \quad p_2 = 0, \quad \ldots, \quad p_i = 0,$$

$$p(\overline{123\ldots i}, m) = \frac{a(\overline{1\,2\,3\ldots i}, m)}{\sqrt{1 - a(1)^2 - a(\overline{1}, 2)^2 - a(\overline{12}, 3)^2 - \cdots - a[\overline{12\ldots(i-1)}, i]^2}}, \qquad (8)$$

$$(m = i+1, i+2, i+3, \ldots n)$$

wo der Radikand im Nenner durch eine Permutation der Ziffern 1, 2, 3, ..., i nicht geändert wird.

Beweis: Das durch $(\overline{1\,m})$ und die Lösung A gelegte lineare Kontinuum hat die Gleichung

$$a(1)\,p(m) - a(m)\,p(1) = 0. \tag{9}$$

Die Summe der Quadrate der Koeffizienten der Variabeln auf der linken Seite ist

$$a(1)^2 + 2\,a(1)\,a(m)\cos(1\,m) + a(m)^2 = [a(1)\cos(1\,m) + a(m)]^2 + a(1)^2\sin^2(1m),$$

also nach (2) gleich

$$[a(1)^2 + a(\bar{1}, m)^2]\sin^2(1\,m).$$

Das Polynom des betrachteten Kontinuums ist demnach

$$\frac{a(1)\,p(m) - a(m)\,p(1)}{\sin(m)\sqrt{a(1)^2 + a(\bar{1}, m)^2}}.$$

Wenn nun das Orthoschem, dessen Argumente wir suchen, der Permutation $123\ldots n$ entspricht, so ist $p(1) = q_1$ sein erstes Grenzpolynom, und

$$q_2 = \frac{a(1)\,p(2) - a(2)\,p(1)}{\sin(12)\sqrt{a(1)^2 + a(\bar{1}, 2)^2}} \tag{10}$$

sein zweites. Ist β_1 der Winkel der Polynome q_1, q_2, so hat man

$$\cos\beta_1 = \frac{a(1)\cos(12) + a(2)}{\sin(12)\sqrt{a(1)^2 + a(\bar{1}, 2)^2}} = \frac{a(\bar{1}, 2)^2}{\sqrt{a(1)^2 + a(\bar{1}, 2)^2}}, \tag{11}$$

woraus sogleich

$$\operatorname{tg}\beta_1 = \frac{a(1)}{a(\bar{1}, 2)}$$

folgt.

Multiplizieren wir die Gleichung (9) mit einem beliebigen der Ziffer m entsprechenden Faktor λ_m und summieren dann für $m = 2, 3, \ldots, n$, so stellt die erhaltene Gleichung ein durch A gehendes Kontinuum dar. Soll dieses noch zu $(\bar{1})$ orthogonal sein, so muß

$$\Sigma\,\lambda_m\,[a(1)\cos(1\,m) + a(m)] = 0$$

sein. Demnach ist für den von A aus normal auf das Grenzkontinuum $(\bar{1})$ gezogenen Kreisbogen

$$\frac{a(1)\,p(m) - a(m)\,p(1)}{a(1)\cos(1\,m) + a(m)} = \text{const}, \tag{12}$$

während $m = 2, 3, \ldots, n$ wird. Durch die hieraus entspringenden $n - 2$ Gleichungen ist das normale disphärische Kontinuum gerade bestimmt. Für den Fußpunkt kommt noch die Bedingung $p(1) = 0$ hinzu. Mit Rücksicht auf (2) haben wir also für den Fußpunkt $A(1)$:

$$\frac{p(m)}{a(\bar{1}, m)\sin(1\,m)} = \text{const.} \qquad (m = 2, 3, \ldots, n)$$

Nach der in (7) vorausgesetzten Erweiterung des Systems (2) ist aber

$$p(\bar{1}, m) = \frac{p(1)\cos(1\,m) + p(m)}{\sin(1\,m)}.$$

Wie wir weiter unten noch erläutern werden und wie schon durch die Bezeichnung angedeutet werden soll, hat dieses Polynom für das $(n-1)$-sphärische Perischem $S(\bar{1})$ dieselbe Bedeutung wie $p(m)$ für das ursprüngliche n-sphärische Plagioschem. – Im vorliegenden Falle haben wir also, wegen $p(1) = 0$, für den Fußpunkt $A(1)$

$$\frac{p(\bar{1}, 2)}{a(\bar{1}, 2)} = \frac{p(\bar{1}, 3)}{a(\bar{1}, 3)} = \cdots = \frac{p(\bar{1}, n)}{a(\bar{1}, n)}. \tag{13}$$

Wir erfahren hieraus nur die Verhältnisse der Werte der Polynome $p(\bar{1}, m)$. Um ihre wirklichen Werte zu bekommen, schreiben wir in der Gleichung (1) überall a statt p, was erlaubt sein muß, weil die Lösung A auf der Polysphäre liegt. Die oberste Horizontalreihe beziffern wir mit 0, die folgenden mit 1, 2, ..., n. Multiplizieren wir nun die Horizontalzeile [1] mit $\cos(1\,m)$ und addieren die Produkte zur Horizontalzeile $[m]$, während [1] unverändert bleibt, so ändert sich der Wert der Determinante bekanntlich nicht, und die zwei ersten Glieder der Zeile $[m]$ werden:

$$a(m) + a(1)\cos(1\,m) = a(\bar{1}, m)\sin(1\,m), \qquad 0.$$

Das Glied vom Range m wird $\sin^2(1\,m)$, und dasjenige vom Range i wird

$$-\cos(i\,m) - \cos(1\,i)\cos(1\,m) = -\sin(1\,i)\sin(1\,m)\cos(\bar{1}, i\,m);$$

diese Horizontalzeile ist also durch $\sin(1\,m)$ teilbar. Da rechts die Null steht, so kann man diesen Faktor der Determinante weglassen. Man führe dieses durch für $m = 2, 3, \ldots, n$. Von der Zeile [0] subtrahiere man die mit $a(1)$ multiplizierte Zeile [1], so werden ihre Glieder

$$1 - a(1)^2, \quad 0, \quad a(\bar{1}, 2)\sin(1\,2), \quad a(\bar{1}, 3)\sin(1\,3), \quad \ldots, \quad a(\bar{1}, n)\sin(1\,n).$$

Bezeichnen $H_0, H_1, \ldots, H_n$ die ursprünglichen Horizontalzeilen, so können wir die neuen durch

$$H_0 - a(1)\,H_1, \quad H_1, \quad \ldots, \quad [H_m + H_1\cos(1\,m)] : \sin(1\,m), \quad \ldots$$

ausdrücken. Man wird nun bemerken, daß die Vertikalzeile [1] nur im Range [1] das Glied 1, sonst lauter Nullen hat; folglich kann man auch in der Horizontalzeile [1] alle Glieder außer dem erwähnten durch Nullen ersetzen. Jetzt ist aber die Vertikalzeile $[i]$ durch $\sin(1\,i)$ teilbar geworden. Man lasse diesen Faktor für $i = 2, 3, \ldots, n$ weg, so hat man endlich die Gleichung

$$\begin{vmatrix} 1 - a(1)^2 & a(\bar{1}, 2) & a(\bar{1}, 3) & \ldots & a(\bar{1}, n) \\ a(\bar{1}, 2) & 1 & -\cos(\bar{1}, 23) & \ldots & -\cos(\bar{1}, 2\,n) \\ a(\bar{1}, 3) & -\cos(\bar{1}, 32) & 1 & \ldots & -\cos(\bar{1}, 3\,n) \\ \cdots & \cdots & \cdots & \cdots & \cdots \\ a(\bar{1}, n) & -\cos(\bar{1}, n\,2) & -\cos(\bar{1}, n\,3) & \ldots & 1 \end{vmatrix} = 0. \tag{14}$$

Da diese Gleichung für das $(n-1)$-sphärische Kontinuum $(\overline{1})$ gerade dieselbe Bedeutung hat, wie die Gleichung (2) für das n-sphärische, so folgt, daß für $A(1)$ die Grenzpolynome von $(\overline{1})$ folgende Werte bekommen:

$$p(\overline{1}, m) = \frac{a(\overline{1}, m)}{\sqrt{1 - a(1)^2}}, \qquad (m = 2, 3, 4, \ldots, n). \tag{15}$$

Was am gegebenen n-sphärischen Plagioschem in Beziehung auf sein Grenzkontinuum $(\overline{1})$ und die Lösung A getan worden ist, soll nun am $(n-1)$-sphärischen Plagioschem $(\overline{1})$ in Beziehung auf seine Basis $(\overline{12})$ und die Lösung $A(1)$ wiederholt werden.

Man hätte also eigentlich die Variabeln orthogonal so zu transformieren, daß das Polynom $p(1)$ einer einzigen Variabeln gleich würde, und dann in jedem der übrigen Polynome diese Variable wegzulassen und seine zurückbleibenden Koeffizienten proportional so zu verändern, daß wiederum die Summe ihrer Quadrate $= 1$ wird. Nun ist zum Beispiel im Polynom $p(m)$ der Koeffizient der zu unterdrückenden Variabeln $-\cos(1\,m)$; die zurückbleibenden Koeffizienten sind also mit $\sin(1\,m)$ zu dividieren; das entsprechende Grenzpolynom von $(\overline{1})$ wird demnach

$$p(\overline{1}, m) = \frac{p(m) + p(1)\cos(1\,m)}{\sin(1\,m)},$$

und man braucht sich in die Transformation der Variabeln nicht einzulassen. – Mit andern Worten: Durch die Unterdrückung der mit $p(1)$ koinzidierenden Variabeln geht das Kontinuum $(\overline{m})$ in ein durch $(\overline{1\,m})$ gelegtes und zu $(\overline{1})$ *orthogonales* über. Die erste Bedingung wird durch die Form $p(m) + \lambda\, p(1)$ erfüllt, und der Faktor λ ist durch die zweite Bedingung, $p(m) + \lambda\, p(1) \perp p(1)$ oder $\cos(1\,m) - \lambda = 0$ bestimmt. Da nun die Summe der Quadrate der Koeffizienten des Polynoms $p(m) + \lambda\, p(1)$ gleich ist $1 + \lambda^2 - 2\lambda\cos(1\,m) = \sin^2(1\,m)$, so haben wir auch so wieder die obige Formel für $p(\overline{1}, m)$ bewiesen. Sie ist übrigens als spezieller Fall in den allgemeinen Formeln (1) und (2) von Ziffer 20 enthalten.

Für das folgende brauchen wir einen Ausdruck für den Winkel der Polynome $p(i)$ und $p(\overline{1}, m)$. Wir finden seinen Kosinus

$$\left.\begin{aligned} &= \frac{\cos(i\,m) + \cos(1\,i)\cos(1\,m)}{\sin(1\,m)} = \sin(1\,i)\cos(\overline{1}, i\,m) \\ &\text{und im besonderen für} \quad i = m, \quad = -\sin(1\,m). \end{aligned}\right\} \tag{16}$$

Nun haben wir ähnlich wie in (10) für das dritte Grenzpolynom des betrachteten Orthoschems den Ausdruck

$$q_3 = \frac{a(\overline{1}, 2)\, p(\overline{1}, 3) - a(\overline{1}, 3)\, p(\overline{1}, 2)}{\sin(\overline{1}, 23)\sqrt{a(\overline{1}, 2)^2 + a(\overline{12}, 3)^2}}. \tag{17}$$

Der Zähler ist eine homogene lineare Funktion von $p(1)$, $p(2)$, $p(3)$, also geht das Kontinuum durch $(\overline{123})$; der Zähler verschwindet für A und wegen (15) auch für $A(1)$, das Kontinuum geht also durch beide Lösungen.

Wir haben also die negative Summe der Produkte der gleichnamigen Koeffizienten der Polynome $p(2)$ und $a(\overline{1}, 2)$, $p(\overline{1}, 3) - a(\overline{1}, 3)$, $p(\overline{1}, 2)$ zu berechnen; nach (16) ist sie

$$\sin(12)\left\{a(\overline{1}, 2)\cos(\overline{1}, 23) + a(\overline{1}, 3)\right\} = a(\overline{12}, 3)\sin(12)\sin(\overline{1}, 23);$$

ferner ist $p(1) \perp a(\overline{1}, 2)\, p(\overline{1}, 3) - a(\overline{1}, 3)\, p(\overline{1}, 2)$, und endlich mit Rücksicht auf den in (10) gegebenen Wert von q_2:

$$\cos\sphericalangle(q_2\, q_3) = \frac{a(1)}{\sqrt{a(1)^2 + a(\overline{1}, 2)^2}} \cdot \frac{a(\overline{12}, 3)}{\sqrt{a(\overline{1}, 2)^2 + a(\overline{12}, 3)^2}} = \sin\beta_1 \cos\beta_2,$$

wenn man die Abkürzungen (3) gebraucht.

Bezeichnen wir mit $p(\overline{12}, m)$ das Polynom eines durch $(\overline{12\,m})$ und orthogonal zu $(\overline{1})$ und $(\overline{2})$ gelegten Kontinuums, so finden wir durch die oben gebrauchten Schlüsse

$$p(\overline{12}, m) = \frac{p(\overline{1}, m) + p(\overline{1}, 2)\cos(\overline{1}, 2\,m)}{\sin(\overline{1}, 2\,m)}. \quad \text{Vgl. (7)}$$

Es erhellt schon aus der Definition, daß dieser Ausdruck durch Vertauschung der Zeiger 1, 2 nicht geändert wird; man kann dies aber auch direkt verifizieren; denn man findet leicht

$$p(\overline{12}, m) = \frac{p(m)\sin(12) + p(1)\sin(2\,m)\cos(\overline{2}, 1\,m) + p(2)\sin(1\,m)\cos(\overline{1}, 2\,m)}{\sin(1\,2)\sin(1\,m)\sin(\overline{1}, 2\,m)},$$

wo hinsichtlich des Nenners zu bemerken ist, daß $\sin(1\,m)\sin(\overline{1}, 2\,m) = \sin(2\,m)\sin(\overline{2}, 1\,m)$. Wenn aber $p(\overline{12}, m) = p(\overline{21}, m)$, so folgt von selbst, daß auch $a(\overline{12}, m) = a(\overline{21}, m)$. Hieraus kann leicht die Richtigkeit der Behauptung (5) gefolgert werden.

Wie aus der Gleichung (1) die Gleichung (14) sich ergab, so kann aus dieser wiederum die Gleichung

$$\begin{vmatrix} 1 - a(1)^2 - a(\overline{1}, 2)^2 & a(\overline{12}, 3) & \ldots & a(\overline{12}, 3\,n) \\ a(\overline{12}, 3) & 1 & \ldots & -\cos(\overline{12}, 3\,n) \\ \cdots & \cdots & \cdots & \cdots \\ a(\overline{12}, n) & -\cos(\overline{12}, n\,3) & \ldots & 1 \end{vmatrix} = 0 \qquad (18)$$

hergeleitet werden, und es folgt, daß der Ausdruck $a(1)^2 + a(\overline{1}, 2)^2$ sich nicht ändert, wenn man auch die Ziffern 1 und 2 vertauscht. Setzt man dies weiter fort, so erhält man durch wiederholte Anwendung derselben Schlüsse, durch welche (13) und (15) gefunden wurden, für den Fußpunkt $A(\overline{123\ldots i})$ die Gleichungen (8). Da zuletzt das Polynom $p[\overline{123\ldots(n-1)}, n]$ nur noch eine Variable enthält und diese der Gleichung der Monosphäre genügt, so ist sein Wert ± 1; daraus folgt die Gleichung (6). Das gleiche folgt auch aus der fortgesetzten Reduktion der Gleichung (18).

Es ist leicht, die Gleichung (17) zu verallgemeinern; man hat

$$q_m = \frac{a[\overline{12\ldots(m-2)}, m-1]\, p[\overline{12\ldots(m-2)}, m] - a[\overline{12\ldots(m-2)}, m]\, p[\overline{12\ldots(m-2)}, m-1]}{\sin[\overline{12\ldots(m-2)}, (m-1)\, m] \sqrt{a[\overline{12\ldots(m-2)}, m-1]^2 + a[\overline{12\ldots(m-1)}, m]^2}}.$$

Aus dieser allgemeinen Formel für ein Grenzpolynom des Orthoschems folgt dann

$$\cos \sphericalangle (q_m\, q_{m+1}) = \frac{a[\overline{12\ldots(m-2)}, m-1]}{\sqrt{a[\overline{12\ldots(m-2)}, m-1]^2 + a[\overline{12\ldots(m-1)}, m]^2}}$$

$$\times \frac{a(\overline{12\ldots m}, m+1)}{\sqrt{a[\overline{12\ldots(m-1)}, m]^2 + a(\overline{12\ldots m}, m+1)^2}} = \sin\beta_{m-1} \cos\beta_m. \qquad \text{Vgl. (4).}$$

Wenn die Bedingung für die Quadratsumme der Koeffizienten nicht erfüllt zu sein braucht, so kann man das m-te Grenzkontinuum des Orthoschems auch durch die Gleichung

$$\begin{vmatrix} 1 & . -\cos(1\,2) & . -\cos(1\,3) & \ldots & -\cos[1\,(m-2)] & . a(1) & . p(1) \\ -\cos(2\,1) & . \quad 1 & . -\cos(2\,3) & \ldots & -\cos[2\,(m-2)] & . a(2) & . p(2) \\ -\cos(3\,1) & . -\cos(3\,2) & . \quad 1 & \ldots & -\cos[3\,(m-2)] & . a(3) & . p(3) \\ \ldots & \ldots & \ldots & \ldots & \ldots & \ldots & \ldots \\ -\cos(m\,1) & . -\cos(m\,2) & . -\cos(m\,3) & \ldots & -\cos[m\,(m-2)] & . a(m) & . p(m) \end{vmatrix} = 0$$

darstellen. Es erhellt aus dieser Form der Gleichung sogleich, daß das Kontinuum durch $(\overline{123\ldots m})$ und A geht und zu allen durch $[\overline{12\ldots(m-2)}]$ gelegten Kontinuen orthogonal ist und daß eine Permutation der Zeiger 1, 2, 3, ..., $m-2$ keinen Einfluß hat.

26. *Reduktion der perissosphärischen Orthoscheme auf artiosphärische*

Auf den ersten Blick scheint die Aufgabe dieses Abschnittes schon mit derjenigen von Ziffer 24, welche sich auf Plagioscheme überhaupt bezog, zugleich gelöst zu sein, indem man nichts weiter zu tun brauche, als die dortige Gleichung (1) dem besondern Fall eines Orthoschems anzupassen. Dieses Geschäft kann für niedrige Dimensionszahlen allerdings ausgeführt werden. Da aber der unter Ziffer 23 betrachtete Fall, wo eine plagioschematische Funktion in ein Produkt zweier anderer zerfällt, sehr oft mit perissosphärischen Faktoren eintritt und diese dann wiederum durch lineare Polynome artiosphärischer Funktionen dargestellt werden müssen, so mag es schwer halten, auf diesem Wege zu einem allgemeinen Gesetz zu gelangen. Hingegen wird die Lösung der speziellen Aufgabe dieses Paragraphen ganz leicht, wenn man sie unmittelbar angreift, ohne von der Gleichung (1) unter Ziffer 24 auszugehen.

Zur Vorbereitung auf das Folgende diene diese auf Ziffer 23 gestützte Bemerkung. Bedeutet $f(1234\ldots n)$ eine orthoschematische Funktion, wo die Ziffern den Grenzpolynomen entsprechen und die Ordnung derselben die bekannte Bedeutung hat, also bloß umgekehrt, aber sonst nicht durch Permutation verändert werden darf, und man läßt einige Polynome weg, so daß die Folge der übrigen durch Lücken unterbrochen wird, so sind alle zwischen zwei Lücken oder zwischen einer Lücke und dem Anfang oder Ende der ursprünglichen Reihe enthaltenen Polynome zu jedem der übrigen orthogonal; daher findet die unter Ziffer 23 gelehrte Zerfällung einer Funktion in Faktoren ihre Anwendung auf jede niedrigere orthoschematische Funktion, welche einer durch Lücken unterbrochenen Kombination der gegebenen Polynome entspricht. Ist zum Beispiel $m - i > 1$, $m < n$, so ist

$$f[1\,2\,3\ldots i\,m\,(m+1)\ldots n] = f(1\,2\,3\ldots i)\,f[m\,(m+1)\ldots n].$$

Im folgenden Satz können nur artiosphärische Faktoren vorkommen.

Satz: Wenn f_{2n+1} *die einem perissosphärischen Orthoschem entsprechende Funktion bezeichnet und man läßt in der Reihe seiner* $2n+1$ *Grenzpolynome deren* $2i+1$ *auf alle möglichen Arten so weg, daß jede der ununterbrochenen Reihen, in welche die ursprüngliche Reihe durch die entstandenen Lücken getrennt wird, eine gerade Anzahl von Polynomen enthält; bezeichnet man ferner die Summe aller Funktionen, welche den erwähnten Kombinationen der Grenzpolynome entsprechen, mit* Σf_{2n-2i}, *wo die einzelnen Glieder teils einzelne Funktionen, teils Produkte von solchen sind, je nachdem in der betreffenden Kombination alle Polynome eine fortlaufende oder durch Lücken unterbrochene Reihe bilden, so ist*

$$f_{2n+1} = \sum_{i=0}^{i=n} \frac{(-1)^i}{i+1}\binom{2i}{i}\,\Sigma f_{2n-2i} \tag{1}$$

zum Beispiel

$$f(1\,2\,3) = f(2\,3) + f(1\,2) - 1,$$

$$\begin{aligned} f(1\,2\,3\,4\,5) = {} & f(2\,3\,4\,5) + f(1\,2)\,f(4\,5) + f(1\,2\,3\,4) \\ & - \{f(4\,5) + f(3\,4) + f(2\,3) + f(1\,2)\} + 2, \end{aligned}$$

$$\begin{aligned} f(1\,2\,3\,4\,5\,6\,7) = {} & f(2\,3\,4\,5\,6\,7) + f(1\,2)\,f(4\,5\,6\,7) + f(1\,2\,3\,4)\,f(6\,7) + f(1\,2\,3\,4\,5\,6) \\ & - \{f(4\,5\,6\,7) + f(3\,4)\,f(6\,7) + f(3\,4\,5\,6) + f(2\,3)\,f(6\,7) \\ & + f(2\,3)\,f(5\,6) + f(2\,3\,4\,5) + f(1\,2)\,f(6\,7) + f(1\,2)\,f(5\,6) \\ & + f(1\,2)\,f(4\,5) + f(1\,2\,3\,4)\} \\ & + 2\,\{f(6\,7) + f(5\,6) + f(4\,5) + f(3\,4) + f(2\,3) + f(1\,2)\} - 5. \end{aligned}$$

Beweis: Es fragt sich zuerst, wie oft man aus der Reihe $1, 2, 3, 4, \ldots, (2n+1)$ je zwei $2i+1$ Ziffern weglassen kann, so daß jede der zurückbleibenden fortlaufenden Reihen eine gerade Anzahl von Ziffern enthält. Man ordne die zurückgebliebenen Ziffern paarweise, so hat man $n-i$ Paare, und denke sich jedes Paar durch ein einziges Symbol ersetzt. Zählt man die weggelassenen Ziffern einzeln ebenfalls als Symbole, so sind deren im ganzen $n+i+1$, und man hat eine gewöhnliche Kombination $(2i+1)$-ter Klasse aus $n+i+1$ Elementen. Die Summe Σf_{2n-2i} zählt also $\binom{n+i+1}{2i+1}$ Glieder.

Sind nun alle $2n+1$ Polynome unter sich orthogonal, so hat jede Funktion f den Wert 1; und wenn die Gleichung (1) richtig ist, so muß

$$1 = \sum_{i=0}^{i=n} \frac{(-1)^i}{i+1} \binom{2i}{i} \binom{n+i+1}{2i+1} \tag{2}$$

sein. Bedeutet h_n die Summe rechts, so ist

$$h_n - h_{n-1} = \sum_{i=0}^{i=n} \frac{(-1)^i}{i+1} \binom{2i}{i} \binom{n+i}{2i} = \frac{1}{n} \Sigma (-1)^i \binom{n+i}{i+1} \binom{n}{i}$$

$$= -\frac{1}{n} \sum \binom{-n}{i+1} \binom{n}{n-i} = -\frac{1}{n} \binom{0}{n+1} = 0.$$

Also ist $h_n = h_{n-1} = h_{n-2} = \cdots = h_1 = h_0$; und da $h_0 = 1$ ist, so ist die Gleichung (2) allgemein gültig. Daraus ist zu schließen, daß, wenn die *Form* der Gleichung (1) die richtige ist, die Koeffizienten ebenfalls richtig gesetzt sind.

Um die Form zu prüfen, differenzieren wir die Gleichung (1) nach irgendeinem Argument der Funktion f_{2n+1} und erhalten offenbar eine Gleichung von derselben Form, mit dem einzigen Unterschied, daß die zwei das variierte Argument einschließenden Polynome herausgefallen und durch die Unterdrückung des zu beiden normalen zweifachen Kontinuums die zwei benachbarten Polynome verändert sind. Wenn also der zu beweisende Satz für die $(2n-1)$-Sphäre bereits zugegeben ist, so kann man durch bloße Integration auf die Richtigkeit der Gleichung (1) schließen, indem man zugleich die Integrationskonstante nach (2) bestimmt. Da nun der Satz (1) für die Trisphäre richtig ist, so ist hiermit seine allgemeine Geltung bewiesen.

27. *Perioden artiosphärischer Orthoscheme*

Wenn ein Plagioschem $S(1\,2\,3 \ldots n)$ verschwindet, so sind seine Grenzpolynome nicht alle unter sich unabhängig; die Determinante ihrer Koeffizienten wird also verschwinden, oder, wenn man will, das Quadrat derselben, die Determinante der negativen Kosinus der Argumente, welche wir unter Ziffer 20 mit $\Delta(123\ldots n)$ bezeichnet haben. Nach demselben Abschnitt ist zum Beispiel

$$\sin^2(\overline{345\ldots n}, 12) = \frac{\Delta(1\,2\,3\,4\ldots n)\,\Delta(3\,4\,5\ldots n)}{\Delta(2\,3\,4\ldots n)\,\Delta(1\,3\,4\,5\ldots n)}.$$

Wenn also keine der Determinanten $(n-1)$-ten Grades verschwindet, so müssen beim Verschwinden des Plagioschems $S(1\,2\,3\ldots n)$ auch die Sinus aller seiner Seiten verschwinden; aber diese selbst können dann immer noch 0 oder π sein. Man darf aber im allgemeinen nicht umgekehrt von $\Delta(1\,2\,3\ldots n) = 0$ aus auf das Verschwinden des Plagioschems schließen. Wenn man jedoch sicher weiß, daß alle Seiten verschwinden, so überzeugt uns schon die unmittelbare, ich möchte sagen geometrische Anschauung, daß das Plagioschem verschwindet. Setzen wir jetzt den Fall, daß alle Argumente von $S(1\,2\,3\ldots n)$ im ersten

Quadranten liegen, so folgt aus

$$\cos(\bar{1}, 2\,3) = \frac{\cos(2\,3) + \cos(1\,2)\cos(1\,3)}{\sin(1\,2)\sin(1\,3)}, \text{ usw.},$$

daß das nämliche auch für alle Argumente der $(n-1)$-sphärischen Perischeme gilt, denn $\cos(\bar{1}, 2\,3)$ kann in diesem Falle nur positiv sein; daraus folgt aber weiter, daß auch alle $(n-2)$-sphärischen Argumente spitz sind, usw.; zuletzt, daß die Seiten alle im ersten Quadranten liegen. Ist nun auch noch $\Delta(1\,2\,3\ldots n) = 0$, während keine der ähnlichen Determinanten $(n-1)$-ten Grades verschwindet, so kann hieraus nur auf das Verschwinden sämtlicher Seiten, also auch des Plagioschems selbst, geschlossen werden. Erwägt man die Sache noch genauer, so findet man, daß auch keine Determinante $(n-1)$-ten Grades verschwinden kann. Denn wäre zum Beispiel $\Delta(2\,3\,4\ldots n) = 0$, während keine Determinante $(n-2)$-ten Grades verschwindet, so müßten nach der Formel

$$\sin^2(\overline{4\,5\ldots n, 2\,3}) = \frac{\Delta(2\,3\,4\,5\ldots n)\,\Delta(4\,5\ldots n)}{\Delta(2\,4\,5\ldots n)\,\Delta(3\,4\,5\cdots n)}$$

alle aus den Ziffern 2, 3, 4, ..., n gebildeten trisphärischen Stücke, wie $(\overline{4\,5\ldots n, 2\,3})$ verschwinden und, da alsdann zum Beispiel in der Gleichung

$$\cos(\overline{3\,4\,5\ldots n, 1\,2}) = \frac{\cos(\overline{4\,5\ldots n, 1\,2}) + \cos(\overline{4\,5\ldots n, 1\,3})\cos(\overline{4\,5\ldots n, 2\,3})}{\sin(\overline{4\,5\ldots n, 1\,3})\sin(\overline{4\,5\ldots n, 2\,3})}$$

rechts der Nenner des Bruchs verschwände, so müßte auch der Zähler verschwinden, was nicht sein kann, da derselbe die Summe zweier positiven Größen ist. Der gleiche Schluß ist auf die Annahme anwendbar, daß eine Determinante $(n-2)$-ten Grades, aber keine $(n-3)$-ten Grades verschwinde, usw. Eine Determinante zweiten Grades endlich, wie $\Delta(1\,2)$, kann nicht verschwinden, weil sonst ein ursprüngliches Argument $(1\,2)$ gleich Null sein müßte. Demnach ist folgender Schluß rückwärts sicher:

Wenn alle Argumente des Plagioschems $S(1\,2\,3\ldots n)$ positiv und spitz sind und es verschwindet die Determinante $\Delta(1\,2\,3\ldots n)$ der negativen Kosinus der Argumente, so muß auch das Plagioschem verschwinden.

Für ein Orthoschem $S(1\,2\,3\ldots n)$ ist

$$\Delta(1\,2\,3\ldots n) =$$

$$\begin{vmatrix} 1 & .\,-\cos(21)\,. & 0 & . & 0 & \ldots & 0 & . & 0 \\ -\cos(21)\,. & 1 & .\,-\cos(23)\,. & & 0 & \ldots & 0 & . & 0 \\ 0 & .\,-\cos(32)\,. & 1 & .\,-\cos(34) & & \ldots & 0 & . & 0 \\ \cdots & \cdots & \cdots & \cdots & \cdots & \cdots & \cdots & \cdots & \cdots \\ 0 & . & 0 & . & 0 & . & 0 & \ldots & 1 & .\,-\cos[(n-1)\,n] \\ 0 & . & 0 & . & 0 & . & 0 & \ldots\,-\cos[n\,(n-1)]\,. & & 1 \end{vmatrix}$$

$$= \Delta(2\,3\,4\ldots n) - \cos^2(1\,2)\,\Delta(3\,4\ldots n)$$

$$= \Delta[1\,2\,3\ldots(n-1)] - \cos^2[(n-1)\,n]\,\Delta[1\,2\,3\ldots(n-2)].$$

Gebrauchen wir einfache Zeichen für die Argumente, indem wir $(1\,2) = \alpha$, $(2\,3) = \beta$, $(3\,4) = \gamma$, ..., $[(n-1)\,n] = \vartheta$ und $\Delta(1\,2\,3\ldots n) = \Delta_n(\alpha, \beta, \ldots, \vartheta)$ setzen, wo der untere Zeiger bei Δ den Grad der Determinante bedeutet, so haben wir zur sukzessiven Berechnung derselben folgende Reihen von Gleichungen:

$$\Delta_0 = 1,$$

$$\Delta_1 = 1,$$

$$\Delta_2(\alpha) = \Delta_1 - \Delta_0 \cos^2\alpha = \sin^2\alpha,$$

$$\Delta_3(\alpha, \beta) = \Delta_2 - \Delta_1 \cos^2\beta = \sin^2\alpha - \cos^2\beta,$$

$$\Delta_4(\alpha, \beta, \gamma) = \Delta_3 - \Delta_2 \cos^2\gamma = \sin^2\alpha \sin^2\gamma - \cos^2\beta, \quad \ldots,$$

$$\Delta_n(\alpha, \beta, \ldots, \zeta, \eta, \vartheta) = \Delta_{n-1}(\alpha, \beta, \ldots, \zeta, \eta) - \cos^2\vartheta\, \Delta(\alpha, \beta, \ldots, \zeta) \qquad (1)$$

Die Realität des Orthoschems $S(\alpha, \beta, \ldots, \eta, \vartheta)$ erfordert, daß keine dieser Determinanten negativ sei. Die Reihe ihrer Werte nimmt also fortwährend ab, und daher ist es nicht möglich, daß eine außer der letzten verschwinde. Man sieht leicht, daß die Determinanten auch durch Kettenbrüche definiert werden können, denn es ist zum Beispiel

$$\frac{\Delta(\alpha, \beta, \gamma, \delta, \ldots, \eta, \vartheta)}{\Delta(\beta, \gamma, \delta, \ldots, \eta, \vartheta)} = 1 - \cfrac{\cos^2\alpha}{1 - \cfrac{\cos^2\beta}{1 - \cfrac{\cos^2\gamma}{1 - \cfrac{\cos^2\delta}{1 - \cfrac{\ddots}{\quad - \cfrac{\cos^2\eta}{1 - \cos^2\vartheta}}}}}}.$$

Aus (1) folgt auch leicht

$$\Delta(\alpha, \beta, \ldots, \varepsilon, \zeta, \eta, \vartheta) + \cos^2\eta\, \Delta(\alpha, \beta, \ldots, \varepsilon) = \sin^2\vartheta\, \Delta(\alpha, \beta, \ldots, \varepsilon, \zeta).$$

Wenn also $\Delta(\alpha, \beta, \ldots, \varepsilon, \zeta, \eta, \vartheta) = 0$ ist, so hat man

$$\cos^2\vartheta = \frac{\Delta(\alpha, \beta, \ldots, \varepsilon, \zeta, \eta)}{\Delta(\alpha, \beta, \ldots, \varepsilon, \zeta)}, \qquad \sin^2\vartheta = \cos^2\eta\, \frac{\Delta(\alpha, \beta, \ldots, \varepsilon)}{\Delta(\alpha, \beta, \ldots, \varepsilon, \zeta)}.$$

Zwei Sätze über die mit Δ bezeichneten Funktionen mögen das Folgende vorbereiten.

1. Es ist

$$\begin{vmatrix} \Delta(\beta,\gamma,\ldots,\eta,\vartheta) \cdot \Delta(\alpha,\beta,\gamma,\ldots,\eta,\vartheta) \\ \Delta(\beta,\gamma,\ldots,\eta) \quad . \Delta(\alpha,\beta,\gamma,\ldots,\eta) \end{vmatrix} = \cos^2\alpha \begin{vmatrix} \Delta(\gamma,\ldots,\eta,\vartheta) \cdot \Delta(\beta,\gamma,\ldots,\eta,\vartheta) \\ \Delta(\gamma,\ldots,\eta) \quad \cdot \Delta(\beta,\gamma,\ldots,\eta) \end{vmatrix}$$

Um dieses zu beweisen, braucht man nur im Schema links die erste Vertikalzeile von der zweiten abzuziehen und dann beide Zeilen zu vertauschen, indem man zugleich das Vorzeichen der Determinante verändert. Wenn man aber die Determinante rechts wieder so behandelt und dieses Verfahren fortsetzt, so gelangt man zuletzt zur Determinante

$$\begin{vmatrix} \Delta_1 \cdot \Delta_2(\vartheta) \\ \Delta_0 \cdot \Delta_1 \end{vmatrix} = 1 - \sin^2\vartheta = \cos^2\vartheta;$$

also ist

$$\Delta(\alpha, \beta, \ldots, \eta)\, \Delta(\beta, \ldots, \eta, \vartheta) - \Delta(\alpha, \beta, \ldots, \eta, \vartheta)\, \Delta(\beta, \ldots, \eta) \\ = \cos^2\alpha \cos^2\beta \cos^2\gamma \ldots \cos^2\vartheta. \tag{2}$$

2. Multipliziert man die Gleichungen

$$\begin{aligned} \Delta(\alpha, \beta, \gamma, \ldots, \zeta) &= \Delta(\beta, \gamma, \ldots, \zeta) - \cos^2\alpha\, \Delta(\gamma, \delta, \ldots, \zeta), \\ \Delta(\beta, \gamma, \delta, \ldots, \zeta, \eta) &= \Delta(\gamma, \delta, \ldots, \zeta, \eta) - \cos^2\beta\, \Delta(\delta, \ldots, \zeta, \eta), \\ \Delta(\gamma, \delta, \ldots, \zeta, \eta, \vartheta) &= \Delta(\gamma, \delta, \ldots, \zeta, \eta) - \cos^2\vartheta\, \Delta(\gamma, \delta, \ldots, \zeta), \\ \Delta(\delta, \ldots, \zeta, \eta, \vartheta, \alpha) &= \Delta(\delta, \ldots, \zeta, \eta, \vartheta) - \cos^2\alpha\, \Delta(\delta, \ldots, \zeta, \eta) \end{aligned}$$

bzw. mit $\Delta(\delta, \ldots, \zeta, \eta)$, $\quad -\Delta(\delta, \ldots, \zeta)$, $\quad \Delta(\delta, \ldots, \zeta)$, $\quad -\Delta(\gamma, \delta, \ldots, \zeta)$,

addiert sie und bezeichnet die Summe links mit G, so hat man

$$\begin{aligned} G = {} & \Delta(\delta, \ldots, \zeta, \eta)\left\{\Delta(\beta, \gamma, \delta, \ldots, \zeta) + \cos^2\beta\, \Delta(\delta, \ldots, \zeta)\right\} \\ & -\Delta(\gamma, \delta, \ldots, \zeta)\left\{\Delta(\delta, \ldots, \zeta, \eta, \vartheta) + \cos^2\vartheta\, \Delta(\delta, \ldots, \zeta)\right\} \\ = {} & \Delta(\delta, \ldots, \zeta, \eta)\, \Delta(\gamma, \delta, \ldots, \zeta) - \Delta(\gamma, \delta, \ldots, \zeta)\, \Delta(\delta, \ldots, \zeta, \eta) = 0. \end{aligned}$$

Man hat also die identische Gleichung

$$\Delta(\alpha, \beta, \gamma, \delta, \ldots, \zeta)\, \Delta(\delta, \ldots, \zeta, \eta) - \Delta(\delta, \ldots, \zeta, \eta, \vartheta, \alpha)\, \Delta(\gamma, \delta, \ldots, \zeta) \\ = \left\{\Delta(\beta, \gamma, \delta, \ldots, \zeta, \eta) - \Delta(\gamma, \delta, \ldots, \zeta, \eta, \vartheta)\right\} \Delta(\delta, \ldots, \zeta). \tag{3}$$

Um nun zum eigentlichen Gegenstand dieses Paragraphen überzugehen, setzen wir den Fall, wo in der Gleichung (1) des vorigen Paragraphen die perissosphärische Funktion links verschwindet. Es seien $\alpha, \beta, \gamma, \delta, \ldots, \varkappa, \lambda, \mu$ ihre $2n$ Argumente, so gibt die erwähnte Gleichung die Summe der zwei artiosphärischen Orthoscheme

$$f(\alpha, \beta, \gamma, \delta, \ldots, \varkappa, \lambda) + f(\beta, \gamma, \delta, \ldots, \varkappa, \lambda, \mu)$$

in ganzer Funktion artiosphärischer Orthoscheme niedrigerer Ordnung. Man kann aber eine in sich zurückkehrende Reihe solcher Gleichungen auf folgendem Wege erhalten.

Die $2n - 1$ Argumente $\alpha, \beta, \gamma, \delta, \ldots, \varkappa, \lambda$ seien frei im ersten Quadranten gegeben, aber so, daß ihre Determinante positiv wird; dann seien drei fernere Argumente μ, ν, ξ durch die Gleichungen

$$\Delta(\alpha, \beta, \ldots, \lambda, \mu) = 0, \quad \Delta(\beta, \gamma, \ldots, \mu, \nu) = 0, \quad \Delta(\gamma, \delta, \ldots, \xi) = 0 \tag{4}$$

bestimmt. Da nur die Quadrate der Kosinus hier vorkommen, so steht es uns frei, auch μ, ν, ξ im ersten Quadranten zu nehmen. Da $\Delta(\gamma, \delta, \ldots, \lambda, \mu)$ positiv ist, so folgt nach (3) aus den drei Gleichungen (4)

$$\Delta(\delta, \varepsilon, \ldots, \nu, \xi, \alpha) = 0. \tag{5}$$

Ebenso folgt aus den zwei letzten Gleichungen (4) und aus (5) die Gleichung

$$\Delta(\varepsilon, \ldots, \nu, \xi, \alpha, \beta) = 0$$

usw.; überhaupt verschwindet jede Determinante, welche sich auf $2n$ sukzessive Argumente der durch fortwährende Wiederholung der $(2n + 2)$-gliedrigen *Periode* $\alpha, \beta, \gamma, \delta, \ldots, \varkappa, \lambda, \mu, \nu, \xi$ bezieht. Daher verschwindet auch jedes perissosphärische Orthoschem, welches einer solchen Determinante entspricht. Wendet man immer die Gleichung (1) von Ziffer 26 an, so sieht man eine Periode der $(2n + 2)$-artiosphärischen Orthoscheme $f(\alpha, \beta, \ldots, \lambda)$, $f(\beta, \gamma, \ldots, \mu)$, $f(\gamma, \delta, \ldots, \nu)$, $f(\delta, \varepsilon, \ldots, \xi), \ldots, f(\xi, \alpha, \ldots, \varkappa)$ entstehen, wo immer die Summe von zwei unmittelbar aufeinanderfolgenden Gliedern als ganze Funktion niedrigerer artiosphärischer Orthoscheme gegeben ist. Man kann also auch entweder die Summe oder den Unterschied von irgend zwei getrennten Gliedern der Periode auf ähnliche Weise ausdrücken, je nachdem eine gerade oder ungerade Zahl von Gliedern dazwischen liegt. Wenn im ersten Falle beide Glieder einander gleich sind, so ist jedes derselben durch niedrigere Orthoscheme ausgedrückt, ein Umstand, den wir im folgenden Abschnitt betrachten werden.

Wir wollen die drei letzten Argumente μ, ν, ξ der Periode durch die unabhängigen $\alpha, \beta, \gamma, \ldots, \varkappa, \lambda$ ausdrücken. Man hat auf der Stelle

$$\cos^2\mu = \frac{\Delta(\alpha, \beta, \ldots, \varkappa, \lambda)}{\Delta(\alpha, \beta, \ldots, \varkappa)}, \qquad \cos^2\xi = \frac{\Delta(\alpha, \beta, \ldots, \varkappa, \lambda)}{\Delta(\beta, \ldots, \varkappa, \lambda)}, \tag{6}$$

wofür man auch die entsprechenden Kettenbrüche setzen kann. Um ν zu finden, müssen wir aus der Gleichung

$$\cos^2\nu = \frac{\Delta(\beta, \gamma, \ldots, \lambda, \mu)}{\Delta(\beta, \gamma, \ldots, \varkappa, \lambda)}$$

μ eliminieren. Wegen $\Delta(\alpha, \beta, \gamma, \ldots, \lambda, \mu) = 0$ gibt uns die Relation (2)

$$\Delta(\alpha, \beta, \ldots, \varkappa, \lambda)\, \Delta(\beta, \gamma, \ldots, \lambda, \mu) = \cos^2\alpha \cos^2\beta \cos^2\gamma \ldots \cos^2\lambda \cos^2\mu.$$

Mittels (6) bekommen wir also

$$\cos^2\nu = \frac{\cos^2\alpha \cos^2\beta \cos^2\gamma \ldots \cos^2\lambda}{\Delta(\alpha, \beta, \ldots, \varkappa, \lambda)\, \Delta(\beta, \gamma, \ldots, \varkappa, \lambda)} \cdot \frac{\Delta(\alpha, \beta, \ldots, \varkappa, \lambda)}{\Delta(\alpha, \beta, \ldots, \varkappa)},$$

oder endlich

$$\left.\begin{aligned} \cos^2\nu &= \frac{\cos^2\alpha \cos^2\beta \cos^2\gamma \ldots \cos^2\lambda}{\Delta(\alpha, \beta, \gamma, \ldots, \varkappa)\, \Delta(\beta, \gamma, \ldots, \varkappa, \lambda)}, \\ \cos^2\nu &= \frac{\Delta(\alpha, \beta, \gamma, \ldots, \varkappa, \lambda)\, \Delta(\beta, \gamma, \ldots, \varkappa)}{\Delta(\alpha, \beta, \gamma, \ldots, \varkappa)\, \Delta(\beta, \gamma, \ldots, \varkappa, \lambda)}. \end{aligned}\right\} \tag{7}$$

Zum Schlusse wollen wir den Grund der Periodizität der Argumente in den Polynomen selbst aufsuchen. Es sei n die gerade Dimensionszahl eines Orthoschems $S(1\,2\,3 \ldots n)$ und ein $(n + 1)$-tes Polynom durch die Bedingung $\Delta[1\,2 \ldots n\,(n + 1)] = 0$ bestimmt, so daß das perissosphärische Orthoschem $S[1\,2\,3 \ldots n\,(n + 1)]$ verschwindet. Wenn man nun auch $n + 1$ orthogonale Variabeln gebraucht, so kann man doch ihr System immer so einrichten, daß die n ersten Polynome nur die n Variabeln $x_1, x_2, \ldots, x_n$ enthalten. Wegen des Verschwindens der Determinante muß aber das Polynom p_{n+1} von den vorigen abhängen und kann daher x_{n+1} auch nicht enthalten. Aus $\Delta[2\,3\ldots n\,(n+1) \times (n+2)] = 0$ wird das gleiche in Beziehung auf p_{n+2} geschlossen, usw. Da also die Variable x_{n+1} nirgends vorkommt, so hat die Betrachtung sich auf die n-Sphäre zu beschränken. – Wie im Eingang zu Ziffer 25 gezeigt wurde, kann man bei der Darstellung eines Orthoschems die Variabeln immer so wählen, daß das erste Grenzpolynom nur eine, jedes folgende nur zwei Variabeln, und zwar immer eine neue enthält. Wendet man dieses auf das verschwindende Orthoschem $S[1\,2\,3\ldots n\,(n+1)]$ an, so erhalten die Polynome $p_1, p_2, \ldots, p_n$ dieselben Ausdrücke wie in Ziffer 25, dagegen wird $p_{n+1} = -x_n$. Da ferner $S[2\,3\,4\ldots n\,(n+1)\,(n+2)] = 0$ sein soll, so hat man ein neues Polynom p_{n+2} zu suchen, welches zu $p_2, p_3, \ldots, p_n$ orthogonal ist; es ist durch diese Bedingungen vollkommen bestimmt und wird im allgemeinen alle Variabeln $x_1, x_2, \ldots, x_n$ enthalten. Soll ein folgendes Polynom, ohne eine neue Variable aufzunehmen, zu $p_3, p_4, \ldots, p_n, p_{n+1}$ orthogonal sein, so erfüllt nur p_1 diese Bedingung, so daß man $S[3\,4\ldots n\,(n+1)\,(n+2)\,1] = 0$ hat. Wie dies weitergeht, ist klar; wir sehen daraus, daß auch die Polynome $p_1, p_2, \ldots, p_n, p_{n+1}, p_{n+2}$ eine Periode bilden.

28. *Anwendung des Vorigen auf die Bestimmung artiosphärischer Orthoscheme in einigen besonderen Fällen*

Es ist leicht, zu beweisen, daß überhaupt

$$\begin{aligned}&\Delta(\alpha, \ldots, \delta, \varepsilon, \zeta, \eta, \vartheta, \ldots, \lambda)\\ &= \Delta(\alpha, \ldots, \delta, \varepsilon)\,\Delta(\eta, \vartheta, \ldots, \lambda) - \cos^2\zeta\,\Delta(\alpha, \ldots, \delta)\,\Delta(\vartheta, \ldots, \lambda)\end{aligned} \tag{1}$$

ist. Denn nehmen wir an, die Formel sei bis zu einer gewissen Zahl von Argumenten $\eta, \vartheta, \ldots, \varkappa, \lambda$, welche auf ζ folgen, bereits bewiesen, und denken uns die vorliegende Gleichung (1) noch einmal mit Weglassung des letzten Arguments λ geschrieben, multiplizieren diese mit $-\cos^2\mu$ und fügen sie der vorigen hinzu, so ergibt sich offenbar eine ähnliche Gleichung, worin μ als letztes Argument erscheint, und daher die Zahl der auf ζ folgenden Argumente $\eta, \vartheta, \ldots, \varkappa, \lambda, \mu$ um 1 größer ist als vorhin. Da nun die Richtigkeit der Formel (1) für ein einziges auf ζ folgendes Argument η leicht einzusehen ist, so ist dieselbe allgemein bewiesen.

I. Vergegenwärtigen wir uns wieder die in Ziffer 27 behandelte Periode von $2n+2$ Argumenten $\alpha, \beta, \gamma, \delta, \ldots, \varkappa, \lambda, \mu, \nu, \xi$ und verlangen, daß das $(n+2)$-te Orthoschem mit dem ersten $S(\alpha, \beta, \ldots, \varkappa, \lambda)$ *direkt* zusammenfalle, so ist klar, daß auch die Periode der Argumente aus zwei direkt kongruenten Hälften bestehen muß; sie sei

$$\alpha, \beta, \gamma, \ldots, \varepsilon, \zeta, \eta, \vartheta, \alpha, \beta, \gamma, \ldots, \varepsilon, \zeta, \eta, \vartheta.$$

Von den drei Bedingungsgleichungen, denen diese Argumentenreihe genügen muß, untersuchen wir nur die erste

$$\Delta(\alpha, \beta, \ldots, \zeta, \eta, \vartheta, \alpha, \beta, \ldots, \varepsilon, \zeta) = 0,$$

mit der Absicht, sie nach $\cos^2\vartheta$ aufzulösen. Wir finden nach (1)

$$\Delta(\alpha, \beta, \ldots, \zeta)\{\Delta(\alpha, \beta, \ldots, \zeta, \eta) - \cos^2\vartheta\, \Delta(\beta, \ldots, \varepsilon, \zeta)\} = 0,$$

also, da $\Delta(\alpha, \beta, \ldots, \zeta)$ nicht verschwinden darf,

$$\Delta(\alpha, \beta, \ldots, \zeta, \eta) - \cos^2\vartheta\, \Delta(\beta, \ldots, \varepsilon, \zeta) = 0. \tag{2}$$

Machen wir hier $\cos^2\eta$ frei, so bekommen wir

$$\Delta(\alpha, \beta, \ldots, \varepsilon, \zeta) - \cos^2\vartheta\, \Delta(\beta, \ldots, \varepsilon, \zeta) - \cos^2\eta\, \Delta(\alpha, \beta, \ldots, \varepsilon) = 0,$$

oder auch

$$\Delta(\vartheta, \alpha, \beta, \ldots, \varepsilon, \zeta) - \cos^2\eta\, \Delta(\alpha, \beta, \ldots, \varepsilon) = 0,$$

d.h. die Gleichung (2) koinzidiert mit einer ähnlichen, worin die periodische Argumentenreihe um ein Glied zurückgeschoben erscheint. Ein und dieselbe Gleichung (2) kann also im ganzen unter $n+1$ Gestalten erscheinen, welche durch eine Art von Kreisbewegung der $n+1$ Argumente ineinander übergehen. Da nun die drei Bedingungsgleichungen, von denen im Anfang gesprochen wurde, nichts anders als die bzw. mit den Faktoren $\Delta(\alpha, \beta, \ldots, \zeta)$, $\Delta(\beta, \gamma, \ldots, \zeta, \eta)$, $\Delta(\gamma, \ldots, \eta, \vartheta)$ multiplizierte Gleichung (2) sind, so sind sie alle zugleich mit dieser Gleichung (2) erfüllt. Daß die Gleichung (2) von der Wahl des Anfangs der Argumentenreihe unabhängig ist, kann auch unmittelbar eingesehen werden, wenn man ihr die Form

$$2\cos\alpha\cos\beta\ldots\cos\eta\cos\vartheta + \begin{vmatrix} 1 & -\cos\alpha & 0 & 0 & \ldots & 0 & 0 & -\cos\vartheta \\ -\cos\alpha & 1 & -\cos\beta & 0 & \ldots & 0 & 0 & 0 \\ 0 & -\cos\beta & 1 & -\cos\gamma & \ldots & 0 & 0 & 0 \\ \cdots & \cdots & \cdots & \cdots & \cdots & \cdots & \cdots & \cdots \\ 0 & 0 & 0 & 0 & \ldots & -\cos\zeta & 1 & -\cos\eta \\ -\cos\vartheta & 0 & 0 & 0 & \ldots & 0 & -\cos\eta & 1 \end{vmatrix} = 0$$

gibt. Damit nun von dem Gesagten eine Anwendung auf die Bestimmung der orthoschematischen Funktion

$$f_{2n}(\alpha, \beta, \ldots, \varepsilon, \zeta, \eta, \vartheta, \alpha, \beta, \ldots, \varepsilon)$$

möglich sei (ein Ausdruck durch artiosphärische Funktionen niedrigerer Ordnung), so müssen uns die bekannten Ausdrücke für die Summe je zweier sukzessiver Orthoscheme nach einer Reihe wechselnder Additionen und Subtraktionen auf eine *Summe*, nicht auf einen Unterschied, des ersten und $(n+2)$-ten Orthoschems führen; deshalb muß n gerade sein, d.h. die Dimensionszahl der Sphäre muß durch 4 teilbar sein.

Für die Tetrasphäre braucht man drei Argumente α, β, γ; die Relation (2), welche sie verbindet, wird

$$\cos^2\alpha + \cos^2\beta + \cos^2\gamma = 1. \tag{3}$$

Das zweite Beispiel der Formel (1) in Ziffer 26 gibt

$$0 = f(\alpha, \beta, \gamma, \alpha) = f(\beta, \gamma, \alpha) + f(\alpha)\, f(\alpha) + f(\alpha, \beta, \gamma) - 2\, f(\alpha) - f(\beta) - f(\gamma) + 2,$$

oder:

$$\begin{aligned} f(\alpha, \beta, \gamma) + f(\beta, \gamma, \alpha) &= -f(\alpha)^2 + 2\, f(\alpha) + f(\beta) + f(\gamma) - 2,\\ f(\beta, \gamma, \alpha) + f(\gamma, \alpha, \beta) &= -f(\beta)^2 + f(\alpha) + 2\, f(\beta) + f(\gamma) - 2,\\ f(\gamma, \alpha, \beta) + f(\alpha, \beta, \gamma) &= -f(\gamma)^2 + f(\alpha) + f(\beta) + 2\, f(\gamma) - 2; \end{aligned}$$

hieraus folgt:

$$2\, f(\alpha, \beta, \gamma) = f(\beta)^2 - [1 - f(\alpha)]^2 - [1 - f(\gamma)]^2. \tag{4}$$

Für die Oktasphäre braucht man fünf Argumente α, β, γ, δ, ε; die Relation (2) wird:

$$\begin{aligned} 1 - \cos^2\alpha - \cos^2\beta - \cos^2\gamma - \cos^2\delta - \cos^2\varepsilon + \cos^2\alpha\cos^2\gamma + \cos^2\beta\cos^2\delta\\ + \cos^2\gamma\cos^2\varepsilon + \cos^2\delta\cos^2\alpha + \cos^2\varepsilon\cos^2\beta = 0. \end{aligned}$$

Diese Gleichung hat das Eigentümliche, daß, wenn ihr α, β, γ, δ, ε genügen, dann auch die Komplemente genügen werden. Man bemerke aber, daß $\Delta[(\pi/2) - \alpha, (\pi/2) - \beta)] = -\Delta(\alpha, \beta)$ ist. Wenn also eine Lösung für das Orthoschem taugt, so gibt die mit den Komplementen ein unmögliches Orthoschem. Um Raum zu gewinnen, lasse ich in der folgenden Formel die Trennungszeichen zwischen den Argumenten einer Funktion weg.

$$\begin{aligned} f(\alpha\,\beta\,\gamma\,\delta\,\varepsilon\,\alpha\,\beta) = {} & [1 - f(\gamma)]\, f(\alpha\,\beta\,\gamma\,\delta\,\varepsilon) + [1 - f(\varepsilon)]\, f(\gamma\,\delta\,\varepsilon\,\alpha\,\beta)\\ & + f(\delta)\, f(\beta\,\gamma\,\delta\,\varepsilon\,\alpha) - \frac{1}{2}\, f(\alpha\,\beta\,\gamma)^2 - \frac{1}{2}\, f(\varepsilon\,\alpha\,\beta)^2 - \frac{1}{2}\, f(\gamma\,\delta\,\varepsilon)^2\\ & + \frac{1}{2}\, f(\beta\,\gamma\,\delta)^2 + \frac{1}{2}\, f(\delta\,\varepsilon\,\alpha)^2 + [f(\alpha) + f(\beta) + f(\gamma)]\, f(\alpha\,\beta\,\gamma)\\ & + [f(\varepsilon) + f(\alpha) + f(\beta)]\, f(\varepsilon\,\alpha\,\beta) + [f(\gamma) + f(\varepsilon)]\, f(\gamma\,\delta\,\varepsilon)\\ & - f(\delta)\,[f(\beta\,\gamma\,\delta) + f(\delta\,\varepsilon\,\alpha)] + f(\gamma)\, f(\varepsilon)\,[f(\alpha) + f(\beta)] - 2\, f(\alpha\,\beta\,\gamma)\\ & - 2\, f(\varepsilon\,\alpha\,\beta) - 2\, f(\gamma\,\delta\,\varepsilon) + f(\delta)^2 - [f(\alpha) + f(\beta) + f(\gamma) + f(\varepsilon)]^2\\ & + 5[f(\alpha) + f(\beta) + f(\gamma) + f(\varepsilon)] - 7. \end{aligned}$$

Setzt man alle fünf Argumente einander gleich, so wird die einzig mögliche Lösung $\cos^2\alpha = (1 - \sqrt{1/5})/2$, $\alpha = (\pi/2) - (1/2)\operatorname{arc\,tg} 2$; der Ausdruck für die oktosphärische Funktion reduziert sich auf

$$f_8 = -f_2\, f_6 - \frac{1}{2}\, f_4^2 + 2\, f_6 + 6\, f_2\, f_4 + 2\, f_2^3 - 6\, f_4 - 15\, f_2^2 + 20\, f_2 - 7.$$

II. Sollten in der Periode der $(2\,n)$-sphärischen Funktionen zwei sukzessive verkehrt zusammenfallen, z.B. die erste und die zweite, so muß das $(2\,n)$-te

Argument dem ersten, das $(2n-1)$-te dem zweiten usw., endlich das $(n+1)$-te dem n-ten gleich sein. Die Argumente seien demnach $\beta, \gamma, \ldots, \eta, \vartheta, \vartheta, \eta, \ldots, \gamma, \beta$. Dem ersten β gehe α voran. Es müssen dann die zwei Gleichungen

$$\Delta(\alpha, \beta, \gamma, \ldots, \eta, \vartheta, \vartheta, \eta, \ldots, \gamma) = 0, \tag{5}$$

$$\Delta(\beta, \gamma, \ldots, \eta, \vartheta, \vartheta, \eta, \zeta, \ldots, \gamma, \beta) = 0 \tag{6}$$

erfüllt sein. Wird die erste so geschrieben

$$\Delta(\gamma, \delta, \ldots, \eta, \vartheta, \vartheta, \eta, \ldots, \beta, \alpha) = 0,$$

so ist sie gerade die dritte Bedingungsgleichung. Es bleiben also nur *zwei* Bedingungen zu erfüllen, und das $(2n+1)$-te und $(2n+2)$-te Argument sind einander gleich. Man hat also im ganzen nur $n+1$ verschiedene Argumente $\alpha, \beta, \gamma, \ldots, \zeta, \eta, \vartheta$, wovon zwei, z.B. α und ϑ, in Funktion der $n-1$ übrigen $\beta, \gamma, \ldots, \zeta, \eta$ bestimmt sind. Die Gleichung (6) wird nach (1)

$$\Delta(\beta, \gamma, \ldots, \eta, \vartheta)\, \Delta(\eta, \zeta, \ldots, \gamma, \beta) - \cos^2\vartheta\, \Delta(\beta, \gamma, \ldots, \eta)\, \Delta(\zeta, \ldots, \gamma, \beta)$$
$$= \Delta(\beta, \gamma, \ldots, \zeta, \eta)\left\{\Delta(\beta, \gamma, \ldots, \zeta, \eta) - 2\cos^2\vartheta\, \Delta(\beta, \gamma, \ldots, \zeta)\right\} = 0;$$

also

$$\cos^2\vartheta = \frac{\Delta(\beta, \gamma, \ldots, \zeta, \eta)}{2\,\Delta(\beta, \gamma, \ldots, \zeta)}, \qquad -\cos 2\vartheta = \cos^2\eta\,\frac{\Delta(\beta, \gamma, \ldots, \varepsilon)}{\Delta(\beta, \gamma, \ldots, \varepsilon, \zeta)},$$

und hiernach durch bloße Umkehrung der Argumentenreihe

$$\cos^2\alpha = \frac{\Delta(\beta, \gamma, \ldots, \zeta, \eta)}{2\,\Delta(\gamma, \ldots, \zeta, \eta)}, \qquad -\cos 2\alpha = \cos^2\beta\,\frac{\Delta(\delta, \ldots, \zeta, \eta)}{\Delta(\gamma, \delta, \ldots, \zeta, \eta)},$$

was man auch auf einem etwas längeren Wege durch Substitution des schon gefundenen ϑ in der Gleichung (5) erhält.

Für die Tetrasphäre ist die Periode der Argumente $\alpha\,\beta\,\gamma\,\gamma\,\beta\,\alpha$; die Bedingungen sind $-\cos 2\alpha = -\cos 2\gamma = \cos^2\beta$, also $\alpha = \gamma$, und die Periode $\alpha\,\beta\,\alpha\,\alpha\,\beta\,\alpha$ ist nur ein besonderer Fall der schon oben behandelten Periode $a\,\beta\,\gamma\,\alpha\,\beta\,\gamma$, für welche die Gleichungen (3) und (4) bestehen.

Für die Hexasphäre ist die Periode der Argumente $a\,\beta\,\gamma\,\delta\,\delta\,\gamma\,\beta\,\alpha$; die Bedingungen sind

$$-\cos 2\alpha = \frac{\cos^2\beta}{\sin^2\gamma}, \qquad -\cos 2\delta = \frac{\cos^2\gamma}{\sin^2\beta};$$

unter diesen ist:

$$f(\beta\,\gamma\,\delta\,\delta\,\gamma) = -f(\beta)\,f(\beta\,\gamma\,\delta) + f(\beta\,\gamma\,\delta) + f(\gamma\,\delta\,\delta) + f(\beta)\,f(\delta)$$
$$+\frac{1}{2}\,[f(\beta) + f(\gamma)]^2 - 2\,[f(\beta) + f(\gamma) + f(\delta)] + \frac{5}{2},$$

$$f(\alpha\,\beta\,\gamma\,\delta\,\delta) = -f(\alpha)\,f(\gamma\,\delta\,\delta) + f(\beta)\,f(\beta\,\gamma\,\delta) - f(\gamma)\,f(\alpha\,\beta\,\gamma) + f(\alpha\,\beta\,\gamma)$$
$$+ f(\gamma\,\delta\,\delta) + 2\,f(\alpha)\,f(\delta) + f(\alpha)\,f(\gamma) - \frac{1}{2}\,f(\beta)^2 + \frac{1}{2}\,f(\gamma)^2$$
$$- 2\,f(\alpha) - 2\,f(\gamma) - 2\,f(\delta) + \frac{5}{2};$$

die Ausdrücke für die zwei noch übrigen Orthoscheme ergeben sich aus diesen durch Vertauschung von α, β, γ, δ mit δ, γ, β, α.

Sind alle Argumente einander gleich, so folgt aus $-\cos 2\alpha = \operatorname{cotg}^2\alpha$ die Formel $\cos 2\alpha = 1 - \sqrt{2}$ oder $\cos\alpha = 1:2\cos\pi/8$, und man hat

$$f_6 = -f_2 f_4 + 2 f_4 + 3 f_2^2 - 6 f_2 + \frac{5}{2}.$$

Für die Oktosphäre sei die Periode der Argumente $\alpha\,\beta\,\gamma\,\delta\,\varepsilon\,\varepsilon\,\delta\,\gamma\,\beta\,\alpha$,

$$-\cos 2\alpha = \frac{\cos^2\beta \sin^2\delta}{\sin^2\gamma - \cos^2\delta}, \qquad -\cos 2\varepsilon = \frac{\sin^2\beta\cos^2\delta}{\sin^2\beta - \cos^2\gamma}.$$

Man findet dann zunächst einen Ausdruck für $f(\beta\,\gamma\,\delta\,\varepsilon\,\varepsilon\,\delta\,\gamma)$ und aus diesem Ausdrucke für $f(\alpha\,\beta\,\gamma\,\delta\,\varepsilon\,\varepsilon\,\delta)$ und $f(\alpha\,\alpha\,\beta\,\gamma\,\delta\,\varepsilon\,\varepsilon)$, von denen ich nur den letzten, der sich durch Symmetrie auszeichnet, hersetzen will:

$$\begin{aligned} f(\alpha\,\alpha\,\beta\,\gamma\,\delta\,\varepsilon\,\varepsilon) = &-f(\delta)\,f(\alpha\,\alpha\,\beta\,\gamma\,\delta) - f(\beta)\,f(\beta\,\gamma\,\delta\,\varepsilon\,\varepsilon) + f(\gamma)\,f(\alpha\,\beta\,\gamma\,\delta\,\varepsilon)\\ &- f(\alpha\,\alpha\,\beta)\,f(\delta\,\varepsilon\,\varepsilon) + f(\alpha\,\beta\,\gamma)\,f(\gamma\,\delta\,\varepsilon) - \frac{1}{2}\,f(\beta\,\gamma\,\delta)^2\\ &+ f(\alpha\,\alpha\,\beta\,\gamma\,\delta) + f(\beta\,\gamma\,\delta\,\varepsilon\,\varepsilon) + f(\alpha\,\alpha\,\beta)\,[2\,f(\varepsilon) + f(\delta)]\\ &+ f(\delta\,\varepsilon\,\varepsilon)\,[2\,f(\alpha) + f(\beta)] + f(\beta\,\gamma\,\delta)\,[f(\beta) + f(\delta)]\\ &- f(\gamma)\,[f(\alpha\,\beta\,\gamma) + f(\gamma\,\delta\,\varepsilon)] + f(\alpha)\,f(\delta)^2 + f(\varepsilon)\,f(\beta)^2 - 2\,f(\alpha\,\alpha\,\beta)\\ &- 2\,f(\delta\,\varepsilon\,\varepsilon) - 2\,f(\beta\,\gamma\,\delta) - 4\,f(\alpha)\,f(\varepsilon) - 4\,f(\alpha)\,f(\delta) - 4\,f(\varepsilon)\,f(\beta)\\ &+ f(\gamma)^2 - [f(\beta) + f(\delta)]^2 - 5\,[f(\alpha) + f(\varepsilon) + f(\beta) + f(\delta)] - 7. \end{aligned}$$

III. Wir betrachten noch den Fall besonders, wo alle Argumente einander gleich sind. Bedeutet α das Argument, so hat man

$$\Delta_n = \frac{\left(\frac{1+\sqrt{1-4\cos^2\alpha}}{2}\right)^{n+1} - \left(\frac{1-\sqrt{1-4\cos^2\alpha}}{2}\right)^{n+1}}{\sqrt{1-4\cos^2\alpha}},$$

und, wenn man $\cos\alpha = 1/(2\cos\vartheta)$ setzt,

$$\Delta_n = \frac{\sin(n+1)\,\vartheta}{(2\cos\vartheta)^n\sin\vartheta}.$$

Sollen $\Delta_2, \Delta_3, \Delta_4, \ldots, \Delta_{n-1}$ sämtlich positiv, aber $\Delta_n = 0$ sein, so ist $\vartheta = \pi/(n+1)$ die einzig mögliche Lösung.

Für ein verschwindendes ϑ ist

$$\Delta_n = \frac{n+1}{2^n}, \qquad \alpha = \frac{\pi}{3};$$

also

$$\Delta_{n+1}\left(\frac{\pi}{3}, \frac{\pi}{3}, \ldots, \frac{\pi}{3}, \frac{\pi}{4}\right) = \frac{n+1}{2^n} - \cos^2\frac{\pi}{4}\cdot\frac{n}{2^{n-1}} = \frac{1}{2^n},$$

$$\Delta_{n+2}\left(\frac{\pi}{4}, \frac{\pi}{3}, \frac{\pi}{3}, \ldots, \frac{\pi}{3}, \frac{\pi}{3}, \frac{\pi}{4}\right) = \frac{1}{2^n} - \cos^2\frac{\pi}{4}\cdot\frac{1}{2^{n-1}} = 0.$$

29. *Über das Orthoschem* $f\left(\frac{\pi}{3}, \frac{\pi}{3}, \ldots, \frac{\pi}{3}, \alpha, 2\alpha, \alpha, \frac{\pi}{3}, \frac{\pi}{3}, \ldots, \frac{\pi}{3}\right)$

Satz: Wenn das m-te Argument eines n-sphärischen Orthoschems 2α, *das vorhergehende und nachfolgende* α, *alle übrigen aber* $\pi/3$ *sind, so ist das Orthoschem* $\binom{n}{m}$*-mal so groß, wie wenn sein erstes Argument* α *und alle übrigen* $\pi/3$ *sind.*

Beweis: Setzt man $f(1\,2\,3 \ldots m\,[m+1] \ldots n) = f_n^m(\alpha)$, wenn $(1\,2) = (2\,3) = (3\,4) = \cdots = [(m-2)\,(m-1)] = \pi/3$, $[(m-1)\,m] = \alpha$, $[m\,(m+1)] = 2\alpha$, $[(m+1)\,(m+2)] = \alpha$, $[(m+3)\,(m+4)] = [(m+4)\,(m+5)] = \cdots = [(n-1)\,n] = \pi/3$ ist, und insbesondere $f\left(\alpha, \frac{\pi}{3}, \frac{\pi}{3}, \ldots, \frac{\pi}{3}\right) = f_n^0(\alpha)$, $f\left(2\alpha, \alpha, \frac{\pi}{3}, \frac{\pi}{3}, \ldots, \frac{\pi}{3}\right) = f_n^1(\alpha)$, so hat man zunächst

$$f_n^{n-m}(\alpha) = f_n^m(\alpha),$$

weil die Ordnung der Grenzpolynome eines Orthoschems auch umgekehrt werden darf. Wenn ferner der Kürze wegen

$$\cos a = \frac{\sin\alpha}{\sqrt{4\sin^2\alpha - 1}}$$

gesetzt wird, so findet man leicht

$$f[\overline{(m-1)\,m}, 1\,2\,3 \ldots (m-2)\,(m+1)\,(m+2) \ldots n] = f_{n-2}^{m-2}(a),$$
$$f[\overline{m\,(m+1)}, 1\,2\,3 \ldots (m-1)\,(m+2)\,(m+3) \ldots n] = f_{n-2}^{m-1}(a),$$
$$f[\overline{(m+1)\,(m+2)}, 1\,2\,3 \ldots m\,(m+3)\,(m+4) \ldots n] = f_{n-2}^{m}(a);$$

und hieraus

$$df_n^m(\alpha) = \left\{f_{n-2}^{m-2}(a) + 2\,f_{n-2}^{m-1}(a) + f_{n-2}^{m}(a)\right\} df(\alpha). \tag{1}$$

Für $n = m$ ist $f_m^m(\alpha) = f_m^0(\alpha)$; für $n = m+1$ ist $f_{m+1}^m(\alpha) = f_{m+1}^1(\alpha)$; wir müssen also zuerst $f_n^1(\alpha)$ zu reduzieren trachten. Die Gleichung (1) gibt

$$df_n^1(\alpha) = \left\{2\,f_{n-2}^0(a) + f_{n-2}^1(a)\right\} df(\alpha). \tag{2}$$

Für $n = 3$ ist $f_3'(\alpha) = f(2\alpha) + f(\alpha) - 1 = 3\,f(\alpha) - 1$, hingegen $f_3^0(\alpha) = f(\alpha) + f\left(\frac{\pi}{3}\right) - 1 = f(\alpha) - (1/3)$; also

$$f_3^1(\alpha) = 3\,f_3^0(\alpha).$$

Für $n = 4$ ist $df_4^1(\alpha) = [2\,f(a) + f(2\,a)]\,df(\alpha) = 4\,f(\alpha)\,df(\alpha)$; weil aber $df_4^0(\alpha) = f(a)\,df(\alpha)$ ist, so folgt hieraus

$$f_4^1(\alpha) = 4\,f_4^0(\alpha).$$

Wäre nun der Satz

$$f_m^1(\alpha) = m\,f_m^0(\alpha) \tag{3}$$

für $m = n-2$ schon bewiesen, so würde aus (2) folgen $df_n^1(\alpha) = n\,f_{n-2}^0(a) \times df(\alpha) = n\,df_n^0(\alpha)$, und hieraus folgt durch Integration

$$f_n^1(\alpha) = n\,f_n^0(\alpha).$$

Da aber die Gleichung (3) für $m = 3$ und $m = 4$ schon bewiesen ist, so gilt sie allgemein.

Wir kommen jetzt zur Gleichung (1) zurück. Wäre der Satz

$$f_i^m(\alpha) = \binom{i}{m} f_i^0(\alpha)$$

für $i = n - 2$ schon zugegeben, so würde aus der Gleichung (1) folgen

$$df_n^m(\alpha) = \left\{\binom{n-2}{m-2} + 2\binom{n-2}{m-1} + \binom{n-2}{m}\right\} df_n^0(\alpha),$$

also durch Integration

$$f_n^m(\alpha) = \binom{n}{m} f_n^0(\alpha),$$

d.h. der vorige Satz würde auch für $i = n$ gelten. Nach dem frühern ist aber wirklich

$$f_m^m(\alpha) = f_m^0(\alpha) = \binom{m}{m} f_m^0(\alpha), \quad f_{m+1}^m(\alpha) = f_{m+1}^1(\alpha) = \binom{m+1}{m} f_{m+1}^0(\alpha),$$

d.h. der fragliche Satz gilt für $i = m$ und $i = m + 1$. Also gilt er überhaupt.

Wir machen nun von dem bewiesenen Satz folgende spezielle Anwendungen.

1. *Fall, wo* $\alpha = \pi/3$. – Es ist nach dem vorigen Satz $f_n^1\left(\frac{\pi}{3}\right) = n f_n^0\left(\frac{\pi}{3}\right)$; da aber in beiden Orthoschemen die ersten Argumente $2\pi/3$ und $\pi/3$, also supplementär sind, alle folgenden hingegen übereinstimmen, so ist nach dem am Ende von Ziffer 23 Gesagten

$$f_n^1\left(\frac{\pi}{3}\right) + f_n^0\left(\frac{\pi}{3}\right) = 2 f_n^0\left(\frac{\pi}{2}\right) = 2 f_{n-1}^0\left(\frac{\pi}{3}\right),$$

oder

$$f_n^0\left(\frac{\pi}{3}\right) = \frac{2}{n+1} f_{n-1}^0\left(\frac{\pi}{3}\right),$$

und, da $f_2^0\left(\frac{\pi}{3}\right) = 2/3 = (2\cdot 2)/(3\cdot 2)$ ist, endlich

$$f_n\left(\frac{\pi}{3}, \frac{\pi}{3}, \frac{\pi}{3}, \ldots, \frac{\pi}{3}\right) = \frac{2^n}{1\cdot 2\cdot 3\cdots(n+1)}. \tag{4}$$

2. *Fall, wo* $\alpha = \pi/4$. – Es ist $f_n^1\left(\frac{\pi}{4}\right) = n f_n^0\left(\frac{\pi}{4}\right)$ und nach Ziffer 23 zugleich $f_n\left(\frac{\pi}{2}, \frac{\pi}{4}, \frac{\pi}{3}, \frac{\pi}{3}, \ldots, \frac{\pi}{3}\right) = f_{n-1}^0\left(\frac{\pi}{4}\right)$; also $f_n^0\left(\frac{\pi}{4}\right) = (1/n)\, f_{n-1}^0\left(\frac{\pi}{4}\right)$, und da $f_2^0\left(\frac{\pi}{4}\right) = 1/2$ ist, allgemein

$$f_n\left(\frac{\pi}{4}, \frac{\pi}{3}, \frac{\pi}{3}, \ldots, \frac{\pi}{3}\right) = \frac{1}{1\cdot 2\cdot 3\cdots n}. \tag{5}$$

Wenn man rechte Argumente ausschließt, so sind, für alle Dimensionszahlen über 4, die Formeln (4) und (5) wahrscheinlich die *einzigen*, worin sowohl alle Argumente mit dem Kreisumfang kommensurabel als auch die Werte der orthoschematischen Funktionen rationale Zahlen sind. Der Beweis hiervon scheint mir aber sehr schwer. Die genannten Formeln sind übrigens leicht mittels der regulären Polyscheme der n-fachen Totalität zu verifizieren, indem man dieselben auf eine konzentrische Sphäre projiziert. Bei der regulären Pyramide zerfällt dann das sphärische Kontinuum in $n + 1$ reguläre Plagioscheme, deren jedes alle seine Argumente gleich $2\pi/3$ hat, und daher in $1\cdot 2\cdot 3\cdots n$ gleiche Orthoscheme $S_n\left(\frac{\pi}{3}, \frac{\pi}{3}, \frac{\pi}{3}, \ldots, \frac{\pi}{3}\right)$ zerfällt. Dadurch ist die Formel (4) verifiziert. Beim Reziprokparalleloschem $(3, 3, 3, \ldots, 3, 4)$ wird das sphärische Kontinuum in 2^n reguläre Plagioscheme mit dem gemeinschaftlichen Wert $\pi/2$ aller Argumente geteilt; jedes entspricht also gerade der Einheit der sphärischen Funktion, und da es nun in $1\cdot 2\cdot 3\cdots n$ gleiche Orthoscheme $S_n\left(\frac{\pi}{3}, \frac{\pi}{3}, \ldots, \frac{\pi}{3}, \frac{\pi}{4}\right)$ zerfällt, so ist hierdurch auch die Formel (5) verifiziert.

Auch bei der Tetrasphäre weiß ich keine solche Formeln mit kommensurabeln Argumenten und rationalem Funktionswert anzugeben, die nicht mit den regulären Polyschemen der vierfachen Totalität im Zusammenhang wären. Da für diese Dimensionszahl die größte Mannigfaltigkeit stattfindet, so ist ihr der folgende Abschnitt eigens gewidmet.

30. *Rationale tetrasphärische Orthoscheme, deren Argumente rationale Teile von π sind*

Aus den allgemeinen Formeln (4) und (5) des vorigen Abschnitts folgen sogleich:

$$f\left(\frac{\pi}{3}, \frac{\pi}{3}, \frac{\pi}{3}\right) = \frac{2}{15}, \tag{1}$$

$$f\left(\frac{\pi}{4}, \frac{\pi}{3}, \frac{\pi}{3}\right) = \frac{1}{24}. \tag{2}$$

Die für die Periode $\alpha\beta\gamma\alpha\beta\gamma$ bei der Tetrasphäre in Ziffer 28 gefundene Bedingungsgleichung (3), $\cos^2\alpha + \cos^2\beta + \cos^2\gamma = 1$ hat, abgesehen von Permutationen, nur zwei rationale Lösungen: $\left(\frac{\pi}{4}, \frac{\pi}{3}, \frac{\pi}{3}\right)$ und $\left(\frac{2\pi}{5}, \frac{\pi}{5}, \frac{\pi}{3}\right)$. Jene gibt außer (2) noch

$$f\left(\frac{\pi}{3}, \frac{\pi}{4}, \frac{\pi}{3}\right) = \frac{1}{72}; \tag{3}$$

diese gibt

$$f\left(\frac{2\pi}{5}, \frac{\pi}{5}, \frac{\pi}{3}\right) = \frac{1}{225}, \tag{4}$$

$$f\left(\frac{\pi}{5}, \frac{\pi}{3}, \frac{2\pi}{5}\right) = \frac{1}{45}, \tag{5}$$

$$f\left(\frac{\pi}{3}, \frac{2\pi}{5}, \frac{\pi}{5}\right) = \frac{19}{225}. \tag{6}$$

Da nach Ziffer 23 die Gleichung

$$f\left(\frac{4\pi}{5}, \frac{2\pi}{5}, \frac{\pi}{3}\right) + f\left(\frac{\pi}{5}, \frac{2\pi}{5}, \frac{\pi}{3}\right) = 2f\left(\frac{2\pi}{5}, \frac{\pi}{3}\right) = \frac{14}{15}$$

stattfindet, so folgt aus (6):

$$f\left(\frac{4\pi}{5}, \frac{2\pi}{5}, \frac{\pi}{3}\right) = \frac{191}{225}. \tag{7}$$

Durch Anwendung von Ziffer 29 ergeben sich aus (4) und (7) die Formeln

$$f\left(\frac{\pi}{5}, \frac{\pi}{3}, \frac{\pi}{3}\right) = \frac{1}{900}, \tag{8}$$

$$f\left(\frac{2\pi}{5}, \frac{\pi}{3}, \frac{\pi}{3}\right) = \frac{191}{900}, \tag{9}$$

$$f\left(\frac{\pi}{5}, \frac{2\pi}{5}, \frac{\pi}{5}\right) = \frac{1}{150}, \tag{10}$$

$$f\left(\frac{2\pi}{5}, \frac{4\pi}{5}, \frac{2\pi}{5}\right) = \frac{191}{150}.$$

Nimmt man im letzten Orthoschem das zweite Polynom entgegengesetzt, so erhält man

$$f\left(\frac{3\pi}{5}, \frac{\pi}{5}, \frac{2\pi}{5}\right) = \frac{8}{5} - \frac{191}{150} = \frac{49}{150};$$

nimmt man hier wieder das erste Polynom entgegengesetzt, so erhält man

$$f\left(\frac{2\pi}{5}, \frac{\pi}{5}, \frac{2\pi}{5}\right) = \frac{11}{150}. \tag{11}$$

Mit Weglassung von (7) hat man also im ganzen 10 kommensurable tetrasphärische Orthoscheme mit kommensurabeln, im ersten Quadranten befindlichen Argumenten. Ich zweifle sehr, ob es außer diesen noch andere gäbe, und diese stehen alle mit den regulären Polyschemen (3, 3, 3), (3, 3, 4), (3, 3, 5), (3, 4, 3) im Zusammenhang. Wendet man die in Ziffer 27 gezeigte Periodenbildung auf die vorliegenden Funktionswerte an, um daraus neue zu finden, so bekommen diese inkommensurable Argumente.

Um überhaupt keinen Fall zu verschweigen, wo orthoschematische Funktionen finite Ausdrücke haben, wollen wir auch noch mit der Periodenbildung zunächst an der Tetrasphäre das Mögliche versuchen.

Setzt man $(\pi^2/4)\, df(\alpha, \beta, \gamma) = a\, d\alpha + b\, d\beta + c\, d\gamma$, so ist

$$\cos a = \frac{\sin\alpha \cos\gamma}{\sqrt{\sin^2\alpha - \cos^2\beta}}, \qquad \cos b = \frac{\cos\alpha \cos\beta \cos\gamma}{\sqrt{\sin^2\alpha - \cos^2\beta}\sqrt{\sin^2\beta - \cos^2\gamma}},$$

$$\cos c = \frac{\cos\alpha \sin\gamma}{\sqrt{\sin^2\beta - \cos^2\gamma}}.$$

Vergleicht man diese Ausdrücke mit den Relationen (6) und (7) unter Ziffer 27, so ergibt sich die Periode $\alpha, \beta, \gamma, (\pi/2) - a, b, (\pi/2) - c$. Demnach sind oben schon Perioden mit lauter kommensurabeln Gliedern vorgekommen, nämlich:

1. $\frac{\pi}{3}, \frac{\pi}{3}, \frac{\pi}{4}, \frac{\pi}{3}, \frac{\pi}{3}, \frac{\pi}{4}$, wohin die Formeln (2) und (3) gehören;
2. $\frac{2\pi}{5}, \frac{\pi}{5}, \frac{\pi}{3}, \frac{2\pi}{5}, \frac{\pi}{5}, \frac{\pi}{3}$, wohin (4), (5) und (6), und
3. $\frac{\pi}{5}, \frac{2\pi}{5}, \frac{\pi}{5}, \frac{2\pi}{5}, \frac{\pi}{5}, \frac{2\pi}{5}$, wohin (10) und (11) gehören. Die Argumente in (1) und (8) geben dagegen Perioden, worin inkommensurable Glieder sich finden; wird $\cos 2\lambda = 1/4$ gesetzt, so sind sie: $\frac{\pi}{3}, \frac{\pi}{3}, \frac{\pi}{3}, \lambda, 2\lambda, \lambda$ und $\frac{\pi}{5}, \frac{\pi}{3},$

$\frac{\pi}{3}, \frac{2\pi}{5}, \frac{\pi}{3} - \lambda, \frac{2\pi}{3} - \lambda$; man erhält daraus die neuen Funktionswerte:

$$f\left(\frac{\pi}{3}, \frac{\pi}{3}, \lambda\right) = -\frac{2}{15} + \frac{1}{3} \cdot \frac{2\lambda}{\pi},$$

$$f\left(\frac{\pi}{3}, \lambda, 2\lambda\right) = -\frac{8}{15} + \frac{4}{3} \cdot \frac{2\lambda}{\pi},$$

$$f(\lambda, 2\lambda, \lambda) = -\frac{4}{5} + 2\,\frac{2\lambda}{\pi};$$

$$f\left(\frac{\pi}{3}, \frac{2\pi}{5}, \frac{\pi}{3} - \lambda\right) = \frac{43}{300} - \frac{1}{3} \cdot \frac{2\lambda}{\pi},$$

$$f\left(\frac{2\pi}{5}, \frac{\pi}{3}, -\lambda, \frac{2\pi}{3} - \lambda\right) = \frac{391}{900} - \frac{2\lambda}{\pi},$$

$$f\left(\frac{\pi}{3} - \lambda, \frac{2\pi}{3} - \lambda, \frac{\pi}{5}\right) = \frac{401}{900} - \frac{2\lambda}{\pi},$$

$$f\left(\frac{2\pi}{3} - \lambda, \frac{\pi}{5}, \frac{\pi}{3}\right) = \frac{53}{300} - \frac{1}{3} \cdot \frac{2\lambda}{\pi}.$$

31. *Über das Orthoschem* $f\left(\frac{\pi}{3}, \frac{\pi}{3}, \ldots, \frac{\pi}{3}, \frac{\pi}{4}, \alpha, \alpha, \frac{\pi}{4}, \frac{\pi}{3}, \ldots, \frac{\pi}{3}\right)$ *und einige mit diesem und dem in Ziffer 29 betrachteten in Beziehung stehende Sätze*

Satz: Wenn in einer n-sphärischen orthoschematischen Funktion das $(m-1)$*-te,* m*-te,* $(m+1)$*-te und* $(m+2)$*-te Argument der Reihe nach* $\frac{\pi}{4}, \alpha, \alpha, \frac{\pi}{4}$, *alle übrigen aber* $\frac{\pi}{3}$ *sind, so ist die Funktion* $\binom{n-1}{m}$*-mal so groß, wie wenn das erste Argument* α, *das zweite* $\frac{\pi}{4}$ *und alle folgenden* $\frac{\pi}{3}$ *sind.*

Beweis: Wird zuerst die genannte Funktion mit $g_n^m(\alpha)$ bezeichnet, so muß folgerecht die zweite durch $g_n^0(\alpha)$ dargestellt werden. Setzt man

$$\cos a = \frac{\sin\alpha}{\sqrt{2\,(2\sin^2\alpha - 1)}}$$

und läßt $f_n^m(\alpha)$ dasselbe bedeuten wie in Ziffer 29, so findet man

$$dg_n^m(\alpha) = \left\{f_{n-2}^{m-1}(a) + f_{n-2}^m(a)\right\} df(\alpha),$$

also nach dem Satz der angeführten Ziffern

$$dg_n^m(\alpha) = \left\{\binom{n-2}{m-1} + \binom{n-2}{m}\right\} f_{n-2}^0(a)\, df(\alpha) = \binom{n-1}{m} f_{n-2}^0(a)\, df(\alpha),$$

oder, da $dg_n^0(\alpha) = f_{n-2}^0(a)\, df(\alpha)$ ist, durch Integration

$$g_n^m(\alpha) = \binom{n-1}{m} g_n^0(\alpha),$$

was zu beweisen war.

* * *

Die in Ziffer 30 behandelten Perioden $\frac{\pi}{3}, \frac{\pi}{3}, \frac{\pi}{4}, \frac{\pi}{3}, \frac{\pi}{3}, \frac{\pi}{4}$ und $\frac{\pi}{3}, \frac{\pi}{3}, \frac{\pi}{3}$, $[\arccos(1/4)]/2$, $\arccos(1/4)$, $[\arccos(1/4)]/2$ sind besondere Fälle zweier allgemeiner Perioden, welche so definiert werden:

1. *Folgen $n-1$ Argumente, deren jedes gleich $\frac{\pi}{3}$ ist, aufeinander und man setzt* $\cos 2\lambda = 1/n$ *so werden jene Argumente durch die drei darauffolgenden λ, 2λ, λ zur Periode ergänzt.*

2. *Folgen $n-2$ Argumente $\frac{\pi}{3}$ und eines $\frac{\pi}{4}$ aufeinander und man setzt* $\cos\mu = \sqrt{1/n}$, *so werden jene Argumente durch μ, μ, $\frac{\pi}{4}$ zur Periode ergänzt.*

Die Beweise hierfür sind aus Ziffer 28, III und Ziffer 27, (6) und (7) zu entnehmen.

Zur Bestimmung der Funktionen, welche diesen Perioden entsprechen, führen außer dem Satz von Ziffer 29 und dem ersten dieses Abschnittes folgende Sätze.

I. Sind alle Argumente eines n-sphärischen Plagioschems 2α, dasselbe also regulär, so zerfällt es von seinem sphärischen Zentrum aus in $1\cdot 2\cdot 3\cdots n$ Orthoscheme, deren jedes als erstes Argument α und die $n-2$ folgenden gleich $\pi/3$ hat und daher der Funktion $f_n^0(\alpha)$ entspricht.

Wird nun hierauf die Gleichung (1) von Ziffer 24 angewandt, so sind die dortigen

$$f_{2n+1} \quad \text{durch} \quad (2n+1)!\, f_{2n+1}^0(\alpha)$$

$$\Sigma f_{2n-2i} \quad \text{durch} \quad \binom{2n+1}{2n-2i}(2n-2i)!\, f_{2n-2i}^0(\alpha)$$

zu ersetzen, wodurch man erhält

$$f_{2n+1}^0(\alpha) = \sum_{i=0}^{i=n}(-1)^i A_i\, f_{2n-2i}^0(\alpha),$$

wenn die Koeffizienten A durch $\operatorname{tg} x = \Sigma A_i x^{2i+1}$ definiert sind. Wenn also $\cos 2\lambda = 1/(2n)$ ist, so hat man

$$f_{2n}^0(\lambda) = A_1 f_{2n-2}^0(\lambda) - A_2 f_{2n-4}^0(\lambda) + \cdots - (-1)^n A_n.$$

II. Sind die Stücke eines n-sphärischen regulären Polyschems nach dem Charakter (3, 3, ..., 3, 4) geordnet und alle Winkel zwischen je zwei angrenzenden Perischemen 2α, so zerfällt dasselbe von seinem sphärischen Zentrum aus in 2^{n-1} kongruente Plagioscheme; von den n Perischemen eines solchen bildet eines (die Basis) mit allen übrigen das Argument a, während je zwei von diesen zueinander orthogonal sind. Ein solches Plagioschem zerfällt daher von seiner Spitze aus in $(n-1)!$ Orthoscheme, bei deren jedem die zwei ersten Argumente α, $\pi/4$, die $n-3$ folgenden sämtlich $\pi/3$ sind. Das erwähnte Plagioschem, durch die n-sphärische Einheit gemessen, beträgt also

$$(n-1)!\, g_n^0(\alpha).$$

Wird nun hierauf der Satz von Ziffer 24 angewandt, so hat man

$$f_{2n+1} = (2n)!\, g^0_{2n+1}(\alpha),$$

$$\Sigma f_{2n-2i} = \binom{2n}{2n-2i-1}(2n-2i-1)!\, g^0_{2n-2i}(\alpha) + \binom{2n}{2n-2i}$$

$$= \frac{(2n)!}{(2i+1)!}\, g^0_{2n-2i}(\alpha) + \binom{2n}{2i}$$

zu setzen, und man erhält

$$g^0_{2n+1}(\alpha) = \sum_{i=0}^{i=n-1} (-1)^i A_i\, g^0_{2n-2i}(\alpha) + (-1)^n C_n,$$

wenn die Koeffizienten A und C durch die Gleichungen

$$\operatorname{tg} x = \sum_{n=0}^{n=\infty} A_n x^{2n+1}, \qquad \frac{1}{\cos x} = \sum_{n=0}^{n=\infty} C_n x^{2n}$$

definiert sind.

Ist $\cos\mu = \sqrt{1/(2n)}$, so hat man

$$g^0_{2n}(\mu) = A_1 g^0_{2n-2}(\mu) - A_2 g^0_{2n-4}(\mu) + \cdots - (-1)^n C_n.$$

Für $n = 2$ wird $\mu = \pi/3$; also, da $A_1 = 1/3$, $C_2 = 5/24$ ist,

$$g^0_4\left(\frac{\pi}{3}\right) = f\left(\frac{\pi}{3}, \frac{\pi}{4}, \frac{\pi}{3}\right) = \frac{1}{3} f\left(\frac{\pi}{3}\right) - \frac{5}{24} = \frac{1}{72},$$

was mit der Formel (3) in Ziffer 30 übereinstimmt.

32. *Über sphärische Perischeme*

Wir haben bisher nur solche Integrale $\int^n dx\,dy\,dz \ldots$, $(x^2 + y^2 + \cdots < 1$, $p_1 > 0$, $p_2 > 0, \ldots)$ betrachtet, wo die Zahl der Grenzpolynome p der Dimensionszahl n gleich war. Es liegt uns also noch die Untersuchung der zwei Fälle ob, wo jene Zahl der homogenen Grenzpolynome kleiner oder größer als n ist.

Der erste Fall bietet gar keine Schwierigkeit dar. Sind nämlich nur $n - m$ homogene und lineare Polynome $p_1, p_2, \ldots, p_{n-m}$ mit n Variabeln gegeben, welche das Integral

$$\int^n_{\left(\substack{x^2+y^2+\cdots>1\\ p_1>0,\ p_2>0,\ \ldots,\ p_{n-m}>0}\right)} dx\,dy\,dz \ldots = f_n(p_1, p_2, \ldots, p_{n-m}) \int^n_{\left(\substack{x^2+y^2+\cdots<1\\ x>0,\ y>0,\ \ldots}\right)} dx\,dy\,dz \ldots$$

begrenzen, so braucht man nur die Variabeln orthogonal so zu transformieren, daß die gegebenen Grenzpolynome nur $n - m$ derselben enthalten, und dann das in Ziffer 23 gezeigte Verfahren anzuwenden, um

$$f_n(p_1, p_2, \ldots, p_{n-m}) = 2^m f_{n-m}(p_1, p_2, \ldots, p_{n-m})$$

zu bekommen, wodurch das vorgelegte n-fache Integral mit bloß $n - m$ Grenzpolynomen auf eine $(n - m)$-sphärische plagioschematische Funktion zurückgeführt ist.

Im zweiten Fall, wo die Zahl der Grenzpolynome des n-fachen Integrals die Dimensionszahl n übertrifft, nennen wir das entsprechende Stück des n-sphärischen Kontinuums *ein n-sphärisches Polyschem* und denken uns die Anordnung seiner Perischeme in ähnlicher Weise gegeben wie bei einem linearen Polyschem der $(n-1)$-fachen Totalität. Wie nun dieses nach Ziffer 11 in lauter Pyramiden (n-Scheme) zerlegt werden kann, welche eine gegebene (innere) Lösung zur gemeinschaftlichen Spitze haben, gerade so kann auch jedes n-sphärische Polyschem in lauter Plagioscheme zerlegt werden.

Wenden wir jetzt Ziffer 22 an, um das Differential der n-sphärischen polyschematischen Funktion zu bestimmen, und messen der größern Einfachheit wegen alle vorkommenden Argumente oder Winkel je zweier Polynome durch den Quadranten und die $(n-2)$-sphärischen Perischeme durch das $(n-2)$-sphärische Orthoschem mit lauter rechten Argumenten, so bekommen wir ein Aggregat von Produkten je eines plagioschematischen $(n-2)$-sphärischen Perischems und des Differentials des entsprechenden Arguments. Von den Grenzpolynomen jedes durch die Teilung entstandenen Plagioschems ist eines (p) mit dem gegebenen Polyschem gemein; die übrigen (q) scheiden dasselbe von den angrenzenden Plagioschemen; unter seinen $(n-2)$-sphärischen Perischemen können wir daher *innere*, welche je zwei Gleichungen, wie $q=0$, $q'=0$, und *äußere*, welche je zwei Gleichungen, wie $p=0$, $q=0$, entsprechen, unterscheiden. Die innern Perischeme sind dreien oder mehreren Polynomen q, worunter nur zwei unabhängige sind, gemein, weshalb die Summe der entsprechenden Argumente, wie zum Beispiel

$$\sphericalangle(q,-q')+\sphericalangle(q',-q'')+\sphericalangle(q'',-q''')+\sphericalangle(q''',-q),$$

immer $=4$, und daher die Summe ihrer Differentiale gleich Null ist, so daß die betreffenden Glieder des Aggregats sich aufheben. Einem äußern Perischem $(p=0, q=0)$ entsprechen entweder zwei supplementäre Argumente $\sphericalangle(p,q)$ und $\sphericalangle(p,-q)$, deren Summe 2, das Differential also 0 ist, so daß die entsprechenden Glieder des Aggregats sich aufheben; oder, wenn q nur von zwei Polynomen p, p' abhängt, so entsprechen demselben äußern Perischem die Argumente $\sphericalangle(p,q)$ und $\sphericalangle(-q,p')$, deren Summe $\sphericalangle(p,p')$ ein Argument des gegebenen Polyschems ist. Denkt man sich die betreffende Reduktion des Aggregats vollzogen, so wird man im allgemeinen mehrere Produkte finden, welche dasselbe Differential eines Arguments des Polyschems zum Faktor haben, und dann wird die Summe der andern Faktoren ein ganzes $(n-2)$-sphärisches Perischem des gegebenen Polyschems sein, indem mehrere durch die Teilung entstandene plagioschematische Perischeme sich zu einem polyschematischen zusammensetzen. Eine solche Zusammensetzung findet indes erst für $n \gtrless 5$ statt. Diese Andeutungen, welche zur Vermeidung von Weitläufigkeit die Stelle eines vollständigen Beweises ersetzen sollen, berechtigen zu dem Schlusse:

Das vollständige Differential eines n-sphärischen Polyschems ist gleich der Summe der Produkte aller seiner $(n-2)$-sphärischen Perischeme mit den Differentialen der entsprechenden Argumente.

Wären nun die Argumente wirklich alle unter sich unabhängig, so könnte man die $(n-2)$-sphärischen Perischeme als partielle Differentialkoeffizienten des n-sphärischen Polyschems betrachten. Dies gilt indes nur für die Tetrasphäre. Für die Trisphäre ist die Zahl der Argumente zu klein, für $n > 4$ ist sie zu groß.

Ist nämlich m die Zahl der Winkel eines Kugelvielecks, so ist bekanntlich $2m-3$ die Zahl seiner wesentlichen Bestimmungsstücke. Überhaupt ist die Zahl der wesentlichen Data eines n-sphärischen Polyschems derjenigen für ein lineares Polyschem der $(n-1)$-fachen Totalität gleich, wenn die Anordnung der Perischeme bei beiden übereinstimmt. Wir wollen daher diese letzte Zahl zu berechnen suchen.

Ist g die Zahl aller $(n-1)$-fachen linearen Kontinuen, welche ein Polyschem der n-fachen Totalität begrenzen und gehen h derselben durch ein erstes Eck, h' durch ein anderes, h'' durch ein drittes usw., so sind von den h Polynomen, welche dem ersten Eck entsprechen, $h-n$ von den übrigen abhängig, was für $h-n$ Bedingungen zählt, usw. Man wird sich bald überzeugen, daß keine von diesen Bedingungen überflüssig ist und daß alle zusammen gerade hinreichen, um die Anordnung der Teile des Polyschems auszudrücken. Da nun n die Zahl der wesentlichen Elemente einer linearen Gleichung mit n Variabeln und $n(n+1)/2$ die Zahl der Data ist, durch welche irgendein orthogonales System der Variabeln bestimmt wird, so bekommen wir

$$n\,g-(h-n)-(h'-n)-(h''-n)-\cdots-\frac{1}{2}\,n\,(n+1)$$

als Zahl der wesentlichen Data des Polyschems, das heißt:

Die Zahl der Bestimmungsstücke eines linearen Polyschems der n-fachen Totalität ist gleich der n-fachen Summe der Zahl aller $(n-1)$-fachen Perischeme und derjenigen aller Ecken, vermindert um die Summe der Eckenzahlen eines jeden $(n-1)$-fachen Perischems und um $n(n+1)/2$.

Wenn für $n=3$ die Zahlen der Ecken, Kanten und Vielecke eines Polyeders mit a_0, a_1, a_2 bezeichnet werden, so ist die Eckenzahl jedes Perischems oder Vielecks seiner Seitenzahl gleich, die Summe dieser Zahlen also auch gleich der Summe der Zahlen der durch jede Kante gehenden Perischeme, d.h. gleich $2a_1$; demnach ist die Zahl der Data des Polyeders gleich

$$3\,(a_0+a_2)-2\,a_1-6=3\,(a_0-a_1+a_2-2)+a_1=a_1.$$

Es folgt hieraus, daß ein räumliches Polyeder durch seine Kanten gerade bestimmt ist, ebenso ein tetrasphärisches Polyschem durch seine Seiten oder auch durch die Argumente, welche von je zwei sphärischen Vielecken an der gemeinschaftlichen Seite eingeschlossen werden.

Denken wir uns alle Kanten eines linearen Polyschems der vierfachen Totalität gegeben, so ist nach dem vorigen jedes der polyedrischen Perischeme vollständig bestimmt. Da aber jedes Vieleck zweien Polyedern gemein ist, so sind unter seinen Winkeln die, welche die Dreizahl übersteigen, doppelt bestimmt. Beschreibt man jetzt um irgendein Eck des gegebenen Polyschems eine Tetrasphäre, so schneidet diese die nötigenfalls verlängerten Räume der in jenem zusammentreffenden Polyeder in einem das Eck charakterisierenden tetrasphärischen Polyschem, in dessen Umschluß bereits alle Kugelvielecke vollständig bekannt sind. Daher ist nach dem obigen auch das tetrasphärische Polyschem selbst vollständig bestimmt, namentlich seine Argumente, welche mit denen des ursprünglichen linearen Polyschems zusammenfallen. Also ist auch dieses in allen seinen Teilen *wenigstens* hinreichend bestimmt.

Führt man auf eine Kante desselben einen normalen Raum, so schneidet derselbe die in der Kante zusammengrenzenden polyedrischen Perischeme in einem gewöhnlichen Körperwinkel, und dieser wird durch das vorhin beschriebene Verfahren von beiden die Kante begrenzenden Ecken her zweimal bestimmt. Inwiefern aber hier doppelte Bestimmung der Stücke des genannten Körperwinkels stattfindet, bin ich nicht imstande, zu entscheiden.

Die vorige Erörterung berechtigt uns nur, zu sagen, daß ein lineares Polyschem der vierfachen Totalität durch seine Kanten immer wenigstens bestimmt ist; und wir dürfen noch beifügen, daß, wenn die zweifachen Perischeme nicht lauter Dreiecke sind, dann die Zahl der Kanten diejenige seiner wesentlichen Bestimmungsstücke gewiß übertrifft. Es ist aber sehr wahrscheinlich, daß die *Gleichheit* beider Zahlen *nur* da stattfindet, wo sie unmittelbar evident ist, beim *Pentaschem*, und daß hingegen bei jedem andern linearen Polyschem der vierfachen Totalität die Zahl der Kanten *größer* ist als diejenige der wesentlichen Bestimmungsstücke.

In Ermangelung eines strengen Beweises kann man diesen Satz im einzelnen zum Beispiel durch die in Ziffer 17 für die regulären Polyscheme der vierfachen Totalität gegebenen Zahlen bestätigen.

Für höhere Dimensionszahlen über 4 ist dasselbe nach einer ganz natürlichen Induktion in noch größerem Maße zu erwarten.

Übertragen wir nun diese Betrachtungen auf sphärische Polyscheme, deren Dimensionszahl n größer als 4 ist, indem wir zugleich nach Art der reziproken Beziehung die Ecken mit den $(n-1)$-sphärischen Perischemen, überhaupt die m-sphärischen Perischeme immer mit den $(n-m-1)$-sphärischen vertauschen, so sehen wir, daß die Zahl der $(n-2)$-sphärischen Perischeme oder, wenn man will, der daranliegenden Argumente nicht kleiner als die Zahl der wesentlichen Bestimmungsstücke des n-sphärischen Polyschems sein kann, und finden es wahrscheinlich, daß mit Ausnahme des Plagioschems jene Zahl immer größer ist als diese. Während also ein tetrasphärisches Polyschem immer durch seine Argumente gerade bestimmt ist, so ist dagegen höchst wahrscheinlich von da hinweg jedes polysphärische Polyschem durch seine Argumente mehr als bestimmt.

So wie in Ziffer 24 jedes perissosphärische Plagioschem durch artiosphärische von niedrigerer Ordnung ausgedrückt wurde, ohne daß man einer Berechnung neuer Argumente bedurfte, so vermute ich, daß im allgemeinen jedes perissosphärische Polyschem durch artiosphärische Polyscheme niedrigerer Ordnung, von denen keines neue Argumente hat, wird ausgedrückt werden können, ohne daß man eine Zerfällung des gegebenen Polyschems in Plagioscheme vorzunehmen braucht. Wenn wir hierüber eine Weile näher eintreten, so nehmen wir der Einfachheit wegen auf jeder Polysphäre das Orthoschem mit lauter rechten Argumenten als Einheit des Maßes an, also zum Beispiel den Quadranten als Einheit der Winkel oder der Argumente.

Das trisphärische Polyschem oder das Kugelvieleck ist bekanntlich gleich der Summe seiner Winkel minus seine doppelte Seitenzahl plus 4. Sind $p_1, p_2, \ldots, p_m$ die Grenzpolynome, welche der Reihe nach den Seiten entsprechen, so kann man diesen Satz durch die Formel

$$f_3(p_1, p_2, \ldots, p_m)$$
$$= f(p_1, p_2) + f(p_2, p_3) + \cdots + f(p_{m-1}, p_m) + f(p_m, p_1) - 2m + 4$$

oder kurz durch

$$f_3(p, p' p'', \ldots) = 4 - \Sigma\{2 - f(p, p' \text{ Eck})\}$$

ausdrücken.

Satz: Sind $p, p', p'', p''', \ldots$ die Grenzpolynome eines pentasphärischen Polyschems $f_5(p, p', p'', p''', p^{IV}, \ldots)$, und bezeichnet $f_4(p, p', p'', p''', \ldots \text{Eck})$ das tetrasphärische Polyschem, welches von allen ein Eck bildenden Polynomen begrenzt wird, $f(p, p' \text{ Vieleck})$ das disphärische Plagioschem oder das von zweien Polynomen p, p', welche ein im Umschluß vorhandenes sphärisches m-Eck bestimmen, eingeschlossene Argument, so ist

$$f_5(p, p', p'', p''', p^{IV}, \ldots) = -\Sigma[8 - f_4(p, p', p'', p''', \ldots \text{Eck})]$$
$$+ 2\Sigma(m-2)[2 - f(p, p' \text{ Vieleck})] + 16 = \Sigma f_4(p, p', p'', p''', \ldots \text{Eck})$$
$$- 2\Sigma(m-2) f(p, p' \text{ Vieleck}) + 4\Sigma m - 8b_0 - 8b_2 + 16, \qquad (1)$$

wenn b_0, b_1, b_2, b_3 die Zahlen der Ecken, Seiten, Vielecke, tetrasphärischen Perischeme des Polyschems f_5 bedeuten.

Beweis: Indem wir nach und nach vom Einfachern zum Zusammengesetztern überzugehen beabsichtigen, setzen wir zuerst ein Polyschem, begrenzt von den Polynomen $P, p, q_1, q_2, \ldots, q_m$, und zwar so, daß unter den mit q bezeichneten nur drei unabhängige sind und alle zusammen innerhalb des trisphärischen Perischems ($P = 0$, $p = 0$) ein Kugelvieleck bilden. Man wähle innerhalb desselben eine beliebige Lösung und lege durch diese, jedes Eck des Vielecks und die zwei übrigen Ecken des Polyschems die Polynome $r_1, r_2, \ldots, r_m$, welche das ganze in m Plagioscheme zerschneiden. Unter diesen Polynomen r werden dann nur zwei unabhängige sein, und r_1 wird zugleich mit q_1, q_2, ferner r_2 zugleich mit q_2, q_3, usw., endlich r_m zugleich mit q_m, q_1 verschwinden. Für eines dieser Plagioscheme hat man nun zum Beispiel

$$f_5(P, p, q_1, r_m, -r_1) = f_4(P, q_1, r_m, -r_1) + f_4(p, q_1, r_m, -r_1)$$
$$+ f_4(P, p, r_m, -r_1) + f_4(P, p, q_1, r_m) + f_4(P, p, q_1, -r_1)$$
$$- 2f(P, p) - 2f(P, q_1) - 2f(p, q_1) - 2f(P, r_m) - 2f(P, -r_1)$$
$$- 2f(p, r_m) - 2f(p, -r_1) - 2f(q_1, r_m) - 2f(q_1, -r_1)$$
$$- 2f(r_m, -r_1) + 16. \qquad (2)$$

Man ersetze hier $q_1, r_m, -r_1$ durch $q_2, r_1, -r_2$, durch $q_3, r_2, -r_3$ usw., endlich durch $q_m, r_{m-1}, -r_m$ und summiere. Da alsdann

$$\Sigma f_4(P, q_i, r_{i-1}, -r_i) = f_4(P, q_1, q_2, \ldots, q_m \text{ Eck}),$$

$$\Sigma f_4(P, p, r_{i-1}, -r_i) = 4 f(P, p),$$

$$f_4(P, p, q_1, -r_1) + f_4(P, p, q_2, r_1) = f_4(P, p, q_1, q_2),$$

$$f(P, -r_1) + f(P, r_1) = 2,$$

$$f(q_1, -r_1) + f(q_2, r_1) = f(q_1, q_2),$$

$$\Sigma f(r_{i-1}, -r_i) = 4$$

ist, so folgt

$$\begin{aligned} f_5(P, p, q_1, q_2, \ldots, q_m) &= f_4(P, q_1, q_2, \ldots, q_m) + f_4(p, q_1, q_2, \ldots, q_m) \\ &+ \Sigma f_4(P, p, q_i, q_{i+1}) - 2(m-2) f(P, p) - 2 \Sigma f(P, q_i) \\ &- 2 \Sigma f(p, q_i) - 2 \Sigma f(q_i, q_{i+1}) + 8m - 8. \end{aligned} \tag{3}$$

Die Polynome $p, q_1, q_2, \ldots, q_m$, welche zusammen nur vier unabhängige Variabeln repräsentieren, begrenzen für sich allein ein tetrasphärisches Polyschem, das in Beziehung auf die Anordnung seiner Stücke einer räumlichen m-seitigen Pyramide zu vergleichen ist. So wie nun im Raume jedes Polyeder von einem innern Punkte aus in lauter Pyramiden zerlegt werden kann, welche diesen Punkt zur gemeinschaftlichen Spitze und die vieleckigen Flächen des Polyeders zu Basen haben, so kann auch das gleiche mit jedem tetrasphärischen Polyschem geschehen. Die Polynome, welche dasselbe begrenzen, seien p, p', p'', p''', ... und mögen, wenn auch explizite fünf Variabeln darin vorkommen, doch wesentlich nur vier unabhängige Variabeln repräsentieren. Wir können uns dann eine besondere Art von pentasphärischem Polyschem, $f_5(P, p, p', p'', p''', \ldots)$, denken, worin die Gleichung $P = 0$ gleichsam als Basis ein tetrasphärisches Polyschem von allgemeiner Natur und die Gleichungen $p = 0$, $p' = 0$, $p'' = 0$, $p''' = 0$, ... die zugehörige Spitze darstellen. Wird die Basis von irgendeiner innern Lösung aus in pyramidenartige tetrasphärische Polyscheme zerlegt, so wird dieser Zerlegung auch eine des pentasphärischen Polyschems entsprechen und für jeden Teil dieses letzten eine Gleichung wie (3) bestehen. Bei der Summierung dieser Gleichungen hat man dann

$$\Sigma f_4(P, q_1, q_2, \ldots, q_m) = 8,$$

$$\Sigma f_4(p, q_1, q_2, \ldots, q_m) = f_4(p, p', p'', p''', \ldots),$$

$$\begin{aligned} &\Sigma \Sigma f_4(P, p, q_i, q_{i+1}) \\ &\quad = \Sigma \{ f_4(P, p, q, -q') + f_4(P, p', q', -q'') + (P, p'', q'', -q''') + \cdots \}, \end{aligned}$$

wenn die Polynome p, p', p'', ... zusammen ein Eck der Basis bilden, also nur drei Variabeln repräsentieren, und die Polynome q, q', q'', ... den durch dieses Eck gehenden Teilungen entsprechen und daher nur zwei Variabeln repräsentieren; wenn ferner das dem Aggregat vorgesetzte Summenzeichen sich auf alle Ecken der Basis bezieht; also endlich $= \Sigma f_4(P, p, p', p'', \ldots$, Eck der Basis);

$f(P, q) + f(P, -q) = 2$, also $\Sigma\Sigma f(P, q_i) =$ der doppelten Zahl der Basis $= \Sigma m$;

$f(p, q) + f(p', -q) = f(p, p')$, wenn das Paar Gleichungen $p = 0, p' = 0$ einer Seite der Basis entspricht;

$\Sigma\Sigma f(q_i, q_{i+1}) =$ der vierfachen Zahl der Ecken der Basis;

also zuletzt, indem man die Zahlen der Ecken, Seiten und Vielecke der Basis mit c_0, c_1, c_2 bezeichnet und die Glieder $-8\,c_0 + 8\,c_1 - 8\,c_2 = -16$ setzt;

$$f_5(P, p, p', p'', p''', \ldots) = f_4(p, p', p'', p''', \ldots) + \Sigma f_4(P, p, p', p'', \ldots \text{ Eck der Basis}) - 2\,\Sigma\,(m-2)\,f(P, p) - 2\,\Sigma f(p, p' \text{ Seite der Basis}) + 2\,\Sigma m - 8. \quad (4)$$

Sind endlich $P, P', P'', P''', P^{IV}, \ldots$ die Grenzpolynome eines ganz beliebigen pentasphärischen Polyschems, so kann dieses von irgendeiner innern Lösung aus in solche Polyscheme geteilt werden, wie das, welches wir soeben betrachtet haben. Werden dann die Polynome, welche die Teilung bewirken, wie vorhin, durch p bezeichnet, so hat man bei der Summation der Gleichung (4):

$$\Sigma f_4(p, p', p'', p''', \ldots \text{ Basis}) = \text{dem totalen tetrasphärischen Kontinuum} = 16,$$

$$\Sigma\Sigma f_4(P, p, p', p'', \ldots \text{ Eck der Basis})$$
$$= \Sigma f_4(P, P', P'', P''', \ldots \text{ Eck des pentasphärischen Polyschems}),$$

$$f(P, p) + f(P', -p) = f(P, P' \text{ Vieleck des Polyschems});$$

ferner wenn die Polynome $p, p', p'', \ldots$ einer und derselben Seite des Polyschems entsprechen, also alle zusammen nur zwei Variabeln repräsentieren,

$$f(p, -p') + f(p', -p'') + f(p'', -p''') + \cdots = 4,$$

folglich

$$\Sigma\Sigma f(p, p' \text{ Seite der Basis})$$
$$= \text{der vierfachen Seitenzahl des pentasphärischen Polyschems.}$$

Wenn man endlich die Zahl der Ecken, Seiten, Vielecke, tetrasphärischen Perischeme des gegebenen pentasphärischen Polyschems mit b_0, b_1, b_2, b_3 bezeichnet und die Summation der Gleichung (4) ausführt, so erhält man

$$f_5(P, P', P'', P''', P^{IV}, \ldots) = \Sigma f_4(P, P', P'', P''', \ldots \text{ Eck})$$
$$- 2\,\Sigma(m-2)\,f(P, P' \text{ Vieleck}) + 4\,\Sigma m - 8\,b_1 - 8\,b_3 + 16,$$

wo m die Zahl der Seiten eines Vielecks bezeichnet. Da $b_0 - b_1 + b_2 - b_3 = 0$ ist, so kann man dieser Gleichung auch die Form

$$f_5(P, P', P'', P''', P^{IV}, \ldots) = \Sigma f_4(P, P', P'', P''', \ldots \text{ Eck}) - 8\,b_0$$
$$- 2\,\Sigma\,(m-2)\,f(P, P' \text{ Vieleck}) + 4\,(\Sigma m - 2\,b_2) + 16$$
$$= 2\,\Sigma(m-2)\left\{2 - f(P, P' \text{ Vieleck})\right\} - \Sigma\left\{8 - f_4(P, P', P'', P''', \ldots \text{ Eck})\right\} + 16$$

geben, wo die erste Summe sich auf alle Vielecke, die zweite auf alle Ecken des gegebenen pentasphärischen Polyschems erstreckt. Diese Gleichung stimmt mit der zu beweisenden (1) vollkommen überein.

So wie nun die Formel für das Kugelvieleck den Eulerschen Satz $a_0 - a_1 + a_2 = 2$ gibt, wenn man sie auf das durch Projektion eines Polyeders auf eine Kugelfläche gebildete Netz anwendet, so führt auch die Formel (1) auf den Satz $a_0 - a_1 + a_2 - a_3 + a_4 = 2$, wenn man sie auf das pentasphärische Netz anwendet, welches durch Projektion eines linearen Polyschems der fünffachen Totalität entsteht.

Das gegebene Polyschem (∞^5) habe a_0 Ecken, a_1 Kanten, a_2 Vielecke, a_3 Polyeder, a_4 vierfache Polyscheme;

irgendein vierfaches Perischem desselben habe b_0 Ecken, b_1 Kanten, b_2 Vielecke, b_3 Polyeder;

ein Polyeder desselben habe c_0 Ecken, c_1 Kanten, c_2 Vielecke; in diesem grenzen zwei vierfache Perischeme zusammen;

ein Vieleck habe d Ecken, also auch d Seiten; es sei gemein e Polyedern, also auch e vierfachen Perischemen;

eine Kante hat immer zwei Ecken; sie sei gemein f_0 Vielecken, f_1 Polyedern, f_2 Perischemen;

ein Eck sei gemein g_0 Kanten, g_1 Vielecken, g_2 Polyedern, g_3 Perischemen.

Dann ist

$$\Sigma b_0 = \Sigma g_3, \quad \Sigma b_1 = \Sigma f_2, \quad \Sigma b_2 = \Sigma e, \quad \Sigma b_3 = 2 a_3$$

$$\Sigma c_0 = \Sigma g_2, \quad \Sigma c_1 = \Sigma f_1, \quad \Sigma c_2 = \Sigma e,$$

$$\Sigma d = \Sigma g_1, \quad \Sigma d = \Sigma f_0,$$

$$2 a_1 = \Sigma g_0,$$

$$b_0 - b_1 + b_2 - b_3 = 0, \quad c_0 - c_1 + c_2 = 2, \quad f_0 - f_1 + f_2 = 2,$$

$$g_0 - g_1 + g_2 - g_3 = 0.$$

Wird nun die Gleichung (1), worin m durch d zu ersetzen ist, über das ganze pentasphärische Netz summiert, so geben je diejenigen f_4 zusammen, welche einem und demselben Eck des Netzes entsprechen, den Wert des totalen tetrasphärischen Kontinuums oder 16; aus $\Sigma f_4(p, p', p'', p''', \ldots \text{Eck})$ wird daher $16\, a_0$.

Alle $f(p, p'$ Vieleck) zusammen, welche einem und demselben Vieleck entsprechen, geben 4. Aus $-2\,\Sigma\,(d-2)\, f(p, p'\ \text{Vieleck}) - 8\,\Sigma\,(d-2) = -8\,\Sigma d + 16\, a_2$.

Was das folgende Glied $4\,\Sigma d$ betrifft, so wird im ganzen jedes d eines Vielecks so oft gezählt, als vierfache Perischeme dieses Vieleck gemein haben, also e-mal. Aus $4\,\Sigma d$ wird demnach $4\,\Sigma\, d\, e$. Da aber $d\, e$ auch das Produkt der Zahl der Polyeder, welche ein Vieleck gemein haben, mit seiner Seitenzahl ist, so wird $\Sigma\, d\, e$ auch erhalten, indem man die Seitenzahlen aller Vielecke eines Polyeders addiert, was $2\, c_1$ gibt, und dann die so von allen Polyedern erhaltenen Zahlen summiert; folglich ist $\Sigma\, d\, e = 2\,\Sigma c_1$. Aus $4\,\Sigma d$ wird also zuletzt $8\,\Sigma c_1$.

Die Summen der noch übrigen Glieder ergeben sich unmittelbar. Da nun 32 das Maß des totalen pentasphärischen Kontinuums ist, so erhält man:

$$32 = 16\,a_0 - 8\,\Sigma\,d + 16\,a_2 + 8\,\Sigma\,c_1 - 8\,\Sigma\,b_0 - 8\,\Sigma\,b_2 + 16\,a_4. \tag{5}$$

Nun ist

$$-\Sigma\,d + \Sigma\,c_1 = -\Sigma\,f_0 + \Sigma\,f_1 = \Sigma\,f_2 - 2\,a_1,$$

$$\Sigma\,b_0 + \Sigma\,b_2 = \Sigma\,b_1 + \Sigma\,b_3 = \Sigma\,f_2 + 2\,a_3.$$

Demnach verwandelt sich die Gleichung (5) in

$$32 = 16\,a_0 + 16\,a_2 + 16\,a_4 - 16\,a_1 - 16\,a_3$$

oder

$$a_0 - a_1 + a_2 - a_3 + a_4 = 2,$$

was zu verifizieren war.

Das stufenweise Verfahren, welches wir bei der Konstruktion des Ausdrucks eines ganz beliebigen pentasphärischen Polyschems befolgt haben, wird desto länger und verwickelter, je höher die Ordnung der Perissosphäre steigt, und ist wohl kaum einer Verallgemeinerung fähig. Wendet man dasselbe noch auf das heptasphärische Polyschem an, wobei man, vom Plagioschem ausgehend, noch fünf andere Stufen durchlaufen muß, so gewähren die gefundenen Ausdrücke für das trisphärische, pentasphärische und heptasphärische Polyschem eine hinreichende Induktion, um aus denselben auf die Form des allgemeinen Ausdrucks für irgendein perissosphärisches Polyschem zu schließen. Wir setzen nämlich für ein $(2\,n + 1)$-sphärisches Polyschem den Ausdruck

$$\begin{aligned} f_{2n+1} = \Sigma\,f_{2n} + \Sigma\,A_3\,f_{2n-2} + \cdots + \Sigma\,A_{2m+1}\,f_{2n-2m} + \\ \cdots + \Sigma\,A_{2n-1}\,f_2 + A_{2n+1}. \end{aligned} \tag{6}$$

Die im allgemeinen Glied angezeigte Summation erstreckt sich auf alle $(2m+1)$-sphärischen Perischeme; einem jeden derselben kommt eine ganze (positive oder negative) Zahl A_{2m+1} eigentümlich zu, welche nur von der Zahl und Anordnung der Teile dieses Perischems, keineswegs aber von seinen Argumenten abhängt; und das mit dieser Zahl multiplizierte f_{2n-2m} bedeutet dasjenige $(2\,n - 2\,m)$-sphärische Polyschem, welches von allen Grenzpolynomen, deren Verschwinden das $(2\,m + 1)$-sphärische Kontinuum des betrachteten Perischems bestimmt, gebildet oder umschlossen wird. Es ist zum Beispiel immer $A_1 = 1$, ferner $A_3 = 4$ – die doppelte Anzahl der Ecken des betreffenden Kugelvielecks (trisphärischen Perischems). Die Richtigkeit der Form des Ausdrucks (6) muß ebenso durch Differentiation bewiesen werden, wie es in Ziffer 24 für die Gleichung (1) geschah; wir wollen uns deshalb nicht länger dabei aufhalten, sondern gehen sogleich zur Bestimmung der Integrationskonstanten A_{2n+1} über. Lassen wir alle Grenzpolynome des Polyschems f_{2n+1}, mit Inbegriff des Vorzeichens, koinzidieren, so wird dasselbe gleich dem halben $(2\,n + 1)$-sphärischen Kontinuum, also gleich 2^{2n}; ebenso wird $f_{2n-2m} = 2^{2n-2m-1}$; man hat also, wenn ΣA_1 die Zahl der Ecken des Polyschems bezeichnet,

$$A_{2n+1} = 2^{2n} - 2^{2n-1} \Sigma A_1 - 2^{2n-3} \Sigma A_3 - \dots - 2^{2n-2m-1} \Sigma A_{2m+1} - \dots - 2 \Sigma A_{2n-1}.$$

Die mit A bezeichneten Konstanten sind also immer durch Rekursionsformeln zu bestimmen, und hiermit ist unsre Aufgabe vollständig gelöst. Wahrscheinlich ist $(-1)^n$ das Vorzeichen von A_{2n+1}; doch sehe ich mich außerstande, diese Vermutung zu beweisen.

Am Ende dieses Paragraphen will ich noch eine merkwürdige Eigentümlichkeit *tetrasphärischer* Polyscheme erwähnen. Werden auf der positiven Seite eines jeden Grenzkontinuums eines gegebenen tetrasphärischen Polyschems f_4 Radien normal daraufgezogen, so bestimmen deren Endpunkte ein zu jenem *reziprokes* Polyschem F_4, dessen Ecken, Seiten, Vielecke bzw. den Vielecken, Seiten, Ecken von f_4 entsprechen, und namentlich ist jedes Argument von F_4 das Supplement der entsprechenden Seite von f_4, und umgekehrt. Wenn nun irgendein Argument von f_4 mit α, und die Seite, an welcher es liegt, mit a bezeichnet wird, so ist

$$df_4 = \sum \frac{2a}{\pi} d\frac{2\alpha}{\pi}, \qquad dF_4 = -\sum \left(2 - \frac{2\alpha}{\pi}\right) d\frac{2a}{\pi};$$

folglich

$$d(f_4 + F_4) = -d \sum \left(2 - \frac{2\alpha}{\pi}\right) \frac{2a}{\pi},$$

eine leicht zu integrierende Differentialgleichung. Um die Integrationskonstante zu bestimmen, nehmen wir die Seiten von f_4 verschwindend klein an; dann werden alle Argumente von F_4 dem Halbkreis gleich, und die Grenzpolynome von F_4 sämtlich, mit Inbegriff des Vorzeichens, identisch; es ist also zugleich $f_4 = 0$ und $F_4 =$ dem halben tetrasphärischen Kontinuum $= 8$. Hiedurch ist die Integrationskonstante bestimmt, und man hat allgemein

$$f_4 + F_4 = 8 - \sum \left(2 - \frac{2\alpha}{\pi}\right) \frac{2a}{\pi}.$$

Ersetzt man die tetrasphärische Einheit durch ihren absoluten Wert $\pi^2/8$, so erhält man für die Summe zweier reziproker tetrasphärischer Polyscheme den Ausdruck

$$\pi^2 - \frac{1}{2} \Sigma (\pi - \alpha)\, a.$$

33. *Über reguläre sphärische Polyscheme*

Die *tetrasphärischen* regulären Polyscheme entsprechen in Beziehung auf Zahl und Anordnung ihrer Teile genau den regulären Polyedern des Raums. Sind die trisphärischen Perischeme eines solchen lauter kongruente reguläre m-Ecke, deren je n in einem ebenfalls regulären Eck zusammentreffen, und sind alle

Argumente gleich 2α, so soll das Polyschem mit $P_{m,n}(2\alpha)$ bezeichnet werden. Man ziehe aus seinem sphärischen Zentrum O einen Kreisbogen OA normal auf ein trisphärisches Perischem, so wird der Fußpunkt A das Zentrum dieses Perischems sein; von A aus ziehe man den Kreisbogen AA_1 normal auf eine Seite BB' des Perischems, so wird der Fußpunkt A_1 die Mitte von BB' sein. Dann ist $AOBA_1$ ein Orthoschem, worin die an den Seiten OA_1, A_1A, AB liegenden Argumente rechte und die an den Seiten AO, OB, BA_1 liegenden bzw. π/m, π/n, α sind; der Wert des Orthoschems ist also $f_4(\pi/m, \pi/n, \alpha)$. Je $2m$ Orthoscheme setzen sich zu einem pyramidalen Polyschem zusammen, welches O zur Spitze und ein Vieleck zur Basis hat; und dieses ist wiederum im ganzen regulären Polyschem sooft enthalten, als die Zahl $4n:(2m+2n-mn)$ seiner trisphärischen Perischeme anzeigt; folglich ist

$$P_{m,n}(2\alpha) = \frac{8mn}{2m+2n-mn}\, f\left(\frac{\pi}{m}, \frac{\pi}{n}, \alpha\right). \tag{1}$$

Für das Minimum von α ist $\sin(\pi/m)\sin\alpha = \cos\pi/n$; hier verschwindet P. Von da an kann α bis $\pi/2$ wachsen, wo dann $P_{m,n}(\pi) = 8$, d.h. gleich dem halben tetrasphärischen Kontinuum wird. Können mehrere Polyscheme $P_{m,n}(2\alpha)$ um ein Eck herum so zusammengefügt werden, wie es dem Charakter (n, p) entspricht, d.h. so, daß jede vom Eck ausgehende Seite p Polyschemen gemein ist, so ist offenbar das Argument $2\alpha = 2\pi/p$. Dieser Fall tritt ein, wenn das mit (m, n, p) bezeichnete lineare reguläre Polyschem der vierfachen Totalität auf die konzentrische Tetrasphäre projiziert wird; die Projektion jedes Grenzpolyeders (m, n) ist dann ein tetrasphärisches $P_{m,n}(2\pi/p)$. Da nun das totale tetrasphärische Kontinuum 16 beträgt, so ist die Zahl der Grenzpolyeder von (m, n, p) gleich $16:P_{m,n}(2\pi/p)$. Wenn das betrachtete lineare Polyschem a_0 Ecken, a_1 Kanten, a_2 Vielecke, a_3 Polyeder zählt, so können wir demnach die Proportionen (1) von Ziffer 17 in die Gleichungen

$$\frac{a_0}{\frac{2}{n}+\frac{2}{p}-1} = \frac{p\,a_1}{2} = \frac{m\,a_2}{2} = \frac{a_3}{\frac{2}{m}+\frac{2}{n}-1} = \frac{2}{f\left(\frac{\pi}{m}, \frac{\pi}{n}, \frac{\pi}{p}\right)} \tag{2}$$

umsetzen. Durch dieselben werden Ziffern 17 und 30 in eine solche Verbindung gesetzt, daß, wenn die Ergebnisse des einen noch nicht bekannt wären, sie aus denen des andern gefunden werden könnten.

Nach dem Bisherigen ist es wohl leicht zu verstehen, wenn ich hier den Ausdruck für ein pentasphärisches reguläres Polyschem, ohne Erklärung und Herleitung, hinsetze:

$$P_{m,n,p}(2\alpha) = \frac{16}{f\left(\frac{\pi}{m}, \frac{\pi}{n}, \frac{\pi}{p}\right)}$$
$$\times\left\{f\left(\frac{\pi}{m}, \frac{\pi}{n}, \frac{\pi}{p}\right) + f\left(\frac{\pi}{n}, \frac{\pi}{p}, \alpha\right) + \frac{2}{m}\cdot\frac{2\alpha}{\pi} - \frac{2}{m} - \frac{2}{n} - \frac{2}{p} - \frac{2\alpha}{\pi} + 2\right\}.$$

Hat nun ein lineares reguläres Polyschem der fünffachen Totalität den Charakter (m, n, p, q) und ist a_0 die Zahl seiner Ecken usw., so ergibt sich aus der vorliegenden Formel leicht:

$$N a_0 = 2 f\left(\frac{\pi}{n}, \frac{\pi}{p}, \frac{\pi}{q}\right), \quad N a_1 = 2\left(\frac{2}{p} + \frac{2}{q} - 1\right), \quad N a_2 = \frac{8}{m q},$$

$$N a_3 = 2\left(\frac{2}{m} + \frac{2}{n} - 1\right), \quad N a_4 = 2 f\left(\frac{\pi}{m}, \frac{\pi}{n}, \frac{\pi}{p}\right),$$

wo abkürzend

$$N = f\left(\frac{\pi}{m}, \frac{\pi}{n}, \frac{\pi}{p}\right) + f\left(\frac{\pi}{n}, \frac{\pi}{p}, \frac{\pi}{q}\right) + \frac{4}{m q} - \frac{2}{m} - \frac{2}{n} - \frac{2}{p} - \frac{2}{q} + 2$$

gesetzt ist.

Diese Beispiele mögen hinreichen, um anzudeuten, wie derselbe Gegenstand auch für höhere Totalitäten zu behandeln wäre. Man würde dann die Formeln (4) und (5) von Ziffer 29 unmittelbar aus den durch Konstruktion gewonnenen Ergebnissen von Ziffer 18 herleiten können.

Wenn in der auf die Tetrasphäre bezüglichen Formel

$$P + Q = 8 - \sum\left(2 - \frac{2\alpha}{\pi}\right)\frac{2a}{\pi},$$

welche eine Anwendung des letzten Satzes von Ziffer 32 darstellen soll, Q oder bestimmter $Q(m, n, p)$ das tetrasphärische Maß eines Ecks des linearen regulären Polyschems (m, n, p) bezeichnet, so ist das zu Q reziproke P die Projektion des Grenzpolyeders von (p, n, m) oder ein $P_{p,n}(2\pi/m)$. Wenn also k die Zahl der Seiten von P und a den Wert einer solchen bezeichnet, so hat man

$$k = \frac{2 n p}{2n + 2p - np}, \qquad \cos\frac{a}{2} = \frac{\sin\frac{\pi}{m}\cos\frac{\pi}{p}}{\sqrt{\sin^2\frac{\pi}{m} - \cos^2\frac{\pi}{n}}},$$

$$Q(m, n, p) = 8 - P_{p,n}\left(\frac{2\pi}{m}\right) - k\left(2 - \frac{4}{m}\right)\frac{2a}{\pi}.$$

Wendet man diese Formel auf alle sechs regulären und einfachen Polyscheme an, indem man die Werte von $P_{p,n}(2\pi/m)$ direkt aus Ziffer 17 entnimmt, so erhält man:

$$Q(3,3,3) = -\frac{16}{5} + \frac{16\lambda}{\pi}, \quad a = \pi - 2\lambda, \quad \text{wo} \quad \cos 2\lambda = \frac{1}{4},$$

$$Q(3,3,5) = \frac{106}{5} - \frac{80\lambda}{\pi}, \quad a = 2\lambda - \frac{\pi}{3},$$

$$Q(3,3,4) = \frac{2}{3}, \quad a = \frac{\pi}{3},$$

$$Q(3,4,3) = 2, \quad a = \frac{\pi}{3},$$

$$Q(4,3,3) = 1, \quad a = \frac{\pi}{2},$$

$$Q(5,3,3) = \frac{382}{75}, \quad a = \frac{\pi}{5}.$$

Da nun
$$Q(m, n, p) = P_{n,p}(\pi - a) = 4\,k\,f\left(\frac{\pi}{n}, \frac{\pi}{p}, \frac{\pi - a}{2}\right)$$
ist, so folgt auch
$$f\left(\frac{\pi}{3}, \frac{\pi}{3}, \lambda\right) = -\frac{2}{15} + \frac{2\lambda}{3\pi}, \qquad f\left(\frac{\pi}{3}, \frac{\pi}{5}, \frac{2\pi}{3} - \lambda\right) = \frac{53}{300} - \frac{2\lambda}{3\pi},$$
$$Q(3, 3, 4) = P_{3,4}\left(\frac{2\pi}{3}\right), \qquad Q(3, 4, 3) = P_{4,3}\left(\frac{2\pi}{3}\right), \qquad Q(4, 3, 3) = P_{3,3}\left(\frac{\pi}{2}\right),$$
$$Q(5, 3, 3) = P_{3,3}\left(\frac{4\pi}{5}\right) = \frac{382}{75} = \frac{191}{600}\cdot 16, \qquad f\left(\frac{\pi}{3}, \frac{\pi}{3}, \frac{2\pi}{5}\right) = \frac{191}{900}.$$

Von den angeführten Eckenmaßen sind vier rational. Dieses hängt mit der stetigen Erfüllung der vierfachen Totalität durch lauter gleiche reguläre Polyscheme, welche wir am Ende von Ziffer 17 betrachtet haben, zusammen und bestätigt das dort Gesagte. Den drei Charakteren (3, 3, 4, 3), (3, 4, 3, 3), (4, 3, 3, 4) als den einzigen, nach denen eine *einmalige* Erfüllung möglich ist, ist aber noch ein vierter $\left(5, 3, 3, \frac{5}{2}\right)$ und sein reziproker beizufügen, von denen der erste eine wiederholte Erfüllung durch einfache, der zweite durch überschlagene Hekatonkaieikosascheme anzeigt. Man kann sich übrigens hievon auch mittels des am Ende von Ziffer 17 gebrauchten Verfahrens überzeugen; wenn nämlich die gleichen Bezeichnungen gelten wie dort, so ist
$$\varrho(5, 3, 3) = \cos\left(\lambda - \frac{\pi}{6}\right) = \frac{K}{R}\left(3, 3, \frac{5}{2}\right).$$

Da wir nun $Q(5, 3, 3) = (191/600)\cdot 16$ gefunden haben und das überschlagene Hexakosioschem $\left(3, 3, \frac{5}{2}\right)$ sechshundert Grenztetraeder zählt, so liegen bei der durch $\left(5, 3, 3, \frac{5}{2}\right)$ angezeigten Erfüllung der vierfachen Totalität je 600 einfache Hekatonkaieikosascheme um eine Lösung herum und wiederholen dadurch die Totalität 191 Male. Folglich *hat das überschlagene Hexakosioschem einen 191 fachen Mantel.* Im folgenden Abschnitt wollen wir dieses noch direkt aus der Konstruktion beweisen.

Für reguläre Polyscheme mit *einfachem* Mantel war die in den Ziffern 17 und 18 gegebene Aufzählung vollständig. Es fragt sich noch, wie viele es deren mit *mehrfachem* Mantel geben kann. Um die Antwort hierauf vorzubereiten, schicke ich folgende Betrachtung voran. Gesetzt, es gäbe eine durchaus symmetrische Verteilung von Lösungen auf der Polysphäre, deren ursprüngliches Netz mehrere Male herumgeht, so ziehe man die Kreisbogen, welche die *kürzesten* sphärischen Abstände darstellen, die es zwischen je zwei Lösungen geben kann; dann werden diese sich zu *einfachen* regulären Kugelvielecken, diese wiederum zu *einfachen* regulären tetrasphärischen Polyschemen usw. gruppieren; die Perischeme höchster Ordnung endlich werden ebenfalls regulär und *einfach* sein und können das totale polysphärische Kontinuum nur *einmal* besetzen. Wenn also auch in irgendeiner Totalität *überschlagene* reguläre Polyscheme existieren, so können sie doch keine neue Art von symmetrischer Verteilung der Radien einer Polysphäre erzeugen, welche nicht bereits von einem *einfachen* regulären Polyschem geliefert worden wäre. Wenn nun im Charakter eines regulären Polyschems keine andern Zahlen als 3 und 4 vorkommen, so ist leicht einzusehen, daß es rein unmöglich ist, seine Ecken so zu verbinden, daß etwas Überschlagenes entsteht. Die einzige noch vorkommende Zahl – denn von der zweifachen Totalität, welche eine endlose Mannigfaltigkeit regulärer Gebilde gestattet, kann hier keine Rede sein – ist 5 und kommt nur in der dreifachen und vierfachen Totalität vor; ihr entspricht das einfache, der Zahl 5/2 dagegen das überschlagene Fünfeck. Läßt man reziproke Gebilde weg, so können überschlagene Polyscheme nur im Raume und in der vierfachen Totalität bzw. durch andere Verbindung der Ecken des einfachen Ikosaeders und des einfachen Hexakosioschems gebildet werden.

34. *Nähere Untersuchung der Hexakosioscheme*

Zum leichtern Verständnis alles folgenden ist es nötig, mehrere trigonometrische Relationen, welche das räumliche Ikosaeder betreffen, vor Augen zu haben. Man projiziere die Oberfläche des Ikosaeders auf eine konzentrische Kugel und merke sich außer den Ecken des Netzes noch die Mittelpunkte seiner Dreiecke und die Mitten seiner Seiten; man wird dann immer Kugeldreiecke finden, deren bloße Anschauung zum Beweise der erwähnten trigonometrischen Relationen hinreicht.

Sind ABC, ABD zwei benachbarte Dreiecke eines Ikosaeders, E, F ihre Mittelpunkte, O das Zentrum des Ikosaeders, $a = \sphericalangle AOB$, $b = \sphericalangle COE$, $b' = \sphericalangle COF$, so ist

$$a + b + b' = \pi, \qquad \cos a = \frac{1}{\sqrt{5}}, \qquad \sin a = \frac{2}{\sqrt{5}},$$

$$\cos b = \sqrt{\frac{\sqrt{5}+2}{3\sqrt{5}}}, \qquad \sin b = \sqrt{\frac{2}{3}\cdot\frac{\sqrt{5}-1}{\sqrt{5}}}, \qquad \operatorname{tg} b = 3 - \sqrt{5},$$

$$\cos b' = \sqrt{\frac{\sqrt{5}-2}{3\sqrt{5}}}, \qquad \sin b' = \sqrt{\frac{2}{3}\cdot\frac{\sqrt{5}+1}{\sqrt{5}}}, \qquad \operatorname{tg} b' = 3 + \sqrt{5}.$$

Mittels dieser Winkel können wir nun die tetrasphärischen Werte der 120 Ecken des einfachen Hexakosioschems wie folgt angeben. Die eingeklammerten Buchstaben bezeichnen, gleich wie in Ziffer 17, die in die einzelnen Zonen fallenden Gruppen von Ecken. Eine ganze Zahl, welche die Werte 0, 1, 2, 3, 4 durchläuft, ist mit i bezeichnet. Die Bedeutung der tetrasphärischen Variabeln Θ, φ, ψ erhellt aus ihren Beziehungen zu den orthogonalen Variabeln w, x, y, z:

$$w = \cos\Theta, \qquad x = \sin\Theta\cos\varphi, \qquad y = \sin\Theta\sin\varphi\cos\psi, \qquad z = \sin\Theta\sin\varphi\sin\psi.$$

Tetrasphärische Werte der 120 Ecken des einfachen Hexakosioschems.

$(a): \Theta = 0;$

$$(b): \Theta = \frac{\pi}{5}, \quad \left\{ \varphi = 0, \quad \begin{pmatrix} \varphi = a \\ \psi = \frac{2\,i\,\pi}{5} \end{pmatrix}, \quad \begin{pmatrix} \varphi = \pi - a \\ \psi = \frac{(2\,i+1)\,\pi}{5} \end{pmatrix}, \quad \varphi = \pi \right\};$$

$$(c): \Theta = \frac{\pi}{3}, \quad \left\{ \begin{pmatrix} \varphi = b \\ \psi = \frac{(2\,i+1)\,\pi}{5} \end{pmatrix}, \begin{pmatrix} \varphi = b' \\ \psi = \frac{(2\,i+1)\,\pi}{5} \end{pmatrix}, \begin{pmatrix} \varphi = \pi - b' \\ \psi = \frac{2\,i\,\pi}{5} \end{pmatrix}, \begin{pmatrix} \varphi = \pi - b \\ \psi = \frac{2\,i\,\pi}{5} \end{pmatrix} \right\};$$

$$(d): \Theta = \frac{2\,\pi}{5}, \quad \left\{ \varphi = 0, \quad \begin{pmatrix} \varphi = a \\ \psi = \frac{2\,i\,\pi}{5} \end{pmatrix}, \quad \begin{pmatrix} \varphi = \pi - a \\ \psi = \frac{(2\,i+1)\,\pi}{5} \end{pmatrix}, \quad \varphi = \pi \right\};$$

$$(e): \Theta = \frac{\pi}{2}, \quad \left\{ \begin{pmatrix} \varphi = \frac{a}{2} \\ \psi = \frac{2\,i\,\pi}{5} \end{pmatrix}, \begin{pmatrix} \varphi = \frac{\pi - a}{2} \\ \psi = \frac{(2\,i+1)\,\pi}{5} \end{pmatrix}, \begin{pmatrix} \varphi = \frac{\pi}{2} \\ \psi = \frac{(2\,i+1)\,\pi}{10} \end{pmatrix}, \begin{pmatrix} \varphi = \frac{\pi + a}{2} \\ \psi = \frac{2\,i\,\pi}{5} \end{pmatrix}, \begin{pmatrix} \varphi = \pi - \frac{a}{2} \\ \psi = \frac{(2\,i+1)\,\pi}{5} \end{pmatrix} \right\};$$

$$(f): \Theta = \frac{3\,\pi}{5}, \quad \left\{ \varphi = 0, \quad \begin{pmatrix} \varphi = a \\ \psi = \frac{2\,i\,\pi}{5} \end{pmatrix}, \quad \begin{pmatrix} \varphi = \pi - a \\ \psi = \frac{(2\,i+1)\,\pi}{5} \end{pmatrix}, \quad \varphi = \pi \right\};$$

$$(g): \Theta = \frac{2\,\pi}{3} \quad \left\{ \begin{pmatrix} \varphi = b \\ \psi = \frac{(2\,i+1)\,\pi}{5} \end{pmatrix}, \begin{pmatrix} \varphi = b' \\ \psi = \frac{(2\,i+1)\,\pi}{5} \end{pmatrix}, \begin{pmatrix} \varphi = \pi - b' \\ \psi = \frac{2\,i\,\pi}{5} \end{pmatrix}, \begin{pmatrix} \varphi = \pi - b \\ \psi = \frac{2\,i\,\pi}{5} \end{pmatrix} \right\};$$

$$(h): \Theta = \frac{4\,\pi}{5}, \quad \left\{ \varphi = 0, \quad \begin{pmatrix} \varphi = a \\ \psi = \frac{2\,i\,\pi}{5} \end{pmatrix}, \quad \begin{pmatrix} \varphi = \pi - a \\ \psi = \frac{(2\,i+1)\,\pi}{5} \end{pmatrix}, \quad \varphi = \pi \right\};$$

$(i): \Theta = \pi.$

Die Ecken *b, d, e, f, h* sind Ecken von Ikosaedern, die Ecken *c, g* sind Mittelpunkte der Dreiecke eines Ikosaeders, und die Ecken *e* sind Mitten von Kanten eines solchen. Da die Entfernung aller Ecken vom Zentrum als lineare Einheit angenommen wurde, so beträgt die Seite $(\sqrt{5}-1)/2$, ist also gleich der Seite des regulären Zehnecks. Die Durchschnitte des Polyschems, welche durch lineare Kontinua $w=\text{const}$ entstehen, können, indem man von der Variabeln w absieht, als *Körper* betrachtet werden. Wir wollen dieselben der Reihe nach untersuchen.

Der Schnitt $w=\cos\pi/5$ ist ein Ikosaeder, dessen Dreiecke sämtlich Grenztetraedern angehören.

Der Schnitt $w=\cos\pi/3$ ist ein Dodekaeder mit der Seite $(\sqrt{5}-1)/2$, auf dessen Fünfecken Pyramiden aufgesetzt sind, deren Seiten $[(\sqrt{5}-1)/\sqrt{2}]\cdot(\sqrt{5}-1)/2 = (3-\sqrt{5})/\sqrt{2}$ betragen. Die Ecken c dieses Dodekaeders gehören dem Hexakosioschem an, ebenso die Kanten; aber die 60 gleichschenkligen Dreiecke, welche den Schnittkörper begrenzen, sind Tetraederschnitte, geführt durch eine Kante und die Gegenkante im mittlern und äußern Verhältnisse teilend. Diese Gegenkante verbindet zwei homothetische Ecken b und d; und wenn m den Teilungspunkt bezeichnet, so ist $b\,d:b\,m=b\,m:m\,d$, also auch $1:b\,d=b\,d:b\,m$.

Der Schnitt $w=\cos 2\pi/5$ enthält die 12 Ecken d und schneidet jede der 60 Seiten $c\,e$ in einem Punkte n so, daß $1:c\,e=c\,e:c\,n=c\,n:n\,e$. Der Schnittkörper ist von 20 gleichseitigen Dreiecken mit der Seite $(3-\sqrt{5})/2$, 60 gleichschenkligen Dreiecken mit der Basis $(3-\sqrt{5})/2$ und der Seite $(3-\sqrt{5})/\sqrt{2}$, und 60 gleichschenkligen Dreiecken mit der Basis $\sqrt{5}-2$ und der Seite $(3-\sqrt{5})/\sqrt{2}$ begrenzt. Die gleichseitigen Dreiecke, Durchschnitte der Tetraeder *ceee*, können als Abstumpfungsflächen der Ecken eines Dodekaeders aufgefaßt werden, und die 120 gleichschenkligen Dreiecke, Durchschnitte der Tetraeder *cdee* und *ccde*, bilden dann zehnseitige auf die Dodekaederflächen gesetzte Pyramiden.

Der Schnitt $w=0$ enthält die 30 Ecken e und halbiert jede der 12 Seiten df. Der Schnittkörper wird aus einem Ikosaeder, dessen Seiten den Wert $\sqrt{5}-1$ haben, erhalten, wenn man durch Ebenen, welche diese Seiten halbieren, seine Ecken abstumpft und auf die durch die Abstumpfung entstandenen regulären Fünfecke Pyramiden aufsetzt, deren Seiten $(\sqrt{3}/2)\cdot(\sqrt{5}-1)/2$ betragen.

Die nun folgenden Schnitte sind in umgekehrter Ordnung dieselben wie die vorigen.

Übersicht und Anzahl aller Seiten

Das Eck a ist mit jedem b durch eine Seite verbunden, Zahl 12. Je zwei b sind durch eine Seite verbunden; Zahl gleich derjenigen der Kanten eines Ikosaeders, also 30. Die Seiten $b\,c$ vereinigen Ecken, die sich wie Mitte und Eck *eines* Dreiecks des Ikosaeders entsprechen; ihre Zahl ist also $3\cdot 20=60$. Die Seiten $b\,d$ verbinden Ecken, welche demselben Eck des Ikosaeders entsprechen, sind also zwölf an der Zahl. Die Seiten $c\,c$ verbinden Ecken, welche den Mittelpunkten zweier benachbarter Dreiecke des Ikosaeders entsprechen, also 30. Die Seiten $c\,d$ verbinden Ecken, die dem Mittelpunkt und einem Eck einer und derselben Ikosaederfläche entsprechen, also 60 an der Zahl. Die Seiten $c\,e$ verbinden Ecken, die dem Mittelpunkt und einer Seitenmitte einer und derselben Ikosaederfläche entsprechen, also 60. Die Seiten $d\,e$ verbinden Ecken, welche einem Ende und der Mitte einer Kante des Ikosaeders entsprechen, also 60. Die Seiten $d\,f$ verbinden Ecken, welche einem und demselben Eck des Ikosaeders entsprechen, also 12. Die Seiten $e\,e$ verbinden Ecken, welche den Mitten zweier benachbarter Kanten des Ikosaeders entsprechen, also 60. Von da an Wiederholung in umgekehrter Ordnung. Mit Ausnahme der Seiten $d\,f$ und $e\,e$ sind also die Anzahlen aller übrigen Seiten zu verdoppeln, wodurch sich 720 als Anzahl aller Seiten ergibt.

Denkt man sich, wie bisher, alle Ecken in dasselbe äquatoriale ikosaederische Netz projiziert und bedeutet dann w den *äquatorialen* Abstand zweier durch eine Seite verbundener Ecken, so sind die Verbindungen derselben zu Seiten immer so beschaffen, daß w den kleinstmöglichen Wert hat, wie folgende Übersicht zeigt:

$a\,b,\,h\,i$	ohne Bedingung,	$c\,d,\,f\,g,$	$w=b,$
$b\,b,\,h\,h,$	$w=a,$	$c\,e,\,e\,g,$	$w=\frac{b'-b}{2},$
$b\,c,\,g\,h,$	$w=b,$	$d\,e,\,e\,f,$	$w=\frac{a}{2},$
$b\,d,\,f\,h,$	$w=0,$	$d\,f,$	$w=0,$
$c\,c,\,g\,g,$	$w=b'-b,$	$e\,e,$	$w=\frac{\pi}{5}.$

Die *Tetraeder*, aus denen der Umschluß besteht, sind folgende: *abbb* 20, *bbbc* 20, *bbcc* 30, *bccd* 60, *ccde* 60, *cdee* 60, *ceee* 20, *deef* 60, usw., im ganzen 600.

Nachdem wir so die Struktur des einfachen Hexakosioschems untersucht haben, bereiten wir uns zu einer ähnlichen Behandlung des überschlagenen vor, indem wir zuerst das *überschlagene Ikosaeder* $\left(3, \frac{5}{2}\right)$ betrachten. Ist φ Poldistanz und ψ Azimut, so bilden die Ecken $\varphi=0$; $\varphi=\pi-a$, ($\psi=0$; $\psi=4\,\pi/5$) ein Dreieck, die Ecken der ersten Zone sind durch $\varphi=\pi-a$, $\psi=4\,i\,\pi/5$ dargestellt; ferner bilden die zwei Ecken $\varphi=\pi-a$, ($\psi=0$; $\psi=4\,\pi/5$) mit dem Eck $\varphi=a$, $\psi=7\,\pi/5$ ein Dreieck, die Ecken der zweiten Zone sind in der Formel $\varphi=a$, $\psi=(4\,i-3)\,\pi/5$ enthalten. Dies reicht hin, um von der Verbindung der Ecken eine deutliche Vorstellung zu geben. Um nun zu beurteilen, wie vielfach der Mantel dieses Ikosaeders umgeschlagen ist, untersuchen wir nur, wie oft die um den Pol $\varphi=0$ herumliegende unendlich kleine Stelle der Kugelfläche von der Projektion des Ikosaedermantels bedeckt wird, oder, was dasselbe ist, wie oft ein vom Zentrum ausgehender, unendlich wenig von der positiven Achsenhälfte abweichender, aber sonst freier Strahl den Mantel des Ikosaeders durchbohrt. Da das überschlagene Fünfeck einen doppelten Umlauf hat, so bilden die fünf Dreiecke, welche den Pol $\varphi=0$ mit den Ecken der ersten Zone $\varphi=\pi-a$ verbinden, einen doppelten Mantel. Die Dreiecke, welche je zwei Ecken der ersten Zone mit einem der zweiten verbinden, gehören nicht hieher, weil sie zwischen dem Zentrum und dem Gegenpol $\varphi=\pi$ durchgehen. Jedes Dreieck dagegen, welches ein Eck der ersten Zone mit zweien der zweiten verbindet, geht zwischen dem Zentrum und dem Pol durch, und seine Projektion bedeckt die Gegend des letzten ringsum vollständig; alle fünf Dreiecke dieser Art bilden also einen fünffachen Mantel. Die fünf letzten Dreiecke endlich, welche je zwei Ecken der zweiten Zone $\varphi = a$ mit dem Gegenpol $\varphi = \pi$ verbinden, kommen nicht in Betracht, weil sie sich auf den Gegenpol projizieren. Wir schließen hieraus auf *einen siebenfachen Mantel des überschlagenen Ikosaeders*. Ist seine Seite 1, so ist der Radius der umschriebenen Kugel $\varrho = 1/[2\cos(a/2)] = \sin\pi/5$.

Nach dieser Vorbereitung gehen wir an die Untersuchung der Maßverhältnisse des überschlagenen Hexakosioschems $\left(3, 3, \frac{5}{2}\right)$. Das Eck a sei Pol $\Theta = 0$. Ist Θ die Poldistanz der in seiner Basis liegenden und ein $\left(3, \frac{5}{2}\right)$ bildenden Ecken, so ist $\cos\Theta/2 = \varrho = \sin\pi/5$, also $\Theta = 3\pi/5$ die erste Zone (f). Wird das Eck f, für welches $\varphi = \pi$, mit dem Eck a vertauscht, so geschieht dies durch die Transformationsformeln:

$$\begin{aligned}
\cos\Theta &= -\cos\frac{2\pi}{5}\cos\Theta' - \sin\frac{2\pi}{5}\sin\Theta'\cos\varphi',\\
\sin\Theta\cos\varphi &= -\sin\frac{2\pi}{5}\cos\Theta' + \cos\frac{2\pi}{5}\sin\Theta'\cos\varphi',\\
\sin\Theta\sin\varphi &= \sin\Theta'\sin\varphi',\\
\psi &= \psi'.
\end{aligned}$$

Mittels derselben können wir genau das konstruktive Verfahren in Ziffer 17 nachahmen. Wir kennen nämlich die Werte von Θ, φ, ψ, welche den Ecken f der ersten Zonen entsprechen. Setzen wir dieselben an die Stelle von Θ', φ', ψ', so lernen wir die Ecken der ersten Zone für den Pol $\Theta' = 0$ kennen; unter diesen finden sich neue Ecken für den Pol $\Theta = 0$, und wir sehen das Gebiet der bekannten Ecken von diesem ursprünglichen Pol aus erweitert. Indem wir diese Erweiterung auf den zweiten Pol $\Theta' = 0$ übertragen, so wird durch die entsprechenden Substitutionen das Gebiet des ersten Pols wieder erweitert. Wird dieses Verfahren lange genug fortgesetzt, so werden uns endlich alle Ecken zugleich mit ihrer Verbindung bekannt. Ich lasse hier eine Tafel der Substitutionsergebnisse folgen, in der Absicht, daraus die Ordnung herzuleiten, in welcher die Ecken durch Seiten verbunden sind.

1. (a)	$\Theta' = 0$		$\Theta = \frac{3\pi}{5}$,	$\varphi = \pi$	(f)
2. (f)	$\Theta' = \frac{3\pi}{5}$,	$\varphi' = \pi - a$	$\Theta = \frac{\pi}{3}$,	$\varphi = b'$	(c)
3. (f)	$\Theta' = \frac{3\pi}{5}$,	$\varphi' = 0$	$\Theta = \frac{4\pi}{5}$,	$\varphi = 0$	(h)
4. (c)	$\Theta' = \frac{\pi}{3}$,	$\varphi' = \pi - b$	$\Theta = \frac{\pi}{3}$,	$\varphi = \pi - b$	(c)
5. (c)	$\Theta' = \frac{\pi}{3}$,	$\varphi' = b$	$\Theta = \frac{4\pi}{5}$,	$\varphi = \pi - a$	(h)
6. (c)	$\Theta' = \frac{\pi}{3}$,	$\varphi' = \pi - b'$	$\Theta = \frac{\pi}{2}$,	$\varphi = \frac{\pi + a}{2}$	(e)
7. (h)	$\Theta' = \frac{4\pi}{5}$,	$\varphi' = a$	$\Theta = \frac{\pi}{2}$,	$\varphi = \frac{a}{2}$	(e)
8. (h)	$\Theta' = \frac{4\pi}{5}$,	$\varphi' = \pi$	$\Theta = \frac{\pi}{5}$,	$\varphi = 0$	(b)

Da jede Substitution mit ihrem Resultat vertauscht werden kann und da, wenn Θ', φ' durch $\pi - \Theta'$, $\pi - \varphi'$ ersetzt werden, auch Θ, φ in $\pi - \Theta$, $\pi - \varphi$ übergehen, so braucht diese Tafel nicht weiter fortgesetzt zu werden.

Wenn die Werte einer Lösung der Gleichung $w^2 + x^2 + y^2 + z^2 = 1$ genügen, so nenne ich die Lösung $(0, x/\sqrt{1-w^2}, y/\sqrt{1-w^2}, z/\sqrt{1-w^2})$ die *äquatoriale Projektion* der ursprünglichen Lösung (w, x, y, z), und den auf der äquatorialen Kugel $(w = 0, x^2 + y^2 + z^2 = 1)$ gemessenen Abstand zweier solcher Projektionen nenne ich *äquatorialen Abstand* der zwei ursprünglichen Lösungen. Sind nun Θ, φ, ψ; Θ', φ', ψ' die tetrasphärischen Werte zweier Ecken des Polyschems, γ ihr tetrasphärischer und w ihr äquatorialer Abstand, so ist

$$\cos\gamma = \cos\Theta \cos\Theta' + \sin\Theta \sin\Theta' \cos w,$$

$$\cos w = \cos\varphi \cos\varphi' + \sin\varphi \sin\varphi' \cos(\psi - \psi').$$

Jede Eckenverbindung wird durch das entsprechende w hinreichend bestimmt. Hier folgt nun eine Übersicht aller Eckenverbindungen mit Angabe ihrer Herleitung aus der vorigen Tafel.

a f. Keine Bedingung.

f f. $w = \pi - a$.

f c. Durch die Formeln 1., 2. geht eine Verbindung *a f* in eine *f c* über, wo $w = \pi - b'$.

f h. Durch 1., 3. geht eine *a f* in eine *f h* über, wo $w = \pi$.

c c. Durch 2. geht eine Verbindung *f f* mit dem Azimutunterschied $\psi = \frac{4\pi}{5}$ in eine *c c* mit demselben Azimutunterschied über; also $\cos w = \cos^2 b' + \sin^2 b' \cos\frac{4\pi}{5} = -\cos(b' - b)$, $\quad w = \pi - (b' - b)$.

c h. Durch 2. und 3. geht eine Verbindung *f f* in eine *c h* über, wo $w = b'$.

c e. Durch 2., 6. geht eine *f c* mit dem Azimutunterschied $\frac{3\pi}{5}$ in eine *c e* über, also $\cos w = \cos b' \cos\frac{\pi + a}{2} + \sin b' \sin\frac{\pi + a}{2} \cos\frac{3\pi}{5}$, $w = \frac{\pi}{2} + \frac{b' - b}{2}$.

h e. Durch 3., 6. geht eine *f c* in eine *h e* über, wo $w = \frac{\pi + a}{2}$.

h b. Durch 3., 8. geht eine *f h* in eine *h b* über, wo $w = 0$.

e e. Durch 6., 7. geht eine *c h* mit dem Azimutunterschied $\psi = \frac{2\pi}{5}$ in eine *e e* über, wo $w = \frac{3\pi}{5}$.

Von hier an wird eine weitere Fortsetzung überflüssig. Gemäß dem bisherigen sind nun in folgender Tafel die Seiten des Polyschems vollständig aufgezählt.

af, di, ohne Bedingung.	ch, bg, $w = b'$.
ff, dd, $w = \pi - a$.	ce, eg, $w = \frac{\pi}{2} + \frac{b' - b}{2}$.
fc, gd, $w = \pi - b'$.	he, eb, $w = \frac{\pi + a}{2}$.
fh, bd, $w = \pi$.	hb, $w = 0$.
cc, gg, $w = \pi - (b' - b)$.	ee, $w = \frac{3\pi}{5}$.

Die Verbindungen von je vier Ecken zu einem Tetraeder sind:

afff, fffc, ffcc, fcch, cche, chee, ceee, heeb, eeeg, eebg, ebgg, bggd, ggdd, gddd, dddi.

Wir schicken uns jetzt an, die Frage zu beantworten, in wie vielen Lösungen ein vom Zentrum ausgehender Strahl den Umschluß des überschlagenen Hexakosioschems schneidet oder wie oft in der tetrasphärischen Projektion desselben das totale tetrasphärische Kontinuum enthalten ist. Für diesen Zweck reicht es hin, zu untersuchen, in welchen der vorhin aufgezählten Klassen die Tetraeder die positive Hälfte der Achse w schneiden.

I. Die 20 Tetraeder *afff* haben den Pol $w = 1$ zum gemeinschaftlichen Scheitel. Ein nahe beim Pol senkrecht auf die Achse geführter Schnitt ist ein überschlagenes Ikosaeder, und ein von einem innern Punkte des Schnittraums ausgehender und diesem Raum angehörender Strahl trifft die Grenzoberfläche siebenmal. Dreht man nun den Strahl um seinen Anfangspunkt aus dem Schnittraume heraus, so muß er fortfahren, den Umschluß des Polyschems, insofern er nur aus diesen 20 Tetraedern besteht, sieben Male zu schneiden; und nur wenn er nach dem Pole $w = 1$ selbst geht, schneidet er nur einmal. Es ist leicht, dies auf einen vom Zentrum ausgehenden, der Achse w unendlich nahen Strahl zu übertragen.

II. Die Tetraeder *fffc* sind 20 an der Zahl. Werden alle vier Ecken eines solchen Tetraeders auf die äquatoriale Kugel projiziert, so bilden die Ecken f ein Kugeldreieck, dessen Seiten $\pi - a$ betragen, und das Eck c ist dem Mittelpunkt dieses Dreiecks, der von den Ecken um b' absteht, antipod. Man kann demnach die Werte der vier Ecken so ansetzen:

$$(f) \quad w = \cos\frac{3\pi}{5}, \quad x = \sin\frac{3\pi}{5}\cos b', \quad y = \sin\frac{3\pi}{5}\sin b', \quad z = 0;$$

$$(f') \quad w = \cos\frac{3\pi}{5}, \quad x = \sin\frac{3\pi}{5}\cos b', \quad y = \sin\frac{3\pi}{5}\sin b'\cos\frac{2\pi}{3},$$

$$z = \sin\frac{3\pi}{5}\sin b'\sin\frac{2\pi}{3};$$

$$(f'')\; w = \cos\frac{3\pi}{5}, \quad x = \sin\frac{3\pi}{5}\cos b', \quad y = \sin\frac{3\pi}{5}\sin b'\cos\frac{2\pi}{3},$$

$$z = -\sin\frac{3\pi}{5}\sin b'\sin\frac{2\pi}{3};$$

$$(c)\quad w = \cos\frac{\pi}{3}, \quad x = -\sin\frac{\pi}{3}, \quad y = 0, \quad z = 0.$$

Sind p, q, r, s beliebige *positive* Faktoren, für welche $p + q + r + s = 1$ ist und multipliziert man die orthogonalen Werte der vier Ecken mit denselben, so sind die Summen der Produkte die Werte irgendeiner *innerhalb* des Tetraeders liegenden Lösung. Richtet man die Faktoren so ein, daß die Variabeln x, y, z verschwinden, so wird w der erste Wert der Lösung, in welcher der Raum des Tetraeders die Achse schneidet. Kann dieses durch positive Faktoren geschehen, so schneidet das Tetraeder selbst die Achse, ohne daß es einer Verlängerung seines Raumes bedarf. Man erhält

$$p = q = r = \frac{\sqrt{5}-1}{2\sqrt{5}}, \quad s = \frac{3-\sqrt{5}}{2\sqrt{5}}, \quad w = -\frac{3-\sqrt{5}}{2\sqrt{5}} = -1 + 3\frac{\sqrt{5}-1}{2\sqrt{5}}.$$

Das Tetraeder $ff'f''c$ schneidet demnach die Achse auf der negativen Seite; also schneiden die 20 Tetraeder $gddd$ die Achse auf der positiven Seite.

III. Die Tetraeder $ffcc$ sind 30 an der Zahl. Da $w(ff) = \pi - a$, $w(cc) = \pi - (b' - b)$, $w\,(fc) = \pi - b'$. Man kann daher den vier Ecken folgende tetrasphärische Werte geben:

$$(f, f')\quad \Theta = \frac{3\pi}{5}, \quad \varphi = \frac{\pi - a}{2}, \quad (f)\quad \psi = 0, \quad (f')\quad \psi = \pi;$$

$$(c, c)\quad \Theta = \frac{\pi}{3}, \quad \varphi = \frac{b' - b}{2}, \quad \psi = \pm\frac{\pi}{2}.$$

Aus diesen folgen die orthogonalen Werte:

$$w = \cos\frac{3\pi}{5}, \quad x = \sin\frac{3\pi}{5}\sin\frac{a}{2}, \quad y = \pm\sin\frac{3\pi}{5}\cos\frac{a}{2}, \quad z = 0;$$

$$w = \cos\frac{\pi}{3}, \quad x = -\sin\frac{\pi}{3}\sin\frac{b'-b}{2}, \quad y = 0, \quad z = \pm\sin\frac{\pi}{3}\cos\frac{b'-b}{2}.$$

Für die Durchschnittslösung der Achse wird

$$p = q = \frac{3-\sqrt{5}}{4}, \quad r = s = \frac{\sqrt{5}-1}{4}, \quad w = \frac{3-\sqrt{5}}{4}.$$

Die 30 Tetraeder $ffcc$ schneiden also die Achse auf der positiven Seite.

IV. Die Tetraeder $fcch$ sind 60 an Zahl. $w(fh) = \pi$, $w(ch) = b'$. Tetrasphärische Werte der Ecken: (f) $\Theta = 3\pi/5$, $\varphi = \pi$; (h) $\Theta = 4\pi/5$, $\varphi = 0$; (c, c') $\Theta = \pi/3$,

$\varphi = b'$, $\psi = \pm 2\pi/5$. Orthogonale Werte:

$$(f) \quad w = -\cos\frac{2\pi}{5}, \quad x = -\sin\frac{2\pi}{5}, \quad y = 0, \quad z = 0;$$

$$(h) \quad w = -\cos\frac{\pi}{5}, \quad x = \sin\frac{\pi}{5}, \quad y = 0, \quad z = 0;$$

$$(c, c') \; w = \cos\frac{\pi}{3}, \quad x = \sin\frac{\pi}{3}\cos b', \quad y = \sin\frac{\pi}{3}\sin b'\cos\frac{2\pi}{5},$$

$$z = \pm\sin\frac{\pi}{3}\sin b'\sin\frac{2\pi}{5}.$$

Hieraus $r = s = 0$, $p = [(\sqrt{5}-1)/2]^2$, $q = (\sqrt{5}-1)/2$, $w = -(\sqrt{5}-1)/2$. Also schneiden die 60 Tetraeder *bggd* die Achse auf der positiven Seite.

V. Die Tetraeder *cche* sind 60 an Zahl. Tetrasphärische Werte der Ecken: (c, c') $\Theta = \pi/3$, $\varphi = (\pi/2) - (b'-b)/2$, $\psi = 0, \pi$; (e) $\Theta = \pi/2$, $\varphi = \pi$; (h) $\Theta = 4\pi/5$, $\varphi = (\pi - a)/2$, $\psi = \pi/2$. Orthogonale Werte:

$$(c, c') \; w = \cos\frac{\pi}{3}, \quad x = \sin\frac{\pi}{3}\sin\frac{b'-b}{2}, \quad y = \pm\sin\frac{\pi}{3}\cos\frac{b'-b}{2}, \quad z = 0;$$

$$(e) \quad w = 0, \quad x = -1, \quad y = 0, \quad z = 0;$$

$$(h) \quad w = -\cos\frac{\pi}{5}, \quad x = \sin\frac{\pi}{5}\sin\frac{a}{2}, \quad y = 0, \quad z = \sin\frac{\pi}{5}\cos\frac{a}{2}.$$

$$p = q = \frac{3-\sqrt{5}}{2}, \quad r = \sqrt{5}-2, \quad s = 0, \quad w = \frac{3-\sqrt{5}}{2}.$$

Die 60 Tetraeder *cche* schneiden also die Achse auf der positiven Seite.

VI. Die Tetraeder *chee* sind 60 an Zahl. Tetrasphärische Werte der Ecken: (h) $\Theta = 4\pi/5$, $\varphi = 0$; (e) $\Theta = \pi/2$, $\varphi = (\pi + a)/2$, $\psi = \pm 2\pi/5$; (c) $\Theta = \pi/3$, $\varphi = b'$, $\psi = \pi$. Orthogonale Werte:

$$(h) \quad w = -\cos\frac{\pi}{5}, \quad x = \sin\frac{\pi}{5}, \quad y = 0, \quad z = 0;$$

$$(e, e') \; w = 0, \quad x = -\sin\frac{a}{2}, \quad y = \cos\frac{a}{2}\cos\frac{2\pi}{5}, \quad z = \pm\cos\frac{a}{2}\sin\frac{2\pi}{5};$$

$$(c) \quad w = \cos\frac{\pi}{3}, \quad x = \sin\frac{\pi}{3}\cos b', \quad y = -\sin\frac{\pi}{3}\sin b', \quad z = 0.$$

$$p = \left(\frac{\sqrt{5}-1}{2}\right)^2, \quad q = r = \left(\frac{\sqrt{5}-1}{2}\right)^3, \quad s = \left(\frac{\sqrt{5}-1}{2}\right)^4, \quad w = -\left(\frac{\sqrt{5}-1}{2}\right)^3.$$

Also schneiden die 60 Tetraeder *eebg* die Achse auf der positiven Seite.

VII. Die Tetraeder *ceee* sind 20 an Zahl.

$$(c) \; \Theta = \frac{\pi}{3}, \quad \varphi = \pi; \quad (e, e', e'') \; \Theta = \frac{\pi}{2}, \quad \varphi = \frac{\pi}{2} - \frac{b'-b}{2}, \quad \psi = 0, \; \pm\frac{2\pi}{3}.$$

$$(c)\quad w=\cos\frac{\pi}{3},\quad x=-\sin\frac{\pi}{3},\quad y=0,\quad z=0;$$

$$(e)\quad w=0,\quad x=\sin\frac{b'-b}{2},\quad y=\cos\frac{b'-b}{2},\quad z=0;$$

$$(e'e'')\quad w=0,\quad x=\sin\frac{b'-b}{2},\quad y=-\cos\frac{b'-b}{2}\cos\frac{\pi}{3},$$
$$z=\pm\cos\frac{b'-b}{2}\sin\frac{\pi}{3}.$$

$$p=2\left(\frac{\sqrt{5}-1}{2}\right)^4,\quad q=r=s=\left(\frac{\sqrt{5}-1}{2}\right)^3,\quad w=\left(\frac{\sqrt{5}-1}{2}\right)^4.$$

Also schneiden die 20 Tetraeder *ceee* die Achse auf der positiven Seite.

VIII. Die Tetraeder *heeb* sind 60 an Zahl. Jedes hat eine mit der Achse parallele Seite *hb* und schneidet also die Achse im unendlich entfernten Punkte.

Wenn für ein Tetraeder alle vier Faktoren p, q, r, s positiv und von Null verschieden sind, und wenn auch w positiv ist, so umgibt seine tetrasphärische Projektion den Pol $\Theta = 0$ vollständig. Ist *einer* jener vier Faktoren gleich Null, so fällt der Punkt der Achse in eine Seitenfläche des Tetraeders; und man muß die zwei Tetraeder, welche diese Seitenfläche gemein haben, zusammennehmen, damit der Pol $\Theta = 0$ von den Projektionen ringsum bedeckt werde; so in V.; die Tetraeder *cche* zählen also nur für 30 Deckungen. Sind *zwei* jener vier Faktoren gleich Null, so liegt der Punkt der Achse auf einer Kante des Tetraeders. Da nun fünf Tetraeder diese Kante gemein haben und zweimal um dieselbe herumgehen, so wird von den Projektionen dieser fünf Tetraeder zusammen der Pol erst zweimal ringsum bedeckt. So in IV.; die Tetraeder *bggd* zählen also nur für 24 Deckungen.

Demnach geben die Tetraeder *afff* 7, *gddd* 20, *ffcc* 30, *bggd* 24, *cche* 30, *eebg* 60, *ceee* 20, im ganzen 191 Bedeckungen des positiven Pols.

Die tetrasphärische Projektion des überschlagenen Hexakosioschems enthält also 191 *totale tetrasphärische Kontinua; und jedes einzelne Tetraschem* $P_{3,3}\,(4\pi/5)$ *ist* 191/600 *des totalen tetrasphärischen Kontinuums; folglich* $f\left(\frac{\pi}{3}, \frac{\pi}{3}, \frac{2\pi}{5}\right)$ $= 191/600 \cdot 16/24 = 191/900$. Der rationale Wert dieses Orthoschems ist jetzt auf einem zwar etwas mühsamen, aber direkten Wege durch reine Konstruktion gefunden worden; auch die etwas leichtere, aber weniger direkte Art, wie dieses Orthoschem in Ziffer 33 mittels des Eckenmaßes des einfachen Hekatonkaieikosaschems bestimmt wurde, mag hieher gezählt werden. Da sonst alle übrigen rationalen Orthoscheme mit kommensurabeln Argumenten (eines ausgenommen, das wir bald nachher behandeln werden) unmittelbar aus den Konstruktionen von Ziffer 17 folgen, so lag es mir daran, auch $f\left(\frac{\pi}{3}, \frac{\pi}{3}, \frac{2\pi}{5}\right)$, unabhängig von dem künstlichen Verfahren in Ziffer 30, durch direkte Konstruktion zu bestimmen; und man möge es mir verzeihen, wenn dieses nicht ohne Weitläufigkeit geschehen konnte und wenn ich sogleich noch eine zweite direkte Art, wie dasselbe Resultat durch Konstruktion erreicht werden kann, beifüge.

Denkt man sich beide Hexakosioscheme (3, 3, 5) und $\left(3,\ 3,\ \frac{5}{2}\right)$ auf dieselbe Tetrasphäre projiziert, so liegen bei beiden je fünf Tetrascheme um eine gemeinschaftliche Seite herum, beim einfachen mit einmaligem, beim überschlagenen mit doppeltem Umlauf; beim einen hat also das reguläre Tetraschem das Argument $2\pi/5$, beim andern $4\pi/5$. Bezeichnen wir ihre Maße mit $S\left(\frac{2\pi}{5}\right)$ und $S\left(\frac{4\pi}{5}\right)$, so wissen wir bereits aus Ziffer 17, daß $S\left(\frac{2\pi}{5}\right) = 1/600$ des totalen tetrasphärischen Kontinuums ist; die Bestimmung von $S\left(\frac{4\pi}{5}\right)$ hängt also nur noch von der Kenntnis des Verhältnisses $S\left(\frac{4\pi}{5}\right) : S\left(\frac{2\pi}{3}\right)$ ab, und diese kann man direkt erhalten, indem man untersucht, wie viele kleine Tetrascheme das große in sich schließt.

Die Ecken des großen können wir auf folgende Weise angeben:

$$\text{(I)}\ \Theta = 0; \qquad \text{(II)}\ \Theta = \frac{3\pi}{5},\quad \varphi = \pi; \qquad \text{(III)}\ \Theta = \frac{3\pi}{5},\quad \varphi = a,\quad \psi = \mp\frac{2\pi}{5}.$$

Läßt man der Ordnung nach je ein Eck weg und legt durch die drei übrigen und durch das Zentrum einen Raum (lineares Kontinuum), so mögen die vier Diametralräume, welche $S\left(\frac{4\pi}{5}\right)$ begrenzen, durch die Gleichungen $p_1 = 0$, $p_2 = 0$, $p_3 = 0$, $p_4 = 0$ dargestellt sein. Wenn nun die homogenen Polynome p so eingerichtet werden, daß die Summe der Quadrate der Koeffizienten eines jeden gleich 1 ist und daß sie sämtlich für eine innere Lösung positiv sind, so hat man in tetrasphärischen Variabeln:

$$p_1 = \cos\frac{\pi}{3}\cos\Theta + \sin\frac{\pi}{3}\sin\Theta\cos w,$$

wo

$$\cos w = -\cos b'\cos\varphi + \sin b'\sin\varphi\cos\psi,$$

$$p_2 = \sin\Theta\left(-\sin\frac{a}{2}\cos\varphi + \cos\frac{a}{2}\sin\varphi\cos\psi\right),$$

$$p_3, p_4 = \sin\Theta\sin\varphi\sin\left(\frac{2\pi}{5} \mp \psi\right).$$

Da $\sin\Theta$, $\sin\varphi$ immer positiv sind, so geben die zwei letzten Polynome für eine innere Lösung die Bedingungen $-2\pi/5 < \psi < 2\pi/5$. Das Polynom p_2 gibt die Bedingung, daß die äquatoriale Projektion der innern Lösung auf der Halbkugel liegen müsse, deren positiver Pol $\varphi = (\pi + a)/2$, $\psi = 0$ ist und auf der Mitte einer Seite des äquatorialen Ikosaedernetzes liegt. Alle drei Bedingungen zusammen liefern ein äquatoriales Dreieck, innerhalb dessen die Projektion einer innern Lösung fallen muß und dessen Ecken die Projektionen von II, III, IV sind. Der Mittelpunkt dieses Dreiecks ist $\varphi = \pi - b'$, $\psi = 0$; das obige w ist also der sphärische Abstand irgendeiner äquatorialen Lösung von diesem Mittelpunkt; das Maximum von w findet für die drei Ecken statt und ist b'; daher ist $\cos w$ immer positiv.

Wenn also $\Theta \lesseqgtr \pi/2$ ist, so ist p_1 immer positiv. Überhaupt ist p_1 der Kosinus des dritten Winkels eines Kugeldreiecks, worin die zwei Winkel $\pi/3$ und

$\pi = \Theta$ die Seite w zwischen sich haben. Für ein konstantes Θ nimmt p_1 ab, wenn w wächst; und der Spielraum von w reicht von $w = 0$ an bis da, wo $p_1 = 0$ wird, darf aber auch nicht über $w = b'$ hinausgehen. Dieser Spielraum fängt also da an, beengt zu werden, wo für $w = b'$ zugleich $p_1 = 0$ wird, verengert sich für ein abnehmendes $\pi - \Theta$ immer mehr und verschwindet endlich da, wo $p_1 = 0$ wird für $w = 0$. Aus der Anschauung des sphärischen Ikosaedernetzes ergibt sich für jenen Anfang $\pi - \Theta = 2\pi/5$; dieses Ende verlangt $\cos[\Theta - (\pi/3)] = 0$ oder $\Theta = 5\pi/6$. Somit ist die Grenzbedingung $p_1 \gtreqless 0$ nur für die Zonen $\Theta = 3\pi/5,\ 2\pi/3,\ 4\pi/5$ zu untersuchen.

In der Zone $\Theta = 3\pi/5$ findet noch keine Verminderung der Ecken statt; nur fallen sie für II, III, IV in die Grenze $p_1 = 0$ hinein.

In der Zone $\Theta = 2\pi/3$ kommen nur 10 Mitten von Ikosaederflächen in Betracht, wovon 6 paarweise auf die Seiten des begrenzenden Kugeldreiecks fallen. Es muß sein

$$\cos w \gtreqless \operatorname{cotg}^2\frac{\pi}{3} = \frac{1}{3} = -\cos b \cos b' + \sin b \sin b' \cos\frac{\pi}{5},$$

d.h. w darf nicht größer sein als der sphärische Abstand eines jener sechs Punkte vom Mittelpunkt des genannten Kugeldreiecks. Auch hier ist also in der Zahl der Ecken noch keine Beschränkung; nur fallen die sechs genannten Punkte in die Grenze $p_1 = 0$ und zugleich paarweise auf je eine der drei übrigen Grenzen.

In der Zone $\Theta = 4\pi/5$ muß sein $\cos w \gtreqless \operatorname{cotg}\pi/3 \operatorname{cotg}\pi/5 = \cos b$, oder $w \lesseqgtr b$. Die in dieser Zone möglichen Ecken werden also auf die drei innersten Ikosaederecken beschränkt, welche zugleich in die Grenze $p_1 = 0$ fallen.

Hier unten sind nun alle Ecken des einfachen Hexakosioschems, deren Projektionen auf oder innerhalb das große Tetraschem $S\left(\frac{4\pi}{5}\right)$ kommen, nach der in Ziffer 17 eingeführten Bezeichnung aufgezählt. Die, welche in eine Grenzfläche, Grenzkante fallen, sind mit einem bzw. zwei übergesetzten Strichen versehen, die mit einem Eck des großen Tetraschems zusammenfallenden mit der betreffenden römischen Ziffer.

a I;

$b_2, b_{11}, b_7, \overline{\overline{b_{12}}}, \overline{\overline{b_6}}, \overline{\overline{b_3}}$;

$c_{11}, c_{10}, c_6, c_{16}, \overline{c_5}, \overline{c_1}, \overline{c_{15}}, \overline{c_{20}}, \overline{c_{17}}, \overline{c_{12}}$;

$d_2, d_{11}, d_7, \overline{\overline{d_{12}}}, \overline{\overline{d_6}}, \overline{\overline{d_3}}$;

$e_{20}, e_{11}, e_{21}, e_6, e_{12}, e_{26}, e_{30}, e_{19}, e_{10}, \overline{e_1}, \overline{e_{25}}, \overline{e_{22}}$;

f_2, f_{11}, f_7, f_{12} II, f_6 III, f_3 IV;

$g_{11}, g_{10}, g_6, g_{16}, \overline{\overline{g_5}}, \overline{\overline{g_1}}, \overline{\overline{g_{15}}}, \overline{\overline{g_{20}}}, \overline{\overline{g_{17}}}, \overline{\overline{g_{12}}}$;

$\overline{h_2}, \overline{h_{11}}, \overline{h_7}$.

Die von diesen Ecken gebildeten Tetrascheme sind teils ganz, teils durch die Grenzen p halbiert; bei den letztern geht die Grenze immer durch eine Seite des Tetraschems und die Mitte der Gegenseite; daß es sich so verhält und daß demnach wirklich Halbierung eintritt, ist für ein einzelnes Tetraschem nicht schwer zu beweisen; aber die Aufzählung aller einzelnen Fälle wäre zu weitläufig. Ich gebe daher sogleich die Übersicht aller ganzen und halben Tetrascheme $S\left(\frac{2\pi}{5}\right)$, in welche das vorhin beschriebene große Tetraschem $S\left(\frac{4\pi}{5}\right)$ zerfällt.

a b b b	4 ganze, 6 halbe	*d e e f*	18 ganze, 6 halbe
b b b c	4 ganze, 6 halbe	*e e e g*	4 ganze, 6 halbe
b b c c	9 ganze, 3 halbe	*e e f g*	18 ganze, 6 halbe
b c c d	21 ganze, —	*e f g g*	21 ganze, —
c c d e	21 ganze, —	*f g g h*	15 ganze, 6 halbe
c d e e	18 ganze, 6 halbe	*g g h h*	3 ganze, 6 halbe
c e e e	4 ganze, 6 halbe	*g h h h*	1 ganzes, 3 halbe

Addiert man alles zusammen, so erhält man

$$S\left(\frac{4\pi}{5}\right) = 191 \cdot S\left(\frac{2\pi}{5}\right).$$

Es gibt noch ein Paar reziproker Polyscheme, deren Ecken mit denen des einfachen Hexakosioschems zusammenfallen. Sie entsprechen den Charakteren $\left(5, 3, \frac{5}{2}\right)$ und $\left(\frac{5}{2}, 3, 5\right)$ und mögen die zwei *amphibolen Hekatonkaieikosascheme* heißen. Wirklich ist $\sin(\pi/5)\sin(2\pi/5) = (\sqrt{5}/4) > 1/2 = \cos\pi/3$. Ist nun 1 die Seite eines überschlagenen Ikosaeders $\left(3, \frac{5}{2}\right)$, so ist sein Radius $\sin\pi/5$; die genannte Seite ist aber zugleich Diagonale des Fünfecks des einfachen Dodekaeders (5, 3), das als Bestandteil des Umschlusses des gesuchten Polyschems auftritt; die Seite dieses Fünfecks oder die Seite des Polyschems ist also $2\sin\pi/10$; wenn daher a den entsprechenden tetrasphärischen Zentriwinkel bezeichnet, so ist $\cos a/2 = \sin\pi/5 : 2\sin\pi/10 = \cos\pi/10$; folglich $a = \pi/5$, gerade wie beim einfachen Hexakosioschem. Bei diesem kennen wir nun schon eine dodekaedrische Gruppe von Ecken; sie wurden mit c bezeichnet und lagen in der Zone $\Theta = \pi/3$. Der Radius der eingeschriebenen Tetrasphäre ist also *halb* so groß als derjenige der umschriebenen; d.h. *wenn die zwei amphibolen Hekatonkaieikosascheme derselben Tetrasphäre eingeschrieben sind, wie das Oktoschem und Hekkaidekaschem, so sind sie auch mit ihnen derselben Tetrasphäre umschrieben.* Jedes derselben hat 120 Ecken, 720 Seiten, 720 Fünfecke und 120 Dodekaeder.

Wir wollen nun untersuchen, wie oft der Umschluß dieses Polyschems $\left(5, 3, \frac{5}{2}\right)$ sich auf die Tetrasphäre projiziert. Ordnet man die einfachen Dodekaeder zonenweise um den Pol a, so bedeckt erstens das Dodekaeder ($ccc\ldots$), welches diesen Pol a zum tetrasphärischen Zentrum hat, denselben ringsum; zweitens kommen die 20 Dodekaeder, deren Zentren die Ecken c sind und welche um das gemeinschaftliche Eck a herum wie die Dreiecke eines überschlagenen Ikosaeders $\left(3, \frac{5}{2}\right)$ aufeinanderfolgen, in Betracht; sie bedecken den Pol a nur siebenmal, weil auch das $\left(3, \frac{5}{2}\right)$ einen siebenfachen Mantel hat; drittens gehören die 12 Dodekaeder, welche die Ecken b zu Zentren haben, hieher; jedes derselben bedeckt den Pol a ringsum. Da es nun sonst keine Dodekaeder gibt, deren Projektionen den Pol a erreichen, so wird derselbe $1 + 7 + 12 = 20$ mal bedeckt. *Das Polyschem* $\left(5, 3, \frac{5}{2}\right)$ *projiziert sich also 20 mal auf die Tetrasphäre.*

Dasselbe Resultat erhalten wir, wenn wir nachsehen, wie viele Tetraeder des (3, 3, 5) auf ein Dodekaeder des $\left(5, 3, \frac{5}{2}\right)$ gehen. Wird dieses von den Ecken c gebildet, so umfaßt es ganze Tetraeder, die 20 $abbb$, 20 $bbbc$, 30 $bbcc$ und die 60 halben Tetraeder $bccd$. Daß diese von den sphärischen Fünfecken des Dodekaeders wirklich halbiert werden, davon überzeugt man sich am leichtesten, wenn man eine Gruppe von je 5 um eine gemeinschaftliche Seite herumliegenden Tetraedern unter den Pol bringt; es sei dann ab_1 die gemeinschaftliche Kante, die Gegenkanten bilden das sphärische Fünfeck $b_2b_3b_4b_5b_6$; die Kugelfläche des letzten halbiert den Kreisbogen $ab_1 = \pi/5$; denn jene ist durch die Gleichung $x/w = \operatorname{tg}(\pi/5)\cos a = \operatorname{tg}(\pi/10)$, dieser durch die Gleichungen $y = 0$, $z = 0$ bestimmt. Wenn man also immer die tetrasphärischen Projektionen betrachtet, so ist das Tetraeder im Dodekaeder 100 mal enthalten. Da nun jenes 1/600 des tetrasphärischen Kontinuums beträgt, so ist dieses 1/6, und der ganze aus 120 Dodekaedern bestehende Umschluß zählt 20 tetrasphärische Kontinua. Demnach ist

$$f\left(\frac{\pi}{5}, \frac{\pi}{3}, \frac{2\pi}{5}\right) = 20\, f\left(\frac{\pi}{3}, \frac{\pi}{3}, \frac{\pi}{5}\right) = \frac{1}{45}.$$

Zum Schlusse muß ich noch bemerken, daß, obschon das Orthoschem $f\left(\frac{2\pi}{5}, \frac{\pi}{5}, \frac{\pi}{3}\right)$ einen rationalen Wert hat, doch der Charakter $\left(\frac{5}{2}, 5, 3\right)$ kein echtes Polyschem darstellt, weil auch im Raume der Charakter $\left(5, \frac{5}{2}\right)$ zwar ein Gebilde, das mit dem Ikosaeder die Ecken gemein hat, aber kein echtes Polyeder darstellt. Dasselbe genügt nämlich der Bedingung $a_0 - a_1 + a_2 = 2$ nicht.

35. *Über die Summe der Quadrate der Projektionen eines Strahls auf symmetrisch verteilte Richtungen*

Wir werden in diesem Abschnitt Fälle kennenlernen, wo mehrere von einem gemeinschaftlichen Zentrum ausgehende feste Strahlen r die Eigenschaft haben, daß nicht nur die Summe der Projektionen irgendeines beliebigen Strahles s auf alle jene festen Strahlen verschwindet, sondern daß auch das arithmetische Mittel der Quadrate der Projektionen gleich ist dem Quadrat des Strahls s, dividiert durch die Dimensionszahl der Totalität. Um diese Eigenschaft kurz bezeichnen zu können, wollen wir jene festen Strahlen r *eutaktisch* nennen. Von dieser Erklärung ausgehend, können wir nun folgenden Hilfssatz aussprechen:

Wenn in der n-fachen Totalität λ eutaktische Strahlen r gegeben sind und es gehören zu jedem derselben als Achse μ seitliche Strahlen ϱ, welche durchweg mit

ihrer Achse denselben Winkel a bilden und überdies so um dieselbe geordnet sind, daß immer ihre äquatorialen Projektionen eine Gruppe von μ eutaktischen Strahlen einer $(n-1)$-fachen Totalität darstellen, so sind alle $\lambda\,\mu$ Strahlen ϱ zusammen eutaktisch für die n-fache Totalität.

(Unter äquatorialen Projektionen verstehe ich die Projektionen auf das zur jeweiligen Achse normale $(n-1)$-fache lineare Kontinuum, und den Winkel zwischen den äquatorialen Projektionen zweier Strahlen werde ich ihr *Azimut* nennen.)

Beweis: Bezeichnet φ den Winkel, den der Strahl s (von der Länge 1) mit irgendeinem festen Strahl r bildet, so ist vermöge der eutaktischen Eigenschaft aller Strahlen r:

$$\Sigma \cos\varphi = 0, \quad \Sigma \cos^2\varphi = \frac{\lambda}{n}, \quad \text{also} \quad \Sigma \sin^2\varphi = \frac{(n-1)\,\lambda}{n}.$$

Bedeutet ferner ψ das Azimut zwischen dem Strahl s und einem Strahl ϱ in Beziehung auf seine Achse r, so ist

$$\Sigma \cos\psi = 0, \quad \Sigma \cos^2\psi = \frac{\mu}{n-1},$$

wenn diese Summe sich nur auf die μ Strahlen ϱ, welche zu derselben Achse gehören, erstrecken. Ist nun w der wahre Winkel zwischen s und ϱ, so ist

$$\cos w = \cos a \cos\varphi + \sin a \sin\varphi \cos\psi;$$

folglich

$$\Sigma \cos w = \mu \cos a \cos\varphi, \quad \Sigma \cos^2 w = \mu \cos^2 a \cos^2\varphi + \frac{\mu}{n-1} \sin^2 a \sin^2\varphi, \tag{1}$$

und wenn man die Summen links auf alle Strahlen φ ausdehnt, vermöge der zuerst gesetzten Gleichungen,

$$\Sigma \cos w = 0, \quad \Sigma \cos^2 w = \mu \cos^2 a \cdot \frac{\lambda}{n} + \frac{\mu}{n-1} \sin^2 a \cdot \frac{(n-1)\,\lambda}{n} = \frac{\lambda\,\mu}{n}, \tag{2}$$

was zu beweisen war.

Wir wollen nun zeigen, daß für jedes reguläre Polyschem die von seinem Zentrum nach seinen Ecken gehenden Strahlen eutaktisch sind, indem wir, bei der Ebene anfangend, nach und nach immer zu einer höheren Totalität fortgehen.

I. *Zweifache Totalität.* Die Formeln

$$\sum_{i=0}^{i=n-1} \cos\left(\alpha + \frac{2\,i\,\pi}{n}\right) = 0 \quad \text{für} \quad n = 2, 3, 4, \ldots,$$

und

$$\sum_{i=0}^{i=n-1} \cos^2\left(\alpha + \frac{2\,i\,\pi}{n}\right) = \frac{n}{2} \quad \text{für} \quad n > 2$$

sind bekannt; folglich sind die Radien jedes regulären Vielecks eutaktisch.

II. *Dreifache Totalität.* Daß die Summe der Projektionen eines Strahls s auf alle nach den Ecken gehenden Radien r eines regulären Polyeders verschwindet, folgt mit Ausnahme des Tetraeders bei den vier übrigen daraus, daß je zwei Radien einander entgegengesetzt sind. Beim Tetraeder kann man es daraus schließen, daß das Zentrum zugleich Schwerpunkt der Ecken ist.

Wenn μ Ecken des regulären Polyeders in einer durch den Polabstand a bestimmten Zone liegen, so sind die äquatorialen Projektionen der entsprechenden Radien ϱ offenbar eutaktisch als Radien eines regulären μ-Ecks. Sind dann φ, w die Winkel, welche ein Strahl s mit der Achse und mit einem Strahl ϱ bildet, so ist nach (1)

$$p = \Sigma \cos w = \mu \cos a \cos \varphi, \qquad q = \Sigma \cos^2 w = \mu \cos^2 a \cos^2 \varphi + \frac{\mu}{2} \sin^2 a \sin^2 \varphi.$$

Diese allgemeinen Formeln wollen wir nun auf jedes einzelne reguläre Polyeder anwenden und in bezug auf alle Zonen summieren.

1. *Tetraeder.* Ein Radius gehe nach dem Pol; für diesen ist $p = \cos\varphi$, $q = \cos^2\varphi$. Die drei übrigen Radien bilden eine Zone, deren Poldistanz a durch $\cos a = -1/3$ bestimmt ist, also $p = -\cos\varphi$, $q = (1/3)\cos^2\varphi + (4/3)\sin^2\varphi$. Wird die Summe aller Projektionen mit P, die Summe ihrer Quadrate mit Q bezeichnet, so ist $P = 0$, $Q = 4/3$.

2. *Oktaeder.* Die 6 Radien können als positive und negative Hälften der Achsen eines rechtwinkligen Koordinatensystems aufgefaßt werden. Also ist $P = 0$, $Q = 2$.

3. *Ikosaeder.* Für den nach dem Pol gehenden Radius ist $q = \cos^2\varphi$. Dann kommt eine Zone, wo $\cos a = \sqrt{1/5}$, $\mu = 5$ ist, für diese also $q = \cos^2\varphi + 2\sin^2\varphi$. Die übrigen 6 Radien sind diesen entgegengesetzt; somit $Q = 4$.

Aus den Werten von Q ist ersichtlich, daß die Radien eines jeden der drei angeführten Polyeder eutaktisch sind. Werden nun vom Zentrum aus nach den Mittelpunkten der in einem Eck zusammentreffenden Vielecke Strahlen gezogen und das Eck selbst als Pol aufgefaßt, so sind die äquatorialen Projektionen jener Strahlen eutaktisch. Wird das gleiche in Beziehung auf jedes Eck wiederholt, so fallen im Mittelpunkt jedes Vielecks so viele Strahlen zusammen, als dasselbe Ecken zählt, und da alle diese nach (2) eutaktisch sind, so wird man hieraus auch leicht auf die Eutaxie des Systems schließen, worin jeder nach dem Mittelpunkt eines Vielecks gehende Strahl nur einmal gezählt wird, d.h. auf die Eutaxie der Radien des *reziproken* Polyeders. Also sind auch die Radien des *Hexaeders* und *Dodekaeders* eutaktisch, und die Eutaxie ist somit für alle regulären Polyeder bewiesen.

Durch eine ähnliche Betrachtung wird man sich auch überzeugen, daß alle Strahlen, welche vom Zentrum eines regulären Polyeders nach den Mitten seiner Kanten gehen, eutaktisch sind.

III. *Vierfache Totalität.* Wird ein Eck eines regulären Polyschems als Pol aufgefaßt, so können die übrigen nach Zonen geordnet werden; und da alle zu einer Zone gehörenden Ecken sich entweder geradezu wie Ecken eines regulären Polyeders oder wie Kantenmitten eines solchen verhalten, so sind die äquatorialen Projektionen der entsprechenden Radien des Polyschems eutaktisch.

Wenn daher μ, a, φ, p, q eine ähnliche Bedeutung haben wie oben, so ist

$$p = \mu \cos a \cos\varphi, \quad q = \mu \cos^2 a \cos^2\varphi + \frac{\mu}{3} \sin^2 a \sin^2\varphi.$$

1. *Pentaschem.* Für das als Pol gewählte Eck ist $p = \cos\varphi$, $q = \cos^2\varphi$; für die vier übrigen ist $\cos a = -1/4$, daher $p = -\cos\varphi$, $q = (1/4)\cos^2\varphi + (5/4)\sin^2\varphi$; also $P = 0$, $Q = 5/4$.

2. *Hekkaidekaschem.* Die 8 Radien können als positive und negative Hälften der Achsen eines orthogonalen Systems gefaßt werden; also ist $Q = 2$.

Ist die Eutaxie von den Radien irgendeines regulären Polyschems bewiesen, so folgt sie vermöge (II) und (2) auch für das reziproke Polyschem. Sie ist also nun auch für das Oktoschem bewiesen.

Da das *Eikosikaitetraschem* die Ecken des Hekkaidekaschems mit denen des Oktoschems vereinigt, so sind auch seine Radien eutaktisch.

3. *Hexakosioschem.*

$$\begin{array}{llll}
(a) & a = 0, & \mu = 1, & q = \cos^2\varphi, \\[1ex]
(b) & a = \dfrac{\pi}{5}, & \mu = 12, & q = 12\cos^2\dfrac{\pi}{5}\cos^2\varphi + 4\sin^2\dfrac{\pi}{5}\sin^2\varphi, \\[1ex]
(c) & a = \dfrac{\pi}{3}, & \mu = 20, & q = 5, \\[1ex]
(d) & a = \dfrac{2\pi}{5}, & \mu = 12, & q = 12\cos^2\dfrac{2\pi}{5}\cos^2\varphi + 4\sin^2\dfrac{2\pi}{5}\sin^2\varphi, \\[1ex]
(e) & a = \dfrac{\pi}{2}, & \mu = 30, & q = 10\sin^2\varphi.
\end{array}$$

Die Werte von q für die Ecken (a), (b), (c), (d) sind doppelt zu nehmen wegen der entgegengesetzten Radien. Da

$$\cos^2\frac{\pi}{5} + \cos^2\frac{2\pi}{5} = \frac{3}{4}, \quad \sin^2\frac{\pi}{5} + \sin^2\frac{2\pi}{5} = \frac{5}{4}$$

ist, so wird $Q = 30 = 120/4$. Wegen der paarweise entgegengesetzten Radien ist ohnehin $P = 0$.

Aus der Eutaxie des Hexakosioschems folgt sogleich auch diejenige des *Hekatonkaieikosaschems.*

IV. *n-fache Totalität.*

1. *Reguläres* $(n+1)$-*Schem* $(3, 3, \ldots, 3, 3)$. Für das zum Pol gewählte Eck ist $p = \cos\varphi$, $q = \cos^2\varphi$; für die n übrigen ist $\cos a = -1/n$, also $p = -\cos\varphi$, $q = (1/n)\cos^2\varphi + [(n+1)/n]\sin^2\varphi$; also zuletzt $P = 0$, $Q = (n+1)/n$.

2. *Reguläres* $(2n)$-*Schem* $(3, 3, \ldots, 3, 4)$. Alle $2n$ Radien können als positive und negative Hälften der Achsen des orthogonalen Systems aufgefaßt werden; also $Q = 2 = 2n/n$.

Hieraus folgt die Eutaxie auch für das reziproke Polyschem, d.h. für das $(2n)$-*Schem* $(4, 3, 3, \ldots, 3, 3)$.

Ich muß noch bemerken, daß in dem für das $(n+1)$-Schem geführten Beweise die Richtigkeit der Formel für die $(n-1)$-fache Totalität schon vorausgesetzt wurde.

Wir können das Bisherige in folgenden allgemeinen Satz zusammenfassen: *Wenn in der n-fachen Totalität mehrere* (mehr als zwei) *von einem gemeinschaftlichen Zentrum ausgehende Strahlen, welche die Einheit zur Länge haben, auf reguläre Art geordnet sind und man projiziert sie auf irgendeine Richtung, so ist erstens die Summe aller Projektionen gleich Null, zweitens das arithmetische Mittel der Quadrate dieser Projektionen gleich* $1/n$.

Es seien $a, b, \ldots$ die n Kosinus der Winkel, welche einer der λ eutaktischen Strahlen mit den orthogonalen Achsen bildet, $p, q, \ldots$ dieselben Größen für irgendeinen einzigen Strahl s, so ist

$$\Sigma (a p + b q + \cdots)^2 = \frac{\lambda}{n}.$$

Da aber $p, q, \ldots$ beliebig sind, so folgt

$$\Sigma a^2 = \frac{\lambda}{n}, \quad \Sigma b^2 = \frac{\lambda}{n}, \text{ usw.}, \quad \Sigma a b = 0, \text{ usw.}$$

Ist nun noch ein zweiter Einzelstrahl s' durch die Richtungskosinus $p', q', \ldots$ bestimmt und Θ der Winkel zwischen den Strahlen s und s', also $\cos\Theta = p p' + q q' + \cdots$, so folgt aus dem Vorigen leicht:

$$\Sigma (a p + b q + \cdots)(a p' + b q' + \cdots) = \frac{\lambda}{n} \cos\Theta.$$

Aus dieser für eutaktische Strahlen überhaupt geltenden Formel folgt im besondern der Satz:

Wenn in der n-fachen Totalität Radien nach allen Ecken eines regulären Polyschems gehen und man multipliziert für jeden derselben die Kosinus der Winkel, welche er mit zwei beliebig gegebenen Richtungen bildet, so ist das arithmetische Mittel aller so erhaltenen Produkte gleich dem n-ten Teile des Kosinus des von den zwei gegebenen Richtungen gebildeten Winkels.

Diesem Satz, der *endliche Summen* zum Gegenstand hat, ist ein ähnlicher an die Seite zu setzen, welcher den Wert eines bestimmten *Integrals* angibt. Da sein Beweis von gleicher Natur mit den in Ziffer 19 geführten Rechnungen ist, so spreche ich hier nur den Satz selbst aus, ohne in jenen mich einzulassen.

Wird das totale n-sphärische Kontinuum in lauter unendlich kleine Elemente geteilt, nach jedem derselben ein Radius gezogen und das Produkt der Kosinus der Winkel, welche dieser Radius mit zwei beliebigen festen Richtungen bildet, mit dem entsprechenden Element selbst multipliziert, so ist die Summe aller so erhaltenen Produkte gleich dem n-ten Teile des totalen sphärischen Kontinuums, multipliziert mit dem Kosinus des Winkels der zwei festen Richtungen.

DRITTER TEIL

Verschiedene Anwendungen der Theorie der vielfachen Kontinuität, welche das Gebiet des Linearen und Sphärischen übersteigen

36. *Bestimmung des Zentrums eines quadratischen Kontinuums*

Aufgabe: Es sei irgendeine Gleichung zweiten Grades mit den n Variabeln $x_1, x_2, \ldots, x_n$ gegeben; man soll den Ursprung so versetzen, daß die mit den ersten Potenzen der neuen Variabeln behafteten Glieder aus der Gleichung wegfallen.

Auflösung: Es seien $t_1, t_2, \ldots, t_n$ die Werte der Variabeln für den gesuchten Ursprung, $y_1, y_2, \ldots, y_n$ die neuen Variabeln und t_0 ein die Einheit bezeichnendes Symbol, durch dessen Einführung die gegebene Funktion homogen wird. Das Polynom der gegebenen Gleichung gehe in T über, wenn darin $1, x_1, x_2, \ldots, x_n$ durch $t_0, t_1, t_2, \ldots, t_n$ ersetzt werden, und es sei

$$D = y_1 \frac{\partial}{\partial t_1} + y_2 \frac{\partial}{\partial t_2} + \cdots + y_n \frac{\partial}{\partial t_n},$$

so ist die transformierte Gleichung

$$T + DT + \frac{1}{2} D^2 T = 0,$$

und die Aufgabe ist erfüllt, wenn, unabhängig von den Werten der neuen Variabeln, $DT = 0$ ist. Diese Bedingung zerfällt in die n linearen Gleichungen

$$\frac{\partial T}{\partial t_1} = 0, \quad \frac{\partial T}{\partial t_2} = 0, \quad \ldots, \quad \frac{\partial T}{\partial t_n} = 0, \tag{1}$$

und so viele sind im allgemeinen nötig und hinreichend, um die n Konstanten $t_1, t_2, \ldots, t_n$ zu bestimmen. Da die Gleichung

$$T = \frac{1}{2}\left(\frac{\partial T}{\partial t_0} t_0 + \frac{\partial T}{\partial t_1} t_1 + \cdots + \frac{\partial T}{\partial t_n} t_n\right)$$

in identischer Weise besteht, so reduziert sich die neue Gleichung des $(n-1)$-fachen Kontinuums auf

$$\frac{1}{2} \cdot \frac{\partial T}{\partial t_0} + \frac{1}{2} D^2 T = 0. \tag{2}$$

Ist irgendeine Lösung $(y_1, y_2, \ldots, y_n)$ bekannt, welche dieser Gleichung genügt, so wird nun auch die Lösung $(-y_1, -y_2, \ldots, -y_n)$, worin sämtliche Werte der Variabeln den vorigen gleich und entgegengesetzt sind, genügen. Jeder durch den Ursprung gehende und vom Kontinuum begrenzte Strahl wird also durch den Ursprung halbiert. Daher soll dieser Ursprung das *Zentrum* des $(n-1)$-fachen Kontinuums zweiten Grades heißen.

Können die Gleichungen (1) nur befriedigt werden, indem man $t_0 = 0$ setzt, oder sind sie nicht alle unter sich unabhängig, so hat das Kontinuum kein wahres Zentrum.

Wenn mit dem Bestand der Gleichungen (1) zugleich auch $\partial T/\partial t_0 = 0$ wird, so wird die Gleichung (2) in Beziehung auf die n neuen Variabeln homogen, und das Zentrum selbst befindet sich im Kontinuum. Ist irgendeine andere Lösung $(y_1, y_2, \ldots, y_n)$ bekannt und bedeutet k einen willkürlichen Faktor, so wird auch die Lösung $(k\,y_1, k\,y_2, \ldots, k\,y_n)$ der Gleichung (2) genügen. Da somit jeder das Zentrum mit irgendeiner andern Lösung des Kontinuums verbindende Strahl ganz in dasselbe hineinfällt, so möge es *strahliges Kontinuum zweiten Grades* heißen. Für ein solches muß demnach die Determinante der Koeffizienten aller $n+1$ abgeleiteten linearen Polynome von T verschwinden; aber dieses Merkmal ist nicht hinreichend, wenn die vorhin erwähnten Ausnahmsfälle eintreten.

37. *Bestimmung der Hauptachsen*

Es sei $f(x, y, z, \ldots)$ eine homogene Funktion zweiten Grades der n orthogonalen Variabeln $x, y, \ldots,$ und $f(x, y, \ldots) = 1$ die Gleichung eines Kontinuums zweiten Grades, wo das Zentrum als Ursprung angenommen ist. Eine orthogonale Transformation der Variabeln stellt $n(n-1)/2$ Elemente zur Verfügung. Die Zahl der Glieder in $x\,y$, $x\,z, \ldots$ ist gleich groß. Daher ist es möglich, die Variabeln so orthogonal zu transformieren, daß in der Gleichung des Kontinuums die Produkte der Variabeln wegfallen und nur die Quadrate bleiben.

Es sei $x = a\,t + a'\,t' + a''\,t'' + \cdots$, $y = b\,t + b'\,t' + b''\,t'' + \cdots$, usw. die gesuchte orthogonale Transformation und $p t^2 + p' t'^2 + p'' t''^2 + \cdots = 1$ die transformierte Gleichung des Kontinuums. Es sei ferner

$$\frac{1}{2}\, d f(x, y, \ldots) = X\,dx + Y\,dy + \cdots,$$

und wenn in den linearen Polynomen $X, Y, \ldots$ die alten Variabeln durch $a, b, \ldots$ ersetzt werden, so wollen wir sie durch $A, B, \ldots$ bezeichnen, und ähnlich mit Akzenten. Dann ist

$$\frac{1}{2} \cdot \frac{\partial f}{\partial t} = X\,a + Y\,b + \cdots = A\,x + B\,y + \cdots = p\,t,$$

usw. mit Akzenten. Diese Gleichung schließt in sich die n Gleichungen:

$$\begin{aligned} A\,a + B\,b + C\,c + \cdots &= p, \\ A\,a' + B\,b' + C\,c' + \cdots &= 0, \\ A\,a'' + B\,b'' + C\,c'' + \cdots &= 0, \text{ usw.} \end{aligned}$$

Multipliziert man diese mit $a, a', a'', \ldots$ und addiert sie, ebenso mit b, b', b'',

... usw., so ergeben sich die Gleichungen

$$A - p\,a = 0, \quad B - p\,b = 0, \quad C - p\,c = 0, \quad \ldots \tag{3}$$

Diese n Gleichungen sind in Beziehung auf $a, b, c, \ldots$ homogen und linear. Man kann also die $n-1$ Verhältnisse dieser Richtungskosinus eliminieren und wird eine Gleichung n-ten Grades $P = 0$ erhalten, in der die einzige Unbekannte p vorkommt. Es sei p eine Wurzel dieser Gleichung, so wird dieser im allgemeinen nur ein System von Richtungskosinus $a, b, c, \ldots$ entsprechen; und die in Beziehung auf die einzelnen Elemente der Determinante P abgeleiteten Funktionen derselben werden mit $a^2, a\,b, a\,c, \ldots; a\,b, b^2, b\,c, \ldots; a\,c, b\,c, c^2, \ldots; \ldots$ proportional sein. Wenn also $\alpha, \beta, \gamma, \ldots$ die in die Diagonale fallenden abgeleiteten Funktionen der Determinante bezeichnen, so ist

$$a^2 = \frac{\alpha}{\alpha+\beta+\gamma+\cdots}, \quad b^2 = \frac{\beta}{\alpha+\beta+\gamma+\cdots}, \quad c^2 = \frac{\gamma}{\alpha+\beta+\cdots}, \quad \ldots$$

Für eine zweite von p verschiedene Wurzel p_1 der Gleichung $P = 0$ mögen $a, b, c, \ldots, A, B, \ldots$ in $a_1, b_1, \ldots, A_1, B_1, \ldots$ übergehen, so ist auch

$$A_1 = p_1\,a_1, \quad B_1 = p_1\,b_1, \quad C_1 = p_1\,c_1, \quad \ldots$$

Multipliziert man diese Gleichungen mit $a, b, c, \ldots$ und addiert sie, so ergibt sich

$$\begin{aligned} p_1(a\,a_1 + b\,b_1 + c\,c_1 + \cdots) &= A_1\,a + B_1\,b + \cdots = A\,a_1 + B\,b_1 + \cdots \\ &= p\,(a\,a_1 + b\,b_1 + \cdots) \end{aligned}$$

oder

$$(p - p_1)\,(a\,a_1 + b\,b_1 + c\,c_1 + \cdots) = 0;$$

folglich

$$a\,a_1 + b\,b_1 + c\,c_1 + \cdots = 0. \tag{4}$$

Wäre p imaginär, so könnte p_1 die konjugierte Wurzel sein; dann wären auch $a, a_1; b, b_1; \ldots$ konjugiert, und daher könnte keines der Produkte $a\,a_1, b\,b_1, \ldots$ negativ sein, was der Gleichung (4) widerspricht. Die Gleichung $P = 0$ hat also lauter reelle Wurzeln.

Die Elemente der Determinante P seien $\binom{1}{1}, \binom{1}{2}, \binom{1}{3}, \ldots, \binom{1}{n}$ usw., wo immer $\binom{h}{i} = \binom{i}{h}$ und, abgesehen von dieser Gleichheit je zweier in Beziehung auf die Diagonale gleichliegender Elemente, sei

$$\frac{\partial P}{\partial\binom{1}{\alpha}} = \begin{bmatrix}1\\ \alpha\end{bmatrix}, \quad \frac{\partial^2 P}{\partial\binom{1}{\alpha}\,\partial\binom{2}{\beta}} = \begin{bmatrix}1 & 2\\ \alpha & \beta\end{bmatrix}, \text{ usw.}$$

Da nun $\dfrac{\partial\binom{\alpha}{\alpha}}{\partial p} = -1$ ist, so folgt leicht, wenn P als Funktion von p aufgefaßt und $P\,(p + w)$ nach steigenden Potenzen des Inkrements w entwickelt wird,

$$P(p + w) = P(p) - w\sum\begin{bmatrix}\alpha\\ \alpha\end{bmatrix} + w^2\sum\begin{bmatrix}\alpha & \beta\\ \alpha & \beta\end{bmatrix} - w^3\sum\begin{bmatrix}\alpha & \beta & \gamma\\ \alpha & \beta & \gamma\end{bmatrix} + \cdots + (-w)^n. \tag{5}$$

Hat nun die Gleichung $P(p) = 0$ nicht lauter ungleiche Wurzeln und bezeichnet zum Beispiel p eine Wurzel, welche m-mal vorkommt, so behaupte ich, daß für diesen Wert von p alle $(m-1)$-ten abgeleiteten Funktionen von P (bloß formell verstanden, wie wenn sämtliche n^2 Elemente der Determinante P voneinander unabhängig wären) verschwinden müssen. Zunächst ist nämlich klar, daß auf der rechten Seite der Gleichung (5) die Koeffizienten von w^0, w^1, w^2, …, w^{m-1} verschwinden müssen; und es soll gezeigt werden, daß daraus das Verschwinden aller $(m-1)$-ten Abgeleiteten der Determinante P mit Notwendigkeit folgt. Ist dieses für $m-1$ gleiche Wurzeln schon geschehen, so kann man auch ferner beweisen, daß es für m gleiche Wurzeln gilt. Um nicht weitläufig zu werden, wollen wir $m=4$ setzen; das allgemeine ist aus diesem besondern Fall leicht zu entnehmen. Da, wenn die Behauptung für $m=3$ richtig ist, die zweiten Abgeleiteten von P einzeln verschwinden, so kann man setzen:

$$\binom{1}{i} = \lambda_4\binom{4}{i} + \lambda_5\binom{5}{i} + \cdots + \lambda_n\binom{n}{i},$$
$$\binom{2}{i} = \mu_4\binom{4}{i} + \mu_5\binom{5}{i} + \cdots + \mu_n\binom{n}{i},$$
$$\binom{3}{i} = \nu_4\binom{4}{i} + \nu_5\binom{5}{i} + \cdots + \nu_n\binom{n}{i},$$

wofern nur nicht alle dritten Abgeleiteten der Determinante P auch verschwinden (in welchem Falle übrigens das zu Beweisende schon statt hätte). Dann ist, wenn die Zeiger α, β, γ von 1, 2, 3 verschieden sind,

$$\begin{bmatrix}2\;3\;\alpha\\2\;3\;\alpha\end{bmatrix} = \lambda_\alpha^2\begin{bmatrix}1\;2\;3\\1\;2\;3\end{bmatrix}, \text{ usw.,}\qquad \begin{bmatrix}1\;\alpha\;\beta\\1\;\alpha\;\beta\end{bmatrix} = \begin{vmatrix}\mu_\alpha\cdot\mu_\beta\\ \nu_\alpha\cdot\nu_\beta\end{vmatrix}^2\cdot\begin{bmatrix}1\;2\;3\\1\;2\;3\end{bmatrix}, \text{ usw.}$$

$$\begin{bmatrix}\alpha\;\beta\;\gamma\\\alpha\;\beta\;\gamma\end{bmatrix} = \begin{vmatrix}\lambda_\alpha\cdot\lambda_\beta\cdot\lambda_\gamma\\ \mu_\alpha\cdot\mu_\beta\cdot\mu_\gamma\\ \nu_\alpha\cdot\nu_\beta\cdot\nu_\gamma\end{vmatrix}^2\cdot\begin{bmatrix}1\;2\;3\\1\;2\;3\end{bmatrix}, \text{ usw.};$$

also

$$\sum\begin{bmatrix}\alpha\;\beta\;\gamma\\\alpha\;\beta\;\gamma\end{bmatrix} = \begin{bmatrix}1\;2\;3\\1\;2\;3\end{bmatrix}\Big\{1+\lambda_4^2+\lambda_5^2+\cdots+\lambda_n^2+\mu_4^2+\mu_5^2+\cdots+\mu_n^2$$
$$+\nu_4^2+\nu_5^2+\cdots+\nu_n^2+\begin{vmatrix}\mu_4\cdot\mu_5\\ \nu_4\cdot\nu_5\end{vmatrix}^2+\cdots+\begin{vmatrix}\lambda_4\cdot\lambda_5\cdot\lambda_6\\ \mu_4\cdot\mu_5\cdot\mu_6\\ \nu_4\cdot\nu_5\cdot\nu_6\end{vmatrix}+\cdots\Big\}.$$

Diese Formeln gelten für drei gleiche Wurzeln. Sind vier gleiche vorhanden, so muß die Summe $\sum\binom{\alpha\;\beta\;\gamma}{\alpha\;\beta\;\gamma}$, wo jetzt α, β, γ beliebige Zeiger mit Einschluß von 1, 2, 3 bedeuten, gleich Null sein. Da aber im vorigen Ausdruck für dieselbe das mit ihrem ersten Gliede $\begin{bmatrix}1\;2\;3\\1\;2\;3\end{bmatrix}$ multiplizierte Aggregat aus lauter Quadraten besteht, von denen eines 1 ist, so kann dieses Aggregat nicht verschwinden; weshalb notwendig der andere Faktor, das erste Glied $\begin{bmatrix}1\;2\;3\\1\;2\;3\end{bmatrix}$ der Summe, verschwindet. Das gleiche kann aber auch von jedem andern einzelnen Gliede der Summe $\sum\begin{bmatrix}\alpha\;\beta\;\gamma\\\alpha\;\beta\;\gamma\end{bmatrix}$ gezeigt werden. Aus $\begin{bmatrix}1\;2\;3\\1\;2\;3\end{bmatrix}=0$ folgt, daß man setzen darf: $$\binom{4}{i} = \xi_5 \binom{5}{i} + \xi_6 \binom{6}{i} + \cdots + \xi_n \binom{n}{i}, \qquad (i = 4, 5, 6, \ldots, n,) \qquad (6)$$

sobald nur nicht alle $\begin{bmatrix} 1 & 2 & 3 & 4 \\ 1 & 2 & 3 & i \end{bmatrix}$ verschwinden, was man immer wird vermeiden können, wenn außer den vier ersten Elementenreihen nicht auch noch die fünfte von den übrigen abhängt (in welchem Falle alle vierten Abgeleiteten der Determinante P verschwänden, also fünf gleiche Wurzeln vorhanden wären). Multipliziert man mit λ_i und summiert nach $i = 4, 5, \ldots, n$, so erhält man

$$\binom{4}{1} = \xi_5 \binom{5}{1} + \xi_6 \binom{6}{1} + \cdots + \xi_n \binom{n}{1},$$

ähnliche Ausdrücke für $\binom{4}{2}$, $\binom{4}{3}$. Die Formel (6) gilt also für $i = 1, 2, 3, 4, 5, \ldots, n$. Da somit jede der vier ersten Horizontalreihen in ihrer ganzen Ausdehnung von den übrigen abhängt, so müssen alle Determinanten, welche durch Weglassung von drei Horizontalreihen entstehen, verschwinden, d.h. alle dritten Abgeleiteten von P. Wenn also obige Behauptung für $m = 3$ richtig ist, so gilt sie auch für $m = 4$; und es ist leicht, diesen Beweis zu verallgemeinern.

Wenn demnach eine m-fache Wurzel p der Gleichung $P = 0$ im System (3) substituiert wird, so werden m seiner Gleichungen von den übrigen abhängig. Man kann daher m unter sich unabhängige Gruppen von Verhältnissen:

$$a_1 : b_1 : c_1 : \ldots, \quad a_2 : b_2 : c_2 : \ldots, \quad \ldots, \quad a_m : b_m : c_m : \ldots$$

angeben, deren jede dem System (3) genügt. Dann wird aber auch jede Gruppe

$$(\varepsilon_1 a_1 + \varepsilon_2 a_2 + \cdots + \varepsilon_m a_m) : (\varepsilon_1 b_1 + \varepsilon_2 b_2 + \cdots + \varepsilon_m b_m) : \ldots,$$

wo $\varepsilon_1, \varepsilon_2, \ldots, \varepsilon_m$ willkürliche Faktoren bezeichnen, genügen. So wie nun jeder einfachen Wurzel der Gleichung $P = 0$ ein durch die Richtungskosinus a, b, c, ... bestimmter Strahl als Hauptachse entspricht, so wird demnach jeder m-fachen Wurzel ein m-faches lineares Kontinuum, bestimmt durch jene m unter sich unabhängigen Lösungen des Systems (3), entsprechen; und wie man auch innerhalb dieses Kontinuums m orthogonale Achsen wählen mag, so kann man sie immer als Hauptachsen des gegebenen quadratischen Kontinuums auffassen.

Setzt man in der transformierten Gleichung

$$p\, t^2 + p' t'^2 + p'' t''^2 + \cdots = 1$$

$t' = t'' = \cdots = 0$, so erhält man $t = 1/\sqrt{p}$ als absoluten Wert der betreffenden Hauptachse. Ist p positiv, so wird die Achse der t zu beiden Seiten in gleichen Abständen vom Zentrum durch das quadratische Kontinuum reell begrenzt; die Lösungen, in denen dieses geschieht, mögen Hauptscheitel des Kontinuums heißen. – Die Wurzeln der Gleichung $P = 0$ sind die umgekehrten Werte der Quadrate der Hauptachsen des quadratischen Kontinuums. Dieses hat also so viele imaginäre Hauptachsen als die Gleichung $P = 0$ negative Wurzeln. Soll das quadratische Kontinuum reelle Lösungen enthalten, so dürfen nicht sämtliche Wurzeln p negativ sein. Je nachdem nun die Zahl der negativen Wurzeln $0, 1, 2, \ldots, n-1$ ist, kann man n Gattungen von quadratischen Kontinuen unterscheiden.

38. *Konjugierte Halbmesser*

Die auf Hauptachsen und Zentrum bezogene Gleichung des quadratischen Kontinuums sei

$$\frac{x^2}{a^2} + \frac{y^2}{b^2} + \cdots + \frac{w^2}{d^2} = 1,$$

wo die Achsen $a, b, \ldots, d$ teils reell, teils rein imaginär sind. Es sei ferner $\alpha, \beta, \gamma, \ldots; \alpha', \beta', \gamma', \ldots, \ldots$ ein orthogonales System von Richtungskosinus und $t, t', t'', \ldots$ seien neue Variabeln eines schiefen Systems, in welche die alten übergehen durch die Relationen

$$\frac{x}{a} = \alpha\frac{t}{h} + \alpha'\frac{t'}{h'} + \alpha''\frac{t''}{h''} + \cdots, \qquad \frac{y}{b} = \beta\frac{t}{h} + \beta'\frac{t'}{h'} + \beta''\frac{t''}{h''} + \cdots, \text{ usw.,}$$

so ist die transformierte Gleichung des quadratischen Kontinuums

$$\frac{t^2}{h^2} + \frac{t'^2}{h'^2} + \frac{t''^2}{h''^2} + \cdots = 1,$$

und $h, h', h'', \ldots$ sind die Werte der *konjugierten Halbmesser* oder schiefen Achsen des neuen Systems. Sind $\lambda, \mu, \nu, \ldots; \lambda', \mu', \nu', \ldots$; usw. die Richtungskosinus der konjugierten Halbmesser, so muß sein

$$x = \lambda t + \lambda' t' + \lambda'' t'' + \cdots, \qquad y = \mu t + \mu' t' + \mu'' t'' + \cdots, \text{ usw.}$$

woraus folgt

$$\alpha = \frac{h\lambda}{a}, \quad \beta = \frac{h\mu}{b}, \quad \gamma = \frac{h\nu}{c}, \ldots; \quad \alpha' = \frac{h'\lambda'}{a}, \quad \beta' = \frac{h'\mu'}{b}, \ldots; \text{ usw.}$$

Die einzigen Bedingungen, durch welche Richtungen und Werte der konjugierten Halbmesser voneinander abhängen, sind also folgende:

$$\left.\begin{aligned} &\frac{\lambda\lambda'}{a^2} + \frac{\mu\mu'}{b^2} + \frac{\nu\nu'}{c^2} + \cdots = 0, \text{ usw.} \\ &\frac{1}{h^2} = \frac{\lambda^2}{a^2} + \frac{\mu^2}{b^2} + \frac{\nu^2}{c^2} + \cdots, \qquad \frac{1}{h'^2} = \frac{\lambda'^2}{a^2} + \frac{\mu'^2}{b^2} + \cdots, \text{ usw.} \end{aligned}\right\} \quad (1)$$

Da überdies noch $\lambda^2 + \mu^2 + \cdots = 1$, $\lambda'^2 + \mu'^2 + \cdots = 1$, usw. ist, so enthält das System der konjugierten Halbmesser nur $n(n-1)/2$ freie Größen. Es ist auch

$$\left.\begin{aligned} &a^2 = h^2\lambda^2 + h'^2\lambda'^2 + h''^2\lambda''^2 + \cdots, \\ &b^2 = h^2\mu^2 + h'^2\mu'^2 + h''^2\mu''^2 + \cdots, \text{ usw.} \\ &h^2\lambda\mu + h'^2\lambda'\mu' + h''^2\lambda''\mu'' + \cdots = 0, \text{ usw.} \end{aligned}\right\} \quad (2)$$

Ist $1/a^2 < 1/b^2 < \cdots < 1/d^2$, so ist jedes $1/h^2, 1/h'^2, 1/h''^2, \ldots$ zwischen dem Minimum $1/a^2$ und dem Maximum $1/d^2$ enthalten. Ist ferner jenes negativ, dieses positiv, so kann z.B. $1/h^2$ den Nullwert passieren. Setzt man aber a^2,

$b^2, \ldots, d^2$ sämtlich als endlich voraus, so ist aus den Gleichungen (2) klar, daß dieses nicht geschehen kann, ohne daß zugleich wenigstens noch ein reziprokes Halbmesserquadrat, z.B. $1/h'^2$, durch Null geht. Bleiben bei diesem Übergang alle andern Halbmesserquadrate endlich, so hat man annähernd: $h^2\lambda^2 + h'^2\lambda'^2 = 0$, $h^2\mu^2 + h'^2\mu'^2 = 0$ usw., und durch Addition dieser Gleichungen: $h^2 + h'^2 = 0$; ferner $h^2\lambda\,\mu + h'^2\lambda'\mu' = 0$, usw.; also annähernd $\lambda^2 = \lambda'^2$, $\mu^2 = \mu'^2$, usw., $\lambda\,\mu = \lambda'\mu'$, usw., woraus $\lambda:\mu:\nu\ldots = \lambda':\mu':\nu':\ldots$ folgt. Wenn also ein reziprokes Halbmesserquadrat unendlich klein wird, so muß wenigstens noch eines zugleich unendlich klein werden, und wenn dann alle übrigen endlich bleiben, so sind die unendlich großen Werte dieser zwei Halbmesserquadrate gleich und entgegengesetzt, und ihre Richtungen fallen unendlich nahe zusammen. Es scheint nun im allgemeinen immer möglich, ein System konjugierter Halbmesser von reeller Richtung allmählich durch ebensolche Systeme hindurch in irgendein anderes gegebenes System reeller konjugierter Richtungen überzuführen und dabei zu vermeiden, daß je mehr als zwei Halbmesser zugleich unendlich werden. Da nun bei jedem Durchgang bloß zweier Halbmesserquadrate durchs Unendliche beide vorher entgegengesetzt gewesen sind und nachher ihre Zeichen gewechselt haben und da sonst kein Halbmesserquadrat sein Zeichen wechseln kann, so scheint es im allgemeinen unmöglich, daß in zwei Systemen konjugierter Halbmesserquadrate die Anzahl der negativen Quadrate verschieden sei. Um dieses noch strenger zu beweisen, schicke ich folgenden leichten Hilfssatz voran:

Sind in der n-fachen Totalität nur m konjugierte Halbmesser eines quadratischen Kontinuums (oder auch nur das durch dieselben gelegte m-fache lineare Kontinuum) gegeben, so ist dadurch das $(n-m)$-fache lineare Kontinuum, welches die $n-m$ übrigen konjugierten Halbmesser enthält, schon bestimmt; aber innerhalb desselben können diese übrigen Halbmesser gerade mit derselben Freiheit gewählt werden, wie wenn überhaupt nur $n-m$ Variabeln in der quadratischen Gleichung vorkommen. Man kann daher sagen, in Beziehung auf ein gegebenes quadratisches Kontinuum in der n-fachen Totalität sei einem diametralen m-fachen linearen Kontinuum immer ein bestimmtes $(n-m)$-faches lineares Kontinuum konjugiert.

Beweis: Ist $A\,x^2 + B\,y^2 + C\,z^2 + \cdots = 1$ die auf Zentrum und Hauptachsen bezogene quadratische Gleichung und ist ein diametrales m-faches lineares Kontinuum durch die Richtungen $(\lambda, \mu, \nu, \ldots)$, $(\lambda', \mu', \nu', \ldots)$ usw. bestimmt, so wird jeder demselben angehörende Strahl durch die Projektionen $\Theta\lambda + \Theta'\lambda' + \Theta''\lambda'' + \cdots$, $\Theta\mu + \Theta'\mu' + \Theta''\mu'' + \cdots$ usw. dargestellt, wo Θ, Θ', Θ'', ... ganz beliebige reelle Faktoren bezeichnen. Sind nun $l, m, n, \ldots$ die Projektionen irgendeines dem letzten konjugierten Strahls, so muß die Bedingung

$$A\,(\Theta\lambda + \Theta'\lambda' + \Theta''\lambda'' + \cdots)\,l + B\,(\Theta\mu + \Theta'\mu' + \Theta''\mu'' + \cdots)\,m + \cdots = 0$$

erfüllt sein. Soll aber dieses unabhängig von den m Faktoren Θ, Θ', ... geschehen, so zerfällt die letzte Gleichung in m einzelne Gleichungen, welche ein diametrales $(n-m)$-faches lineares Kontinuum darstellen, welches alle dem gegebenen m-fachen linearen Kontinuum konjugierte Strahlen enthält.

Satz: In jedem System konjugierter Halbmesser eines Kontinuums zweiten Grades sind immer so viele negative Halbmesserquadrate als negative Hauptachsenquadrate. – Oder: *Wenn n reelle Größen A, B, C, ... gegeben sind und n Gruppen von je n Größen* $(\lambda, \mu, \nu, \ldots)$, $(\lambda', \mu', \nu', \ldots)$ *usw. den* $n(n-1)/2$ *Bedingungen* $A\lambda\lambda' + B\mu\mu' + C\nu\nu' + \cdots = 0$, *usw. genügen, so sind unter den n Größen* $A\lambda^2 + B\mu^2 + C\nu^2 + \cdots$, $A\lambda'^2 + B\mu'^2 + C\nu'^2 + \cdots$, *usw. immer ebenso viele negative wie unter den gegebenen Größen A, B, C, ...*

Beweis: Zwischen das System der Hauptachsen $a, b, c, \ldots$ und dasjenige der konjugierten Halbmesser $h, h', h'', \ldots$ kann man immer zwei Systeme konjugierter Halbmesser einschalten, welche unter sich $n-2$ Halbmesser gemein haben und von denen das eine mit dem Hauptachsensystem z.B. den Halbmesser a, das andere mit dem gegebenen Systeme konjugierter Halbmesser z.B. den Halbmesser h gemein hat. Denn a und h bestimmen ein zweifaches lineares Kontinuum, welchem das durch die zwei Gleichungen $x = 0$, $B\mu y + C\nu z + \cdots = 0$ dargestellte $(n-2)$-fache lineare Kontinuum konjugiert ist. In diesem wähle man nach Belieben die konjugierten Halbmesser $k_1, k_2, \ldots, k_{n-2}$. Im zweifachen Kontinuum seien die Halbmesser a, $\mathfrak{a}$ und h, $\mathfrak{h}$ konjugierte Paare. Dann hat man folgende Reihe von vier Systemen konjugierter Halbmesser:

$$(a, b, c, \ldots), \quad (a, \mathfrak{a}, k_1, k_2, \ldots, k_{n-2}), \quad (h, \mathfrak{h}, k_1, \ldots, k_{n-2}), \quad (h, h', h'', \ldots).$$

Für eine Kurve zweiten Grades ist nun der Satz bekannt; also sind in den Systemen $(a, \mathfrak{a})$ und $(h, \mathfrak{h})$ gleich viele negative Halbmesserquadrate. Nehmen wir nun an, der Satz sei für $n-1$ Dimensionen bereits bewiesen, so enthalten auch die Systeme $(b, c, \ldots)$ und $(\mathfrak{a}, k_1, k_2, \ldots, k_{n-2})$ gleich viele negative Halbmesserquadrate, ebenso die Systeme $(\mathfrak{h}, k_1, k_2, \ldots, k_{n-2})$ und $(h', h'', \ldots)$. Also müssen auch die gegebenen Systeme $(a, b, c, \ldots)$ und $(h, h', h'', \ldots)$ gleich viele negative Halbmesserquadrate enthalten. Da nun der Satz für $n = 2$ gilt, so gilt er auch für $n = 3$, deshalb auch für $n = 4$, usw.; also gilt er allgemein.

Wenn wir der Kürze wegen jedes durch m Hauptachsen gelegte m-fache lineare Kontinuum *einen m-fachen Hauptschnitt* des gegebenen quadratischen Kontinuums von n Dimensionen nennen, so gilt folgender

Satz: Werden alle m-fachen Paralleloscheme, welche aus den konjugierten Halbmessern irgendeines Systems gebildet werden können, auf einen oder auf zwei verschiedene m-fache Hauptschnitte projiziert, so ist im ersten Fall die Summe der Quadrate der Projektionen gleich dem Quadrate des Produkts der m Hauptachsen des betreffenden Hauptschnitts, und im zweiten Fall ist die Summe der Produkte je zweier gleichnamiger Projektionen gleich Null.

Beweis: Nimmt man zum Beispiel $m = 3$ an, so ist vermöge der Gleichungen (2) und nach Sätzen, die aus der Theorie der Determinante bekannt sind:

$$a^2 b^2 c^2 =$$

$$= \begin{vmatrix} h^2\lambda^2 + h'^2\lambda'^2 + \cdots, & h^2\lambda\mu + h'^2\lambda'\mu' + \cdots, & h^2\lambda\nu + h'^2\lambda'\nu' + \cdots \\ h^2\mu\lambda + h'^2\mu'\lambda' + \cdots, & h^2\mu^2 + h'^2\mu'^2 + \cdots, & h^2\mu\nu + h'^2\mu'\nu' + \cdots \\ h^2\nu\lambda + h'^2\nu'\lambda' + \cdots, & h^2\nu\mu + h'^2\nu'\mu' + \cdots, & h^2\nu^2 + h'^2\nu'^2 + \cdots \end{vmatrix}$$

$$= \left\| \begin{matrix} \lambda \,.\, \lambda' \,.\, \lambda'' \,.\, \lambda''' \,\ldots & h^2\lambda \,.\, h'^2\lambda' \,.\, h''^2\lambda'' \,.\, h'''^2\lambda''' \,\ldots \\ \mu \,.\, \mu' \,.\, \mu'' \,.\, \mu''' \,\ldots & h^2\mu \,.\, h'^2\mu' \,.\, h''^2\mu'' \,.\, h'''^2\mu''' \,\ldots \\ \nu \,.\, \nu' \,.\, \nu'' \,.\, \nu''' \,\ldots & h^2\nu \,.\, h'^2\nu' \,.\, h''^2\nu'' \,.\, h'''^2\nu''' \,\ldots \end{matrix} \right\|$$

$$= \Sigma h^2 h'^2 h''^2 \begin{vmatrix} \lambda \,.\, \lambda' \,.\, \lambda'' \\ \mu \,.\, \mu' \,.\, \mu'' \\ \nu \,.\, \nu' \,.\, \nu'' \end{vmatrix}^2,$$

wo die durch Σ bezeichnete Summe sich auf alle Kombinationen dritter Klasse, welche aus den n konjugierten Halbmessern $h, h', h'', h''', \ldots$ gebildet werden können, erstreckt. Da nun der Ausdruck

$$h\,h'\,h'' \begin{vmatrix} \lambda \,.\, \lambda' \,.\, \lambda'' \\ \mu \,.\, \mu' \,.\, \mu'' \\ \nu \,.\, \nu' \,.\, \nu'' \end{vmatrix}$$

zum Beispiel die Projektion des von den Halbmessern h, h', h'' gebildeten dreifachen Paralleloschems auf den Hauptschnitt $(a\,b\,c)$ darstellt, so ist hiemit der erste Teil des Satzes bewiesen.

Wird dasselbe Paralleloschem $(h\,h'\,h'')$ auf die Hauptschnitte $(a\,b\,c)$ und $(a\,b\,d)$ projiziert, so ist das Produkt der Projektionen

$$h\,h'\,h'' \begin{vmatrix} \lambda \,.\, \lambda' \,.\, \lambda'' \\ \mu \,.\, \mu' \,.\, \mu'' \\ \nu \,.\, \nu' \,.\, \nu'' \end{vmatrix} \times h\,h'\,h'' \begin{vmatrix} \lambda \,.\, \lambda' \,.\, \lambda'' \\ \mu \,.\, \mu' \,.\, \mu'' \\ \xi \,.\, \xi' \,.\, \xi'' \end{vmatrix}$$

und die auf alle Kombinationen der n Halbmesser $h, h', h'', \ldots$ sich erstreckende Summe solcher Produkte

$$\Sigma h^2 h'^2 h''^2 \begin{vmatrix} \lambda \,.\, \lambda' \,.\, \lambda'' \\ \mu \,.\, \mu' \,.\, \mu'' \\ \nu \,.\, \nu' \,.\, \nu'' \end{vmatrix} \cdot \begin{vmatrix} \lambda \,.\, \lambda' \,.\, \lambda'' \\ \mu \,.\, \mu' \,.\, \mu'' \\ \xi \,.\, \xi' \,.\, \xi'' \end{vmatrix}$$

$$= \left\| \begin{matrix} \lambda \,.\, \lambda' \,.\, \lambda'' \,.\, \lambda''' \,\ldots & h^2\lambda \,.\, h'^2\lambda' \,.\, h''^2\lambda'' \,.\, h'''^2\lambda''' \,\ldots \\ \mu \,.\, \mu' \,.\, \mu'' \,.\, \mu''' \,\ldots & h^2\mu \,.\, h'^2\mu' \,.\, h''^2\mu'' \,.\, h'''^2\mu''' \,\ldots \\ \nu \,.\, \nu' \,.\, \nu'' \,.\, \nu''' \,\ldots & h^2\xi \,.\, h'^2\xi' \,.\, h''^2\xi'' \,.\, h'''^2\xi''' \,\ldots \end{matrix} \right\|$$

$$= \begin{vmatrix} h^2\lambda^2 + h'^2\lambda'^2 + \cdots, & h^2\mu\lambda + h'^2\mu'\lambda' + \cdots, & h^2\nu\lambda + h'^2\nu'\lambda' + \cdots \\ h^2\lambda\mu + h'^2\lambda'\mu' + \cdots, & h^2\mu^2 + h'^2\mu'^2 + \cdots, & h^2\nu\mu + h'^2\nu'\mu' + \cdots \\ h^2\lambda\xi + h'^2\lambda'\xi' + \cdots, & h^2\mu\xi + h'^2\mu'\xi' + \cdots, & h^2\nu\xi + h'^2\nu'\xi' + \cdots \end{vmatrix}$$

$$= \begin{vmatrix} a^2 \,.\, 0 \,.\, 0 \\ 0 \,.\, b^2 \,.\, 0 \\ 0 \,.\, 0 \,.\, 0 \end{vmatrix} = 0.$$

Es wird kaum nötig sein, dem hier behandelten Fall, wo die zwei Hauptschnitte, auf welche projiziert wurde, zwei Hauptachsen gemein hatten, noch Beispiele der zwei übrigen Fälle, wo die Hauptschnitte entweder nur eine oder gar keine Hauptachse gemein haben, beizufügen. Wir können demnach den zweiten Teil des Satzes für $m = 3$ als bewiesen ansehen. Wenn wir endlich auch, um in der schriftlichen Darstellung Raum zu ersparen, den ganzen Satz nur für $m = 3$ bewiesen haben, so ist doch die Verallgemeinerung des gebrauchten Verfahrens klar genug.

Erste Folgerung. Die Summe der Quadrate der orthogonalen Projektionen aller aus den konjugierten Halbmessern eines Systems gebildeten m-fachen Paralleloscheme auf irgendein gegebenes m-faches lineares Kontinuum ist konstant.

Denn wenn z.B. $m = 3$ ist und $(\alpha_1, \beta_1, \gamma_1, \delta_1, \ldots)$, $(\alpha_2, \beta_2, \gamma_2, \delta_2, \ldots)$, $(\alpha_3, \beta_3, \gamma_3, \delta_3, \ldots)$ sind die Kosinus dreier unter sich orthogonaler Richtungen, durch welche das gegebene dreifache lineare Kontinuum bestimmt wird, so ist zum Beispiel die Projektion des Paralleloschems $(h\,h'\,h'')$ auf dieses Kontinuum

$$h\,h'\,h'' \begin{vmatrix} \lambda\alpha_1 + \mu\beta_1 + \cdots, & \lambda\alpha_2 + \mu\beta_2 + \cdots, & \lambda\alpha_3 + \mu\beta_3 + \cdots \\ \lambda'\alpha_1 + \mu'\beta_1 + \cdots, & \lambda'\alpha_2 + \mu'\beta_2 + \cdots, & \lambda'\alpha_3 + \mu'\beta_3 + \cdots \\ \lambda''\alpha_1 + \mu''\beta_1 + \cdots, & \lambda''\alpha_2 + \mu''\beta_2 + \cdots, & \lambda''\alpha_3 + \mu''\beta_3 + \cdots \end{vmatrix}$$

$$= h\,h'\,h'' \begin{vmatrix} \lambda & \mu & \nu \\ \lambda' & \mu' & \nu' \\ \lambda'' & \mu'' & \nu'' \end{vmatrix} \cdot \begin{vmatrix} \alpha_1 & \beta_1 & \gamma_1 \\ \alpha_2 & \beta_2 & \gamma_2 \\ \alpha_3 & \beta_3 & \gamma_3 \end{vmatrix} + h\,h'\,h'' \begin{vmatrix} \lambda & \mu & \xi \\ \lambda' & \mu' & \xi' \\ \lambda'' & \mu'' & \xi'' \end{vmatrix} \cdot \begin{vmatrix} \alpha_1 & \beta_1 & \delta_1 \\ \alpha_2 & \beta_2 & \delta_2 \\ \alpha_3 & \beta_3 & \delta_3 \end{vmatrix} + \cdots.$$

Bezeichnet nun Σ eine Summe, welche sich auf alle Kombinationen $h\,h'\,h''$, S dagegen eine solche, die sich auf alle Kombinationen $a\,b\,c$ der Hauptachsen oder auch auf alle binären Verbindungen von zweien dieser Kombinationen erstreckt, so ist

$$\Sigma\,(\text{Quadrat der obigen Projektion des Paralleloschems})$$

$$= S\left\{ \begin{vmatrix} \alpha_1 & \beta_1 & \gamma_1 \\ \alpha_2 & \beta_2 & \gamma_2 \\ \alpha_3 & \beta_3 & \gamma_3 \end{vmatrix}^2 \sum \left(h\,h'\,h'' \begin{vmatrix} \lambda & \mu & \nu \\ \lambda' & \mu' & \nu' \\ \lambda'' & \mu'' & \nu'' \end{vmatrix} \right)^2 \right\}$$

$$+ 2\,S\left\{ \begin{vmatrix} \alpha_1 & \beta_1 & \gamma_1 \\ \alpha_2 & \beta_2 & \gamma_2 \\ \alpha_3 & \beta_3 & \gamma_3 \end{vmatrix} \cdot \begin{vmatrix} \alpha_1 & \beta_1 & \delta_1 \\ \alpha_2 & \beta_2 & \delta_2 \\ \alpha_3 & \beta_3 & \delta_3 \end{vmatrix} \sum h^2 h'^2 h''^2 \begin{vmatrix} \lambda & \mu & \nu \\ \lambda' & \mu' & \nu' \\ \lambda'' & \mu'' & \nu'' \end{vmatrix} \cdot \begin{vmatrix} \lambda & \mu & \xi \\ \lambda' & \mu' & \xi' \\ \lambda'' & \mu'' & \xi'' \end{vmatrix} \right\}$$

$$= S\,a^2 b^2 c^2 \begin{vmatrix} \alpha_1 & \beta_1 & \gamma_1 \\ \alpha_2 & \beta_2 & \gamma_2 \\ \alpha_3 & \beta_3 & \gamma_3 \end{vmatrix}^2 .$$

Da der letzte Ausdruck von den Richtungen der konjugierten Halbmesser unabhängig ist, so ist die Behauptung bewiesen.

Zweite Folgerung. Die Summe der Quadrate aller m-fachen aus den konjugierten Halbmessern eines Systems gebildeten Paralleloscheme ist gleich, wie wenn das System von den Hauptachsen gebildet wird.

Wird nämlich das Quadrat eines jeden der zuerst genannten Paralleloscheme nach Ziffer 12 der Summe der Quadrate seiner Projektionen auf alle m-fachen

Hauptschnitte gleichgesetzt und kehrt man dann in der so entstandenen Doppelsumme die Ordnung der Summationen um, so folgt die Richtigkeit der Behauptung sogleich aus dem ersten Teil des vorhergehenden Lehrsatzes.

39. *Berührende Kontinua ersten Grades*

Wenn ein lineares Kontinuum eine Lösung und die derselben entsprechende erste Differentialgleichung mit einem höhern Kontinuum gemein hat, so ist jenes das *Tangentialkontinuum* für diese Lösung. Ist

$$\frac{x^2}{A}+\frac{y^2}{B}+\frac{z^2}{C}+\cdots=1$$

die Gleichung eines quadratischen Kontinuums, so ist für die Lösung $(x, y, z, \ldots)$ die Gleichung des Tangentialkontinuums

$$\frac{x\,x'}{A}+\frac{y\,y'}{B}+\frac{z\,z'}{C}+\cdots=1,$$

wo die Variabeln $x', y', z', \ldots$ dem letzten linearen Kontinuum angehören. Dem vom Zentrum nach der Lösung $(x, y, \ldots)$ hingehenden Halbmesser h ist das diametrale Kontinuum, dessen Gleichung

$$\frac{x\,x'}{A}+\frac{y\,y'}{B}+\frac{z\,z'}{C}+\cdots=0$$

ist, konjugiert. Dieses ist also mit dem Tangentialkontinuum parallel. Der von der Lösung $(x, y, \ldots)$ ausgehende, zum Tangentialkontinuum normale Strahl heiße die *Normale* jener Lösung. Setzt man

$$\frac{1}{p^2}=\frac{x^2}{A^2}+\frac{y^2}{B^2}+\frac{z^2}{C^2}+\cdots,$$

so sind

$$\alpha=\frac{p\,x}{A},\quad \beta=\frac{p\,y}{B},\quad \gamma=\frac{p\,z}{C},\quad \ldots$$

die Richtungskosinus der Normale, und der Abstand des Zentrums vom Tangentialkontinuum oder das *Perpendikel* ist $\alpha\,x+\beta\,y+\cdots=p$. Man hat also auch

$$p^2=A\,\alpha^2+B\,\beta^2+C\,\gamma^2+\cdots.$$

Hieraus erhellt, daß, wenn vom Zentrum aus auf der Richtung des Perpendikels sein reziproker Wert aufgetragen wird, die so erhaltene Lösung wiederum einem quadratischen Kontinuum angehört, dessen Hauptachsen zwar gleich liegen wie beim ursprünglichen quadratischen Kontinuum, aber die reziproken Werte haben, ferner, daß die Normale mit h parallel ist und daß das Perpendikel den Wert $1/h$ hat.

Das Tangentialkontinuum schneidet das quadratische Kontinuum in einem $(n-2)$-fachen Kontinuum. Die Beschaffenheit desselben wird am leichtesten erkannt, wenn man das System der Hauptachsen in ein System konjugierter Halbmesser transformiert, welchem h angehört. Geht dadurch die quadratische Gleichung über in

$$\frac{t^2}{H} + \frac{t'^2}{H'} + \frac{t''^2}{H''} + \cdots = 1,$$

wo $H = h^2$, so ist $t = h$ die Gleichung des Tangentialkontinuums für die Lösung $(t = h, t' = t'' = \cdots = 0)$, und das $(n-2)$-fache Durchschnittskontinuum wird durch die Gleichungen

$$t = h, \qquad \frac{t'^2}{H'} + \frac{t''^2}{H''} + \frac{t'''^2}{H'''} + \cdots = 0$$

dargestellt, ist also innerhalb der durch $t = h$ bezeichneten $(n-1)$-fachen Totalität ein strahliges Kontinuum zweiten Grades. Für dessen Reellität reicht es hin, wenn nicht alle Halbmesserquadrate $H', H'', H''', \ldots$ gleichartig sind. Diese Ausnahme ereignet sich nur in zwei Fällen: 1. wenn alle Hauptachsenquadrate $A, B, \ldots$ positiv sind; 2. wenn nur eines positiv, alle übrigen negativ sind. Daher der Satz:

In den zwei Gattungen von quadratischen Kontinuen, wo entweder alle Hauptachsenquadrate oder nur eines positiv sind, hat jedes Tangentialkontinuum mit ihm nur die Berührungslösung in reeller Weise gemein; in den $n-2$ übrigen Gattungen dagegen schneidet das Tangentialkontinuum das quadratische Kontinuum in einem strahligen Kontinuum zweiten Grades.

Sind $f, g, h, \ldots$ die Werte einer beliebigen Lösung, durch welche ein Tangentialkontinuum an das gegebene quadratische Kontinuum gelegt werden soll, so muß die Berührungslösung $(x, y, \ldots)$ der Bedingung

$$\frac{f\,x}{A} + \frac{g\,y}{B} + \cdots = 1$$

genügen. Diese stellt das *polare* lineare Kontinuum zu $(f, g, \ldots)$ dar. Alle Tangentialstrahlen, welche den *Pol* $(f, g, \ldots)$ mit je einer Berührungslösung $(x, y, \ldots)$ verbinden, bilden ein *umschriebenes strahliges Kontinuum,* dessen Gleichung

$$\left(\frac{f^2}{A} + \frac{g^2}{B} + \cdots - 1\right)\left(\frac{x^2}{A} + \frac{y^2}{B} + \cdots - 1\right) - \left(\frac{f\,x}{A} + \frac{g\,y}{B} + \cdots - 1\right)^2 = 0$$

oder

$$\frac{(f\,y - g\,x)^2}{A\,B} + \cdots - \frac{(x-f)^2}{A} - \frac{(y-g)^2}{B} - \cdots = 0$$

ist. Der Beweis ist aus der Identität beider Formen dieser Gleichung zu entnehmen.

Daß jeder vom Pol $(f, g, \ldots)$ ausgehende Strahl vom polaren linearen Kontinuum in Beziehung auf die beiden Lösungen, in denen er das quadratische Kontinuum trifft, harmonisch geschnitten wird, ist leicht einzusehen. Man braucht nur durch den Strahl ein zweifaches lineares Kontinuum zu legen.

Wenn, wie bisher, $A, B, \ldots$ die Quadrate der Hauptachsen eines Kontinuums zweiten Grades, p das auf ein Tangentialkontinuum aus dem Zentrum gefällte Perpendikel und α, β, γ, ... dessen Richtungskosinus oder, wenn man will, diejenigen der entsprechenden Normale bezeichnen, so war oben $p^2 = A\alpha^2 + B\beta^2 + C\gamma^2 + \cdots$. Versieht man nun in dieser Gleichung $p, \alpha, \beta, \ldots$, nach und nach mit den Zeigern 1, 2, ..., n und setzt die entsprechenden Richtungen als sämtlich unter sich orthogonal voraus, so folgt sogleich aus den bekannten Eigenschaften eines orthogonalen Transformationssystems

$$p_1^2 + p_2^2 + p_3^2 + \cdots + p_n^2 = A + B + C + \cdots.$$

Dann sind aber auch die entsprechenden Tangentialkontinua alle zueinander orthogonal; es seien x, y, ... die Werte ihrer Durchschnittslösung. Dieselbe ist offenbar das dem Zentrum entgegengesetzte Eck eines orthogonalen Paralleloschems, dessen Kanten p_1, p_2, ..., p_n sind; folglich ist $x^2 + y^2 + \cdots = p_1^2 + p_2^2 + \cdots + p_n^2$; also zuletzt

$$x^2 + y^2 + z^2 + \cdots = A + B + C + \cdots$$

eine Gleichung, welcher jene Durchschnittslösung genügt. *Wenn also ein solches Eck, wie wir es früher als Maßeinheit des n-sphärischen Kontinuums gebraucht haben, von lauter Tangentialkontinuen eines quadratischen Kontinuums der n-fachen Totalität gebildet wird, so liegt dasselbe auf einer konzentrischen n-Sphäre, deren Radiusquadrat gleich ist der Summe der n Hauptachsenquadrate.*

Die entsprechenden Sätze für die Ebene und den Raum sind bekannt, der letztere trägt MONGES[1]) Namen.

40. *Bestimmung der Hauptachsen eines diametralen Schnitts Definition der konfokalen Kontinuen*

Dem Halbmesser h, dessen Projektionen x, y, ... sind, sei ein diametrales lineares Kontinuum konjugiert; $\alpha, \beta, \ldots$ seien die Richtungskosinus der Normale des letzten, also $\alpha = p\, x/A$, $\beta = p\, y/B$, ... Sind nun $(\alpha', \beta', \gamma', \ldots)$, $(\alpha'', \beta'', \gamma'', \ldots)$ usw. die Richtungskosinus der Hauptachsen dieses diametralen Schnitts, R', R'', usw. deren Quadrate, so müssen die Bedingungen

$$\alpha\alpha' + \beta\beta' + \gamma\gamma' + \cdots = 0, \qquad \alpha\alpha'' + \beta\beta'' + \gamma\gamma'' + \cdots = 0, \text{ usw.},$$

$$\alpha'\alpha'' + \beta'\beta'' + \gamma'\gamma'' + \cdots = 0, \text{ usw.}, \qquad \frac{\alpha'\alpha''}{A} + \frac{\beta'\beta''}{B} + \frac{\gamma'\gamma''}{C} + \cdots = 0, \text{ usw.},$$

$$\alpha'^2 + \beta'^2 + \gamma'^2 + \cdots = 1, \text{ usw.},$$

erfüllt sein; und dann ist

$$\frac{1}{R'} = \frac{\alpha'^2}{A} + \frac{\beta'^2}{B} + \frac{\gamma'^2}{C} + \cdots, \text{ usw.}$$

[1]) Siehe: LIVET, *Des surfaces du second degré. Quatrième proposition*, Correspondance sur l'école impériale polytechnique *1*, 28–30 (1804). Ferner POISSON, *Sur les surfaces du second degré*, Correspondance sur l'école impériale polytechnique *1*, 237–242 (1807). J. J. B.

Stellt man nun die Gleichungen

$$\alpha\ \frac{\alpha'}{A} + \beta\ \frac{\beta'}{B} + \gamma\ \frac{\gamma'}{C} + \cdots = \frac{1}{S'},$$

$$\alpha'\ \frac{\alpha'}{A} + \beta'\ \frac{\beta'}{B} + \gamma'\ \frac{\gamma'}{C} + \cdots = \frac{1}{R'},$$

$$\alpha''\ \frac{\alpha'}{A} + \beta''\ \frac{\beta'}{B} + \gamma''\ \frac{\gamma'}{C} + \cdots = 0,$$

$$\alpha'''\frac{\alpha'}{A} + \beta'''\frac{\beta'}{B} + \gamma'''\frac{\gamma'}{C} + \cdots = 0,$$

usw. zusammen, multipliziert sie mit α, α', α'', ... und addiert sie, so folgt, nachdem man mit $A - R'$ dividiert hat:

$$\frac{1}{R'} \cdot \frac{\alpha'}{A} + \frac{1}{S'} \cdot \frac{\alpha}{A - R'} = 0. \tag{1}$$

Multipliziert man diese Gleichung mit $A\ \alpha$ und summiert sie in Beziehung auf $A, B, C, \ldots$, so ergibt sich

$$\frac{A\ \alpha^2}{A - R'} + \frac{B\ \beta^2}{B - R'} + \frac{C\ \gamma^2}{C - R'} + \cdots = 0,$$

oder, wenn für $\alpha, \beta, \gamma, \ldots$ ihre Werte $p\ x/A$, $p\ y/B$, ... substituiert werden,

$$\frac{x^2}{A\,(A - R')} + \frac{y^2}{B\,(B - R')} + \frac{z^2}{C\,(C - R')} + \cdots = 0,$$

oder, da

$$\frac{R'}{A\,(A - R')} = \frac{1}{A - R'} - \frac{1}{A}, \text{ usw.,} \qquad \frac{x^2}{A} + \frac{y^2}{B} + \cdots = 1$$

ist, auch

$$\frac{x^2}{A - R'} + \frac{y^2}{B - R'} + \frac{z^2}{C - R'} + \cdots = 1. \tag{2}$$

Wird diese Gleichung von Brüchen befreit, so erscheint sie in Beziehung auf die Unbekannte R' vom n-ten Grade. Da sie aber schon durch $R' = 0$ befriedigt ist, so sind ihre $n - 1$ übrigen Wurzeln gerade die gesuchten Quadrate R', R'', R''', ... der Hauptachsen des der Lösung $(x, y, \ldots)$ konjugierten diametralen Schnitts.

Die Gleichung (1) gibt nun

$$\alpha' : \beta' : \gamma' : \cdots = \frac{x}{A - R'} : \frac{y}{B - R'} : \frac{z}{C - R'} : \cdots.$$

Wird (2) als Gleichung eines quadratischen Kontinuums aufgefaßt und das entsprechende Perpendikel mit p' bezeichnet, so sind

$$\alpha' = \frac{p'\,x}{A - R'}, \quad \beta' = \frac{p'\,y}{B - R'}, \quad \gamma' = \frac{p'\,z}{C - R'}, \quad \ldots$$

zugleich die Richtungskosinus der Normale dieses neuen quadratischen Kontinuums.

Wenn für zwei quadratische Kontinua die Hauptachsen der Richtung nach zusammenfallen und die Hauptachsenquadrate des einen Kontinuums alle um gleich viel von den gleichnamigen des andern sich unterscheiden, so sollen sie *konfokale Kontinua* heißen.

Wenn demnach in der Gleichung $(x^2/A) + (y^2/B) + \cdots = 1$ die Hauptachsenquadrate A, B, ... so variiert werden, daß immer $dA = dB = dC = \cdots$ ist, so stellt dieselbe eine *Schar konfokaler Kontinuen* dar. Ist die reelle Lösung $(x, y, \ldots)$ gegeben, so zeigt die Diskussion der Gleichung, daß sie in Beziehung auf die Unbekannte A vom n-ten Grade ist, und daß ihre n Wurzeln immer alle reell sind; für die erste Wurzel sind alle Hauptachsenquadrate A, B, C, ... positiv, für die zweite ist eines, für die dritte sind zwei, usw., für die n-te sind deren $n-1$ negativ. Setzen wir $A > B > C > \cdots$ und lassen A von 0 bis $+\infty$ wachsen, so geht das quadratische Kontinuum n-mal durch jede in der n-fachen Totalität enthaltene Lösung. Durch jede gegebene reelle Lösung gehen also immer gerade n konfokale Kontinua, und diese gehören allen n Gattungen von quadratischen Kontinuen an.

Man kann auch leicht zeigen, daß zwei konfokale Kontinua derselben Gattung keine reelle Lösung gemein haben können. Sind nämlich $(x^2/A) + (y^2/B) + \cdots = 1$, $(x^2/A') + (y^2/B') + \cdots = 1$ ihre Gleichungen und zieht man diese voneinander ab und dividiert durch $A - A' = B - B' = C - C' =$ usw., so folgt

$$\frac{x^2}{AA'} + \frac{y^2}{BB'} + \frac{z^2}{CC'} + \cdots = 0. \qquad (a)$$

Da aber hier der Voraussetzung zufolge alle Nenner positiv sind, so kann die Gleichung für reelle Werte x, y, ... nicht bestehen.

Gehören aber die beiden quadratischen Kontinua verschiedenen Gattungen an, so wird es in der Gleichung (a) auch negative Nenner geben; diese ist daher möglich, und sie zeigt zugleich, daß die *Normalen der konfokalen Kontinuen in einer gemeinschaftlichen Lösung aufeinander senkrecht stehen.*

Die obige Bestimmung der Hauptachsen eines diametralen Schnitts des quadratischen Kontinuums kann nun in folgendem Satze ausgesprochen werden: *Ist ein diametraler Schnitt eines quadratischen Kontinuums gegeben, so ziehe man aus dem Zentrum O den konjugierten Halbmesser OA, führe durch die Lösung A die $n-1$ konfokalen Kontinua und errichte in A auf jedes die Normale. Dann sind die Hauptachsen des Schnitts mit diesen Normalen parallel, und ihre Quadrate sind gleich den Überschüssen eines Hauptachsenquadrats des gegebenen quadratischen Kontinuums über das gleichnamige Hauptachsenquadrat eines jeden konfokalen Kontinuums.*

41. *Fortsetzung der Lehre von den konfokalen Kontinuen*

I. *Konfokale Kontinua sind orthogonal.* Schon bewiesen.

II. *Satz. Wenn n konfokale Kontinua, deren Zentrum O, sich in einer Lösung P schneiden, und gilt P wiederum als Zentrum einer Schar konfokaler Kontinuen,* *deren Hauptachsen mit den Normalen der vorigen zusammenfallen; werden ferner diese Hauptachsen bzw. irgend n gleichnamigen Hauptachsen der vorigen n konfokalen Kontinuen gleichgesetzt: so geht das so bestimmte quadratische Kontinuum durch O, und seine dortige Normale hat gleiche Richtung mit den erwähnten gleichnamigen Hauptachsen der ursprünglichen Schar.*

Beweis: Der Ausdruck

$$V = \frac{x^2}{A} + \frac{y^2}{B} + \frac{z^2}{C} + \cdots \qquad (dA = dB = dC = \cdots)$$

erhalte für $A = A_1, A_2, A_3, \ldots, A_n$ den Wert 1, oder, wenn man will, $A_1, A_2, A_3, \ldots, A_n$ seien die Wurzeln der Gleichung $V = 1$. Dann ist

$$V = \frac{x^2}{A} + \frac{y^2}{B} + \cdots = 1 - \frac{(A - A_1)(A - A_2)\ldots(A - A_n)}{ABC\ldots}, \tag{1}$$

für jeden beliebigen Wert von A. Schafft man nämlich die Brüche weg, so sind links die höchsten Glieder vom $(n-1)$-ten Grade; rechts sind die höchsten Glieder $A, B, C, \ldots$ und $-A^n$, und es ist klar, daß bei ihrer Entwicklung die n-ten Potenzen der Variabeln A sich aufheben. Die vorliegende Gleichung ist also höchstens vom $(n-1)$-ten Grade. Nun wird sie aber durch die n Werte $A = A_1, A = A_2, A = A_3, \ldots, A = A_n$ befriedigt und muß also eine identische Gleichung sein.

Multipliziert man die Gleichung (1) mit A und setzt dann $A = 0$, so erhält man

$$x^2 = \frac{A_1 A_2 A_3 \ldots A_n}{(A-B)(A-C)\ldots}, \quad \text{ebenso} \quad y^2 = \frac{B_1 B_2 \ldots B_n}{(B-A)(B-C)\ldots}, \text{ usw.}$$

Läßt man $A - A_1$ verschwinden, so ergibt sich nach vorhergegangener Differentiation

$$\frac{x^2}{A_1^2} + \frac{y^2}{B_1^2} + \cdots = \frac{(A_1 - A_2)(A_1 - A_3)\ldots(A_1 - A_n)}{A_1 B_1 C_1 \ldots}.$$

Wenn man also die vom Zentrum auf die Tangentialkontinua der konfokalen Kontinuen gefällten Perpendikel mit $p_1, p_2, \ldots, p_n$ bezeichnet, so ist

$$p_1^2 = \frac{A_1 B_1 C_1 \ldots}{(A_1 - A_2)(A_1 - A_3)\ldots(A_1 - A_n)},$$

$$p_2^2 = \frac{A_2 B_2 C_2 \ldots}{(A_2 - A_1)(A_2 - A_3)\ldots(A_2 - A_n)}, \text{ usw.}$$

Da diese Ausdrücke denen für $x^2, y^2, \ldots$ genau entsprechen, wenn man $A, B, C, \ldots$ mit $A_1, A_2, A_3, \ldots, A_n$ vertauscht, so ist

$$\frac{p_1^2}{A_1} + \frac{p_2^2}{A_2} + \cdots + \frac{p_n^2}{A_n} = 1, \quad \frac{p_1^2}{B_1} + \frac{p_2^2}{B_2} + \cdots + \frac{p_n^2}{B_n} = 1, \text{ usw.}$$

Denkt man sich aber die Lösung $(x, y, \ldots)$ als Ursprung und die Normalen als neues Achsensystem, so sind $p_1, p_2, \ldots, p_n$ die Werte der neuen Variabeln, welche dem alten Zentrum O zukommen. Da nun die letzten n Gleichungen ein System konfokaler Kontinuen darstellen, so ist die im Satz ausgesprochene wechselseitige Beziehung zwischen dem Zentrum O und der Lösung P bewiesen.

III. *Satz. Wenn n konfokale Kontinua, welche eine reelle Lösung gemein haben, auf einem beliebigen Strahle bzw. die Sehnen $2s$, $2s'$, $2s''$, ... abschneiden, wenn ferner H, H', H'', ... die Quadrate ihrer mit dem gegebenen Strahle parallelen Halbmesser, p, p', p'', ... die aus dem Zentrum auf die Tangentialkontinua der gemeinschaftlichen Lösung gefällten Perpendikel bedeuten, so ist*

$$\left(\frac{s\,p}{H}\right)^2+\left(\frac{s'p'}{H'}\right)^2+\left(\frac{s''p''}{H''}\right)^2+\cdots+\left(\frac{s^{(n-1)}\,p^{(n-1)}}{H^{(n-1)}}\right)^2=1.$$

Beweis: Es sei $(x, y, \ldots)$ irgendeine dem gegebenen Strahl angehörende Lösung L, und P eine Lösung, die er mit dem Kontinuum $(x^2/A)+(y^2/B)+\cdots=1$ gemein hat; dann seien $r\lambda$, $r\mu$, $r\nu$, ... die Projektionen von $LP=r$ auf die n Hauptachsen. Da λ, μ, ν, ... gegeben sind, so liefert die Gleichung

$$\frac{(x+r\lambda)^2}{A}+\frac{(y+r\mu)^2}{B}+\cdots=1$$

zwei Werte für die Unbekannte r; ihr Unterschied ist die Sehne $2s$; ferner ist

$$\frac{1}{H}=\frac{\lambda^2}{A}+\frac{\mu^2}{B}+\frac{\nu^2}{C}+\cdots;$$

setzt man noch

$$\frac{x^2}{A}+\frac{y^2}{B}+\frac{z^2}{C}+\cdots=1-V,$$

so wird die Gleichung für r:

$$\frac{r^2}{H}+2\left(\frac{\lambda x}{A}+\frac{\mu y}{B}+\cdots\right)r-V=0,$$

woraus folgt, wenn man das Summenzeichen Σ auf die Variabeln x, y, ... bezieht,

$$\left(\frac{s}{H}\right)^2=\left(\sum\frac{\lambda x}{A}\right)^2+V\sum\frac{\lambda^2}{A}.$$

Betrachtet man jetzt in der Gleichung $V=0$ ein Achsenquadrat, z.B. A, als Unbekannte, bezeichnet ihre Werte mit $A_1, A_2, \ldots, A_n$, die entsprechenden Perpendikel mit $p_1, p_2, \ldots, p_n$ und die Kosinus der Winkel, welche der gegebene Strahl mit den Normalen dieser durch L gelegten konfokalen Kontinuen bildet, durch $\varepsilon_1, \varepsilon_2, \ldots, \varepsilon_n$ und gebraucht S als Summenzeichen für den untern Zeiger $i=1, 2, \ldots, n$, so ist

$$\lambda=x\,S\frac{\varepsilon_i p_i}{A_i},\qquad \mu=y\,S\frac{\varepsilon_i p_i}{B_i},\quad\text{usw.},$$

$$\sum\frac{\lambda x}{A}=S\,\varepsilon_i p_i\left(\sum\frac{x^2}{AA_i}\right)=S\frac{\varepsilon_i p_i}{A-A_i}\left(\sum\frac{x^2}{A_i}-\sum\frac{x^2}{A}\right)=V\,S\frac{\varepsilon_i p_i}{A-A_i},$$

$$\sum\frac{\lambda^2}{A}=S\,\varepsilon_i p_i\left(\sum\frac{\lambda x}{AA_i}\right)=S\frac{\varepsilon_i p_i}{A-A_i}\left(\sum\frac{\lambda x}{A_i}-\sum\frac{\lambda x}{A}\right)$$

$$=S\frac{\varepsilon_i p_i}{A-A_i}\left(\sum\frac{\lambda x}{A_i}\right)-V\left(S\frac{\varepsilon_i p_i}{A-A_i}\right)^2;$$

also

$$\left(\frac{s}{H}\right)^2=V\,S\frac{\varepsilon_i p_i}{A-A_i}\left(\sum\frac{\lambda x}{A_i}\right);$$

aber zum Beispiel

$$\sum \frac{\lambda x}{A_1} = S\, \varepsilon_i p_i \left(\sum \frac{x^2}{A_1 A_i}\right) = \varepsilon_1 p_1 \sum \frac{x^2}{A_1^2} = \frac{\varepsilon_1}{p_1},$$

daher

$$\left(\frac{s}{H}\right)^2 = V\, S\, \frac{\varepsilon_i^2}{A - A_i}.$$

Nun ist vermöge der Formel (1)

$$V = \frac{(A - A_1)(A - A_2) \ldots (A - A_n)}{A B C \ldots},$$

überdies

$$p^2 = \frac{A B C \ldots}{(A - A')(A - A'')(A - A''') \ldots};$$

also

$$\left(\frac{p\, s}{H}\right)^2 = \frac{(A - A_1)(A - A_2) \ldots (A - A_n)}{(A - A')(A - A'')(A - A''') \ldots}\, S\, \frac{\varepsilon_i^2}{A - A_i}. \tag{2}$$

Ist nun Q die gemeinschaftliche Lösung der n gegebenen konfokalen Kontinuen, welche durch die ersten Hauptachsenquadrate $A, A', A'', \ldots$ bestimmt sind, und werden die Normalen dieser Kontinuen in Q als Achsen der Variabeln $t, t', t'', \ldots$ eines neuen durch die Gleichung

$$\frac{t^2}{A - u} + \frac{t'^2}{A' - u} + \frac{t''^2}{A'' - u} + \cdots = 1$$

dargestellten Systems konfokaler Kontinuen aufgefaßt, werden endlich die Variabeln $t, t', t'', \ldots$ dadurch völlig bestimmt, daß sie den Werten $u = A_1$, $u = A_2, \ldots, u = A_n$ entsprechen sollen, so gibt die Gleichung (2)

$$\left(\frac{p\, s}{H}\right)^2 = t^2\, S\, \frac{\varepsilon_i^2}{A - A_i}, \quad \left(\frac{p' s'}{H'}\right)^2 = t'^2\, S\, \frac{\varepsilon_i^2}{A' A_i}, \text{ usw.} \tag{3}$$

Addiert man diese Gleichungen und bedenkt, daß $\varepsilon_1^2 + \varepsilon_2^2 + \cdots + \varepsilon_n^2 = 1$ ist, so erhält man

$$\left(\frac{p\, s}{H}\right)^2 + \left(\frac{p' s'}{H'}\right)^2 + \left(\frac{p'' s''}{H''}\right)^2 + \cdots = 1. \tag{4}$$

IV. Setzt man

$$\frac{t^2}{(A - A_i)^2} + \frac{t'^2}{(A' - A_i)^2} + \frac{t''^2}{(A'' - A_i)^2} + \cdots = \frac{1}{q_i^2},$$

woraus zum Beispiel

$$q_1^2 = \frac{(A - A_1)(A' - A_1)(A'' - A_1) \ldots}{(A_2 - A_1)(A_3 - A_1) \ldots (A_n - A_1)}$$

folgt, dividiert die Gleichungen (3) bzw. durch $A - A_1, A' - A_1, A'' - A_1, \ldots$ und addiert sie, so erhält man

$$\frac{\varepsilon_1^2}{q_1^2} = \frac{\left(\frac{p\, s}{H}\right)^2}{A - A_1} + \frac{\left(\frac{p' s'}{H'}\right)^2}{A' - A_1} + \frac{\left(\frac{p'' s''}{H''}\right)^2}{A'' - A_1} + \cdots, \text{ usw.} \tag{5}$$

Sind die konfokalen Flächen $A, A', A'', \ldots$ und die Lösung L (also auch A_1, $A_2, \ldots, A_n$) gegeben, so sind $p, p', p'', \ldots; q_1, q_2, \ldots, q_n$ bekannt. Man kann nun für die Brüche s/H, s'/H', ... beliebige Werte annehmen, welche der Relation (4) genügen, und dann bestimmen die Gleichungen (5) die *Richtung* des von L ausgehenden Strahls, welcher den genannten Bedingungen hinsichtlich der auf ihm abgeschnittenen Sehnen entspricht.

V. Soll das quadratische Kontinuum, dessen erstes Achsenquadrat A ist, den Strahl berühren, so muß die halbe Sehne s verschwinden; man bekommt so die Bedingung

$$\frac{\varepsilon_1^2}{A - A_1} + \frac{\varepsilon_2^2}{A - A_2} + \frac{\varepsilon_3^2}{A - A_3} + \cdots + \frac{\varepsilon_n^2}{A - A_n} = 0. \tag{6}$$

Sie ist in Beziehung auf A vom $(n-1)$-ten Grade. *Irgendein Strahl wird also gerade von $n-1$ konfokalen Kontinuen berührt.* Sind diese dieselben mit denen, deren erste Achsenquadrate vorhin mit A', A'', ..., $A^{(n-1)}$ bezeichnet wurden, so ist $s' = s'' = \cdots = 0$, und die Gleichung (4) gibt $p\,s = H$. Sind die Kontinua $A, A', A'', \ldots$ alle fest, aber die Richtung des Strahls veränderlich, so ist p konstant, und s daher mit H proportional. Das heißt:

Wenn durch einen beweglichen Strahl das erste von n festen konfokalen Kontinuen geschnitten und die übrigen berührt werden, so ist die vom ersten Kontinuum auf dem Strahl abgeschnittene Sehne dem Quadrat seines mit dieser parallelen Halbmessers proportional.

VI. Denkt man sich in der Gleichung (6) nur die Kosinus $\varepsilon_1, \varepsilon_2, \varepsilon_3, \ldots, \varepsilon_n$ variabel, so bewegt sich der Strahl um die Lösung L herum, indem er fortwährend das quadratische Kontinuum (A) berührt; er beschreibt also um dieses ein strahliges Kontinuum. Die Formel (6) liefert dann den Satz:

Wenn aus einer beliebigen Spitze einem quadratischen Kontinuum ein strahliges Kontinuum umschrieben wird, so sind seine Hauptachsen die Normalen der durch die Spitze gelegten mit dem erstern konfokalen Kontinuen, und die unendlich kleinen Hauptachsenquadrate sind proportional mit den Überschüssen eines Achsenquadrats des gegebenen Kontinuums über die gleichnamigen der konfokalen Kontinuen.

VII. Bei diesem Anlasse wollen wir auch den allgemeinen Fall untersuchen, wo ein quadratisches Kontinuum überhaupt einem andern umschrieben ist. – Betrachten wir zuerst zwei quadratische Kontinua, die sich schneiden, und setzen $u = 0$, $v = 0$ als Gleichungen derselben, so wird $u + \lambda v = 0$, wo λ einen willkürlichen Faktor bedeutet, jedes quadratische Kontinuum darstellen, welches durch das $(n-2)$-fache Kontinuum des Durchschnitts geht. [Durch $n(n+3)/2$ Lösungen wird nämlich im allgemeinen ein quadratisches Kontinuum bestimmt. Wählt man nun $[n(n+3)/2] - 1$ Lösungen auf dem Durchschnittskontinuum und eine außerhalb desselben auf dem durchgelegten quadratischen Kontinuum nach Belieben, so befriedigen jene Lösungen die Gleichung $u + \lambda v = 0$ schon von selbst, und diese einzige Lösung dient zur Bestimmung des Faktors λ. Da jetzt das durch $u + \lambda v = 0$ dargestellte Kontinuum mit dem vorigen $n(n+3)/2$ Lösungen gemein hat, so fallen beide in ihrer ganzen Ausdehnung zusammen.] Macht man nun die Polynome u, v durch Einführung einer $(n+1)$-ten Variabeln homogen und setzt die Determinante der zweiten abgeleiteten Funktionen oder die *Funktionaldeterminante*

$\nabla(u + \lambda v) = 0$, so bekommt man eine Gleichung $(n + 1)$-ten Grades für λ, durch welche die Bedingung eines strahligen Kontinuums ausgedrückt wird, das durch jenen Durchschnitt gehen soll. (Siehe die Bemerkung am Ende von Ziffer 36.) Es gibt also solche strahlige Kontinua, seien sie nun reell oder imaginär. – Nehmen wir jetzt an, der Durchschnitt sei im besondern eine Berührung, d.h. für jede gemeinschaftliche Lösung der Gleichungen $u = 0$, $v = 0$ seien die $n + 1$ ersten abgeleiteten Funktionen von u mit den entsprechenden von v proportional, so sind sie es auch mit denen von $u + \lambda v$, d.h. alle in der Gleichung $u + \lambda v = 0$ enthaltenen quadratischen Kontinua berühren einander in der ganzen Ausdehnung eines $(n - 2)$-fachen Berührungskontinuums. Unter diesen gibt es strahlige Kontinua. Ist ein solches nicht schon linear, so liegt das Berührungskontinuum ganz in dem $(n - 1)$-fachen linearen Polarkontinuum seiner Spitze. Hieraus fließt der Satz:

Wenn zwei quadratische Kontinua sich in einem $(n - 2)$-fachen Kontinuum berühren, so fällt dieses Berührungskontinuum ganz in ein $(n - 1)$-faches lineares Kontinuum.

Wird dieses lineare Kontinuum durch die Gleichung $s = 0$ dargestellt, so muß also v die Form $u + k s^2$ haben, wo k einen willkürlichen Faktor bedeutet. Setzen wir nun

$$u = \frac{x^2}{A} + \frac{y^2}{B} + \cdots - 1, \qquad s = a x + b y + \cdots - 1,$$

so wird

$$v = \sum \frac{x^2}{A} - 1 + k (\Sigma a x - 1)^2 = 0$$

die Gleichung irgendeines dem Kontinuum $u = 0$ umschriebenen Kontinuums sein. Wir suchen zunächst die Werte $f, g, h, \ldots$ seines Zentrums. Setzt man $f, g, h, \ldots$ anstatt $x, y, \ldots$, so sind sie durch die Gleichungen $\partial v/\partial f = 0$, $\partial v/\partial g = 0$, usw. bestimmt. Also ist

$$\frac{f}{A} + k a s = 0, \quad \frac{g}{B} + k b s = 0, \text{ usw.}$$

Multipliziert man diese Gleichungen mit $A a$, $B b$, ... und addiert sie, so erhält man

$$s + 1 + k s \Sigma A a^2 = 0, \quad s = -\frac{1}{1 + k \Sigma A a^2},$$

$$f = \frac{k A a}{1 + k \Sigma A a^2}, \quad g = \frac{k B b}{1 + k \Sigma A a^2}, \text{ usw.}$$

Hierdurch sind die Werte des Zentrums bestimmt. Setzt man nun $x = f + x'$, $y = g + y'$, ..., so wird

$$v = \sum \frac{x'^2}{A} + k (\Sigma a x')^2 + \Theta - 1, \quad \text{wo} \quad \Theta = \frac{k}{1 + k \Sigma A a^2}.$$

Es seien ferner $\lambda, \mu, \nu, \ldots$ die Richtungskosinus einer Hauptachse, $w(1 - \Theta)$ das Quadrat derselben, $\Lambda = a \lambda + b \mu + \cdots$, so hat man

$$\frac{\lambda}{A} + k \Lambda a = \frac{\lambda}{w}, \text{ usw.,}$$

also
$$\lambda = k\,\Lambda\, w\,\frac{A\,a}{A-w}\,,\qquad \mu = k\,\Lambda\, w\,\frac{B\,b}{B-w}\,,\ \text{usw.},$$

und wenn man diese Gleichungen mit $a, b, \ldots$ multipliziert und addiert,
$$1 = k\,w \sum \frac{A\,a^2}{A-w} = k\left(\sum \frac{(A\,a)^2}{A-w} - \Sigma\, A\,a^2\right),$$
oder
$$\sum \frac{(A\,a)^2}{A-w} = \frac{1}{\Theta}\,,\qquad \text{oder}\qquad \sum \frac{f^2}{A-w} = \Theta.$$
Es ist ferner $a = f/(\Theta\,A)$, $b = g/(\Theta\,B)$ usw., also
$$\Sigma\, A\,a^2 = \frac{1}{\Theta^2}\sum \frac{f^2}{A}\,,\qquad k = \Theta + \frac{k}{\Theta}\sum\frac{f^2}{A}\,,\qquad k = \frac{\Theta^2}{\Theta - \sum \frac{f^2}{A}}\,.$$

Die Gleichung des umschriebenen Kontinuums kann jetzt unter der Form
$$\left(\frac{f^2}{A} + \frac{g^2}{B} + \cdots - \Theta\right)\left(\frac{x^2}{A} + \frac{y^2}{B} + \cdots - 1\right) - \left(\frac{f\,x}{A} + \frac{g\,y}{B} + \cdots - \Theta\right)^2 = 0$$
gegeben werden. Es sind dann $f, g, h, \ldots$ die Werte seines Zentrums, $f/\Theta, g/\Theta, \ldots$ diejenigen des Pols des $(n-1)$-fachen linearen Kontinuums, welches durch die Berührung gelegt ist. Wird das Zentrum festgehalten, so kann also der Pol sich nur auf dem Strahle bewegen, welcher beide Zentren verbindet. Man verändere nun die linearen Dimensionen des ersten quadratischen Kontinuums im Verhältnis $1:\sqrt{\Theta}$ und lasse dieses neue dem ersten ähnliche und konzentrische Kontinuum eine Schar konfokaler Kontinua bestimmen, von denen n durch das zweite Zentrum $(f, g, \ldots)$ gehen werden und durch die Gleichung $\Sigma f^2/(A-w) = \Theta$ dargestellt sind, wo man für w nach und nach n verschiedene Werte zu denken hat. Da aus den obigen Relationen jetzt leicht $\lambda:\mu:\nu:\cdots = f/(A-w) : g/(B-w) : h/(C-w) : \cdots$ folgt, so sind die im zweiten Zentrum errichteten Normalen der Richtung nach die Hauptachsen des umschriebenen zweiten Kontinuums, und im Ausdruck $w(1-\Theta)$ sind alle entsprechenden Achsenquadrate enthalten.

Durch diese Erörterung ist die Aufgabe gelöst, einem gegebenen quadratischen Kontinuum (dessen Zentrum O) ein anderes umzuschreiben, wenn sein Zentrum L und auf dem beide Zentren verbindenden Strahle OL nach Belieben ein das Berührungskontinuum bestimmender Pol P $[OP = (1/\Theta)\, OL]$ gegeben sind.

42. *Reduzierte Form der Differentialgleichung zweiter Ordnung eines höhern Kontinuums*

Es sei $f(x, y, \ldots) = 0$ die Gleichung eines höhern Kontinuums, $\xi, v, \ldots$ seien die (als unendlich kleine Größen erster Ordnung zu denkenden) Inkremente der n Variabeln $x, y, \ldots$, und
$$D = \xi\,\frac{\partial}{\partial x} + v\,\frac{\partial}{\partial y} + \cdots$$
ein Ableitungssymbol, für welches $\xi, v, \ldots$ als konstant gelten; dann ist bis zur

zweiten Ordnung der Inkremente

$$f(x+\xi, y+v, \ldots) = f(x, y, \ldots) + Df + \frac{1}{2} DDf = 0,$$

also

$$Df + \frac{1}{2} DDf = 0,$$

und da DDf von der zweiten Ordnung ist, so muß auch Df von der zweiten Ordnung sein. Sind nun $\lambda, \mu, \ldots$ die Richtungskosinus der Normale, $\partial f/\partial x = R\lambda$, $\partial f/\partial y = R\mu, \ldots$, also

$$Df = R(\lambda\xi + \mu v + \nu\zeta + \cdots) = Rt,$$

so ist auch t, oder «die Entfernung der Lösung $(x+\xi, y+v, \ldots)$ des gegebenen höhern Kontinuums vom linearen Tangentialkontinuum», eine Größe zweiter Ordnung. Demnach ist in der vollständigen Gleichung $DDf = DRt = tDR + RDt$ rechts das Glied tDR als Größe dritter Ordnung im Vergleich mit $Dt = \xi D\lambda + vD\mu + \cdots$ als einer Größe zweiter Ordnung zu vernachlässigen, so daß man einfach hat: $DDf = RDt$. Folglich ist

$$t + \frac{1}{2} Dt = 0$$

die Differentialgleichung zweiter Ordnung des gegebenen Kontinuums.

Es seien jetzt $\xi = \lambda t + \alpha' t' + \alpha'' t'' + \cdots$, $v = \mu t + \beta' t' + \beta'' t'' + \cdots$, usw. orthogonale Transformationsformeln, durch welche Dt in $(t'^2/\varrho') + (t''^2/\varrho'') + \cdots$ übergeht, und die Ableitungssymbole mögen sich nur auf $\lambda, \mu, \nu, \ldots$, aber nicht auf die übrigen bis jetzt noch unbestimmten Richtungskosinus beziehen, ebensowenig auf $t', t'', \ldots$. Es sei ferner

$$\delta' = \alpha' \frac{\partial}{\partial x} + \beta' \frac{\partial}{\partial y} + \cdots, \qquad \delta'' = \alpha'' \frac{\partial}{\partial x} + \beta'' \frac{\partial}{\partial y} + \cdots, \text{ usw.};$$

$$\text{also} \quad D = t'\delta' + t''\delta'' + \cdots; \quad \text{daher} \quad \frac{\partial(Dt)}{\partial t'} = \delta' t + D\frac{\partial t}{\partial t'};$$

$$\text{aber} \quad \frac{\partial t}{\partial t'} = \lambda \frac{\partial \xi}{\partial t'} + \mu \frac{\partial v}{\partial t'} + \cdots = \lambda\alpha' + \mu\beta' + \cdots,$$

was bloß formell zu verstehen ist; also $D\,\partial t/\partial t' = \alpha' D\lambda + \beta' D\mu + \cdots$. Nun ist $\delta' Df = D\delta' f$, oder

$$\delta'(Rt) = \alpha' D\frac{\partial f}{\partial x} + \beta' D\frac{\partial f}{\partial y} + \cdots = \alpha' D(R\lambda) + \beta' D(R\mu) + \cdots,$$

oder

$$t\delta' R + R\delta' t = R(\alpha' D\lambda + \beta' D\mu + \cdots) + (\lambda\alpha' + \mu\beta' + \cdots)DR.$$

Da aber t von der zweiten Ordnung und $\lambda\alpha' + \mu\beta' + \cdots = 0$ ist, so folgt

$$\delta' t = \alpha' D\lambda + \beta' D\mu + \cdots.$$

Demnach ist endlich

$$\frac{\partial(Dt)}{\delta t'} = 2\,\delta' t,$$

oder, da $D\,t = (t'^2/\varrho') + (t''^2/\varrho'') + \cdots$ vorausgesetzt war,

$$\frac{t'}{\varrho'} = \delta' t = \xi\,\delta'\lambda + v\,\delta'\mu + \cdots.$$

Da diese Gleichung in Beziehung auf $t', t'', \ldots$ identisch und ohnehin wegen $\lambda^2 + \mu^2 + \cdots = 1$ auch $\lambda\,\delta'\lambda + \mu\,\delta'\mu + \cdots = 0$ ist, so darf man $t = \lambda$, $t' = \alpha'$, $t'' = \alpha''$, ... darin substituieren, wodurch $\xi = 1$, $v = \zeta = \cdots = 0$ wird, und bekommt

$$\frac{\alpha'}{\varrho'} = \delta'\lambda, \quad \text{ebenso} \quad \frac{\beta'}{\varrho'} = \delta'\mu, \quad \frac{\gamma'}{\varrho'} = \delta'\nu, \text{ usw.},$$

oder in expliziter Form:

$$\left.\begin{aligned} &\left(\frac{\partial\lambda}{\partial x} - \frac{1}{\varrho'}\right)\alpha' + \frac{\partial\lambda}{\partial y}\beta' + \frac{\partial\lambda}{\partial z}\gamma' + \cdots = 0,\\ &\frac{\partial\mu}{\partial x}\alpha' + \left(\frac{\partial\mu}{\partial y} - \frac{1}{\varrho'}\right)\beta' + \frac{\partial\mu}{\partial z}\gamma' + \cdots = 0, \text{ usw.} \end{aligned}\right\} \qquad (a)$$

Eliminiert man aus diesen n Gleichungen die $n-1$ Verhältnisse $\alpha' : \beta' : \gamma' : \cdots$, so scheint sich auf den ersten Blick eine Endgleichung n-ten Grades für die Unbekannte $1/\varrho'$ zu ergeben. Das von derselben freie Glied ist aber die Determinante $\Sigma \pm (\partial\lambda/\partial x)\,(\partial\mu/\partial y)\,(\partial\nu/\partial z) \ldots$ und muß wegen der Gleichungen

$$\left.\begin{aligned} &\frac{\partial\lambda}{\partial x}\lambda + \frac{\partial\mu}{\partial x}\mu + \frac{\partial\nu}{\partial x}\nu + \cdots = 0,\\ &\frac{\partial\lambda}{\partial y}\lambda + \frac{\partial\mu}{\partial y}\mu + \frac{\partial\nu}{\partial y}\nu + \cdots = 0, \text{ usw.} \end{aligned}\right\}$$

verschwinden, da $\lambda, \mu, \nu, \ldots$ nicht alle zugleich verschwinden dürfen. Jene Endgleichung hat also den Faktor $1/\varrho'$, den wir nicht brauchen können, und erniedrigt sich nach Entfernung desselben auf den $(n-1)$-ten Grad. Bezeichnet man ihre $n-1$ Wurzeln mit $1/\varrho'$, $1/\varrho''$, $1/\varrho'''$ usw., so geben die Gleichungen (a) für jede derselben im allgemeinen nur *eine* Gruppe bestimmter Verhältnisse $(\alpha' : \beta' : \gamma' : \ldots)$, $(\alpha'' : \beta'' : \gamma'' : \ldots)$, $(\alpha''' : \beta''' : \gamma''' : \ldots)$ usw., und es bleibt noch nachzuweisen, daß diese Verhältnisse wirklich den Orthogonalitätsbedingungen genügen. Multipliziert man die Gleichungen (a) mit $\lambda, \mu, \nu, \ldots$ und addiert sie, so ergibt sich

$$-\frac{\lambda\,\alpha' + \mu\,\beta' + \cdots}{\varrho'} = 0, \quad \text{oder} \quad \lambda\,\alpha' + \mu\,\beta' + \cdots = 0.$$

Multipliziert man sie mit R, so erscheinen sie unter der Form:

$$\delta'\frac{\partial f}{\partial x} = \lambda\,\delta' R + R\,\frac{\alpha'}{\varrho'}, \qquad \delta'\frac{\partial f}{\partial y} = \mu\,\delta' R + R\,\frac{\beta'}{\varrho'}, \text{ usw.}$$

Multipliziert man jetzt die Gleichungen mit $\alpha'', \beta'', \ldots$ und addiert sie, so erhält man, da schon $\lambda\,\alpha'' + \mu\,\beta'' + \cdots = 0$ bewiesen ist,

$$\delta'\delta'' f = \frac{R}{\varrho'}\,(\alpha'\alpha'' + \beta'\beta'' + \cdots), \quad \text{ebenso} \quad \delta''\delta' f = \frac{R}{\varrho''}\,(\alpha'\alpha'' + \beta'\beta'' + \cdots)\,;$$

da aber $\delta'\delta''f = \delta''\delta'f$ ist, so folgt hieraus

$$\left(\frac{1}{\varrho'} - \frac{1}{\varrho''}\right)(\alpha'\alpha'' + \beta'\beta'' + \cdots) = 0,$$

und, wenn die Wurzeln $1/\varrho'$, $1/\varrho''$ ungleich sind, notwendig

$$\alpha'\alpha'' + \beta'\beta'' + \cdots = 0.$$

Hieraus kann ebenso, wie bei der Bestimmung der Hauptachsen eines quadratischen Kontinuums in Ziffer 40, geschlossen werden, daß, wenn alles übrige reell ist, immer alle gesuchten Größen ϱ', ϱ'', ... und die entsprechenden Transformationselemente α', β', ... reell sein werden.

Was den Fall betrifft, wo die Endgleichung für ϱ dieselbe Wurzel mehrfach enthält, so weiß ich da nicht anders zu helfen, als indem ich dem System der Gleichungen (a) eine Form gebe, wo die Vertikalzeilen der Koeffizienten mit den Horizontalzeilen gleichen Rangs übereinstimmen, nämlich:

$$\left.\begin{aligned}
&\frac{\partial f}{\partial x}\alpha' + \frac{\partial f}{\partial y}\beta' + \frac{\partial f}{\partial z}\gamma' + \cdots = 0,\\
\frac{\partial f}{\partial x}\psi' + &\left(\frac{\partial^2 f}{\partial x^2} - s'\right)\alpha' + \frac{\partial^2 f}{\partial x\,\partial y}\beta' + \frac{\partial^2 f}{\partial x\,\partial z}\gamma' + \cdots = 0,\\
\frac{\partial f}{\partial y}\psi' + &\frac{\partial^2 f}{\partial y\,\partial x}\alpha' + \left(\frac{\partial^2 f}{\partial y^2} - s'\right)\beta' + \frac{\partial^2 f}{\partial y\,\partial z}\gamma' + \cdots = 0,\\
\frac{\partial f}{\partial z}\psi' + &\frac{\partial^2 f}{\partial z\,\partial x}\alpha' + \frac{\partial^2 f}{\partial z\,\partial y}\beta' + \left(\frac{\partial^2 f}{\partial z^2} - s'\right)\gamma' + \cdots = 0, \text{ usw.}
\end{aligned}\right\} \quad (b)$$

Hier ist $s' = R/\varrho'$, $\psi' = -\delta'\log R$. Die Form dieses Systems gibt auch sogleich zu erkennen, daß die Endgleichung in s' nur vom $(n-1)$-ten Grade ist. Wendet man auf dieses System die gleichen Schlüsse an wie in Ziffer 40, so gewinnt man auch die Einsicht, daß, wenn die Gleichung für s' zum Beispiel eine m-fache Wurzel hat, auch m Gleichungen des Systems von den übrigen abhängen müssen, so daß man statt der gesuchten einfachen Richtung ein m-faches lineares Kontinuum erhält.

Zu den Gleichungen (b) gelangt man unmittelbar so. Es war $Df + (DDf)/2 = 0$; und es soll $Df = R(\lambda\xi + \mu v + \cdots) = Rt$, $\lambda^2 + \mu^2 + \cdots = 1$, ferner, wenn $\xi = \lambda t + \alpha' t' + \alpha'' t'' + \cdots$ usw. orthogonale Transformationsformeln sind und $t = 0$ gesetzt wird, $DDf = s't'^2 + s''t''^2 + \cdots$ sein. Dann ist $s't' = [(\partial/\partial t')DDf]/2$ und, wenn $(\partial/\partial t')D = \alpha'(\partial/\partial x) + \beta'(\partial/\partial y) + \cdots = \delta'$ usw. gesetzt wird, $s't' = D\delta'f$. Da diese Gleichung in bezug auf t', t'', ... identisch ist, so kann man auch $t' = \alpha'$, $t'' = \alpha''$, ... setzen, wodurch $\xi = 1 - \lambda^2$, $v = -\lambda\mu$, $\zeta = -\lambda\nu$, also $D = (\partial/\partial x) - \lambda[\lambda(\partial/\partial x) + \mu(\partial/\partial y) + \cdots]$ wird. Setzt man nun abkürzend

$$-R\psi' = \lambda\delta'\frac{\partial f}{\partial x} + \mu\delta'\frac{\partial f}{\partial y} + \cdots = \frac{1}{R}\left(\frac{\partial f}{\partial x}\delta'\frac{\partial f}{\partial x} + \cdots\right) = \delta' R,$$

also $\psi' = -\delta'\log R$, so hat man

$$s'\alpha' = \delta'\frac{\partial f}{\partial x} + \frac{\partial f}{\partial x}\psi', \text{ usw.},$$

woraus durch Entwicklung die Gleichungen (b) hervorgehen.

Setzen wir nun $s' = -R/\varrho'$, $s'' = -R/\varrho''$, ... (ändern also die Vorzeichen der früher gebrauchten ϱ', ϱ'', ...), so nimmt die zweite Differentialgleichung des gegebenen höheren Kontinuums die Gestalt

$$2\,t = \frac{t'^2}{\varrho'} + \frac{t''^2}{\varrho''} + \frac{t'''^2}{\varrho'''} + \cdots$$

an. Denkt man sich im Tangentialkontinuum $t = 0$ von der Berührungslösung aus irgendeinen Strahl r gezogen, der mit den orthogonalen Achsen der t', t'', ... Winkel bildet, deren Kosinus ε', ε'', ... seien, so ist

$$\frac{2\,t}{r^2} = \frac{\varepsilon'^2}{\varrho'} + \frac{\varepsilon''^2}{\varrho''} + \frac{\varepsilon'''^2}{\varrho'''} + \cdots = \frac{1}{k}.$$

Da das Aggregat auf der rechten Seite dieser Gleichung nur gegebene Größen enthält, so ist k konstant, und man kann den Schnitt $(r^2 = 2\,k\,t)$ des durch die Variabeln t, r bestimmten linearen zweifachen Kontinuums (Ebene) als Kreisbogen auffassen vom Halbmesser k; sein Zentrum hätte die Werte $x + \lambda\,k$, $y + \mu\,k$, ... Wir nennen $1/k$ die der Richtung r entsprechende *Krümmung* des höheren Kontinuums, k den *Krümmungsradius*, $1/\varrho'$, $1/\varrho''$, ... die *Hauptkrümmungen* und die entsprechenden Richtungen $(\alpha', \beta', \gamma', \ldots)$, $(\alpha'', \beta'', \gamma'', \ldots)$, usw. die *Hauptkrümmungsrichtungen*. Ist

$$\frac{1}{\varrho'} < \frac{1}{\varrho''} < \frac{1}{\varrho'''} < \cdots < \frac{1}{\varrho^{(n-1)}},$$

so ist

$$\frac{1}{\varrho'} < \frac{1}{k} < \frac{1}{\varrho^{(n-1)}};$$

unter den Hauptkrümmungsrichtungen ist also eine die Richtung der *größten*, eine andere die der *kleinsten* Krümmung.

Satz. Werden in dem $(n-1)$-fachen linearen Tangentialkontinuum aus der Berührungslösung Radien eines regulären Polyschems gezogen, so ist das arithmetische Mittel der allen diesen Radien entsprechenden Krümmungen des höhern Kontinuums gleich dem arithmetischen Mittel der $n-1$ Hauptkrümmungen und bleibt also konstant, wenn auch jenes reguläre Polyschem um sein Zentrum gedreht wird.

Beweis. Oben war die Krümmung $1/k = (\varepsilon'^2/\varrho') + (\varepsilon''^2/\varrho'') + \cdots$, wenn ϱ', ϱ'', ... die Hauptkrümmungsradien und ε', ε'', ... die Kosinus der Winkel bezeichnen, welche die Richtung der Krümmung $1/k$ mit den $n-1$ Hauptkrümmungsrichtungen bildet. Da nun vermöge Abschnitt 35, wenn das Symbol M ein arithmetisches Mittel anzeigt, im Sinne des ausgesprochenen Satzes $M\,\varepsilon'^2 = M\,\varepsilon''^2 = \cdots = 1/(n-1)$ ist, so folgt

$$M\,\frac{1}{k} = \frac{1}{n-1}\left(\frac{1}{\varrho'} + \frac{1}{\varrho''} + \cdots\right),$$

oder

$$M\,\frac{1}{k} = M\,\frac{1}{\varrho}.$$

Da wenigstens für den Raum die Summe und das Produkt aller Hauptkrümmungen von Bedeutung sind, so wollen wir aus der algebraischen Gleichung für ϱ die betreffenden Ausdrücke herleiten. Der Krümmungsradius ϱ ist hier so zu verstehen, daß $x - \lambda\,\varrho$, $y - \mu\,\varrho, \ldots$ die Werte des Krümmungszentrums sind. Wir können den $(n-1)$-ten Teil der Summe aller Hauptkrümmungen auch *mittlere Krümmung* nennen; die algebraische Gleichung, welche aus dem System (*a*) durch Elimination der Richtungskosinus $\alpha, \beta, \gamma, \ldots$ hervorgeht, gibt für dieselbe den Ausdruck

$$M\,\frac{1}{\varrho} = \frac{1}{n-1}\left(\frac{\partial\lambda}{\partial x} + \frac{\partial\mu}{\partial y} + \frac{\partial\nu}{\partial z} + \cdots\right).$$

Entwickelt man die Determinante der Koeffizienten in den Gleichungen (*b*), so bekommt die höchste Potenz s'^{n-1} den Koeffizienten $-(-1)^{n-1}R^2$, und da $s'^{n-1} = R^{n-1} : \varrho'^{n-1}$ ist, so erhält man für das *Produkt aller Hauptkrümmungen* den Ausdruck

$$\frac{1}{\varrho'\varrho''\varrho'''\ldots} =$$

$$- \begin{vmatrix} 0 & \frac{\partial f}{\partial x} & \frac{\partial f}{\partial y} & \frac{\partial f}{\partial z} & \cdots \\ \frac{\partial f}{\partial x} & \frac{\partial^2 f}{\partial x^2} & \frac{\partial^2 f}{\partial x\,\partial y} & \frac{\partial^2 f}{\partial x\,\partial z} & \cdots \\ \frac{\partial f}{\partial y} & \frac{\partial^2 f}{\partial y\,\partial x} & \frac{\partial^2 f}{\partial y^2} & \frac{\partial^2 f}{\partial y\,\partial z} & \cdots \\ \cdots & \cdots & \cdots & \cdots & \cdots \end{vmatrix} : \left[\left(\frac{\partial f}{\partial x}\right)^2 + \left(\frac{\partial f}{\partial y}\right)^2 + \cdots\right]^{(n+1)/2}.$$

Am Ende dieses Paragraphen gebe ich noch einige mehr unmittelbare Ausdrücke für die Krümmung und für ihre Variation. Oben waren die Hauptkrümmungsrichtungen durch die Gleichungen

$$\frac{\alpha'}{\varrho'} = \delta'\lambda, \quad \frac{\beta'}{\varrho'} = \delta'\mu, \quad \ldots; \qquad \frac{\alpha''}{\varrho''} = \delta''\lambda, \quad \frac{\beta''}{\varrho''} = \delta''\mu, \quad \ldots; \text{ usw.}$$

bestimmt. Geht nun im Tangentialkontinuum von der Berührungslösung aus irgendeine Richtung, welche mit den Achsen der $x, y, \ldots$ Winkel, deren Kosinus $\alpha, \beta, \gamma, \ldots$, und mit den Hauptkrümmungsrichtungen Winkel, deren Kosinus $\varepsilon', \varepsilon'', \ldots$ sind, bildet, so ist

$$\alpha = \alpha'\varepsilon' + \alpha''\varepsilon'' + \cdots, \qquad \beta = \beta'\varepsilon' + \beta''\varepsilon'' + \cdots, \text{ usw.};$$

also

$$\alpha\,\frac{\partial\lambda}{\partial x} + \beta\,\frac{\partial\lambda}{\partial y} + \cdots = \varepsilon'\delta'\lambda + \varepsilon''\delta''\lambda + \cdots = \frac{\alpha'\varepsilon'}{\varrho'} + \frac{\alpha''\varepsilon''}{\varrho''} + \cdots,$$

$$\alpha\,\frac{\partial\mu}{\partial x} + \beta\,\frac{\partial\mu}{\partial y} + \cdots = \frac{\beta'\varepsilon'}{\varrho'} + \frac{\beta''\varepsilon''}{\varrho''} + \cdots, \text{ usw.}$$

$$\alpha\left(\alpha\frac{\partial\lambda}{\partial x}+\beta\frac{\partial\lambda}{\partial y}+\cdots\right)+\beta\left(\alpha\frac{\partial\mu}{\partial x}+\beta\frac{\partial\mu}{\partial y}\right)+\cdots+\text{usw.}$$
$$=\frac{\varepsilon'^2}{\varrho'}+\frac{\varepsilon''^2}{\varrho''}+\cdots=\frac{1}{k},$$

oder, da $dx=\alpha\,ds$, $dy=\beta\,ds$, ..., $ds^2=dx^2+dy^2+\cdots$, auch

$$\frac{1}{k}=\frac{dx\,d\lambda+dy\,d\mu+dz\,d\nu+\cdots}{dx^2+dy^2+dz^2+\cdots};$$

dies ist der anfangs erwähnte Ausdruck für die allgemeine Krümmung.

Derselbe soll nun bloß in Beziehung auf die Differentiale dx, dy, ... variiert werden, und δ sei das Symbol dieser Variation. Es ist

$$\sum dx\,\delta d\frac{\partial f}{\partial x}=\Sigma\,dx\,\delta(R\,d\lambda+\lambda\,dR)=R\,\Sigma\,dx\,\delta d\lambda+\delta\,dR\,\Sigma\,\lambda\,dx;$$

also, da $\Sigma\,\lambda\,dx=0$ sein muß, $\Sigma\,dx\,\delta d(\partial f/\partial x)=R\,\Sigma\,dx\,\delta d\lambda$. Andererseits ist

$$\delta d\frac{\partial f}{\partial x}=\frac{\partial^2 f}{\partial x^2}\,\delta dy+\frac{\partial^2 f}{\partial x\,\partial y}\,\delta dy+\frac{\partial^2 f}{\partial x\,\partial z}\,\delta dz+\cdots,$$

daher

$$\sum dx\,\delta d\frac{\partial f}{\partial x}=\sum\left(\frac{\partial^2 f}{\partial x^2}\,dx+\frac{\partial^2 f}{\partial x\,\partial y}\,dy+\frac{\partial^2 f}{\partial x\,\partial z}\,dz+\cdots\right)\delta dx$$
$$=d\frac{\partial f}{\partial x}\,\delta dx+d\frac{\partial f}{\partial y}\,\delta dy+\cdots=\Sigma\,(R\,d\lambda)+\lambda\,dR)\,\delta dx=R\,\Sigma\,d\lambda\,\delta dx+dR\,\Sigma\,\lambda\,\delta dx.$$

Da aber $\Sigma\,\lambda\,dx=0$ ist, so folgt auch $\Sigma\,\lambda\,\delta dx=0$; also ist $\Sigma\,dx\,\delta d(\partial f/\partial x)=R\,\Sigma\,d\lambda\,\delta dx$. Aus beiden Verwandlungen folgt endlich

$$\Sigma\,dx\,\delta d\lambda=\Sigma\,d\lambda\,\delta dx.$$

Mittels dieser Relation ergibt sich nun leicht

$$\delta\frac{1}{k}=2\,\frac{\left(d\lambda-\frac{dx}{k}\right)\delta dx+\left(d\mu-\frac{dy}{k}\right)\delta dy+\left(d\nu-\frac{dz}{k}\right)\delta dz+\cdots}{dx^2+dy^2+dz^2+\cdots}.$$

Wenn diese Variation, unabhängig von den Variationen $\delta\,dx$, $\delta\,dy$, ..., verschwindet, so möge das betreffende k durch ϱ ersetzt werden; man erhält dann die Bedingungen

$$\varrho=\frac{dx}{d\lambda}=\frac{dy}{d\mu}=\frac{dz}{d\nu}=\cdots,$$

welche die Bedingung $\lambda\,dx+\mu\,dy+\nu\,dz+\cdots=0$ schon in sich enthalten; es ist sogleich klar, daß sie mit den Gleichungen (a) zusammenfallen; sie dienen daher ebenfalls, um die einer Hauptkrümmungsrichtung entsprechenden Verhältnisse $dx:dy:dz:\ldots$ und den zugehörigen Hauptkrümmungshalbmesser ϱ zu bestimmen. Das heißt dieselbe analytische Bedingung $\delta k=0$, welche den größten und kleinsten Krümmungshalbmesser liefert, gibt zugleich alle Hauptkrümmungsrichtungen samt den zugehörigen Halbmessern.

43. *Über orthogonale Kontinua überhaupt und über die Hauptkrümmungen eines quadratischen Kontinuums*

Definition. Wenn n Funktionen $f, f', f'', \ldots$ der n Variabeln $x, y, \ldots$ so beschaffen sind, daß die $n\,(n-1)/2$ Gleichungen von der Form

$$\frac{\partial f}{\partial x}\cdot\frac{\partial f'}{\partial x}+\frac{\partial f}{\partial y}\cdot\frac{\partial f'}{d y}+\frac{\partial f}{\partial z}\cdot\frac{\partial f'}{\partial z}+\cdots=0$$

alle in identischer Weise bestehen, so bilden die n durch die Gleichungen $f=\text{const}$, $f'=\text{const}$, $f''=\text{const}$, usw. dargestellten Scharen $(n-1)$-facher höherer Kontinuen ein *System orthogonaler Kontinuen.*

Daß solche Systeme auch für eine beliebige Dimensionszahl existieren, ist durch die konfokalen Kontinua zweiten Grades bewiesen.

Satz. Orthogonale Kontinua schneiden einander in den Hauptkrümmungsrichtungen.

Beweis. Es sei $\partial f/\partial x = R\lambda$, $\partial f/\partial y = R\mu, \ldots, \lambda^2+\mu^2+\cdots=1$, $\partial f'/\partial x = R'\lambda'$, $\partial f'/\partial y = R'\mu', \ldots, \lambda'^2+\mu'^2+\cdots=1$, usw., so sind $\lambda, \mu, \ldots; \lambda', \mu', \ldots$; usw. orthogonale Transformationselemente.

Wenn man also die Gleichungen

$$\frac{df}{R}=\lambda\,dx+\mu\,dy+\cdots,\qquad \frac{df'}{R'}=\lambda' dx+\mu' dy+\cdots,\ \text{usw.}$$

mit $\lambda, \lambda', \ldots$ multipliziert und addiert, so folgt

$$dx=\lambda\frac{df}{R}+\lambda'\frac{df'}{R'}+\cdots,\qquad dy=\mu\frac{df}{R}+\mu'\frac{df'}{R'}+\cdots,\ \text{usw.}$$

Daher ist, wenn man jetzt $f, f', f'', \ldots$ als die unabhängigen Variabeln ansieht,

$$\lambda=R\frac{\partial x}{\partial f},\qquad \mu=R\frac{\partial y}{\partial f},\qquad \ldots;\qquad \lambda'=R'\frac{\partial x}{\partial f'},\qquad \ldots;\ \text{usw.}$$

Wir wollen nun die Summe

$$G=\lambda''\frac{\partial\lambda}{\partial f'}+\mu''\frac{\partial\mu}{\partial f'}+\cdots=\sum\lambda''\frac{\partial\lambda}{\partial f'}$$

betrachten. Zuerst folgt aus der Gleichung $\lambda\lambda''+\mu\mu''+\cdots=0$, wenn sie in Beziehung auf f' differenziert wird, sogleich

$$G=-\sum\lambda\frac{\partial\lambda''}{\partial f'}. \tag{1}$$

Zweitens folgt aus den Gleichungen $\lambda = R\,\partial x/\partial f, \ldots$, daß

$$G=\sum\lambda''\frac{\partial\cdot R\dfrac{\partial x}{\partial f}}{\partial f'}=R\sum\lambda''\frac{\partial^2 x}{\partial f\,\partial f'}+\frac{\partial R}{\partial f'}\sum\lambda''\frac{\partial x}{\partial f}$$

ist. Da aber $\Sigma\,\lambda''\,\partial x/\partial f = (1/R)\,\Sigma\,\lambda\lambda'' = 0$ ist und der Ausdruck $\Sigma\,\lambda''\,\partial^2 x/(\partial f\,\partial f')$

durch Vertauschung von f und f' nicht geändert wird, so folgt

$$R R' \sum \lambda'' \frac{\partial^2 x}{\partial f\, \partial f'} = R' \sum \lambda'' \frac{\partial \lambda}{\partial f'} = R \sum \lambda'' \frac{\partial \lambda'}{\partial f}. \tag{2}$$

Wegen der Relation (1) ist

$$R \sum \lambda'' \frac{\partial \lambda'}{\partial f} = -R \sum \lambda' \frac{\partial \lambda''}{\partial f},$$

und wegen (2) sind

$$R' \sum \lambda \frac{\partial \lambda''}{\partial f'} = R'' \sum \lambda \frac{\partial \lambda'}{\partial f''}, \qquad R \sum \lambda' \frac{\partial \lambda''}{\partial f} = R'' \sum \lambda' \frac{\partial \lambda}{\partial f''}.$$

Da nun jeder der beiden Ausdrücke links $= -R' G$ ist, so folgt

$$\sum \lambda \frac{\partial \lambda'}{\partial f''} = \sum \lambda' \frac{\partial \lambda}{\partial f''}.$$

Nach (1) ist aber auch

$$\sum \lambda \frac{\partial \lambda'}{\partial f''} + \sum \lambda' \frac{\partial \lambda}{\partial f''} = 0.$$

Also ist $\Sigma \lambda\, \partial \lambda' / \partial f'' = 0$, oder $G = 0$.

Betrachten wir ferner die Summe $H = \Sigma \lambda'\, \partial \lambda / \partial f'$, so ist

$$H = \sum \lambda' \frac{\partial \cdot R \dfrac{\partial x}{\partial f}}{\partial f'} = R \sum \lambda' \frac{\partial^2 x}{\partial f\, \partial f'} = R \sum \lambda' \frac{\partial \dfrac{\lambda'}{R'}}{\partial f} = R \frac{\partial \dfrac{1}{R'}}{\partial f}.$$

Differenziert man endlich die Gleichung $\lambda^2 + \mu^2 + \cdots = 1$ nach f', so hat man

$$\sum \lambda \frac{\partial \lambda}{\partial f'} = 0.$$

Nach dieser Vorbereitung stellen wir die n Gleichungen

$$\begin{aligned}
\lambda \frac{\partial \lambda}{\partial f'} + \mu \frac{\partial \mu}{\partial f'} + \nu \frac{\partial \nu}{\partial f'} + \cdots &= 0,\\
\lambda' \frac{\partial \lambda}{\partial f'} + \mu' \frac{\partial \mu}{\partial f'} + \nu' \frac{\partial \nu}{\partial f'} + \cdots &= H,\\
\lambda'' \frac{\partial \lambda}{\partial f'} + \mu'' \frac{\partial \mu}{\partial f'} + \nu'' \frac{\partial \nu}{\partial f'} + \cdots &= 0,\\
\lambda''' \frac{\partial \lambda}{\partial f'} + \mu''' \frac{\partial \mu}{\partial f'} + \nu''' \frac{\partial \nu}{\partial f'} + \cdots &= 0, \text{ usw.}
\end{aligned}$$

zusammen; man sieht dann sogleich, daß

$$\frac{\partial \lambda}{\partial f'} = \lambda' H, \qquad \frac{\partial \mu}{\partial f'} = \mu' H, \qquad \frac{\partial \nu}{\partial f'} = \nu' H, \text{ usw.}$$

ist. Da wir aber $\lambda' = R' \partial x / \partial f'$, usw. hatten, so bekommen wir nun die Proportionen

$$\frac{\partial \lambda}{\partial f'} : \frac{\partial \mu}{\partial f'} : \frac{\partial \nu}{\partial f'} : \cdots = \frac{\partial x}{\partial f'} : \frac{\partial y}{\partial f'} : \frac{\partial z}{\partial f'} : \cdots,$$

oder, wenn $f', f'', f''', \ldots$ als konstant angenommen werden,

$$R'H = \frac{d\lambda}{dx} = \frac{d\mu}{dy} = \frac{d\nu}{dz} = \cdots = \frac{1}{\varrho}. \tag{3}$$

Betrachten wir weiter nichts als diese $n-1$ Differentialgleichungen $d\lambda/dx = d\mu/dy = \ldots$, so ist klar, daß ihre vollständige Integration $n-1$ finite Gleichungen mit $n-1$ arbiträren Konstanten erfordert. Nehmen wir alle früheren Voraussetzungen hinzu, so kennen wir wirklich das vollständige System Integralgleichungen für (3), nämlich $f = \text{const}$, $f'' = \text{const}$, $f''' = \text{const}$, usw.; denn dieses enthält $n-1$ arbiträre Konstanten.

Die Gleichungen (3) sind uns aber auch sonst schon aus Ziffer 42 bekannt als Bedingungen für eine Hauptkrümmungsrichtung des Kontinuums $f = \text{const}$. Wenn also in der n-fachen Totalität ein System orthogonaler Kontinuen existiert, so wird jedes einzelne Kontinuum von je $n-2$ der übrigen in einer Hauptkrümmungsrichtung geschnitten. Wir wollen dieses noch strenger begründen.

Durch das System der Gleichungen (3) sind die Verhältnisse $dx:dy:dz:\ldots$ in algebraischer Weise bestimmt. Nach der obigen Herleitung von (3) würden dieselben den Verhältnissen $\lambda':\mu':\nu':\ldots$ gleich sein. Da man aber nur die Funktion f zu kennen braucht, um die Gleichungen (3) bilden zu können, so ist klar, daß auch die Verhältnisse $\lambda'':\mu'':\nu'':\ldots$, oder die Verhältnisse $\lambda''':\mu''':\nu''':\ldots$, oder usw., für $dx:dy:dz:\ldots$ gesetzt, dem System (3) genügen. Dieses hat also *wenigstens* $n-1$ algebraische Lösungen $(dx:dy:dz:\ldots)$. Wir wissen nun schon, daß es *gerade* $n-1$ solche Lösungen hat; es sind die Hauptkrümmungsrichtungen. Wenn wir also die n arbiträren Konstanten durch die Substitution einer bestimmten Lösung $(x, y, \ldots)$, von der die Hauptkrümmungsrichtungen des Kontinuums $f = \text{const}$ ausgehen sollen, fixieren und dann der Gleichung dieses Kontinuums je $n-2$ der Gleichungen $f' = \text{const}$, $f'' = \text{const}$, usw. beifügen, so bestimmt jede der so erhaltenen $n-1$ Gruppen von finiten Gleichungen je eine Hauptkrümmungsrichtung des ersten Kontinuums.

Wenn man in der Gleichung $1/\varrho = R'H$ [siehe (3)] für H seinen früher gefundenen Wert setzt, so erhält man als Hauptkrümmung des Kontinuums $f = \text{const}$ in der Richtung der Normale des Kontinuums $f' = \text{const}$

$$\frac{1}{\varrho} = -R\,\frac{\partial \log R'}{\partial f}.$$

Die allgemeinen Betrachtungen sollen jetzt auf die *konfokalen Kontinua* angewandt werden. Da eine vollständige Schar derselben alle n Gattungen reeller Kontinuen zweiten Grades enthält und jedes Kontinuum aus einer Gattung von allen Kontinuen der übrigen Gattungen reell und orthogonal, aber von keinem derselben Gattung geschnitten wird, so zerfällt jene vollständige Schar in n besondere Scharen, die ein vollständiges System orthogonaler Kontinuen darstellen. Wenn daher in der n-fachen Totalität irgendein reelles quadratisches Kontinuum und auf demselben eine Lösung gegeben ist und man legt durch diese die $n-1$ konfokalen Kontinua, so wird jenes erste von irgend $n-2$ aus diesen in einer Hauptkrümmungsrichtung geschnitten. Oder kürzer ausgedrückt:

Konfokale Kontinua schneiden einander in den Hauptkrümmungsrichtungen.

Sind nun, wie früher, $A_1, A_2, \ldots, A_n$ die ersten Achsenquadrate konfokaler Kontinuen aus n verschiedenen Gattungen, so treten diese Größen an die Stelle von $f, f', f'', \ldots$, und wir wollen die Hauptkrümmung des Kontinuums (A_1) suchen, deren Richtung in die Normale des Kontinuums (A_2) fällt. Zunächst haben wir $R_1^2 = (\partial A_1/\partial x)^2 + (\partial A_1/\partial y)^2 + \cdots$ zu berechnen. Wenn wir die Gleichung $(x^2/A_1) + (y^2/B_1) + \cdots = 1$ nach x differenzieren, so erhalten wir $(2x/A_1) - [(x^2/A_1^2) + (y^2/B_1^2) + \cdots]\,\partial A_1/\partial x = 0$, oder wenn p_1 das entsprechende Perpendikel und $\lambda_1, \mu_1, \ldots$ die Richtungskosinus der Normale bezeichnen

$$\frac{\partial A_1}{\partial x} = 2\,\frac{p_1^2\,x}{A_1} = 2\,p_1\,\lambda_1, \qquad \text{ebenso} \qquad \frac{\partial A_1}{\partial y} = 2\,p_1\,\mu_1, \ \text{usw.};$$

also $R_1 = 2\,p_1$, $R_2 = 2\,p_2$. Bedeutet $1/\varrho$ die gesuchte Hauptkrümmung, so haben wir nach der obigen allgemeinen Formel

$$\frac{1}{\varrho} = -R_1\,\frac{\partial \log R_2}{\partial A_1} = -2\,p_1\,\frac{\partial \log p_2}{\partial A_1},$$

oder, da

$$p_2^2 = \frac{A_2\,B_2\,C_2\ldots}{(A_2 - A_1)\,(A_2 - A_3)\ldots(A_2 - A_n)} \ \text{ist,} \quad \frac{1}{\varrho} = p_1\,\frac{\partial \log (A_2 - A_1)}{\partial A_1} = \frac{p_1}{A_2 - A_1},$$

oder endlich

$$p_1\,\varrho = A_1 - A_2.$$

Das heißt für jede auf einem quadratischen Kontinuum gegebene Lösung L ist das Produkt des zugehörigen Perpendikels mit einem der $n-1$ Hauptkrümmungsradien gleich dem Überschuß eines der Achsenquadrate des gegebenen Kontinuums über das gleichnamige Achsenquadrat desjenigen durch L gelegten konfokalen Kontinuums, dessen Normale in die gewählte Hauptkrümmungsrichtung fällt. Oder nach dem am Ende von Ziffer 40 ausgesprochenen Satz: Die $n-1$ von der Lösung L ausgehenden Hauptkrümmungsrichtungen sind parallel mit den Achsen des zu L konjugierten diametralen Schnitts, und die Quadrate dieser Achsen sind bzw. gleich den Produkten des zu L gehörenden Perpendikels mit den entsprechenden Hauptkrümmungsradien. Hieraus folgt leicht, daß überhaupt das Quadrat irgendeines Halbmessers des diametralen Schnitts gleich ist dem Produkt des Perpendikels mit dem Radius der Krümmung von paralleler Richtung – ein Satz, der auch unmittelbar bewiesen werden kann.

44. *Allgemeine Betrachtungen über die Existenz orthogonaler Kontinuen; Konstruktion eines ganz beliebigen Systems orthogonaler Flächen im Raume*

I. Während für den Raum die Untersuchung über die Bedingungen der Existenz eines beliebigen Systems orthogonaler Kontinuen völlig erledigt werden kann, unterliegt sie für eine mehr als dreifache Totalität bedeutenden Schwierigkeiten. Man erwarte daher hier keine Entscheidung der Frage, ob zum Beispiel in der vierfachen Totalität noch andere Systeme orthogonaler Kontinuen existieren außer den konfokalen; sondern der Zweck dieses Abschnittes ist nur, die erwähnten Schwierigkeiten in den einfachsten Ausdrücken darzulegen. Für den Raum hingegen werde ich am Schluß dieses Abschnittes als Anwendung der allgemeinen Formeln die Konstruktion eines Systems orthogonaler Flächen zeigen, wenn eine einzige derselben beliebig gegeben ist. Ob diese Konstruktion neu ist, weiß ich nicht, da mir die Originalabhandlungen, worin der Begriff der orthogonalen Flächen zuerst erörtert wurde, nicht zugänglich gewesen sind.

Wenn die n Funktionen $f, f', f'', \ldots$ ein orthogonales System in der n-fachen Totalität darstellen, so muß, da nach der Bezeichnungsweise des vorigen Abschnittes $df' = R'(\lambda' dx + \mu' dy + \cdots)$ ist, die Differentialgleichung

$$\lambda' dx + \mu' dy + \nu' dz + \cdots = 0 \tag{4}$$

integrabel sein. Die Zahl der hierdurch geforderten Bedingungen ist

$$\frac{1}{2}(n-1)(n-2) + \frac{1}{2} n(n-1) - (n-1)$$

und stimmt daher mit der Zahl der in der Natur der Aufgabe liegenden Bedingungen für die Funktion f überein; denn wir hatten ursprünglich $n(n-1)/2$ Gleichungen, worin die $n-1$ Funktionen $f', f'', \ldots$ zu eliminieren sind. Da ferner $\lambda', \mu', \ldots$ die Richtungskosinus einer Hauptkrümmung des Kontinuums $f = \text{const}$ und daher aus Ziffer 42 uns als irrationale Funktionen der partiellen Differentialkoeffizienten erster und zweiter Ordnung von f bekannt sind, deren Verhältnisse sämtlich in rationalen Funktionen einer und derselben Wurzel einer algebraischen Gleichung $(n-1)$-ten Grades ausgedrückt werden können, so muß auch jede der erwähnten Integrabilitätsbedingungen, von der Irrationalität befreit, als partielle Differentialgleichung dritter Ordnung in bezug auf die unbekannte Funktion f sich darstellen lassen; und man wird sich aus der Form der Gleichungen (a) Ziffer 42 leicht davon überzeugen, daß sie in Beziehung auf die Differentialkoeffizienten dritter Ordnung höchstens auf den $(n-1)$-ten Grad steigen wird. Haben wir aber einmal die $(n-1)(n-2)/2$ Integrabilitätsbedingungen der Differentialgleichung (4) in rationaler Form, so ist sofort klar, daß in denselben auch diejenigen für die übrigen Gleichungen $\lambda'' dx + \mu'' dy + \cdots = 0$ usw. schon mitbegriffen sind. Wir hätten demnach für die gesuchte Funktion f wirklich nur dieselbe Zahl $(n-1)(n-2)/2$ von Bedingungen zu erfüllen, welche die Natur der Aufgabe auf den ersten Blick zu erfordern scheint. Wir sollten es aber im allgemeinen für unmöglich halten, daß eine einzige Funktion mehrern partiellen Differentialgleichungen dritter Ordnung zugleich genügen könnte, wenn nicht die Existenz der orthogonalen Kontinuen uns faktisch von der Möglichkeit überzeugte. Es wäre daher höchst interessant, wenn es gelänge, *a priori* von den partiellen Differentialgleichungen aus zu entscheiden, ob außer den konfokalen Kontinuen noch andere orthogonale Systeme existieren oder nicht, und im letzten Falle aus den Bedingungen mit Notwendigkeit auf die konfokalen Kontinua zu schließen. Das wenige, was nun folgen wird, steht freilich weit hinter diesem Ziele zurück.

Wir wollen sämtliche Integrabilitätsbedingungen der Gleichung (4) in einer einzigen Formel zusammenfassen, und um für diesen Zweck die Bezeichnung möglichst abzukürzen, setzen wir

$$\frac{\partial}{\partial x} = \partial_x, \quad \frac{\partial}{\partial y} = \partial_y, \quad \ldots, \quad \lambda \frac{\partial}{\partial x} + \mu \frac{\partial}{\partial y} + \cdots = D,$$

wo λ, μ, ... die zugleich mit der Funktion f gegebenen Richtungskosinus der Normale sind; und, um auch für das Auge die in *irrationaler* Weise bestimmten Hauptkrümmungsrichtungskosinus von jenen scharf zu unterscheiden und unsere gänzliche Unbekanntschaft mit den Funktionen f', f'', ... anzuzeigen, bezeichnen wir diese $n-1$ Kosinusreihen mit $(\alpha, \beta, \gamma, \ldots)$, $(\alpha', \beta', \gamma', \ldots)$, usw. und setzen ferner

$$\alpha \frac{\partial}{\partial x} + \beta \frac{\partial}{\partial y} + \gamma \frac{\partial}{\partial z} + \cdots = d, \quad \alpha' \frac{\partial}{\partial x} + \beta' \frac{\partial}{\partial y} + \cdots = d', \text{ usw.}$$

so daß, wenn ϱ, ϱ', ϱ'', ... die entsprechenden Hauptkrümmungsradien bedeuten,

$$\frac{d\lambda}{\alpha} = \frac{d\mu}{\beta} = \frac{d\nu}{\gamma} = \cdots = \frac{1}{\varrho}, \quad \frac{d'\lambda}{\alpha'} = \frac{d'\mu}{\beta'} = \cdots = \frac{1}{\varrho'}, \text{ usw.}$$

wird; endlich gebrauchen wir $n-3$ unter sich unabhängige Reihen von je n beliebigen Größen $\mathfrak{a}_1, \mathfrak{b}_1, \mathfrak{c}_1, \ldots; \mathfrak{a}_2, \mathfrak{b}_2, \ldots$; usw.; $\mathfrak{a}_{n-3}, \mathfrak{b}_{n-3}, \ldots$. Wird nun über die Zeichen der Variabeln, auf welche die Operationen $D, d, d', \ldots$ einzig ausgeübt werden sollen, ein horizontaler Strich gesetzt, so sind sämtliche Integrabilitätsbedingungen der Gleichung $\alpha\, dx + \beta\, dy + \cdots = 0$ in der Formel

$$U = \begin{vmatrix} \partial_x & .\,\partial_y & .\,\partial_z & \ldots \\ \alpha & .\,\beta & .\,\gamma & \ldots \\ \bar{\alpha} & .\,\bar{\beta} & .\,\bar{\gamma} & \ldots \\ \mathfrak{a}_1 & .\,\mathfrak{b}_1 & .\,\mathfrak{c}_1 & \ldots \\ \mathfrak{a}_2 & .\,\mathfrak{b}_2 & .\,\mathfrak{c}_2 & \ldots \\ \ldots & \ldots & \ldots & \ldots \\ \mathfrak{a}_{n-3} & .\,\mathfrak{b}_{n-3} & .\,\mathfrak{c}_{n-3} & \ldots \end{vmatrix} = 0 \tag{5}$$

vereinigt. Denn man würde zum Beispiel die Integrabilitätsbedingung

$$\alpha \left(\frac{\partial\beta}{\partial z} - \frac{\partial\gamma}{\partial y}\right) + \beta \left(\frac{\partial\gamma}{\partial x} - \frac{\partial\alpha}{\partial z}\right) + \gamma \left(\frac{\partial\alpha}{\partial y} - \frac{\partial\beta}{\partial x}\right) = 0$$

aus (5) erhalten, wenn man $\mathfrak{a}_1 = \mathfrak{a}_2 = \cdots = \mathfrak{a}_{n-3} = 0$, $\mathfrak{b}_1 = \mathfrak{b}_2 = \cdots = \mathfrak{b}_{n-3} = 0$, $\mathfrak{c}_1 = \mathfrak{c}_2 = \cdots = \mathfrak{c}_{n-3} = 0$ setzte. Wir können nun der Determinante U eine andere Gestalt geben, wenn wir die nichtüberstrichenen Variabeln $\alpha, \beta, \gamma, \ldots$ durch Determinanten $(n-1)$-ter Ordnung ersetzen. Wenn nämlich

$$\varDelta = \Sigma \pm \lambda\, \beta\, \gamma' \delta'' \varepsilon'' \ldots$$

die Determinante aller orthogonalen Transformationselemente $\lambda, \mu, \ldots$; $\alpha, \beta, \ldots$; $\alpha', \beta', \ldots$; $\alpha'', \beta'', \ldots$; usw. bezeichnet, deren Wert bekanntlich $+1$

oder -1 sein kann, und wir uns für die Annahme des positiven Wertes entscheiden, so ist, wenn die Differentialkoeffizienten rein formell verstanden werden, $\alpha = \partial\Delta/\partial\alpha$, $\beta = \partial\Delta/\partial\beta$, usw.; daher

$$U = \left\| \begin{array}{l|l} \partial_x \,.\, \partial_y \,.\, \partial_z \ldots & \lambda \,.\, \mu \,.\, \nu \ldots \\ \bar\alpha \,.\, \bar\beta \,.\, \bar\gamma \ldots & \alpha' \,.\, \beta' \,.\, \gamma' \ldots \\ \mathfrak{a}_1 \,.\, \mathfrak{b}_1 \,.\, \mathfrak{c}_1 \ldots & \alpha'' \,.\, \beta'' \,.\, \gamma'' \ldots \\ \mathfrak{a}_2 \,.\, \mathfrak{b}_2 \,.\, \mathfrak{c}_2 \ldots & \alpha''' \,.\, \beta''' \,.\, \gamma''' \ldots \\ \ldots\ldots\ldots & \ldots\ldots\ldots \end{array} \right\| = \left| \begin{array}{llll} D & . \; d' & . \; d'' & \ldots \\ (\lambda\bar\alpha) & . \; (\alpha'\bar\alpha) & . \; (\alpha''\bar\alpha) & \ldots \\ (\lambda\mathfrak{a}_1) & . \; (\alpha'\mathfrak{a}_1) & . \; (\alpha''\mathfrak{a}_1) & \ldots \\ (\lambda\alpha_2) & . \; (\alpha'\mathfrak{a}_2) & . \; (\alpha''\mathfrak{a}_2) & \ldots \\ \ldots\ldots & & & \end{array} \right| ,$$

wo abkürzend z.B. $(\alpha\,\mathfrak{a}) = \lambda\,\mathfrak{a} + \mu\,\mathfrak{b} + \nu\,\mathfrak{c} + \cdots$ gesetzt wurde. Im ersten durch einen einfachen mittleren Vertikalstrich in zwei Hälften geschiedenen Schema enthält jede Hälfte $n-1$ Horizontalzeilen mit je n Elementen. Das Schema bedeutet, daß man in beiden Hälften je zwei gleichnamige Vertikalzeilen weglassen, die zwei Determinanten der übrigen Elemente miteinander multiplizieren und die Summe der so entstandenen n Produkte nehmen solle. Diese Summe wird nun bekanntlich auch erhalten, wenn man die Elemente irgendeiner Horizontalzeile der ersten Hälfte des Schemas mit den in irgendeiner Horizontalzeile der zweiten Hälfte enthaltenen gleichnamigen Elementen multipliziert, die Produkte addiert und aus allen solchen Produktsummen die Determinante bildet. In der zweiten Horizontalzeile dieser Determinante steht $(\lambda\bar\alpha)$ als erstes Element; da es mit dem Operationszeichen D in der gleichen Vertikalzeile liegt, so können auf dasselbe nur die übrigen mit d', d'', ... bezeichneten Operationen ausgeübt werden. Nun ist $\lambda\,\alpha + \mu\,\beta \cdots = 0$, also

$$0 = d'(\bar\lambda\,\bar\alpha) = d'(\bar\lambda\,\alpha) + d'(\lambda\,\bar\alpha), \qquad \text{oder} \qquad d'(\lambda\,\bar\alpha) = -\Sigma\,\alpha\,d'\lambda;$$

aber $d'\lambda = \alpha'/\varrho'$, ...; also $d'(\lambda\bar\alpha) = -(\alpha\,\alpha' + \beta\,\beta' + \cdots)/\varrho' = 0$, ebenso $d''(\lambda\,\bar\alpha) = 0$, usw. Man kann also in der letzten mit U äquivalenten Determinante das Element $(\lambda\,\bar\alpha)$ geradezu durch 0 ersetzen. Da man ferner die $n\,(n-3)$ freien Größen $\mathfrak{a}$, $\mathfrak{b}$, $\mathfrak{c}$, ... immer so wählen kann, daß in der betrachteten Determinante $(n-1)$-ter Ordnung jedes in den $n-3$ letzten Horizontalzeilen vorkommende Element einen willkürlich gegebenen Wert erhält, daß zum Beispiel alle in irgend zwei Vertikalzeilen vorkommenden Elemente gleich Null werden, so folgt aus $U = 0$, daß alle im Schema

$$\left\| \begin{array}{llll} D \,. & d' \,. & d'' \,. & d''' \;\ldots \\ 0 \,. & (\alpha'\bar\alpha) \,. & (\alpha''\bar\alpha) \,. & (\alpha'''\bar\alpha) \ldots \end{array} \right\| \tag{6}$$

enthaltenen Determinanten zweiter Ordnung einzeln verschwinden; und umgekehrt, aus (6) folgt (5) oder die Integrabilität der Differentialgleichung $\alpha\,dx + \beta\,dy + \cdots = 0$. Wir bekommen also $n-2$ Gleichungen

$$\alpha' D\,\alpha + \beta' D\,\beta + \cdots = 0, \qquad \alpha'' D\,\alpha + \beta'' D\,\beta + \cdots = 0, \text{ usw.} \tag{7}$$

und $(n-2)\,(n-3)/2$ Gleichungen

$$\alpha'' d'\alpha + \beta'' d'\beta + \cdots = \alpha' d''\alpha + \beta' d''\beta + \cdots, \text{ usw.} \tag{8}$$

In der Absicht, diesen Gleichungen eine Form zu geben, worin die dritten Differentialkoeffizienten der Funktion f sichtbar hervortreten, führen wir zuvor einige Abkürzungen ein. Wenn zum Beispiel die Polynome $\alpha x+\beta y+\gamma z+\cdots$ und $\lambda x+\mu y+\nu z+\cdots$ miteinander multipliziert und im entwickelten Produkt Glieder wie x^2, $x y$ bzw. durch $\partial^2/\partial x^2$, $\partial^2/(\partial x\,\partial y)$ ersetzt werden, so soll die entsprechende zusammengesetzte Operation durch $(d\,.\,D)$ oder $(D\,.\,d)$ bezeichnet werden; die Elemente der operativen Polynome D, d werden dann wie Konstanten behandelt, und bei ihrer Multiplikation wird den Operationen selbst kein gegenseitiger Einfluß verstattet. Bezieht sich hingegen z.B. die Operation D nur auf die Elemente des operativen Polynoms d, so soll die daraus hervorgehende neue Operation durch $\overline{D\,d}$ bezeichnet sein. Es wäre demnach, wenn φ irgendeine Funktion der Variablen $x, y, \ldots$ bezeichnet,

$$\overline{D\,d}\,\varphi=\frac{\partial\varphi}{\partial x}\,D\alpha+\frac{\partial\varphi}{\partial y}\,D\beta+\cdots,\qquad\text{aber}\qquad \overline{d\,D}\,\varphi=\frac{\partial\varphi}{\partial x}\,d\lambda+\frac{\partial\varphi}{\partial y}\,d\mu+\cdots.$$

Dieses vorausgesetzt, ist zum Beispiel

$$D\,(d\,\varphi)=(D\,.\,d)\,\varphi+\overline{D\,d}\,\varphi,$$

$$D\,[(d\,.\,d')\,\varphi]=(D\,.\,d\,.\,d')\,\varphi+(d'\,.\,\overline{D\,d})\,\varphi+(d\,.\,\overline{D\,d'})\,\varphi,$$

usw. Die zusammengesetzten Anwendungen dieser Bezeichnungsart werden sich nun leicht von selbst verstehen.

Mit Rücksicht auf

$$R^2=\left(\frac{\partial f}{\partial x}\right)^2+\left(\frac{\partial f}{\partial y}\right)^2+\cdots,\qquad \frac{\partial f}{\partial x}=R\,\lambda,\qquad \frac{\partial f}{\partial y}=R\,\mu,\qquad\ldots,$$

$$\lambda\,\alpha+\mu\,\beta+\cdots=0,\ \text{usw.}$$

erhält man leicht

$$D\,f=R,\qquad d f=0,\qquad d' f=0,\qquad d'' f=0,\qquad \text{usw.}$$

Wenn nun δ irgendein lineares operatives Polynom bedeutet, so ist

$$\overline{\delta\,D}\,f=\sum\frac{\partial f}{\partial x}\,\delta\,\lambda=R\,\Sigma\,\lambda\,\delta\,\lambda=0\qquad\text{wegen}\qquad \lambda^2+\mu^2+\cdots=1,$$

$$\overline{\delta\,d}\,f=\sum\frac{\partial f}{\partial x}\,\delta\,\alpha=R\,\Sigma\,\lambda\,\delta\,\alpha=-R\,\Sigma\,\alpha\,\delta\,\lambda.$$

Man hat daher, weil $\delta\,(D\,f)=(D\,.\,\delta)\,f+\overline{\delta\,D}\,f$, usw.,

$$(D\cdot\delta)\,f=\delta\,R,\ldots \tag{9}$$

$$(d\cdot\delta)\,f=R\,\Sigma\,\alpha\,\delta\,\lambda,\ \text{usw.} \tag{10}$$

Setzt man in der zweiten Formel $\delta=d'$ und erinnert sich, daß $d\,\lambda=\alpha/\varrho$, usw. so erhält man

$$(d\,.\,d')\,f=0. \tag{11}$$

Es ist ferner

$$(d\,.\,\overline{\delta\,d'})\,f = \Sigma\,\delta\,\alpha'\,.\,d\,\frac{\partial f}{\partial x} = \Sigma\,\delta\,\alpha'\,.\,(\lambda\,dR + R\,d\lambda) = dR\,.\,\Sigma\,\lambda\,\delta\,\alpha' + \frac{R}{\varrho}\,\Sigma\,\alpha\,\delta\,\alpha',$$

oder, da $(d'.\,\delta)\,f = R\,\Sigma\,\alpha'\,\delta\,\lambda = -R\,\Sigma\,\lambda\,\delta\,\alpha'$, auch

$$(d\,.\,\overline{\delta\,d'})\,f = -\frac{d\,R}{R}\,(d'.\,\delta)\,f - \frac{R}{\varrho}\,\Sigma\,\alpha'\,\delta\,\alpha.$$

Wendet man aber die Operation δ auf die Gleichung (11) an, so bekommt man

$$(d\,.\,d'.\,\delta)\,f + (d\,.\,\overline{\delta\,d'})\,f + (d'.\,\overline{\delta\,d})\,f = 0.$$

Daher ist

$$(d\,.\,d'.\,\delta)\,f = \frac{d\,R}{R}\,(d'.\,\delta)\,f + \frac{d'R}{R}\,(d\,.\,\delta)\,f + R\left(\frac{1}{\varrho} - \frac{1}{\varrho'}\right)\Sigma\,\alpha'\,\delta\,\alpha. \qquad (12)$$

Setzt man hier zuerst $\delta = D$, dann $\delta = d''$ und berücksichtigt die Gleichungen (9) und (11), so erhält man

$$(D\,.\,d\,.\,d')\,f = 2\,\frac{dR\,.\,d'R}{R} + R\left(\frac{1}{\varrho} - \frac{1}{\varrho'}\right)\Sigma\,\alpha'\,D\,\alpha, \qquad (13)$$

$$(d\,.\,d'.\,d'')\,f = R\left(\frac{1}{\varrho} - \frac{1}{\varrho'}\right)\Sigma\,\alpha'\,d''\alpha. \qquad (14)$$

Da in (14) links die Symbole d, d', d'' permutiert werden dürfen, so ergeben sich rechts sechs verschiedene Ausdrücke; unter anderm hat man

$$\left(\frac{1}{\varrho} - \frac{1}{\varrho'}\right)\Sigma\,\alpha'\,d''\alpha = \left(\frac{1}{\varrho} - \frac{1}{\varrho''}\right)\Sigma\,\alpha''\,d'\alpha. \qquad (15)$$

Die Formel (13) kann auf folgende Weise vereinfacht werden. Es ist

$$(d\,.\,d')\,R = (d\,.\,d')\,(D\,f) = \Sigma\,(d\,.\,d')\left(\lambda\,\frac{\partial f}{\partial x}\right)$$

$$= \Sigma\,(\,d\,.\,d')\,\lambda\,\frac{\partial f}{\partial x} + \Sigma\,d\lambda\,.\,d'\,\frac{\partial f}{\partial x} + \Sigma\,d'\lambda\,.\,d\,\frac{\partial f}{\partial x} + \Sigma\,\lambda\,(d\,.\,d')\,f$$

$$= R\,\Sigma\,\lambda\,(d\,.\,d')\,\lambda + \Sigma\,d\lambda\,.\,(\lambda\,d'R + R\,d'\lambda) + \Sigma\,d'\lambda\,.\,(\lambda\,dR + R\,d\lambda) + (D\,.\,d\,.\,d')\,f.$$

Da nun überhaupt $\Sigma\,\lambda\,\delta\,\lambda = 0$ und daher $\Sigma\,\lambda\,(\delta\,.\,\delta')\,\lambda + \Sigma\,\delta\,\lambda\,.\,\delta'\lambda = 0$, so ist

$$\Sigma\,\lambda\,(d\,.\,d')\,\lambda = -\Sigma\,d\lambda\,.\,d'\lambda = -(\Sigma\,\alpha\,\alpha') : \varrho\,\varrho' = 0;$$

folglich

$$(d\,.\,d')\,R = (D\,.\,d\,.\,d')\,f.$$

Nun ist ferner

$$(d\,.\,d')\,\frac{1}{R} = -\frac{(d\,.\,d')\,R}{R^2} + 2\,\frac{dR\,.\,d'R}{R^3}.$$

Wenn man also die Gleichung (13) durch R^2 dividiert, so ergibt sich

$$(d\,.\,d')\,\frac{1}{R} = \frac{1}{R}\left(\frac{1}{\varrho'} - \frac{1}{\varrho}\right)\Sigma\,\alpha'\,D\,\alpha. \qquad (16)$$

Wenden wir jetzt diese allgemeinen Formeln auf die transformierten Integrabilitätsbedingungen (7) und (8) an, so ergibt sich namentlich aus der Vergleichung von (8) mit (15), da im allgemeinen ϱ' und ϱ'' verschieden sein werden, offenbar $\Sigma\,\alpha' d''\alpha = 0$. Daher haben wir jetzt

$$(d\,.\,d')\,\frac{1}{R} = 0, \quad (d\,.\,d'')\,\frac{1}{R} = 0, \text{ usw.} \qquad (n-2 \text{ Gleichungen}) \tag{17}$$

$$\left.\begin{array}{l}(d\,.\,d'.\,d'')\,f = 0, \quad (d\,.\,d'.\,d''')\,f = 0, \text{ usw.}, \quad (d\,.\,d''.\,d''')\,f = 0, \text{ usw.} \\ \left[\binom{n-2}{2} \text{ Gleichungen}\right]\end{array}\right\} \tag{18}$$

als Bedingungen der Integrabilität der Gleichung $\alpha\,dx + \beta\,dy + \cdots = 0$. Da zum Beispiel

$$(d\,.\,d'.\,d'')f = \alpha\,\alpha'\alpha''\,\frac{\partial^3 f}{\partial x^3} + (\alpha'\alpha''\beta + \alpha\,\alpha''\beta' + \alpha\,\alpha'\beta'')\,\frac{\partial^3 f}{\partial x^2\,\partial y} + \text{usw.}$$

ist, so sind die Gleichungen (18) in Beziehung auf die dritten Differentialkoeffizienten von f linear und homogen, aber in Beziehung auf die ersten und zweiten irrational. Will man auch in den Gleichungen (17) die dritten Differentialkoeffizienten sichtbar machen, so bringe man sie unter die Form

$$(D\,.\,d\,.\,d')\,f = 2\,\frac{dR\,.\,d'R}{R}.$$

Da auch die übrigen Differentialgleichungen $\alpha' dx + \beta' dy + \cdots = 0$, usw. integrabel sein müssen, so bekommen wir im ganzen so viele Bedingungsgleichungen von der Form $(d\,.\,d')\,1/R = 0$, als die $n-1$ Symbole $d, d', d'', d''', \ldots$ zu zweien, und so viele von der Form $(d\,.\,d'.\,d'')\,f = 0$, als dieselben Symbole zu dreien kombiniert werden können, im ganzen also $\binom{n-1}{2} + \binom{n-1}{3} = \binom{n}{3}$ Bedingungen. Es liegt also die schwierige Aufgabe vor, nachzuweisen, daß alle diese $\binom{n}{3}$ Bedingungen schon in den $\binom{n-1}{2}$ Gleichungen (17) und (18) enthalten seien, eine Aufgabe, für deren Lösung ich durchaus keinen Rat weiß.

Wir wollen nun annehmen, die Form der Funktion f, welche der Aufgabe vollkommen genügt, sei verlorengegangen; aber aus der ganzen Schar der durch $f = \text{const}$ dargestellten Kontinua sei ein einziges für unsere Anschauung zurückgeblieben und durch die Gleichung $V = 0$ dargestellt, welche explizite nur die n Variabeln $x, y, z, \ldots$ enthält. Wir müssen uns dann V auch implizite als Funktion von f denken, in der aber durch die Annahme eines konstanten Werts für f und Verschmelzung desselben mit allen andern Konstanten jede Spur der Funktionsweise in Beziehung auf f ausgelöscht ist. Welchen Bedingungen wird die Funktion V genügen müssen, damit das entsprechende einzelne Kontinuum einer Schar angehören könne, welche fähig ist, einem orthogonalen Systeme sich einzureihen?

Wird V nicht nur explizite, sondern auch implizite vermittels f als Funktion von $x, y, \ldots$ aufgefaßt, so ist V mit Null identisch; daher wird auch jede ableitende Operation ein mit Null identisches Resultat liefern. Wird V so aufgefaßt, so soll es durch $\overline{V}$ bezeichnet werden; sonst aber mögen alle ableitenden Operationen nur explizite verstanden werden und unter sich unabhängig sein. Werden sie mit δ, δ', δ'' bezeichnet, so ist

$$\delta\overline{V} = \left(\delta + \delta f \frac{\partial}{\partial f}\right) V = 0,$$

$$\delta\delta'\overline{V} = \left(\delta + \delta f \frac{\partial}{\partial f}\right)\left(\delta' + \delta' f \frac{\partial}{\partial f}\right) V + \delta\delta' f \frac{\partial V}{\partial f} = 0,$$

$$\begin{aligned}\delta\delta'\delta''\overline{V} = {} & \left(\delta + \delta f \frac{\partial}{\partial f}\right)\left(\delta' + \delta' f \frac{\partial}{\partial f}\right)\left(\delta'' + \delta'' f \frac{\partial}{\partial f}\right) V \\ & + \delta'\delta'' f\left(\delta + \delta f \frac{\partial}{\partial f}\right)\frac{\partial V}{\partial f} + \delta\,\delta'' f\left(\delta' + \delta' f \frac{\partial}{\partial f}\right)\frac{\partial V}{\partial f} \\ & + \delta\,\delta' f\left(\delta'' + \delta'' f \frac{\partial}{\partial f}\right)\frac{\partial V}{\partial f} + \delta\,\delta'\delta'' f \frac{\partial V}{\partial f} = 0.\end{aligned}$$

Setzt man in der ersten Gleichung $\delta = D$, so erhält man

$$D V + R \frac{\partial V}{\partial f} = 0. \tag{19}$$

Werden in der dritten Gleichung δ, δ', δ'' durch d, d', d'' ersetzt, so ergibt sich vermöge der von speziellen Voraussetzungen unabhängigen Gleichung (11)

$$(d\,.\,d'.\,d'') V + (d\,.\,d'.\,d'') f \frac{\partial V}{\partial f} = 0. \tag{20}$$

Da $\partial V/\partial f$ unbekannt ist, so reicht die Gleichung (19) zur Bestimmung der Funktion R nicht hin; die Gleichung (20) hingegen verglichen mit (18) gibt $(d\,.\,d'.\,d'')\,V = 0$.

Wenn also das einzelne Kontinuum $V = 0$ einem orthogonalen System soll angehören können, so müssen erstens alle $(n-1)\,(n-2)\,(n-3)/(1\cdot 2\cdot 3)$ in der Form $(d\,.\,d'.\,d'')\,V = 0$ begriffenen Bedingungen erfüllt sein, und zweitens dürfen die $(n-1)\,(n-2)/2$ partiellen Differentialgleichungen zweiter Ordnung von der Form $(d\,.\,d')\,1/R = 0$, durch welche die unbekannte Funktion R der n Variabeln $x, y, \ldots$ bestimmt wird, einander nicht widersprechen.

Obgleich nach Ziffer 42 die Elemente $\lambda, \mu, \ldots, \alpha, \beta, \ldots, \alpha', \beta', \ldots$ der operativen Polynome D, d, d', ... als Richtungskosinus der Normale und der Hauptkrümmungen des Kontinuums $V = 0$ ihren *Werten* nach bekannt sind, so sind uns doch ihre *Funktionsweisen* wegen des Verlustes der Funktion f gänzlich unbekannt; und wenn wir auch die genannten Elemente durch Funktionen aller n Variabeln $x, y, \ldots$ ausdrücken, ohne irgendeine Substitution oder Elimination mittels der Gleichung $V = 0$ anzuwenden, so haben wir doch lauter unechte Funktionsweisen, welche sich ändern, sooft wir *dasselbe* Kontinuum durch eine von $\varphi(V) = \varphi(0)$ verschiedene Gleichungsform darstellen, wie z.B. $x - \psi\,(y, z, \ldots) = 0$. Daher sind alle Variationen willkürlich, welche Richtungen entsprechen, die vom gegebenen Kontinuum $V = 0$ sich *entfernen;* und ihren Werten nach bestimmt sind nur diejenigen Variationen, welche *tangieren-*

den Richtungen entsprechen; zu diesen gehören nun allerdings die mit $d, d', \ldots$ bezeichneten Variationen, zu jenen unbestimmten hingegen die Variation D. Diese Betrachtungen mögen anschaulich zeigen, daß man allerdings, wenn die Werte einer Funktion $1/R = W$ nur für jede dem Kontinuum $V = 0$ angehörende Lösung bekannt sind, die Differentialgleichung $(d\,.\,d')\,W = 0$ in der ganzen Ausdehnung dieses Kontinuums verifizieren kann, wenn anders W derselben genügt. Denn da d' einer tangierenden Richtung entspricht, so ist $d'W$ überall auf dem Kontinuum bekannt, daher auch $d(d'W)$. Da ferner $\alpha', \beta', \ldots$ überall auf dem Kontinuum bekannt sind, so sind es auch $d\alpha', d\beta', \ldots$. Die diesen Elementen entsprechende Richtung tangiert aber, weil $\Sigma\,\lambda\, d\alpha' = -\Sigma\,\alpha'\, d\lambda = -(1/\varrho)\,\Sigma\,\alpha\,\alpha' = 0$. Daher ist auch $\overline{dd'}W$ überall auf dem Kontinuum bekannt; also ist es endlich auch $(d\,.\,d')\,W = d(d'W) - \overline{dd'}W$. Da ferner leicht gezeigt werden kann, daß überhaupt

$$(d\,.\,d'.\,d'')\,V = D\,V\left(\frac{1}{\varrho'} - \frac{1}{\varrho''}\right)\Sigma\,\alpha''\,d\,\alpha',$$

so sieht man sogleich ein, daß auch die Gleichung $(d\,.\,d'.\,d'')\,V = 0$ auf dem ganzen gegebenen Kontinuum verifiziert werden kann, indem man sie durch $\Sigma\,\alpha''\,d\alpha' = 0$ ersetzt.

Die partielle Differentialgleichung $(d\cdot d')\,W = 0$ zum Beispiel enthält eigentlich eine unabhängige Variable zuviel. Will man dieselbe nicht bloß gleichsam *graphisch* verifizieren, sondern sie auf eine echte analytische Form bringen, so kann man, um möglichst allgemein zu verfahren, jede der n Variabeln $x, y, \ldots$ so in Funktion von n neuen Variabeln $t_1, t_2, \ldots, t_n$ ausdrücken, daß $t_n = \text{const}$ dasselbe Kontinuum wie $V = 0$ darstellt. Es ist dann möglich, alle nach $x, y, \ldots$ genommenen partiellen Differentialkoeffizienten durch solche, die nach $t_1, t_2, \ldots, t_n$ genommen sind, auszudrücken; und zuletzt wird man anstatt $(d\,.\,d')\,W = 0$ eine Gleichung erhalten, worin nur die nach den $n-1$ Variabeln $t_1, t_2, \ldots, t_{n-1}$ genommenen partiellen Differentialkoeffizienten erster und zweiter Ordnung von $x, y, \ldots, W$ vorkommen.

Um dieses Verfahren durch ein leichtes Beispiel zu erläutern, legen wir den Raum mit den drei orthogonalen Koordinaten x, y, z zugrunde und denken uns diese als solche Funktionen der drei neuen Variabeln t, u, v, daß $v = \text{const}$ eine krumme Fläche, und überdies, was angeht und zur Vereinfachung beiträgt, $u = \text{const}$ die der Richtung (α, β, γ) entsprechende, $t = \text{const}$ die andere Krümmungslinie darstellt. Es sei dann $\partial x/\partial t = p\,\alpha$, $\partial y/\partial t = p\,\beta$, $\partial z/\partial t = p\,\gamma$; $\partial x/\partial u = q\,\alpha'$, $\partial y/\partial u = q\,\beta'$, $\partial z/\partial u = q\,\gamma'$; (λ, μ, ν) die Richtung der Normale. Da nun $\partial\lambda/\partial t = \alpha/\varrho, \ldots, \partial\lambda/\partial u = \alpha'/\varrho', \ldots$, so ist leicht nachzuweisen, daß

$$\lambda\,\frac{\partial^2 x}{\partial t\,\partial u} + \mu\,\frac{\partial^2 y}{\partial t\,\partial u} + \nu\,\frac{\partial^2 z}{\partial t\,\partial u} = 0$$

ist, d.h. daß die den Elementen $\partial^2 x/(\partial t\,\partial u), \ldots$ entsprechende Richtung die Fläche tangiert. Man darf daher setzen

$$\frac{\partial^2 x}{\partial t\,\partial u} = T\,\frac{\partial x}{\partial t} + U\,\frac{\partial x}{\partial u}, \quad \frac{\partial^2 y}{\partial t\,\partial u} = T\,\frac{\partial y}{\partial t} + U\,\frac{\partial y}{\partial u}, \quad \frac{\partial^2 z}{\partial t\,\partial u} = T\,\frac{\partial z}{\partial t} + U\,\frac{\partial z}{\partial u},$$

indem von diesen drei Gleichungen immer eine die notwendige Folge der zwei übrigen ist; und T, U sind als bekannte Funktionen von t, u anzusehen. Nun ist

$$d'W = \frac{1}{q}\cdot\frac{\partial W}{\partial u}, \quad d(d'W) = \frac{1}{p}\cdot\frac{\partial}{\partial t}\left(\frac{1}{q}\cdot\frac{\partial W}{\partial u}\right),$$

$$\overline{dd'}W = \frac{1}{p}\sum\frac{\partial\alpha'}{\partial t}\cdot\frac{\partial W}{\partial x} = \frac{1}{p}\sum\frac{\partial}{\partial t}\left(\frac{1}{q}\cdot\frac{\partial x}{\partial u}\right)\frac{\partial W}{\partial x}$$

$$= \frac{1}{p}\cdot\frac{\partial\frac{1}{q}}{\partial t}\cdot\frac{\partial W}{\partial u} + \frac{1}{p\,q}\sum\frac{\partial^2 x}{\partial t\,\partial u}\cdot\frac{\partial W}{\partial x}$$

$$= \frac{1}{p}\cdot\frac{\partial\frac{1}{q}}{\partial t}\cdot\frac{\partial W}{\partial u} + \frac{1}{p\,q}\left(T\frac{\partial W}{\partial t} + U\frac{\partial W}{\partial u}\right);$$

man erhält also zuletzt

$$p\,q\,(d\,.\,d')\,W = \frac{\partial^2 W}{\partial t\,\partial u} - T\frac{\partial W}{\partial t} - U\frac{\partial W}{\partial u} = 0,$$

eine partielle Differentialgleichung mit bloß 2 unabhängigen Variabeln.

Um den Gang der folgenden auf den Raum bezüglichen speziellen Erörterung nicht zu unterbrechen, wollen wir hier noch eine allgemeine Relation voranschicken. Setzt man in (10) $\delta = d$, so ergibt sich

$$(d\,.\,d)\,f = R\,\Sigma\,\alpha\,d\lambda = \frac{R}{\varrho};$$

tut man das gleiche in (12), so bekommt man mit Rücksicht auf (11)

$$(d\,.\,d\,.\,d')\,f = \frac{d'R}{\varrho} + R\left(\frac{1}{\varrho} - \frac{1}{\varrho'}\right)\Sigma\,\alpha'\,d\alpha.$$

Wendet man aber die Operation d' auf die vorletzte Gleichung an, so hat man

$$d'\frac{R}{\varrho} = (d\,.\,d\,.\,d')\,f + 2\,(d\,.\,\overline{d'd})\,f.$$

Hier ist

$$(d\,.\,\overline{d'd})\,f = \sum d'\alpha\,.\,d\frac{\partial f}{\partial x} = \Sigma\,d'\alpha\,(\lambda\,dR + R\,d\lambda)$$

$$= -dR\,.\sum\alpha\,d'\lambda + \frac{R}{\varrho}\,\Sigma\,\alpha\,d'\alpha = 0;$$

also

$$(d\,.\,d\,.\,d')\,f = \frac{d'R}{\varrho} - \frac{R}{\varrho^2}\,d'\varrho.$$

Durch Vergleichung der zwei Ausdrücke für $(d\,.\,d\,.\,d')\,f$ ergibt sich demnach

$$\Sigma\,\alpha\,d\alpha' = \frac{\varrho'\,d'\log\varrho}{\varrho' - \varrho},$$

folglich auch

$$\Sigma\,\alpha'\,d'\alpha = \frac{\varrho\,d\log\varrho'}{\varrho - \varrho'}, \tag{21}$$

ein Ausdruck, den man als Wert einer Hauptkrümmung des Kontinuums mit der Normale $(\alpha, \beta, \ldots)$, und zwar nach der Richtung $(\alpha', \beta', \ldots)$ hin, auffassen kann.

II. *Anwendung auf den Raum.* Für $n = 3$ gibt es nur die einzige Bedingung $(d\,.\,d')\,1/R = 0$. Da nun überhaupt

$$(d\,.\,d') = \sum \alpha\,\alpha' \frac{\partial^2}{\partial x^2} + \sum (\alpha\,\beta' + \alpha'\beta)\,\frac{\partial^2}{\partial x\,\partial y}$$

ist, so muß für $n = 3$ die Irrationalität wegfallen. Es sei $\alpha\,\alpha' = A$, $\beta\,\beta' = B$, $\gamma\,\gamma' = C$, $\beta\,\gamma' + \beta'\gamma = D$, $\gamma\,\alpha' + \gamma'\alpha = E$, $\alpha\,\beta' + \alpha'\beta = F$, so gelten die Gleichungen

$$\begin{aligned} 2\lambda A + \mu F + \nu E &= 0,\\ \lambda F + 2\mu B + \nu D &= 0,\\ \lambda E + \mu D + 2\nu C &= 0, \end{aligned}$$

aus denen sich leicht

$$\left.\begin{aligned} \mu\,\nu\,D &= \lambda^2 A - \mu^2 B - \nu^2 C,\\ \nu\,\lambda\,E &= -\lambda^2 A + \mu^2 B - \nu^2 C,\\ \lambda\,\mu\,F &= -\lambda^2 A - \mu^2 B + \nu^2 C \end{aligned}\right\} \qquad (22)$$

ergibt. Wenn man ferner die zwei Gleichungen

$$\alpha \frac{\partial\lambda}{\partial x} + \beta \frac{\partial\lambda}{\partial y} + \gamma \frac{\partial\lambda}{\partial z} = \frac{\alpha}{\varrho}, \qquad \alpha' \frac{\partial\lambda}{\partial x} + \beta' \frac{\partial\lambda}{\partial y} + \gamma' \frac{\partial\lambda}{\partial z} = \frac{\alpha'}{\varrho'}$$

bzw. mit α', α multipliziert und addiert, so erhält man

$$2A \frac{\partial\lambda}{\partial x} + F \frac{\partial\lambda}{\partial y} + E \frac{\partial\lambda}{\partial z} = A\left(\frac{1}{\varrho} + \frac{1}{\varrho'}\right),$$

oder, da $\frac{1}{\varrho} + \frac{1}{\varrho'} = \frac{\partial\lambda}{\partial x} + \frac{\partial\mu}{\partial y} + \frac{\partial\nu}{\partial z}$ ist,

$$\left(\frac{\partial\lambda}{\partial x} - \frac{\partial\mu}{\partial y} - \frac{\partial\nu}{\partial z}\right) A + \frac{\partial\lambda}{\partial z} E + \frac{\partial\lambda}{\partial y} F = 0.$$

Multipliziert man diese Gleichung mit $\lambda\,\mu\,\nu$, eliminiert E und F mittels (22), setzt

$$\lambda \frac{\partial\lambda}{\partial x} = -\mu \frac{\partial\mu}{\partial x} - \nu \frac{\partial\nu}{\partial x}, \quad \mu \frac{\partial\mu}{\partial y} = -\lambda \frac{\partial\lambda}{\partial y} - \nu \frac{\partial\nu}{\partial y}, \quad \nu \frac{\partial\nu}{\partial z} = -\lambda \frac{\partial\lambda}{\partial z} - \mu \frac{\partial\mu}{\partial z}$$

und führt die abkürzenden Bezeichnungen

$$l = \mu \frac{\partial\lambda}{\partial z} - \nu \frac{\partial\lambda}{\partial y}, \quad m = \nu \frac{\partial\mu}{\partial x} - \lambda \frac{\partial\mu}{\partial z}, \quad n = \lambda \frac{\partial\nu}{\partial y} - \mu \frac{\partial\nu}{\partial x}$$

ein, wo dann $l + m + n = 0$ als Bedingung für die Integrabilität der Gleichung $\lambda\,dx + \mu\,dy + \nu\,dz = 0$ schon erfüllt ist, so erhält man $(-\mu^2 m + \nu^2 n)\,A + \mu^2 l\,B - \nu^2 l\,C = 0$, und wenn man A mittels der Gleichung $A + B + C = 0$ eliminiert, $(\mu^2 + \nu^2)\,(m\,C - n\,B) = 0$. Also ist $A:B:C = l:m:n$. Setzt man deshalb

$$A = \frac{\lambda\,\mu\,\nu}{T}\,l, \quad B = \frac{\lambda\,\mu\,\nu}{T}\,m, \quad C = \frac{\lambda\,\mu\,\nu}{T}\,n, \qquad (23)$$

so folgt

$$\left.\begin{aligned} D &= \frac{\lambda}{T}\,(\lambda^2 l - \mu^2 m - \nu^2 n), \\ E &= \frac{\mu}{T}\,(-\lambda^2 l + \mu^2 m - \nu^2 n), \\ F &= \frac{\nu}{T}\,(-\lambda^2 l - \mu^2 m + \nu^2 n). \end{aligned}\right\} \tag{24}$$

Da ferner $\lambda = \beta\gamma' - \beta'\gamma$, $A = \alpha\alpha'$, $D = \beta\gamma' - \beta'\gamma$ ist, so hat man $\lambda A D = \alpha\alpha'(\beta^2\gamma'^2 - \beta'^2\gamma^2)$, usw.,

$$\lambda A D + \mu B E + \nu C F =$$

$$\begin{vmatrix} \alpha\alpha' . & \beta\beta' . & \gamma\gamma' \\ \alpha^2 . & \beta^2 . & \gamma^2 \\ \alpha'^2 . & \beta'^2 . & \gamma'^2 \end{vmatrix} = \begin{vmatrix} \alpha\alpha' + \beta\beta' + \gamma\gamma' . & \beta\beta' . & \gamma\gamma' \\ \alpha^2 + \beta^2 + \gamma^2 . & \beta^2 . & \gamma^2 \\ \alpha'^2 + \beta'^2 + \gamma'^2 . & \beta'^2 . & \gamma'^2 \end{vmatrix} = \begin{vmatrix} 0 . & \beta\beta' . & \gamma\gamma' \\ 1 . & \beta^2 . & \gamma^2 \\ 1 . & \beta'^2 . & \gamma'^2 \end{vmatrix}$$

$$= -(\beta\gamma + \beta'\gamma')(\beta\gamma' - \beta'\gamma) = \lambda\mu\nu,$$

und, wenn man in dieser letzten Gleichung die vorigen Ausdrücke für $A, B, \ldots$ substituiert,

$$T^2 = \lambda^4 l^2 + \mu^4 m^2 + \nu^4 n^2 - 2\mu^2 m \nu^2 n - 2\nu^2 n \lambda^2 l - 2\lambda^2 l \mu^2 m. \tag{25}$$

Durch die Gleichungen (23), (24) und (25) sind uns die Elemente des quadratischen operativen Polynoms $(d\,.\,d')$ vollständig bekannt, und die einzige Bedingung, von der oben die Rede war, ist nun, wenn $1/R = W$ gesetzt wird,

$$T.(d\,.\,d')\,W = \lambda\mu\nu\left(l\frac{\partial^2 W}{\partial x^2} + m\frac{\partial^2 W}{\partial y^2} + n\frac{\partial^2 W}{\partial z^2}\right) + \lambda(\lambda^2 l - \mu^2 m - \nu^2 n)$$
$$\times \frac{\partial^2 W}{\partial y\,\partial z} + \mu(-\lambda^2 l + \mu^2 m - \nu^2 n)\frac{\partial^2 W}{\partial x\,\partial z} + \nu(-\lambda^2 l - \mu^2 m + \nu^2 n)\frac{\partial^2 W}{\partial x\,\partial y} = 0. \tag{26}$$

Setzt man endlich hier

$$W = \left[\left(\frac{\partial f}{\partial x}\right)^2 + \left(\frac{\partial f}{\partial y}\right)^2 + \left(\frac{\partial f}{\partial z}\right)^2\right]^{-1/2} = \frac{1}{R}, \quad \lambda = \frac{1}{R}\cdot\frac{\partial f}{\partial x}, \text{ usw.}$$

und multipliziert mit R^{12}, so wird die Gleichung in Beziehung auf alle partiellen Differentialkoeffizienten der gesuchten Funktion f ganz und rational.

Ich führe bloß noch an, daß die partielle Differentialgleichung dritter Ordnung für eine Funktion f, welche eine zu einem orthogonalen Systeme gehörende Flächenschar darstellt, auch unter folgende Form gebracht werden kann:

$$T^2 \sum\left(\lambda\frac{\partial\beta}{\partial x} - \beta\frac{\partial\gamma}{\partial x}\right) = \lambda\mu\nu\sum\lambda\left(m\frac{\partial n}{\partial x} - n\frac{\partial m}{\partial x}\right)$$
$$+ \sum\lambda l(\lambda^2 l - \mu^2 m - \nu^2 n)\left(\frac{\partial\nu}{\partial y} - \frac{\partial\mu}{\partial z}\right) = 0.$$

Trägt man auf jeder Normale des Kontinuums $f = \text{const}$ ein unendlich kleines Stück $\delta f/R$ auf, so liegen die Endpunkte aller dieser Stücke in dem sukzessiven Kontinuum derselben Schar, für welches $f(x, y, \ldots) = \text{const} + \delta f$ ist. Wenn man also eine Funktion W kennt, welche der Bedingung $(d\,.\,d')\,W = 0$

genügt, und trägt dann auf jeder Normale der Fläche $V = 0$ ein Stück $W\omega$ auf, wo ω einen sehr kleinen konstanten Faktor bedeutet, so liegen die Endpunkte in einer neuen Fläche, welche fähig ist, zugleich mit der vorigen einem orthogonalen System anzugehören. Diese Bemerkung führt uns zu einer *graphischen* Konstruktion eines beliebigen orthogonalen Flächensystems.

Da $\Sigma \lambda\, d'\alpha = 0$, $\Sigma \alpha\, d'\alpha = 0$ ist, so folgt $d'\alpha : d'\beta : d'\gamma = \alpha' : \beta' : \gamma'$ und hieraus $d'\alpha = \alpha' . \Sigma \alpha' d'\alpha$, usw. Daher ist das operative Polynom $\overline{d'd} = \Sigma\, d'\alpha\, (\partial/\partial x) = \Sigma\, \alpha' d'\alpha \times d'$, und es wird dadurch $(d\,.\,d')\, W = d'\,(dW) - \Sigma\, \alpha' d'\alpha \times d'W$. Wenn also die Funktion W der Bedingung $(d\,.\,d')\, W = 0$ genügt, so ist mit Rücksicht auf die Formel (21) überall auf der Fläche

$$d'(dW) = \frac{\varrho\, d \log \varrho'}{\varrho - \varrho'}\, d'W. \tag{27}$$

Man wähle nun eine ganz beliebige Fläche, ziehe alle ihre Krümmungslinien, nehme von diesen zwei sich im Punkt A kreuzende l, l' heraus und verfüge nach Belieben über die Werte der Funktion W, welche diesen Krümmungslinien entlang stattfinden sollen. Entspricht die Krümmungslinie l der Richtung (α, β, γ), so kennen wir derselben entlang die Werte von dW. Auf der andern l' liege A_1 unendlich nahe bei A, und es gehe durch A_1 die auf l folgende Krümmungslinie l_1. Da W längs l' bekannt ist, so ist auch $d'W$ in A bekannt; der Faktor $(\varrho\, d\log \varrho')/(\varrho - \varrho')$ ist auf der ganzen Fläche bekannt; folglich ist $d'(dW)$ in A bekannt. Aber dW in A_1 ist gleich dW in A plus $A A_1 \times d'(dW)$ in A; also ist dW in A_1 bekannt; und da W in A_1 bekannt ist, so kennen wir, wenn $A_1 B_1$ ein Element der Krümmungslinie l_1 ist, auch W in B_1 ($= W$ in $A_1 + A_1 B_1 \times dW$ in A_1). Die zwei sukzessiven Krümmungslinien l, l_1 mögen von den aufeinanderfolgenden Krümmungslinien $l', m', n', \ldots$ in die entsprechenden Elemente AB, A_1B_1; BC, B_1C_1; CD, C_1D_1; $\ldots$ geteilt werden. Da W in B und in B_1 bekannt ist, so kennt man $d'W$ in B, also vermöge jener Relation (27) auch $d'(dW)$ in B. Aber dW in B ist bekannt; man kennt also auch dW in B_1, und, da W in B_1 bekannt ist, auch W in C_1. Folglich kennt man $d'W$ in C, usw. Man lernt so W längs der ganzen Krümmungslinie l_1 kennen. Ist l_2 eine unmittelbar folgende Krümmungslinie, welche l' in A_2 schneidet, so wird man ebenso, vom Werte, der W in A_2 willkürlich beigelegt wurde ausgehend, die Werte der Funktion W längs der ganzen Krümmungslinie l_2 bestimmen können. Wird dieses Verfahren fortgesetzt, so ist klar, daß die Werte der Funktion W für alle Punkte der Fläche durch die, welche wir längs der Krümmungslinien l und l' willkürlich angenommen haben, bestimmt sind.

Ist jetzt ω eine unendlich kleine Größe und wird $W\omega$ in jedem Punkte der Fläche auf die Normale aufgetragen, so bilden die Endpunkte eine neue Fläche. Da die Bedingung $(d\,.\,d')\, W = 0$ erfüllt ist, so werden die Endpunkte der auf den Normalen der ersten Fläche aufgetragenen Stücke, längs einer Krümmungslinie derselben verfolgt, immer eine Krümmungslinie der zweiten Fläche bilden.

Die zweite Fläche kann man wieder wie die erste behandeln und unter anderem die beiden Krümmungslinien, längs denen über die Funktion W von neuem frei verfügt wird, den mit l und l' bezeichneten der ersten Fläche entsprechen lassen. Nun ist

$$\frac{\partial R}{\partial x} = \frac{\partial}{\partial x}(D f) = D\frac{\partial f}{\partial x} + \sum \frac{\partial \lambda}{\partial x} \cdot \frac{\partial f}{\partial x} = D\frac{\partial f}{\partial x} = R D \lambda + \lambda D R,$$

und zugleich

$$\frac{\partial R}{\partial x} = \lambda D R + \alpha\, dR + \alpha' d' R;$$

folglich

$$D\lambda = \alpha\, d \log R + \alpha' d' \log R, \text{ usw.} \tag{28}$$

Man kennt also $D\lambda$, $D\mu$, $D\nu$ für jeden Punkt der ersten Fläche (indem $W = 1/R$), also auch λ, μ, ν für jeden Punkt der zweiten. Wir sehen so durch die Bedingungen (28) die entsprechenden Krümmungslinien der ersten, zweiten, dritten, usw. Fläche sich aneinanderreihen und dadurch die zwei andern Flächenscharen entstehen, welche mit jener ersten Schar ein orthogonales System bilden.

Ich behaupte nun, daß, wenn drei im übrigen beliebige Flächen gegeben sind, welche sich in drei je zweien gemeinschaftliche Krümmungslinien orthogonal schneiden, diese Flächen, ohne einer ferneren Bedingung zu genügen, immer einem orthogonalen System angehören und dasselbe vollständig bestimmen.

Vom Punkte A aus, in welchem die drei gegebenen Flächen sich schneiden, gehen auf der ersten die Krümmungslinien l, l' und die der zweiten und dritten Fläche gemeinschaftliche Krümmungslinie. Auf dieser schneide man von A an ein unendlich kleines Stück s ab und ziehe durch dessen Endpunkt die zu l, l' sukzessiven Krümmungslinien der zwei letzten Flächen; man kennt dann beiden l und l' entlang die Abstände $s = w/R$ der genannten sukzessiven Krümmungslinien, wobei der Wert von $1/R = W$ in A beliebig angenommen und so die unendlich kleine Konstante w bestimmt werden kann. Da somit die Funktion W längs zweien sich kreuzenden Krümmungslinien der ersten Fläche bekannt ist, so ist sie auch nach dem, was wir vorhin gesehen haben, auf der ganzen ersten Fläche bekannt. Man kennt daher auch die unmittelbar auf diese folgende Fläche der ersten Schar. Für das Gelingen der Fortsetzung dieser Konstruktion braucht bloß noch nachgewiesen zu werden, daß die Bedingungen (28) durch die zweite und dritte der ursprünglichen Flächen schon erfüllt ist.

Führt man statt des dortigen R das unendlich kleine normale Element $s = \omega/R$ ein, so werden jene Bedingungen:

$$D\lambda = -\alpha\, d\log s - \alpha' d' \log s, \text{ usw.}; \qquad \text{also} \qquad -d\log s = \alpha D\lambda + \beta D\mu + \gamma D\nu,$$

oder

$$d\log s = \lambda D\alpha + \mu D\beta + \nu D\gamma. \tag{28 bis}$$

Es handelt sich also darum, die Variation des unendlich kleinen Abstandes zweier sukzessiver Krümmungslinien l, l_1 einer Fläche auszudrücken, welche längs l stattfindet. Dieser Abstand, als Element der kreuzenden Krümmungslinie l' sei σ', das Element von l hingegen sei σ. Vom Durchschnittspunkt A der Linien l, l' aus schneide man auf diesen die unendlich kleinen Stücke

$\sigma = AB$, $\sigma' = AA_1$ ab; die durch A_1 und B gehenden Krümmungslinien l_1 und m' bilden dann mit l, l' das Viereck ABB_1A_1, und es ist $BB_1 - AA_1 = AB \,.\, d\sigma' = \sigma\, d\sigma'$. Von der Variation der Richtung von BB_1 im Vergleich mit AA_1 darf man absehen, weil sie wegen der orthogonalen Stellung dieser Viereckseiten zu der Basis AB in der Länge dieser Linienelemente nur eine Variation zweiter Ordnung hervorbringt; deshalb darf man in obiger Differenz das Element BB_1 durch seine Projektion auf AA_1 oder auf die Richtung $(\alpha', \beta', \gamma')$ ersetzen. Man kann also auch die Differenzen der Projektionen von BB_1 und AA_1 auf die Achsen der x, y, z, oder die ihnen bzw. gleichen Differenzen der Projektionen von A_1B_1 und AB mit α', β', γ' multiplizieren und addieren; die Summe wird $\sigma\, d\sigma'$ sein. Da man aber nach der vorigen Bemerkung von der Richtungsveränderung von BB_1 absehen darf, so braucht man bei A_1B_1 nur die Richtungsveränderung (weil bewirkt durch eine Längenvariation von BB_1) zu berücksichtigen und kann hingegen die Längenvariation (weil sie keine solche für BB_1 bedingt) vernachlässigen. Die Variationen der Richtungskosinus von AB sind $\sigma'\, d'\alpha$, $\sigma'\, d'\beta$, $\sigma'\, d'\gamma$; als Länge kann man diejenige von AB oder σ behalten. Demnach dürfen statt der Differenzen der Projektionen von A_1B_1 und AB auf die Koordinatenachsen die Größen $\sigma\,\sigma'\, d'\alpha$, $\sigma\,\sigma'\, d'\beta$, $\sigma\,\sigma'\, d'\gamma$ gesetzt werden. Multipliziert man nun mit α', β', γ', addiert und läßt den Faktor σ weg, so erhält man

$$d\sigma' = \sigma'(\alpha' d'\alpha + \beta' d'\beta + \gamma' d'\gamma).$$

Vertauscht man hier α', β', γ', σ', d' mit λ, μ, ν, s, D, so erhält man gerade die zu beweisende Gleichung (28 bis).

Da die partielle Differentialgleichung (26) in Beziehung auf die Funktion f von der dritten Ordnung ist, so muß ihre vollständige Lösung *drei* arbiträre Funktionen enthalten. Diese Forderung ist durch die vorige graphische Konstruktion insofern erfüllt, als die *drei* ursprünglichen Flächen mit Ausnahme der Bedingung, sich in Krümmungslinien und orthogonal zu schneiden, ganz willkürlich sind.

45. *Anwendung der konfokalen Kontinuen auf die Bestimmung des Maßes der durch ein Kontinuum zweiten Grades (mit lauter reellen Achsen) begrenzten Totalität und des begrenzenden Kontinuums selbst – Relationen zwischen vollständigen Abelschen Integralen*

Wir wollen das Element der n-fachen Totalität mittels der Variationen der Achsenquadrate eines Systems konfokaler Kontinuen zu bestimmen suchen. Es seien A, B, C, ..., J die n Achsenquadrate irgendeines Kontinuums des Systems, und wenn n Kontinua die Lösung $(x, y, \ldots)$ gemein haben, so mögen die Achsenquadrate eines jeden mit demselben unteren Zeiger versehen werden, so daß die Zeiger 1, 2, ..., n der Reihe nach allen durchgehenden Kontinuen entsprechen. Ist jetzt ds_1 das lineare Element, welches der Variation dA_1 entspricht, während A_2, A_3, ..., A_n sich nicht ändern, sind ferner $\alpha_1 = p_1 x/A_1$, $\beta_1 = p_1 y/B_1$, ... die Richtungskosinus der Normale des Kontinuums A_1, so hat man $dx = \alpha_1 ds_1$, $dy = \beta_1 ds_1, \ldots$, und durch Differentiation der Gleichung

$$\frac{x^2}{A_1} + \frac{y^2}{B_1} + \cdots = 1$$

ergibt sich

$$2\left(\frac{x\,\alpha_1}{A_1} + \frac{y\,\beta_1}{B_1} + \cdots\right) ds_1 - \left(\frac{x^2}{A_1^2} + \frac{y^2}{B_1^2} + \cdots\right) dA_1 = 0,$$

woraus

$$ds_1 = \frac{dA_1}{2\,p_1}$$

folgt, wobei man sich an den Ausdruck

$$p_1^2 = \frac{A_1 B_1 C_1 \ldots J_1}{(A_1 - A_2)(A_1 - A_3) \ldots (A_1 - A_n)}$$

zu erinnern hat. Bedeutet nun dV das Element der Totalität, so kann man dieses als orthogonales Paralleloschem auffassen, dessen Seiten $ds_1, ds_2, \ldots, ds_n$ sind. Es ist also

$$dV = \frac{1}{2^n} \cdot \frac{dA_1\, dA_2 \ldots dA_n}{p_1\, p_2 \ldots p_n}.$$

Die Integration dieser Formel kann auf unter sich unabhängige Quadraturen zurückgeführt werden, da die Variabeln $A_1, A_2, \ldots, A_n$ sich trennen lassen. Wir müssen aber vorher einige Abkürzungen einführen.

Wenn $A > B > C > \cdots > H > J$ angenommen wird, so sei damit auch $A_1 > A_2 > \cdots > A_n$. Dann ist $J_1 > 0$, $H_2 > 0 > J_2$, $G_3 > 0 > H_3$, usw. Die Quadratwurzeln

$$R_1 = \sqrt{A_1 B_1 C_1 \ldots J_1}, \quad R_2 = \sqrt{-A_2 B_2 \ldots J_2}, \quad \ldots,$$
$$R_i = \sqrt{(-1)^{i-1} A_i B_i \ldots J_i}, \quad \ldots, \quad R_n = \sqrt{(-1)^{n-1} A_n B_n \ldots J_n}$$

sind also alle reell, und wir wollen sie überdies noch als positiv annehmen; jede derselben enthält nur eine Variable. Wenn wir ferner die alternierende Funktion

$$\begin{aligned}(A_1 - A_2)(A_1 - A_3)(A_1 - A_4) \ldots (A_1 - A_{n-1})(A_1 - A_n)\\ \times (A_2 - A_3)(A_2 - A_4) \ldots (A_2 - A_{n-1})(A_2 - A_n)\\ \times (A_3 - A_4) \ldots (A_3 - A_{n-1})(A_3 - A_n)\\ \times \cdots\\ \times (A_{n-2} - A_{n-1})(A_{n-2} - A_n)\\ \times (A_{n-1} - A_n)\end{aligned}$$

mit Ω bezeichnen, so ist

$$\Omega = \Sigma \pm A_1^{\varepsilon_1} A_2^{\varepsilon_2} \ldots A_n^{\varepsilon_n},$$

wo $\varepsilon_1, \varepsilon_2, \ldots, \varepsilon_n$ irgendeine Permutation der Exponenten $n-1, n-2, n-3, \ldots, 2, 1, 0$ sein und das obere oder untere Vorzeichen des Produkts gelten soll, je nachdem die Permutation eine positive oder negative ist. (Der Beweis steht in Jacobis Abhandlung *De functionibus alternantibus* im Crelleschen Journal[1]).)

[1]) J. reine angew. Math. *22*, 360–371 (1841) = Werke Bd. 3, S. 439–452. J. J. B.

Wird Ω durch

$$(A_1 - A_i)(A_2 - A_i) \ldots (A_{i-1} - A_i)(A_i - A_{i+1}) \ldots (A_i - A_n)$$

dividiert, so soll Φ_i der Quotient sein; man kann also auch sagen, $(-1)^{i-1}\Phi_i$ sei das Aggregat aller in der Entwicklung von Ω vorkommenden und durch A_i^{n-1} teilbaren Glieder, wenn sie von diesem Faktor befreit sind. Es ist klar, daß Φ_i wiederum eine alternierende Funktion ist. Es versteht sich übrigens, daß die Ausdrücke für Ω und Φ_i sich nicht ändern, wenn auch sämtliche Achsenquadrate A um eine und dieselbe Konstante vermindert werden. Wir erhalten nun zunächst

$$dV = \left(\frac{1}{2}\right)^n \Omega \frac{dA_1}{R_1} \cdot \frac{dA_2}{R_2} \cdots \frac{dA_n}{R_n},$$

also für das Maß einer von n Paaren zu derselben Gattung gehörender konfokaler Kontinuen begrenzten Totalität den Ausdruck

$$V = \left(\frac{1}{2}\right)^n \sum \pm \int \frac{A_1^{\varepsilon_1} dA_1}{R_1} \int \frac{A_2^{\varepsilon_2} dA_2}{R_2} \cdots \int \frac{A_n^{\varepsilon_n} dA_n}{R_n}.$$

Wird das erste Integral zwischen den Grenzen $J_1 = 0$ und $J_1 = J$, das zweite zwischen $H_2 = 0$ und $J_2 = 0$, usw., das letzte zwischen $A_n = 0$ und $B_n = 0$ genommen, so erhält man das Maß V der von einem Kontinuum (A) erster Gattung begrenzten Totalität, dividiert durch 2^n. Das ganze Maß ist aber offenbar R mal so groß als dasjenige einer Polysphäre vom Radius 1; folglich ist in diesem speziellen Fall

$$V = \left(\frac{1}{2}\right)^n \frac{\pi^{n/2}}{\Gamma\left(\frac{n}{2}+1\right)} R$$

der finite Wert eines Aggregats von Produkten von je n Abelschen Integralen, welche immer alle bis auf eines vollständig sind. Man kann aber überhaupt die Zahl der Faktoren solcher Produkte um 1 vermindern, wie wir jetzt zeigen wollen.

Da $\sum\limits_{i=1}^{i=n} A_i^m (-1)^{i-1} \Phi_i = 0$ oder $= \Omega$ ist, je nachdem $0 < m < n-1$ oder $m = n-1$ ist, so ist überhaupt

$$\sum_{i=1}^{i=n} f(A_i)(-1)^{i-1}\Phi_i = \Omega,$$

wenn f eine ganze Funktion $(n-1)$-ten Grades bezeichnet, wo 1 der Koeffizient der höchsten Potenz ist. Nun ist

$$R_i \frac{\partial R_i}{\partial A_i} = \frac{1}{2}(-1)^{i-1}\{B_i C_i \ldots J_i + A_i C_i \ldots J_i + \cdots + A_i B_i C_i \ldots H_i\}$$

eine ganze Funktion $(n-1)$-ten Grades von A_i, worin die höchste Potenz den Koeffizienten $(-1)^{i-1} n/2$ hat; folglich ist

$$\Sigma R_i \frac{\partial R_i}{\partial A_i} \Phi_i = \frac{n}{2} \Omega.$$

Man erhält demnach

$$dV = \frac{1}{n\,.\,2^{n-1}}\left\{dR_1\,\Phi_1\,\frac{dA_2}{R_2}\cdot\frac{dA_3}{R_3}\cdots\frac{dA_n}{R_n} + dR_2\,\Phi_2\,\frac{dA_1}{R_1}\cdot\frac{dA_3}{R_3}\cdots\frac{dA_n}{R_n}\right.$$
$$\left. + \cdots + dR_n\,\Phi_n\,\frac{dA_1}{R_1}\cdot\frac{dA_2}{R_2}\cdots\frac{dA_{n-1}}{R_{n-1}}\right\},$$

wo zum Beispiel $(\partial R_1/\partial A_1)\,dA_1$ durch dR_1 ersetzt wurde, weil R_1 nur die Variable A_1 und Φ_1 diese *nicht* enthält. Integriert man, so ist

$$V = \frac{1}{n\,.\,2^{n-1}}\left\{(R_1)\int^{n-1}\Phi_1\,\frac{dA_2}{R_2}\cdot\frac{dA_3}{R_3}\cdots\frac{dA_n}{R_n} + \cdots\right\},$$

wo die Klammern, in die man zum Beispiel R_1 gesetzt hat, bedeuten, daß diese Funktion zwischen den auf A_1 bezüglichen Integrationsgrenzen zu nehmen sei. Da Φ_i eine alternierende Funktion ist, so zerfällt das $(n-1)$-fache Integral in ein Aggregat von Produkten von je $n-1$ Abelschen Integralen.

Nimmt man die auf $A_2, A_3, \ldots, A_n$ bezüglichen Integrationsgrenzen und die untere für A_1 so weit als es die Bedingung der Realität der Funktionen $R_1, R_2, \ldots, R_n$ nur erlaubt, so wird

$$(R_2) = (R_3) = \cdots = (R_n) = 0, \quad (R_1) = R;$$

und man erhält

$$\int^{n-1}\Phi_1\,\frac{dA_2}{R_2}\cdot\frac{dA_3}{R_3}\cdots\frac{dA_n}{R_n} = \frac{\pi^{n/2}}{\Gamma\left(\frac{n}{2}\right)}, \tag{1}$$

eine Relation zwischen $(n-1)^2$ vollständigen Abelschen Integralen, deren jedes in der Formel $\int (A-k)^m\,dA/R$, $[m = 0, 1, 2, \ldots, n-2]$ enthalten ist.

Indem wir uns das Kontinuum erster Gattung als fest denken, lassen wir in den Zeichen seiner Achsenquadrate den Zeiger 1 weg und setzen uns vor, das Maß S eines von $n-1$ Paaren konfokaler Kontinuen begrenzten Stücks des Kontinuums A erster Gattung zu bestimmen. Man hat

$$\begin{aligned} dS &= \left(\frac{1}{2}\right)^{n-1}\frac{dA_2}{p_2}\cdot\frac{dA_3}{p_3}\cdots\frac{dA_n}{p_n} \\ &= \Phi\sqrt{(A-A_2)(A-A_3)\ldots(A-A_n)}\,\frac{dA_2}{R_2}\cdot\frac{dA_3}{R_3}\cdots\frac{dA_n}{R_n}. \end{aligned} \tag{2}$$

Setzt man $A_2 - k = K_2$, $A_3 - k = K_3, \ldots$, wo k eine beliebige Konstante bedeutet, so ist

$$\Phi = (K_2-K_3)(K_2-K_4)\ldots(K_2-K_n)\times(K_3-K_4)\ldots(K_4-K_n)\times\cdots$$
$$\times(K_{n-1}-K_n)$$
$$= \begin{vmatrix} K_2^{n-2}. & K_3^{n-2}. & K_4^{n-2}. & \ldots & K_n^{n-2} \\ K_2^{n-3}. & K_3^{n-3}. & K_4^{n-3}. & \ldots & K_n^{n-3} \\ \cdots & \cdots & \cdots & \cdots & \cdots \\ K_2^2 & .\,K_3^2 & .\,K_4^2 & \ldots & K_n^2 \\ K_2 & .\,K_3 & .\,K_4 & \ldots & K_n \\ 1 & .\,1 & .\,1 & \ldots & 1 \end{vmatrix} = \Sigma \pm K_2^{\varepsilon_2}K_3^{\varepsilon_3}\ldots K_n^{\varepsilon_n},$$

wo $(\varepsilon_2, \varepsilon_3, \ldots, \varepsilon_n)$ eine Permutation der Exponenten $n-2, n-1, \ldots, 2, 1, 0$ bezeichnet. Man hat also

$$S = \left(\frac{1}{2}\right)^{n-1} \Sigma \pm \int \frac{K_2^{\varepsilon_2}\sqrt{A-A_2}}{R_2}\, dA_2 \times \int \frac{K_3^{\varepsilon_3}\sqrt{A-A_3}}{R_3}\, dA_3$$

$$\times \cdots \times \int \frac{K_n^{\varepsilon_n}\sqrt{A-A_n}}{R_n}\, dA_n,$$

ein Aggregat von Produkten von je $n-1$ Abelschen Integralen. Nimmt man jedes Integral vollständig und multipliziert die rechte Seite mit 2^n, so erhält man das Maß des ganzen Kontinuums (A).

Setzt man $n = 3$, $(B-C)/(A-C) = k^2$, $(A-B)/(A-C) = k'^2$, so daß $k^2 + k'^2 = 1$, ferner

$$F(k) = \int\limits_0^{\pi/2} \frac{dx}{\sqrt{1-k^2\sin^2 x}}, \qquad E(k) = \int\limits_0^{\pi/2} \sqrt{1-k^2\sin^2 x}\, dx,$$

so verwandelt sich die Gleichung (1) in

$$F(k)\,E(k') + E(k)\,F(k') - F(k)\,F(k') = \frac{\pi}{2},$$

die bekannte von LEGENDRE gefundene Relation zwischen vollständigen elliptischen Integralen der ersten und zweiten Art mit komplementären Moduln. Die Gleichung (2) gibt für $n = 3$ die Oberfläche des Ellipsoids.

Was in diesem und dem folgenden Paragraphen vorkommt, ist eine Ausführung von sehr interessanten Andeutungen, welche JACOBI in jener Abhandlung (Crelles Journal B. XIX[1]) gegeben hat, wo er zuerst die Gleichung und Rektifikation der geodätischen Linie auf dem Ellipsoid durch einfache Integrale darstellte. Ich habe diese Gegenstände hier aufgenommen, weil sie in einer Theorie der vielfachen Kontinuität nicht fehlen dürfen.

46. *Bestimmung des kürzesten Weges sowohl in der Totalität als auch auf einem quadratischen Kontinuum oder dem Durchschnitte mehrerer konfokaler Kontinuen*

Wenn die Werte $x, y, \ldots$ einer Lösung als Funktionen der ersten Achsenquadrate $A_1, A_2, \ldots, A_n$ der n durchgehenden konfokalen Kontinuen gedacht werden, so sind

$$\frac{dA_1}{2p_1}, \quad \frac{dA_2}{2p_2}, \quad \ldots, \quad \frac{dA_n}{2p_n}$$

die Projektionen des Wegelements $ds = \sqrt{dx^2 + dy^2 + \cdots}$ auf die Normalen der konfokalen Kontinuen. Da diese ein System von orthogonalen Richtungen

[1]) C. G. J. JACOBI, *Note von der geodätischen Linie auf einem Ellipsoid und den verschiedenen Anwendungen einer merkwürdigen analytischen Substitution*, J. reine angew. Math. *19*, 309–313 (1839) = Werke Bd. 2, S. 57. J. J. B.

bilden, so ist

$$ds^2 = \left(\frac{dA_1}{2\,p_1}\right)^2 + \left(\frac{dA_2}{2\,p_2}\right)^2 + \cdots + \left(\frac{dA_n}{2\,p_n}\right)^2;$$

oder auch, wenn $\lambda_1, \lambda_2, \ldots, \lambda_n$ die Kosinus der Winkel bedeuten, welche das Wegelement ds mit den Normalen bildet,

$$\lambda_1^2 + \lambda_2^2 + \cdots + \lambda_n^2 = 1, \qquad ds = \lambda_1 \frac{dA_1}{2\,p_1} + \lambda_2 \frac{dA_2}{2\,p_2} + \cdots + \lambda_n \frac{dA_n}{2\,p_n}.$$

Wenn aber $\lambda_1, \lambda_2, \ldots, \lambda_n$ überhaupt Größen bezeichnen, welche der Bedingung $\Sigma\,\lambda^2 = 1$ genügen, so ist

$$ds^2 = \left(\sum \lambda \frac{dA}{2\,p}\right)^2 + \sum \lambda_1^2 \lambda_2^2 \left(\frac{dA_1}{\lambda_1 \,.\, 2\,p_1} - \frac{dA_2}{\lambda_2 \,.\, 2\,p_2}\right)^2. \tag{1}$$

Gelingt es nun, für $\lambda_1, \lambda_2, \ldots, \lambda_n$ solche Funktionen der Variabeln $A_1, A_2, \ldots, A_n$ anzugeben, daß λ_1/p_1 nur A_1, λ_2/p_2 nur A_2, usw. enthält, und setzt man dann

$$S = \int \frac{\lambda_1\, dA_1}{2\,p_1} + \int \frac{\lambda_2\, dA_2}{2\,p_2} + \cdots + \int \frac{\lambda_n\, dA_n}{2\,p_n}, \tag{2}$$

so hängt, da hier die Variabeln getrennt sind, der Wert von S nur von beiden Grenzlösungen ab; aber nicht von dem Wege, der sie verbindet. Es wird daher vermöge (1) im allgemeinen für irgendeinen aus reellen Elementen zusammengesetzten Weg immer sein $\int ds > S$, und nur dann $\int ds = S$, wenn

$$\frac{dA_1}{2\,p_1} : \frac{dA_2}{2\,p_2} : \ldots : \frac{dA_n}{2\,p_n} = \lambda_1 : \lambda_2 : \ldots : \lambda_n \tag{3}$$

ist. Also ist dann der Weg, der diese Proportionen zu seinen Differentialgleichungen hat, der *kürzeste* zwischen den zwei gegebenen Grenzlösungen.

Der kürzeste Weg muß ein *Strahl* sein. Ein solcher wird von $n-1$ konfokalen Kontinuen des gegebenen Systems berührt; ihre ersten Achsenquadrate seien $\mathfrak{A}_2, \mathfrak{A}_3, \ldots, \mathfrak{A}_n$. Dann gelten, wie wir bereits aus Ziffer 41, V, Gl. (6) wissen, $n-1$ Gleichungen von der Form

$$\frac{\lambda_1^2}{A_1 - \mathfrak{A}} + \frac{\lambda_2^2}{A_2 - \mathfrak{A}} + \cdots + \frac{\lambda_n^2}{A_n - \mathfrak{A}} = 0, \tag{4}$$

wo zu $\mathfrak{A}$ nach und nach die Zeiger $2, 3, \ldots, n$ zu setzen sind. Die Realität des Strahls erfordert übrigens

$$A_1 > \mathfrak{A}_2 > A_2 > \mathfrak{A}_3 > \cdots > A_{n-1} > \mathfrak{A}_n > A_n.$$

Vermöge der Proportionen (3) sind die Gleichungen (4) als System von Differentialgleichungen erster Ordnung, hervorgegangen aus einmaliger Integration der $n-1$ Gleichungen zweiter Ordnung, welche die gewöhnliche Variationsrechnung liefert, aufzufassen; und da sie $n-1$ arbiträre Konstanten enthalten, so ist diese Integration die allgemeine.

Um nun untersuchen zu können, ob wirklich $\lambda_1/p_1, \lambda_2/p_2, \ldots$ Funktionen von je einer Variabeln sind, müssen wir zuerst $\lambda_1, \lambda_2, \ldots$ in Funktion der konfokalen Variabeln angeben. Wenn wir das System aller n Gleichungen, durch welche die Größen λ bestimmt sind, so schreiben

$$\left.\begin{aligned} \frac{\lambda_1^2}{1+\omega A_1} + \frac{\lambda_2^2}{1+\omega A_2} + \cdots + \frac{\lambda_n^2}{1+\omega A_n} &= 1, \\ \frac{\lambda_1^2}{\omega(A_1-\mathfrak{A})} + \frac{\lambda_2^2}{\omega(A_2-\mathfrak{A})} + \cdots + \frac{\lambda_n^2}{\omega(A_n-\mathfrak{A})} &= 1, \end{aligned}\right\} \tag{5}$$

wo zu $\mathfrak{A}$ die Zeiger $2, 3, \ldots, n$ hingehören und ω einen verschwindenden Faktor bedeutet, so können wir auf das System (5) die aus Ziffer 41, II, bekannten Relationen zwischen orthogonalen und konfokalen Variabeln anwenden, und bekommen:

$$\lambda_i^2 = \frac{(1+\omega A_i)(A_i-\mathfrak{A}_2)(A_i-\mathfrak{A}_3)\ldots(A_i-\mathfrak{A}_n)}{(A_i-A_1)(A_i-A_2)\ldots(A_i-A_{i-1})(A_i-A_{i+1})\ldots(A_i-A_n)}, \quad [i=1,2,\ldots,n]$$

wo noch $\omega = 0$ zu setzen ist. Da der Ausdruck für p_i^2 denselben Nenner und $A_i B_i C_i \ldots J_i$ zum Zähler hat, so sieht man sogleich, daß der Ausdruck für λ_i/p_i nur die Variable A_i enthält. Wenn wir fortan der Kürze wegen $q_i = p_i/\lambda_i$ setzen, so ist

$$q_i^2 = \frac{A_i B_i C_i \ldots J_i}{(A_i-\mathfrak{A}_2)(A_i-\mathfrak{A}_3)\ldots(A_i-\mathfrak{A}_n)}.$$

(Da unter den Faktoren des Zählers die $i-1$ letzten, und unter denen des Nenners die $i-1$ ersten negativ sind, so ist q_i^2 positiv.) Die Form dieses Ausdrucks gibt q_i als Abstand des Zentrums vom linearen Tangentialkontinuum des quadratischen Kontinuums (A_i), welches durch seinen (imaginären oder reellen) Durchschnitt mit den $n-1$ festen konfokalen Kontinuen $(\mathfrak{A})$ gelegt ist, zu erkennen. Da nicht einmal alle Kontinua $(\mathfrak{A})$ zu $n-1$ verschiedenen Gattungen zu gehören brauchen, so kann sehr wohl das einfache Kontinuum, in dem sie sich schneiden, imaginär sein; und wenn auch alle $(\mathfrak{A})$ $n-1$ verschiedene Gattungen repräsentieren, so muß erst noch das variable Kontinuum (A_i) der letzten noch übrigen Gattung (es kann nur $i=1$ oder $i=n$ sein) angehören, wenn das Perpendikel q_i einer reellen Lösung entsprechen soll. In diesem einzigen Falle stellt das Integral $\int dA_i/(2q_i)$ die Länge eines reell begrenzten Stücks der den $n-1$ festen Kontinuen $(\mathfrak{A})$ gemeinsamen Krümmungslinie dar. Nichtsdestoweniger hat das Integral $\int dA/(2q)$ in allen Fällen, die hier in Betracht kommen werden, einen reellen Wert und kann analytisch immerhin als zwischen zwei Kontinuen (A) derselben Gattung befindliches Stück der reellen oder imaginären Krümmungslinie $(\mathfrak{A}_2, \mathfrak{A}_3, \ldots, \mathfrak{A}_n)$ gefaßt werden. Wenn uns erlaubt wird, von zwei Wegen, welche durch dasselbe Paar konfokaler Kontinuen gleicher Gattung begrenzt werden, den einen *Projektion* des andern zu nennen, und wenn alle auf die einzelnen Variabeln $A_1, A_2, \ldots, A_n$ bezüglichen Paare von Integrationsgrenzen von den zwei Grenzlösungen des Weges $\int ds$ hergenommen sind, so ist der kürzeste Weg

$$S = \int \frac{dA_1}{2q_1} + \int \frac{dA_2}{2q_2} + \cdots + \int \frac{dA_n}{2q_n} \tag{6}$$

gleich der Summe seiner *Projektionen* auf die feste Krümmungslinie $(\mathfrak{A}_2, \mathfrak{A}_3, \ldots, \mathfrak{A}_n)$, welche von allen n durch die Grenzlösungen gelegten Paaren konfokaler Kontinuen je einer und derselben Gattung gebildet werden.

Da $p = q\lambda$, so geben die Proportionen (3) für den kürzesten Weg die Bedingungen $dA/(2q) = \lambda^2 ds$, wo A, q, λ mit den untern Zeigern 1, 2, ..., n zu versehen sind. Die Gleichungen (4) werden demnach

$$\frac{\left(\frac{dA_1}{2q_1}\right)}{A_1 - \mathfrak{A}} + \frac{\left(\frac{dA_2}{2q_2}\right)}{A_2 - \mathfrak{A}} + \cdots + \frac{\left(\frac{dA_n}{2q_n}\right)}{A_n - \mathfrak{A}} = 0, \tag{7}$$

wo $\mathfrak{A}$ nach und nach mit den untern Zeigern 2, 3, ..., n zu versehen ist. In diesen $n-1$ Differentialgleichungen erster Ordnung sind die Variabeln getrennt; sie können also mittels bloßer Quadraturen integriert werden. Dadurch werden $n-1$ Integrationskonstanten hereingebracht, so daß nunmehr die $n-1$ finiten Gleichungen des kürzesten Weges $2(n-1)$ verfügbare Konstanten enthalten, was gerade nötig ist und hinreicht, um die zwei Gruppen von je $n-1$ Bedingungen, damit der Weg durch die zwei gegebenen Grenzlösungen gehe, zu befriedigen.

Wird der Anfangswert einer Variabeln, z.B. A_1, beliebig gesetzt, so ist dadurch der Weg noch nicht im geringsten näher bestimmt; denn dieser Weg muß im Verlaufe jedes Weges, dessen $\mathfrak{A}_2$ kleiner ist, zweimal vorkommen. Wenn daher die Anfangswerte der n Variabeln $A_1, A_2, \ldots, A_n$ so angenommen werden, wie es die gegebene Anfangslösung verlangt, so zählt dieses nur für $n-1$ Bestimmungsstücke des Weges. Wenn nun alle Integrale mit diesen Anfangswerten beginnen, so sind durch die $n-1$ Wegesgleichungen

$$\int \frac{1}{A_1 - \mathfrak{A}} \cdot \frac{dA_1}{2q_1} + \int \frac{1}{A_2 - \mathfrak{A}} \cdot \frac{dA_2}{2q_2} + \cdots + \int \frac{1}{A_n - \mathfrak{A}} \cdot \frac{dA_n}{2q_n} = 0 \tag{8}$$

fortan immer $n-1$ der Variabeln $A_1, A_2, \ldots, A_n$ in Funktion einer einzigen unter ihnen und der $n-1$ Konstanten $\mathfrak{A}$ gegeben, und diese letzten sind durch die Bedingung, daß der Weg durch die Endlösung gehen soll, gerade bestimmt.

Es ist noch zu bemerken, daß wegen $dA/(2q) = \lambda^2 ds$ für ein positives Wegelement immer auch seine *Projektion* $dA/(2q)$ positiv zu nehmen ist. Das Vorzeichen der Quadratwurzel q muß also immer mit dem des Differentials dA übereinstimmen. Wenn also ein q durch Null oder Unendlich hindurchgeht und infolgedessen einen Zeichenwechsel erfährt, so muß auch das entsprechende dA diesen Zeichenwechsel mitmachen. Hiermit ist nun auch der Verlauf der einzelnen Integrale in (8) hinreichend bestimmt; beim Fortschreiten des Weges nämlich ist im Ausdruck ihrer Elemente immer $dA/(2q)$ positiv zu nehmen. Ein Durchgang des Faktors von dA durch Unendlich stört die endliche Beschaffenheit des Integrals nicht. Denn entweder rührt derselbe her vom Durchgang einer der Größen $A, B, \ldots, J$ durch Null; geht z.B. J durch Null, so sind außer $dA/(2\sqrt{J}) = d \cdot \sqrt{J}$ alle übrigen Faktoren oder Divisoren endlich, und die Form $d \cdot \sqrt{J}$ zeigt einen mit Zeichenwechsel des Inkrements, endlicher Faktor $\times \sqrt{J}$, begleiteten ununterbrochenen Fortgang (z.B. Wachstum, wenn $A - \mathfrak{A}$ positiv ist) des Integrales an. Oder jener Durchgang rührt vom Verschwinden des rationalen Nenners $A - \mathfrak{A}$ her; dann findet sich aber auch $\sqrt{A - \mathfrak{A}}$ im Nenner von q, und da alles übrige endlich bleibt, hat man nur $dA/(2\sqrt{A - \mathfrak{A}}) = d\sqrt{A - \mathfrak{A}}$ zu beachten, was ebenso wie vorhin einen ununterbrochenen Fortgang des Integrals anzeigt. Im letzten Falle wurde vor dem betrachteten Durchgang $A > \mathfrak{A}$ vorausgesetzt, und es ist aus dem Gesagten klar, daß auch nach dem Durchgang wieder $A > \mathfrak{A}$ sein wird. Ganz ähnlich verhält sich die Sache, wenn anfangs $A < \mathfrak{A}$ ist; man hat nur $d\sqrt{\mathfrak{A} - A}$ zu beachten. Aus diesen Bemerkungen folgt: 1. daß jede Variable A die ihr, sei es durch ihre Gattung selbst oder durch Konstanten $\mathfrak{A}$ derselben Gattung, gesetzten Grenzen niemals überschreitet, sondern zwischen denselben oszilliert, 2. daß bei keinem der in den Gleichungen (8) vorkommenden Integrale je ein Übergang vom Wachstum zur Abnahme oder umgekehrt eintritt, sondern jedes fortwährend wächst oder abnimmt, je nachdem die entsprechende Differenz $A - \mathfrak{A}$ von Anfang an positiv oder negativ war.

Da man $n-1$ algebraische Gleichungen zwischen den Variabeln $A_1, A_2, \ldots, A_n$ angeben kann, welche denselben Weg darstellen wie die aus transzendenten Funktionen zusammengesetzten Gleichungen (8), so sind jene mit diesen äquivalent. Werden die Abelschen Integrale, welche im System (8) vorkommen, wie Argumente, und die ursprünglichen Variabeln $A_1, A_2, \ldots, A_n$ als Funktionen derselben aufgefaßt, so kennen wir also $n-1$ algebraische Relationen zwischen diesen Funktionen. Die Gleichung (6) endlich lehrt uns die Summe von n andern Abelschen Integralen, welche mit den vorigen in engem Zusammenhang stehen, in algebraischer Form kennen. Für $n = 2$ enthält die alsdann einzige Gleichung (8) das Additionstheorem für elliptische Integrale der ersten Art, die Gleichung (6) für solche der zweiten Art.

Wenn einige der konfokalen Kontinuen $(\mathfrak{A})$ verschwindende Achsenquadrate haben, so sind sie als lineare, durch die $n-1$ übrigen Achsen der Lage nach bestimmte Kontinua aufzufassen, begrenzt von einem in denselben befindlichen $(n-2)$-fachen quadratischen Kontinuum [$(n-2)$-*faches Fokalkontinuum*], dem die übrigen Achsenquadrate auch dem Werte nach zukommen. Der Strahl oder kürzeste Weg muß alsdann das $(n-2)$-fache Fokalkontinuum in einer Lösung treffen. Der Ausdruck für q vereinfacht sich desto mehr, je mehr Kontinua $\mathfrak{A}$ diese Eigenschaft haben. Ist zum Beispiel

$$\mathfrak{I}_2 = 0, \quad \mathfrak{H}_3 = 0, \quad \mathfrak{B}_4 = 0, \quad \ldots, \quad \mathfrak{C}_{n-1} = 0, \quad \mathfrak{B}_n = 0,$$

so wird $q = \sqrt{A}$, die den Kontinuen $(\mathfrak{A})$ gemeinschaftliche Krümmungslinie ist die Achse der x, und die Gleichungen (6) und (8) erhalten die Formen:

$$\begin{gathered}
S = \int d\sqrt{A_1} + \int d\sqrt{A_2} + \cdots + \int d\sqrt{A_n}, \\
\int \frac{d\sqrt{A_1}}{B_1} + \int \frac{d\sqrt{A_2}}{B_2} + \cdots + \int \frac{d\sqrt{A_n}}{B_n} = 0, \\
\int \frac{d\sqrt{A_1}}{C_1} + \int \frac{d\sqrt{A_2}}{C_2} + \cdots + \int \frac{d\sqrt{A_n}}{C_n} = 0, \\
\cdots\cdots\cdots\cdots\cdots\cdots \\
\int \frac{d\sqrt{A_1}}{J_1} + \int \frac{d\sqrt{A_2}}{J_2} + \cdots + \int \frac{d\sqrt{A_n}}{J_n} = 0.
\end{gathered}$$

Die erste dieser Gleichungen zeigt uns die Länge eines Stücks des Strahls gleich der Summe seiner reellen *Projektionen* auf die Achse der x, welche von je einem Paare durch die Enden jenes Stückes gelegten konfokalen Kontinuen derselben Gattung abgeschnitten werden; es ist aber wohl zu merken, daß die Elemente dieser Projektionen immer mit dem Elemente des Strahles selbst zugleich positiv zu nehmen sind, wenn sie auch auf der Achse der x bald in dieser, bald in jener Richtung aufeinanderfolgen. Die $n-1$ folgenden Gleichungen haben Integrale, wie

$$\frac{\sqrt{A_1}-\sqrt{A-B}}{\sqrt{A_1}+\sqrt{A-B}}\cdot\frac{\sqrt{A_2}-\sqrt{A-B}}{\sqrt{A_2}+\sqrt{A-B}}\cdots\frac{\sqrt{A_n}-\sqrt{A-B}}{\sqrt{A_n}+\sqrt{A-B}}=\text{const},$$

usw., wenn man B durch $C, D, \ldots, J$ ersetzt. Dies ist übrigens der einzige Fall, wo alle jene sogenannten *Projektionen* auch der Lage nach reell sind.

Indem wir wieder zum allgemeinen Fall zurückkehren, bemerken wir, daß die Gleichungen (8) unter die Form

$$\frac{\partial S}{\partial \mathfrak{A}_2}=0,\quad \frac{\partial S}{\partial \mathfrak{A}_3}=0,\quad \ldots,\quad \frac{\partial S}{\partial \mathfrak{A}_n}=0$$

zu bringen sind. Daraus ergibt sich folgende Vorschrift für die Bestimmung des kürzesten Weges zwischen zwei gegebenen Endlösungen. Man lege durch diese die n Paare konfokaler Kontinuen der gleichen Gattung, nehme die Summe der Projektionen, welche jedes Paar auf einer und derselben Krümmungslinie des Systems abschneidet, wiederhole das Verfahren so lange in Beziehung auf sukzessive Krümmungslinien, bis man endlich eine gefunden hat, in deren nächster Umgebung die Variation jener Summe sogenannter Projektionen verschwindet. Die Summe selbst ist dann die Länge des kürzesten Weges, und jedes zum Strahl verlängerte Element wird die $n-1$ festen Kontinua des Systems, die in jener Krümmungslinie sich schneiden, berühren, wodurch die Richtung jedes Elements, also auch der Verlauf des ganzen Weges, hinreichend bestimmt ist. – Es versteht sich freilich von selbst, daß diese Elemente sich alle zu einem einzigen Strahle zusammensetzen; aber um der Übereinstimmung mit dem Folgenden willen haben wir dem Satze diese Fassung gegeben.

Wir können das Gesagte durch eine einzige identische Formel für das Wegelement ds ausdrücken.

Wenn in den Gleichungen (5) die Größen $\lambda_1, \lambda_2, \ldots, \lambda_n$ gewöhnlichen Variabeln $x, y, \ldots$ entsprechen, so mögen $m, \mu_2\omega, \mu_3\omega, \ldots, \mu_n\omega$ den sonst mit $p_1, p_2, \ldots, p_n$ bezeichneten Perpendikeln entsprechen. Es ist dann

$$\frac{1}{\mu^2}=\frac{\lambda_1^2}{(A_1-\mathfrak{A})^2}+\frac{\lambda_2^2}{(A_2-\mathfrak{A})^2}+\cdots+\frac{\lambda_n^2}{(A_n-\mathfrak{A})^2},$$

wo $\mathfrak{A}$, μ immer mit demselben Zeiger zu versehen sind;

$$m^2=\frac{(1+\omega A_1)(1+\omega A_2)\ldots(1+\omega A_n)}{(1+\omega\mathfrak{A}_2)(1+\omega\mathfrak{A}_3)\ldots(1+\omega\mathfrak{A}_n)}=1+\omega(\Sigma A-\Sigma\mathfrak{A})+\cdots$$

Die Gleichung

$$\frac{m^2}{1+\omega A_1}+\frac{(\mu_2\,\omega)^2}{\omega\,(A_1-\mathfrak{A}_2)}+\frac{(\mu_3\,\omega)^2}{\omega\,(A_1-\mathfrak{A}_3)}+\cdots+\frac{(\mu_n\,\omega)^2}{\omega\,(A_1-\mathfrak{A}_n)}=1$$

verwandelt sich dadurch in

$$\Sigma A-\Sigma\mathfrak{A}-A_1+\frac{\mu_2^2}{A_1-\mathfrak{A}_2}+\frac{\mu_3^2}{A_1-\mathfrak{A}_3}+\cdots+\frac{\mu_n^2}{A_1-\mathfrak{A}_n}=0,$$

usw., indem für A_1 nach und nach $A_2, A_3, \ldots, A_n$ gesetzt wird. Zieht man die zweite der n so erhaltenen Gleichungen von der ersten ab und dividiert durch A_2-A_1, so folgt

$$\sum\frac{\mu\,\mu}{(A_1-\mathfrak{A})\,(A_2-\mathfrak{A})}=-1,\ \text{usw.}$$

Vertauscht man hier A_2 mit A_3 und zieht beide Gleichungen voneinander ab, so folgt leicht

$$\sum\frac{\mu\,\mu}{(A_1-\mathfrak{A})\,(A_2-\mathfrak{A})\,(A_3-\mathfrak{A})}=0,\ \text{usw.}\tag{9}$$

Es ist ferner

$$\frac{m^2}{(1+\omega A_1)^2}+\sum\frac{(\mu\,\omega)^2}{[\omega\,(A_1-\mathfrak{A})]^2}=\frac{1}{\lambda_1^2},$$

oder, wenn $\omega=0$ gesetzt wird,

$$1+\sum\frac{\mu\,\mu}{(A_1-\mathfrak{A})^2}=\frac{1}{\lambda_1^2},\ \text{usw.}$$

und, wenn man $1+\Sigma\,\mu\,\mu/[(A_1-\mathfrak{A})\,(A_2-\mathfrak{A})]=0$ subtrahiert,

$$-(A_1-A_2)\sum\frac{\mu\,\mu}{(A_1-\mathfrak{A})^2\,(A_2-\mathfrak{A})}=\frac{1}{\lambda_1^2},\ \text{usw.}\tag{10}$$

Diese Vorbereitungen sollen uns zur Verwandlung der identischen Formel (1) dienen. Setzen wir $p=q\,\lambda$, so wird das dortige

$$\frac{dA_1}{\lambda_1\,.\,2\,p_1}-\frac{dA_2}{\lambda_2\,.\,2\,p_2}=\frac{1}{\lambda_1\,\lambda_1}\cdot\frac{dA_1}{2\,q_1}-\frac{1}{\lambda_2\,\lambda_2}\cdot\frac{dA_2}{2\,q_2}$$

$$=-(A_1-A_2)\left\{\frac{dA_1}{2\,q_1}\sum\frac{\mu\,\mu}{(A_1-\mathfrak{A})^2\,(A_2-\mathfrak{A})}+\frac{dA_2}{2\,q_2}\sum\frac{\mu\,\mu}{(A_1-\mathfrak{A})\,(A_2-\mathfrak{A})^2}\right\}$$

vermöge der Gleichungen (10), und wenn man die Gleichungen (9) hinzunimmt:

$$=-(A_1-A_2)\sum\frac{\mu\,\mu}{(A_1-\mathfrak{A})\,(A_2-\mathfrak{A})}$$

$$\times\left\{\frac{1}{A_1-\mathfrak{A}}\cdot\frac{dA_1}{2\,q_1}+\frac{1}{A_2-\mathfrak{A}}\cdot\frac{dA_2}{2\,q_2}+\cdots+\frac{1}{A_n-\mathfrak{A}}\cdot\frac{dA_n}{2\,q_n}\right\}.$$

Wird nun

$$dS=\frac{dA_1}{2\,q_1}+\frac{dA_2}{2\,q_2}+\cdots+\frac{dA_n}{2\,q_n}$$

gesetzt, so ist der eingeklammerte Ausdruck $=-2\,d\,(\partial S/\partial\mathfrak{A})$; also

$$\frac{dA_1}{\lambda_1\,.\,2\,p_1}-\frac{dA_2}{\lambda_2\,.\,2\,p_2}=2\,(A_1-A_2)\sum\frac{\mu\,\mu}{(A_1-\mathfrak{A})\,(A_2-\mathfrak{A})}\,d\,\frac{\partial S}{\partial\mathfrak{A}},$$

und zuletzt

$$ds = \sqrt{dS^2 + 4\sum \left\{\lambda_1\lambda_2 (A_1 - A_2) \sum \frac{\mu\,\mu}{(A_1 - \mathfrak{A})(A_2 - \mathfrak{A})}\, d\,\frac{\partial S}{\partial \mathfrak{A}}\right\}^2}. \quad (11)$$

Bis jetzt haben wir den kürzesten Weg in der Totalität betrachtet, von dem wir zum voraus wußten, daß er ein *Strahl* ist. Die letzte identische Formel (11) kann nun aber auch unmittelbar zur Bestimmung *des kürzesten Weges auf einem quadratischen Kontinuum oder auf dem Durchschnitt mehrerer konfokaler Kontinuen* benutzt werden. – Wenn zum Beispiel der kürzeste Weg auf dem Durchschnitt der α konfokalen Kontinuen $A_1, A_2, \ldots, A_\alpha$ verlangt wird, so sind ihre Achsenquadrate konstant; es wird daher

$$dS = \frac{dA_{\alpha+1}}{2\,q_{\alpha+1}} + \frac{dA_{\alpha+2}}{2\,q_{\alpha+2}} + \cdots + \frac{dA_n}{2\,q_n},$$

wo in den Ausdrücken für q die frühern Achsenquadrate $\mathfrak{A}_2, \mathfrak{A}_3, \ldots, \mathfrak{A}_{\alpha+1}$ nunmehr durch die ebenfalls konstanten $A_1, A_2, \ldots, A_\alpha$ ersetzt sind. Die Größen $\lambda_1, \lambda_2, \ldots, \lambda_\alpha$ verschwinden, und für die übrigen ist

$$\lambda_{\alpha+1}^2 + \lambda_{\alpha+2}^2 + \cdots + \lambda_n^2 = 1,$$

$$\frac{\lambda_{\alpha+1}^2}{A_{\alpha+1} - \mathfrak{A}_i} + \frac{\lambda_{\alpha+2}^2}{A_{\alpha+2} - \mathfrak{A}_i} + \cdots + \frac{\lambda_n^2}{A_n - \mathfrak{A}_i} = 0; \qquad [i = \alpha + 2, \alpha + 3, \ldots, n]$$

$$\frac{1}{\mu\,\mu} = \left(\frac{\lambda_{\alpha+1}}{A_{\alpha+1} - \mathfrak{A}}\right)^2 + \left(\frac{\lambda_{\alpha+2}}{A_{\alpha+2} - \mathfrak{A}}\right)^2 + \cdots + \left(\frac{\lambda_n}{A_n - \mathfrak{A}}\right)^2.$$

Nach dieser Verminderung der Gliederzahl fährt die identische Formel (11) zu bestehen fort, und es ist klar, daß auf dem gegebenen $(n - \alpha)$-fachen Kontinuum zwischen irgend zwei gegebenen Grenzlösungen immer S von ihrem Verbindungswege unabhängig ist und daher im allgemeinen $\int ds > S$ sein wird. Nun reichen aber die $n - \alpha - 1$ Bedingungen $\partial S/\partial \mathfrak{A} = 0$ gerade hin, um die $n - \alpha - 1$ arbiträren Konstanten $\mathfrak{A}$ zu bestimmen, und dann zeigt wiederum die Formel (11), daß, wenn der Verbindungsweg durch die $n - \alpha - 1$ Differentialgleichungen $d(\partial S/\partial \mathfrak{A}) = 0$ bestimmt wird, $\int ds = S$ wird. Der so bestimmte Verbindungsweg ist also unter allen der kürzeste.

Wir wollen noch einen ganz speziellen Fall erwähnen, wo elliptische Integrale hinreichen, um einen kürzesten Weg auf dem allgemeinen quadratischen Kontinuum in der n-fachen Totalität darzustellen. Es sei $\alpha = 1$, (A_1) das feste Kontinuum, $\mathfrak{H}_3 = 0, \mathfrak{B}_4 = 0, \ldots, \mathfrak{C}_{n-1} = 0, \mathfrak{B}_n = 0$. Sind v, w die letzten Variabeln, so ist die den Kontinuen $A_1, \mathfrak{A}_3, \mathfrak{A}_4, \ldots, \mathfrak{A}_n$ gemeinsame Krümmungslinie durch die Gleichungen

$$y = 0, \quad z = 0, \quad \ldots, \quad v = 0, \quad \frac{x^2}{A_1} + \frac{w^2}{J_1} = 1$$

bestimmt, also eine Ellipse. Diese wird von allen Kontinuen, welche nicht zur ersten Gattung gehören, geschnitten. Alle $n - 1$ Projektionen eines Stückes des kürzesten Weges sind also Bogen der genannten Ellipse und reell vorhanden; es ist $q^2 = AJ:(A - A_1)$,

$$S = \int \frac{1}{2} \sqrt{\frac{A_2 - A_1}{A_2 J_2}}\, dA_2 + \int \frac{1}{2} \sqrt{\frac{A_3 - A_1}{A_3 J_3}}\, dA_3 + \cdots + \int \frac{1}{2} \sqrt{\frac{A_n - A_1}{A_n J_n}}\, dA_n,$$

und die $n - 2$ Wegesgleichungen sind

$$\int \frac{1}{2} \sqrt{\frac{A_2 - A_1}{A_2 J_2}} \cdot \frac{dA_2}{B_2} + \int \frac{1}{2} \sqrt{\frac{A_3 - A_1}{A_3 J_3}} \cdot \frac{dA_3}{B_3} + \cdots + \int \frac{1}{2} \sqrt{\frac{A_n - A_1}{A_n J_n}} \cdot \frac{dA_n}{B_n} = 0, \text{ usw.}$$

$$\int \frac{1}{2} \sqrt{\frac{A_2 - A_1}{A_2 J_2}} \cdot \frac{dA_2}{H_2} + \int \frac{1}{2} \sqrt{\frac{A_3 - A_1}{A_3 J_3}} \cdot \frac{dA_3}{H_3} + \cdots + \int \frac{1}{2} \sqrt{\frac{A_n - A_1}{A_n J_n}} \cdot \frac{dA_n}{H_n} = 0.$$

Die Formel (11), aus der wir bei der allgemeinen Aufgabe die Minimumsbedingungen, in Form von Differentialgleichungen erster Ordnung mit getrennten Variabeln, unmittelbar ablesen konnten, ersparte uns den für solche Zwecke gewöhnlichen Gebrauch der Variationsrechnung, welche zunächst auf Differentialgleichungen zweiter Ordnung führt, deren erste Integration schon sehr schwierig erscheint. Wir wollen nun zeigen, wie auch diese ziemlich leicht ausgeführt werden kann.

Sind $A_1, A_2, \ldots, A_\alpha$ die ersten Achsenquadrate der festen konfokalen Kontinuen, auf deren Durchschnitt ein kürzester Weg angegeben werden soll, so gibt die Variationsrechnung folgende Bedingungen zweiter Ordnung:

$$\left.\begin{aligned} d\frac{dx}{ds} &= \left(\frac{h_1}{A_1} + \frac{h_2}{A_2} + \cdots + \frac{h_\alpha}{A_n}\right) x\, ds, \\ d\frac{dy}{ds} &= \left(\frac{h_1}{B_1} + \frac{h_2}{B_2} + \cdots + \frac{h_\alpha}{B_\alpha}\right) y\, ds, \end{aligned}\right\} \text{usw.,} \tag{12}$$

wo $h_1, h_2, \ldots, h_\alpha$ zu eliminierende Konstanten bedeuten. Da eine der Gleichungen (12) eine vollständige Folge der übrigen ist, so ist nach geschehener Elimination die Zahl der wesentlichen Gleichungen $n - \alpha - 1$. Die erste Integration wird also nur dann vollständig sein, wenn sie ebenso viele arbiträre Konstanten einführt.

Es seien nun $\mathfrak{A}, \mathfrak{B}, \mathfrak{C}, \ldots, \mathfrak{J}$ die konstanten Achsenquadrate irgendeines mit den gegebenen konfokalen Kontinuums; man multipliziere die Gleichungen (12) erstens mit $x/\mathfrak{A}$, $y/\mathfrak{B}$, ..., zweitens mit $dx/(\mathfrak{A}\, ds)$, $dy/(\mathfrak{B}\, ds)$, ..., und addiere; man erhält so die zwei Gleichungen

$$\sum \frac{x}{\mathfrak{A}}\, d\frac{dx}{ds} = \left(\sum \frac{x^2}{\mathfrak{A}} - 1\right)\left(\frac{h_1}{A_1 - \mathfrak{A}} + \frac{h_2}{A_2 - \mathfrak{A}} + \cdots + \frac{h_\alpha}{A_\alpha - \mathfrak{A}}\right) ds,$$

$$\sum \frac{dx}{\mathfrak{A}\, ds}\, d\frac{dx}{ds} = \sum \frac{x\, dx}{\mathfrak{A}\, ds} \times \left(\frac{h_1}{A_1 - \mathfrak{A}} + \frac{h_2}{A_2 - \mathfrak{A}} + \cdots + \frac{h_\alpha}{A_\alpha - \mathfrak{A}}\right) ds,$$

und hieraus durch Elimination des die Faktoren h enthaltenden Aggregats und nach gehöriger Reduktion:

$$dU = d\left\{\left(\sum \frac{x\, dx}{\mathfrak{A}\, ds}\right)^2 - \left(\sum \frac{x^2}{\mathfrak{A}} - 1\right) \sum \frac{dx^2}{\mathfrak{A}\, ds^2}\right\} = 0. \tag{13}$$

Wir haben also ein erstes Integral $U = \text{const}$ gefunden. Es muß aber auffallen, daß für die Darstellung eines und desselben Weges alle beliebigen Werte der Konstanten $\mathfrak{A}$ gebraucht werden können. Man kann nichts anderes daraus schließen, als daß die Integralgleichung in Beziehung auf $\mathfrak{A}$ identisch sein müsse, sobald $x, y, \ldots$ in Funktion einer einzigen Variabeln, wie es der gesuchte Weg verlangt, ausgedrückt sind. Betrachtet man nun die Größen $x, y, \ldots, dx/ds, dy/ds, \ldots$, welche irgendeinem Wegeselement entsprechen, als gegeben, so findet man U, mit Weglassung der sich aufhebenden Glieder, als ein Aggregat von Brüchen, deren Nenner teils einfach $\mathfrak{A}, \mathfrak{B}, \ldots$, teils Produkte, wie $\mathfrak{A}\mathfrak{B}$, sind, während in den Zählern $\mathfrak{A}$ gar nicht vorkommt; setzt man $\mathfrak{A}$ unendlich groß, in welchem Falle die Verhältnisse $\mathfrak{A}:\mathfrak{B}:\mathfrak{C}:\ldots$ unendlich wenig von der Einheit abweichen, so reduziert sich U auf $1/\mathfrak{A}$. Daher ist $U = \varphi(\mathfrak{A}) : \mathfrak{A}\mathfrak{B}\mathfrak{C}\ldots\mathfrak{J}$, wo φ eine ganze Funktion $(n-1)$-ten Grades bezeichnet, deren höchstes Glied den Koeffizienten 1 hat. Setzt man $\mathfrak{A} = A_1, A_2, \ldots, A_\alpha$, so wird $\Sigma\,(x^2/\mathfrak{A}) - 1 = 0$, $\Sigma\,(x\,dx)/(\mathfrak{A}\,ds) = 0$, also $U = 0$. Wir kennen also schon α Wurzeln der Gleichung $\varphi(\mathfrak{A}) = 0$, die $n-1-\alpha$ übrigen seien $\mathfrak{A}_{\alpha+2}, \mathfrak{A}_{\alpha+3}, \ldots, \mathfrak{A}_n$. Demnach haben wir endlich das Integral der Gleichung (13) in seiner wahren Form, nämlich:

$$\left(\sum \frac{x\,dx}{\mathfrak{A}\,ds}\right)^2 - \left(\sum \frac{x^2}{\mathfrak{A}} - 1\right) \sum \frac{dx^2}{\mathfrak{A}\,ds^2}$$
$$= \frac{(\mathfrak{A}-A_1)(\mathfrak{A}-A_2)\ldots(\mathfrak{A}-A_\alpha)(\mathfrak{A}-\mathfrak{A}_{\alpha+2})(\mathfrak{A}-\mathfrak{A}_{\alpha+3})\ldots(\mathfrak{A}-\mathfrak{A}_n)}{\mathfrak{A}\mathfrak{B}\mathfrak{C}\ldots\mathfrak{H}\mathfrak{J}}. \quad (14)$$

Da diese Integralgleichung wegen ihrer identischen Beschaffenheit in Beziehung auf die Unbestimmte $\mathfrak{A}$ ein ganzes System von Gleichungen in sich schließt und die geforderte Zahl $n-\alpha-1$ arbiträrer Konstanten $\mathfrak{A}_{\alpha+2}, \mathfrak{A}_{\alpha+3}, \ldots, \mathfrak{A}_n$ enthält, so ist diese erste Integration des Systems (12) vollständig.

Um das Zusammenfallen der Gleichungen (4) und (14) nachzuweisen, bezeichnen wir die Kosinus der Winkel, welche das Wegelement ds mit den Normalen der $n-\alpha$ variabeln konfokalen Kontinuen bildet, mit

$\lambda_{\alpha+1}, \lambda_{\alpha+2}, \ldots, \lambda_n$; dann ist $dA_i = 2\lambda_i p_i\,ds$, $[i = \alpha+1, \alpha+2, \ldots, n]$,

und wenn das Summenzeichen S sich nur auf diese letzten Zeiger erstreckt,

$$\frac{dx}{ds} = x\,.\,S\frac{\lambda p}{A}, \quad \frac{dy}{ds} = y\,.\,S\frac{\lambda p}{B}, \text{ usw.}$$

$$\left(\frac{dx}{ds}\right)^2 = x^2.\,S\frac{\lambda^2 p^2}{A^2} + 2x^2.\,S\frac{\lambda\lambda' p p'}{AA'}, \text{ usw.}$$

$$\sum \frac{dx^2}{\mathfrak{A}\,ds^2} = S\lambda^2 p^2\left(\sum \frac{x^2}{\mathfrak{A}A^2}\right) + 2S\lambda\lambda' p p'\left(\sum \frac{x^2}{\mathfrak{A}AA'}\right);$$

aber

$$\sum \frac{x^2}{\mathfrak{A}A^2} = \frac{1}{(A-\mathfrak{A})^2}\left(\sum \frac{x^2}{\mathfrak{A}} - \sum \frac{x^2}{A}\right) - \frac{1}{A-\mathfrak{A}}\sum \frac{x^2}{A^2}$$
$$= \frac{1}{(A-\mathfrak{A})^2}\left(\sum \frac{x^2}{\mathfrak{A}} - 1\right) - \frac{1}{p^2(A-\mathfrak{A})},$$

$$\sum \frac{x^2}{\mathfrak{A}AA'} = \frac{1}{(A-\mathfrak{A})(A'-\mathfrak{A})}\left(\sum \frac{x^2}{\mathfrak{A}} - 1\right);$$

daher
$$\sum \frac{dx^2}{\mathfrak{A}\, ds^2} = \left(\sum \frac{x^2}{\mathfrak{A}} - 1\right)\left(S\,\frac{\lambda p}{A - \mathfrak{A}}\right)^2 - S\,\frac{\lambda^2}{A - \mathfrak{A}}.$$

Wenn man ferner die identische Gleichung
$$\sum \frac{x^2}{\mathfrak{A}} - 1 = -\frac{(\mathfrak{A} - A_1)(\mathfrak{A} - A_2)\dots(\mathfrak{A} - A_n)}{\mathfrak{A}\,\mathfrak{B}\,\mathfrak{C}\dots\mathfrak{H}\,\mathfrak{J}}$$
logarithmisch differenziert, so erhält man
$$\sum \frac{x\, dx}{\mathfrak{A}\, ds} = \left(\sum \frac{x^2}{\mathfrak{A}} - 1\right) S\,\frac{\lambda p}{A - \mathfrak{A}}.$$

Mittels dieser Formeln verwandelt sich endlich die Gleichung (14) in
$$S\,\frac{\lambda^2}{\mathfrak{A} - A} = \frac{(\mathfrak{A} - \mathfrak{A}_{\alpha+2})(\mathfrak{A} - \mathfrak{A}_{\alpha+3})\dots(\mathfrak{A} - \mathfrak{A}_n)}{(\mathfrak{A} - A_{\alpha+1})(\mathfrak{A} - A_{\alpha+2})\dots(\mathfrak{A} - A_n)},$$
woraus
$$\frac{\lambda_{\alpha+1}^2}{A_{\alpha+1} - \mathfrak{A}_i} + \frac{\lambda_{\alpha+2}^2}{A_{\alpha+2} - \mathfrak{A}_i} + \dots + \frac{\lambda_n^2}{A_n - \mathfrak{A}_i} = 0, \qquad [i = \alpha + 2, \alpha + 3, \dots, n]$$
als System der $n - \alpha - 1$ Differentialgleichungen erster Ordnung des kürzesten Weges folgt, welches mit (4) zusammenfällt, indem man $\lambda_1 = \lambda_2 = \cdots \lambda_\alpha = 0$ setzt, wie es die Konstanz der Achsenquadrate $A_1, A_2, \dots, A_\alpha$ erfordert.

Es ist bekannt, mit welchem Erfolg in der Statik die Begriffe des Differentialparameters und des Potentials von GAUSS, LAMÉ, LIOUVILLE und andern eingeführt und angewandt worden sind. Die meisten hier einschlagenden Sätze sind aber durchaus nicht auf den Raum beschränkt, sondern gelten für jede beliebige Totalität. Dieses nachzuweisen, ist der Zweck der folgenden Abschnitte. Wenn darin auch das meiste dem Leser bloß als generalisierende Nachahmung der genialen Arbeiten der erwähnten Analysten erscheinen muß, so wird er doch am Ende dieses Abschnitts eine sehr allgemeine Form der Entwicklung arbiträrer Funktionen von beliebig vielen Variabeln in Reihen von periodischer Natur finden, die vielleicht einiges Interesse darbietet; überdies glaubte ich, Dinge, die mit der Theorie der vielfachen Kontinuität in so engem Zusammenhang stehen, hier nicht übergehen zu sollen.

47. *Über die Verwandlung des Differentialparameters mittels orthogonaler Funktionen*

Werden auf die n unabhängigen Variabeln $x, y, \dots$ einer Funktion V die linearen und *orthogonalen* Transformationen
$$x = \alpha\, t + \alpha' t' + \alpha'' t'' + \cdots, \qquad y = \beta\, t + \beta' t' + \beta'' t'' + \cdots, \text{ usw.}$$
angewandt, so ist
$$\frac{\partial}{\partial x} = \alpha\,\frac{\partial}{\partial t} + \alpha'\frac{\partial}{\partial t'} + \alpha''\frac{\partial}{\partial t''} + \cdots, \qquad \frac{\partial}{\partial y} = \beta\,\frac{\partial}{\partial t} + \beta'\frac{\partial}{\partial t'} + \cdots, \text{ usw.},$$

woraus sogleich erhellt, daß dasselbe Rechnungsverfahren, welches

$$x^2 + y^2 + \cdots = t^2 + t'^2 + t''^2 + \cdots$$

gibt, auch zu

$$\frac{\partial^2 V}{\partial x^2} + \frac{\partial^2 V}{\partial y^2} + \frac{\partial^2 V}{\partial z^2} + \cdots = \frac{\partial^2 V}{\partial t^2} + \frac{\partial^2 V}{\partial t'^2} + \frac{\partial^2 V}{\partial t''^2} + \cdots$$

führen wird. Die Operation $(\partial^2/\partial x^2) + (\partial^2/\partial y^2) + \cdots$ ändert also ihre symbolische Form nicht, wenn die Variabeln orthogonal transformiert werden. Das heißt, wenn $x, y, \ldots$ als orthogonale Variabeln betrachtet werden, so ist jene Operation zweiter Ordnung von der Wahl des orthogonalen Systems unabhängig. Das Resultat derselben möge der *Differentialparameter* der gegebenen Funktion V heißen.

Wir stellen uns nun die Aufgabe, wenn n Funktionen $f, f', f'', \ldots$ der n Variabeln $x, y, \ldots$ den $n\,(n-1)/2$ Orthogonalitätsbedingungen von der Form

$$\frac{\partial f}{\partial x} \cdot \frac{\partial f'}{\partial x} + \frac{\partial f}{\partial y} \cdot \frac{\partial f'}{\partial y} + \cdots = 0$$

genügen, den Differentialparameter

$$W = \frac{\partial^2 V}{\partial x^2} + \frac{\partial^2 V}{\partial y^2} + \cdots$$

gemäß der Forderung, daß $f, f', f'', \ldots$ als unabhängige Variabeln erscheinen sollen, umzugestalten.

Zu diesem Zwecke denken wir uns das n-fache Integral $S = \int^n W\,dx\,dy \ldots$ durch ein beliebiges einfach geschlossenes Kontinuum begrenzt. Die Richtungskosinus einer Normale dieses Kontinuums seien $\lambda, \mu, \nu, \ldots$; und wenn die Werte der Variabeln einer Lösung desselben zukommen, so sei $\lambda\,(\partial/\partial x) + \mu\,(\partial/\partial y) + \cdots = D$. Jenes Integral S nun zerfällt in n Teile, wie $\int^n (\partial^2 V/\partial x^2)\,dx\,dy\,dz \ldots$. Bei diesem zum Beispiel kann die auf x bezügliche Integration ausgeführt werden; sie gibt $\int^{n-1} \{\partial V/\partial x\}\,dy\,dz \ldots$, wo die Akkolade anzeigt, daß man vom Endwerte von $\partial V/\partial x$ den Anfangswert zu subtrahieren hat. Bezeichnet nun $d\omega$ ein Element des Grenzkontinuums und wird überall die Richtung der Normale im gleichen Sinne verstanden, nämlich nach außen, so ist beim Endwert $dy\,dz \ldots = \lambda\,d\omega$, beim Anfangswert hingegen $-\lambda\,d\omega$ (wo λ, $d\omega$ andere Werte haben mögen als beim Endwert); die Subtraktion wird also durch dieses letzte Minuszeichen wieder aufgehoben, so daß man hat

$$\int^{n-1} \left\{\frac{\partial V}{\partial x}\right\} dy\,dz \ldots = \int \lambda \frac{\partial V}{\partial x}\,d\omega,$$

wo das letzte Integral sich ohne Unterbrechung über alle Elemente des Grenzkontinuums erstreckt. Da Ähnliches für die übrigen Teile des Integrals S gilt, so folgt

$$S = \int D\,V.\,d\omega.$$

Die Operation D ist von der Wahl des orthogonalen Achsensystems unabhängig. Man kann daher an der Stelle eines jeden Elements $d\omega$ auch die Normalen der durchgehenden Kontinua des orthogonalen Systems $(f, f', f'', \ldots)$

als Achsen gebrauchen. In Beziehung auf diese seien Θ, Θ', Θ'', ... die Richtungskosinus der Normale des Elements $d\omega$, so ist, wenn, wie früher,

$$R^2 = \left(\frac{\partial f}{\partial x}\right)^2 + \left(\frac{\partial f}{\partial y}\right)^2 + \cdots, \text{ usw.}$$

gesetzt wird,

$$\lambda = \Theta\, R \frac{\partial x}{\partial f} + \Theta' R' \frac{\partial x}{\partial f'} + \cdots, \text{ usw.};$$

also

$$D = \Theta\, R \frac{\partial}{\partial f} + \Theta' R' \frac{\partial}{\partial f'} + \cdots.$$

Da die Form des Elements $d\omega$ freisteht, so kann man seine Projektion auf das lineare Tangentialkontinuum $f = \text{const}$ als orthogonales Paralleloschem auffassen, dessen Seiten $\partial f'/R'$, $\partial f''/R''$, ... sind und daher

$$\Theta\, d\omega = \frac{df'\, df''\, df'''\ldots}{R'\, R''\, R'''\ldots}$$

setzen. Dadurch wird

$$\int \Theta\, R \frac{\partial V}{\partial f}\, d\omega = \int^{n-1} \left(\frac{R}{R'\, R''\, R'''\ldots} \cdot \frac{\partial V}{\partial f}\right) df'\, df''\, df'''\ldots$$

Dem Durchschnitt der Kontinuen f', f'', ... entlang zieht sich ein Element der zugleich mit S begrenzten Totalität $\int^n dx\, dy\, dz \ldots$, welches nur *eine* endliche Ausdehnung hat und an welchem Anfang und Ende zu unterscheiden ist, gerade wie bei der Anwendung der ursprünglichen Variabeln x, y, ... Es ist also auch

$$\int \Theta\, R \frac{\partial V}{\partial f}\, d\omega = \int^n \frac{\partial \left(\frac{R}{R'\, R''\, R'''\ldots} \cdot \frac{\partial V}{\partial f}\right)}{\partial f}\, df\, df'\, df''\, df'''\ldots;$$

also, wenn man wieder alle Teile zusammenfaßt:

$$S = \int^n \left\{ \frac{\partial \frac{R}{R'\, R''\, R'''\ldots} \cdot \frac{\partial V}{\partial f}}{\partial f} + \frac{\partial \frac{R'}{R\, R''\, R'''\ldots} \cdot \frac{\partial V}{\partial f'}}{\partial f'} + \frac{\partial \frac{R''}{R\, R'\, R'''\ldots} \cdot \frac{\partial V}{\partial f''}}{\partial f''} + \cdots \right\} df\, df'\, df''\ldots$$

Da aber das Element der Totalität als Paralleloschem aufgefaßt werden kann, dessen Seiten df/R, df'/R', df''/R'', ... sind, so ist

$$S = \int^n W\, dx\, dy\, dz \ldots = \int^n \frac{W}{R\, R'\, R''\, R'''\ldots}\, df\, df'\, df''\, df'''\ldots$$

Die begrenzte Totalität, über welche sich das Integral S erstreckt, kann so klein angenommen werden, als man nur will; folglich muß der Differentialparameter

$$W = R\, R'\, R''\ldots \left\{ \frac{\partial}{\partial f}\left(\frac{R}{R'\, R''\, R'''\ldots} \cdot \frac{\partial V}{\partial f}\right) + \frac{\partial}{\partial f'}\left(\frac{R'}{R\, R''\, R'''\ldots} \cdot \frac{\partial V}{\partial f'}\right) + \frac{\partial}{\partial f''}\left(\frac{R''}{R\, R'\, R'''\ldots} \cdot \frac{\partial V}{\partial f''}\right) + \cdots \right\}$$

sein.

Wir wollen noch im besondern diese Formel auf konfokale und auf polysphärische Koordinaten anwenden.

Werden die Bezeichnungen von Ziffer 45 gebraucht, so sind bei Einführung konfokaler Variabeln $f, f', f'', \ldots, R, R', R'', \ldots$ durch $A_1, A_2, A_3, \ldots, A_n$, $2p_1, 2p_2, \ldots, 2p_n$ zu ersetzen, und man hat

$$W = 4\,p_1 p_2 \ldots p_n \left\{\frac{\partial}{\partial A_1}\left(\frac{p_1^2}{p_1 p_2 \ldots p_n}\cdot\frac{\partial V}{\partial A_1}\right) + \cdots + \frac{\partial}{\partial A_n}\left(\frac{p_n^2}{p_1 p_2 \ldots p_n}\cdot\frac{\partial V}{\partial A_n}\right)\right\}$$

$$= 4\,\frac{R_1 R_2 \ldots R_n}{\Omega}$$

$$\times\left\{\frac{\partial}{\partial A_1}\left(\frac{\Phi_1 R_1}{R_2 R_3 \ldots R_n}\cdot\frac{\partial V}{\partial A_1}\right) + \cdots + \frac{\partial}{\partial A_n}\left(\frac{\Phi_n R_n}{R_1 R_2 \ldots R_{n-1}}\cdot\frac{\partial V}{\partial A_n}\right)\right\}$$

$$= \frac{4}{\Omega}\left\{\Phi_1 R_1 \frac{\partial\cdot R_1 \dfrac{\partial V}{\partial A_1}}{\partial A_1} + \Phi_2 R_2 \frac{\partial\cdot R_2 \dfrac{\partial V}{\partial A_2}}{\partial A_2} + \cdots + \Phi_n R_n \frac{\partial\cdot R_n \dfrac{\partial V}{\partial A_n}}{\partial A_n}\right\},$$

weil zum Beispiel $\Phi_1, R_2, R_3, \ldots, R_n$ die Variable A_1 nicht enthalten.

Wenn die polysphärischen Transformationen

$$x_1 = r\cos\varphi_1, \quad x_2 = r\sin\varphi_1\cos\varphi_2, \quad x_3 = r\sin\varphi_1\sin\varphi_2\cos\varphi_3, \quad \ldots,$$
$$x_{n-1} = r\sin\varphi_1\sin\varphi_2\ldots\sin\varphi_{n-2}\cos\varphi_{n-1},$$
$$x_n = r\sin\varphi_1\sin\varphi_2\ldots\sin\varphi_{n-2}\sin\varphi_{n-1}$$

sind, so muß man $f, f', f'', \ldots; 1/R, 1/R', 1/R'', \ldots$ durch $r, \varphi_1, \varphi_2, \ldots, \varphi_{n-1}$; $1, r, r\sin\varphi_1, r\sin\varphi_1\sin\varphi_2, \ldots, r\sin\varphi_1\sin\varphi_2\ldots\sin\varphi_{n-2}$ ersetzen und erhält:

$$W = \frac{1}{r^{n-1}}\cdot\frac{\partial\cdot r^{n-1}\dfrac{\partial V}{\partial r}}{\partial r}$$
$$+\sum_{i=1}^{i=n-1}\frac{1}{r^2\sin^2\varphi_1\sin^2\varphi_2\ldots\sin^2\varphi_{i-1}\sin^{n-i-1}\varphi_i}\cdot\frac{\partial}{\partial\varphi_i}\left(\sin^{n-i-1}\varphi_i\,\frac{\partial V}{\partial\varphi_i}\right).$$

Eine spezielle Folgerung aus dieser Formel hat für das Folgende Bedeutung; wenn nämlich $V = 1/r^{n-2}$ ist, so wird $W = 0$.

48. *Über das Potential*

Wenn k eine gegebene Funktion der n Variabeln $x, y, \ldots$ bezeichnet, welche außerhalb eines begrenzten Teiles der Totalität verschwindet, und ferner $r = \sqrt{(a-x)^2 + (b-y)^2 + \cdots}$ der Abstand der zwei Lösungen $(a, b, c, \ldots)$ und $(x, y, \ldots)$ ist, so ist

$$V = \int^n \frac{k}{r^{n-2}}\,dx\,dy\,dz\ldots,$$

als Funktion der Variabeln $a, b, c, \ldots$ betrachtet, das *Potential* der *Masse* $\int^n k\,dx\,dy\,dz\ldots$ für die Lösung $(a, b, \ldots)$, und die gegebene Funktion k ist die jeder Lösung $(x, y, \ldots)$ zukommende Dichtigkeit. Ist k innerhalb der Begrenzung konstant, so heiße die Masse *homogen.*

Bestimmung des Potentials einer homogenen Polysphäre.

Wir setzen uns vor, den Wert des Integrals

$$S_m = \int_0^\pi \frac{\sin^m \varphi \, d\varphi}{(a^2 - 2\,a\cos\varphi + 1)^{m/2}}$$

zu ermitteln, wenn m eine ganze positive Zahl ist. Ist erstens $a > 1$, so setze man $\sin\psi = a\sin(\psi - \varphi)$, so wächst ψ gleichzeitig mit φ von 0 bis π, und man hat

$$d\varphi = \left(1 - \frac{\cos\psi}{\sqrt{a^2 - \sin^2\psi}}\right) d\psi, \qquad \frac{\sin\varphi}{\sqrt{a^2 - 2\,a\cos\varphi + 1}} = \frac{\sin\psi}{a}.$$

Demnach ist

$$S_m = \frac{1}{a^m}\int_0^\pi \left(\sin^m\psi - \frac{\sin^m\psi\cos\psi}{\sqrt{a^2 - \sin^2\psi}}\right) d\psi,$$

und wenn man die Elemente vereinigt, welche supplementären Werten von ψ entsprechen,

$$S_m = \frac{1}{a^m}\int_0^\pi \sin^m\psi \, d\psi = \frac{\Gamma\left(\frac{m+1}{2}\right)\Gamma\left(\frac{1}{2}\right)}{\Gamma\left(\frac{m}{2}+1\right) a^m}.$$

Ist zweitens $a < 1$, so ist

$$S_m = \frac{1}{a^m}\int_0^\pi \frac{\sin^m\varphi \, d\varphi}{\left[\left(\frac{1}{a}\right)^2 - \frac{2}{a}\cos\varphi + 1\right]^{m/2}};$$

also

$$S_m = \int_0^\pi \sin^m\psi \, d\psi.$$

Nach dieser Vorbereitung gehen wir an die Bestimmung des Potentials $V = \int d\omega/r^{n-2}$ eines totalen polysphärischen Kontinuums vom Radius 1, wenn das Massenelement mit dem Element $d\omega$ des Kontinuums identisch und a der Abstand der Lösung, für welche das Potential gesucht wird, vom Zentrum der Polysphäre ist. Bedeutet φ den Winkel, welchen der nach $d\omega$ gehende Radius mit dem genannten Abstand a, den wir als erste Achse der polysphärischen Variabeln ansehen wollen, bildet, so ist $r = \sqrt{a^2 - 2\,a\cos\varphi + 1}$. Das Element $d\omega$ kann als Paralleloschem von $n - 1$ orthogonalen Seiten, welche den Variationen der polysphärischen Variabeln entsprechen, aufgefaßt werden; seine erste Seite ist $d\varphi$, und das Produkt der übrigen mit $\sin^{n-2}\varphi$ proportional; wenn man $d\omega = \sin^{n-2}\varphi \, d\varphi \, d\omega'$ setzt, so ist das äquatoriale Element $d\omega'$ von φ unabhängig. Die Masse ist

$$\Omega = \int_0^\pi \sin^{n-2}\varphi \, d\varphi \int^{n-2} d\omega' = \frac{2\,\pi^{n/2}}{\Gamma\left(\frac{n}{2}\right)}.$$

Das Potential ist also nach dem Vorigen

$$V = \frac{1}{a^{n-2}} \int_0^\pi \sin^{n-2}\psi \, d\psi \int d\omega' = \frac{\Omega}{a^{n-2}} \quad \text{oder} \quad = \Omega,$$

je nachdem $a > 1$ oder $a < 1$ ist; das heißt:

Das Potential eines homogenen polysphärischen Kontinuums ist für eine äußere Lösung (oder auch für eine auf dem Kontinuum selbst befindliche) *gerade so, wie wenn die Masse im Zentrum vereinigt wäre; für eine innere Lösung dagegen gleich wie auf dem Kontinuum selbst, also inwendig konstant.*

Das Potential einer homogenen Polysphäre von der Dichtigkeit 1 und dem Radius r ist für eine äußere Lösung, welche um a vom Zentrum absteht,

$$V = \frac{\pi^{n/2}}{\Gamma\left(\frac{n}{2} + 1\right)} \cdot \frac{r^n}{a^{n-2}},$$

für eine innere Lösung dagegen

$$V = \frac{\pi^{n/2}}{\Gamma\left(\frac{n}{2}\right)} \left(r^2 - \frac{n-2}{n} a^2\right).$$

Da die Funktion V nur die Variable a enthält, so ist der Differentialparameter

$$W = \frac{1}{a^{n-1}} \cdot \frac{\partial \cdot a^{n-1} \frac{\partial V}{\partial a}}{\partial a}$$

und verschwindet für eine äußere Lösung; für eine innere dagegen ist

$$W = -4 \frac{\pi^{n/2}}{\Gamma\left(\frac{n}{2} - 1\right)}.$$

Differentialparameter des Potentials. Wir betrachten wieder eine beliebig verteilte endliche Masse und bezeichnen mit r den Abstand der variablen Lösung, auf welche sich das Potential als Funktion bezieht, von irgendeinem Element dm der gegebenen Masse; das Potential dieses Elements ist dm/r^{n-2}; da nun für ein endliches r die unendlich kleinen Dimensionen von dm nicht in Betracht kommen, so enthält dieser Ausdruck nur die Variable r, und sein Differentialparameter ist daher

$$dm \frac{1}{r^{n-1}} \cdot \frac{\partial}{\partial r} \left(r^{n-1} \frac{\partial \cdot \frac{1}{r^{n-2}}}{\partial r} \right) = 0.$$

Nun ist das Potential V der totalen Masse gleich der Summe der Potentiale ihrer Elemente; also auch der Differentialparameter W von V gleich der Summe der Differentialparameter der Potentiale aller einzelnen Elemente. Daher muß W für jede außerhalb der Masse befindliche Lösung verschwinden.

Um nun auch für eine der Masse angehörende Lösung den Wert von W zu finden, beschreiben wir um dieselbe eine Polysphäre von unendlich kleinem Radius, so daß mit Vernachlässigung von Größen erster Ordnung die Dichtigkeit k innerhalb dieser Polysphäre als konstant angenommen werden darf.

Dann teilen wir W in einen dieser Polysphäre und einen der ganzen übrigen Masse entsprechenden Teil. Jener ist nach dem obigen $-4k\pi^{n/2}:\Gamma[(n/2)-1]$, dieser ist Null. Also ist überhaupt:

$$\frac{\partial^2 V}{\partial x^2}+\frac{\partial^2 V}{\partial y^2}+\frac{\partial^2 V}{\partial z^2}+\cdots=-4\,\frac{\pi^{n/2}}{\Gamma\left(\frac{n}{2}-1\right)}\,k.$$

Das heißt: *Der Differentialparameter des Potentials einer gegebenen Masse für irgendeine Lösung ist* $-(n-2)$ *mal das Produkt des totalen Maßes des polysphärischen Kontinuums vom Radius* 1 *und der für die Lösung stattfindenden Dichtigkeit.*

49. *Bestimmung des Potentials der von einem quadratischen Kontinuum erster Gattung umschlossenen homogenen Totalität*

Es sei $(x^2/A)+(y^2/B)+\cdots=1$ die Gleichung des Grenzkontinuums, $(a, b, \ldots)$ die Lösung, für welche das Potential V gesucht werden soll, $r^2=(x-a)^2+(y-b)^2+\cdots$,

$$V=\int^n\frac{dx\,dy\,dz\ldots}{r^{n-2}},\qquad\left[\frac{x^2}{A}+\frac{y^2}{B}+\cdots<1\right],$$

$$dV=X\,da+Y\,db+Z\,dc+\cdots;$$

dann ist

$$X=(n-2)\int^n\frac{dx\,dy\,dz\ldots}{r^n}\,(x-a)$$

$$=-\int^n\frac{\partial\cdot\frac{1}{r^{n-2}}}{\partial x}\,dx\,dy\,dz\ldots=-\int^{n-1}\left(\frac{1}{r^{n-2}}\right)dy\,dz\ldots,$$

wo die Klammer den Unterschied zwischen dem End- und Anfangswert anzeigt. Es seien nun $A', B', \ldots$ die Achsenquadrate des durch die Lösung $(a, b, \ldots)$ gehenden konfokalen Kontinuums erster Gattung, also $(a^2/A')+(b^2/B')+\cdots=1$, ferner $x=\sqrt{A}\,x'$, $y=\sqrt{B}\,y', \ldots$; $a=\sqrt{A'}\,a'$, $b=\sqrt{B'}\,b', \ldots$; dann wird

$$X=-\sqrt{BC\ldots}\int^{n-1}\left(\frac{1}{r^{n-2}}\right)dy'\,dz'\ldots,$$

wo das Integral sich über das ganze durch die Gleichung $x'^2+y'^2+\cdots=1$ bestimmte polysphärische Kontinuum erstreckt. Wird das Element dieses Kontinuums mit $d\sigma$ bezeichnet, so kann $dy'\,dz'\ldots$ durch $x'\,d\sigma$ ersetzt werden, und man hat

$$X=-\sqrt{BC\ldots}\int\frac{x'\,d\sigma}{r^{n-2}}.$$

Wenn wir nun den Wert von r näher betrachten, so ergibt sich eine merkwürdige Transformation des vorliegenden Integrals. Es ist nämlich

$$r^2=A\,x'^2+B\,y'^2+\cdots-2\left(\sqrt{AA'}\,a'x'+\sqrt{BB'}\,b'y'+\cdots\right)$$
$$+A'a'^2+B'b'^2+\cdots.$$

Da aber in der ganzen Ausdehnung des letzten Integrals $x'^2 + y'^2 + \cdots = 1 = a'^2 + b'^2 + \cdots$, und überdies $A - A' = B - B' = \cdots$ ist, so hat man auch

$$(A - A')\,x'^2 + (B - B')\,y'^2 + \cdots = (A - A')\,a'^2 + (B - B')\,b'^2 + \cdots,$$

oder

$$A\,x'^2 + B\,y'^2 + \cdots + A'\,a'^2 + B'\,b'^2 + \cdots$$
$$= A'\,x'^2 + B'\,y'^2 + \cdots + A\,a'^2 + B\,b'^2 + \cdots;$$

folglich auch

$$r^2 = A'\,x'^2 + B'\,y'^2 + \cdots - 2\,(\sqrt{A\,A'}\,a'\,x' + \sqrt{B\,B'}\,b'\,y' + \cdots)$$
$$+ A\,a'^2 + B\,b'^2 + \cdots;$$

d.h. wenn die polysphärischen Variabeln sich gleich bleiben, so darf man beide konfokalen Kontinua miteinander vertauschen, ohne daß der Wert von r sich ändert. Es sei nun

$$x_1 = \sqrt{B'\,C'\ldots}\int \frac{x'\,d\sigma}{r^{n-2}},$$

also $X : X_1 = \sqrt{B\,C\ldots} : \sqrt{B'\,C'\ldots}$; und ferner sei $a_1 = \sqrt{A}\,a'$, $b_1 = \sqrt{B}\,b'$, ..., $dV_1 = X_1\,da_1 + Y_1\,db_1 + Z_1\,dc_1 + \cdots$; dann ist V_1 das Potential der vom zweiten konfokalen Kontinuum (A') umschlossenen Totalität für eine auf dem ersten Kontinuum (A) befindliche Lösung $(a_1, b_1, \ldots)$. Dadurch sind die zwei Fälle, wo die Lösung, für welche das Potential gesucht wird, innerhalb, und wo sie außerhalb des quadratischen Grenzkontinuums liegt, in gegenseitige Beziehung gebracht.

Wir behandeln nun zuerst den Fall, wo die Lösung innerhalb liegt, indem wir von der Formel

$$X = (n-2)\int^n \frac{(x-a)\,dx\,dy\ldots}{r^n}$$

ausgehen und polysphärische Variabeln einführen, welche die Lösung $(a, b, \ldots)$ zum Zentrum haben. Es sei $x = a + r\lambda$, $y = b + r\mu, \ldots$, also $\lambda^2 + \mu^2 + \cdots = 1$; und das Element des polysphärischen Kontinuums vom Radius sei $d\sigma$; dann wird das Element der Totalität $r^{n-1}\,dr\,d\sigma$, und wir haben demnach $X = (n-2) \times \int\int \lambda\,dr\,d\sigma = (n-2)\int \lambda\,r\,d\sigma$, wo r stets positiv zu nehmen und das Integral über das ganze polysphärische Kontinuum auszudehnen ist. Da die Werte von r im letzten Integral sich auf das Grenzkontinuum $(x^2/A) + (y^2/B) + \cdots = 1$ beziehen, so hat man $v\,r^2 + 2\,u\,r = h$, wenn

$$v = \frac{\lambda^2}{A} + \frac{\mu^2}{B} + \cdots, \quad u = \frac{\lambda\,a}{A} + \frac{\mu\,b}{B} + \cdots, \quad h = 1 - \left(\frac{a^2}{A} + \frac{b^2}{B} + \cdots\right)$$

gesetzt wird; nach der Voraussetzung ist h positiv, und es folgt

$$r = \frac{-u + \sqrt{u^2 + h\,v}}{v},$$

wo die Wurzelgröße als positiv gelten soll. Vergleicht man nun zwei Elemente des Integrals X, für welche die polysphärischen Variabeln $\lambda, \mu, \ldots$ sämtlich gleich und entgegengesetzt sind, so sind die entsprechenden Werte von $-\lambda u : v$ einander gleich, hingegen die Werte von $\lambda \sqrt{u^2 + h v} : v$ gleich und entgegengesetzt. Dadurch ist die Wurzelgröße beseitigt. Vergleicht man jetzt auch zwei Elemente, für welche $u, v, \ldots$ gleich, aber λ gleich und entgegengesetzt ist, so ersieht man leicht, daß das Integral sich auf

$$X = -(n-2)\frac{a}{A}\int \frac{\lambda^2 \, d\sigma}{\frac{\lambda^2}{A} + \frac{\mu^2}{B} + \cdots}$$

reduziert. Der Wert von X ändert sich also nicht, wenn man auch alle linearen Dimensionen der Masse proportional verändert, wofern dann nur die Lösung $(a, b, \ldots)$ immer noch innerhalb bleibt.

Um nun für diesen Fall einer innern Lösung auch den Wert des Potentials V zu bestimmen, wollen wir denselben zuerst für das Zentrum suchen. Es ist für dieses

$$r^2\left(\frac{\lambda^2}{A} + \frac{\mu^2}{B} + \cdots\right) = 1, \qquad V = \int\int r \, dr \, d\sigma = \frac{1}{2}\int r^2 \, d\sigma,$$

also

$$V = \frac{1}{2}\int \frac{d\sigma}{\frac{\lambda^2}{A} + \frac{\mu^2}{B} + \cdots}.$$

Diese Formel gibt uns die Konstante, wenn wir die Gleichung $dV = X\,da + Y\,db + \cdots$ integrieren. Wir bekommen für irgendeine innere Lösung

$$V = \frac{1}{2}\int \frac{d\sigma}{\frac{\lambda^2}{A} + \frac{\mu^2}{B} + \cdots} - \frac{n-2}{2}\int \frac{\frac{a^2\lambda^2}{A} + \frac{b^2\mu^2}{B} + \cdots}{\frac{\lambda^2}{A} + \frac{\mu^2}{B} + \cdots}\, d\sigma. \qquad (1)$$

Es wird sich in der Folge zeigen, daß diese $(n-1)$-fachen Integrale sich in einfache verwandeln lassen.

Wir wenden uns nun zur Behandlung des schwierigern Falls einer äußeren Lösung. Aus dem früher Gesagten folgt leicht

$$\frac{1}{n-2} X = -\frac{\sqrt{ABC\ldots J}}{\sqrt{A'B'C'\ldots J'}} \cdot \frac{a}{A'}\int \frac{\lambda^2 \, d\sigma}{\frac{\lambda^2}{A'} + \frac{\mu^2}{B'} + \frac{\nu^2}{C'} + \cdots}.$$

Wenn wir aber die Gleichung $dV = X\,da + Y\,db + \cdots$ integrieren wollen, so dürfen wir nicht vergessen, daß vermöge der Bedingung $(a^2/A') + (b^2/B') + (c^2/C') + \cdots = 1$ nunmehr A' eine Funktion von $a, b, c, \ldots$ ist. Wären $A', B', \ldots$ konstant, so bekäme man bei der Integration die Funktion

$$U = -\frac{1}{2} \cdot \frac{\sqrt{AB\ldots J}}{\sqrt{A'B'\ldots J'}}\int \frac{\frac{a^2\lambda^2}{A'} + \frac{b^2\mu^2}{B'} + \cdots}{\frac{\lambda^2}{A'} + \frac{\mu^2}{B'} + \cdots}\, d\sigma.$$

Durch vollständige Differentiation ergibt sich aber

$$dU = \frac{dV}{n-2} + \frac{1}{4} \cdot \frac{\sqrt{AB\ldots J}}{\sqrt{A'B'\ldots J'}}\, dA' \sum \frac{1}{A'} \int \frac{\sum \frac{a^2\lambda^2}{A'}}{\sum \frac{\lambda^2}{A'}}\, d\sigma$$

$$+ \frac{dA'}{2} \cdot \frac{\sqrt{AB\ldots J}}{\sqrt{A'B'\ldots J'}} \int \frac{\sum \frac{a^2\lambda^2}{A'^2}}{\sum \frac{\lambda^2}{A'}}\, d\sigma$$

$$- \frac{dA'}{2} \cdot \frac{\sqrt{AB\ldots J}}{\sqrt{A'B'\ldots J'}} \int \frac{\sum \frac{\lambda^2}{A'^2} \sum \frac{a^2\lambda^2}{A'}}{\left(\sum \frac{\lambda^2}{A'}\right)^2}\, d\sigma.$$

Wir müssen suchen, für das letzte Integral, wo das Quadrat von $\Sigma\,\lambda^2/A'$ im Nenner steht, wegzuschaffen. Es ist

$$\frac{\partial}{\partial\lambda}\left(\frac{\lambda \sum \frac{a^2\lambda^2}{A'}}{\sum \frac{\lambda^2}{A'}}\right) = \frac{\sum \frac{a^2\lambda^2}{A'}}{\sum \frac{\lambda^2}{A'}} + 2\,\frac{\frac{a^2\lambda^2}{A'}}{\sum \frac{\lambda^2}{A'}} - 2\,\frac{\frac{\lambda^2}{A'} \sum \frac{a^2\lambda^2}{A'}}{\left(\sum \frac{\lambda^2}{A'}\right)^2};$$

$$\sum \int \frac{\partial}{\partial\lambda}\left(\frac{\frac{\lambda}{A'} \sum \frac{a^2\lambda^2}{A'}}{\sum \frac{\lambda^2}{A'}}\right) d\sigma = \sum \frac{1}{A'} \int \frac{\sum \frac{a^2\lambda^2}{A'}}{\sum \frac{\lambda^2}{A'}}\, d\sigma + 2 \int \frac{\sum \frac{a^2\lambda^2}{A'^2}}{\sum \frac{\lambda^2}{A'}}\, d\sigma$$

$$- 2 \int \frac{\sum \frac{\lambda^2}{A'^2} \sum \frac{a^2\lambda^2}{A'}}{\left(\sum \frac{\lambda^2}{A'^2}\right)^2}\, d\sigma. \qquad (2)$$

Auf der linken Seite ist der Faktor von $d\sigma$ in Beziehung auf $\lambda, \mu, \ldots$ homogen und vom nullten Grade. Wenn man also mit $\int_0^1 n\, r^{n-1}\, dr = 1$ multipliziert und dann das Element $r^{n-1}\, dr\, d\sigma$ der Totalität durch $dx\, dy \ldots$ ersetzt, so kann man auch im Faktor desselben $\lambda, \mu, \ldots$ durch $x, y, \ldots$ ersetzen. Man erhält

$$n \int^{n} \frac{\partial}{\partial x}\left(\frac{\frac{x}{A'} \sum \frac{a^2 x^2}{A'}}{\sum \frac{x^2}{A'}}\right) dx\, dy\, dz \ldots = n \int^{n-1} \left(\frac{\frac{x}{A'} \sum \frac{a^2 x^2}{A'}}{\sum \frac{x^2}{A'}}\right) dy\, dz \ldots$$

$$(x^2 + y^2 + \cdots < 1) \qquad\qquad (x^2 + y^2 + \cdots = 1)$$

$$= n \int \frac{\frac{\lambda}{A'} \sum \frac{a^2\lambda^2}{A'}}{\sum \frac{\lambda^2}{A'}}\, \lambda\, d\sigma.$$

Also ist jene Summe auf der linken Seite

$$= n \int \sum \frac{a^2\lambda^2}{A'}\, d\sigma = n \left(\frac{a^2}{A'} \int \lambda^2\, d\sigma + \frac{b^2}{B'} \int \mu^2\, d\sigma + \cdots\right),$$

oder, da offenbar $\int \lambda^2\, d\sigma = \int \mu^2\, d\sigma = \cdots = (1/n) \int (\lambda^2 + \mu^2 + \cdots)\, d\sigma = (1/n) \int d\sigma$ ist, auch

$$= \left(\frac{a^2}{A'} + \frac{b^2}{B'} + \cdots\right) \int d\sigma = \int d\sigma = 2 \frac{\pi^{n/2}}{\Gamma\left(\frac{n}{2}\right)}.$$

Durch diese Vorbereitung in den Stand gesetzt, jenes Integral, wo im Nenner das Quadrat einer Summe steht, zu entfernen, bekommen wir

$$dU = \frac{dV}{n-2} + \frac{\pi^{n/2}}{\Gamma\left(\frac{n}{2}\right)} \cdot \frac{1}{2} \cdot \frac{\sqrt{A\,B\,C \ldots J}}{\sqrt{A'B'C' \ldots J'}}\, dA',$$

und hieraus endlich

$$V = \frac{\pi^{n/2}}{\Gamma\left(\frac{n}{2} - 1\right)} \sqrt{A\,B\,C \ldots J} \int_{A'}^{\infty} \frac{dA'}{\sqrt{A'B' \ldots J'}}$$
$$- \frac{n-2}{2} \cdot \frac{\sqrt{A\,B\,C \ldots J}}{\sqrt{A'B'C' \ldots J'}} \int \frac{\sum \frac{a^2 \lambda^2}{A'}}{\sum \frac{\lambda^2}{A'}}\, d\sigma, \tag{3}$$

wo die Integrationskonstante so bestimmt wurde, daß V für eine unendlich weit entfernte Lösung $(a, b, \ldots)$ verschwindet.

Liegt die Lösung $(a, b, \ldots)$ auf dem Grenzkontinuum (A), so muß dieser Ausdruck mit dem früher für eine innere Lösung gefundenen übereinstimmen. Man hat also

$$\int \frac{d\sigma}{\frac{\lambda^2}{A} + \frac{\mu^2}{B} + \cdots} = \frac{2\,\pi^{n/2}}{\Gamma\left(\frac{n}{2} - 1\right)} \sqrt{A\,B\,C \ldots J} \int_{A}^{\infty} \frac{dA'}{\sqrt{A'B'C' \ldots J'}},$$

wodurch ein $(n-1)$-faches Integral in ein einfaches Abelsches Integral verwandelt ist. Hiedurch zu der Vermutung geführt, daß auch das andere $(n-1)$-fache Integral, welches in (1) und (3) vorkommt, in ein einfaches sich verwandeln lasse, untersuchen wir in dieser Absicht die oben gefundene Reduktionsgleichung (2), welche, indem wir die Akzente weglassen, $a, b, \ldots$ als unabhängig annehmen und abkürzend $v = \Sigma \lambda^2/A$, $w = \Sigma a^2 \lambda^2/A$, $R = \sqrt{A\,B\,C \ldots J}$ setzen, folgende Form erhält:

$$\frac{1}{2} \sum \frac{a^2}{A} \int d\sigma = \frac{\partial \log R}{\partial A} \int \frac{w}{v}\, d\sigma - \int \frac{1}{v} \cdot \frac{\partial w}{\partial A}\, d\sigma - \int w \frac{\partial \frac{1}{v}}{\partial A}\, d\sigma$$
$$= -R \frac{\partial}{\partial A} \left(\frac{1}{R} \int \frac{w}{v}\, d\sigma\right),$$

wo die Differentialkoeffizienten im Sinne von $dA = dB = dC = \cdots = dJ$ zu verstehen sind. Integriert man so, daß beide Seiten der Gleichung für ein unendlich großes A übereinstimmen, so wird

$$\frac{1}{R} \int \frac{w}{v}\, d\sigma = \frac{\pi^{n/2}}{\Gamma\left(\frac{n}{2}\right)} \int_{A}^{\infty} \sum \frac{a^2}{A} \cdot \frac{dA}{R}.$$

Beide Fälle, einer innern und einer äußern Lösung in einem Ausdruck vereinigend, können wir nun das Endergebnis dieses Abschnittes wie folgt aussprechen:

Ist $r^2 = (x-a)^2 + (y-b)^2 + \cdots$, *und das n-fache Integral* $V = \int r^{-(n-2)}\,dx\,dy\,dz\ldots$ *durch* $(x^2/A) + (y^2/B) + \cdots < 1$ *begrenzt, wofür alle* $A, B, C, \ldots$ *positiv sein müssen, so ist*

$$V = \frac{\pi^{n/2}}{\Gamma\left(\frac{n}{2}-1\right)} \sqrt{A\,B\,C\ldots} \int^{\infty} \frac{1 - \dfrac{a^2}{A+u} - \dfrac{b^2}{B+u} - \dfrac{c^2}{C+u} - \cdots}{\sqrt{(A+u)\,(B+u)\,(C+u)\ldots}}\,du, \tag{4}$$

wo als untere Grenze des Integrals $u = 0$ *zu nehmen ist, wenn dadurch der Zähler des unter dem Integrationszeichen befindlichen Bruchs nicht negativ gemacht wird, sonst aber der positive Wert von* u, *für welchen dieser Zähler verschwindet.*

Die folgende allgemeine Betrachtung wird uns einen noch kürzern Weg kennen lehren, auf dem man zu diesem Satze gelangen kann, welcher für $n = 3$ den, wenn ich nicht irre, zuerst von Ivory gefundenen Ausdruck für die Attraktion eines homogenen Ellipsoids in sich schließt.

50. *Über eine Verteilung von Masse auf einem quadratischen Kontinuum erster Gattung, welche zugleich mit ihrem Potential bekannt ist*

Gelten die Bezeichnungen von Ziffer 45 und setzt man abkürzend

$$d\varphi_1 = \frac{dA_1}{2\,R_1}, \quad d\varphi_2 = \frac{dA_2}{2\,R_2}, \quad \ldots, \quad d\varphi_n = \frac{dA_n}{2\,R_n},$$

so kennen wir aus Ziffer 47 folgenden Ausdruck des Differentialparameters mittels konfokaler Variabeln:

$$\text{Diffpar}\, V = \frac{1}{\Omega}\left(\Phi_1 \frac{\partial^2 V}{\partial\varphi_1^2} + \Phi_2 \frac{\partial^2 V}{\partial\varphi_2^2} + \cdots + \Phi_n \frac{\partial^2 V}{\partial\varphi_n^2}\right).$$

Wäre nun $(-1)^{i-1}\,\partial^2 V/\partial\varphi_i^2$ für $i = 1, 2, 3, \ldots, n$ immer einer und derselben ganzen Funktion $(n-2)$-ten oder niedrigeren Grades der einzigen Variabeln A_i proportional, so müßte nach einer in Ziffer 45 gemachten Bemerkung Diffpar V verschwinden. Es sei M_i eine solche ganze Funktion von A_i, und man soll bewirken, daß

$$(-1)^{i-1} \frac{\partial^2 V}{\partial\varphi_i^2} = M_i V$$

wird. Dieses wird erreicht, wenn man

$$V = P_1\,P_2\,P_3 \ldots P_n, \quad (-1)^{i-1} \frac{\partial^2 P_i}{\partial\varphi_i^2} = M_i\,P_i$$

setzt, wo für $i = 1, 2, \ldots, n$ immer P_i eine und dieselbe Funktion von A_i bedeutet. Ist diese Funktion P algebraisch und nicht gebrochen, d.h. wird sie für keinen endlichen Wert von A unendlich groß, so vermehrt die Operation $\partial^2/\partial\varphi^2$ ihren Grad um $n-2$; also muß die Funktion M vom $(n-2)$-ten Grade sein. Da die Differentiation nach φ Wurzelgrößen hineinbringt, so sehen wir uns bewogen, von vornherein die Funktion P als Produkt einiger Achsen $\sqrt{A}$, $\sqrt{B}$, ... mit einer ganzen Funktion des Achsenquadrates A vorauszusetzen; das Produkt jener Achsen sei $\sqrt{K}$, diese Funktion $f(A)$, also $P = \sqrt{K}\, f(A)$. Ferner sei $R^2 = ABC \ldots = KL$, und η, ϑ seien die Grade von K und f in Beziehung auf A (was wir unter der Voraussetzung $dA = dB = \cdots$ als einzige Variable ansehen). Werden nun die nach A abgeleiteten Funktionen durch Akzente bezeichnet, so verwandelt sich die Bedingung $\partial^2 P/\partial\varphi^2 = MP$ in

$$4\,K\,L\,f'' + 2\,(3\,K'L + K\,L')\,f' + (2\,K''L + K'L')\,f = M\,f. \tag{1}$$

Da es auf einen konstanten Faktor in f nicht ankommt, so wollen wir 1 als Koeffizienten von A^{ϑ} annehmen. Dann wird der Koeffizient der höchsten Potenz A^{n-2} in der Entwicklung von M gleich

$$\begin{aligned}
&4\,\vartheta\,(\vartheta - 1) + 2\,(3\,\eta + n - \eta)\,\vartheta + 2\,\eta\,(\eta - 1) + \eta\,(n - \eta)\\
&= 4\,\vartheta^2 + 2\,(2\,\eta + n - 2)\,\vartheta + \eta\,(n + \eta - 2)\\
&= (2\,\vartheta + \eta)\,(2\,\vartheta + \eta + n - 2).
\end{aligned}$$

Ist m der Grad von P in Beziehung auf die Achse $\sqrt{A}$, so ist $m = 2\,\vartheta + \eta$, und $m\,(m + n - 2)$ der Koeffizient von A^{n-2} in der Entwicklung von M. Es bleiben in den ganzen Funktionen f und M noch $n - 2 + \vartheta$ Koeffizienten zu bestimmen übrig. Die Gleichung (1), die wir identisch zu machen haben, ist aber vom $(n - 2 + \vartheta)$-ten Grade, und da wir die höchsten Potenzen schon berücksichtigt haben, so bleiben noch $n - 2 + \vartheta$ Bedingungen übrig, welche wenigstens ihrer Zahl nach gerade hinreichen, das Verlangte zu leisten. Die nähere Erörterung dieser Aufgabe werden wir erst später unter Ziffer 52 vornehmen.

Es ist klar, daß die algebraische Funktion P nicht das allgemeine Integral der Gleichung $\partial^2 V/\partial\varphi^2 = MV$ ist, weil nur der arbiträre Faktor, den sie haben kann, als Integrationskonstante zählt. Es sei Q ein von P wesentlich verschiedenes Integral derselben Gleichung, so folgt, wenn man aus den Gleichungen

$$\frac{\partial^2 P}{\partial\varphi^2} = M\,P, \qquad \frac{\partial^2 Q}{\partial\varphi^2} = M\,Q$$

das Polynom M eliminiert,

$$P\,\frac{\partial^2 Q}{\partial\varphi^2} - Q\,\frac{\partial^2 P}{\partial\varphi^2} = 0,$$

und durch Integration dieser Gleichung

$$P\,\frac{\partial Q}{\partial\varphi} - Q\,\frac{\partial P}{\partial\varphi} = -1, \tag{2}$$

wo wir -1 für die arbiträre Konstante gesetzt haben, da irgendeine andere Konstante nur der Multiplikation von Q mit einem konstanten Faktor entspricht. Da wir beabsichtigen, Q für ein unendlich wachsendes A verschwinden

zu lassen, so setzen wir
$$Q = P\int_A^{\infty} \frac{\partial \varphi}{P^2}, \tag{3}$$
als Integral der Gleichung (2). Für ein unendlich großes A verschwindet der Einfluß der Unterschiede zwischen den Achsenquadraten A, B, C, ..., und wenn man $\sqrt{A} = a$ setzt und 1 als Koeffizienten der höchsten Potenz in P annimmt, so wird
$$Q = \frac{1}{n+2m-2} \cdot \frac{1}{a^{n+m-2}}$$
und verschwindet daher für ein unendlich wachsendes a, sobald $n > 2$ ist, was wir fortan voraussetzen wollen.

Es ist jetzt leicht, das allgemeine Integral der vorliegenden Differentialgleichung zweiter Ordnung anzugeben; es ist $\alpha P + \beta Q$, wo α, β die arbiträren Integrationskonstanten bedeuten.

Da nur die erste Gattung quadratischer Kontinuen ein unendliches Wachstum der Achsenquadrate verträgt, so können wir Q nur auf solche Kontinua beziehen und daher nur den Zeiger 1 bei dieser Funktion anbringen.

Aus dem gleichen Grunde, warum Diffpar $(P_1 P_2 \ldots P_n) = 0$ war, ist nun auch Diffpar $(Q_1 P_2 P_3 \ldots P_n) = 0$, wofern nur die Funktion P für keinen zwischen A_1 und $+\infty$ liegenden Wert von A verschwindet. Man kann nun immer das Achsenquadrat A eines Kontinuums $(x^2/A) + (y^2/B) + \cdots = 1$ erster Gattung groß genug annehmen, daß die Funktion P weder für diesen noch für irgendeinen größern Wert von A verschwindet. Dann ist klar, daß nicht nur, wie sich von selbst versteht, das Produkt $\Pi = P_1 P_2 \ldots P_n$ für keine innerhalb des gegebenen quadratischen Kontinuums liegende, sondern auch das Produkt $\Pi' = Q_1 P_2 P_3 \ldots P_n$ für keine äußere Lösung unendlich groß wird.

Wir wollen nun die zwei Integrale
$$\mathfrak{P} = \int^n \left(\frac{\partial \Pi}{\partial x} \cdot \frac{\partial \frac{1}{r^{n-2}}}{\partial x} + \frac{\partial \Pi}{\partial y} \cdot \frac{\partial \frac{1}{r^{n-2}}}{\partial y} + \cdots \right) dx\, dy\, dz \ldots, \quad \left[\frac{x^2}{A} + \frac{y^2}{B} + \cdots < 1\right]$$
$$\mathfrak{Q} = \int^n \left(\frac{\partial \Pi'}{\partial x} \cdot \frac{\partial \frac{1}{r^{n-2}}}{\partial x} + \frac{\partial \Pi'}{\partial y} \cdot \frac{\partial \frac{1}{r^{n-2}}}{\partial y} + \cdots \right) dx\, dy\, dz \ldots, \quad \left[\frac{x^2}{A} + \frac{y^2}{B} + \cdots > 1\right]$$
näher betrachten. Ersetzt man für ein sehr großes A das Element $dx\,dy\,dz\ldots$ der Totalität durch $r^{n-1} dr\, d\sigma$, wo wir auch r uns als sehr groß denken, so sind die Differentialkoeffizienten von $1/r^{n-2}$ von keiner niedrigern Ordnung des Unendlichkleinen als $1/r^{n-1}$, und da Q, wie wir oben gesehen haben, von der Ordnung $1/r^{n+m-2}$ ist, so sind auch Π' und dessen Differentialkoeffizienten wenigstens von keiner niedrigern Ordnung; daher ist endlich $\mathfrak{Q}$ wenigstens von keiner niedrigern Ordnung als $\int^{\infty} dr/r^{n+m-2}$, also für ein unendlich wachsendes r von

einer verschwindenden Ordnung, sobald $n + m > 3$ ist. Für $m = 0$ ist $P = 1$, und (für ein sehr großes A) nahezu $Q = r^{2-n}/(n-2) = \Pi'$, $\mathfrak{Q} = (1/r^{n-2}) \int d\sigma$. Also hat überhaupt für $n > 2$ das Integral $\mathfrak{Q}$ einen endlichen Wert, wenn nur A groß genug ist, daß P_1 für $A_1 \gtreqless A$ nicht verschwinden kann; hiebei ist freilich der Einfluß, den das Hineinfallen der Gegend, wo $r = 0$ ist, in die Totalität des Integrals auf dessen Wert haben kann, nicht berücksichtigt. Umschreibt man mit dem unendlich kleinen Radius ϱ um das Zentrum $(a, b, \ldots)$ eine Polysphäre, so kann man innerhalb derselben $\Pi, \Pi', \partial\Pi/\partial x$ usw. als konstant ansehen. Dann ist zum Beispiel

$$\int^{n} \frac{\partial \frac{1}{r^{n-2}}}{\partial x}\, dx\, dy\, dz \ldots = \int^{n-1} \left(\frac{1}{r^{n-2}}\right) dy\, dz \ldots = 0,$$
$$[x^2 + y^2 + \cdots < \varrho^2]$$

weil $\left(\frac{1}{r^{n-2}}\right) = \frac{1}{\varrho^{n-2}} - \frac{1}{\varrho^{n-2}} = 0$ ist, oder auch, wenn man will, weil das vorliegende Integral $= \varrho \int \lambda\, d\sigma = 0$ ist. Wenn wir also auch die um die Lösung $(a, b, \ldots)$ mit dem unendlich kleinen Radius ϱ beschriebenen Polysphäre, mag sie in die Totalität des Integrals $\mathfrak{P}$ oder die des $\mathfrak{Q}$ hineinfallen, davon ausschließen, so wird dadurch der Wert des betreffenden Integrals nicht geändert. Wir können nun diese Integrale auf zwei Arten verwandeln.

1. Es ist

$$\int \frac{\partial \Pi}{\partial x} \cdot \frac{\partial \frac{1}{r^{n-2}}}{\partial x}\, dx = \left(\frac{1}{r^{n-2}} \cdot \frac{\partial \Pi}{\partial x}\right) - \int \frac{1}{r^{n-2}} \cdot \frac{\partial^2 \Pi}{\partial x^2}\, dx,$$

wo die Klammern den Unterschied zwischen dem End- und Anfangswert anzeigen. Da nun das $(n-1)$-fache Element $dy\, dz \ldots$ durch $\lambda\, d\omega$ ersetzt werden kann, wenn es einer Stelle des gegebenen quadratischen Kontinuums (A) entspricht, wo $d\omega$ das Element dieses Grenzkontinuums, und $\lambda, \mu, \ldots$ die Richtungskosinus der entsprechenden Normale bezeichnen, so ist, wenn abkürzend $D = \lambda\, (\partial/\partial x) + \mu\, (\partial/\partial y) + \cdots$ gesetzt und die Gleichungen: Diffpar $\Pi = 0$, Diffpar $\Pi' = 0$ berücksichtigt werden,

$$\mathfrak{P} = \int \frac{D\Pi}{r^{n-2}}\, d\omega, \qquad \mathfrak{Q} = -\int \frac{D\Pi'}{r^{n-2}}\, d\omega.$$

Im letzten Ausdruck ist das auf die unendlich weit entfernte Grenze bezüglich mit positivem Vorzeichen zu versehende Integral von derselben Gestalt weggelassen worden. Denn für $m > 0$ ist $D\Pi'$ wenigstens von derselben Ordnung mit Π' oder Q, also von der Ordnung $1/r^{n+m-3}$, und da $dw = r^{n-1}\, d\sigma$ gesetzt werden kann, so ist das fragliche Integral wenigstens von der Ordnung $1/r^{n+m-3}$ und verschwindet, wenn $n \gtreqless 3$ ist. Für $m = 0$ ist Π' von der Ordnung $1/r^{n-2}$, daher $D\Pi'$ von der Ordnung $1/r^{n-1}$, also das fragliche Integral von der Ordnung $1/r^{n-2}$ und verschwindet mithin ebenfalls für $n \gtreqless 3$.

Die Operation D bezeichnet die Variation einer Funktion längs der Normale des Elements $d\omega$, dividiert durch das betreffende Element der Normale. Sie ist daher gleich $2p\, (\partial/\partial A)$, wo p den Abstand des Zentrums vom linearen Tangentialkontinuum in $d\omega$ bezeichnet, und von den Achsenquadraten $A_2, A_3, \ldots, A_n$ der übrigen konfokalen Kontinuen unabhängig; also $D\Pi = (DP)\, P_2 P_3 \ldots P_n$ und $D\Pi' = (DQ)\, P_2 P_3 \ldots P_n$. Ferner ist

$$p = R : \sqrt{(A - A_2)(A - A_3) \ldots (A - A_n)};$$

folglich, wenn wir abkürzend

$$q = \sqrt{(A - A_2)(A - A_3) \ldots (A - A_n)}$$

setzen,

$$D = \frac{1}{q} \cdot \frac{\partial}{\partial \varphi}.$$

Da nun in den vorliegenden Integralen A als konstant gilt, so haben wir

$$\mathfrak{P} = \frac{\partial P}{\partial \varphi} \int \frac{P_2 P_3 \ldots P_n}{q\, r^{n-2}}\, d\omega, \qquad \mathfrak{Q} = -\frac{\partial Q}{\partial \varphi} \int \frac{P_2 P_3 \ldots P_n}{q\, r^{n-2}}\, d\omega,$$

und vermöge der Gleichung (2)

$$P\mathfrak{Q} + Q\mathfrak{P} = \int \frac{P_2 P_3 \ldots P_n}{q\, r^{n-2}}\, d\omega. \tag{4}$$

Man kann $d\omega$ durch $dy\, dz \ldots / \lambda = A\, dy\, dz \ldots / p\, x = A q\, dy\, dz \ldots / R\, x$ ersetzen. Verwandelt man durch $x = \sqrt{A}\, x'$, $y = \sqrt{B}\, y'$ usw. das quadratische Kontinuum in ein polysphärisches vom Radius 1, dessen Element wir gewöhnlich mit $d\sigma$ bezeichnen, so wird $dy'\, dz' \ldots = x'\, d\sigma$, und $d\omega / q = d\sigma$.

2. Die andere Verwandlung ist

$$\int \frac{\partial \Pi}{\partial x} \cdot \frac{\partial \frac{1}{r^{n-2}}}{\partial x}\, dx = \left(\Pi \frac{\partial \frac{1}{r^{n-2}}}{\partial x} \right) - \int \Pi \frac{\partial^2 \frac{1}{r^{n-2}}}{\partial x^2}\, dx.$$

Bevor wir nun diese Gleichung mit $dy\, dz \ldots$ multiplizieren und in Beziehung auf $x, y, z, \ldots$ summieren, wollen wir die Folgen der Ausschließung der Polysphäre ϱ um $(a, b, \ldots)$ beurteilen. Im letzten Gliede rechts ist immer $[(\partial^2/\partial x^2) + (\partial^2/\partial y^2) + \cdots]\, (1/r^{n-2}) = 0$, solange r nicht verschwindet. Wenn also die Polysphäre ϱ ausgeschlossen wird, so ist auf der rechten Seite in der Summe das zweite Glied wegzulassen. Hinsichtlich des ersten Gliedes rechts kann die durch Wegnahme der Polysphäre ϱ entstandene Lücke durch

$$\Pi \int D \frac{1}{r^{n-2}}\, \varrho^{n-1}\, d\sigma = \Pi \int \frac{\partial}{\partial \varrho} \left(\frac{1}{\varrho^{n-2}} \right) \varrho^{n-1}\, d\sigma = -(n-2)\, \Pi \int d\sigma$$

$$= -\frac{4\, \pi^{n/2}\, \Pi}{\Gamma\left(\frac{n}{2} - 1\right)}$$

ausgedrückt werden, wenn für Π der der Lösung $(a, b, \ldots)$ entsprechende Wert gesetzt wird. Steht Π' an der Stelle von Π, so ist das der unendlich weit entfernten Grenze entsprechende Integral von der Ordnung $\int \Pi'\, d\sigma$, verschwindet also. Durch das Gesagte wird die Richtigkeit der folgenden Gleichungen hinreichend begründet sein.

Wenn $(a^2/A) + (b^2/B) + \cdots < 1$ ist, so ist

$$\mathfrak{P} = P \int \frac{P_2 P_3 \ldots P_n}{q} \cdot \frac{\partial \frac{1}{r^{n-2}}}{\partial \varphi} d\omega + \frac{4\pi^{n/2}}{\Gamma\left(\frac{n}{2}-1\right)} [P_1 P_2 \ldots P_n],$$

$$\mathfrak{Q} = -Q \int \frac{P_2 P_3 \ldots P_n}{q} \cdot \frac{\partial \frac{1}{r^{n-2}}}{\partial \varphi} d\omega;$$

wenn dagegen $(a^2/A) + (b^2/B) + \cdots > 1$ ist, so ist

$$\mathfrak{P} = P \int \frac{P_2 P_3 \ldots P_n}{q} \cdot \frac{\partial \frac{1}{r^{n-2}}}{\partial \varphi} d\omega,$$

$$\mathfrak{Q} = -Q \int \frac{P_2 P_3 \ldots P_n}{q} \cdot \frac{\partial \frac{1}{r^{n-2}}}{\partial \varphi} d\omega + \frac{4\pi^{n/2}}{\Gamma\left(\frac{n}{2}-1\right)} [Q_1 P_2 P_3 \ldots P_n],$$

wo die in Klammern geschlossenen Produkte sich auf die Lösung $(a, b, \ldots)$ beziehen. Diese Gleichungen geben im ersten Falle

$$P\,\mathfrak{Q} + Q\,\mathfrak{P} = \frac{4\pi^{n/2}}{\Gamma\left(\frac{n}{2}-1\right)} Q\,[P_1 P_2 P_3 \ldots P_n],$$

im zweiten

$$= \frac{4\pi^{n/2}}{\Gamma\left(\frac{n}{2}-1\right)} P\,[Q_1 P_2 P_3 \ldots P_n].$$

Hält man damit die Formel (4) zusammen, so findet man

$$\left.\begin{aligned} \int \frac{P_2 P_3 \ldots P_n}{r^{n-2}} \cdot \frac{d\omega}{q} &= \frac{4\pi^{n/2}}{\Gamma\left(\frac{n}{2}-1\right)} Q\,[P_1 P_2 P_3 \ldots P_n] \\ \text{oder} \qquad &= \frac{4\pi^{n/2}}{\Gamma\left(\frac{n}{2}-1\right)} P\,[Q_1 P_2 P_3 \ldots P_n], \end{aligned}\right\} \tag{5}$$

je nachdem die Lösung $(a, b, \ldots)$ innerhalb oder außerhalb des quadratischen Kontinuums (A) liegt. Beide Formeln fallen zusammen, indem $P_1 = P$, $Q_1 = Q$ wird, wenn die Lösung dem Kontinuum selbst angehört.

Die linke Seite dieser Formel (5) stellt das Potential einer auf dem Kontinuum (A) verteilten Masse dar, wenn überall die Dichtigkeit $k = P_2 P_3 \ldots P_n : q$ ist.

Sind P, P' zwei sich nicht durch einen konstanten Faktor unterscheidende Funktionen, welche die im Eingang dieses Abschnittes erwähnten Bedingungen erfüllen, und wendet man das soeben gebrauchte Verfahren auf das Integral

$$\int^n \left(\frac{\partial \,.\, P_1 P_2 \ldots P_n}{\partial x} \cdot \frac{\partial \,.\, P_1' P_2' \ldots P_n'}{\partial x} + \cdots \right) dx\,dy\,dz \ldots \quad \left[\frac{x^2}{A} + \frac{y^2}{B} + \cdots < 1\right]$$

an, so findet man

$$\left(P\frac{\partial P'}{\partial\varphi}-P'\frac{\partial P}{\partial\varphi}\right)\int P_2 P_3\ldots P_n\,.\,P_2' P_3'\ldots P_n'\frac{d\omega}{q}=0.$$

Der vorgesetzte Faktor kann nicht verschwinden, wenn nicht $P':P$ konstant ist; daher muß

$$\int P_2 P_3\ldots P_n\,.\,P_2' P_3'\ldots P_n'\frac{d\omega}{q}=0 \tag{6}$$

sein. – Da auch $P'=1$ zu dieser Klasse der Funktionen gehört, so ist für eine Funktion P, deren Grad die Null übersteigt,

$$\int P_2 P_3\ldots P_n\frac{d\omega}{q}=0 \quad (7),\qquad \text{dagegen}\quad \int\frac{d\omega}{q}=\frac{2\,\pi^{n/2}}{\Gamma\left(\frac{n}{2}\right)}. \tag{8}$$

Hätte eine Funktion P imaginäre Koeffizienten, so gäbe es auch eine Funktion P' mit den konjugierten Koeffizienten; und wenn $P_2 P_3\ldots P_n = u+v\sqrt{-1}$ gesetzt würde, wo u, v reell sein sollen, so wäre $P_2' P_3'\ldots P_n' = u-\sqrt{-1}$, und man hätte $\int[(u^2+v^2)/q]\,d\omega=0$. Dies ist nicht möglich, weil q immer positiv ist. *Die Funktionen P sind also alle reell.*

Die obigen Ausdrücke für das Potential eines quadratischen Kontinuums (A) sind unter der Voraussetzung bewiesen worden, daß P_1 für $A_1 \gtreqless A$ nicht verschwinde. Könnte P_1 für ein kleineres A_1, das immer noch einem Kontinuum erster Gattung angehörte, verschwinden, so denke man sich das quadratische Kontinuum, welches dieses zunächst umschließt; für dieses müßte dann Q einen sehr großen Wert haben; eine innere Lösung $(a, b, \ldots)$ wird immer anzugeben sein, für welche keine der Funktionen $P_1, P_2, \ldots, P_n$ einen sehr kleinen Wert annimmt, so daß das Produkt $Q\,P_1 P_2\ldots P_n$ immer noch sehr groß wird; dann haben wir aber für das Potential einen sehr großen Wert, was nicht sein kann, da die Dichtigkeit auf dem ganzen quadratischen Kontinuum nirgends sehr groß werden kann. Wir schließen hieraus, daß die Funktion P_1 nie verschwindet, daß also Q_1 nie unendlich groß wird. Die Formeln (5) sind daher allgemein gültig.

51. *Anwendung des Vorigen auf die Bestimmung des Potentials der von einem quadratischen Kontinuum umschlossenen homogenen Totalität*

Die Funktion P vom niedrigsten Grade ist $P=1$; für diese geben die Gleichungen (5) und (3) des vorigen Abschnittes:

$$\int\frac{1}{r^{n-2}}\cdot\frac{d\omega}{q}=\frac{4\,\pi^{n/2}}{\Gamma\left(\frac{n}{2}-1\right)}\int^{\infty}\frac{dA_1}{2\,R_1},$$

wo rechts als untere Grenze des Integrals $A_1=A$ oder der der Lösung $(a,b,\ldots)$ entsprechende Wert von A_1 zu nehmen ist, je nachdem diese Lösung innerhalb oder außerhalb des quadratischen Kontinuums (A) liegt.

Bedeutet h eine unendlich kleine Zahl und werden alle linearen Dimensionen des gegebenen quadratischen Kontinuums (A) im Verhältnis $1+h$ vergrößert, so daß ein mit jenem konzentrisches und ähnlich liegendes Kontinuum entsteht, so ist $p\,h$ die Dicke der zwischen beiden Kontinuen enthaltenen Schicht, und wenn man diese sich homogen und von der Dichtigkeit 1 denkt, $h\,p\,d\omega = h\,R\,d\omega/q$ das Massenelement. Das Potential dieser Schicht ist also

$$\frac{2\,\pi^{n/2}}{\Gamma\left(\frac{n}{2}-1\right)}\,R\,h\int^{\infty}\frac{dA_1}{R_1}$$

$$=\frac{2\,\pi^{n/2}}{\Gamma\left(\frac{n}{2}-1\right)}\,h\sqrt{A\,B\,C\ldots J}\int^{\infty}\frac{du}{\sqrt{(A+u)\,(B+u)\ldots(J+u)}}\,,$$

wo das Integral entweder bei dem *positiven* Werte von u, welcher der Gleichung $a^2/(A+u)+b^2/(B+u)+\cdots=1$ genügt, oder, wenn es keinen solchen gibt, bei $u=0$ anfängt.

Verkleinern wir die linearen Dimensionen des gegebenen quadratischen Kontinuums in den Verhältnissen ϑ und $\vartheta+d\vartheta$ und suchen das Potential dV der zwischen den entsprechenden Kontinuen enthaltenen Schicht, so ist $h=d\vartheta/\vartheta$, die Achsenquadrate $A,\,B,\,\ldots$ und die Variable u sind durch $\vartheta^2 A,\ \vartheta^2 B,\,\ldots,\ \vartheta^2 u$ zu ersetzen, und wir bekommen

$$dV=\frac{2\,\pi^{n/2}}{\Gamma\left(\frac{n}{2}-1\right)}\,\vartheta\,d\vartheta\sqrt{A\,B\,C\ldots J}\int^{\infty}\frac{du}{\sqrt{(A+u)\,(B+u)\ldots(J+u)}}\,,$$

wo als untere Integrationsgrenze entweder der positive Wert h von u, für welchen $a^2/(A+u)+b^2/(B+u)+\cdots=\vartheta^2$ ist, oder, wenn kein solcher existiert, $u=0$ zu nehmen ist. Ist $\vartheta=0$, so muß h positiv unendlich groß sein. Wie ϑ wächst, wird h immer kleiner; endlich erreicht ϑ einen Wert ε, für den h Null wird. In diesem Intervall ist das Integral $\int_h^{\infty} du/\sqrt{(A+u)\,(B+u)\ldots}=\Theta$ eine Funktion von ϑ; ihr Wert für $\vartheta=\varepsilon$ oder $h=0$ sei E. So wie aber ϑ über ε hinaus wächst, muß man dem Integral den konstanten Wert E geben. Es ist aber

$$\frac{\partial\Theta}{\partial\vartheta}=\frac{\partial\Theta}{\partial h}\cdot\frac{\partial h}{\partial\vartheta}=-\frac{\frac{\partial h}{\partial\vartheta}}{\sqrt{(A+h)\,(B+h)\ldots}}\,;$$

daher

$$\int_{\vartheta=0}^{\vartheta<\varepsilon}\vartheta\,\Theta\,d\vartheta=\frac{1}{2}\,\vartheta^2\,\Theta+\frac{1}{2}\int_{\vartheta'=0}^{\vartheta'=\vartheta}\frac{\vartheta'^2\,\frac{\partial h'}{\partial\vartheta'}\,d\vartheta'}{\sqrt{(A+h')\,(B+h')\ldots}}$$

$$=\frac{1}{2}\,\vartheta^2\,\Theta-\frac{1}{2}\int_{h'=h}^{h'=\infty}\frac{\vartheta'^2\,dh'}{\sqrt{(A+h')\,(B+h')\ldots}}$$

$$=\frac{1}{2}\int_{u=h}^{u=\infty}\frac{\vartheta^2-\frac{a^2}{A+u}-\frac{b^2}{B+u}+\cdots}{\sqrt{(A+u)\,(B+u)\ldots}}\,du.$$

Ist die obere Integrationsgrenze ein Wert von ϑ, welcher ε übertrifft, so hat man

$$\int_{\vartheta=0}^{\vartheta=\varepsilon} \Theta\,\vartheta\,d\vartheta + \int_{\vartheta=\varepsilon} E\,\vartheta\,d\vartheta = \frac{1}{2}\int_{u=0}^{u=\infty} \frac{\varepsilon^2 - \sum \frac{a^2}{A+u}}{\sqrt{\Pi\,(A+u)}}\,du$$

$$+\frac{\vartheta^2-\varepsilon^2}{2}\int_{u=0}^{u=\infty}\frac{du}{\sqrt{\Pi\,(A+u)}} = \frac{1}{2}\int_{u=0}^{u=\infty}\frac{\vartheta^2 - \sum\frac{a^2}{A+u}}{\sqrt{\Pi\,(A+u)}}\,du.$$

Erstreckt sich die Integration von $\vartheta = 0$ bis $\vartheta = 1$, so hat man endlich

$$V = \int^{n} \frac{dx\,dy\ldots dw}{[(x-a)^2+(y-b)^2+\cdots+(w-i)^2]^{(n/2)-1}}\quad\left[\frac{x^2}{A}+\frac{y^2}{B}+\cdots+\frac{\omega^2}{J}<1\right]$$

$$= \frac{\pi^{n/2}}{\Gamma\left(\frac{n}{2}-1\right)}\sqrt{ABC\ldots J}\int^{\infty}\frac{1-\left(\frac{a^2}{A+u}+\frac{b^2}{B+u}+\cdots+\frac{i^2}{J+u}\right)}{\sqrt{(A+u)\,(B+u)\ldots(J+u)}}\,du,$$

wo als untere Integrationsgrenze der Wert von u, für welchen der Zähler des Bruchs verschwindet, wenn jener positiv ist, sonst aber der Nullwert zu nehmen ist. – Dieses Resultat stimmt mit Ziffer 49 (4) überein.

52. *Über die algebraischen Lösungen der Gleichung* $\partial^2 P/\partial\varphi^2 = M P$

Es scheint etwas schwer, mit Sicherheit die Zahl der verschiedenen Formen der ganzen Funktion f anzugeben, welche der identischen Gleichung (1) in Ziffer 50 genügt, wenn ihr Grad ϑ und die η Achsenquadrate, aus denen das Produkt K besteht, gegeben sind. Da die Koeffizienten der höchsten Potenzen in f und M bekannt sind, so gehen, wie wir schon gesehen haben, aus (1) nur $\vartheta + n - 2$ algebraische Gleichungen zweiten Grades zwischen den an Zahl gleichkommenden übrigen Koeffizienten hervor. Das System derselben hat also höchstens $2^{\vartheta+n-2}$ Lösungen. Da aber die Gleichungen eine sehr spezielle Beschaffenheit haben, so kann man wohl vermuten, daß diese Zahl zu hoch sei, und braucht nur für die ersten ganzen Werte von ϑ, η die Rechnung auszuführen, um diese Vermutung bestätigt zu finden.

Um dem wahren Sachverhalt näher auf die Spur zu kommen, wollen wir die unbekannte Funktion M dadurch eliminieren, daß wir für die Variable nach und nach alle ihre Werte substituieren, durch welche $f = 0$ wird und deren Zahl offenbar ϑ ist. Sie treten als die Unbekannten des Systems an die Stelle der an Zahl gleichen unbekannten Koeffizienten der Funktion f; und da die Zahl der Gleichungen, die wir so erhalten, ebenfalls ϑ ist, so reichen sie zur Bestimmung der Funktion f gerade hin, und dann ergibt sich die andere unbekannte Funktion M aus der ursprünglichen Gleichung (1) von selbst.

Es sei also $dA = dB = dC = \cdots = du$, $f(u) = (u-\alpha)\,(u-\beta)\ldots(u-\zeta)$, $R^2 = KL = H(u)$, $3\,K'L + KL' = 4\,J(u)$, wo H, J bzw. als Zeichen von ganzen Funktionen n-ten und $(n-1)$-ten Grades gelten mögen. Dann ist

$$H\,\alpha\, f''\alpha + 2\,J\,\alpha\, f'\alpha = 0, \text{ usw.} \qquad (\vartheta \text{ Gleichungen}). \tag{9}$$

Diese Gleichungen sind in Beziehung auf die Unbekannten $\alpha, \beta, \ldots, \zeta$ vom Grade $\vartheta + n - 2$. Wenn wir aber von der ersten Gleichung des Systems nach und nach alle übrigen subtrahieren, so können wir bzw. mit $\alpha - \beta$, $\alpha - \gamma$, $\ldots$, $\alpha - \zeta$ dividieren, wodurch der Grad um eine Einheit hinuntergeht; subtrahieren wir dann wieder von der ersten dieser Gleichungen nach und nach alle übrigen, so können wir mit $\beta - \gamma$, $\beta - \delta$, $\ldots$ dividieren, usw.; und zuletzt haben wir eine Reihe von ϑ Gleichungen, deren Grade bzw. $\vartheta + n - 2$, $\vartheta + n - 3$, $\ldots$, n, $n-1$ sind. Die Endgleichung für eine einzige Unbekannte ist also höchstens vom Grade $(\vartheta + n - 2)(\vartheta + n - 3)\ldots n\,(n-1)$. Da aber hiebei alle durch Permutation einer und derselben Gruppe von Werten der Unbekannten $\alpha, \beta, \gamma, \ldots$ entstandenen Lösungen des Systems als unter sich verschiedene aufgezählt sind, obgleich sie nur eine und dieselbe Funktion f liefern, so reduziert sich die Zahl der Funktionen f, welche dem System (1) genügen, auf höchstens $\binom{n+\vartheta-2}{\vartheta}$. Daß dieses wirklich die wahre Zahl sei, geht zwar aus dieser Betrachtung nicht mit Sicherheit hervor; aber die für bestimmte Werte von η und ϑ angestellten Versuche bringen es zur höchsten Wahrscheinlichkeit.

Um die Form der Gleichungen, welche das soeben beschriebene Verfahren liefert, zu erkennen, setzen wir zuerst $f\,u = (u - \alpha)\,\varphi\,u$. Dadurch verwandelt sich die erste Gleichung des Systems (9) in

$$H\,\alpha\,\varphi'\alpha + J\,\alpha\,\varphi\,\alpha = 0.$$

Da $\dfrac{\varphi'\alpha}{\varphi\,\alpha} = \dfrac{1}{\alpha-\beta} + \dfrac{1}{\alpha-\gamma} + \cdots + \dfrac{1}{\alpha-\zeta}$ und $\varphi\,\beta = 0$, $\varphi\,\gamma = 0$, usw. ist, so kann diese erste Gleichung (9) auch so geschrieben werden:

$$\sum \frac{H\,\alpha\,\varphi'\alpha - H\,\beta\,\varphi\,\beta}{\alpha - \beta} + \Sigma\,J\,\alpha\,\varphi\,\alpha = 0,$$

wo die letzte Summe sich auf alle ϑ unbekannten Wurzeln der Gleichung $f = 0$ und die erste auf deren Kombinationen zu zweien erstreckt. Ist nun

$$f\,u = u^{\vartheta} + k_1\,u^{\vartheta-1} + k_2\,u^{\vartheta-2} + \cdots + k_{\vartheta-1}\,u + k_{\vartheta},$$

so ist

$$\varphi\,u = u^{\vartheta-1} + \begin{array}{l|} \alpha \\ + k_1 \end{array}\ u^{\vartheta-2} + \begin{array}{l|} \alpha^2 \\ + k_1\,\alpha \\ + k_2 \end{array}\ u^{\vartheta-3} + \cdots + \begin{array}{l} \alpha^{\vartheta-1} \\ + k_1\,\alpha^{\vartheta-2} \\ + k_2\,\alpha^{\vartheta-3} \\ \cdots\cdots \\ + k_{\vartheta-1} \end{array} ;$$

daher wird, wenn man abkürzend

$$S_i = \sum \frac{\alpha^i\,H\,\alpha - \beta^i\,H\,\beta}{\alpha - \beta} + \Sigma\,\alpha^i\,J\,\alpha$$

setzt, die erste Gleichung (9)

$$S_{\vartheta-1} + (\alpha + k_1)\, S_{\vartheta-2} + (\alpha^2 + k_1\,\alpha + k_2)\, S_{\vartheta-3} + \cdots$$
$$+ (\alpha^{\vartheta-1} + k_1\,\alpha^{\vartheta-2} + \cdots + k_{\vartheta-1})\, S_0 = 0,$$

und die übrigen Gleichungen des Systems (9) entstehen aus dieser, indem man nach und nach α durch $\beta, \gamma, \ldots, \zeta$ ersetzt. Das System (9) ist also zu einem System von ϑ linearen Gleichungen in Beziehung auf die $\vartheta - 1$ unbekannten Verhältnisse der Größen S geworden. Wenn also diese Größen nicht verschwinden, so muß die Determinante ihrer Koeffizienten es tun. Diese reduziert sich aber auf die Determinante $\Sigma \pm \alpha^{\vartheta-1}\beta^{\vartheta-2}\gamma^{\vartheta-3} \ldots \varepsilon^1 \zeta^0 = \Pi\,(\alpha - \beta)$. Man hat also nur die Wahl, entweder alle Größen S als verschwindend, oder in der Gleichung $f = 0$ gleiche Wurzeln anzunehmen. Das letztere als etwas Spezielles setzen wir einstweilen beiseite und entscheiden uns für das erstere, dem allgemeinen Fall entsprechende. Wir haben dann die ϑ Gleichungen $S_0, S_1, S_2, \ldots, S_{\vartheta-1} = 0$; und wenn diese statthaben, so ist auch das System (9) erfüllt. Man bemerke, daß diese Gleichungen, deren Grade bzw. $n-1, n, n+1, \ldots, n+\vartheta-2$ sind, in Beziehung alle Wurzeln $\alpha, \beta, \ldots, \zeta$ symmetrisch sind und daher rational und ganz mittels der Koeffizienten $k_1, k_2, \ldots, k_\vartheta$ ausgedrückt werden können.

Das Produkt K kann auf $\binom{n}{\eta}$ verschiedene Arten aus den Achsenquadraten $A, B, \ldots$ zusammengesetzt werden. Wenn also wiederum der Grad der ganzen und rationalen Funktion PP in Beziehung auf A mit $m = 2\,\vartheta + \eta$ bezeichnet wird, so ist

$$\sum \binom{n+\vartheta-2}{\vartheta}\binom{n}{m-2\,\vartheta} = \sum (-1)^\vartheta \binom{-n+1}{\vartheta}\binom{n}{m-2\,\vartheta}$$

die Zahl der einem gegebenen Grade entsprechenden Funktionen P. Sie ist also der Koeffizient von x^m in der Entwicklung von $(1-x^2)^{-n+1}(1+x)^n$ nach steigenden Potenzen von x. Dieser Ausdruck reduziert sich auf $(1+x)\,(1-x)^{-n+1}$. Die fragliche Zahl ist also gleich

$$\binom{-n+1}{m}(-1)^m + \binom{-n+1}{m-1}(-1)^{m-1} = \binom{m+n-2}{n-2} + \binom{m+n-3}{n-2}.$$

53. *Darstellung gewisser arbiträrer Funktionen von $n-1$ unabhängigen Variabeln*

Es sei φ eine beliebige Funktion, deren Werte für alle auf dem quadratischen Kontinuum $(x^2/A) + (y^2/B) + \cdots = 1$ befindlichen Lösungen bekannt sind, also, wenn man will, eine bekannte Funktion der $n-1$ konfokalen Variabeln $A_2, A_3, \ldots, A_n$. Man bestimme nach dem im vorigen Abschnitt beschriebenen Verfahren nach und nach für $m = 0, 1, 2, 3, \ldots$ alle algebraischen Funktionen P, welche der Gleichung $\partial^2 P/\partial\varphi^2 = MP$ genügen. Denkt man sich φ von der Form $\Sigma\, k\, P_2\, P_3 \ldots P_n$, wo k einen konstanten Koeffizienten bezeichnet und die Summe sich über alle Formen der Funktion P erstreckt, wobei wir ferner annehmen, daß für $m = 0, 1, 2, \ldots$ die Koeffizienten k eine abnehmende Reihe bilden, welche schneller fällt als eine geometrische: so kann man jeden Koeffizienten k durch ein über das ganze quadratische Kontinuum (A) sich erstreckendes Integral ausdrücken. Vermöge der Gleichung (6) unter Ziffer 50 ist nämlich

$$\int \varphi\, P_2 P_3 \dots P_n \frac{d\omega}{q} = k \int (P_2 P_3 \dots P_n)^2 \frac{d\omega}{q}.$$

Da das Integral rechts lauter positive Elemente enthält, in denjenigen links hingegen das Vorzeichen von $P_2 P_3 \dots P_n$ desto häufiger wechseln wird, je höher der Grad m von P in Beziehung auf $\sqrt{A}$ ist, so wird im allgemeinen höchst wahrscheinlich der häufigste Fall der sein, daß das Integral links ungefähr nach geometrischer Progression immer kleiner wird, je höher m steigt. Ist k_0 das konstante Glied der angenommenen Entwicklung von φ, so hat man

$$\int \varphi \frac{d\omega}{q} = k_0 \int \frac{d\omega}{q} = \frac{2\,\pi^{n/2}}{\Gamma\left(\frac{n}{2}\right)}\, k_0.$$

Ich halte es für sehr wahrscheinlich, daß jede Funktion, deren Werte überall auf dem quadratischen Kontinuum (A) nach Belieben gegeben sind, unter die Form $\Sigma\, k\, P_2 P_3 \dots P_n$ gebracht werden kann; allein die Schwierigkeit des Beweises erscheint mir fast unübersteiglich.

54. *Reduktion einiger vielfachen Integrale auf einfache*

Bei der Bestimmung des Potentials der von einem quadratischen Kontinuum umschlossenen homogenen Totalität in Ziffer 49 kam die Reduktion eines gewissen $(n-1)$-fachen Integrals auf ein einfaches vor. Hier sollen nun einige vielfache Integrale von allgemeiner Beschaffenheit, welche jenes als speziellen Fall enthalten, reduziert werden.

I. Aus der Theorie der Eulerschen Integrale folgt

$$\int^{n-1} x^{\alpha-1} y^{\beta-1} z^{\gamma-1} \dots w^{\varepsilon-1} dy\, dz \dots dw = \frac{\Gamma(\alpha)\Gamma(\beta)\Gamma(\gamma)\dots\Gamma(\varepsilon)}{\Gamma(\alpha+\beta+\gamma+\cdots+\varepsilon)}.$$
$$\begin{pmatrix} x>0,\ y>0,\ \dots,\ w>0 \\ x+y+z+\cdots+w=1 \end{pmatrix}$$

Um die, wenn ich nicht irre, von CATALAN gegebene Formel zu beweisen, kann man mit $\int_0^\infty e^{-(x+y+\cdots+w)u} u^{\alpha+\beta+\cdots+\varepsilon-1} du = \Gamma(\alpha+\beta+\cdots+\varepsilon)$ multiplizieren, $u\,x, u\,y, \dots, u\,w$ in $x, y, \dots, w$ umsetzen, und endlich, da $x+y+\cdots+w=u$ sein muß, du durch dx ersetzen; das Integral zerfällt dann in ein Produkt von n einfachen Integralen.

Setzen wir in der vorliegenden Formel $x=\lambda^2, y=\mu^2, \dots, w=\overline{\omega}^2$, so stellt die Bedingung $\lambda^2+\mu^2+\cdots+\overline{\omega}^2=1$ ein polysphärisches Kontinuum dar; das $(n-1)$-fache Element $d\mu\, d\nu \dots d\overline{\omega}$ ist daher eine Projektion des Elements

$d\sigma$ dieses Kontinuums und hat den Wert $\lambda\, d\sigma$. Wir bekommen so:

$$\int \lambda^{2\alpha-1} \mu^{2\beta-1} \nu^{2\gamma-1} \ldots \overline{\omega}^{2\varepsilon-1}\, d\sigma = \left(\frac{1}{2}\right)^{n-1} \frac{\Gamma(\alpha)\,\Gamma(\beta)\ldots\Gamma(\varepsilon)}{\Gamma(\alpha+\beta+\cdots+\varepsilon)} \tag{1}$$

$$\begin{pmatrix} \lambda > 0, \mu > 0, \ldots, \overline{\omega} > 0, \\ \lambda^2 + \mu^2 + \cdots + \overline{\omega}^2 = 1 \end{pmatrix}$$

II. Wird der Kürze wegen $\Lambda = (\lambda^2/A) + (\mu^2/B) + \cdots + \overline{\omega}^2/J$ gesetzt und bedeutet ψ eine beliebige Funktion von n Variabeln, so soll das Integral

$$\Psi = \int \psi\left(\frac{\lambda}{\sqrt{\Lambda}}, \frac{\mu}{\sqrt{\Lambda}}, \ldots, \frac{\overline{\omega}}{\sqrt{\Lambda}}\right) \frac{d\sigma}{\Lambda^{n/2}}$$

verwandelt werden. Setzen wir für diesen Zweck $\varrho^2 \Lambda = 1$, so kann das Integral auch unter der Form

$$\Psi = \int\left(\int_0^{\varrho} \frac{1}{r^{n-1}} \cdot \frac{\partial\,.\, r^n \psi(r\lambda, r\mu, \ldots, r\overline{\omega})}{\partial r}\, r^{n-1}\, dr\right) d\sigma$$

$$= \int^n \frac{1}{r^{n-1}} \cdot \frac{\partial\,.\, r^n \psi(r\lambda, r\mu, \ldots, r\overline{\omega})}{\partial r}\, dx\, dy\, dz \ldots dw$$

$$\begin{pmatrix} r^2 = x^2 + y^2 + \cdots + w^2,\ x = r\lambda, \text{ usw.} \\ \dfrac{x^2}{A} + \dfrac{y^2}{B} + \cdots + \dfrac{w^2}{J} < 1 \end{pmatrix}$$

dargestellt werden. Bedeuten $\psi_1, \psi_2, \ldots, \psi_n$ die ersten abgeleiteten Funktionen von ψ, so ist

$$\frac{1}{r^{n-1}} \cdot \frac{\partial\,.\, r^n \psi}{\partial r} = n\psi + x\psi_1 + y\psi_2 + \cdots + w\psi_n,$$

und, wenn $x = x'\sqrt{A}$, $y = y'\sqrt{B}, \ldots, x' = r'\lambda'$, $y' = r'\mu', \ldots$ angenommen wird,

$$\frac{1}{r^{n-1}} \cdot \frac{\partial\,.\, r^n \psi}{\partial r} = n\psi + r'(\lambda'\sqrt{A}\,\psi_1 + \mu'\sqrt{B}\,\psi_2 + \cdots)$$

$$= \frac{1}{r'^{\,n-1}} \cdot \frac{\partial\,.\, r'^n \psi(r'\lambda'\sqrt{A}, r'\mu'\sqrt{B}, \ldots)}{\partial r'}.$$

Man erhält also

$$\Psi = \sqrt{ABC\ldots J} \int^n \frac{1}{r'^{\,n-1}} \cdot \frac{\partial\,.\, r'^n \psi(r'\lambda'\sqrt{A}, r'\mu'\sqrt{B}, \ldots)}{\partial r'}\, dx'\, dy' \ldots dw',$$

$$(r'^2 = x'^2 + y'^2 + \cdots + w'^2 < 1)$$

oder, mit Weglassung der Akzente und Ersetzung von $dx\, dy\, dz \ldots dw$ durch $r^{n-1}\, dr\, d\sigma$,

$$\Psi = \sqrt{ABC\ldots J} \int\left(\int_0^1 \frac{\partial\,.\, r^n \psi(r\lambda\sqrt{A}, \ldots)}{\partial r}\, dr\right) d\sigma;$$

also endlich

$$\int \psi\left(\frac{\lambda}{\sqrt{\Lambda}}, \frac{\mu}{\sqrt{\Lambda}}, \ldots, \frac{\overline{\omega}}{\sqrt{\Lambda}}\right) \frac{d\sigma}{\Lambda^{n/2}} = \sqrt{AB\ldots J} \int \psi(\lambda\sqrt{A}, \mu\sqrt{B}, \ldots, \overline{\omega}\sqrt{J})\, d\sigma, \tag{2}$$

wo $\Lambda = (\lambda^2/A) + (\mu^2/B) + \cdots + (\overline{\omega}^2/J)$ und beide Integrale sich nur über den

Teil des polysphärischen Kontinuums $\lambda^2 + \mu^2 + \cdots \bar{\omega}^2 = 1$ erstrecken, wo sämtliche Variabeln $\lambda, \mu, \ldots, \bar{\omega}$ positiv sind.

Setzt man $\psi = 1$ und läßt $1/A, 1/B, \ldots$ in $1 + (u/A), 1 + (u/B), \ldots$ übergehen, so verwandelt sich (2) in

$$\int \frac{d\sigma}{(1 + u\,\Lambda)^{n/2}} = \frac{2\,\pi^{n/2}}{\Gamma\left(\frac{n}{2}\right)} \cdot \frac{1}{\sqrt{\left(1 + \frac{u}{A}\right)\left(1 + \frac{u}{B}\right) \cdots \left(1 + \frac{u}{J}\right)}},$$

wenn das Integral links sich über das ganze polysphärische Kontinuum erstreckt. Je nachdem man auf beiden Seiten nach den steigenden oder nach den fallenden Potenzen von u entwickelt, erhält man finite Ausdrücke für $\int \Lambda\, d\sigma$, $\int \Lambda^2\, d\sigma$, $\int \Lambda^3\, d\sigma$, usw. oder für $\int d\sigma/\Lambda^{n/2}$, $\int d\sigma/\Lambda^{(n/2)+1}$, $\int d\sigma/\Lambda^{(n/2)+2}$, usw. Den Wert für $\int d\sigma/\Lambda^i$, wenn i irgendeine zwischen 0 und $n/2$ liegende Größe bezeichnet, werden wir bald auf ein einfaches Integral zurückführen.

III. Um das auf alle Lösungen mit positiven Werten $\lambda, \mu, \ldots$ eines polysphärischen Kontinuums vom Radius 1 sich erstreckende Integral

$$S = \int \int_0^1 f\left(\frac{1 - r^2}{r^2 \Lambda}\right) \psi(r\,\lambda, r\,\mu, \ldots, r\,\bar{\omega})\, r^{n-3}\, dr\, \frac{d\sigma}{\Lambda}$$

zu verwandeln, setzen wir $(1 - r^2)/(r^2\,\Lambda) = u$, also $r = (1 + u\,\Lambda)^{-1/2}$ und erhalten

$$S = \frac{1}{2} \int_0^\infty \int \psi\left(\frac{\lambda}{\sqrt{1 + u\,\Lambda}}, \frac{\mu}{\sqrt{1 + u\,\Lambda}}, \ldots\right) \frac{d\sigma}{(1 + u\,\Lambda)^{n/2}}\, f(u)\, du.$$

Durch Anwendung der Gleichung (2) ergibt sich hieraus

$$S = \frac{1}{2} \int_0^\infty \left[\int \psi\left(\frac{\lambda}{\sqrt{1 + \frac{u}{A}}}, \frac{\mu}{\sqrt{1 + \frac{u}{B}}}, \ldots\right) d\sigma\right] \frac{f(u)\, du}{\sqrt{\left(1 + \frac{u}{A}\right)\left(1 + \frac{u}{B}\right) \cdots}}. \quad (3)$$

IV. Gehen wir zu speziellen Umwendungen dieser Formel über und setzen $\psi(x, y, \ldots, w) = x^{2\alpha-1}\, y^{2\beta-1} \ldots w^{2\varepsilon-1}$, so bekommen wir vermöge (1) die Gleichung

$$\int \int_0^1 f\left(\frac{1 - r^2}{r^2\,\Lambda}\right) r^{2(\alpha+\beta+\cdots+\varepsilon)-3}\, dr \,.\, \lambda^{2\alpha-1} \mu^{2\beta-1} \ldots \bar{\omega}^{2\varepsilon-1} \frac{d\sigma}{\Lambda}$$

$$= \left(\frac{1}{2}\right)^n \frac{\Gamma(\alpha)\,\Gamma(\beta) \ldots \Gamma(\varepsilon)}{\Gamma(\alpha + \beta + \cdots + \varepsilon)} \int_0^\infty \frac{f(u)\, du}{\left(1 + \frac{u}{A}\right)^\alpha \left(1 + \frac{u}{B}\right)^\beta \cdots \left(1 + \frac{u}{J}\right)^\varepsilon}.$$

Die Funktion $f(u)$ unterliegt hier gewissen Bedingungen; sie muß von $u = 0$ bis $u = \infty$ kontinuierlich sein, und für ein verschwindendes u muß sich $u\, f(u)$ wie eine Potenz von u mit positiven Exponenten, für ein unendlich wachsendes u dagegen muß sich $u\, f(u) : u^{\alpha+\beta+\cdots+\varepsilon}$ wie eine solche Potenz mit negativen Exponenten verhalten. Nimmt man $f(u) = u^{i-1}$ an, so ist links das Integral

$$\int_0^1 (1 - r^2)^{i-1}\, r^{2(\alpha+\beta+\cdots+\varepsilon)-2i-1}\, dr = \frac{1}{2} \cdot \frac{\Gamma(i)\,\Gamma(\alpha + \beta + \cdots + \varepsilon - i)}{\Gamma(\alpha + \beta + \cdots + \varepsilon)}.$$

Man hat also endlich

$$\int \frac{\lambda^{2\alpha-1}\mu^{2\beta-1}\ldots\bar{\omega}^{2\varepsilon-1}}{\left(\frac{\lambda^2}{A}+\frac{\mu^2}{B}+\cdots+\frac{\bar{\omega}^2}{J}\right)^i}\,d\sigma$$

$$=\left(\frac{1}{2}\right)^{n-1}\frac{\Gamma(\alpha)\,\Gamma(\beta)\ldots\Gamma(\varepsilon)}{\Gamma(i)\,\Gamma(\alpha+\beta+\cdots+\varepsilon-i)}\int_0^\infty \frac{u^{i-1}\,du}{\left(1+\frac{u}{A}\right)^\alpha\left(1+\frac{u}{B}\right)^\beta\ldots}. \tag{4}$$

Diese Gleichung gilt nur für positive Werte von α, β, …, ε und für $0 < i < \alpha+\beta+\cdots+\varepsilon$. Für $i=0$ tritt die Formel (1) an deren Stelle, und für $i=\alpha+\beta+\cdots+\varepsilon$ erhält man durch Anwendung der Formel (2):

$$\int \frac{\lambda^{2\alpha-1}\mu^{2\beta-1}\ldots\bar{\omega}^{2\varepsilon-1}}{\left(\frac{\lambda^2}{A}+\frac{\mu^2}{B}+\cdots+\frac{\bar{\omega}^2}{J}\right)^{\alpha+\beta+\cdots+\varepsilon}}\,d\sigma$$

$$=\left(\frac{1}{2}\right)^{n-1}\frac{\Gamma(\alpha)\,\Gamma(\beta)\ldots\Gamma(\varepsilon)}{\Gamma(\alpha+\beta+\cdots+\varepsilon)}\,A^\alpha B^\beta\ldots J^\varepsilon.$$

Setzt man in (4) $\beta=\gamma=\cdots=\varepsilon=1/2$, und erstens $\alpha=1/2$, zweitens $\alpha=3/2$, so erhält man die zwei Formeln

$$\int \frac{d\sigma}{\left(\frac{\lambda^2}{A}+\frac{\mu^2}{B}+\cdots\right)^i}=\frac{2\,\pi^{n/2}}{\Gamma(i)\,\Gamma\left(\frac{n}{2}-i\right)}\int_0^\infty \frac{u^{i-1}\,du}{\sqrt{\left(1+\frac{u}{A}\right)\left(1+\frac{u}{B}\right)\cdots\left(1+\frac{u}{J}\right)}},$$

$$\int \frac{\lambda^2\,d\sigma}{\left(\frac{\lambda^2}{A}+\frac{\mu^2}{B}+\cdots\right)^i} \tag{5}$$

$$=\frac{\pi^{n/2}}{\Gamma(i)\,\Gamma\left(\frac{n}{2}-i+1\right)}\int_0^\infty \frac{u^{i-1}\,du}{\left(1+\frac{u}{A}\right)\sqrt{\left(1+\frac{u}{A}\right)\left(1+\frac{u}{B}\right)\cdots\left(1+\frac{u}{J}\right)}},$$

wo nunmehr die Integrale links sich über das ganze polysphärische Kontinuum erstrecken. Setzt man $i=1$, so ergeben sich die in Ziffer 49 gebrauchten Reduktionen.

Setzt man in (4) $\lambda=x/\sqrt{A}$, $\mu=y/\sqrt{B}$, …, $\bar{\omega}=w/\sqrt{J}$, so ist $(x^2/A)+(y^2/B)+\cdots+(w^2/J)=1$, und das Integral links erstreckt sich über denjenigen Teil eines quadratischen Kontinuums, wo alle Variabeln zugleich positive Werte haben. Nach der üblichen Bezeichnung wird dann

$$\int^{n-1}\Phi\prod_{m=2}^{m=n}\left(\frac{A_m^{\alpha-1}B_m^{\beta-1}\ldots J_m^{\varepsilon-1}}{(A-A_m)^i}\,dA_m\right)$$

$$=\frac{\Pi\,(A-B)^{\alpha+\beta-1}}{(ABC\ldots J)^i}\cdot\frac{\Gamma(\alpha)\,\Gamma(\beta)\ldots\Gamma(\varepsilon)}{\Gamma(i)\,\Gamma(\alpha+\beta+\cdots+\varepsilon-i)}\int_0^\infty \frac{u^{i-1}\,du}{\left(1+\frac{u}{A}\right)^\alpha\left(1+\frac{u}{B}\right)^\beta\ldots}, \tag{6}$$

wo links unter den Achsenquadraten $A_m, B_m, \ldots, J_m$ die $m-1$ letzten entgegengesetzt zu nehmen sind, damit alle positiv erscheinen, und wo $\Phi = (A_2 - A_3)(A_2 - A_4)\ldots(A_2 - A_n)\cdots(A_{n-1} - A_n)$, wo ferner rechts das Produkt $\Pi(A-B)^{\alpha+\beta-1}$ so viele Faktoren zählt, als die Größen $A, B, C, \ldots, J$ zu zweien kombiniert werden können. Die linke Seite zerfällt in ein Aggregat von Produkten von je $n-1$ einfachen und *vollständigen* Integralen.

Richtet man für $n = 3$ die Exponenten α, β, γ, i so ein, daß vollständige elliptische Integrale herauskommen, so scheint trotz aller noch möglichen Mannigfaltigkeit immer nur die bekannte Legendresche Relation, $F(k)\,E(k') + F(k')\,E(k) - F(k)\,F(k') = \pi/2$, aus (6) hervorzugehen. Setzt man z.B.

$$\alpha = \beta = \gamma = \frac{1}{2}, \qquad i = 1, \qquad \sqrt{\frac{B-C}{A-C}} = k, \qquad \sqrt{\frac{A-B}{A-C}} = k', \qquad \frac{C}{A} = \cos^2\vartheta$$

und bezeichnet das vollständige elliptische Integral dritter Art

$$\int_0^{\pi/2} \frac{1}{1 + n\sin^2 x} \cdot \frac{dx}{\sqrt{1 - k^2\sin^2 x}}$$

durch $\Pi(n, k)$, so verwandelt sich (6) zunächst in

$$\frac{1}{\cos^2\vartheta}\,\Pi(k^2\,\mathrm{tg}^2\vartheta, k)\,F(k') - \Pi(-k'^2\sin^2\vartheta, k')\,F(k)$$
$$= \frac{\frac{\pi}{2}\,\mathrm{tg}\,\vartheta}{\sqrt{1 - k'^2\sin^2\vartheta}}\,F(k', \vartheta).$$

Substituiert man aber hier für die Funktion Π ihre durch elliptische Integrale der zwei ersten Arten ausgedrückten Werte, so erhält man nur:

$$F(k', \vartheta)\left\{F(k)\,E(k') + F(k')\,E(k) - F(k)\,F(k') - \frac{\pi}{2}\right\} = 0.$$

Nachwort zur Theorie der vielfachen Kontinuität

A. *Zur Entstehung der Theorie der vielfachen Kontinuität*

Es war SCHLÄFLI nicht vergönnt, die Drucklegung seines großen Jugendwerkes zu erleben. Es wurde 1901 von J. H. GRAF als Band 38, 1. Hälfte der Denkschriften der Schweizerischen Naturforschenden Gesellschaft, herausgegeben. Wir geben zunächst die Vorbemerkung wieder, die GRAF dem Werk vorangestellt hat:

„Die vorliegende Abhandlung LUDWIG SCHLÄFLIS stammt aus den Jahren 1850 bis 1852. SCHLÄFLI erwähnt sie zum erstenmal in seinem Brief an STEINER, 3. Januar 1852[1]), und sandte sie, nachdem die Wiener Akademie seine Arbeit *Über die Resultante eines Systems mehrerer algebraischer Gleichungen* angenommen und in ihren Denkschriften 1852 publiziert hatte, dem Sekretär dieser Akademie ein. Auf dem Umschlag findet sich von dessen Hand der Vermerk: «655/1852 praes. 8. Okt.». SCHLÄFLI bringt im angegebenen Brief noch mehrere Integrale, die wir als Anmerkung zum Brief publiziert haben, und spricht die Absicht aus, falls die Akademie die Schrift wegen ihres großen Umfangs (sie wurde auf 23 Bogen 4° geschätzt) nicht annehmen wolle, dieselbe als Privatschrift herauszugeben, und bittet STEINER, ihm hiezu in Berlin behilflich zu sein.

Seite 27 des «Briefwechsels» haben wir das Konzept eines Briefes, datiert vom Dezember 1851, an den Sekretär der K. K. Akademie der Wissenschaften in Wien publiziert. Dieser Brief sollte denselben über die Absichten des Autors orientieren. Die Aufnahme der Arbeit wurde des großen Umfangs halber verweigert. Vergeblich ermunterte STEINER (siehe Brief vom 15. Oktober 1853, S. 41 des Briefwechsels, sodann in einem Brief an SCHLÄFLIS Freund Prof. RIS und an SCHLÄFLI vom 10. März 1854), aus der «Weltüberstürmenden Erdewälzenden» Abhandlung einen Auszug zu machen, der etwa 4 oder 12 Bogen wäre; SCHLÄFLIS erste Begeisterung für die Arbeit war vorbei (S. 59). Er sandte sie erst 1854 an CRELLE in Berlin, den Herausgeber des Journals für reine Mathematik (siehe S. 74). 1855 ließ STEINER CRELLE wieder an die Arbeit erinnern (siehe S. 191), dann verwandte sich STEINER erfolglos bei REIMER, dem Verleger des genannten Journals; auch BORCHARDT, der neue Herausgeber desselben, wollte mithelfen, die Publikation der Arbeit zu ermöglichen. Am 17. Mai 1856 konnte STEINER seinem Freunde L. SCHLÄFLI schreiben, daß sich REIMER herbeigelassen habe, die Aufnahme der Arbeit ins Journal sowie 200 Extraabzüge und ein kleines Honorar zu versprechen. Trotzdem sich SCHLÄFLI laut Brief vom 19. Mai 1856 sofort, beseelt von dem Wunsch, die Arbeit nach so vielen Jahren endlich einmal veröffentlicht zu sehen, mit allen

[1]) Vergleiche *Der Briefwechsel zwischen Jakob Steiner und Ludwig Schläfli*, herausgegeben von J.H. GRAF, Mitteilungen der Naturforschenden Gesellschaft in Bern, 1896, S. 76, und auch separat bei K. J. Wyß, Bern, S. 20.

Bedingungen einverstanden erklärte, da auch die Fortsetzung dazu schon längst geschrieben sei, so unterblieb der Druck doch. Nach einer Äußerung STEINERS zu schließen, war nun BORCHARDT dagegen. Die Arbeit kam wieder nach Bern zurück, wo wir sie unter den nachgelassenen Papieren des großen Meisters gefunden haben. Das Manuskript gehört wie alle andern von SCHLÄFLI stammenden der *Schweizerischen Landesbibliothek in Bern* an. Der erste Teil bis Seite 78 trägt Korrekturen, wahrscheinlich von der Hand CRELLES oder BORCHARDTS, um die Arbeit zum Drucke einzurichten. Sie sind mehr redaktioneller Natur oder beziehen sich auf die Auswahl der Lettern oder die Anordnung. *Wir halten aber dafür, die Arbeit soll im ursprünglichen Wortlaut ohne jeden Zusatz oder irgendeine Anmerkung unsererseits gedruckt werden*, und sind der Meinung, daß sie nicht bloß historischen Wert, sondern gerade für die Theorie der *Geometrie von n Dimensionen* noch eine Fülle anregender Gedanken enthalte. Beigegeben wird die Selbstanzeige, datiert vom 5. Juli 1852, hinzugefügt ist ein Inhaltsverzeichnis."

Werfen wir einen Blick auf SCHLÄFLIS erste mathematische Arbeiten, so sehen wir, daß der Ausgangspunkt seines Schaffens in geometrischen Problemen liegt. Insbesondere enthalten die in den Jahren 1846 und 1847 veröffentlichten Abhandlungen Nr. 2, 3 und 3a einige Sätze für den Raum von drei Dimensionen, die SCHLÄFLI im dritten Teil seiner Theorie der vielfachen Kontinuität auf denjenigen von n Dimensionen ausgedehnt hat. Dies läßt uns vermuten, daß die Vorarbeiten zum vorliegenden Werk weiter zurückliegen als diejenigen seiner zweiten großen Jugendarbeit *Über die Resultante eines Systemes mehrerer algebraischer Gleichungen*[1]). Aus einem Brief an STEINER vom 3. Januar 1852[2]) wissen wir, daß SCHLÄFLI in der Verallgemeinerung der Theorie der orthogonalen Flächen steckengeblieben war und erst Ende 1851 den weiteren Weg fand «in einem der für mich selten glücklichen Augenblicke im Studium der Mathematik». Doch bevor dieser Teil fertiggestellt war, hat SCHLÄFLI im April 1849 seine Arbeit *Über das Minimum des Integrals* $\int \sqrt{dx_1^2 + dx_2^2 + \cdots + dx_n^2}$, *wenn die Variablen* $x_1, x_2, \ldots, x_n$ *durch eine Gleichung zweiten Grades gegenseitig voneinander abhängig sind* abgesandt[3]). Ihr Inhalt ist im dritten Teil der Kontinuität verarbeitet. In dem bereits erwähnten Brief an STEINER fährt SCHLÄFLI auf Seite 77 weiter: «Wie einmal dieser schwer auf meinem Herzen liegende Alp weggewälzt war, so wendete ich mich anderen Partien der Continuitätstheorie zu und fand überraschende Sätze.» SCHLÄFLI teilt anschließend die grundlegenden Theoreme mit, die jetzt am Anfang des zweiten Teiles der vorliegenden Abhandlung stehen. Diese hat er somit erst Ende 1851 gefunden.

Wie im Nachwort zur Arbeit Nr. 2 ausgeführt wurde, ist SCHLÄFLI wohl durch das Problem der Ortsfläche des Ellipsoids auf die Elimination geführt worden und hat seine Studien darüber in der großen Arbeit Nr. 24 niedergelegt[4]). Diese Tatsachen haben uns veranlaßt, die Theorie der vielfachen Kon-

---

[1]) Diese Gesammelten Abhandlungen, Bd. 2, Nr. 24.

[2]) Siehe Briefwechsel STEINER-SCHLÄFLI, a.a.O., S. 76.

[3]) J. reine angew. Math. *43* (1852); diese Gesammelten Abhandlungen, Bd. 2, Nr. 29.

[4]) Siehe Bd. 2 dieser Gesammelten Abhandlungen.

tinuität in den ersten Band dieser Gesammelten Abhandlungen aufzunehmen und der Arbeit über die Elimination voranzustellen, wodurch sich auch eine günstige Verteilung der Arbeiten auf die einzelnen Bände ergab.

Zusammenfassend dürfen wir wohl sagen, daß SCHLÄFLI bei seinen Forschungen von der Verallgemeinerung der Theorie der konfokalen Flächen auf einen Raum von beliebig vielen Dimensionen ausgegangen ist und diese Untersuchungen im dritten Teil der Kontinuität niedergelegt hat. Sodann hat er den zweiten Teil, die Lehre von den regelmäßigen Körpern, bearbeitet. Dem Ganzen stellte er einführend die Theorie von den linearen Kontinuen voran.

B. *Literatur zur Theorie der vielfachen Kontinuität*

Es sind uns zwei ausführliche Besprechungen der Theorie der vielfachen Kontinuität bekannt:

Die erste, holländisch geschriebene, stammt von P. H. SCHOUTE und ist veröffentlicht in Nieuw Archief voor Wiskunde, 2. Reihe, Teil VI, 2. Stück (1904), S. 199–206. SCHOUTE gibt eine ausführliche Analyse der beiden ersten Teile des Werkes. Anschließend hat er im zweiten Band seines Buches *Mehrdimensionale Geometrie* (Sammlung Schubert, Bd. 26, 1905) große Teile des Schläflischen Werkes in eleganter Form dargestellt.

Die zweite, italienisch geschriebene Besprechung stammt von G. SFORZA: *Sull'Estensiometria ipersferica di L. Schläfli*, Atti Soc. Naturalisti Modena, Serie 4, *9*, 45–49 (1909). Der Autor bespricht den zweiten Teil des Werkes, insbesondere SCHLÄFLIS Theorie der plagioschematischen Funktion, und stellt den Zusammenhang mit seinen und anderen neueren Arbeiten her.

GINO LORIA würdigt das Erscheinen des nachgelassenen Werkes im Bollettino di bibliografia e storia delle scienze matematiche *8*, 26–27 (1905).

In der *Encyklopädie der mathematischen Wissenschaften* ist es vor allen C. SEGRE, der im Artikel *Mehrdimensionale Räume* (Bd. III, 2, 2. Hälfte, Heft 7, S. 769–972) ausführlich auf die Theorie der vielfachen Kontinuität eintritt.

In neuerer Zeit sind die Ansätze von SCHLÄFLI insbesondere von H. S. M. COXETER verfolgt und ausgebaut worden. Seine wichtigsten diesbezüglichen Arbeiten, in denen man auch weitere Literatur findet, sind:

1. *On the densities of regular polytopes*, Proc. Cambridge philos. Soc. *27* (1931), *28* (1932), *29* (1933).
2. *The functions of Schläfli and Lobatschewsky*, Quart. J. Math., Oxford, Serie 6 (1935).
3. *On Schläfli's generalization of Napier's pentagramma mirificum*, Bull. Calcutta math. Soc. *28* (1936).
4. *Regular Polytopes* (London 1948).

Mit dem zentralen Satz des zweiten Teiles der Kontinuität befaßt sich ferner H. KNESER: *Der Simplexinhalt in der nichteuklidischen Geometrie*, Dtsch. Math. *1*, 337 (1936).

C. *Anmerkungen zum Text*

Um das Studium der Arbeit zu erleichtern, geben wir im folgenden einige Hinweise auf neuere Darstellungen. Man vergleiche insbesondere auch die unter B genannten Arbeiten.

S. 175, Z. 2 v.u. Der erwähnte vierte Teil über die infinitesimalen Eigenschaften der Flächen und Kurven ist von SCHLÄFLI nicht ausgeführt worden.

S. 190. Hier gibt SCHLÄFLI als erster die Verallgemeinerung des Eulerschen Polyedersatzes auf n Dimensionen. Vgl. P. H. SCHOUTE, *Mehrdimensionale Geometrie*, Bd. 2, S. 63; Enc. math. Wiss. III, 1, 2. H., S. 88; III, 2, 2. H., S. 805.

S. 193. Zum Schläflischen Projektionssatz vgl. P. H. SCHOUTE, *Mehrdimensionale Geometrie*, Bd. 2, S. 104; Enc. math. Wiss. III, 2, 2. H., S. 804.

S. 206. Zu SCHLÄFLIS Bestimmung der Winkel zweier n-dimensionaler Räume, die einen einzigen Punkt gemeinsam haben, vgl. Enc. math. Wiss. III, 2, 2. H., S. 800.

Ziffern 17–18. Hier entwickelt SCHLÄFLI erstmals die Theorie der sechs konvexen regelmäßigen Körper im Raume von vier Dimensionen sowie der je drei regelmäßigen Körper in Räumen von mehr als vier Dimensionen. Er geht dabei von dem rekursiv zu definierenden «Schläflischen Symbol» $(k_1, k_2, \ldots, k_{n-1})$ aus, wodurch der regelmäßige Körper bestimmt ist. Ferner werden hier und in Ziffer 34 vier von den zehn regelmäßigen Sternpolytopen im R_4 beschrieben; die übrigen sechs verdankt man E. HESS. Man vergleiche vor allem die oben unter B angeführte Darstellung von P. H. SCHOUTE und die Arbeiten von H. S. M. COXETER, dessen Untersuchungen an dieser Stelle ihren Ausgangspunkt haben.

S. 227ff. Zu Beginn des zweiten Teiles entwickelt SCHLÄFLI seine Lehre vom Inhalt des sphärischen Dreiecks in n Dimensionen und zeigt, wie dieser bereits durch die begrenzenden Teile bestimmt ist. SCHLÄFLI hebt die grundlegende Bedeutung dieser Entdeckung im Brief vom Dezember 1851 an den Sekretär der Akademie in Wien[1]) hervor: «Ich glaube, den erwähnten allgemeinen Satz nicht zu überschätzen, wenn ich ihn dem Schönsten, was in der Geometrie geleistet worden ist, an die Seite stelle.» SCHLÄFLI ist an drei Stellen auf diesen Satz zurückgekommen: in den Arbeiten Nr. 70 und Nr. 64 des zweiten und Nr. 35 des dritten Bandes der vorliegenden Gesammelten Abhandlungen. Man vergleiche hierzu die oben unter B angegebene zweite Arbeit von H. S. M. COXETER und diejenige von H. KNESER.

Ziffer 21. Für den Hilfssatz vergleiche man die Darstellung, die SCHLÄFLI im dreidimensionalen Fall im Brief an STEINER vom 3. Januar 1852[2]) gibt.

S. 274. Zur Bestimmung der Konstantenzahl eines Polyschems vergleiche man P. H. SCHOUTE, *Mehrdimensionale Geometrie*, Bd. 2, Nr. 27.

Ziffer 37. Zum Hauptachsenproblem vgl. Enc. math. Wiss. III, 2, 2. H., S. 853.

S. 310. Neben J. J. SYLVESTER (Philos. Mag. [4] *4* [1852]) und C. G. J. JACOBI (J. reine angew. Math. *53* [1857]) ist SCHLÄFLI als einer der Entdecker des Trägheitsgesetzes in n Dimensionen zu stellen.

---

[1]) Briefwechsel STEINER-SCHLÄFLI, a.a.O., S. 87.

[2]) Briefwechsel STEINER-SCHLÄFLI, a.a.O., S. 79.

S. 312. Erste Folgerung. Für einen entsprechenden Satz in drei Dimensionen siehe M. CHASLES, *Propriétés des diamètres de l'ellipsoide*, Correspondance sur l'école impériale polytechnique *3*, 306 (1816); ferner HACHETTE, *Traité des surfaces du second degré*, 1807.

S. 312. Zweite Folgerung. Dieser Satz ist eine Verallgemeinerung eines Ergebnisses von J. BINET, *Théorème sur les surfaces du second degré*, Correspondance sur l'école impériale polytechnique *2*, 323 (1812). Siehe ferner die oben angegebene Arbeit von CHASLES, S. 308.

Ziffer 41. Der II. Satz ist die Verallgemeinerung eines Satzes von M. CHASLES, *Sur les lignes géodésiques et les lignes de courbure des surfaces du second degré*, J. Math. pures appl. (1) 11 (1846), insbesondere S. 7.

S. 319. III. Satz. Der entsprechende Satz für drei Dimensionen findet sich in Abhandlung Nr. 3 als Satz 1 und Abhandlung Nr. 3a unter Ziffer 2.

S. 321, Abschnitt V. Der angegebene Satz wird für drei Dimensionen von SCHLÄFLI in der Arbeit Nr. 3 bewiesen. Siehe S. 33 dieses Bandes.

Ziffern 43–44. SCHLÄFLI ist auf die Theorie der orthogonalen Flächen zurückgekommen in der Arbeit Nr. 38 des dritten Bandes dieser Gesammelten Abhandlungen.

Ziffer 44. Daß im dreidimensionalen Raum die Bestimmung eines Systems orthogonaler Flächen von einer linearen partiellen Differentialgleichung dritter Ordnung abhängt, berichtet SCHLÄFLI bereits am 3. Januar 1852 seinem Freunde STEINER[1]).

SCHLÄFLI begnügt sich nicht mit diesem allgemeinen Resultat, sondern gibt uns am Ende des Paragraphen eine graphische Konstruktion eines Systems orthogonaler Flächen, wenn eine derselben beliebig gegeben ist (vgl. G. DARBOUX, *Leçons sur les systèmes orthogonaux* [Paris 1910], insbesondere § 8). Man vergleiche Enc. math. Wiss. III, 3, S. 563/64. Die Übertragung des Ergebnisses auf den n-dimensionalen Raum bereitete ihm aber große Schwierigkeiten, und wir entnehmen dem angeführten Brief, daß diese den Abschluß der Kontinuität verzögerten.

In n Dimensionen entspricht von den hier auftretenden $\binom{n}{3} = \binom{n-1}{2} + \binom{n-1}{3}$ Bedingungen ein erstes System von $\binom{n-1}{2}$ Gleichungen denjenigen im dreidimensionalen Fall. In höherdimensionalen Räumen tritt wesentlich neu ein zweites System von $\binom{n-1}{3}$ Differentialgleichungen hinzu. SCHLÄFLI vermutet (siehe S. 319, Z. 17 v. u.), daß die Gleichungen dieses zweiten Systems bereits aus denjenigen des ersten zu folgern wären, doch weiß er für die Lösung dieser Aufgabe «durchaus keinen Rat» (vgl. G. DARBOUX, a.a.O., I. Buch, Kap. VI, und II. Buch, Kap. I). *J. J. Burckhardt*

1) Siehe Briefwechsel STEINER-SCHLÄFLI, a.a.O., S. 76.

GPSR Compliance

The European Union's (EU) General Product Safety Regulation (GPSR) is a set of rules that requires consumer products to be safe and our obligations to ensure this.

If you have any concerns about our products, you can contact us on ProductSafety@springernature.com

In case Publisher is established outside the EU, the EU authorized representative is:

Springer Nature Customer Service Center GmbH
Europaplatz 3
69115 Heidelberg, Germany

Batch number: 10584556

Printed by Printforce, the Netherlands